编号：2021-2-106

物理海洋学

PHYSICAL OCEANOGRAPHY

廖光洪　主　编
郧晓琴　李竹花　曹海锦　王雪竹　副主编

海洋出版社
2022年·北京

图书在版编目（CIP）数据

物理海洋学/廖光洪主编；鄢晓琴等副主编．—
北京：海洋出版社，2022.9
ISBN 978-7-5210-1004-6

Ⅰ.①物…　Ⅱ.①廖…②鄢…　Ⅲ.①海洋物理学
Ⅳ.①P733

中国版本图书馆 CIP 数据核字（2022）第 169427 号

策划编辑：赵　武
责任编辑：赵　武
责任印制：安　森
海洋出版社　出版发行
http://www.oceanpress.com.cn
北京市海淀区大慧寺路 8 号　邮编：100081
鸿博昊天科技有限公司印刷　新华书店北京发行所经销
2022 年 9 月第 1 版　2022 年 9 月第 1 次印刷
开本：787mm×1092mm　1/16　印张：25
字数：550 千字　定价：88.00 元
发行部：010-62100090　邮购部：010-62100072　总编室：010-62100034

序

本教材是在河海大学为物理海洋学本科专业开设物理海洋学课程讲义的基础上整理而成。物理海洋学是研究海洋运转的一门科学，本书介绍了海洋的物理属性特征，海洋动力学的基础知识，海洋运动现象的基本理论和方法。

全书内容分为四个部分：

第 1 章，扼要介绍了海洋、海洋科学以及物理海洋学，使读者对海洋的特征、海洋科学的发展历史和物理海洋学的研究内容和方法有基本的了解。

第 2 章、第 3 章和第 5 章，这三章内容是物理海洋学的基础知识部分。分别介绍了海洋水体的物理属性和分布以及海洋运动基本控制方程，在简要介绍流体力学基础上，较详细推导了质量-盐量-热量守恒方程和海洋运动控制方程、Reynolds 平均法则、运动方程的尺度分析与简化。在第 5 章中介绍了海洋流体中的涡度和位涡方程，并详细导出了准地转方程，这是第 6 章风生环流的基础。

第 4 章、第 6 章和第 7 章，主要介绍了海洋准稳态流动的基本问题。第 4 章详细介绍了海洋中的基本运动，即稳态的地转平衡运动，海洋表层和底层中受摩擦影响的Ekman运动，由地球旋转效应主导的惯性运动以及由表层风引起的 Langmuir 环流。第 6 章和第 7 章分别介绍了海洋环流的两个方面，即主温跃层之上由风主导的风生环流和大洋深层的热盐环流，当然在实际海洋中这两者是紧密联系在一起的。对于风生环流介绍了 Sverdrup、Stommel、Munk 和惯性理论，在热盐环流部分，介绍了主温跃层的形成，水团追踪方法和 Stommel-Arons 模型。

第 8 章至第 11 章，介绍了海洋运动中的波动部分，包括短周期的海浪（第 8 章），由天体引力驱动的潮汐潮流（第 9 章），受地球旋转影响的大尺度波动（第 10 章）以及与海洋层化密切相关，发生在海洋内部的海洋内波（第 11 章）。

最后需要强调的是，在实际海洋中，其运动通常是非常复杂的，产生其运动的多种动力原因同时存在，表现出多尺度特征。此时需要综合运用所学知识，对各种动力影响因素进行大小分析，抓主要影响因素，再考虑次要因素的修正。

本书在编写过程中参考了国际上许多优秀的经典书籍，列于书后表示感谢！全书内容的第一稿由廖光洪教授编写完成，鄢晓琴副教授修改了第 1 章和第 3 至第 7 章，李竹花讲师修改了第 10 至第 11 章，曹海锦副教授修改了第 8 至第 9 章，王雪竹讲师修改了第 2 章。书中的图由研究生（按姓氏拼音首字母排序）胡逍锴、刘志颖、孟鑫、牛棚超、吴开敏、殷铭超和张关强绘制。历届本科生也对该门课程内容提出了许多有益的建议，海洋出版社的多位同志负责全书的编辑校对工作，陈茂廷老师更是在百忙之中对书稿进行了严谨细致地修订，河海大学教务处、海洋学院的党政领导和同事对本书的出版给予了大力支持，在此一并表示感谢！

本书可作为物理海洋学专业的教材，也可供海洋科学的研究生选读，也可供从事海洋管理、海洋工程、海洋开发、海洋航运和海洋环境保护等部门的科技人员参阅。

由于时间仓促，编著者的水平和学识有限，书中一定有许多不妥之处，恳请读者批评指正！

编著者

2021年

目　录

第1章　绪　论

迄今为止，人们在浩瀚宇宙中只发现地球上有人类繁衍生息，这主要是因为地球上有四个动态发展并相互作用的圈层——大气圈、岩石圈、水圈、生物圈，它们共同构成了地球系统。这些圈层内/间的所有过程都是由太阳驱动的，太阳辐射驱动热量、水、气体和其他物质的传输，同时驱动机械过程与化学、生物过程的相互转化。它们的联合行动可以确保地球上所有生物的存在并创造我们所了解的地球上各种各样的气候和景观。海洋作为地球系统的重要组成部分，存在于地球的独特环境之中，具有特殊性和复杂性。

第1节　海洋概述

1.1.1　海洋的基本特征

海洋和大气主要起源于地球内部。自46亿年前地球形成以来，水蒸气和其他气体从地球内部逐渐释放。这一过程持续进行，但释放气体的速度随时间的推移而降低。这是因为与现在相比，早期的地球内部更热，地幔中的对流更剧烈，气体释放更迅速。大约25亿年前，大部分水和大气气体就已经从地球内部释放出来。现在仍有少量的水和大气气体持续从地球内部释出。这些释出的海洋和大气共同提供了我们地球的流体环境。

海洋是地球流体最大、最突出的特征，地球表面有70.8%的面积被海洋覆盖。由于人类文化生活的中心在陆地，人们自然地想象世界是由海水边缘包围的大片陆地所组成，因此形成一种陆地主宰地球表面的观点。但海洋对所有生命形式都是必不可少的，它为数十亿年内生命的进化提供了一个稳定的环境。因此在很大程度上海洋对地球上生命的发展负有重要责任。对人类来说，海洋的重要性主要体现在对人类自身和对人类生存环境的影响这两方面：①水是地球上几乎所有生命形式的主要组成部分，而我们自身的“水”（体液）与海水具有极为相似的化学性质；②海洋对地球的塑造起着关键的作用，并因此对地球环境产生着深远的影响。因此，我们对海洋特性的阐述主要关注两个方面，一是海水的特性，二是海洋的形态特性。

海水的特性很大程度上由水的特性限制决定，它包括：水分子的极性结构决定了水分子的特殊性质，与其他液态物质相比，它具有高熔点和沸点、大比热和潜热、强大的溶剂性质和4℃时密度最大等特点。溶解的盐可以增加水的密度，并降低其达到最大密度的温度和冰点。海洋中的水占地球水循环的97%，水在海洋中的停留时间以千年为单位，在大气中的停留时间以天为单位。海水结冰的过程会释放盐分，因此海冰的形成增加了剩余海水的含盐量，从而进一步降低其冰点，增加其密度。

全球海洋的海水总体积约13.7×10^8km^3，其中水占95.5%。海水的许多独特的物理性质（例如：大的比热容和介电常数、极大的溶解能力、极小的黏性和压缩性等）对海洋的生物化学过程、海洋的热状态以及海水的运动等都具有十分重要的意义。同时，不同于一般的淡水，海水是十分复杂的盐溶液。海水中溶解有多种气体（例如氧和二氧化碳）和大量的各种粒度的有机和无机悬浮物质。这些物质对海水的物理、化学性质有不同的影响，并为海洋生物的生长提供良好的物质基础。复杂的海水也导致海洋生物与陆地生物的诸多迥异：陆地生物几乎集中栖息于地表上下数十米的范围内，而海洋生物的分布则从海面到海底，范围可达10 000 m。海洋包含了地球上数量最多的生物，从微小的细菌和藻类到今天最大的生命形式（蓝鲸），构成了一个特殊的海洋食物网，再加上与之有关的非生物系统，形成了一个有机界与无机界相互作用与联系的复杂海洋生态系统。

海洋作为一个物理系统，无时不在进行着“水—汽—冰”三态的转化，这是在其他星球未被发现的。水的形态转变势必影响海水密度等诸多物理性质的分布与变化，进而影响海水的运动以及海洋水团的形成与消长。

此外，占地球表面总面积的70.8%、面积达3.61×10^8 km^{2}的海洋，其总体形态特征对海洋状况具有重要意义。海洋的总体形态特征概括起来主要有三点：“既广阔又有界”“既深厚又浅薄”“既相通又分隔”。

海洋的广阔，指的是海洋的水平尺度很大，达数百、数千乃至数万千米的量级。在南北方向上，海洋可以贯通两极。在南纬50°的东西方向上，海洋可以环球一周。从赤道到两极，海洋的热盐结构与水团特征大相径庭，海洋热力学过程迥异，形成了大尺度的热盐环流。海洋的广阔性决定了海洋在多方面的独有特征。例如天体引力作用变得重要从而产生了海洋所特有的，与湖泊、河流运动截然不同的潮汐与潮流运动；地球的自转效应成为研究海水运动不可忽视的因素，进而使海水运动尺度谱区极宽、运动形式千姿百态；海洋动力学研究可以合理假设边界为“无穷远”，以便于解析求解和数值求解。

海洋广阔并非全球覆盖。海洋被大陆分割成几个相对独立的大洋，又在大洋的边缘被陆地、半岛和岛屿等分割成海或海湾。在研究和讨论各大洋和海湾的具体问题时必须要考虑边界的影响。各大洋、海和海湾等都具有各自不同的特征。由于大陆大多是南北走向，各大洋都有相似的东、西边界。在东、西边界的附近海域，海流有非常独特的变化。假如各大洋都像环绕南极大陆的南大洋那样没有东西边界，世界大洋的环流将会和现在非常不同。

与陆地、河流和湖泊等相比，海洋是深厚的。全球海洋的平均深度约为 3 795 m，比陆地的平均高度（约 875 m）要大得多。大洋中深度超过 6 000 m 的海沟已发现有 30 多条，超过 10 000 m 的海沟有 5 处之多。最深的马里亚纳海沟达 11 034 m，比陆地上最高的珠穆朗玛峰几乎高出 2 200 m。海洋的宽广和深厚使海洋环流得以充分发展，形成具有各种不同特性的水团结构，从而让各种不同的海洋生物得以充分发展。在海洋动力学研究中，时常假设海洋“无限深”。但与地球半径相比，海洋非常浅薄。海洋的平均深度只有大约地球半径的六万分之一。且与海洋的水平尺度相比，海洋的绝对深度也很小。海洋的纵横比大约只有 10^{-3} 量级。因此，海水运动在水平方向较强，垂直方向较弱。在海洋动力学研究中，大尺度的海水运动常常忽略垂向运动而简化为二维问题来处理。

地球上的海洋是相互连通的一个整体，常常称之为世界大洋。依据各大洋既有的发展史和独特形态，世界大洋被分为太平洋、大西洋、印度洋和北冰洋。但太平洋、大西洋和印度洋在南半球是互相连通的。其人为划定的分界线并无多少科学依据。太平洋、大西洋和印度洋是绵延一体的南大洋向北的延伸，而北冰洋则是大西洋向北的再延伸。由于所有大洋都相互连通，它们的物质和能量可以充分交换。海洋环流连续的时空变化把世界大洋联系在一起，使各大洋的水文、化学要素及热盐状况得以保持长期相对稳定。因此，各大洋实质上是一个真正的整体。虽然世界大洋是一个整体，但海水的运动却并非畅通无阻。例如，北冰洋与太平洋之间仅靠宽度约 80 km 深度大约为 18~40 m 的白令海峡相连，它们的中、深和底层海水难以沟通。北冰洋与大西洋的连接位于两个大洋分界线上的冰岛—法罗岛海脊，也限制了两个大洋的深、底层海水的交换。在边缘海和内海，海水交换所受的限制更大。海洋的这种既相通又分隔的特征造就了世界大洋各部分的“共性”和“个性”。

1.1.2　海洋与环境的相互作用

海洋存在于地球之上，无时无刻不在与周边环境发生着能量和物质的相互作用，并由此形成海洋独有的特征。地球是太阳系的幸运儿。它以适中的质量和距离获得适中的温度，并保留自身释放的大气和水，从而孕育和繁衍了旺盛的生命世界。在岩石圈、大气圈和水圈之后，地球又产生了生物圈。生物和人类的发展又影响和改变着大气圈、水圈和岩石圈的性质。不同圈层以及圈层和人类之间通过能量和物质的相互渗透、交换和转化，经历了漫长的演变和适应过程，形成了各自的独特性质和相互适应、相互依存、相互平衡的独特整体作用关系。海洋是这个整体中非常重要而独特的组成部分。

海洋与其周边环境的相互作用，主要是通过海面、海底和海岸带这三个海洋边界进行的。海面是海洋与外界沟通的主要窗口。通过海洋表面，海水吸收太阳辐射并与大气进行动量、能量和物质交换。海洋每年蒸发约 4×10^{8} t 水，可使大气中的水分每 10 ~15 d 完成一次更新。太阳辐射是海洋和大气能量的主要来源。大气像一台热机，把海洋提供的热能转化成动能，再通过海面风应力部分地返还给海洋。海气之间的能量传输和转化过程也制约着它们之间的物质交换。海底是海洋与岩石圈之间动量、能量和物质交换的边界。海洋与岩石之间的物质交换，是影响海水化学成分长期变化的主要原因之一。海岸带是大陆和大洋相互联系的纽带，大陆的物质需要通过沿岸带的作用才能进入大洋。同时，海岸带和大陆架浅海又是海洋能量的主要耗散带，在海洋动力学上具有重要的意义。

只有一种海洋与环境的相互作用是不通过海洋边界的，那就是地球和其他天体（主要是月球和太阳）对海水的引力。由于重力随时间变化微小，它对海水运动的作用主要体现为动能和势能的相互转化。重力在空间上的微小变化在海洋动力学中往往忽略不计。但其他天体（主要是月球和太阳）对海水的引力与重力不同。虽然其最大量值仅有重力的 10^{-7}，但其时空变化显著，与地球自转结合可以产生海水（特别是大陆架海水）运动的重要形式——潮汐。此外，地球自转对海洋的大尺度运动和低频运动也有重要影响，在海洋动力学中非常重要。

总之，千姿百态的海洋现象和运动归根结底是海洋中能量和物质的传输、分配、转化和累积等过程的具体表现形式。这些能量和物质的最终来源是海洋通过与其周边环境之间的相互作用而获得的。因此，海洋与其周边环境的相互作用是海洋现象发生、发展和变化的原动力，也是海洋动力学研究的基础和前提。

1.1.3 海洋是多层次、多系统的统一体

海洋充满着各种各样的矛盾，例如前文所述的“广阔与有界”“深厚与浅薄”“相通与分隔”，以及蒸发与降水、结冰与融冰、海水的升温与降温、上升与下沉，物质的溶解与析出、沉降与悬浮、层积与冲刷，海侵与海退，波浪的生与消，潮位的涨与落，大陆的裂离与聚合，大洋地壳的扩张与潜没，海洋生态系统平衡的维系与破坏等。它们相辅相成，共同构成了海洋这个复杂的矛盾统一体。而这个统一体又可分为许许多多不同的子系统，来呈现海洋中错杂纷繁的现象和过程。比如世界海洋是由河口、海湾、海峡、海、陆架浅海、深海等组成的一个地理系统；海水的各式各样的运动，构成海水的运动系统，而每种运动又构成各自的分系统，如海流、波浪、潮汐、流等；海洋生物中同一群落的不同种群之间，生物与无机物之间等形成生态系统；海水中各种形式的二氧化碳之间，以及它们与沉淀物中的碳酸盐之间形成二氧化碳系统等等。每个系统又是一个矛盾的统一体。而各个系统之间，都相互作用相互关联，并与地球构造运动以及天文因素等密切相关。它们通过各种形式的能量和物质的交换转化密切

联系在一起，从而构成了一个全球规模的、多层次的、多系统的复杂海洋自然系统。各个系统之间相互联系，每个系统的存在都是其他系统存在的前提；每个系统的变化都不同程度地影响其他系统并牵动其改变。它们相互影响相互制约并达到相互平衡。在海洋这个多层次、多系统的统一体中，海水的运动具有特殊意义。海水的运动实现了系统之间及系统内部能量和物质的流通与转换。假如没有海水运动，海洋各系统之间的联系就会受到阻碍甚至断裂，海洋将会完全不同。因此，运动是海洋最基本的特征，没有运动就没有海洋。

第 2 节　海洋科学

海洋学（Oceanography）或海洋科学（Marine science）传统上是指对海洋进行研究的科学。Oceanography 由 ocean 和 graphy 两个单词组成。其中 ocean 为海洋环境，graphy 是描述，连起来就是对海洋环境的描述。这一术语最早出现在 19 世纪 70 年代海洋科学探索的开端。但这一定义并没有完全概括海洋学所涵盖的范围。海洋学不仅是描述海洋现象，更是对海洋环境各个方面的科学研究。因此，海洋学更精确的定义应该是 oceanology（ology 指研究）。海洋科学属于地球科学体系，是研究地球上的海洋现象、性质及变化规律，并开发与利用海洋的有关知识体系。

1.2.1　海洋学研究的对象、内容和任务

海洋学研究的对象是世界海洋及其与之密切相关的大气圈、岩石圈、生物圈。其中，既有占地球表面近 71%的海洋（海水、溶解或悬浮于海水中的物质、生存于海洋中的生物等），也有海洋底边界（海洋沉积和海底岩石圈）、海洋侧边界（河口、海岸带等）及海洋上边界（海面上的大气边界层）等等。

海洋学研究的主要内容包括海水的运动规律，海洋中的物理、化学、生物、地质过程及其相互作用的基础理论，海洋与天气气候的相互联系，海洋资源的开发与利用，以及与海洋军事活动等所迫切需要的应用研究。

海洋学研究的任务是借助于现场观测、物理和数值实验等手段，通过分析、综合、归纳、演绎及科学抽象等方法，研究海洋自然系统的结构和功能，以便于认识海洋、揭示规律，使之既可服务于人类，又能保证可持续发展。

海洋科学研究与力学、物理学、化学、生物学、地质学以及大气科学、水文科学等均有密切联系。同时，海洋科学研究还关系到海洋环境保护和污染监测与治理，以及环境科学、管理科学和法学等。世界大洋的统一性和整体性，海洋中各种自然过程相互作用及反馈的复杂性和人为外加影响的日趋多样性，以及主要研究方法和手段的相互借鉴相辅相成的共同性等已促使海洋科学发展成为一个综合性很强的科

学体系。

1.2.2 海洋学研究的特点

首先，海洋科学明显依赖于直接观测。这些观测应该是在自然条件下进行的长期的、有周密计划的、连续、系统而多层次的、有区域代表性的海洋考察。直接观测的资料是实验研究和数值研究的可靠借鉴和验证。事实上，基于先进的研究船、测试仪器和技术等所进行的直接观测的确推动了海洋科学的发展。特别是20世纪60年代以来，几乎所有的海洋学重大进展都与此密切相关。

其次，海洋科学研究越来越采用信息论、控制论、系统论等方法。这是因为直接的海洋观测艰苦危险、耗资费时，获取的信息具有局部性和片断性，不足以满足研究海洋现象、过程与动态的需要。而信息论、控制论、系统论的观点和方法可以对已有资料进行加工，并通过系统功能模拟模型来进行研究并取得较好结果。

最后，海洋科学学科分支细化与相互交叉、渗透并重，综合与整体化研究日趋明显。在其发展过程中，海洋科学学科分支逐渐细化，研究愈加深入。同时，各分支学科之间相互交叉渗透，彼此依存促进。因此，着眼于整体，从相互合作与联系中去揭示整个系统的特征与规律的观点与方法论日趋兴盛。现代海洋科学研究及海洋科学理论体系的整体化已是大势所趋。

1.2.3 海洋科学的分支

海洋科学体系既有基础性科学，又有应用与技术研究，还有管理与开发研究。在海洋科学体系中属于基础性科学的有物理海洋学、海洋化学、海洋生物学、海洋地质学、环境海洋学以及区域海洋学等；属于应用与技术研究的有卫星海洋学、渔场海洋学、军事海洋学、航海海洋学和遥感探测技术、海洋生物技术、海洋环境预报以及工程环境海洋学等；属于管理与开发研究方面的有海洋资源、海洋环境功能区划、海洋法学、海洋监测与环境评价、海洋污染治理、海域管理等。在这些海洋科学的分支学科中，物理海洋学、海洋化学、海洋生物学和海洋地质学这四门学科是海洋科学的基本学科，学界也常常称物理海洋学、化学海洋学、生物海洋学和地质海洋学为海洋科学的基础学科（图1-1）。

上述海洋科学的基本学科分别研究海洋某一个重要侧面的能量与物质交换和转化，由于其研究对象的特殊性，各学科是相对独立的，而由于海洋的统一性，各学科之间又是相互联系、相互渗透和相互依从的。

1.2.4 海洋科学的发展史

海洋科学研究源于与人类经济活动有关的海上贸易航行和航海的需要。现今被普遍认可的观点将海洋科学发展历史分为三个主要阶段：①海洋空间边界探索期和早期

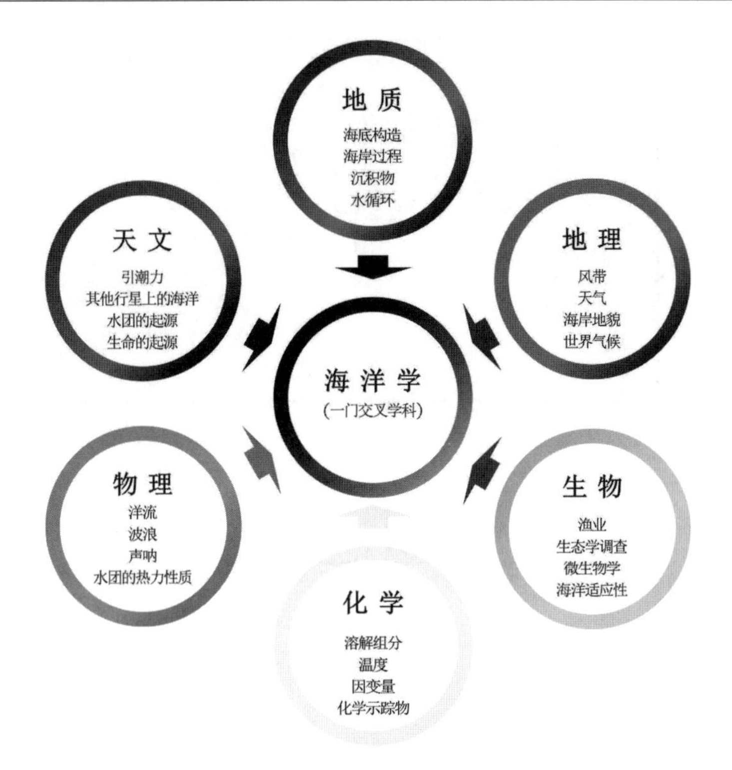

图 1-1　海洋科学的分支

观测、研究阶段；②海洋科学的奠基与形成时期；③现代海洋学时期。

（1）海洋的早期探索、观测和研究时期。

这一时期，人类对海洋的探索主要是出于对食物资源的需求，以及人类天然的好奇心和冒险精神，随着社会的发展，逐步扩展到贸易的需要。东方展开的海上远航活动中最广为人知的便是中国明代永乐、宣德年间的郑和七下西洋。首次航行始于永乐三年（1405 年），末次航行结束于宣德八年（1433 年），其航海路线如图 1-2 所示，该远航活动是 15 世纪末欧洲地理大发现航行之前，世界历史上规模最大的一系列海上探险活动。而西方对海洋的探索主要开始于 15 世纪资本主义兴起之后的地理大发现时代（15 世纪至 16 世纪），人类在这段时期正式开始了对海洋的征服。其中包括了几个比较著名的远航活动：意大利人哥伦布于 1492—1504 年 4 次横渡大西洋到达南美洲；葡萄牙人达 · 伽马于 1498 年从大西洋绕过好望角经印度洋到印度；葡萄牙的麦哲伦船队于 1519—1522 年完成了人类第一次环球航行（图 1-3）。

而在后来的 1768—1779 年间，英国皇家海军詹姆斯 · 库克船长的三次航海探险标志了现代航海和海洋科学研究的开端（图 1-4），这一系列远航活动首先完成了环南极航行，并最早进行了科学考察，获取了第一批关于大洋深度、海温、海流及珊瑚礁等资料。

早期人类对海洋的探索虽然不够完善，但是却产出了许多科技成就，直接推动了

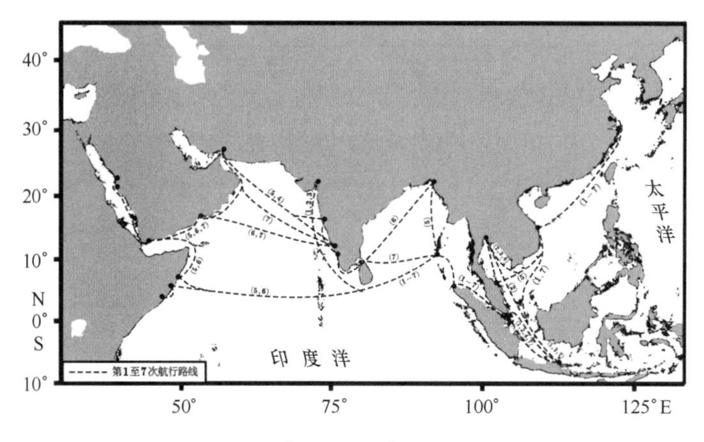

图 1-2　郑和下西洋航海路线图

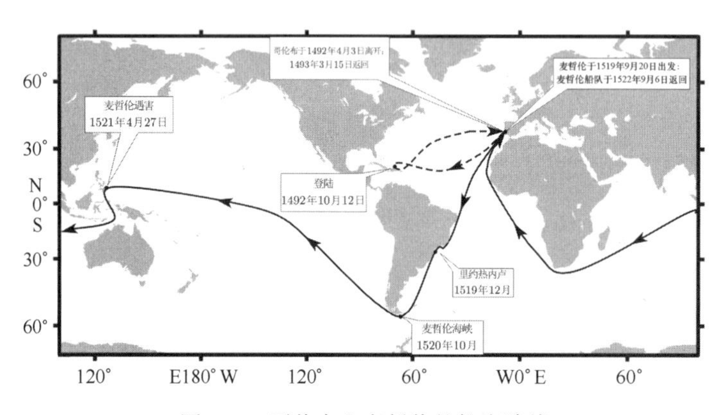

图 1-3　哥伦布和麦哲伦的航海路线

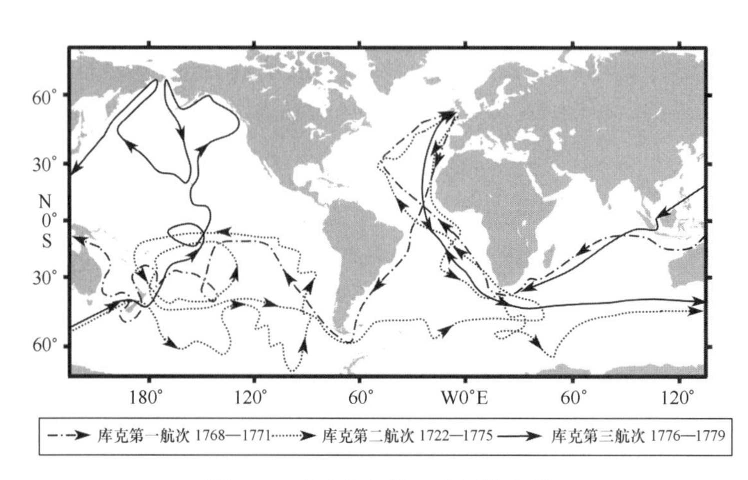

图 1-4　库克船长的三次航海路线

航海探险并为海洋科学分支奠定了基础。其中包括很多早期的发明创造：如鲍恩在

1567 年发明了计程仪，墨卡托在 1569 年发明绘制地图的圆柱投影法，哈理森在 1579 年制成当时最精确的航海天文钟，吉伯特在 1600 年发明测定船位纬度的磁倾针等。还包括很多科学成果：如英国人玻意耳在 1673 年发表了著名的水浓度论文，荷兰人列文虎克在 1674 年荷兰海域最先发现了海洋原生动物，英国人牛顿在 1687 年用引力定律解释潮汐，瑞士人伯努利在 1740 年提出平衡潮学说，美国人富兰克林在 1770 年发表海流图，法国人拉瓦锡在 1772 年首先测定海水成分，法国人拉普拉斯在 1775 年首创大洋潮汐动力理论等。

（2）海洋科学的奠基与形成时期（19 世纪至 20 世纪中叶）。

这一时期，人类开始对海洋的各种现象进行定性描述，对海洋探险逐渐转向对海洋的综合考察，海洋研究日益深化，成果众多且形成了理论体系。同时，专职研究人员的增多和专门研究机构的建立也标志着海洋科学的独立形成。

进入该时期以来，人们对探索海洋的热情没有衰减，在 19 世纪前期，比较著名的远航调查有达尔文在 1831—1836 年随“贝格尔”号的环球探险，英国人罗斯在 1839—1843 年的环南极探险等。19 世纪后期，为了满足连接各大洲越洋通讯的需求及与之相关的海底电缆铺设需求，各国开始重视研究深海海底的物理、化学和生物条件。在英国皇家学会的建议下，“挑战者”号被指派执行这项任务并在 1872—1876 年间完成了环球航行考察，探险队沿着某些海域系统地调查了海洋的物理和生物状态（见图 1-5）。作为第一次现代海洋学考察，“挑战者”号进行的多学科综合性观测覆盖了在三大洋和南极海域的几百个站位。同时关于其后继的研究也产生了大量成果，包括出版的 50 卷书中含有大量包括温度和盐度的新信息，以及揭示深海奇观的海底样品。“挑战者”号远征为后来海洋作为一门独立学科的形成奠定了基础，也标志着海洋学作为一门系统科学的开始。这次考察的巨大成就，又激起了世界性的海洋调查研究热。在各国竞相进行的调查中，德国“流星”号因 1925—1927 年的南大洋调查计划周密、仪器新颖、成果丰富而备受重视。“流星”号的成就又吸引了荷兰、英国、美国、苏联等国家先后进行环球航行探险调查。这些大规模的海洋调查不仅观测到许多新的海洋现象，积累了大量资料，还为观测方法本身的优化提供了依据。

在这期间，关于海洋研究方面的重要人物和成果如雨后春笋一般大量涌现。其中包括物理海洋学的开创者，美国海军军官马修・莫里。他于 1842 年因伤被限制职责，负责海军海图和仪器仓库。通过闲暇查阅船只的航海日志和其他记录，他很快意识到这些信息的巨大价值并对这些数据进行了分析，得出了世界上大部分海洋的洋流、风和航线。这些成果被他总结成了海图和航海指南，从 1849 年一经出版便引起了全世界海员的注意，并促成了一项国际合作努力以定期收集海洋数据的传统，而这种合作在今天仍然存在。后来在 1855 年他又出版了海洋学的经典著作《海洋自然地理学》。除此以外，该时期还诞生了很多海洋生态学的重要成果，如英国人福布斯在 19 世纪 40 年代至 50 年代出版了《海产生物分布图》和《欧洲海的自然史》；英国人达尔文 1859 年

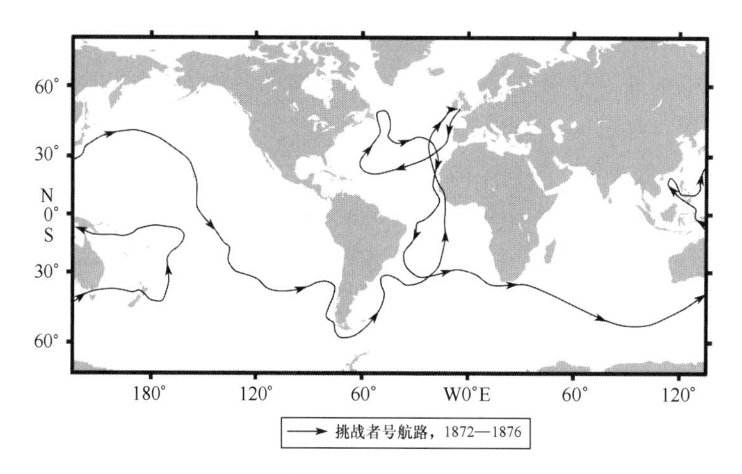

图 1-5 “挑战者”号综合性科考路线

出版了《物种起源》。它们分别被誉为海洋生态学、近代海洋学和进化论的经典著作。在海洋化学方面，迪特玛于 1884 年证实了海水主要溶解成分的恒比关系。在海流研究方面，桑德斯特朗和海兰汉森于 1903 年提出了深海海流的动力计算方法；埃克曼于 1905 年提出了漂流理论。在海洋地质学方面，1891 年英国海洋学家默里与比利时地质学家雷纳德合作撰写了《“挑战者”号航海科学考察成果报告：深海沉积》一书。作为海洋地质学的第一部学术专著，此书开创了海洋沉积地质学研究的先河。而斯韦尔德鲁普、约翰逊和福莱明合著的《海洋》（The Oceans）一书，则对此前的科学发展和研究给出了全面、系统而深入的总结，被称为海洋科学建立的标志。

（3）现代海洋学时期（20 世纪中叶至今）。

因为战争的需要，海洋学在 20 世纪中叶以来迅速发展。其中最典型的便是第一次世界大战为海洋研究提供了两个额外的刺激因素：潜艇和声呐。而声呐几乎作为是探测潜水艇的唯一手段，对其的探究更是重中之重。英国的实验表明，声呐探测潜艇的能力在很大程度上取决于上层海洋的温度和密度结构。所以时至今日，改进对潜艇和水面舰艇作业的海洋环境条件的预测依然是海洋基础研究的一个主要目标，并且该研究一直都是由世界各国海军赞助。第二次世界大战之后，世界范围内还成立了许多海洋科学组织，包括政府间组织（例如政府间海洋学委员会）和民间组织（例如国际物理海洋学协会等）。

同时在该时期，人们还开展了很多大规模的海洋国际合作调查研究，其中包括国际地球物理年（IGY，1957—1958），国际印度洋考察（IIOE，1957—1965），国际海洋考察 10 年（IDOE，1971—1980），热带大洋国际合作调查（ICITA，1963—1964），黑潮及邻近水域合作研究（CSK，1965—1977），世界气候研究计划（WCRP，1980—1983），深海钻探计划（DSDP，1980—1983）。1980 年以后，有关机构又提出了多项为期 10 年的海洋考察研究计划，例如世界大环流试验（WOCE），大洋钻探计划

（ODP），全球海洋通量研究（JGOFS），热带大洋及其与全球大气的相互作用（TOGA）及其组成部分热带海洋全球大气耦合响应试验（TOGA-COARE）。1993 年为期 15 年的气候变率和可预报性研究计划（CLIVAR）开始实施。而 1994 年，涉及全球海洋的所有方面和问题的《联合国海洋法公约》正式生效。

进入海洋学快速发展时期以来，各国政府还在大幅增加对海洋科学研究的投入，研究船的数量成倍增长。20 世纪 60 年代以后，专门设计的海洋研究船性更好，设备更先进。计算机、微电子、声学、光学及遥感技术广泛地应用于海洋调查和研究中，例如盐度（电导）—温度—深度仪（CTD），声学多普勒流速剖面仪（ADCP）、锚泊海洋浮标、气象卫星、海洋卫星、地层剖面仪、侧扫声呐、潜水器、水下实验室、水下机器人、海底深钻和立体取样的立体观测系统等。

目前，各类科学突破频现，几十年的研究成果早已超出历史的总和。板块构造学说被认为是地质学的一次革命；海底热泉的发现使海洋生物学和海洋地球化学获得新的启示；海洋中尺度涡和热盐细结构的发现与研究促进了物理海洋学的新进展；大洋环流理论、海浪谱理论、海洋生态系统、热带大洋和全球大气变化等领域的研究都获得突出的进展与成果。科研论著面世令人目不暇接。而一些多卷集系列著作，如海尔主编的《海洋》（The Sea）则被认为是代表性著作。

1.2.5　中国的海洋科学

在人类早期认识海洋的历史中，中国人民作出了巨大的贡献。早在两千多年前，中国人就发明指南针并用于航海。12 世纪，指南针传入欧洲并促进了欧洲的远洋航行探险。公元 4 世纪，中国人已能在所有邻海上航行。汉朝时，中国海路已通日本、印度尼西亚、斯里兰卡和印度，甚至远达罗马。公元 1405—1433 年，郑和先后率船队“七下西洋”，渡南海至爪哇，越印度洋到马达加斯加，堪为人类航海史中的壮举。

关于海洋知识，早在公元前 11 世纪至公元前 6 世纪的《诗经》已记载“朝宗于海”；公元前 2 世纪至公元 1 世纪，《尔雅》中记有海洋动物和海藻；公元 1 世纪，王充明确指出了潮汐与月相的相关性；公元 8 世纪窦叔蒙的《海涛志》进一步论述了潮汐的日、月、年变化周期，建立了现知世界上最早的潮汐推算图解表；公元 10 世纪燕肃在《海潮论》中分析了潮汐与日、月的关系，潮汐的月变化以及钱塘江涌潮的地理因素；明代《郑和航海图》中不仅绘有中外岛屿 846 个，而且分出 11 种地貌类型。1596 年屠本畯撰写成区域性海产动物志《闽中海错疏》。蜿蜒于中国东部和东南沿海的海塘，工程雄伟，堪与长城和大运河相比，其根基和后盾则在于海洋科学知识的运用。

但近代，当西方进入海洋科学形成阶段时，中国封建社会夜郎自大、闭关锁国等政策，严重阻碍了海洋科学的发展。鸦片战争之后，国家陷入半殖民地状态，海洋科学处境艰难，发展缓慢。进入20世纪，中国地学会、中国科学社陆续成立并开始宣传海洋科学知识，开展海洋研究。1922年海军部设立了海道测量局，开始进行海道测绘。1928年青岛观象台增设海洋科学。1931年中华海产生物学会成立。1935年太平洋科学协会海学组中国分会成立。同年6—10月，动植物研究所组织了首次青岛至秦皇岛沿线调查。之后，由于日本侵华，战乱迭起，研究工作大都停顿，只有马廷英、唐世风等在福建组织了一次海洋考察。抗日战争胜利后，山东大学、厦门大学和台湾大学在1946年分别创立了海洋研究所。厦门大学还建立了海洋学系。中华人民共和国成立后，在1950年8月于青岛设立了中国科学院海洋生物研究室并于1959年扩建为海洋研究所。1952年厦门大学海洋系理化部北迁青岛，与山东大学海洋研究所合并成立了山东大学海洋系，并于1959年在青岛独立为山东海洋学院，其后于1988年更名为青岛海洋大学，即现今的中国海洋大学。1964年国家海洋局成立。此后特别是20世纪80年代以来，一大批分别隶属于中国科学院、教育部、国家海洋局等的海洋科学研究机构陆续建立，形成了强有力的科研技术队伍。目前国内主要研究方向有海洋科学基础理论和应用研究，海洋资源调查、勘探和开发技术研究，海洋仪器设备研制和技术开发研究，海洋工程技术研究，海洋环境科学研究与服务，海水养殖与渔业研究等。在物理海洋学、海洋地质学、海洋生物学、海洋化学、海洋工程、海洋环境保护及预报、海洋调查、海洋遥感与卫星海洋学等方面都取得了巨大的进步，不仅缩短了与发达国家的差距，而且在某些方向已位于世界先进行列。

回顾历史，在“挑战者”号环球调查80多年之后，中国于1958—1960年才进行了近海较大规模的综合调查，1976年第一次赴太平洋中部调查，在时间上落后了整整100年。然而，此后两年中国就参加了全球大气研究计划中的中太平洋西部调查。1984年首次派出南极考察队且其后每年派出；1985年2月建成南极长城站；1986年加入“南极条约组织”，次年成为南极研究科学委员会（SCAR）的正式成员国之一；1989年建成南极中山站；1990年联合国决定在中国建立“世界海洋资料中心”；1991年2月联合国国际海底管理局批准中国申请太平洋国际海底矿区15×10^4 km^2；1991年11月中国首次参加世界大洋环流实验调查；1992年11月至1993年3月参加“TOGA-COARE”的西太平洋强化观测；1992年完成了历时7年的中日黑潮合作调查研究；1994年10月在天津正式成立国际海洋学院中国业务中心；1999年又开始了中日副热带环流合作调查研究；1995年5月中国首次远征北极，科学考察队到达北极点；1996年11月世界海洋和平大会在北京召开，通过了《北京宣言》。

依据《联合国海洋法公约》与《中华人民共和国领海及毗连区法》等，中国主张管辖的海域面积相当于陆地国土面积的1/3。捍卫国家主权，维护海洋权益是国人的神圣义务。《中国21世纪议程》对海洋领域给予高度重视。其后制定的《中国海洋21世纪议程》则更全面地叙述了我国海洋未来可持续发展的战略目标和行动计划。国家委以重任，人民寄予厚望，发展海洋科学，繁荣海洋经济，保护海洋环境，造福子孙后代，任重而道远。

1.2.6 海洋科学的未来

当今世界，人口急增，耕地锐减，陆地资源近乎枯竭，环境状况日益恶化，众多有识之士预见到这些危机并把目光再次投向海洋。一些国家制定了 21 世纪的海洋发展战略。许多知名的科学家、政治家异口同声地称 21 世纪为“海洋科学的新世纪”。联合国及有关国际组织也更加关注海洋事务。仅从 1994 年算起就有《联合国海洋法公约》生效，国际海底管理局成立，国际海洋法庭建立，“海洋和海岸带可持续利用大会”“保护海洋环境国际会议”和“世界海洋和平大会”等召开。何以如此？因全世界面临的人口、资源、环境三大问题，几乎都可以从海洋中寻求出路。如何将上述可能变为现实，海洋科学是桥梁。海洋科学在历经古代、近代和现代的发展之后，必将迎来一个更为辉煌的新时代。

当前和未来的海洋学研究的趋势有：

（1）更多的国际努力来解决研究的成本和规模；

（2）更多地使用潜水器进行深海勘探；

（3）越来越多地使用计算机来模拟复杂的海洋过程；

（4）更多地使用无人自主观测设备；

（5）更多地使用遥感；

（6）建设立体观测和多学科交叉；

（7）更多地应用大数据和机器学习。

第 3 节　物理海洋学概述

物理海洋学是海洋科学的一个分支，起源于海洋自然地理和气象学。在广泛意义上，它也属于古典和现代物理学研究，是地球物理学的一个分支。

1.3.1 物理海洋学研究对象、内容和方法

物理海洋学研究海洋中的各种物理现象和过程，例如海水运动形式，海洋中物理场的形成、分布和变化规律等。根据研究方法的不同，物理海洋学分为动力海洋学和海洋水文学。海洋动力学（或动力海洋学）是以流体力学和热力学原理为基础，借助于数学工具，研究海洋中各种运动的发生发展规律的科学。海洋水文学是通过各种手段对海洋物理现象进行直接观测，依据流体力学和热力学的基本原理，利用动力海洋学及其他学科的成果，对观测资料进行分析研究，以揭示海水的运动规律以及各种物理化学要素的分布变化特征。海洋水文学具有水文学和地理学的性质，主要以实际观测资料为基

础，对海洋现象进行客观的定性表示。在海洋科学发展的前期（到20世纪中叶），描述性海洋水文学占主要地位并为现代动力海洋学的发展奠定了基础。对一个具体的海洋现象来说，以实际观测为基础的定性研究仍然是定量研究的前提。值得注意的是，物理海洋学与海洋物理学不同，海洋物理学还包括海洋声学、光学和电磁学等内容。

物理海洋学的发展主要受几方面的促进，即对海洋知识特性、海洋事务的实际需要和海洋在调节天气和气候方面发挥的重要作用。大气科学的进步对海洋动力学的发展作出了重大贡献。天气预报的迫切性促使科学家在北半球的所有陆地上建立了天气尺度（大约250千米）的气象观测网，并在南半球和海洋建立了一个稀疏的观测系统。基于这个网络的观测数据研究形成了动力学概念和动力学理论，并解释了极为广泛的时空尺度上的大气过程。目前，对从小尺度的龙卷风（5 km）到大尺度的大气环流（5×10^5 km）等大气事件都存在着合理的理论和解释。在第二次世界大战前后的几年里，人们认识到大气动力学可以转化为海洋动力学。但由于介质的不同，尺度因子会发生适当的变化。地球物理流体动力学是大气和海洋的坚实理论基础。事实上，它甚至已不同程度地成功应用于金星和木星大气层的运动，但这一成功并不代表所有关于“海洋动力学”的知识都是已知的，而仅仅意味着其基本框架是完整的，这是因为许多发生在海洋中的过程，时空尺度跨度大且非常复杂，导致它们在原理方面的合理严格描述超过了当前可用的计算能力。因此，科学研究被迫将许多过程参数化，即用一个简化的模型代替它们严格的物理描述，但该模型的充分性通常很难分析（例如将大尺度湍流简化为涡流扩散过程）。参数化对于地球物理学的研究是必不可少的手段。

物理海洋学的研究思路遵从“观测—假设—测试—理论—预报”的科学研究思路（图1-6）。

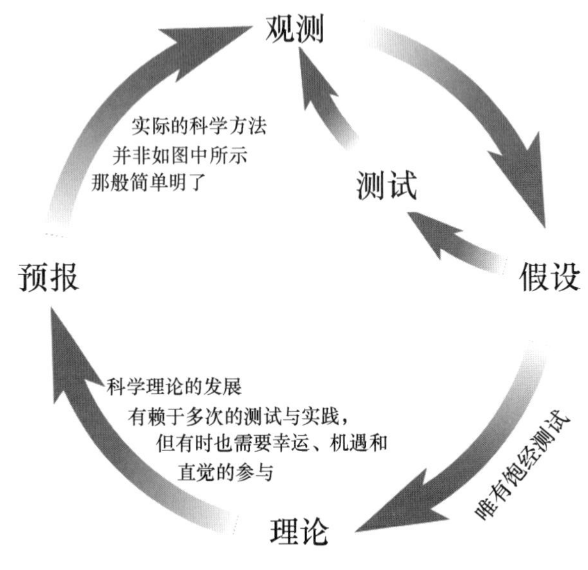

图1-6　科学研究思路图

现代物理海洋学注重观测、理论和数值模拟研究三者结合来对海洋动力学进行完美描述。单一的研究方式缺陷较大。海洋观测在时间和空间上较稀疏，仅提供一定区域的时间平均的粗略描述。海洋物理过程是非线性和湍流的，但当前的湍流理论是对现实问题的简化近似。数值模型是理论模型的计算机实现，可帮助我们在连续时间和空间上观测和认识海洋，并用于预测气候变化、海流和海浪。但数值方程是描述流体流动的连续解析方程的近似，并不包含网格点之间的流动信息，因此不能完全描述海洋中的湍流。观测、理论和数值模型的结合，可以避免部分使用单一方法出现的困难（图1-7）。当今物理海洋学的发展，对联合方法的不断改进，可使对海洋的描述更精确。物理海洋的最终目标是充分了解海洋并预测其未来变化。

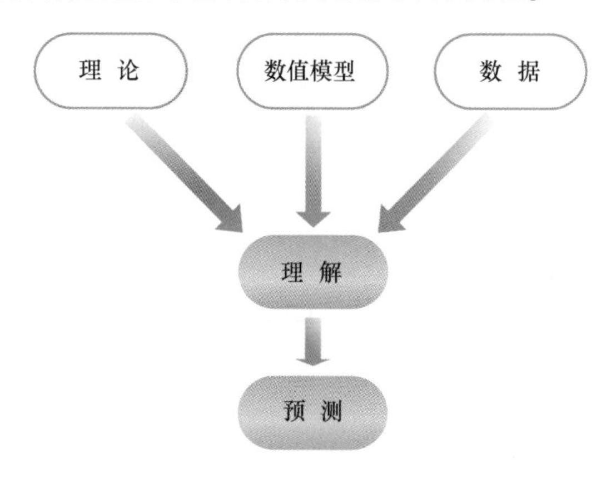

图 1-7　物理海洋学的研究手段和方法

1.3.2　物理海洋问题的时空尺度

图 1-8 展示了发生在海洋中一些主要物理过程的空间（横轴）和时间（纵轴）尺度，也包含了部分生物过程。图中垂直虚线分别代表第一斜压外 Rossby 变形半径（R_o）和第一斜压内 Rossby 变形半径（R_i），水平虚线则表示浮力频率（N）和惯性频率（f）。大尺度平均环流包括从地球周长尺度到几百千米的空间尺度（西边界流的宽度），时间尺度从季节到大约 1 000 年（水质点沿着整个热盐环流循环 1 周的时间），与大尺度平均环流相关的波动过程以斜压行星波的非频散长波分支为时空特征；中尺度涡旋场以斜压行星波的短波分支为特征，空间尺度从几十千米到几百千米，时间尺度从几天到几个月；成为近十几年研究热点的次中尺度过程空间尺度小于十千米，时间尺度几小时到几天。内波（斜压惯性重力波）的时间尺度介于浮力频率 N 和地球惯性频率 f 之间，而空间尺度可以从长表面重力波的全球尺度到斜压重力波尺度的 10 m 范围。在更小的时间和空间尺度上，内波区域接近各向同性湍流，然后通过分子过程连接到能量的最终耗散区域。

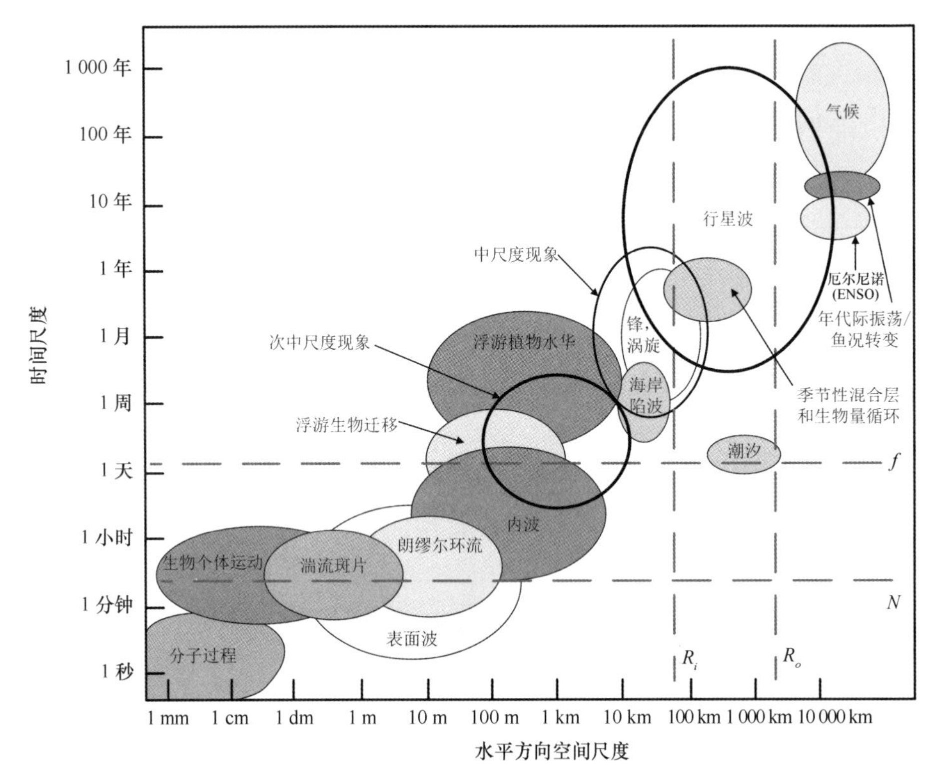

图 1-8 海洋中部分物理和生物过程的时间-空间尺度

图 1-8 中描述的许多物理过程已被广泛认识和研究，并且已开发出相应的模型来解释甚至准确预测在某些尺度范围内的变化。以 Navier-Stokes 方程为基础的海洋运动控制方程描述了所有的运动过程，通过合理简化的方程人们对主要由风驱动的全球海洋环流的时间平均特征提供了合理的一阶近似的解释，包括大洋环流的尺度、强度和西向强化，弱通风阴影区的存在和空间结构、两极附近深水的形成、经向翻转环流的存在等。在这些理论中，海洋运动纯粹是由时间平均的海表和底部应力以及海表热量和淡水通量强迫的。因此，只要这些外部强迫在长时间内保持近似恒定，环流系统就不会存在显著的内部变化，即不依赖于时间。对于与时间相关的处于线性区的各种海洋波动，我们也已得到较好的认识。湍流也由 Navier-Stokes 方程控制，出现湍流的最终原因在于流体的不稳定性。当惯性力比动量平衡方程中的其他力大时，往往会发生这种不稳定性。湍流具有非线性、随机性、耗散性等特点，是经典物理学尚未解决的最后一个难题。

应当注意到，在实际海洋中，图 1-8 中的运动过程以复杂的方式进行着相互作用。观测、解释、建模和预测这些以及许多其他海洋过程是一个巨大的挑战。图 1-9 则展示了当前海洋观测手段所能观测的时空尺度（各种颜色的矩形框）以及全球海洋气候数值模拟和海盆尺度模型所能分辨的尺度（灰色矩形框）。随着观测技术和计算机技术的进步，物理海洋学所研究的时空尺度范围已快速扩展，并逐渐可以进行观测、精确建模并进行预测。

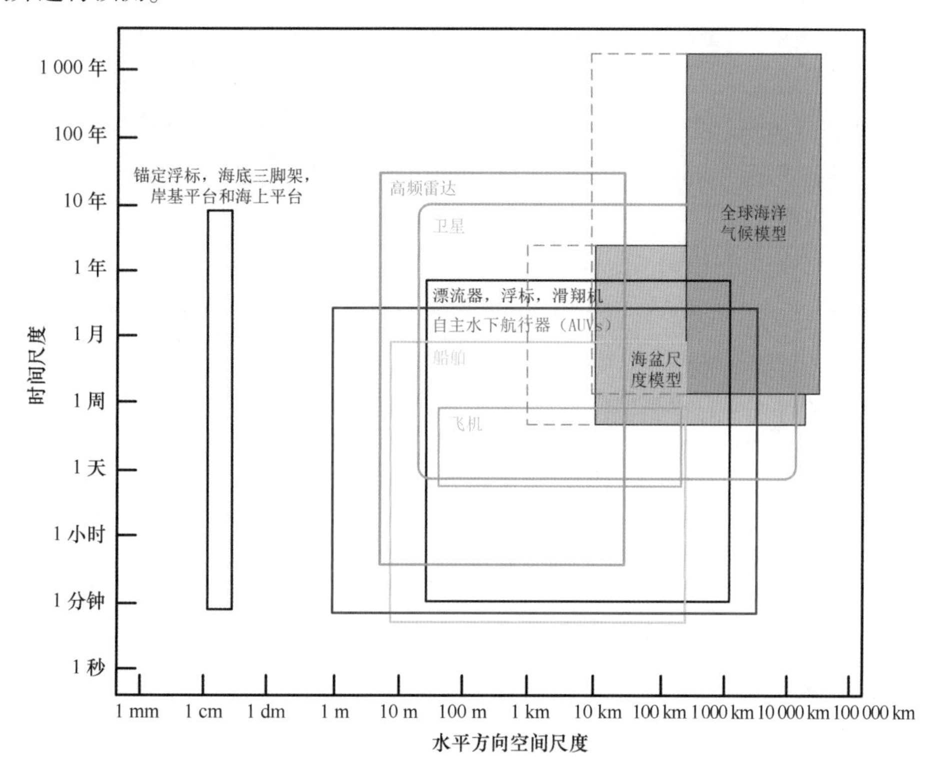

图 1-9　当前多种海洋观测平台的时间和水平空间采样能力（各种颜色的矩形框）以及当前数值模型所能分辨的尺度

1.3.3　物理海洋学发展的重要历史事件和人物

1685 年，Edmond Halley 研究海洋风系统和洋流，并发表论文。

1735 年，George Hadley 发表基于角动量守恒的信风理论。

1751 年，Henri Ellis 首次对热带地区的温度进行深入探测，在温暖的表层之下发现冷水，并表明水来自极地地区。

1769 年，Benjamin Franklin 制作第一幅墨西哥湾流地图。

1775 年，Laplace 出版潮汐理论著作。

1800 年，Count Rumford 提出海洋经向环流，即海水在两极附近下沉，在赤道附近上升。

1847 年，Matthew Fontaine Maury 出版第一张基于航海日志的风和海流图。Maury 开创了国际环境数据交换，通过航海日志交换获得较全面的数据。

1885 年，Pillsbury 在锚泊船上采用海流计直接测量佛罗里达海流。

1898 年，Nansen 提出表层海流的方向与风向成一夹角。

1905 年，Ekman 提出了风生漂流理论，即 Ekman 流。

1910—1913 年，Vilhelm Bjerknes 出版《动力气象学和水文学》，奠定地球物理流体动力学的基础。

1942 年，Sverdrup，Johnson 和 Fleming 出版《海洋》，全面总结当时的海洋学知识。

1947—1950 年，Sverdrup，Stommel 和 Munk 发表各自的风生环流理论，共同为了解海洋环流奠定基础。

1952 年，Cromwell 和 Montgomery 发现太平洋赤道潜流。

1955 年，Bruce Hamon 和 Neil Brown 开发测量电导率、温度和深度的 CTD。

1958 年，Henry Stommel 发表深海环流理论。

1963 年，Sippican 公司发明抛弃式测温计 XBT。

1969 年，Kirk Bryan 和 Michael Cox 开发第一个海洋环流数值模型。

1978 年，美国宇航局（NASA）发射第一颗海洋卫星 Seasat，开启海洋卫星观测技术。

1979—1981 年，Terry Joyce，Rob Pinkel，Lloyd Regier，F. Rowe 和 J. W. Young 发明声学多普勒流速剖面仪，用于测量海流。

1985—1995 年，开展世界海洋环流试验，目标是测量、描述、模拟和理解全球海洋环流。

1988 年，Bert Semtner 和 Robert Chervin 提出第一个全球高分辨率的、现实的海洋环流数值模型。

1991 年，Wally Broecker 提出，海洋深部环流的变化可以调节冰期，大西洋的深部环流能够坍塌，将北半球带入一个新的冰河世纪。

1992 年，Russ Davis 和 Doug Webb 发明一种自主的、弹出式的漂流器，可以连续测量 2 000 m 深的海流。

1992 年，美国宇航局和美国国家海洋局（NES）开发并发射 Topex/Poseidon 卫星，每 10 天绘制一次全球海面洋流、波浪和潮汐，彻底改变我们对海洋动力学的认识。

1993 年，Topex/Poseidon 科学团队成员发布第一张精确的全球潮汐图。

1994 年，美国国家海洋和大气管理局（NOAA）发起，建成热带大气海洋观测网（TAO）。

1998 年，美国和日本等国家大气、海洋科学家推出全球性的海洋观测计划 GOOS，借助最新开发的一系列高新海洋技术（如 ARGO 剖面浮标、卫星通信系统和数据处理技术等），建立一个实时、高分辨率的全球海洋中、上层监测系统，以便能快速、准确、大范围地收集全球海洋上层的海水温度和盐度剖面资料。

21 世纪，新型水下机器人——水下滑翔机（Glider）、深潜器等观测技术的使用，改变了人们监测海洋内部的手段和方式。伴随超大规模计算的发展，高分辨率的海洋模式、耦合模式、同化技术等得到快速发展。理论方面的研究从传统地转尺度的研究，向大尺度和中小尺度两个方向发展。如大尺度方面关于翻转环流、热盐变异和气候变化等已取得丰硕成果；在中小尺度方面，近 10 年次中尺度动力过程及其效应的研究成为热点。

第2章　海水的物理属性与分布特征

海水可以看成水和盐组成的两分量系统，其物理属性由热动力变量描述，根据热力学中吉布斯相律，双组分单相系统的热力学状态完全取决于三个独立的热力学变量。在物理海洋学中常采用温度（T），盐度（S）和压强（P）作为描述海水状态的热力学变量。物理海洋学关注它们在全球海洋的分布、结构及其原因。本章将描述海水的温度、盐度和压强，同时讨论海水的密度和与其相关的稳定性和混合。

第1节　海水温度分布及变化

温度是表征物体冷热程度的物理量。从微观上看，温度是度量物体分子运动平均动能的标志；从宏观上看，温度是大量分子热运动的集体表现，具有统计意义。热力学第零定律声明，如果两个物体都与第三个物体处于热平衡状态，那么不管组成物体的材料是什么，它们彼此都处于热平衡状态，它们的温度都是相同的。与温度相关的是物体的内能和热量，内能是指物体内部分子无规则运动的动能与分子间势能的总和。热量是指从一个物体转移到另一个物体的热能。热容量或比热（C_p）是热传输中常用的一个物理量，指单位质量的某种物质升高（或下降）单位温度所吸收（或放出）的热量。海水温度是海气热传输的关键因素。气象学家对海表温度（SST）最感兴趣，低纬度地区温暖的海洋总是向大气放热，然后输送热量到高纬度地区。温度通常也是决定海水密度的主要变量。温度还决定化学反应的速率和相变过程。

影响海水温度分布的主要原因之一是太阳辐射。在海洋上层，海水主要吸收太阳辐射的热量使温度增加，海洋中温暖的水体仅限于中低纬度上层的一薄层海洋中，一个重要的原因就是海洋直接吸收了太阳辐射。太阳辐射的能量中，超过50%的红外能量穿透大气到达地球表面，其中海洋吸收太阳辐射的红外部分能量仅限于上层海洋几米深度范围内；超过70%的可见光能量穿透大气到达地球表面，但即使在最清澈的大洋水体中，也仅有1%的可见光能量能到达100 m水深。在近海区域，由于高生产力和高浑浊的水体，海水所吸收的99%的太阳能仅限于表层10 m深度之内。影响海水温度分布的另一重要原因是海流，海水通过流动输送热量，从而影响海水的温度。关于海洋温度变化的完整方程将在第3章中讨论。

与陆地相似，海洋吸收太阳辐射的热量存在季节变化。海洋吸收太阳能仅限于近表层水体，因此海洋温度结构的季节变化也仅发生在海洋较浅的表层水体，200 m之下几乎不存在海洋温度结构的季节变化。在夏季，表层海水受热，密度比较深层冷的海水小，层化加强，抑制垂向混合的发生。这与大气的情况是显著不同的。

2.1.1 海洋热量收支

包裹在地球外部的液体和气体状态的变化是由能量的变化所致，这样的能量主要来自地球外部的太阳。地球上存在生命的可能和地球上所有状态的变化都取决于太阳的高温辐射转化为地球的低温辐射所涉及的巨大的熵的供给。地球不保留由太阳提供给它的能量，基本处于平衡状态。因此可以把地球作为一个处于稳定态的整体。同样，虽然海洋的温度随时间存在着一定的变化，但这些变化可以被视为围绕一个平均值的变化，这个平均值基本上是不变化的，所以海洋的能量收支也是近似于恒定的。因此，海洋可看作是准稳态。

在这种准稳态下，所有的能量供应都被同样大的能量损失所平衡。影响海洋热平衡最重要的因素是太阳辐射、海洋与大气的感热交换、海表的蒸发或大气水蒸气的凝结，以及其他一些次要热源，列于表 2–1。

表 2–1 海洋热吸收和热损失

热吸收	热损失
对太阳辐射的热吸收 Q_S	海水的热辐射，净辐射 Q_b
从大气到海洋的感热对流	从海洋到大气的感热对流，净感热 Q_h
水蒸气在海表的凝结放热	海表蒸发失热，净潜热 Q_e
通过海底来自地球内部热传导	
运动能转化为热能	
化学和生物过程产生的热量	
海水的放射性衰变	

首先分析表 2–1 所列出热源项的数量级。通过海底界面进入到海洋里的地热每天仅有 0.42 $J \cdot cm^{-2} \cdot d^{-1}$，它与海洋表层每天吸收的太阳辐射能的平均值 167 434 $J \cdot cm^{-2} \cdot d^{-1}$相比，是一个非常小的量，它只会导致深层海水热结构发生微小的局部变化。海洋通过海表风的做功和天体产生潮汐能的耗散获得动能，由动能转换成的热能也是非常小的部分，由风输入的热能不到太阳输入热能的万分之一，湍流消耗的潮汐能，仅在浅水区有一定影响。表 2–1 中的第 6 项在海洋总热预算中也是微不足道的，仅在局部区域有大量动植物生命的情况下考虑。海水中放射性物质的分解仅能提供 $16.74\times10^{-3} J \cdot cm^{-2} \cdot d^{-1}$的热量，也可以忽略。下面来看其他比较重要的项。

1）太阳辐射 Q_S

太阳辐射是指太阳向宇宙空间发射的电磁波和粒子流，是地球热预算的最主要部分。太阳常数被定义为在日地平均距离（一天文单位）处，与太阳光束方向垂直的单位面积上，单位时间内所接收到的太阳总辐射能，它表征的是到达大气顶（大气层上界）的总太阳能量值。太阳常数本身的变化问题至今仍未研究清楚，目前只能认为太阳常数有小于1%的变化。世界气象组织的仪器和观测方法委员会建议采用1367±7 W/m^{2}为太阳常数值。太阳辐射能在宇宙空间传递过程中的损耗是可以忽略的。在任何时刻，射达地球大气外界的太阳能量等于太阳常数乘以地球的截面积 πR^2（R是地球的半径）。但是地球上各个位置所接收到的能量随着太阳的偏角（日赤纬）而变化。来自太阳的辐射主要是短波，在通过大气层时，部分能量被反射和吸收，仅一部分到达地面，称为直接太阳辐射；另一部分被大气分子、大气中的微尘、水蒸气等吸收、散射和反射。被散射的太阳辐射一部分返回宇宙空间，另一部分到达地面，到达地面的这部分称为散射太阳辐射。到达地面的散射太阳辐射和直接太阳辐射之和称为总辐射，约占比太阳辐射能量的47%。海洋吸收了大部分到达地面的太阳辐射能量，从而使海洋热量增加（图2-1）。

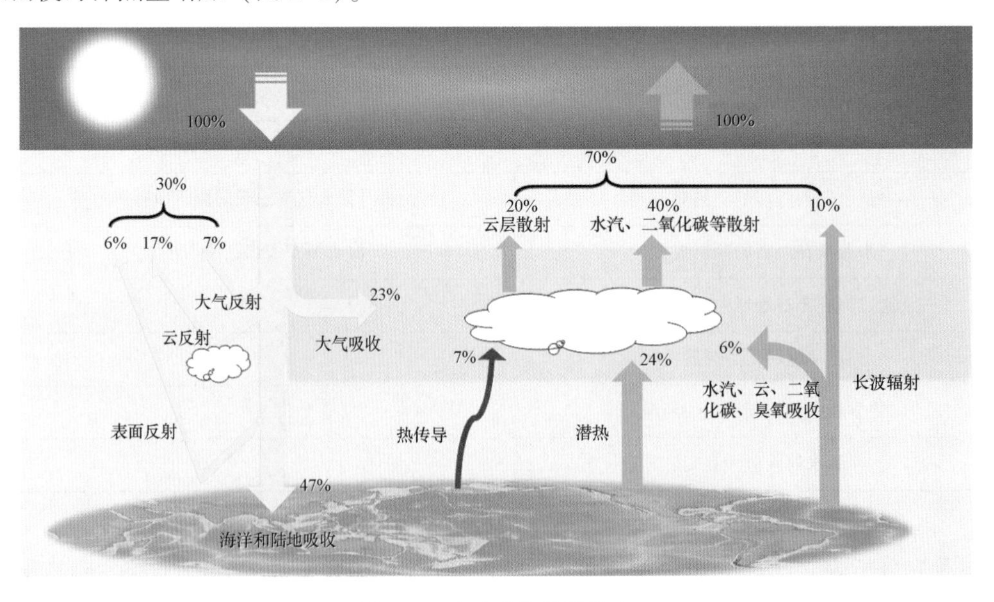

图2-1　地球系统热量收支

上述是平均状况，某一时刻到达海面的太阳辐射量则千变万化。考虑云层影响，太阳辐射到达海面的能量经验公式为

$$Q_s = Q_{s0}(1 - 0.7C)(1 - A_s) \tag{2-1}$$

式中，Q_{s0}为未经散射和吸收的太阳辐射量；C 为云量；A_s 为反射率（反射量与入射量之比）。当太阳入射角度很高时，反射率仅有3%。当太阳入射角度很低时，反射率可

以高达 30%。海面反射率平均值为 6%。海面反射率还受具体海表状况（如海浪起伏）和不同的界面反照率的影响（如海冰的反射率大约为 60%~70%，清洁的雪面反射率可能高达 90%）。

2）海水净热辐射 Q_b

根据辐射定律，凡是温度高于绝对零度的任何物体都要辐射热能。海洋表面温度皆高于绝对零度，因此，会不断通过长波辐射失去热量。其辐射的热量与绝对温度的四次方成正比（斯蒂芬-玻耳兹曼定律）

$$Q = F\sigma T_w^4$$

这里，T_w是海水温度，以 Kelvin 温标为单位；而 $\sigma = 5.69 \times 10^{-12}\,\mathrm{J \cdot cm^{-2} \cdot s^{-1} \cdot K^{-4}}$，是斯蒂芬-玻耳兹曼常数；$F$ 是辐射特性常数，绝对透明物体 $F=0$，绝对黑体 $F=1$。对于水，F 近似等于 1；对于向海面的大气回辐射，F 小于 1。

从斯蒂芬-玻耳兹曼定律出发，在理论上计算海面长波辐射失去的热量是容易的。但我们最常用的是有效热辐射，即海面向大气的长波辐射与底层大气向海面的长波辐射之差，即净长波辐射 Q_b。有效回辐射随空气中水汽的含量而变化。因此，在晴朗的夜晚，多数情况是从海洋辐射到大气，海水温度下降幅度大。而在有云的夜晚或相对湿度较高条件下，大量的长波辐射被海面上空的水汽吸收，再辐射回到水面，因此海面温度下降幅度小。

3）感热 Q_h

表 2-1 第 2 行所列出的热增量和热损失可以合并在一起，称为对流热交换（感热 Q_h）。这种热交换是通过空气与海面接触、借助于两者温度差，通过热传导作用来传递热量，即热量总由高温处向低温处传递。单位时间内通过某一截面的热量称为热流率，单位为“瓦”（W）。通过单位面积的热流率称为热流率密度，记为 q，单位是“$\mathrm{W \cdot m^{-2}}$”。其量值的大小除与物质的热传导性质紧密相关之外，还与垂直于该传热面方向上的温度梯度有关，即

$$q = -\lambda \frac{\partial T}{\partial n}$$

式中，n 为垂直于热传导方向的距离；λ 为热传导系数，单位是“$\mathrm{W \cdot m^{-1} \cdot K^{-1}}$”或 $\mathrm{W \cdot m^{-1} \cdot {}^\circ C^{-1}}$。若热量的传递仅是由分子的不规则运动所引起，则称为分子热传导。海水的分子热传导系数在液体中除纯水外是最大的，海水的热传导系数随盐度的增加而略有减小。如果热量的传递，是由于海水的随机运动所引起，则称为涡动热传导，又称为湍流热传导。它与海水的运动状态关系极大，并且在不同海区和不同季节也有较大差异。由于海水运动多为涡动形式，而湍流热传导又比分子热传导大得多，所以湍流热传导在海洋的热量传输中起了主要的作用。

对整体海洋而言，平均情况下海面水温比气温高，因此，热量总是由海面源源不断地输向空气，并不断加热与海面紧邻的空气层，如果风速很小，不能将这个变热的

空气移走，那么这种交换将减少并趋于停止。反之，如果风速很强，较大的湍流作用不断用冷空气来置换变热的空气，保持水面与上层空气之间有较大温差，那么这种交换将持续进行，交换量也大。由此可见，接触热交换与水-气温差、风速有密切关系。与有效热辐射、潜热耗损相比，感热只是个小量。

4）潜热 Q_e

同样，表 2-1 第 3 行所列出的热增量和热损失可以合并在一起，称为潜热通量 Q_e。蒸发潜热是指在恒定温度下，使某物质由液相转变为气相所需要的热量；同理，当由气相发生凝结转变为液相时将释放热量，这就是凝结潜热。在同温度下，凝结潜热与蒸发潜热相等。1 kg 海水汽化为同温度的蒸汽所需要的热量，称为海水的比蒸发潜热，它随着海水温度和盐度的变化而略有不同，其平均值为 246. 97 J/g。水的特殊性之一，是其比蒸发潜热在液态物质中为最大，海水亦然。因此，伴随海水的蒸发，海洋将散失巨额热量，这对于海面热平衡和海上大气热状况的影响是很大的。蒸发耗损的热量，是表 2-1 中三项热耗损中最大的，是海面热收支中最重要的分量，它可以借助风、海面温度和海面比湿等要素，通过空气动力学有关公式计算出来。现在除去表面比湿之外，风和海面温度参数可以用卫星辐射观测直接得到，卫星也可以反演海面潜热通量，不过它和比湿有直接关系。

由于海水的比热容很大，因而从海面至 3 m 深的薄薄一层海水的热容量，就与地球上大气的总热容量相当。所以，尽管海洋每年蒸发平均失去约 126 cm 厚的一层水，从而使气温发生激烈而迅速的变化，但因海水的热容量极大，故水温的变化要缓慢保守得多。制约海水温度变化缓慢的另一个因素是海水的饱和蒸汽压比较小。饱和蒸汽压，是指水分子经由海面逃出和又重回到海水中的过程达到动态平衡时，水汽所具有的压力。蒸发现象的实质是水分子由海面逃逸而出的过程，所以如果盐度升高，单位面积海面上平均的水分子数将减少，从而使水分子逃逸出海面的概率也减小，显然会使饱和蒸汽压降低。海面蒸发量与饱和蒸汽压差（现场表面水温条件下的可能饱和蒸汽压与现场实测蒸汽压的差值）成正相关，饱和蒸汽压差小就不利于蒸发，因而海水属于较难蒸发的液体。这样一来，海洋因蒸发而损失的水量和热量，相对而言也就减少了。

通过上述讨论，对于总体的海洋而言，热量收支可以写成如下等式

$$Q_s - Q_b - Q_h - Q_e = 0 \tag{2-2}$$

虽然强调的是，在总体上海洋热能是平衡的，但在短时间尺度或局部情况下这四项并不一定能达到平衡。例如，在夏季，海洋的表层主要吸收热量并使水温增高；而在冬季，它又失去同等的热量，使海水变冷。对一年时间求平均也不一定能使方程（2-2）中的四项精确平衡：在低纬度的热带海区，海洋吸收的热量多于失去的热量；而在极地海区，海面失去的热量要比它吸收的热量多，缺少的热量是通过海流由低纬度海区向高纬度海区进行热量输送和补充。大气环流和大洋环流之所以产生，就在于

低（高）纬度海洋热能有净收入（支出）这样一个事实所引起的。

上式是描述海洋的平均热平衡，而海洋温度的变化由热量的传输控制（第 3 章）。海洋中的热传输可归结为几个过程：热吸收、平流热输送和湍流热输送。

地球系统吸收的总太阳辐射必须等于地球在整个地球上平均损失的总长波辐射，但这种平衡并非发生在所有纬度。两极和赤道吸收太阳热量存在很大差别：在两极附近，大部分入射的太阳辐射通过更厚的大气层以低角度照射地球表面，导致大气层吸收了更多热量，较低的入射角也使得照射到的地球表面积更大，单位面积吸收的热量少，反射的太阳热量也更多，此外在极区主要由冰覆盖，冰的反照率很高，因此反射回太空的能量比吸收的能量要多。相比之下，在北纬 35°和南纬 35°之间，太阳光以更高的角度照射地球，吸收的能量比反射回太空的能量更多。地球长波辐射的强度随着温度的升高而增加，在两极和赤道的长波辐射损失率之间的差别是非常小的，即地球长波辐射强度随纬度的变化较小。

两极和赤道吸收的太阳热量存在较大差别，而在两极和赤道之间的长波辐射差别比较小，因此在赤道地区是获得净热量，而在高纬度地区是损失净热量（图 2-2）。因此，必须有将热量从低纬度地区转移到高纬度地区的机制。如果热量不被转移，极地地区会冷得多，赤道地区会暖得多。不同纬度之间没有（或有限）热传递机制的其他星球，其极地和赤道区域的表面温度差异比地球大得多。因此，跨纬度热传递是维持地球整个表面宜居条件的关键机制之一。

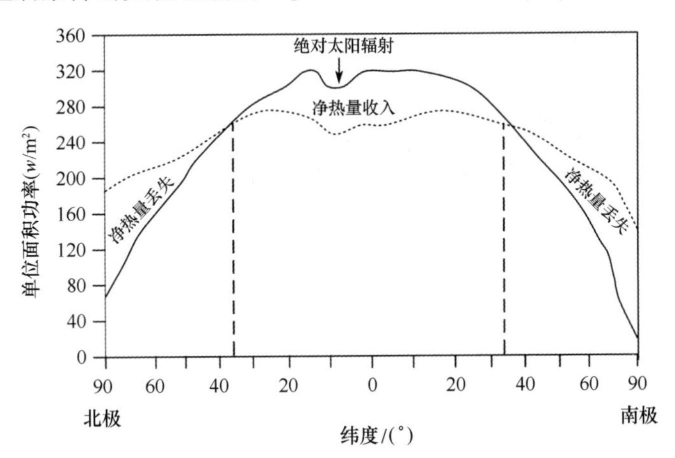

图 2-2　地球表面辐射热获得与损失随纬度的变化

从赤道到约 35°或 40°之间为净获得，在高纬度地区则为净损失

热量主要以两种方式跨纬度输送。首先，当水在温暖的热带地区蒸发时，蒸发潜热进入大气，部分热量通过大气环流输送到高纬度地区。在高纬度地区，冷却会导致大气以雨或雪的形式凝结，从而释放潜热。其次，在低纬度地区被太阳加热的海水通过洋流输送到高纬度地区，在那里通过热传导和蒸发将热量传递到大气中。在赤道附

近，洋流向高纬度输送的热量比大气输送的多，而在两极附近，大气向高纬度输送的热量比洋流输送的热量大。

2.1.2 海水温度水平分布

全球海洋约75%的水体温度位于0~4℃之间（图2-3）。在18世纪晚期，人们发现热带地区的深层水同样是寒冷的，因此推断这些寒冷的水体可能起源于极地海区。全球大洋中，温暖的海水仅限于中低纬度的上层水体，高纬度地区和全球大洋的深层海水均为低温。世界大洋平均水温为3.8℃，平均位温是3.59℃。太平洋这两种平均值分别为3.7℃和3.36℃，大西洋为4.0℃和3.7℃，而印度洋为3.8℃和3.72℃。当然，世界大洋和各海区水温的实际分布，比这种平均结果要复杂得多。

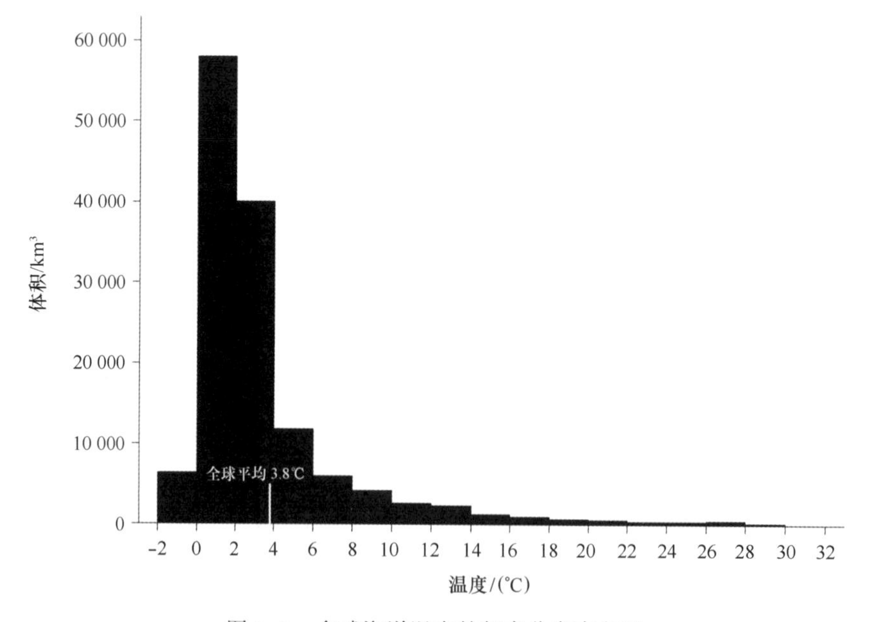

图2-3 全球海洋温度的频率分布直方图

1）表层海温分布

世界大洋表层水温冬季（1月）和夏季（7月）的分布，如图2-4所示。

由图看出，冬、夏季温度较高的区域都出现在西太平洋和印度洋的近赤道海域，可达28~29℃，只是28℃等温线包络的面积，在西太平洋夏季更大，位置也更偏北一些。如果将表层水温经向变化的极大值点用点虚线连接起来，那么冬夏温度的变动就更清楚了。大西洋亦有这种变动规律，不过其最高水温值超过28℃的范围小一些。

由海温较高的赤道向南北极，水温渐次降低，到极圈附近已降至0℃；在极地冰架之下水温更低，可达-2℃左右。大洋表层的等温线在大部分海域有和纬线平行的趋势，最暖的水位于赤道，最冷的水位于极地。特别在40°S以南，等温线几乎与纬线平行，

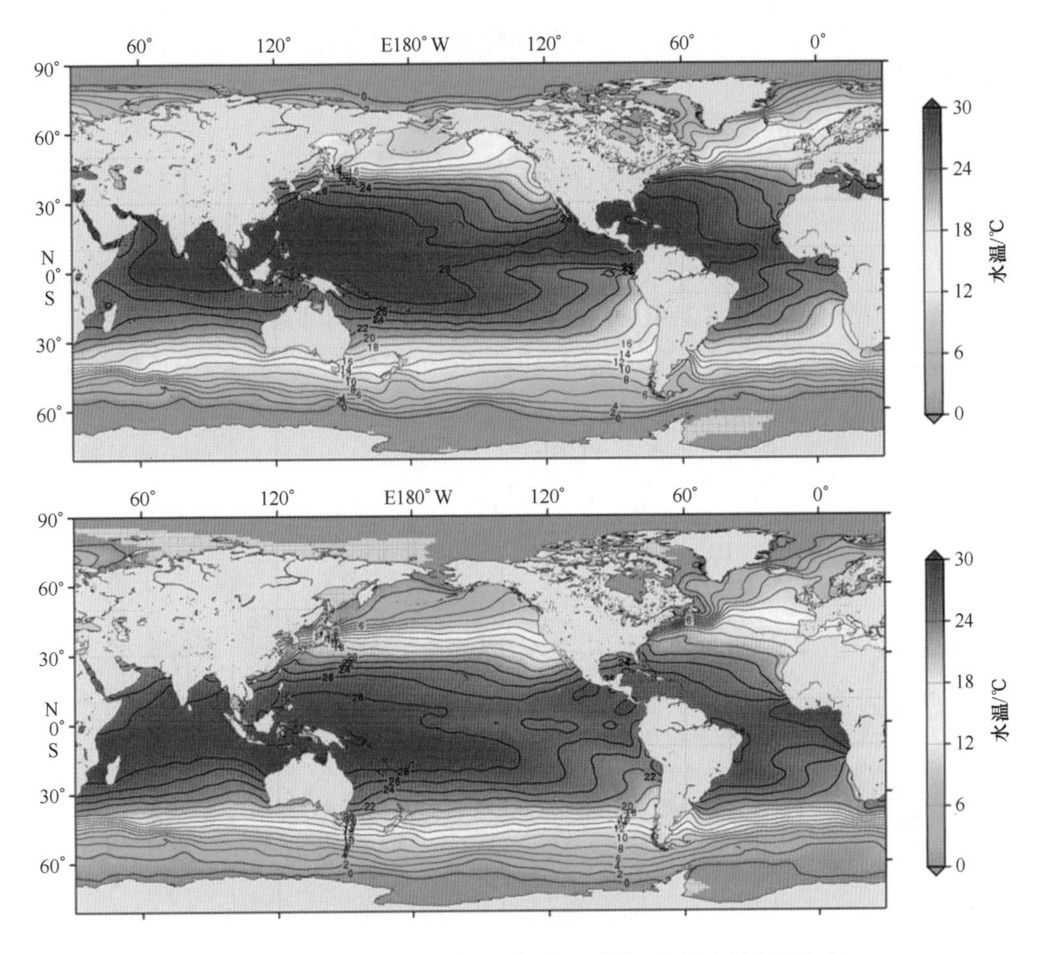

图 2-4　全球夏季（上图）和冬季（下图）海洋表层水温分布

且冬季比夏季更明显，这与太阳辐射的经向变化特点是密切相关的。但是在北半球从亚热带至温带海域，等温线由西向东逐渐发散，因此在太平洋和大西洋北部便形成如下的水温分布格局：在亚热带至温带海域，西部水温高于东部，而在亚寒带至极地海域，则东部高于西部。北半球东西两侧水温的这种差异，大西洋比太平洋更明显，夏季达 6℃左右，冬季可达 12℃。北半球水温这一分布特点的形成，与海洋的平流热输送息息相关。北半球两大洋的低纬至中纬度海域，西侧分别是最强的暖流湾流和黑潮，东侧分别有加那利寒流和加利福尼亚寒流；而在高纬海域，西侧是拉布拉多寒流和亲潮，而东侧则是湾流和黑潮延续之后的暖流。在南半球的中高纬度海域，三大洋连成一体，形成横贯全纬度的南极绕极流，因此南大洋各洋盆东、西两侧的水温，没有北半球那样显著的差异。

海流对水温分布还有另一个重要影响，使寒、暖流交汇处的等温线分布密集，即水温的水平梯度显著增大。水温的这一分布特点在黑潮与亲潮，湾流与拉布拉多寒流之间表现得很明显，所谓海洋极锋，就是指水温水平梯度特别大的这一海域。在大洋的边缘海区，如黄海、东海，由于海流的影响也出现温度锋，只是季节变化大，不像极锋那样明显而稳定。

2）深层海温分布

太阳辐射对海洋水温的直接影响仅限于厚度不大的上层海洋。大洋次表之下的水温分布，带状分布特征已不复存在，海洋环流对水温分布的影响表现得更明显。图2-5为全球大洋500 m深度水温分布。由图可见，水温的经向梯度显著减小，而在大洋西部边界海域则出现明显的高温中心。大西洋和太平洋的南部高温区海水温度可高于10℃，太平洋北部可高于13℃，而北大西洋最高，达17℃以上，在1 000 m深度水温的经向变化更小（图2-6）。4 000 m以深水温分布更趋均匀，整个大洋的水温差在3℃左右（图2-7）。近底层的水温分布在0℃附近，主要是受南极底层水团的影响所致。

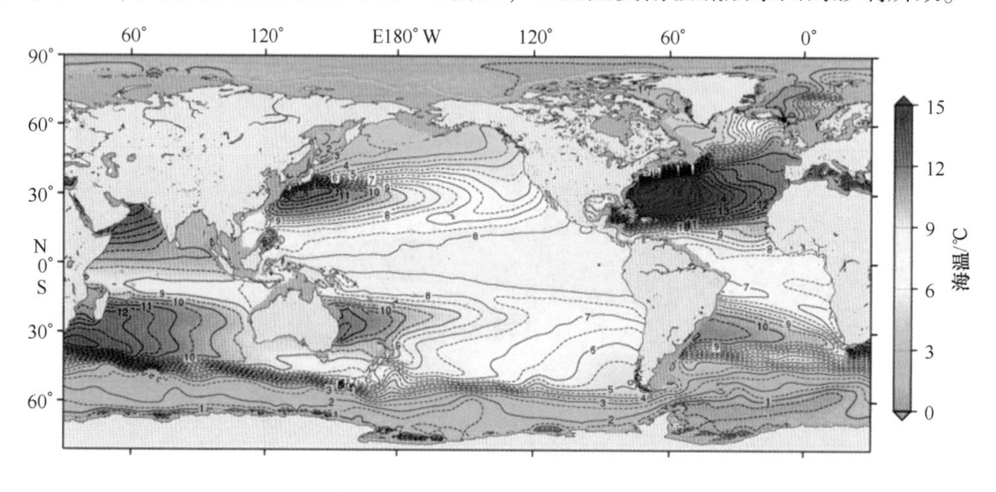

图2-5　500 m深度全球海温分布

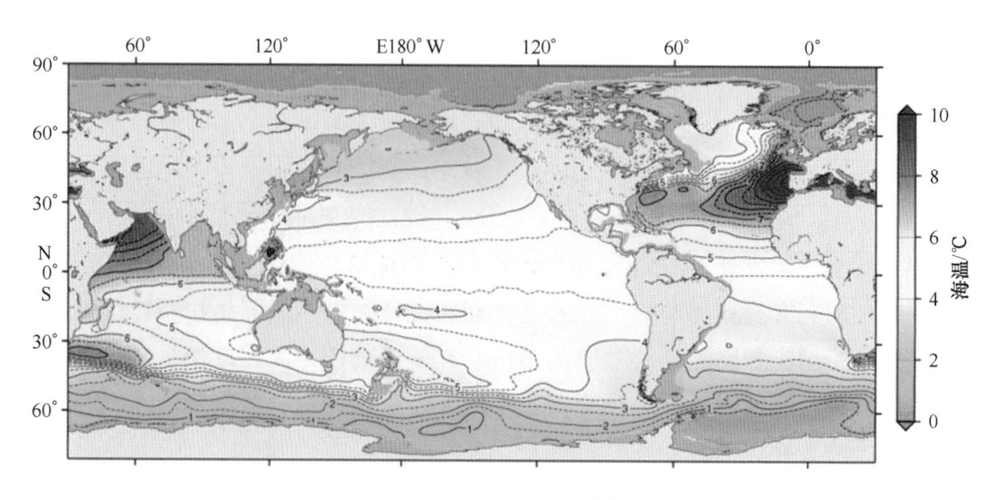

图2-6　1 000 m深度全球海温分布

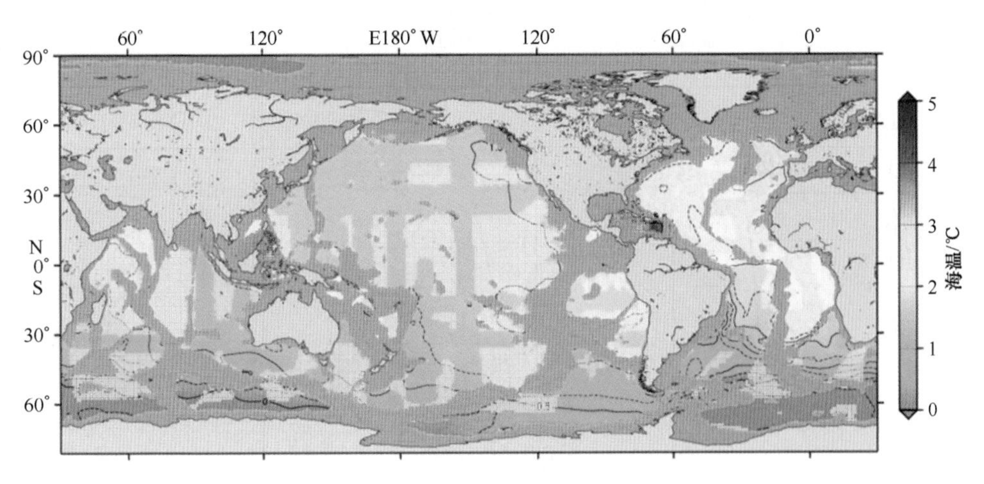

图 2-7　4 000 m 深度全球海温分布

2.1.3　海温垂直结构

除少数例外，海洋水体温度随深度变化，大体呈随深度增加而减小，且一般来说，表层温度随深度的变化较快。在讨论海洋温度的垂直结构时，根据水体温度分布特征分为四个区域。

1）表层（混合层）

最大深度通常不超过 200 m。该层是与大气进行能量交换和吸收太阳辐射的水层，呈现显著的季节变化特征。受表层风的搅拌和海气能量交换的影响，水体得到充分混合形成等温层，通常也称为混合层，通常量级为几十米厚度。

2）永久性温跃层

位于表层之下，是温度随深度下降最快的区域。

3）深层

永久性温跃层以下的深水区，该层温度通常随着深度的增加而缓慢减小，形成近似的等温层。例外情况是在孤立的盆地或海沟中，海坎深度以下几乎均匀的水体中的绝热条件导致温度随深度而升高。

4）季节性温跃层

在永久性温跃层之上，温度随深度的分布呈现季节性变化，特别是在中纬度地区。冬季，海表温度降低，且在风和海浪的作用下，上层海洋层结减弱，混合层可延伸至永久性温跃层，即均匀的温度剖面可有效垂直穿过顶部 200～300 m 或更深。夏季，随着海表温度的升高以及海表风和海浪的减弱，海洋表层层结增强，通常会在永久性温跃层之上发展出一个季节性的温跃层（图 2-8 和图 2-9）。

季节性温跃层一般在春季开始形成，在夏季达到最大发展（即温度随深度或最陡

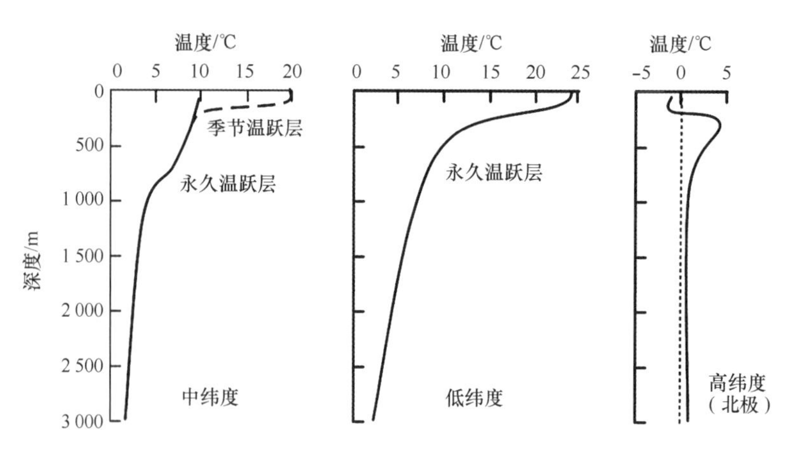

图 2-8 不同纬度带的温度-深度剖面

温度梯度变化速率最大）。它们在几十米深处发育，其上是一层薄薄的混合层（图 2-9）。冬季降温和强风逐渐增加了季节性温跃层的深度，降低了温跃层的温度梯度，最终混合层达到了 100 m 的厚度。在低纬度地区，没有冬季降温，因此“季节性温跃层”变为“永久性”，并与 100～150 m 深处的永久性温跃层合并。在高于 60°的高纬度地区，没有永久性温跃层，尽管季节性温跃层在夏季仍然可以发育。

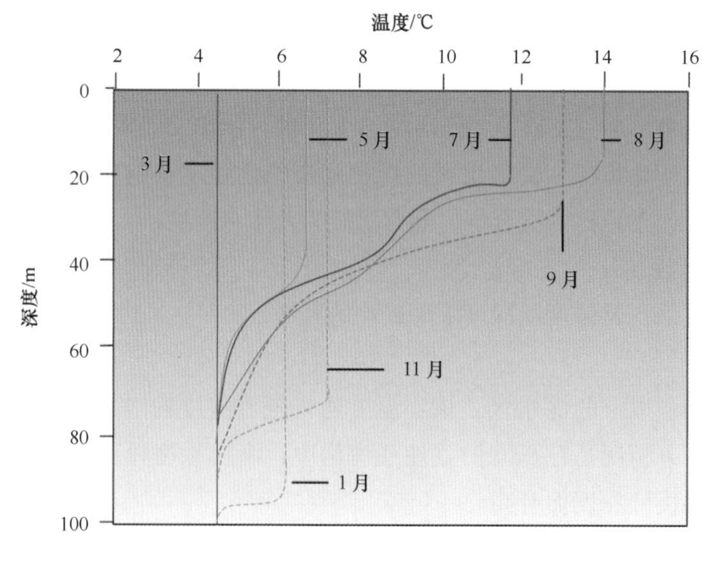

图 2-9 混合层温度和季节性温跃层随深度的变化

5）日变温跃层

如果白天有足够的热量，白天的温跃层可以在任何地方形成，尽管它们只延伸到大约 10～15 m 的深度，而且它们之间的温差通常不超过 1～2℃。

总之，忽略季节和日变化，永久性温跃层允许海洋作为一个整体被分成三个主要层（图 2-10）。在低纬度地区，由于低纬度地区的风通常较弱，季节性温度对比也较小，所以上暖水层和永久性温跃层的厚度都小于中纬度地区。

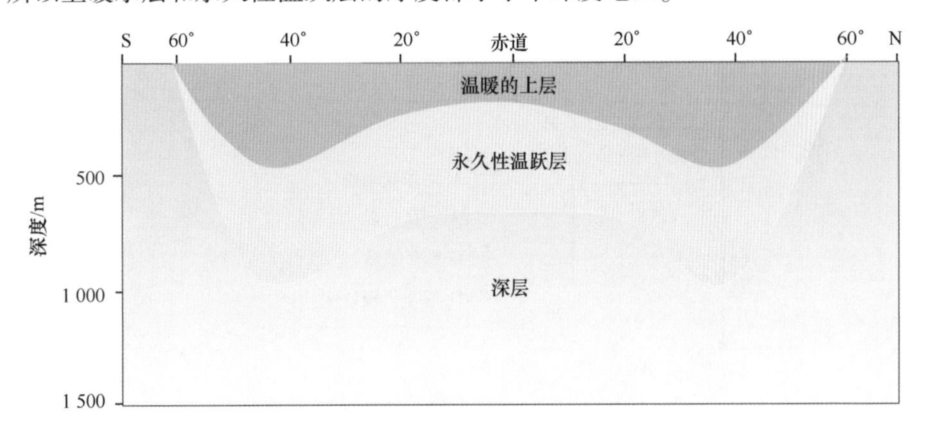

图 2-10　全球海洋随纬度变化的温度剖面示意图

温暖的上层海洋底部接近 10℃ 等温线，季节性温跃层和日变化温跃层主要局限于这一层

2.1.4　海温的时间变化

1）海温的日变化

许多实测资料及研究表明，大洋海水温度的日变化是不大的。海水日变化基本上呈正弦曲线形式，日较差小于 0.5℃，最高温度出现在下午（地方时约 15—16 时），最低温度出现在凌晨（地方时约 5—6 时），由热量平衡的讨论很容易解释这一变化规律。浅海和边缘海中的日变化更为复杂。仅就海表而言不但受制于太阳辐射的日变化，还与潮流等多种动力和热力因素有关，因而日变化曲线不限于峰谷的正规形式。一般来说，下层水温日变化平均小于表层，但是内波可导致表层之下的水温变化超过表层。

2）海温的季节变化

海洋表层是用来暂时储存从太阳接收到的大量热能的。热量在夏季储存，在冬季释放到大气中。图 2-11A 显示了冬季后期在海洋中观察到的温度结构，在永久性温跃层之上存在一个较深的具有几乎等温条件的混合层。春季温度升高，海洋表层会形成一个浅化的暖层，并伴随一个明显的季节性温跃层（图 2-11B），如果出现强风可能会破坏季节性温跃层结构（图 2-11C），在夏季这种变化通常持续发生而产生复杂的温度结构，而且这种变化在盛夏时期达到顶峰，在表层之下形成强烈的跃层（图 2-11D）。秋季的降温和风的加强又破坏了这种稳定的跃层结构，温度逐渐降低，且充分混合，形成冬季较深的混合层。在表层盐度较低的区域，低盐水对稳定性有很大贡献，季节性温跃层可能变得非常强烈，在 4 m 范围内，温度变化高达 12℃。在极地海洋的许多沿海地区，一层寒冷、低盐度的表层水位于温暖的海水之上，在夏季最低温度海水存在次表层（图 2-12）。

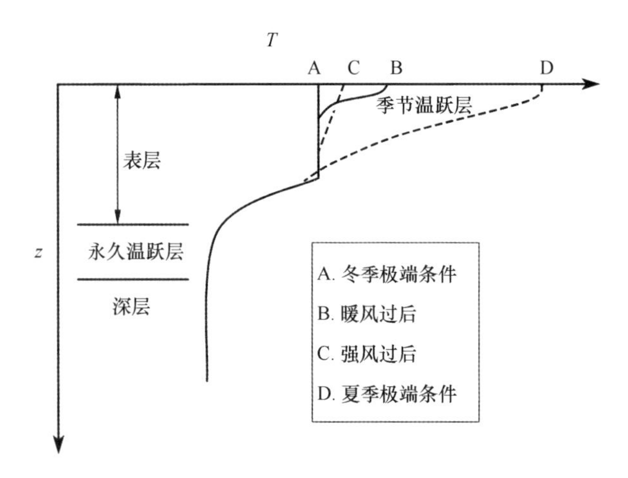

图 2-11　中纬度海洋温度结构的季节性变化

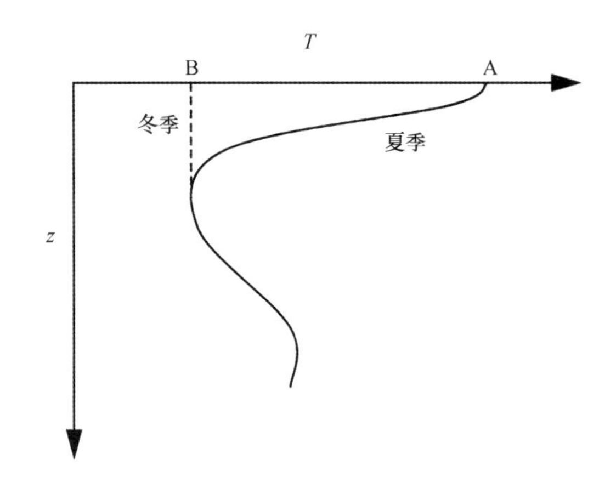

图 2-12　极区海洋典型的温度结构

3）海温的年变化

由于地轴的倾斜及日—地距离的变化，太阳辐射能有显著的年变化特征，故海水温度相应也有年变化。大洋表层海水受太阳辐射的影响最直接，因此具有正弦曲线式的年变化特征，尤其中、高纬度海域更明显，热带海域由于一年内太阳有两次当顶直射，故有半年周期变化。至于最高、最低水温的出现时间及年温差的大小，则因不同海域受盛行风、海流和融结冰等影响，因而变化万千。

赤道海域表层水年温差小于1℃，它与该海域太阳辐射年变化较小有直接关系。南极大陆周围海域表层水温的年温差也小于1℃，它与结冰和融冰的影响有关。冬季结冰放出结晶热，而冰的热导性差又减少了海水热量的损失，所以水温的下降变缓；夏季融冰时要吸收大量的融解热，则减少了夏季增温的幅度。

亚热带海域特别是温带海域，表层水温年较差大，这与当地四季交替明显有关。

由于受寒、暖流的影响，水温锋区的年较差更大。例如，湾流和拉布拉多寒流的锋区年温差达 15℃，在日本东北部可达 17℃。总的看来，南半球由于洋面宽阔，南北向洋流不像北半球那么强，故年温差相对北半球要小得多。

在边缘海、浅海和内海，表层水温年较差也相当大，如日本海、黑海、渤海和黄海都可达 20℃，北黄海中部可达 21℃以上，渤海北部区域大于 28℃。即使南黄海中部和东海北部，表层水温年较差也不小于 15℃，在某些沿岸浅水区甚至可达 30℃。

表层之下水温的年变化情况更为复杂。如果说大洋的上均匀层年变化尚属正弦形式，那么，在跃层内及其下，年变化过程曲线千差万别。其原因就在于，这些层次的升温，基本上不是直接受太阳辐射影响，而主要靠海洋的混合及平流作用。

第 2 节　海水盐度分布及变化

海水不同于纯水的主要特征是溶解盐或称其为盐度的存在。几十亿年来，来自陆地的大量化学物质溶解并储存于海洋中，盐度表示海水中化学物质的多寡，是海水含盐量的定量量度。平均而言，海水含盐量约占海水总重量的 3.5%。钠和氯化物约占海洋溶解盐总量的 90%。尽管溶解盐的总量可能随时间和地点的变化而变化，但主要离子对海洋总盐度的贡献率仍大致保持不变。除溶解盐外，海水还含有溶解气体（如氧气、二氧化碳和二氧化硫）和各种悬浮颗粒物（如土壤、大气气溶胶和生物颗粒物）。

盐度和温度一起决定了海水的密度，从而影响温盐环流；表层盐度记录了影响水团形成的物理过程（蒸发/降水、结冰/融冰）；盐度可作为保守（不变）示踪剂，用于确定水类型的来源和混合；盐度是海水最重要的理化特性之一，盐度的微小变化都会影响生物体；盐度的分布变化也是影响和制约其他水文要素分布和变化的重要因素。

海水的盐度与沿岸径流量、降水及海面蒸发密切相关。海洋学研究中，很多时候可以假定海水的盐度为常数值。然而对于海洋过程详细的理解通常需要考虑盐度的细微差别。例如，分析太平洋的深层水（2 500 m 以下），盐度值从南太平洋的 34.70 变化到北纬 40°的 34.68，因此，海洋学家推断认为如此的盐度微小变化通过下述方式得到合理解释，即海水在向北缓慢移动过程中，通过混合过程，深层较高盐度的水体被上层较低盐度的水体冲淡。

2.2.1　盐度的定义

海水中所溶解的无机物和非挥发性物质的总量称为盐度。地球中所发现的所有化学元素在海水中都能找到，但海水中溶解盐量的 86%是氯化钠。盐度最初被认为是测量海水中溶解盐的质量，早期海洋学家采用绝对盐度的定义，即每 1 千克海水中所溶解的盐量的克数，表达式为：S = 溶解无机离子的质量（g/kg）。然而，通过干燥海水和称量剩余盐的重量来确定盐的含量是很困难的，因为在完成干燥的过程会发生化学变化。对海水进行全面的化学分析太费时，不能立即进行。计算盐度的一种更实用的方法是从海水的电导率中推断盐度。尽管纯水是一种不良的导电体，但离子的存在使水能够携带电流，海水的导电性与其盐度成正比。

如今，海水样品的盐度是根据电导率 R 来测量的，其定义如下：

$$R = \frac{\text{海水电导率}}{\text{标准 KCL 溶液电导率}}$$

据国际惯例，标准氯化钾溶液定义为15℃和1个标准大气压力下浓度为32.435 6 g/kg 的氯化钾溶液。海水盐度与标准氯化钾溶液的电导率（R_{15}）之间的关系如下：

$$S = 0.0080 - 0.1692R_{15}^{1/2} + 25.3851R_{15} + 14.0941R_{15}^{3/2} - 7.0261R_{15}^{2} + 2.7081R_{15}^{5/2} \tag{2-3}$$

电导率不仅取决于盐度，还取决于温度和压力。在实际应用中，采用计算公式将实际温度和大气压条件下测量的温度和压力的电导率转换为 R_{15}，然后再通过式（2-3）直接转换为 S。

以这种方式确定的盐度单位是一个比率，是无量纲的量，所以盐度应该简单地表示为数字而没有单位，但也会发现一些文献中常用实用盐度单位（PSU）。重要的是需要知道，电导率不能明确地解释为海水样品中的总溶解盐，这些数字接近于每千克海水中所溶解的总盐量（单位克），即每千克海水的含盐量（千分之几）。

2.2.2 水量平衡

水量平衡和热量平衡两者具有相似之处，它们都有收入与支出，并可达成某种平衡，两者也分别影响盐度的变化和水温的分布。水量虽然存在全球平衡，但是并不存在局部平衡，当海水蒸发的时候它把盐分留了下来，因而使表层水变咸。海洋表层盐度图展示了这种局部不平衡的特点。在大洋的中心区，由于那里蒸发量超过降雨量，所以表层盐度高于平均值。而在那些蒸发量小于降雨量的海区，其盐度则小于平均值。一般说来，沿岸区域的盐度都比大洋里低一些，这是由于江河流入的影响。在测得的表层盐度和降水与蒸发的差值之间可能存在着一个近似的定量关系。

关于水量平衡，水的来源几乎完全靠地球自身，又在地球系统自身之内周游而循环，所以也称为水循环。海洋中水的收入主要是降水、陆地径流和融冰，支出则主要是蒸发和结冰。

蒸发是海洋热盐平衡中的重要分量，蒸发使海洋耗失巨大热量，与此同时也使海洋支出了巨额水量。据计算，每年海洋因蒸发而失去的水量为 $440\times10^3 \sim 454\times10^3$ km^3，如果海洋得不到水量补充的话，世界大洋的水位将下降124~126 cm。然而蒸发在海洋上的分布是很不均匀的，在南北亚热带海域出现两个极大值，海面年蒸发量可达140

cm 左右，在赤道附近下降到 110 cm 左右，至两极最低，不到 10 cm。以固体冰形式被冻结在陆地上的水量约为 24×10^6 km^3，如果这些冰全部融化并流入海洋，会使海平面上升 66 m，这也是现在全球气温上升令人担忧的原因之一。

海洋水量收入以降水最为重要，由大洋接纳的降水总量可达 $411\times10^3 \sim 416\times10^3$ km^3，但其分布不均匀。降水量不仅在低纬与高纬海域差别大，而且随纬度的变化比蒸发更复杂。除纬度大于 50°的高纬海域外，蒸发与降水的曲线几乎是反位相的。图 2-13 给出 $E-P$（蒸发-降水）的纬向分布，由此可以看出，蒸发大，降水少的区域盐度高，反之，盐度低。

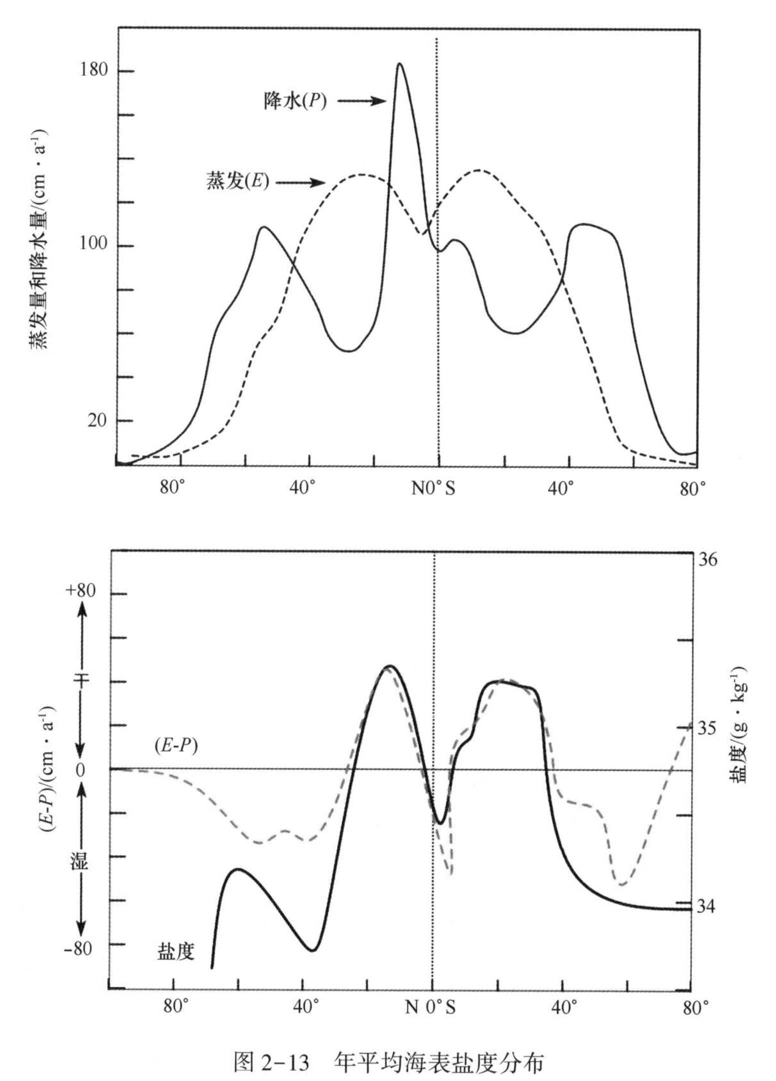

图 2-13　年平均海表盐度分布

年平均海表盐度（实线）和年平均蒸发量与降水量之差（$E-P$）（虚线）随纬度的分布

地表径流及地下水的流入，是海洋水量收入的另一重要的项，估计年总量为 29×

$10^3 \sim 38\times10^3 km^3$，其中又以地表径流为主。世界上径流量最大的河流是亚马孙河，几乎占全世界总径流量的20%，其次是刚果河，但它仅为前者的23.3%。考虑到北美洲还有密西西比河等大河，欧洲也有许多河流注入，因此大西洋的入流淡水量高居各大洋之首，若这些水均匀分布于整个大西洋可使洋面上升大约23 cm；太平洋相形见绌，注入的最大河流是我国的长江，位居世界第三位的径流量，但仅及亚马孙河的18.9%，而且太平洋洋面广，年入海淡水量只能使水位提高7 cm左右。还有年总量为$12\times10^2 km^3$的水量，是由陆冰滑落入海融化而得的，这一过程主要发生在极地海域。南极大陆是世界上最大的冰山发源地，南极陆地冰川由南极大陆以每天1 m的速度向低处推进，断裂入海后则形成巨大的冰山，有的长达100 km，宽达数十千米。北极海域的格陵兰岛也是冰山的发源地，仅仅随拉布拉多寒流漂游到大西洋的冰山，每年就多达388座。这些冰山终将在海洋中融化，对局部海域的水量平衡也有不可忽视的影响。

局部海洋水量收入与支出的不平衡，则导致水位的上升或下降，这又会引发海水产生相应的流动，从而使水位、水量得以调整，引入如下水量平衡方程式：

$$q = P + R + M + U_i - E - F - U_o$$

式中，P为降水；R为大陆径流；M为融冰；U_i为海流及混合使海域获得的水量；E为蒸发；F为结冰；U_o为海流及混合使海域失去的水量；余项q为研究海域在给定时间内水交换的盈余（$q>0$）或损失（$q<0$）。

对整个世界大洋而言，U_i和U_o完全相互抵消，M和F也大致相等，则有

$$q = P + R - E \qquad (2-4)$$

该式对某些特定海域有时也是适用的，如在大多数海域中可不考虑M和F的影响，而在具有封闭环流系统的海域内，U_i和U_o也基本上趋于0，故可引用式（2-4）来研究水量平衡。

式（2-4）表明，大陆径流、降水和蒸发三项，基本上决定了整个世界大洋的水量平衡。当然，对某个大洋若只考虑这三项，就不能保持$q=0$。例如，太平洋因降水与径流之和大于蒸发，水量有盈余，可向大西洋输出。大西洋则因$E>(P+R)$，每年可导致水位损失12 cm，要靠太平洋、北冰洋来补充。北冰洋水量的盈余，主要是因蒸发小而径流多所致，流入北冰洋的河流，如叶尼塞河、勒拿河、鄂毕河等，虽然其总流量只及亚马孙河的1/3，但因北冰洋面积小，折算为水位就与大西洋的径流效应相当，而其蒸发量折算成水位则不到大西洋的10%。所以，北冰洋水量盈余多而盐度低，盐度低又可使海水冰点升高，从而使海水较易结冰。

2.2.3 盐度的水平分布

海水的平均盐度是35.0，相当于3.5%的盐溶液。99%的海水盐度范围为33.0~37.0，75%的海水盐度范围为34.5~35.0。北冰洋表层海水盐度低于33，是世界上盐

度最低的海洋。在各大河流入海区，盐度也相当低，高盐度海水出现在蒸发量大的海盆，如红海。全球海洋的盐度的变化范围总体较小，在很多情况下可以把盐度取为平均值 35（图 2-14）。

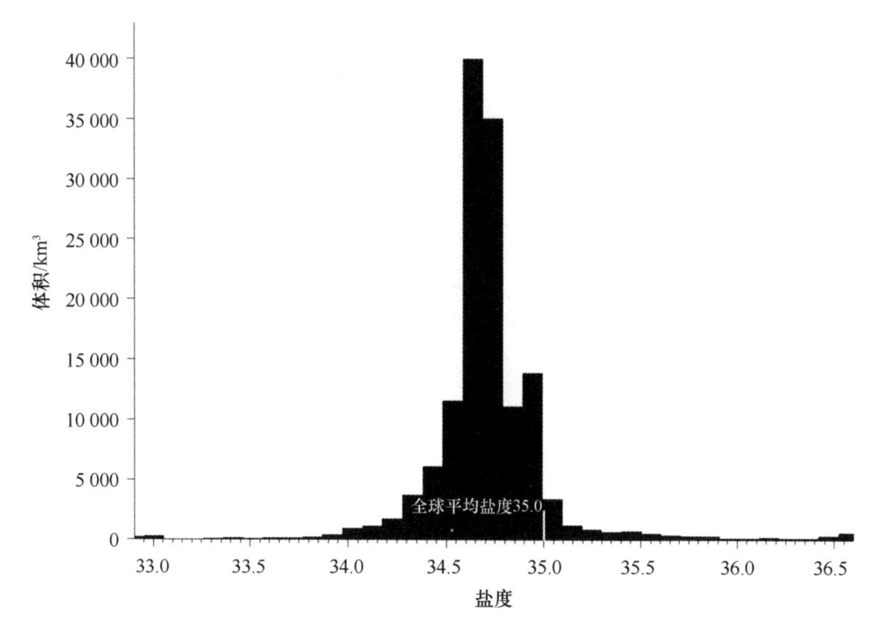

图 2-14　全球海水盐度分布直方图

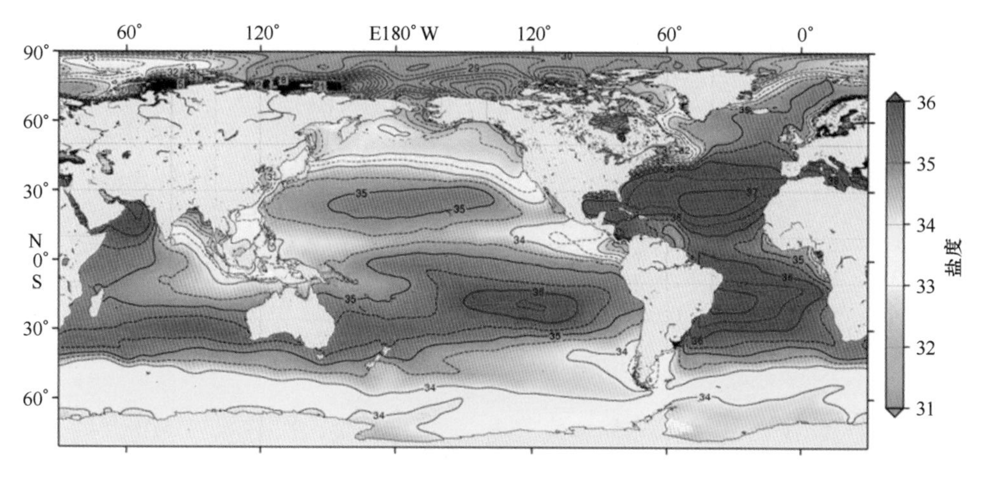

图 2-15　海洋表层盐度分布

表层海水盐度在很大程度上反映了蒸发和降水的关系（图 2-15），全球大洋海表盐度也几乎呈带状分布。在热带和亚热带地区（南北纬度 20°—30°），海洋表层盐度最高，那里对应大气环流的下沉，蒸发量超过降水量，这些地区与陆地上类似纬度地区的沙漠相对应；从热带和亚热带地区开始，盐度向高纬度和向赤道方向都是降低的，高纬度地区，盐度受融冰的影响；赤道附近是低盐海区，那里由于大气环流上升，降雨充沛，降水量超过蒸发量；北大西洋的表层盐度比北太平洋的盐度更高，在同样的温度下，北大西洋的密度更大；在封闭的浅海盆地，海表盐度往往很高，那里蒸发量很大，来自邻近陆地地区的淡水流入量有限。

与温度分布一样，上述盐度分布显示的是盐度分布的长期稳定性特征。应当注意的是，许多特定地点的盐量在年际尺度上是很难改变的，但是在该点的水量却可以一直是变化的。

2.2.4 盐度的垂直结构

海洋表层盐度由降水和蒸发之间的平衡决定，其盐度范围远远大于 1 000 m 以下的海水主体。一般在 1 000 m 以下，所有纬度的盐度大多在 34.5 到 35 之间。

盐度随深度降低的区域通常出现在副热带地区，在高纬度地区，盐度随深度增加而增加，在混合和深层顶部之间，盐度变化最大，被称为盐跃层（而在温跃层中，温度几乎总是随深度而降低）；低纬度地区（热带），通常次表层出现盐度最大值（图 2-16）。

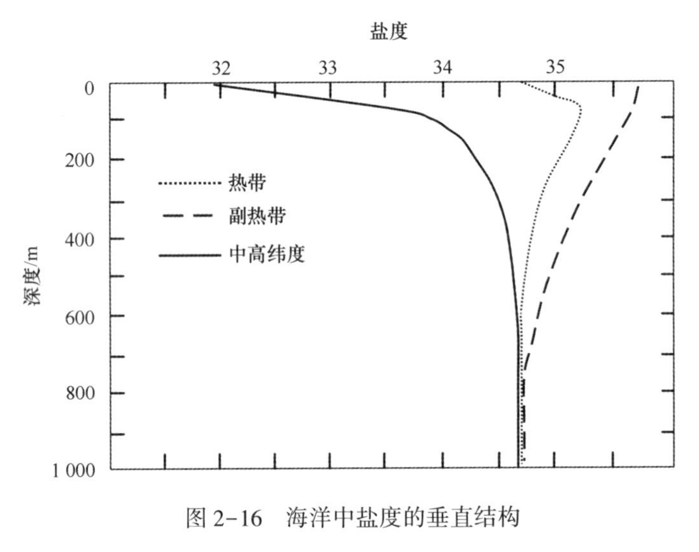

图 2-16　海洋中盐度的垂直结构

2.2.5 盐度的时间变化

1）盐度的日变化

大洋表层盐度的日变化，在低纬海域较小，不超过 0.05，下层因受内波影响，盐度的日较差可以大于表层。在浅海区域，季节性跃层的深度更小，波浪等动力原因会引起盐度日较差增大现象，可出现于更浅的水层中。近岸海水盐度的变化，受潮流的影响也很大。

2）盐度的年变化

由于降水、蒸发、结冰和融冰都有年周期变化，所以海洋表层盐度的年变化也有周期性。例如，在白令海和鄂霍次克海等亚极地海域，由于春季（大约在 4 月前后）开始融冰，表层盐度开始降低，至夏季融冰范围最大，表层盐度出现最低值；而冬季风引起强烈蒸发及降温结冰排出盐分，则使次表层盐度达一年中的最高值。中纬度海域，如黄海和东海，表层最低盐度值出现在降水和径流最大的夏季，东海在 7 月，而黄海推迟到 8—9 月，最高盐度值则一般在蒸发强而降水少的冬季出现。

表层盐度年变化过程曲线的形状，比温度复杂得多。再加上季节性跃层盛衰升降的影响，下层盐度的年变化更趋复杂多样。在黄海冷水团、黄海暖流和对马暖流所影响的海域，由于侧向混合及冷、暖水的彼进此退，更使中下层盐度的年变化呈现出更复杂多变的形式。

第 3 节　海水密度分布及变化

海水的两个最重要特性——温度和盐度以及压强共同控制着海水的密度，也是控制海水垂直运动的主要因素。在海洋中，海水的密度通常随着深度的增加而增加。如果表层海水的密度超过下层，则发生重力不稳定，上层海水下沉。极地海域，表层水的密度可以通过两种方式增加：第一，直接冷却；第二，海水结冰。深海环流起源于极地海区冷的高密度海水的下沉。海水密度、海水密度差以及与其相关的水平压强梯度力在决定海洋的运动过程中起着重要作用，海洋学家已经建立了一套复杂的符号来帮助他们描述这些过程。

2.3.1　状态方程

海水密度很少是直接测量出来的，而是由温度、电导率（或盐度）、压力，通过状态方程计算出来的。

1）简单状态方程

对于许多问题，海洋的密度可以做近似处理，此时，采用简单的线性状态方程通常就足够了

$$\rho - \rho_0 = [-\bar{a}(T - T_0) + \bar{b}(S - S_0) + \bar{k}p] \tag{2-5}$$

式中的上划线表示平均值。通过使用常数 $\rho_0 = 1\,027\ \mathrm{kg/m^3}$，$T_0 = 10℃$ 和 $S_0 = 35$ 条件下

$$\bar{a} = 0.15\ \mathrm{kg \cdot m^{-3} \cdot ℃^{-1}}$$

$$\bar{b} = 0.78\ \mathrm{kg \cdot m^{-3}}$$

$$\bar{k} = 4.5 \times 10^{-3}\mathrm{kg \cdot m^{-3} \cdot (10^4\ Pa)^{-1}}$$

2）国际海水状态方程

完整的海水状态方程是温度、盐度、压力与密度间的函数关系，由实验数据经过曲线拟合而得到。现在采用的是1980国际状态方程。

2.3.2 密度和比容

海水的密度定义为单位体积海水的质量，单位是 $kg \cdot m^{-3}$。海水的密度几乎比大气大三个数量级。因此，大气和海洋之间的界面非常稳定。海水的密度不仅是温度和盐度的函数，而且也是压强的函数，用 ρ（S，T，p）表示，通常又称为现场密度。而把1个标准大气压下，盐度为 S、温度为 T 的海水密度称为条件密度，表示为 ρ（S，T，0）。由于海洋中密度的变化很小，其前两位数从不改变，因此海洋学家常采用密度异常来表示密度，用符号 σ 表示，定义如下：

$$\sigma(S, T, p) = \rho(S, T, p) - \rho_o$$

参考密度 $\rho_o = 1\,000\ kg/m^3$，是纯水在4℃，1个标准大气压下的密度值。$\sigma(S, T, p)$ 包含了压强的效应，当没有下标时表示的密度为现场（原位）密度。通常，密度是根据给定的压力条件下计算的。例如：

$$\sigma_T(S, T, 0) = \rho(S, T, 0) - \rho_o$$

$$\sigma_2(S, T, 2\,000) = \rho(S, T, 2\,000) - \rho_o$$

$$\sigma_4(S, T, 4\,000) = \rho(S, T, 4\,000) - \rho_o$$

式中，下标 T、2和4表示参考深度，即海平面，$2\,000 \times 10^4$ Pa和 $4\,000 \times 10^4$ Pa。使用 σ_T 可以更好地估计两种不同类型水体在同一水平面上的密度差异，从而 σ_t 是表征静力稳定性的较好指标。

物理海洋学家也常采用比容（α）的概念，比容定义为单位质量海水所占的体积（m^3/kg），比容与密度成反比。海洋学中常采用另外两个与密度相关的量，一个是比容异常（δ）和热盐比容异常（$\Delta_{S,T}$），比容可以写成

$$\alpha(S, T, p) = \alpha(35, 0, p) + \delta_S + \delta_T + \delta_{S,T} + \delta_{S,p} + \delta_{T,p} + \delta_{S,T,p} \quad (2-6)$$

或

$$\alpha(S, T, p) - \alpha(35, 0, p) = \delta = \Delta_{S,T} + \delta_{S,p} + \delta_{T,p} + \delta_{S,T,p} \quad (2-7)$$

式中，$\alpha(S, T, p)$ 是盐度为 S、温度为 T、海水压力为 p（样品深度处的静压强）的海水样品的比容，$\alpha(35, 0, p)$ 是 $S=35$，$T=0$℃和压力为 p 的标准海水的比容。压强对比容的大部分影响都体现在 $\alpha(35, 0, p)$ 中。比容异常（δ）表示方程（2-6）中六个异常项的总和。热盐比容异常 $\Delta_{S,T} = \delta_S + \delta_T + \delta_{S,T}$ 包含了不考虑压强时温盐效应的大部分。$\delta_{S,p}$ 和 $\delta_{T,p}$ 分别表示大部分的盐度和压力联合效应，以及温度和压力的联合效应。最后一项 $\delta_{S,T,p}$ 非常小，通常可以忽略。水深小于1 000 m时，热盐比容异常 $\Delta_{S,T}$ 是比容异常（δ）的主要部分，压强项 $\delta_{S,p}$ 和 $\delta_{T,p}$ 也常常忽略不计，在一阶动力计算中，

$\Delta_{S,T}$ 比 σ_t 的使用更方便。

由 $\alpha(S, T, 0)=1/\rho(S, T, 0)=1/(1\,000+\sigma_t)$ 和 $\alpha(S, T, 0)=\alpha(35, 0, 0)+\Delta_{S,T}$，以及 $\alpha(35, 0, 0)=0.972\,66\times10^{-3}\mathrm{m}^3\cdot\mathrm{kg}^{-1}$，可得

$$\Delta_{S,T}=\left(\frac{1\,000}{1\,000+\sigma_t}-0.972\,66\right)\times10^{-3}\mathrm{m}^3\cdot\mathrm{kg}^{-1}$$

比容和比容异常的一个重要用途是计算动力高度和动力高度异常（参见第 4 章海流）。在海洋学中，静力方程常写为

$$\alpha\mathrm{d}p=-g\mathrm{d}z \tag{2-8}$$

写成这种形式的原因是，在海洋中，密度是随压强变化所观测的温度和盐度进行计算的，因此，密度（或比容）是压力的函数，而不是深度的函数。公式（2-8）在给定压强区间内的积分称为动力高度 D。其单位为单位质量的能量，$\mathrm{J}\cdot\mathrm{kg}^{-1}$ 或 $\mathrm{m}^2\cdot\mathrm{s}^{-2}$。

$$\mathrm{d}D\equiv\alpha\mathrm{d}p$$

$$D=\int_{p_1}^{p_2}\alpha\mathrm{d}p \tag{2-9}$$

在第 4 章“地转流”将做进一步讨论，动力高度的计算是海洋学研究的重要内容之一。在实践中，通过测量随深度（压力）而变化的温度和盐度，根据状态方程计算比容，进行数值积分计算两个压力表面之间的动力高度。

相邻 a、b 站动力高度差等同于两个站位间同一深度（压力）区间的水平压力梯度差

$$D_a=\int_{p_1}^{p_2}\alpha_a\mathrm{d}p$$

$$D_b=\int_{p_1}^{p_2}\alpha_b\mathrm{d}p$$

$$D_a-D_b=\int_{p_1}^{p_2}(\alpha_a-\alpha_b)\,\mathrm{d}p$$

实践中，上式比容减去标准海水比容称为比容异常，称为动力高度异常

$$\Delta D_a-\Delta D_b=\int_{p_1}^{p_2}(\delta_a-\delta_b)\,\mathrm{d}p$$

国际委员会已建议采用重力位势和重力位势异常取代动力高度和动力高度异常，但这项建议在当前尚未得到普遍采纳。

2.3.3　密度的分布

就整个海洋而言，温度的范围约为 0～28℃（个别海洋盆地的温度可能会更低），而盐度的范围一般为 34～36。温度通常比盐度对密度的影响更大，例如，温度大于 5℃时，温度变化 1℃比盐度变化 0.1 对密度的影响更大。

海水的密度是水温、盐度和压力的函数，这些因素影响海水密度的时间和空间变化。海洋的密度分布是不均匀的，这种密度的差异会影响海水的运动。造成这种不均匀性的主要原因是太阳热辐射，在赤道，海洋都从太阳获得热量，在两极附近，海洋向大气散失热量。当然，海洋密度也受盐度的影响，两者均引起密度的不均匀性，在重力作用下，这些不均匀性往往会重新排列成水平层，因此，我们说海洋是“密度分层的”，或者说是“密度层化的”。

大洋表层密度的分布，主要受制于表层水温和盐度的变化。由于大洋表层温度在赤道区域最高，同时盐度在此区域也是极小值，因而赤道附近海域表层海水密度最小。随着纬度的升高，温度逐渐降低，密度逐渐增大，然而在亚热带海区盐度出现极大值，但因温度下降的不多，所以密度并未出现相应的极大值。在温带海域，虽然盐度不高，但水温下降效应显著，所以密度也未出现极小值，只是增密的速率有些减缓而已。

在大洋的上混合层内，混合效应使得密度的分布较为均匀，主温跃层显然也应是密度跃层存在的地方，在不同的纬度上存在着变化。主温跃层之下，因整个大洋的水温、盐度均匀，所以密度的水平梯度也随之减小，当然由于受下层环流的影响，也能形成密度分布的局地特征，例如，因受北半球西部边界流的影响，大洋西侧水温高，密度相应地就要小一些。

垂向上，密度基本都随深度增加而增大，但因不同气候带上温度和盐度的垂向分布各具特色，所以不同气候带上密度的垂向分布也有所不同。热带海域，跃层上方海水密度小且均匀，跃层的强度却很大；副热带海域表层海水的密度增大，因而跃层的强度大为减小；高纬度极地海域，表层密度更大，垂向梯度却不大，除非夏季融冰使表面存在一密度小的薄层，形成浅的跃层，冬季则产生大规模的对流和下沉，密度跃层几乎消失。

海水下沉运动所能达到的深度，取决于它本身的密度及其下方的层结和环流状况。南极威德尔海和罗斯海，由于强烈冷却而形成的高密度冷水，能沿大陆坡一直下沉到海底，并向三大洋底部扩散；南极辐聚带的冷水密度次之，所形成的低温低盐水可下沉到中层 1 000 m 上下的深度；副热带形成的高盐水，因水温高，密度较小，则只能下沉到次表层的深度，在盐度较低、温度很高的赤道海域形成的低密度表层水就难以下沉。

由于下沉后的海水都向低纬海域扩展，因而低纬海域垂直方向上水温、盐度和密度的分布，就与赤道至极地向的大洋表层水温度、盐度和密度的经向分布存在着相当密切的关系。图 2-17 给出了不同纬度的密度剖面。在海洋表面之下的浅层，密度接近恒定，称为海洋混合层；密度随深度急剧变化的区域称为密度跃层。

可以看到，高纬度地区，在海洋 500~1 000 m 深处，密度的垂直变化不大（图 2-17）。从深度 500~1 000 m，σ_t 只有相当小的增加；大约 2 000 m 深度之后，σ_t 剖面几乎呈铅直分布。

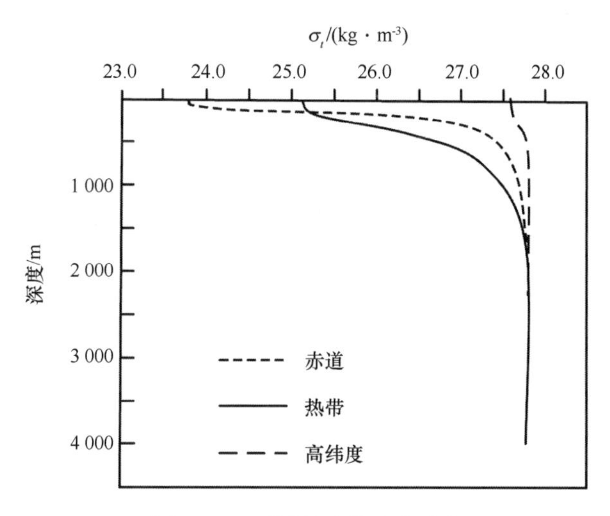

图 2-17　不同纬度的密度分布

相比之下，中低纬度地区小于 500 m 的深度，密度在表面混合层之下随深度的增加而迅速增加。密度剖面上存在一个明显梯度较大的水层称为密度跃层。在开阔的海洋中，尽管密度跃层其确切的深度和陡度也取决于盐度的分布，但通常与温跃层的关系更为紧密，主密度跃层与永久性温跃层大致重合。主密度跃层的水是非常稳定的，也就是说它需要较大的能量才能使其密度跃层的水上下移动。主密度跃层是表层湍流混合过程发生的下界面，事实上，随着主密度跃层的发展，表层的混合过程往往会增加主密度跃层的稳定性。

表混合层的深度取决于风的强度和其他倾向于促进垂直重力稳定性的过程，如海表加热和降水。因为温水的密度小于冷水，淡水的密度小于海水，故两者都降低了表层海水的密度。重力稳定的水柱被称为稳定分层水柱——由密度随深度增加而增加的水层组成，层间通常存在较大的梯度，强分层水柱（密度随深度迅速增加）比弱分层水柱（密度随深度逐渐增加）更稳定。根据定义，混合良好的水柱（如混合表层）没有分层，即使是小扰动（如湍流、不同 T 或 S 的水平流）也容易使其不稳定并导致垂直混合。

2.3.4　密度的时间变化

大洋表层密度的日变化，主要受水温和盐度的日变化。大洋中水温和盐度的日变化不大，因而密度日变化亦小，而且该变化所能影响的深度也不大。若有跃层和内波振荡，则自然另当别论。

大洋表层密度的年变化，受水温和盐度的季节性、局地性影响很大，所以较复杂。中、下层密度的变化，受水温的区域性差异影响较显著。

由于密度跃层的形成，往往以温跃层的形成为先导，因而季节性密度跃层和季节性温跃层共生消，两者有着相同的生命周期，即春季形成，夏季强盛，秋冬衰亡。在季节性温度变化不大的赤道和高纬度地区，蒸发/降水和融结冰可导致表层水中盐度和密度的显著变化。

第4节　压强

2.4.1　压强的定义

压强定义为单位面积上的力，即 $p=F/A$，它是一个标量，在流体中的任何一点，压强与方向无关。海洋中任何位置的压强在一定程度上受到海水运动的影响，但由于洋流相对缓慢，特别是在垂直方向，因此在大多数情况下，海洋中的压强为静压强。海洋中任何一点的压强是大气压强加上该点上方单位面积海水的重力之和。因此在给定的深度 z，静压强等于高度为 z 的单位面积（如 1 m^2）水柱的重力（图 2-18），再加上大气压强 P_0，即

$$深度\ z\ 处的静压强\ p=（深度\ z\ 处之上单位面积水柱的质量）\times g+P_0$$

这里 $g=9.8\ m\cdot s^{-2}$ 是重力加速度，海表大气压强通常变化不是很大，大约是10^5 Pa，如果海水的密度为 ρ，且不考虑大气压强的影响，上式可写为

$$p=（深度\ z\ 处之上单位面积水柱的体积）\times\rho\times g=\rho gz$$

上式称为静压方程，它把压力场和密度场联系起来。对于大部分的海洋过程，静压方程都是很好的近似，特别是它适用于研究大尺度运动的海洋环流模式。

因为在海洋研究中，通常把坐标原点放置在海平面，垂直向上为正，向下为负，因此静压方程通常写成

$$p=-\rho gz$$

如果密度不是深度的函数，或者取平均密度，则上式可以直接计算静压强，压强随深度是线性变化的。然而在真实海洋中，密度 ρ 是随深度而变化的，此时海水柱可看作是由无限多个层组成，每层厚度为 dz，对总压强的贡献为 dp，则

$$dp=-\rho g dz$$

深度为 z 处的总压强为所有 dp 之和，即

$$p|_z=\int_{-z}^{0}-\rho(z)g dz$$

在国际单位制中，压强的单位是帕斯卡（Pa），1 Pa = 1 $N\cdot m^{-2}$，压强的其他单位如下：1 bar = 10^5Pa；1 db = 0.1 bar；1 atm = 1.013 25 bar = 1.013 25 × 10^5 Pa

现应使用 Pa 作为压强的单位，图 2-19 所示的海洋压强随深度的垂直变化是近似线性的。在处理海洋中的压强时，通常把大气压强减去，这样海洋深度每增加 10 m，

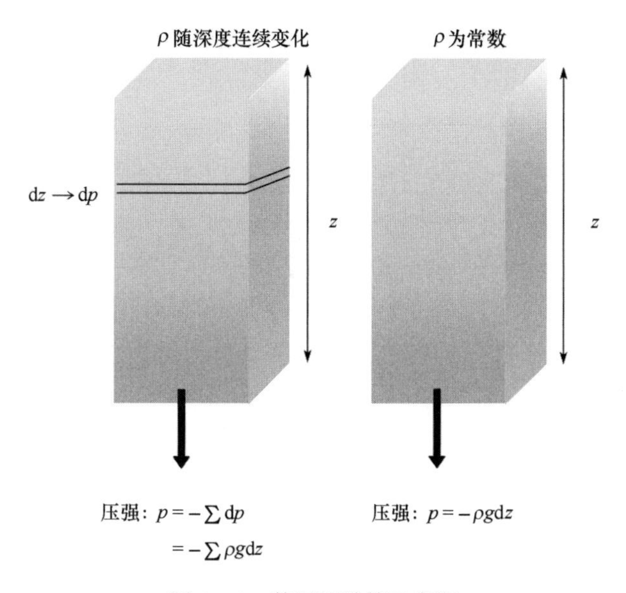

图 2-18　静压强计算示意图

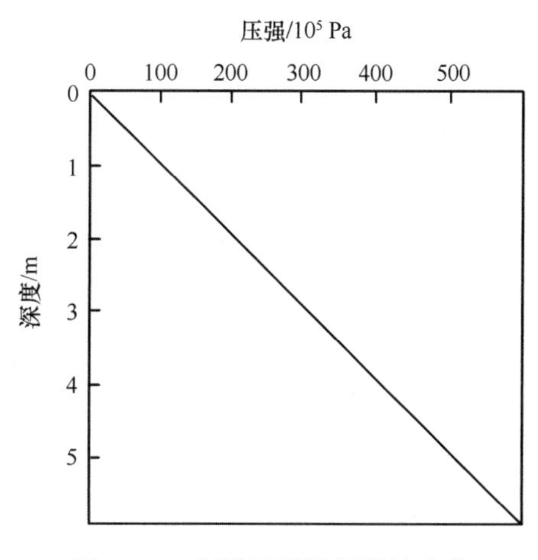

图 2-19　海洋压强随深度的变化

相当于增加 10^5Pa，约为 1 个大气压，即约 10 db，与用国际单位（m）表示的深度接近。因此，在海洋中 1 km 深处的压力相当于大约 100 大气压（1 000 db）。

2.4.2　绝对压强和表压强

绝对压强 p_{abs} 表示分子碰撞对壁所施加的每单位面积上的力，它总是正的。表压强 p_{gag} 是相对于大气压强 p_{atm} 的值

$$p_{gag} = p_{abs} - p_{atm}$$

它可以是正的，也可以是负的，最小值是 $-p_{atm}$（图 2-20）。

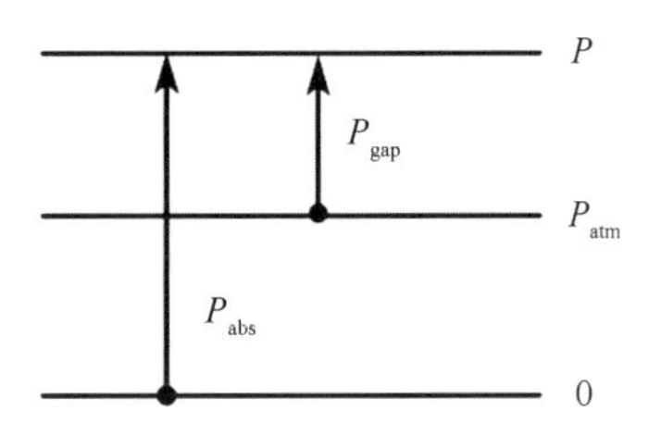

图 2-20　绝对压强和表压强示意图

2.4.3　位温和位密

如果要用状态方程来分析一些海洋学的问题，需要考虑一些微妙的问题。其中最重要的一点是现场温度和位势温度之间的差异。前者是现场观测到的温度，后者是指海水微团从海洋某一深度绝热上升到海面时所具有的温度，这样位势温度（位温）排除了压强的影响。

由于海水的压缩系数不为 0，所以，当某一海水微团在海洋中有铅直位移时，因其所处深度变化导致压力不同，就会使其体积发生相应的变化。位势温度的概念很容易从能量守恒（热力学第一定律）中推导出来。热力学第一定律表述：

物体内能的变化=物体上热量的增加或减少+对物体所做的功

假设与周围环境没有热交换（即绝热过程），那么内能的变化必须等于对水所做的功。由于海水具有轻微的可压缩性，所以在海水下沉和水压增加时，会对其进行压缩，因此其内能必须增加，这意味着温度的升高。反之亦然，当水团上升时，压力降低，使水膨胀，水团对外做功，内能（因此温度）必须降低。海水温度在绝热变化过程中随压力的变化称为绝热温度梯度，可用下式计算

$$\Gamma = a_v g T_w / c_p$$

式中，a_v 为体积热膨胀系数；c_p为定压比热；g 为重力加速度；T_w 为温度。海水微团从海洋某一深度（压强为 p）绝热上升到海面（压强为 1 标准大气压）时所具有的温度称为位温，记为 θ。若海水微团未上升之前的现场温度为 t_w，绝热升达海面后温度降低了 Δt_w，则该深度海水的位温即为 $\theta = t_w - \Delta t_w$，通过对绝热温度梯度积分，可以计算出位温。

用位温 θ 而不使用现场温度 T 所计算的密度称为位密，即 $\sigma_\theta(S, \theta, 0) = \rho(S, \theta, 0) - \rho_0$，这样消除了由于压强引起的绝热加热和绝热冷却效应。现今物理海洋中 σ_θ 使用较多。

在比较不同深度处的海水温度时，不可直接依其现场温度值而妄加评论，特别是在分析深海区的水温铅直结构时，不可无视绝热变化的影响。

2.4.4 重力位势面和等压面

在海洋研究中，为了图形化表示压强分布和方便计算压强梯度，通常用到两个面——重力位势面和等压面。

重力位势面是物理量 gz 的等值面，即深度乘以重力加速度的等值面。该量表示一个物体所获得的势能（单位质量），它也表示克服重力所做的功，也称为重力位势或简单地称为位势，它是一个标量场。在物理海洋学中，这个量通常用动力米这一特殊单位来进行测量，定义为

$$D = 0.1\ gz \tag{2-10}$$

z 单位为 m，g 的单位为 $\mathrm{m \cdot s^{-2}}$，由于 g 接近 10（平均 $9.8\ \mathrm{m \cdot s^{-2}}$），因此动力米的垂直距离几乎等于以米为单位的几何距离。由于这种相似性，方程式（2-10）中的 D 在海洋学中被称为动力深度。

重力位势面取决于重力加速度和局地深度（与大地水准面的距离），不随时间变化。重力加速度只在不同地点略有变化（仅变化 2%～3%）。因此，重力位势面提供了非常稳定的水平参考面（实际为水平曲面），因为它们垂直于每个点上的铅垂线（或重力矢量 g）。

第二个面——等压面，可以从等压线的定义引出。气象学家通常用等压线来表示天气图——即连接等压点的线，如果用面代替线，就得到等压面的定义。

压力场的图形表示通常用两种不同的方法来实现。气象学家倾向于选择一个位势面，并将不同的等压面与该参考位势面 D_n 的交点投影到一个平面上。海洋学家倾向于选择等压面 P_n，并绘制等压面 P_n 上动力深度的等值线图（图 2-21）。因此，第一种表示方法给出了一系列等压线，类似于在天气图上绘制的等压线图；而第二种表示方法显示了等压面上的动力深度，即动力地形。

压力场、密度分布和动力学之间的关系可以从以下方面进行分析：如果海洋具有相同的密度，并且其自由面在任何地方都是水平的，同时假设大气压力也是水平均匀的——在这种情况下，在给定的深度 z，海洋中所有点的压力都是相同的，等位势面与等压面重合。不难想象，这样的海洋将是无运动的。现在，假设在均匀密度下，海洋自由面不是水平的，即存在起伏或斜坡，显然，海洋内部的等压面起伏与海表面的起伏将一致，这是因为在恒定密度下，压强只取决于 z，即水层的厚度。然而，在真实的海洋中，压强的分布也取决于密度，并且由于大气压力场是非均匀的，自由海面也不是等压的。由于这些因素的存在，海洋内部等压面具有复杂多样的变化，每个等压面都有自己独特的形状。海洋学中，采用等动力深度线来表示等压面上的动力地形，该动力地形图可以分析海洋的主要力场——水平压强梯度力场，它类似于气象学中用等压线来确定风速和风向。

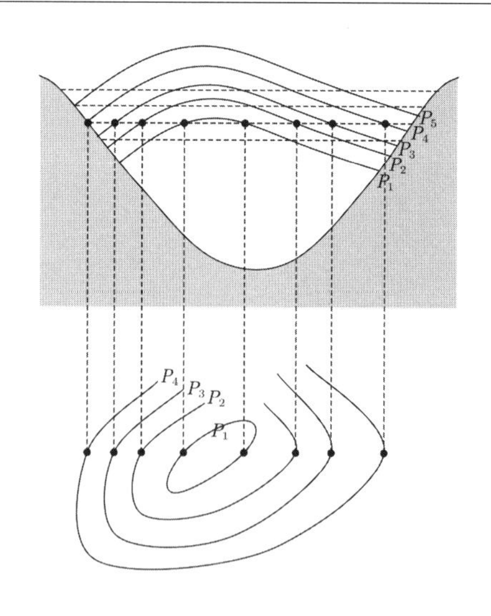

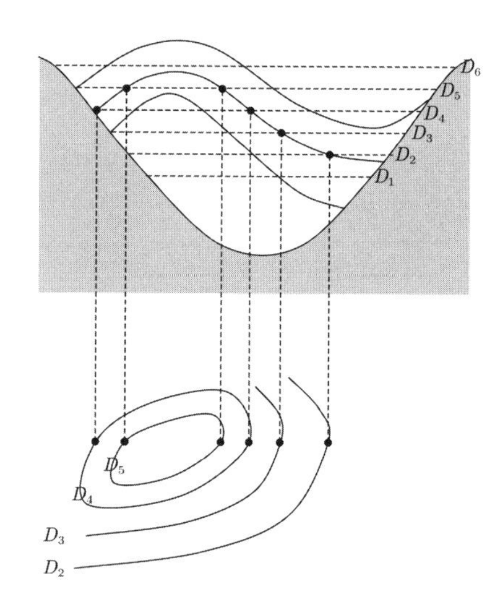

图 2-21　等压面和等位势面的交点及其在平面上的投影

左图：气象学家常采用的给定位势面上的等压线图，右图：海洋学家常采用的等压面上的动力地形图

2.4.5　正压和斜压层化海洋

由于重力和浮力的影响，密度较高的水团将下沉，密度较低的海水将上升，形成海水的密度层化结构。海水的分层可分为两种不同形式，即正压或斜压分层。在正压分层海洋中（图 2-22 左图），密度仅是压力的函数，即 $\rho = \rho(p)$ ，等压面平行于等密度面或者说等密度面上压强相等，这些面也可能平行于海表面。当正压海洋处于静止时，等压面、等密面与等位势面平行；当正压条件下存在运动时，等压面和等密度面依然保持平行，但与重力位势面相交，其运动只依赖于水平位置和时间，与深度无关。正压层结通常不会被与层化方向一致的均匀强迫破坏，如产生天文潮的天体强迫或均匀的气压场强迫，如果突然施加了这样的力场，则需要重新分配质量以达到平衡。

如果密度除了压力相关外，还与温度或盐度相关，即 $\rho = \rho(p,\ T,\ S)$ ，此时等压面与等密度面存在相交（图 2-22 右图），且两者均可能与重力位势面相交。此时的海洋称为斜压层化海洋，斜压海洋不可能保持无运动，且其运动一般都存在垂直切变，在第 4 章热成风关系里将进一步阐述。海洋的斜压结构在上层 500～1 000 m 深度尤为明显。在 1 000 m 以下深度的深层接近正压条件。

存在持续斜压性的区域存在海水的运动，因为等压面倾斜的地方必定有水平压强梯度力。由于密度不均匀性而产生海洋斜压结构，通常由持续的外部影响（如气候条件）来实现的，最终海流趋向地转运动。事实上，地转假设常常是解释主要稳定海洋环流分量与水体属性特征分布之间关系的基础。由于每个海洋水团都是一个宏大的水体，海洋的斜压结构需要几十年甚至几百年才发生明显变化，部分原因是海水不容易

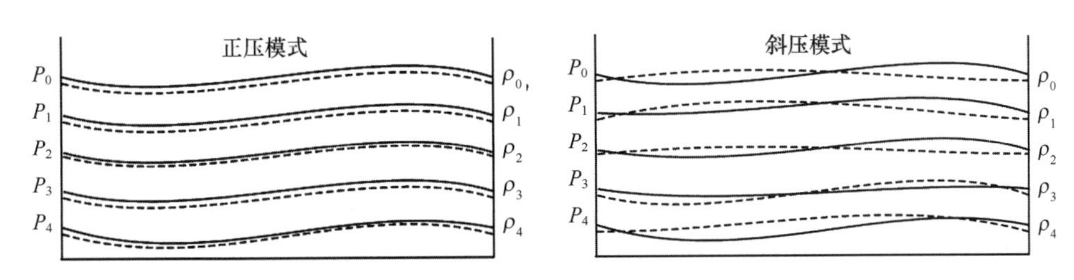

图 2-22　层化海洋的正压和斜压模式

被太阳的光和热穿透，且自身具有巨大的储热能力。

2.4.6　海水的稳定性

1）静力不稳定

下面考虑海洋中密度随深度的变化是否会导致海水垂直移动的问题。海洋水团在垂直方向是否发生运动可以通过以下方式导出：密度为 ρ 的海水微团从水平位置 z 处垂直向上移动 Δz 的距离，在新的位置，周围的海水具有密度 ρ' 。这个位移的海水微团将受到与 $\rho - \rho'$ 成比例的垂直加速度。如果差值为正，则位移的海水微团将受到一个向下的力，倾向于移回原来的位置（抵抗垂直运动），此种平衡称为稳定的；如果差值是负的，那么它受到一个向上的力，倾向于使它越来越远离它的初始位置（自由垂直运动），此时称不稳定平衡。如果在位移之后，它的密度始终与周围的水相同，那么则称为中性的（不抵抗垂直运动）。因此单位长度的密度差（$\rho - \rho'$）就是平衡状态的度量。用表达式 $E = -\dfrac{\partial \rho}{\partial z}$ 度量“稳定性”。对于 E 是正值，分层是稳定的，不会因海水微团的垂直位移而改变。对于 E 是负值，层结是不稳定的，最轻微的扰动就足以引起分层的重新调整。在稳定分层和不稳定分层之间总存在一个 $E = 0$ 的曲面。向 E 为正的一侧移动水团总是被驱动回到初始位置，但是向 E 为负的一侧移动，水团会越来越偏离初始位置。

在考虑与稳定性有关的密度分布时，我们不能忽略可压缩性，即密度随压力（深度）的变化。在中性稳定性的情况下，如果流体微团绝热（与周围环境无热交换）地上下移动，且也不与周围环境发生盐量交换，那么当把这个流体微团静止在某一新位置上时，它就停留在那个位置上，因为无论移动到哪里，它都具有与周围流体相同的密度。这种情况的前提条件是，介质的密度必须随深度增加而增加，因为一个向下移动的流体微团将被压缩，压缩后的密度应与此时周围环境的密度相同。因此，在中性稳定的情况下，必有 $\dfrac{\partial \rho}{\partial z} < 0$，此时，如果忽略压强的效应，就会误认为流体是非常稳定的；同时，压缩效应也会由于压强做功引起流体微团加热使密度减小，因此在中性

稳定情况下，假设盐度影响可以忽略不计，流体的温度是随着深度的增加而增加的，如果我们忽略压力的影响，较冷的流体位于较热的流体之上，我们会误认为流体是不稳定的。

为了考虑压缩性，应当考虑采用位势密度，它是在考虑绝热温度变化的情况下，把流体压强绝热地变成参考压强时的流体密度。但是，由于海水状态方程的复杂性和非线性，用位势密度来确定静力稳定性并不总是有效的。例如，北大西洋深层水的位密稍大于南极底层水的位密，然而我们发现前者是位于后者的上方而不是之下，这是因为这两个水团之间的温度和盐度差异足够大，压缩系数随这两种参数的变化导致南极水的现场密度（在同一深度）稍大于北大西洋水，因此南极水在北大西洋水下面流动。这种情况下误判不稳定性的原因是由于计算位密的参考压强取在表面（$p=0$）所致。如果取参考压强接近于现场压强，则位势密度的垂直变化为0，是中性稳定的。然而在考虑整个水柱的稳定性时，不可能找到一个适用于所有情形下的参考压强，因此必须计算稳定性（是深度的函数）的局部值。

假设静止海洋的密度以某种任意方式随深度变化，在水平面A上（图2-23），深度为$-z$，压力为p，水的性质为（ρ，S，T）。让一流体微团从水平面A向水平面B垂直移动一小段距离δz，且在移动过程中不与周围环境进行热量和盐量交换。在水平面B上，深度为$-(z+\delta z)$，压强为$(p+\delta p)$，周围海水的性质为(ρ_2, S_2, T_2)。流体微团到达水平面B时，则它的性质为$(\rho', S, T+\delta T)$，而压强为$p+\delta p$。其中δT是由于压强变化而引起的温度绝热变化，即$\delta T=(\mathrm{d}T/\mathrm{d}p)_{绝热}\delta p$。因为$\delta p=-\rho g\delta z$（静力平衡关系），所以$\delta T=-(\mathrm{d}T/\mathrm{d}p)_{绝热}\rho g\delta z=-\Gamma\delta z$，其中$\Gamma$代表绝热温度梯度，它是压强变化引起的温度随深度的变化率，数值为正表示压缩使温度升高。在水平面B上，作用在流体微团δV_2上的恢复力为

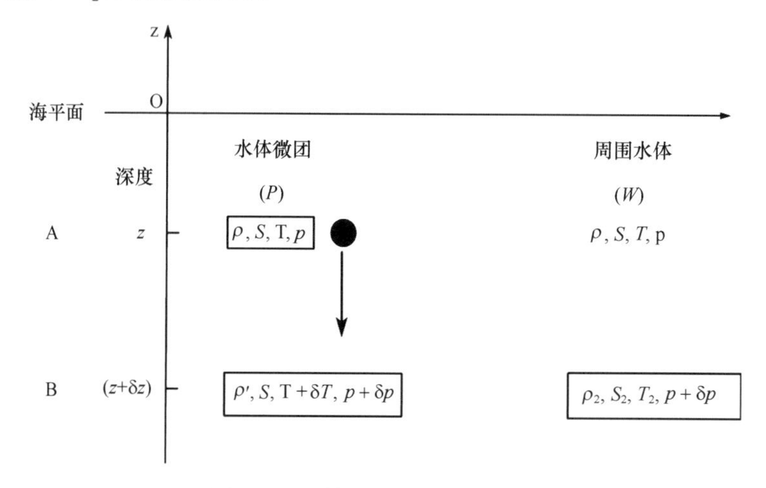

图2-23　计算海水稳定性示意图

$$F = 向上的浮力 - 重力$$

根据阿基米德原理，向上的浮力等于被排开的周围流体的重力。因此

$$F = \delta V_2 \rho_2 g - \delta V_2 \rho' g = \delta V_2 g(\rho_2 - \rho')$$

则流体微团的加速度为

$$a_z = \frac{F}{M} = \frac{\delta V_2 g(\rho_2 - \rho')}{\delta V_2 \rho'}$$

$$= \frac{g\left[\rho + \left(\frac{\partial \rho}{\partial z}\delta z\right)_W - \rho - \left(\frac{\partial \rho}{\partial z}\delta z\right)_P\right]}{\rho\left[1 + \left(\frac{1}{\rho}\frac{\partial \rho}{\partial z}\delta z\right)_P\right]}$$

式中，下标 W 指周围海水；下标 P 指流体微团。周围海水的密度变化为

$$\left[\frac{\partial \rho}{\partial z}\delta z\right]_W = \left[\frac{\partial \rho}{\partial S}\frac{\partial S}{\partial z} + \frac{\partial \rho}{\partial T}\frac{\partial T}{\partial z} + \frac{\partial \rho}{\partial p}\frac{\partial p}{\partial z}\right]_W \delta z$$

而对于运动的流体微团来说，由于盐度的计算单位为“克（盐）/千克（海水）”，运动过程中流体元的盐度保持不变，即盐度与压强效应无关，因此

$$\left[\frac{\partial \rho}{\partial z}\delta z\right]_P = \left[-\frac{\partial \rho}{\partial T}\Gamma + \frac{\partial \rho}{\partial p}\frac{\partial p}{\partial z}\right]_P \delta z$$

显然 $(\partial p/\partial z)_W = (\partial p/\partial z)_P$，而且当水平面 A 和 B 间的温差差别不大时，又有 $(\partial \rho/\partial p)_W = (\partial \rho/\partial p)_P$，这是因为比容异常项 $\delta_{S,p}$ 和 $\delta_{T,p}$ 很小且变化缓慢。另外，当 $\delta z \to 0$ 时，$(1/\rho)(\partial \rho/\partial z)\delta z \to 0$，在上式分母中可以忽略，因此

$$\frac{a_z}{g} = \frac{1}{\rho}\left[\frac{\partial \rho}{\partial S}\frac{\partial S}{\partial z} + \frac{\partial \rho}{\partial T}\left(\frac{\partial T}{\partial z} + \Gamma\right)\right]\delta z \qquad (2-10)$$

上式是流体微团恢复加速度与重力加速度之比。定义水体微团的稳定性 E 为

$$E = \left|\left(-\frac{a_z}{g}\right)\right|_{\delta z = 单位长度}$$

即

$$E = -\frac{1}{\rho}\left[\frac{\partial \rho}{\partial S}\frac{\partial S}{\partial z} + \frac{\partial \rho}{\partial T}\left(\frac{\partial T}{\partial z} + \Gamma\right)\right] \mathrm{m}^{-1} \qquad (2-11)$$

如果 $E>0$，即正值，则水体是稳定的，垂直移动一小段距离的水体微团将倾向于返回其原始位置，因为海水有惯性，水体微团会超过原来的位置，然后围绕该位置振荡，因此水的稳定性与内波的发生有关（第 11 章）。如果 $E=0$，水体是中性稳定的，一个被移动的水体微团将静止在新的位置。如果 $E<0$，即负值，水体是不稳定的，位移后的流体微团将继续沿着位移方向运动，从而发生水体的翻转。

在开阔海域，上层 1 000 m 的 E 的值在 $100\times10^{-8}\mathrm{m}^{-1} \sim 1\,000\times10^{-8}\mathrm{m}^{-1}$ 之间，最大值一般出现在上层几百米处（密度跃层）。在 1 000 m 深度以下，其值减小到小于 $100\times10^{-8}\mathrm{m}^{-1}$，在深海沟，$E$ 的值接近 $1\times10^{-8}\mathrm{m}^{-1}$ 的值。在 1 000 m 深度以下，$\partial S/\partial z$ 通常很

小，因此其对稳定性的影响可以忽略不计。这时，当 $E \to 0$ 时，则意味着 $\partial T/\partial z \to -\Gamma$，即温度随深度的变化接近于由于压强变化而产生的绝热变化率。绝热变化率在 5 000 m处约为 0. 14℃/1 000 m，在 9 000 m 深度处增加到 0. 19℃/1 000 m，随深度的增加温度是增加的，即在深海沟中，现场温度随着深度的增加而增加。

注意，在方程（2-11）中，计算 $\partial\rho/\partial S$ 和 $\partial\rho/\partial T$ 时，应将（T，P）或（S，P）保持现场值不变。用比容计算稳定性 E 值的推导如下，首先利用以下恒等式

$$\alpha = 1/\rho,\ (1/\alpha)(\partial\alpha/\partial S) = -(1/\rho)(\partial\rho/\partial S),\ (1/\alpha)(\partial\alpha/\partial T) = -(1/\rho)(\partial\rho/\partial T)$$

利用方程（2-7）的 α 展开式，忽略 $\delta(S,\ T,\ p)$ 项，方程（2-11）变成

$$E = \frac{1}{\alpha}\left[\frac{\partial\Delta_{s,\ T}}{\partial S}\frac{\partial S}{\partial z} + \frac{\partial\Delta_{s,\ T}}{\partial T}\frac{\partial T}{\partial z} + \frac{\partial\delta_{s,\ p}}{\partial S}\frac{\partial S}{\partial z} + \frac{\partial\delta_{T,\ p}}{\partial T}\frac{\partial T}{\partial z} + \Gamma\left(\frac{\partial\Delta_{S,\ T}}{\partial T} + \frac{\partial\delta_{T,\ p}}{\partial T}\right)\right] \tag{2-12}$$

前两项通常占主导地位，它们是 $(\partial\Delta_{s,\ t}/\partial z)$ 的展开式，与 Γ 相关的项都很小（除非在 E 值很小的深水中），可以忽略不计。如果 $E=0$（中性稳定情况），忽略 Γ 项，即忽略温度随压强（深度）的绝热变化，可导致虚假的 E 值，会误认为弱不稳定。我们估计其他项的作用，第一项和第三项有共同因子 $\frac{\partial S}{\partial z}$，所以我们只需要比较它们的系数，$\frac{\partial\delta_{S,\ P}}{\partial S}$ 与 $\frac{\partial\Delta_{S,\ T}}{\partial S}$ 的符号是相反的：在表层，$\frac{\partial\delta_{S,\ p}}{\partial S} \ll \frac{\partial\Delta_{S,\ T}}{\partial S}$，但在 5 000 m 深处，$\frac{\partial\delta_{S,\ p}}{\partial S} \approx \frac{\partial\Delta_{S,\ T}}{\partial S} \times 10\%$，在 10 000 m 深处，$\frac{\partial\delta_{S,\ p}}{\partial S} \approx \frac{\partial\Delta_{S,\ T}}{\partial S} \times 15\%$。$\frac{\partial\delta_{T,\ p}}{\partial T}$ 与 $\frac{\partial\Delta_{S,\ T}}{\partial T}$ 的符号相同；在表层，$\frac{\partial\delta_{T,\ p}}{\partial T}$ 的值也很小，但在深度大于 2 000 m 时，$\frac{\partial\delta_{T,\ p}}{\partial T}$ 与 $\frac{\partial\Delta_{S,\ T}}{\partial T}$ 的值相差不大，在深度很大时，$\frac{\partial\delta_{T,\ p}}{\partial T}$ 甚至可占主导地位。

要给出确定性的温度和盐度项的相对重要性的一般规律是困难的。作为一阶近似，可采用方程式（2-12）的前两项计算 E 值，即

$$E = \frac{1}{\alpha}\left[\frac{\partial\Delta_{S,\ T}}{\partial S}\frac{\partial S}{\partial z} + \frac{\partial\Delta_{S,\ T}}{\partial T}\frac{\partial T}{\partial z}\right] \approx \frac{1}{\alpha}\frac{\partial\Delta_{S,\ T}}{\partial z} \tag{2-13}$$

如果计算得到的 E 值小于 $50\times10^{-8}\ m^{-1}$，则应加上其他项进行计算。

热盐比容异常 $\Delta_{S,\ T}$ 是与 σ_T 直接相联系的，通常由 σ_T 计算 $\Delta_{S,\ T}$，σ_T 通常由观测资料 T 和 S 直接计算。因此，有一个关于 σ_T 计算 E 的近似公式是很方便的。假设我们把现场密度 ρ 以类似于比容 α 式（2-3-4）的方式展开

$$\rho = 1\ 000 + \sigma_t + \varepsilon_{S,\ p} + \varepsilon_{T,\ p}$$

这里忽略了较小的 $\varepsilon_{S,\ T,\ p}$，把上式代入到（2-11），且考虑到

$$\frac{\partial\sigma_T}{\partial S}\frac{\partial S}{\partial z} + \frac{\partial\sigma_T}{\partial T}\frac{\partial T}{\partial z} = \frac{\partial\sigma_T}{\partial z}$$

则得

$$E = -\frac{1}{\rho}\left[\frac{\partial\sigma_T}{\partial z} + \frac{\partial\varepsilon_{S,\,p}}{\partial S}\frac{\partial S}{\partial z} + \frac{\partial\varepsilon_{T,\,p}}{\partial T}\frac{\partial T}{\partial z} + \frac{\partial\rho}{\partial T}\Gamma\right] \tag{2-14}$$

则与式（2-13）等价的近似表达式为

$$E = -\frac{1}{\rho}\frac{\partial\sigma_T}{\partial z} \tag{2-15}$$

从方程（2-13）和（2-15）中可以看出，作为一阶近似，对于稳定的水体，$\Delta_{S,\,T}$ 将随深度增加而减小，或 σ_t 将随深度增加而增加。因此，只要比较水体的 σ_T 或 $\Delta_{S,\,T}$ 值，就可以估计出 E 的符号，这也就是为什么使用 σ_T（或 $\Delta_{S,\,T}$）而不是现场密度值的原因之一。另一个原因是，当方程（2-15）是一个很好的近似时，海水沿等 σ_T 面流动，不受静力稳定性的限制。如果把方程（2-14）中包含 Γ 的项也包含在方程（2-15），则实质上等价于 $E = -(1/\rho)(\partial\sigma_\theta/\partial z)$。然而，当压强很大时，出现在（2-12）和（2-14）中的其他项（Γ 除外）变得更重要。这些项的忽略将导致虚假的不稳定性，例如北大西洋深层水和南极底层水之间的情形。

在推导方程（2-10）时，压力对密度效应的大部分都抵消了，且抵消掉的压强效应是相当大的。假设考虑的是现场密度梯度，如果海水处于中性稳定度时，$(\partial\rho/\partial z)_W = (\partial\rho/\partial z)_P$，此时有

$$\frac{1}{\rho}\left(\frac{\partial\rho}{\partial z}\right)_P = \frac{1}{\rho}\left(\frac{\partial\rho}{\partial p}\right)_{绝热}\frac{\partial p}{\partial z} = -g\left(\frac{\partial\rho}{\partial p}\right)_{绝热}$$

其中 $\left(\frac{\partial\rho}{\partial p}\right)_{绝热} = \frac{1}{C^2}$，$C$ 为声速，所以

$$-\frac{1}{\rho}\left(\frac{\partial\rho}{\partial z}\right)_W = \frac{g}{C^2} \approx 400 \times 10^{-8}\,\mathrm{m}^{-1}$$

如前所述，当稳定性实际上为中性时，使用现场密度会给人一种非常稳定的假象。如果希望使用现场密度 $\rho(S,\ T,\ p)$ 正确计算 E 值，需要加上压缩性进行校正，稳定性可通过下式计算

$$E = -\frac{1}{\rho}\frac{\partial\rho}{\partial z} - \frac{g}{C^2} \tag{2-16}$$

在使用此公式时，可以直接使用状态方程（IES 80）来确定 ρ，使用声速方程（它也是 S、T 和 p 的函数）计算 C。

浮力频率 N，也称布伦特-维萨拉（Brunt-Väisälä）频率，定义为

$$N^2 = (gE) = g\left[-\frac{1}{\rho}\frac{\partial\rho(S,\ T,\ p)}{\partial z} - \frac{g}{C^2}\right] \approx g\left[-\frac{1}{\rho}\frac{\partial\sigma_t}{\partial z}\right](\mathrm{rad/s})^2$$

以周/秒（Hz）为单位的浮力频率为

$$N/2\pi = (gE)^{1/2}/2\pi$$

可以证明，N 是稳定性为 E 的水中激发出内波的最大频率（第 11 章），高 N 值通常出现在主密度跃层区，即垂直密度梯度最大的地方。对于大洋水体，这通常发生在温跃层上（因此时密度变化主要由温度变化决定）；对于近岸水体，通常发生在盐跃层上（密度变化主要由盐度变化决定）。

2）双扩散

即使水体在某一特定时间是静力稳定的，但由于海水是一种两组分流体，且热和盐的分子扩散速率是不同的，它们的变化也可能使水体产生不稳定。如果两个密度相同，但其温盐值不同的两个水团上下接触时，由于温盐扩散率的差别（热传导系数量级为 $10^{-3}\ cm^2 \cdot s^{-1}$，盐分子扩散系数量级为 $10^{-5}\ cm^2 \cdot s^{-1}$）可能会导致水层不稳定。在大洋中发现的小尺度混合和“细结构”的形成中，“双扩散”起着重要作用，这些小尺度现象（一米到几米）是指温度和盐度的小尺度垂直变化。

下面分析“双扩散”相关的稳定性问题，首先假定海水是静力稳定的，且不存在运动，因为如果有运动，特别是速度剪切或强静力不稳定性引起的湍流运动，那么湍流扩散将占主导地位，可能会使双扩散效应变得不重要。然而，在剪切产生的湍流很弱且静力稳定性很强的某些大洋区域，双扩散效应可能占主导地位。

第一种情况：假定有一高温、高盐水叠置在低温、低盐水的上方，且上层水密度等于或小于下层水密度。由于热扩散和盐扩散作用，上层水温度降低，盐度降低，下层水温度升高，盐度增大；由于热量的分子扩散速率大约是盐量分子扩散速率的 100 倍，所以温度变化导致的密度变化占主导作用；如果原来两层水体之间的密度差异很小时，上层水的密度可能会比下层水变得还重，从而出现下沉运动，同样，下层水体可能变得更轻产生上升运动，这种情况被称为“双扩散不稳定”。在实验室中观察到，这种下降和上升运动是以薄层水柱的形式出现的，称为“盐指”。有证据表明，海洋中存在这种现象，例如高温、高盐的地中海海水经直布罗陀海峡流到低温、低盐的大西洋水域，就会发生这种现象。

第二种情况：如果低温、低盐水叠置在高温、高盐水之上，界面上方的水就会变得更轻，形成上升运动，而下面的水会变得更重产生下沉运动，这种现象被称为“双扩散对流”，可导致上下两层变得相当均匀，而中间被一温盐梯度很大的薄层区域分开。有证据表明，在北冰洋和其他地方都有发生此种“双扩散对流”现象。

上述两个过程都可能导致热量和盐量的垂直传输，且远大于由于分子扩散产生的输送，这两个过程也可导致混合现象，且强度远大于不存在这些过程时的混合强度。当然，这种运动一旦发生，就会变成动力学上的不稳定运动，并形成尺度更小的湍流运动，此时，问题变得更加复杂。

第三种情况：如果高温、低盐水叠置在低温、高盐水之上，则双扩散不稳定不会发生，上层水温变低，从而不会上升，同时它也始终不会比下层高盐的水冷，因此也不会下沉；同样，下层海水也不会上升和下沉运动。因为温度和盐度对密度的效应是

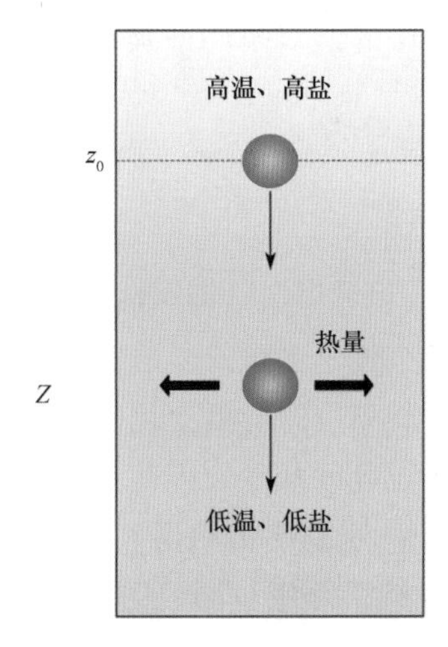

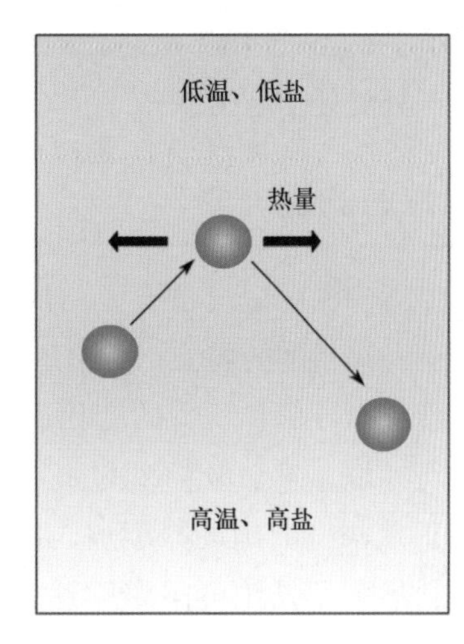

图2-24 双扩散过程示意图

相反的，所以要发生双扩散现象，界面处的温度梯度和盐度梯度的方向必须一致。

第四种情况：低温、高盐水叠置在高温、低盐水之上，此种情况总是静力不稳定的，海水在垂向会产生较强的对流混合。

3）动力不稳定

即使水体是静力稳定的，并且特定的温度和盐度分布不允许双扩散发生，但是水体如果存在运动，它也可能是动力不稳定的，而且可能形成尺度更小的、不规则的湍流运动。

在速度随深度变化的稳定的分层流中，如果速度随深度的变化（即流的剪切）足够大，那么流动可能变得不稳定。最简单的例子就是风吹过海洋，在这种情况下，因为海面的稳定性是非常大的，可以说它是无限的，因为大气与海洋的密度 ρ 存在一个阶跃，浮力频率近似于无穷大。然而，吹在海洋上的风会产生波浪，如果风力足够大，海面就会变得不稳定，波浪就会破碎，这是动力不稳定性的一个例子。

另一个例子是Kelvin-Helmholtz不稳定（简称KH不稳定），假定理想不可压流体的速度和密度随高度 z 的变化分别为 $U(z)\boldsymbol{i}$ 和 $\rho(z)$ ，当速度切变所对应的动能大于提高流体微团所需的势能时，即可发生KH不稳定。此时速度切变引起的惯性不稳定性足以克服层化的静力稳定性。静力不稳定和动力不稳定的相对重要性可用Richardson数表示，即

$$R_i = \frac{gE}{(\partial U/\partial z)^2}$$

式中分子代表静力稳定性，分母代表速度剪切强度。通过实验，一般认为 $R_i > 0.25$ 时，处于稳定状态；$R_i < 0.25$ 时，速度剪切将促进湍流。

注意Richardson数并非判断不稳定性的唯一准则。湍流发生的条件是必须有较大的

Reynolds 数和小于 0. 25 的 Richardson 数，在海洋中的这些条件是容易满足的，可以毫不夸张地说海洋处处处于湍流状态。

2. 4. 7 温盐深的测量

电导率、温度和深度记录系统（CTD）是测定世界海洋物理属性的主要方法。CTD 具有快速、密集和高精度的特点。CTD 系统由三个传感器组成，这些传感器的电阻随周围环境的温度、电导率和压力的变化而变化。所测量的电阻变化信号通过电缆传送到调查船上进行处理。海水电导率的测定取决于温度和盐度。因此，需要对电导率信号进行温度校正以获得准确的盐度值。通常使用两个温度传感器。一个是热敏电阻，响应时间很快，另一个是铂电阻温度计，非常精确。热敏电阻测量温度的微小变化，铂电阻温度计用于热敏电阻和电导传感器的绝对校准。通过这种方法，现场温度可以测量到+0. 001℃，盐度可以测量到+0. 005，压力可以测量到 0.5×10^4 Pa 或 0. 5 m 深。因此，从一个 CTD 系统的观测中，可以获得从表面到海底的高分辨率温度和盐度垂直分布。CTD 的传感器易受生物或海水颗粒物等的污染，因此通常还采集海水样本在实验室进行分析测量，以提供参考数据对 CTD 传感器的测量进行校准。

第 5 节 海冰

海冰一般指由海水直接析盐并冻结而成，覆盖在海洋表面的冰体，它在海洋中形成、生长和消融，其主要分布在南北两极的高纬度极地海域。在北半球，除了高纬度的北冰洋及附近海域，最南在中国的渤海湾（大约 38°N）也有海冰形成；而在南半球，海冰只存在于南极洲附近海域，最北可达 55°S。平均而言，海冰覆盖地球表面大约 $2\ 500\times10^4$ km^2 的面积。海冰一般在冬季生长并在夏季融化，但在某些海域，海冰也会终年存在。

海冰表面的反照率远远高于海水表面，它能够将大部分太阳短波辐射反射回太空，因此海冰的增加和减少可以直接影响极地区域的热量收支以及海气之间的热量、淡水通量和动量交换，从而影响全球大气环流、海洋环流和地球系统热量再分配。此外海冰的形成和融化还可以改变海洋的层结，影响海洋垂向混合过程和海水的垂向运动，是全球大洋输送带的重要驱动因素之一。海冰作为地球气候系统的重要组成部分之一，尽管它主要出现在极地区域，却是全球气候和环境变化的重要驱动器之一。

2. 5. 1 海冰的形成

在开阔海洋中，温度降低最先会在海面形成直径为 3~4 mm，像绣花针一样的冰晶，称为冰针冰。由于盐分不会结冰，冰晶形成过程中会将海水中的盐分排出，因此这些冰针冰晶体几乎由纯净的淡水组成。这些不断形成并漂浮在海面的冰针冰晶体在海面大量聚集和堆积就会形成冰片。

根据不同的海洋条件，这些冰片可以由脂状冰/凝结冰或者薄饼冰发展而形成（图 2-25）。在平静海面，随着结冰过程推进，冰针冰晶体会形成薄而光滑的冰体，称为脂状冰，脂状冰进一步发展成连续的薄冰层，称为尼罗冰，洋流和微风会推动尼罗冰运动和相互叠挤，尼罗冰变厚，从而进一步形成一个更稳定的、底部光滑的冰层，称为凝结冰，凝结冰发展和聚集进而形成冰片；而在非平静海面，冰针冰晶体会因为强烈的相互碰撞先积聚形成圆盘状的冰体，称为薄饼冰，薄饼冰的标志性特征是具有凸起的边缘或者冰脊，结冰过程继续，逐渐变厚的薄饼冰会在非平静的海面进一步加剧叠挤和成脊过程，不断推进海冰的胶结和固结过程。海冰成脊过程中，海冰会弯曲或破裂并堆积在自身顶部，在表面形成脊线，每个冰脊都有一个相应的结构，称为龙骨，形成在冰的下面。特别是在北极，厚冰变形时会形成高达 20 m 厚的冰脊。最终，薄饼冰黏合在一起并合并成一个连贯的冰片。与凝结冰不同，由固化的薄饼冰形成的冰片具有粗糙的底面。

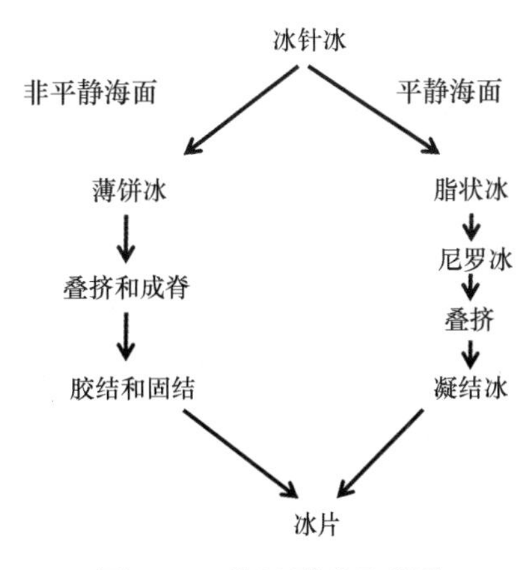

图 2-25　海冰形成示意图

从冰针冰到冰片这个阶段，时间尺度是比较短的，一旦海冰形成冰片，它就可以在降温持续的秋冬季继续生长；当春夏季气温升高时，前一年秋冬季形成的海冰开始融化。因此在季节尺度上比较成熟的海冰主要是一年冰，是指在不超过一年的周期内会经过一个完整的结冰和融化过程的海冰；如果一年冰经过至少一个夏季融化期还存在的话就会变成多年冰。

因海水结冰过程还伴随着析盐过程，因此海冰形成过程中，海冰冰体中还会包裹着卤水和气泡。海冰的生长过程中，海水中的盐度会不断从冰中的卤水通道析出，从新冰到一年冰再到多年冰，海冰的盐度是持续降低的。此外，因地理因素，还存在一种特殊的海冰类型，即附着在海岸而不会移动的海冰，我们称为固定冰。

2.5.2 海冰热力过程

我们通常把影响海冰生长和融化的过程称为热力学过程，从最简单的意义上讲，当海水温度达到咸水的冰点（-1.8℃）时，冰开始生长；当温度升至冰点以上时，冰开始融化。而实际海洋中，海冰生长、融化的速率和数量取决于海冰与大气以及海冰与海洋之间的热量、盐量/淡水交换过程。

影响海冰热量交换的重要因素之一是反照率，它是一个无量纲、无单位的量，值在0~1之间，代表物体表面反射太阳能的程度。反照率主要适用于可见光波段，此外还涉及电磁光谱的一些红外波段。与其他地球表面（例如周围的海洋）相比，海冰的反照率要高得多。典型的海洋反照率约为0.06，裸冰的反照率约为0.5~0.7，而积雪的反照率可高达0.9。真实海洋中，在不同海域或季节，海冰厚度、卤水含量和气泡含量不同，海冰表面还会存在不同程度的积雪或者融池，因此海冰反照率由具体的海冰条件决定。海冰与大气的感热交换和潜热交换，海洋平流和海洋垂向混合引起的热输送也是影响海冰热收支的因素。

海冰与大气及海洋的盐度和淡水通量交换过程也会影响海冰的热力学性质，这些主要包括和大气之间的蒸发/降水过程、雨水对海冰的渗透过程，结冰过程中的盐析过程，融冰过程中的淡水交换等。

如前面介绍海冰的形成，秋冬季降温，海水结冰从海面开始，一旦新冰在海面形成并开始生长，它就会成为海洋和大气之间的绝缘体，来自海洋的热量必须通过海冰释放到大气中。随着冰变厚，冰下的海水需要更长的时间才能达到冰点，因此冰的生长会减慢。最终海冰生长过程中，由热力学过程主导的海冰厚度的增加取决于寒冷持续的时间。此外，冰上积雪也是影响实际海冰厚度的因素之一，雪是一种有效的绝缘体，它可以减缓热量由海水和冰层向大气的传递，雪从根本上减缓了冰的生长。

夏季，当太阳辐射加热冰面时，海冰会融化。被冰吸收的太阳辐射能取决于表面反照率（见前面小节描述）。海冰反射了50%~70%的入射太阳辐射，海冰较高的反照率可以防止冰面像开阔的海洋一样迅速升温，但足够的辐射能仍然可以将冰加热至开始融化。因积雪具有高达90%的反照率，带雪的海冰需要更长的时间才能融化。雪开始融化后，通常会在冰面上形成融池，由于水的反照率比雪低，因此带雪和融池的海冰表面反照率下降，随着冰面融池的扩大和加深，反照率继续降低，导致太阳辐射吸收增加和融化速度增加。此外，除了来自太阳辐射能导致的冰表面的融化，海水的升温也可以导致冰底部的融化以及海冰侧面的融化过程（图2-26）。

2.5.3 海冰动力过程

海冰除了受热力学过程主导的生长和融化外，几乎一直在运动，除了部分海岸区

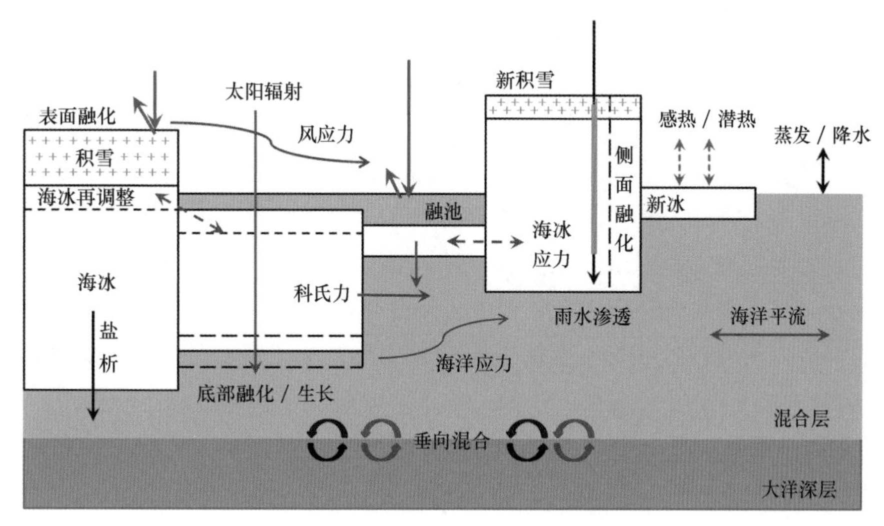

图 2-26　海冰热力和动力过程示意图

红色箭头代表热通量，黑色箭头代表盐度/淡水通量，紫色箭头代表动力过程

域附着不动的固定冰。海冰的运动同样遵循牛顿第二定律，因此海冰运动状态取决于其所受作用力。

风是造成海冰运动的主要动力因素，特别是在数天或数周的时间尺度上。吹在海冰表面的风对冰面产生拖曳力，使冰漂流。冰面上风应力的大小取决于风速和海冰表面的特性。与光滑的冰面相比，粗糙的冰面受风的影响更大。风和海冰漂移之间的关系一般可以归纳如下：自由漂移的海冰以 2% 的风速移动，自由漂移的方向性取决于移动的海冰的大小；较大的海冰块在风向右侧（北半球）或左侧（南半球）的 20° 到 40°范围内移动。其他因素也可能导致海冰自由漂移，但这种简单的关系解释了数天到数周尺度上多达 70% 的海冰运动。

其次，海冰还受到来自海洋的应力，即洋流对其的作用力，此应力通常与风应力方向相反，是风驱动海冰运动的主要阻力。海洋洋流作用力是长时间尺度上（月到年以上尺度）海冰运动的重要因素。在某些区域和情况下，洋流作用力在很短的时间尺度上也起到重要作用。

此外，由于地球自转，海冰运动和海水运动一样，同样也受到科氏力的作用。科氏力主要影响海冰在大尺度上的运动，而且由于科氏力从赤道向两极方向是增加的，因此它对海冰大尺度运动的作用不可忽视。

风应力，海洋应力以及科氏力都是海冰受到的外部作用力，海冰作为固体，其内部应力也是海冰运动中不可忽视的一个重要的作用力。海冰内部应力是对海冰固有性质的一个量度，即对其紧密度或强度的表征。在影响海冰运动的作用力中，海冰内部应力是变化最大的。与洋流应力一样，海冰内部应力通常也是由风应力引起的海冰运动的阻力。在海冰层松散压实并且可以自由流动的情况下（例如在夏季），内部应力最小；当海冰受挤压和压缩且不能流动时，内部应力可能很高。此外，海冰内部应力在海冰发生形变、堆积和破碎等过程中也起着重要的作用，例如形成冰脊和冰间水道。海冰的强度主要取决于其厚度，薄冰在压缩下很容易碎裂，而厚冰则要坚固得多。海冰的破裂和冰脊的形成会产生数米厚的海冰堆——这个比单纯因热力学过程而产生的海冰厚度厚得多，因此，真实海洋中终年存在的厚冰区，海冰动力输运堆积产生较厚冰层往往是其形成的主要因素。此外，海冰内部应力还取决于卤水含量、温度、密度和其他因素。由于海冰内部应力变化很大，没有它就很难准确估计海冰的运动。目前，对海冰内部应力及其在海冰数值模拟中的参数化方案的研究仍是海冰研究领域的重要科学问题之一。

第6节　海洋细微结构

所谓海洋细微结构，通常是指海水状态参数（如温度、盐度、密度等）垂直变化尺度小于常规海洋学观察层次间距的一些结构，这类小尺度的海水结构，一般又可分为细结构和微结构两种：一般垂直尺度为1~100 m的称为细结构，垂直尺度小于1 m的，称为微结构。在20世纪40年代，海洋学者已开始对海水温度和盐度分布的细结构进行初步研究，20世纪60年代以来，随着CTD的问世和应用，揭示热盐细微结构才成为可能。

实测资料表明，海水温度和盐度等状态参数在垂直方向上的分布，并不是像常规调查结果那样光滑而连续，而是存在许多时空尺度较小的复杂结构。一个看似均匀的水体，实际是由许多尺度很小的水体构成的，在每层微小水体之内，温盐性质相对均匀，而在这些“均匀层”之间，则夹着厚度更小，梯度特别大的过渡层，有的“层”甚至只能称为“界面”。薄层内的温盐梯度值一般比垂直平均的梯度值高1~2个量级。此外，因伴随着流速场的垂直切变，这些水层在准水平方向上的尺度，远大于其垂直尺度，甚至可展布于相当大的海域，而且具有一定的相对稳定性。

这种薄层结构通常有两种形式：一种是阶梯状结构，另一种是不规则的扰动型结构。图2-27是地中海溢流区域某站位的温度剖面，很容易看出垂向的阶梯式温度梯度存在于10 m左右的间隔内，温度差异一般小于1℃。

细微结构的形成原因多种多样，在海洋上混合层内，海面风致混合的影响当然起主要作用。然而在中下层梯状结构，就不能用海面风致混合作用来解释。现在研究表明，形成海洋细微结构的原因之一是双扩散对流，即温度的扩数系数显著大于盐度扩散系数，因此造成的高温、高盐水和低温、低盐水叠置且呈稳定层结时，若上、下密度差异小由于分子热传导效应比盐量扩散效应快得多，则上层海水因失热较快而冷却下沉，下层因受热较快增温上升，产生双扩散对流。这时会在界面上出现簇状小长柱，长度一般在20~30 cm之间，水柱间距离约1 cm，即“盐指”现象。下降和上升的盐

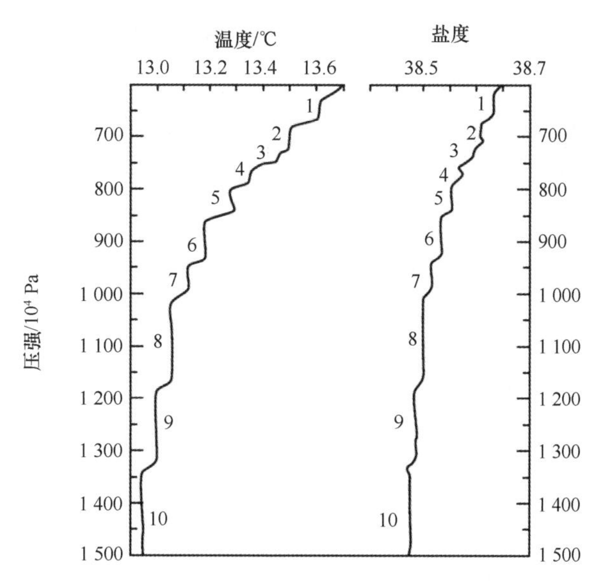

图 2-27　海洋观测温度和盐度阶梯细结构的例子

指分别从界面的上、下表面沉降和升起，离开盐指生成处稍远的海水会带来补偿，故使界面仍能保持原来的强梯度的分层状态。然而界面上下的水因升降盐指的搅拌趋于均匀，这种过程的继续就形成了阶梯状结构。如果上层是低温低盐，下层是高温、高盐又能静力稳定时，则可产生双扩散现象，即界面之上的低盐水因受热快而增温上升，界面之下的高盐水因失热较快而冷却下沉，对流的结果也能形成阶梯状结构。流入大西洋的地中海海水的下部，属于前一种情况；而流入北冰洋的大西洋水的上部则为后者。

不规则扰动型薄层结构，也是相当普遍的。如东海对马暖流区，就观测到这种结构。由于该海域水系复杂，不同水团在此交汇角逐，形成复杂的锋面因而有助于不规则扰动型薄层结构的形成。

甚至就在温跃层（往往也是密度跃层）之中，也存在着细微结构，这的确有别于传统的跃层模式。因为经典的跃层模式认为在跃层之内温度是随深度单调而迅速地降低，密度则单调而迅速地增大，从而限制了垂直方向的热量、动量和质量的交换。然而，实测和研究证实，在温跃层内也有一系列的薄层，有厚度为数米的温度和密度相当均匀的薄层，而且在两均匀层之间还夹着厚度更薄，只有 10~20 cm 的垂直梯度特别大的界面，甚至还有逆温现象出现。过去认为在温跃层内，海水基本是稳定的，即使有逆温分布，也因为盐度随深度的增加而补偿，从而保持层结稳定性。然而现今发现，在温跃层内存在静力不稳定的水层，这可能与内波的破碎，形成所谓的“湍流斑片”有关。

有关海水细微结构的形成原因，已经提出的假说很多，归纳起来可分下面几种：

基于不同水团侧向（水平方向）侵入、平流和混合扩散的，可称为侧向热盐输送假说；基于内波破碎与对流混合的，可称为扩散对流假说；另外还有一种“海水混合增密假说”，则用混合后密度增大的效应去解释高温、低盐海水和低温、高盐海水上下稳定叠置时，发生在界面上的小尺度对流现象。

第3章　海洋运动基本方程

一般来说，可以用速度场（u，v，w）、压强场 p、密度场 ρ、温度场 T 和盐度场 s 来描述运动和变化着的海洋。本章的任务就是从海水运动所遵循的基本物理定律出发，建立一组描述海水运动和变化规律的基本方程组。

海洋中的海水总是处于不停的运动之中。海水或者包含在海水中的物质和热量的运动、传递及变化，一方面受各种力的相互作用，另一方面受温度、盐度等因素的影响。所以，在海水运动中起支配作用的基本物理定律主要有：

（1）质量守恒定律（质量守恒方程，连续性方程，盐度方程）；

（2）动量转换和守恒定律（运动方程）；

（3）能量转换和守恒定律（热力学第一定律，温度方程）；

（4）角动量守恒定律（涡度方程）。

根据引起海洋运动的原因和和其产生的结果，海洋运动通常可分成以下几类：①风驱动的运动；②密度驱动的运动（热盐运动）；③外部天体引力驱动的运动（潮流，内潮）；④海底地壳运动产生的海啸；⑤由于流剪切而产生的湍流运动；⑥各种波动。

第1节　基础知识

3.1.1　物质导数

物质导数的定义是流体质点的某个物理量相对时间的变化率。首先要清楚地理解描述运动的两种方法，分别为欧拉法和拉格朗日法。欧拉法是根据一个位置点来观察通过该空间点不同流体质点的运动，而拉格朗日法是根据追踪一个质点来得到流场信息。流体力学中运用的是欧拉法，但这就带来了一个问题。我们都知道牛顿第二定律是针对一个质点而言的，有质点才有加速度。欧拉法下的物理量是以固定空间为基础的，对空间固定点求加速度是没有意义的。所以我们要求的是物体质点的加速度在欧拉法下的描述。物质导数顾名思义就是针对流体质点求导数。

一般说来，海洋（或大气）的热力学物理量和运动学物理量是位置和时间的函数。让我们考虑标量 $s=s(x, y, z, t)$，它对时间的全微商由下式给出

$$\frac{\mathrm{D}s}{\mathrm{D}t}=\frac{\partial s}{\partial t}+\frac{\partial s}{\partial x}\frac{\mathrm{d}x}{\mathrm{d}t}+\frac{\partial s}{\partial y}\frac{\mathrm{d}y}{\mathrm{d}t}+\frac{\partial s}{\partial z}\frac{\mathrm{d}z}{\mathrm{d}t} \tag{3-1}$$

式中微分 dx、dy 和 dz 是流体质点于微分时间 dt 内经过的 x、y、z 方向的位移。令

$$u=\frac{\mathrm{d}x}{\mathrm{d}t},\quad \boldsymbol{v}=\frac{\mathrm{d}y}{\mathrm{d}t},\quad w=\frac{\mathrm{d}z}{\mathrm{d}t}$$

它们分别表示于点（x，y，z）处流体速度 $\boldsymbol{u}$ 在 x，y，z 方向上的分量。全微商（3-1）有着非常重要的意义，我们应该对此运算给予一个特殊的符号，

$$\frac{\mathrm{D}}{\mathrm{D}t}=\frac{\partial}{\partial t}+\boldsymbol{u}\cdot\nabla$$

当此算子作用于标量 S 上时，便有

$$\frac{\mathrm{D}S}{\mathrm{D}t}=\frac{\partial S}{\partial t}+\boldsymbol{u}\cdot\nabla S \tag{3-2}$$

式（3-2）称为 S 的物质导数。上式右边第一项是局部微商项，它表示固定点（x，y，z）处的 S 随时间的变化率。当 S 场不依赖于时间时，其值为 0。上式右边第二项称为平流微商，它和流体的运动以及 S 场的不均匀性有关。一般来说，如果① $\boldsymbol{u}=0$，② $\nabla S=0$（即 S 场是均匀的，它可依赖于时间，但不依赖于空间位置），③ $\boldsymbol{u}$ 沿着 S 的等值面流动，则第二项将为 0。物质导数的物理解释为，跟随流体质点运动时观测到的 S 随时间的变化率。

3.1.2 物理变量的分布及变化

令 Q 表示某物理量 q 的密集度的量度（即单位体积内的 q 量），海洋中，Q 可代表如下各种密集度：

（1）密度 ρ，此时物理量 q 是质量 M，体积 V，即密度是质量的密集度的量度

$$q=M,\quad Q=\frac{M}{V}=\rho$$

（2）动量密度 ρu、$\rho\boldsymbol{v}$ 和 ρw，此时物理量 q 是动量 Mu，$M\boldsymbol{v}$ 和 Mw，即动量密度是动量的密集度的量度

$$q=Mu,\quad Q=\frac{Mu}{V}=\rho u$$

（3）热能密度 ρc_pT（c_p 为定压比容，即在一定的压强下单位质量海水温度升高 1 K 时所需要的热量），此时物理量 q 是热能 Mc_pT，即热能密度是热能的密集度的量度

$$q\equiv Mc_pT,\quad Q\equiv\frac{Mc_pT}{V}=\rho c_pT$$

（4）两组份海水中盐的浓度 ρS 或水的浓度 ρ（$1-S$），其中 S 是含盐量，它表示单位质量海水中盐的质量。这时物理量 q 是盐或水的总质量，即，单位体积内的盐量是总盐量密集度的量度，而单位体积内的水量是总水量密集度的量度

$$q=MS,\quad Q=\frac{MS}{V}=\rho S$$

或

$$q = M(1 - S), \quad Q = \frac{M(1 - S)}{V} = \rho(1 - S)$$

考虑流场内的一个小长方体，其边长为 Δx，Δy，Δz（参看图3-1）。可以认为，在 Δt 的时间间隔内，小长方体内的物理量 q 的密集度的度量 Q 的增加只能归因于下述三种原因：

（1）由于流体的平流输运作用，使物理量进入到小长方体内。

（2）物理量的空间分布不均匀时，扩散效应使物理量进入到小长方体内。

（3）小长方体内物理量 q 的产生（即小长方体内具有该物理量的源或汇）。

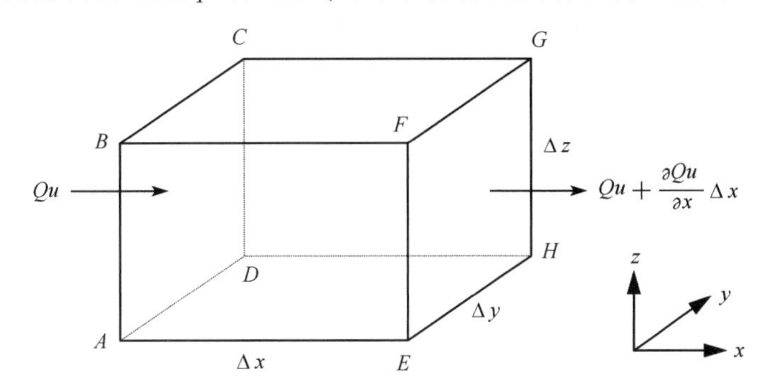

图3-1 物理量在 x 方向的平流通量

我们将逐个研究上述的每一个效应，然后再把三种效应结合起来统一写成一个方程。

1）由平流作用引起的 Q 的变化

假定在 x，y，z 方向上的流体速度分量分别是 u，v 和 w，对于所取的小长方体，我们可以写出

$$\begin{bmatrix}\text{在 }\Delta t\text{ 的时间内通过面}\\ ABCD\text{ 流入到小长}\\ \text{方体内的物理量 }q\end{bmatrix} = Qu\Delta y\Delta z\Delta t \tag{3-3}$$

利用泰勒级数，精确到一阶近似，有

$$\begin{bmatrix}\text{在 }\Delta t\text{ 的时间内通过面}\\ EFGH\text{ 流入到小长}\\ \text{方体内的物理量 }q\end{bmatrix} = -\left(Qu + \frac{\partial Qu}{\partial x}\Delta x\right)\Delta y\Delta z\Delta t \tag{3-4}$$

把式（3-3）和式（3-4）相加，我们得

$$\begin{bmatrix}\text{在 }\Delta t\text{ 的时间内，沿 }x\text{ 方}\\ \text{向净流入到小长方}\\ \text{体内的物理量 }q\end{bmatrix} = -\frac{\partial Qu}{\partial x}\Delta x\Delta y\Delta z\Delta t$$

$$= -\frac{\partial Qu}{\partial x}\Delta V\Delta t \tag{3-5}$$

式中 ΔV 是小长方体的体积，类似的我们可得到

$$\begin{bmatrix}\text{在 }\Delta t\text{ 的时间内，沿 }y\text{ 方}\\ \text{向净流入到小长方}\\ \text{体内的物理量 }q\end{bmatrix} = -\frac{\partial Qv}{\partial x}\Delta x\Delta y\Delta z\Delta t$$

$$= -\frac{\partial Qv}{\partial y}\Delta V\Delta t \tag{3-6}$$

和

$$\begin{bmatrix}\text{在 }\Delta t\text{ 的时间内，沿 }z\text{ 方}\\ \text{向净流入到小长方}\\ \text{体内的物理量 }q\end{bmatrix} = -\frac{\partial Qw}{\partial x}\Delta x\Delta y\Delta z\Delta t$$

$$= -\frac{\partial Qw}{\partial z}\Delta V\Delta t \tag{3-7}$$

将式（3-5），式（3-6）和式（3-7）相加得

$$\begin{bmatrix}\text{在 }\Delta t\text{ 的时间内，由于平流效应，}\\ \text{通过六个面净流入到小长方}\\ \text{体内的物理量 }q\end{bmatrix} = -\left(\frac{\partial Qu}{\partial x} + \frac{\partial Qv}{\partial y} + \frac{\partial Qw}{\partial z}\right)\Delta V\Delta t \tag{3-8}$$

设 t 时刻小长方体内的物理量 q 的总量为 $Q\Delta V$，那么根据泰勒展开式（$t+\Delta t$）时刻的相应总量应为

$$Q\Delta V + \frac{\partial Q}{\partial t}\Delta V\Delta t$$

将两个时刻的总量相减得

$$\begin{bmatrix}\text{在 }\Delta t\text{ 的时间内，小长方体内}\\ \text{的物理量 }q\text{ 的净增量}\end{bmatrix} = \frac{\partial Q}{\partial t}\Delta V\Delta t \tag{3-9}$$

假设平流作用是使小长方体内物理量 q 增加的唯一原因，那么式（3-8）和式（3-9）的右端应该相等，再消去共同的因子 $\Delta V\Delta t$，便得到

$$\frac{\partial Q}{\partial t} + \frac{\partial Qu}{\partial x} + \frac{\partial Qv}{\partial y} + \frac{\partial Qw}{\partial z} = 0 \tag{3-10}$$

其另外的表达形式为

$$\frac{\partial Q}{\partial t} + \boldsymbol{u}\cdot\nabla Q + Q\,\nabla\cdot\boldsymbol{u} = 0$$

或

$$\frac{\mathrm{D}Q}{\mathrm{D}t} + Q\,\nabla\cdot\boldsymbol{u} = 0$$

或

$$\frac{\partial Q}{\partial t} + \nabla \cdot Q\boldsymbol{u} = 0$$

2）由扩散作用引起的 Q 的变化

即使没有流体速度，只要物理量 q 存在梯度，那么由于扩散效应，控制体内的 Q 值也可以发生变化。如果特定物质在某区域内的浓度较高，那么由于分子随机运动（即微观尺度上的分子运动），就会在统计意义上产生该物质的输送。这是一种微观尺度上的物质输送。

考虑前面讨论过的小长方体，让我们假定流体的速度 $\boldsymbol{u}$ 为 0，并定义通过单位面积的物理量 q 的扩散通量向量为 $\boldsymbol{F}_Q$（x，y，z，t），对于 x 方向有

$$\begin{bmatrix}\text{在 } \Delta t \text{ 的时间内通过面} \\ ABCD \text{ 扩散到小长} \\ \text{方体内的物理量 } q\end{bmatrix} = F_{Qx}\Delta y \Delta z \Delta t$$

通过泰勒展开，得

$$\begin{bmatrix}\text{在 } \Delta t \text{ 的时间内通过面} \\ EFGH \text{ 扩散到小长} \\ \text{方体内的物理量 } q\end{bmatrix} = -\left(F_{Qx} + \frac{\partial F_{Qx}}{\partial x}\Delta x\right)\Delta y \Delta z \Delta t$$

上述式中 F_{Qx} 是 F_Q 的 x 分量，将上两式相加，我们得

$$\begin{bmatrix}\text{在 } \Delta t \text{ 的时间内，沿 } x \text{ 方} \\ \text{向净扩散入到小长方} \\ \text{体内的物理量 } q\end{bmatrix} = -\frac{\partial F_{Qx}}{\partial x}\Delta V \Delta t \tag{3-11}$$

类似地，对于 y 和 z 方向有

$$\begin{bmatrix}\text{在 } \Delta t \text{ 的时间内，沿 } y \text{ 方} \\ \text{向净扩散到小长方} \\ \text{体内的物理量 } q\end{bmatrix} = -\frac{\partial F_{Qy}}{\partial y}\Delta V \Delta t \tag{3-12}$$

和

$$\begin{bmatrix}\text{在 } \Delta t \text{ 的时间内，沿 } z \text{ 方} \\ \text{向净扩散到小长方} \\ \text{体内的物理量 } q\end{bmatrix} = -\frac{\partial F_{Qz}}{\partial z}\Delta V \Delta t \tag{3-13}$$

把式（3-11），式（3-12）和式（3-13）合并在一起得

$$\begin{bmatrix}\text{在 } \Delta t \text{ 的时间内，由于扩散效应，} \\ \text{通过六个面净流入到小长方} \\ \text{体内的物理量 } q\end{bmatrix} = -(\nabla \cdot F_Q)\Delta V \Delta t$$

假定扩散效应是小长方体内物理量 q 增加的唯一原因，结合上式和式（3-9），可得到

$$\frac{\partial Q}{\partial t} + \nabla \cdot \boldsymbol{F}_Q = 0 \qquad (3-14)$$

3）控制体内物理量产生所引起的 Q 值变化

令 $R_Q(x, y, z, t)$ 表示物理量 q 的净产生率，并假定这种效应是使控制体内 q 值变化的唯一原因。考虑到式（3-9），便有

$$\frac{\partial Q}{\partial t} = R_Q \qquad (3-15)$$

现在我们考虑 Q 值的变化是由平流、扩散和物理量在控制体内产生这三种效应所共同引起的，即把式（3-10），式（3-14）和式（3-15）结合起来便得到最一般形式的物理量分布方程

$$\frac{\partial Q}{\partial t} + \nabla \cdot (Q\boldsymbol{u} + \boldsymbol{F}_Q) = R_Q \qquad (3-16)$$

如果我们关心的物理量是保守量（这种量可以通过物理过程而发生变化，但化学过程和生物过程不会使其发生变化），那么控制体内就不会产生这种物理量，于是 R 等于 0。式（3-16）简化为

$$\frac{\partial Q}{\partial t} + \nabla \cdot (Q\boldsymbol{u} + \boldsymbol{F}_Q) = 0 \qquad (3-17)$$

上式说明 Q 的局地变化率等于由平流和扩散作用产生的 $(Q\boldsymbol{u} + \boldsymbol{F}_Q)$ 的负散度。

3.1.3 扩散通量法则

现在我们来讨论扩散通量 F 的形式。常用的一种经验定律为

$$\boldsymbol{F}_Q = -K_Q \nabla Q \qquad (3-18)$$

式中 Q 是特定物理量的扩散系数，其负号表示扩散通量与物理量的梯度方向相反。这个方程有几种大家熟悉的特殊形式。

1）浓度梯度引起的质量转移

对于由浓度梯度引起的质量转移，式（3-18）取如下形式

$$\boldsymbol{F}_S = -K_S \nabla(\rho S) \qquad (3-19)$$

式中 S 是海水的盐度（单位质量海水的含盐量），ρS 是盐的浓度（单位体积海水所含盐的质量），$\nabla(\rho S)$ 是浓度梯度，即“驱动力”（量纲为：[质量］［长度$]^{4}$）。K_S 是盐的扩散系数（量纲为：[长度$]^{-2}$［时间$]^{-1}$）。在物理上，当浓度梯度为 1 个单位时，由于扩散作用，单位时间通过单位面积的盐量即为扩散系数 K_S。$\boldsymbol{F}_S$ 是海水中盐的扩散通量（量纲为：[质量］［长度$]^{-2}$［时间$]^{-1}$］）。一般来说，ρS 可以是任何物质的质量浓度，不一定非代表盐的浓度。式（3-19）是质量扩散方程的一种特殊形式。一般普遍形式的质量扩散方程被为菲克扩散定律。

2）温度梯度引起的热能传导转移

对于由温度梯度引起的热能传导转移，由式（3-18）可写出

$$H = -\rho c_p K_T \nabla T = -\rho c_p K_T \left(\frac{\partial T}{\partial x}\boldsymbol{i} + \frac{\partial T}{\partial y}\boldsymbol{j} + \frac{\partial T}{\partial z}\boldsymbol{k} \right) \tag{3-20}$$

K_T 为分子热传导系数，$K_T \approx 1.4\times10^{-7}\mathrm{m}^2 \cdot \mathrm{s}^{-1}$，式中 T 是绝对温度，∇T 是温度梯度，即驱动力（量纲为：［度］［长度］$^{-1}$），c_p 是热容系数，H 是由热传导引起的能量通量，即单位时间内通过单位面积的能量。方程（3-20）就是大家熟知的傅里叶热传导定律。

3）由速度梯度引起的动量转移

动量输送和速度梯度之间具有关系。牛顿黏性定律就是这种关系的一个例子。对于 x 方向上的流动，这个定律具有如下形式

$$\tau_{xy} = \mu \frac{\partial u}{\partial y} \quad (\mu > 0) \tag{3-21}$$

式中，$\frac{\partial u}{\partial y}$ 是速度梯度，即“驱动力”，它表示单位距离内的速度变化；μ 是动力学黏性系数，代表单位面积上的力乘以时间。$\boldsymbol{\tau}_{xy}$ 是单位面积上的切应力。它的意义是：想象一个 y=常数的几何面把流体分成上下两部分，单位面积内上层流体对下层流体的作用力的 x 分量即为 $\boldsymbol{\tau}_{xy}$。另外，切应力也可以解释为 x 方向的动量沿负 y 方向的通量，此通量可等价地表示为单位面积上的力或为单位时间通过单位面积的动量。

服从式（3-21）的流体称为牛顿流体。描述应力的普遍表达式为本构方程，即描述应力与形变之间的关系的方程。尽管对于应力的表述在数学形式上看起来是复杂的，但其推导是简单明了的，可参考流体力学书籍。在这里我们不做具体的推导，只引用结论。对于牛顿流体，其本构方程为

$$\boldsymbol{\tau}_{ij} = -\left(p + \frac{2}{3}\mu \nabla\cdot\boldsymbol{u}\right)\boldsymbol{\delta}_{ij} + 2\mu\boldsymbol{e}_{ij} \tag{3-22}$$

式中，p 为正应力（即压强），μ 为黏性系数，$\nabla\cdot\boldsymbol{u}$ 为体积应变率（三个相互正交方向上的线性应变率之和）；$\boldsymbol{e}_{ij} \equiv \frac{1}{2}\left(\frac{\partial u_i}{\partial x_j} + \frac{\partial u_j}{\partial x_i}\right)$ 为剪切应变率张量，它实际上来自于速度梯度张量的对称部分。而反对称部分描述了流体的旋转而不产生形变，即 $\frac{\partial u_i}{\partial x_j} = \frac{1}{2}\left(\frac{\partial u_i}{\partial x_j} + \frac{\partial u_j}{\partial x_i}\right) + \frac{1}{2}\left(\frac{\partial u_i}{\partial x_j} - \frac{\partial u_j}{\partial x_i}\right)$。单位张量用克罗内克符号 $\boldsymbol{\delta}_{ij}$表示，定义为

$$\delta_{ij} = \begin{cases} 1, & \text{如果 } i = j \\ 0, & \text{如果 } i \neq j \end{cases}$$

$\boldsymbol{\delta}_{ij}$的基本性质有

$$\begin{cases}\boldsymbol{\delta}_{ij}=\boldsymbol{\delta}_{ji}\\ a_i\boldsymbol{\delta}_{ij}=a_j\\ a_{ik}\boldsymbol{\delta}_{kj}=a_{ij}\end{cases}$$

两个基向量 $\boldsymbol{e}_i$、$\boldsymbol{e}_j$ 的点积

$$\boldsymbol{e}_i\cdot\boldsymbol{e}_j=\boldsymbol{\delta}_{ij}$$

由定义可见，$\boldsymbol{\delta}_{ij}$ 是各向同性张量（当坐标系转动后，张量的分量保持不变），各向同性张量可以有不同的阶，但是不存在一阶各向同性张量。$\boldsymbol{\delta}_{ij}$ 是唯一的二阶各向同性张量。唯一的三阶各向同性张量为置换张量 $\boldsymbol{e}$，其定义为

$$\boldsymbol{\varepsilon}_{ijk}=\begin{cases}+1, & \text{如果 } ijk=123,\ 231,\ 312(\text{顺时针})\\ 0, & \text{任何两向相等,}\\ -1, & \text{如果 } ijk=321,\ 213,\ 132(\text{逆时针})\end{cases}$$

置换张量可用于表示矢量叉乘

$$(\boldsymbol{u}\times\boldsymbol{v})_k=\boldsymbol{\varepsilon}_{ijk}u_i\boldsymbol{v}_j=\boldsymbol{\varepsilon}_{kij}u_i\boldsymbol{v}_j$$

张量表示法：张量是一种包含标量和矢量的数学表示法。用 3^N 来表示张量在直角坐标系中的分量数，N 为张量的阶数。标量为 0 阶张量，矢量为 1 阶张量，2 阶张量具有 9 个分量。最基本的表示方法如下：

（1）用 1，2，3 代表 3 个坐标，则 x_1，x_2，x_3 代表 x，y，z；u_1，u_2，u_3 代表 u，$\boldsymbol{v}$，w。

（2）$\boldsymbol{a}_i$，$\boldsymbol{a}_j$ 表示一个矢量，其中的 i 和 j 称为自由下标，分别取 1，2，3，即

$$u_i=u_1\boldsymbol{i}+u_2\boldsymbol{j}+u_3\boldsymbol{k};\quad \frac{\partial p}{\partial x_i}=\frac{\partial p}{\partial x_1}\boldsymbol{i}+\frac{\partial p}{\partial x_2}\boldsymbol{j}+\frac{\partial p}{\partial x_3}\boldsymbol{k}$$

（3）同一项中含有两个自由下标时，则它们分别取 1，2，3；于是包含 9 个分量，成为一个二阶张量，用矩阵表示如下

$$\boldsymbol{\tau}_{ij}=\begin{bmatrix}\tau_{11} & \tau_{12} & \tau_{13}\\ \tau_{21} & \tau_{22} & \tau_{23}\\ \tau_{31} & \tau_{32} & \tau_{33}\end{bmatrix};\qquad \frac{\partial u_i}{\partial x_k}=\begin{bmatrix}\partial u_1/\partial x_1 & \partial u_1/\partial x_2 & \partial u_1/\partial x_3\\ \partial u_2/\partial x_1 & \partial u_2/\partial x_2 & \partial u_2/\partial x_3\\ \partial u_3/\partial x_1 & \partial u_3/\partial x_2 & \partial u_3/\partial x_3\end{bmatrix}$$

（4）同一项中如果有两个相同的下标，则要从 1 到 3 求和，这其实相当于两个矢量的点乘，比如

$$u_ix_i=u_1x_1+u_2x_2+u_3x_3;\qquad \frac{\partial u_k}{\partial x_k}=\frac{\partial u_1}{\partial x_1}+\frac{\partial u_2}{\partial x_2}+\frac{\partial u_3}{\partial x_3}$$

（5）同一项中如果既有相同的下标，也有不同的下标，则要同时满足上面的（3）和（4），比如下面这个式子其实表示了一个矢量

$$u_j\frac{\partial u_i}{\partial x_j}=\left(u_1\frac{\partial u_1}{\partial x_1}+u_2\frac{\partial u_1}{\partial x_2}+u_3\frac{\partial u_1}{\partial x_3}\right)\boldsymbol{i}$$

$$+\left(u_1\frac{\partial u_2}{\partial x_1}+u_2\frac{\partial u_2}{\partial x_2}+u_3\frac{\partial u_2}{\partial x_3}\right)\boldsymbol{j}$$

$$+\left(u_1\frac{\partial u_3}{\partial x_1}+u_2\frac{\partial u_3}{\partial x_2}+u_3\frac{\partial u_3}{\partial x_3}\right)\boldsymbol{k}$$

3.1.4　Leibniz 法则

流体力学控制方程是以质量、动量和能量的守恒定律为基础导出的。在使用这些定律时，经常会遇到求积分函数的时间导数问题。对于一个积分域随时间变化的积分的函数，Leibniz 法则给出了其求导规则（图 3-2）。

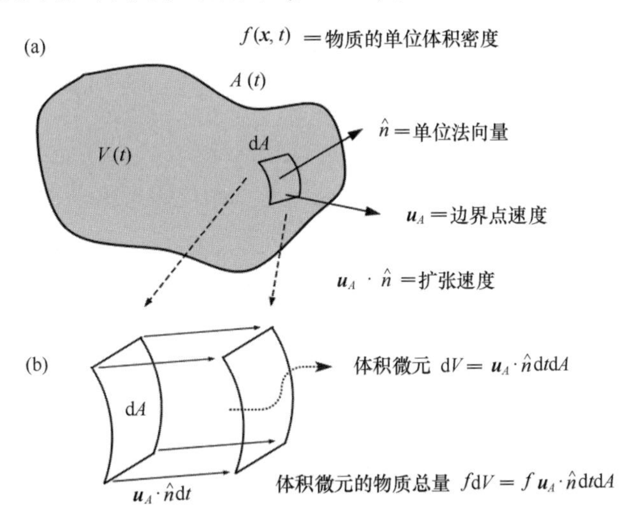

图 3-2　Leibniz 法则示意图。（a）封闭曲面 A 包围的任意体积 V；（b）微面元 dA 在 dt 时间间隔向外扩张后的体积微元及包含的物质总量

假设 $f(\boldsymbol{x},\ t)$ 是任意函数，如果我们想象 f 是单位体积的物质量，那么对它从物理上的解释是最容易理解的。例如，假设“物质”是海水，则 f 是单位体积内海水的质量，也就是密度。现在考虑一个可以随时间进行任意改变的封闭曲面（也即通常不是物质体积），其面积为 A（t），包围的体积为 V（t）（图 3-2）。在任何给定时间该体积包含的“物质量”为 $\int_V f(\boldsymbol{x},\ t)\mathrm{d}V$，显然这个量可以通过两种方式随时间变化：

首先，浓度 f 可能随时间变化，例如海水密度可能因加热或冷却而变化。如果这是唯一的改变源头，则时间变化可以写成

$$\frac{\mathrm{d}}{\mathrm{d}t}\int_V f(\boldsymbol{x},\ t)\mathrm{d}V=\int_V\frac{\partial f}{\partial t}\mathrm{d}V$$

其次，体积本身可能会发生变化，例如体积可能会扩张，从而包含更多的“物

质”。量化第二个贡献需要更多的思考：在边界上的任何点，我们将 $\hat{n}$ 定义为向外的法向量［图3-2（a）］，构成边界的点具有速度 $\boldsymbol{u}_A$，随边界和时间的变化而变化。边界扩张速度 $\boldsymbol{u}_A\cdot\hat{n}$ 是 $\boldsymbol{u}_A$ 垂直于边界并向外的分量。现在考虑一个微小面元在短时间 dt［图3-2（b）］间隔的运动，该微小面元会移动一段距离 $\boldsymbol{u}_A\cdot\hat{n}\mathrm{d}t$，因此构成一个体积微元 $\mathrm{d}V=\boldsymbol{u}_A\cdot\hat{n}\mathrm{d}t\mathrm{d}A$，该体积微元中包含的“物质”的数量为 $f\mathrm{d}V=f\boldsymbol{u}_A\cdot\hat{n}\mathrm{d}t\mathrm{d}A$。如果我们把这个量在整个面上进行积分，我们就得到在时间 dt 间隔内增加（或减少，如果 $\boldsymbol{u}_A\cdot\hat{n}<0$）的“物质”的量 $\int_A f\boldsymbol{u}_A\cdot\hat{n}\mathrm{d}t\mathrm{d}A$。除以 d$t$ 取极限 dt→0，得到第二个变化量，它控制着表面 A 所包含的“物质”数量的变化。因此总的变化量包含上述两个因数，即

$$\frac{\mathrm{d}}{\mathrm{d}t}\int_{V(t)}f(\boldsymbol{x},t)\mathrm{d}V=\int_{V(t)}\frac{\partial f}{\partial t}\mathrm{d}V+\int_{A(t)}f\boldsymbol{u}_A\cdot\hat{n}\mathrm{d}A$$

这即为莱布尼兹的一般法则。下面考虑三种特殊情况：

（1）如果包含物质的时间改变，那么 $\boldsymbol{u}_A=0$，则仅需考虑函数 f 的变化。

（2）假设 f 仅是一个空间坐标和时间的函数：$f=f(x,t)$。此时该积分则退化为普通积分，从 $x=a$ 到 $x=b$，但边界 a 和 b 可能随时间变化。在这种情况下，莱布尼兹法则变成

$$\frac{\mathrm{D}}{\mathrm{D}t}\int_{a(t)}^{b(t)}f(x,t)\mathrm{d}x=\int_{a(t)}^{b(t)}\frac{\partial f}{\partial t}\mathrm{d}x+f(b,t)\frac{\mathrm{d}b}{\mathrm{d}t}-f(a,t)\frac{\mathrm{d}a}{\mathrm{d}t}$$

右边的第二项和第三项是边界运动的贡献。这是微积分教科书中常见的莱布尼兹法则。

（3）最重要的情况是，流体力学中 $A(t)$ 是物质面 $A_m(t)$，即总是由相同的流体组成，因此 $V=V_m(t)$ 是物质体积（或流体粒子）。在这种情况下 $\boldsymbol{u}_A$ 是流体运动速度 $\boldsymbol{u}(\boldsymbol{x},t)$，时间导数是 D/D$t$

$$\frac{\mathrm{D}}{\mathrm{D}t}\int_{V_m(t)}f(\boldsymbol{x},t)\mathrm{d}V=\int_{V_m(t)}\frac{\partial f}{\partial t}\mathrm{d}V+\int_{A_m(t)}f\boldsymbol{u}\cdot\hat{n}\mathrm{d}A$$

请注意，时间导数被定义为 D/Dt，因为它是跟随流体运动的参考系中进行计算的。然而，它也不同于物质导数的形式（3-2），物质导数是应用于连续场的。现在注意，在最后一项中，被积函数是向量 $f\boldsymbol{u}$ 与向外单位矢量的 $\hat{n}$ 点积。根据散度定理，我们可以把这项转换成体积积分

$$\int_A(f\boldsymbol{u})\cdot\hat{n}\mathrm{d}A=\int_V\nabla\cdot(f\boldsymbol{u})\mathrm{d}V$$

因此针对物质体的莱布尼兹法则为

$$\frac{\mathrm{D}}{\mathrm{D}t}\int_{V_m(t)}f(\boldsymbol{x},t)\mathrm{d}V=\int_{V_m(t)}\left(\frac{\partial f}{\partial t}+\nabla\cdot f\boldsymbol{u}\right)\mathrm{d}V\qquad(3-23)$$

应用物质体的 Leibniz 法则式（3-23），可得积分形式的质量守恒方程

$$\frac{\mathrm{D}}{\mathrm{D}t}\int_{V(t)}\rho \mathrm{d}V=\int_{V(t)}\left[\frac{\partial \rho}{\partial t}+\nabla\cdot(\rho \boldsymbol{u})\right]\mathrm{d}V=0$$

若上述关系对于任何物质体都是成立的，则被积函数在每一点必为 0。因此

$$\frac{\partial \rho}{\partial t}+\nabla\cdot(\rho \boldsymbol{u})=0 \tag{3-24}$$

此为微分形式的质量守恒方程，采用物质导数符号，上式则可写成

$$\frac{\mathrm{D}\rho}{\mathrm{D}t}+\rho\nabla\cdot\boldsymbol{u}=0$$

3.1.5　Reynolds 输运定理

如果用 ρf 代替式（3−23）中的 f，我们便得到

$$\frac{\mathrm{D}}{\mathrm{D}t}\int_{V(t)}\rho f\mathrm{d}V=\int_{V(t)}\left(\frac{\partial \rho f}{\partial t}+\nabla\cdot(\rho f\boldsymbol{u})\right)\mathrm{d}V$$

上式右端的被积函数可写成如下形式

$$\rho\frac{\partial f}{\partial t}+f\frac{\partial \rho}{\partial t}+f\nabla\cdot(\rho\boldsymbol{u})+(\rho\boldsymbol{u})\cdot\nabla f=f\left[\frac{\partial \rho}{\partial t}+\nabla\cdot(\rho\boldsymbol{u})\right]+\rho\left(\frac{\partial f}{\partial t}+\boldsymbol{u}\cdot\nabla f\right)$$

由质量守恒方程（3−24），右端第一个括号内的量为 0，而第二个括号内的量可以写成物质导数 $\mathrm{D}f/\mathrm{D}t$，于是

$$\frac{\mathrm{D}}{\mathrm{D}t}\int_{V(t)}\rho f\mathrm{d}V=\int_{V(t)}\rho\frac{\mathrm{D}f}{\mathrm{D}t}\mathrm{d}V \tag{3-25}$$

上式说明虽然 ρ 是可变的，但算子 $\mathrm{D}/\mathrm{D}t$ 仅仅作用在 f 上。令 $\mathrm{d}M=\rho\mathrm{d}V$，上式便可改写成

$$\frac{\mathrm{D}}{\mathrm{D}t}\int_{M}f\mathrm{d}M=\int_{M}\frac{\mathrm{D}f}{\mathrm{D}t}\mathrm{d}M \tag{3-26}$$

前面我们已经说过，$V(t)$ 及其边界都是和流体一起移动的，因此不可能有流体穿过边界进入区域 $V(t)$ 的内部，$V(t)$ 是质量为 M 的流体所占据的区域，从而区域 $V(t)$ 内的流体质量保持常数。

式（3−25）和式（3−26）都称为 Reynolds 迁移定理。Reynolds 输运定理是对物理量 f 建立的积分形式的连续性方程。当 $f=1$ 时，它即是以积分形式表示的质量守恒方程。

第 2 节　质量−盐量−热量守恒方程

3.2.1　质量守恒定律——连续性方程

在上一节，我们从质量守恒定理，从物质体的观点通过莱布尼兹定理已经导出了

质量守恒方程，本节我们从控制体的观点来导出连续性方程。

海水可看作两组分流体，用下标 s 表示盐，用下标 w 表示水。在流场中取一体积有限、形状任意的固定区域。根据质量守恒定律，在这个区域内的流体质量可以变化，但是引起这种变化的唯一原因是通过区域边界的流体平流输送和扩散输送。全区域内的总盐量和总水量分别为 M_s 和 M_w，它们在变化时遵循下式的关系

$$\frac{\mathrm{d}M_s}{\mathrm{d}t}=-\int_A \boldsymbol{n}\cdot\rho_s u_s \mathrm{d}A$$

$$\frac{\mathrm{d}M_w}{\mathrm{d}t}=-\int_A \boldsymbol{n}\cdot\rho_w u_w \mathrm{d}A$$

式中，$\boldsymbol{n}$ 是面 A 的外法线单位矢量，$\rho_s u_s$ 和 $\rho_w u_w$ 分别是盐和水的质量通量，ρ_s 和 ρ_w 分别是盐和水的实际密度，u_s 和 u_w 分别是盐和水的总速度或者说质量平均速度。这里，总速度是指通常所说的流场速度与扩散速度之和。扩散速度由下式确定

$$C_s \equiv \frac{\boldsymbol{F}_S}{\rho S}, \qquad C_w \equiv \frac{\boldsymbol{F}_w}{\rho(1-S)}$$

F_s和 Fw 分别为水和盐的扩散通量。对上两式求和

$$\frac{\mathrm{d}M}{\mathrm{d}t}=\frac{\mathrm{d}M_s}{\mathrm{d}t}+\frac{\mathrm{d}M_w}{\mathrm{d}t}=-\int_A \boldsymbol{n}\cdot(\rho_s u_s+\rho_w u_w)\mathrm{d}A$$

式中，M 是体积内流体总质量，定义海水的质量平均速度 $\boldsymbol{u}$

$$\boldsymbol{u}\equiv\frac{1}{\rho}(\rho_s u_s+\rho_w u_w)$$

代入上式则有

$$\frac{\mathrm{d}M}{\mathrm{d}t}=-\int_A \boldsymbol{n}\cdot\rho\boldsymbol{u}\mathrm{d}A \tag{3-27}$$

体积内质量的时间变化率为

$$\frac{\mathrm{d}M}{\mathrm{d}t}=\frac{\mathrm{d}}{\mathrm{d}t}\int_V \rho \mathrm{d}V$$

由于区域是固定的（V 不随时间变化）

$$\frac{\mathrm{d}M}{\mathrm{d}t}=\int_V \frac{\partial\rho}{\partial t}\mathrm{d}V \tag{3-28}$$

得到上式时应用了 Leibniz 定理，令式（3-27）和式（3-28）相等，并应用高斯积分定理把面积分变换为体积分，得到

$$\int_V\left(\frac{\partial\rho}{\partial t}+\nabla\cdot\rho\boldsymbol{u}\right)\mathrm{d}V=0$$

由于积分区域是任意的，因此上式的被积函数应该为 0，于是有

$$\frac{\partial\rho}{\partial t}+\nabla\cdot\rho\boldsymbol{u}=0$$

上式为微分形式的连续方程，对其展开得

$$\frac{\partial \rho}{\partial t} + \boldsymbol{u} \cdot \nabla \rho + \rho \nabla \cdot \boldsymbol{u} = 0$$

应用随体导数定义，则得

$$\frac{\mathrm{D}\rho}{\mathrm{D}t} + \rho \nabla \cdot \boldsymbol{u} = 0 \tag{3-29}$$

这与从控制体积的观点推导的结果（3-25）是一致的。上式表明，如果密度的随体导数为 0，则流体的速度 $\boldsymbol{u}$ 一定是无辐散的。方程式（3-29）使我们能进一步了解不可压缩和无辐散之间的关系。导数 $\frac{\mathrm{D}\rho}{\mathrm{D}t}$ 是跟随一个流体质点的密度变化的速率，流体质点在运动过程中由于压力、温度或成分（如海水中的盐度）的变化，它可以不为 0。如果流体的密度不随压力变化，通常称之为不可压缩流体。液体几乎是不可压缩的，跟随流体运动过程中的密度变化很小。忽略连续性方程中的 $\frac{\mathrm{D}\rho}{\mathrm{D}t}$ 项（即 $\frac{\mathrm{D}\rho}{\mathrm{D}t} = 0$，流体运动过程中密度保持不变），质量守恒方程简化为不可压缩方程（3-30），使海洋运动方程得以简化（Boussinesq 近似）

$$\nabla \cdot \boldsymbol{u} = 0 \tag{3-30}$$

流体的不可压缩性，并不意味着流体的密度在空间的分布一定是均匀的，对时间一定是不变化的，这仅仅是一种可能情况。不可压缩流体的密度可能依赖于时间和空间的位置，但只要密度的局部变化率等于负的平流变化率，即

$$\frac{\partial \rho}{\partial t} = -\boldsymbol{u} \cdot \nabla \rho$$

不可压缩条件$\left(\frac{\mathrm{D}\rho}{\mathrm{D}t} = 0\right)$就仍然能够成立。

3.2.2　盐度守恒方程

1）从控制体的观点

对于海水中任意选定的固定几何空间而言，单位时间内在该空间的盐量的增加量必等于同一时间内通过该空间的边界进入该空间的盐量，包括平流和扩散两部分，由此可导出盐量守恒方程。在式（3-17）中，我们用 ρS 代替 Q，用 $\boldsymbol{F}_S$ 代替 $\boldsymbol{F}_Q$，可得到盐量的守恒方程

$$\frac{\partial \rho S}{\partial t} + \nabla \cdot (\rho S \boldsymbol{u} + \boldsymbol{F}_S) = 0$$

上式表明，盐浓度的局地变化率等于 $\rho S\boldsymbol{u} + \boldsymbol{F}_S$ 的负散度。其中 $\rho S\boldsymbol{u}$ 是由平流引起的盐度变化，$\boldsymbol{F}_S$ 是由分子扩散引起的盐度变化。考虑由分子扩散引起的盐度通量的参

数化形式（$\boldsymbol{F}_S=-K_S\nabla(\rho S)$），$\boldsymbol{F}_S=\nabla\cdot(-K_S\nabla(\rho S))=-K_S\rho\nabla\cdot\nabla S-K_S S\nabla\cdot\nabla\rho=-K_S\rho\Delta S$，其中 $-K_S S\nabla\cdot\nabla\rho=0$，这是因为盐度保持常数时肯定没有盐量的扩散，也就没有密度扩散。事实上我们在推导密度方程时已用到密度的扩散为0。这是因为密度的扩散为盐量扩散和水量扩散两者之和，随后我们会证明盐量扩散通量和水扩散通量大小相等，方向相反，所以密度扩散通量为0，因此上式化简得

$$\frac{\mathrm{D}s}{\mathrm{D}t}=K_S\Delta S$$

海水是盐和水的二元混合物，盐的浓度为 S，则水的浓度是（1-S）。令 $\boldsymbol{F}_W$ 表示海水中水的分子扩散通量，用（1-S）和 $\boldsymbol{F}_W$ 分别代替式（3-17）中的 Q 和 $\boldsymbol{F}_Q$ 便得到水量守恒方程

$$\frac{\partial\rho(1-S)}{\partial t}+\nabla\cdot[\rho(1-S)\boldsymbol{u}+\boldsymbol{F}_w]=0$$

和式盐度守恒方程一样，可以对上式作出类似的物理解释。根据上面的两个守恒方程和连续方程，易于证明，盐量扩散通量和水量扩散通量的关系为

$$\boldsymbol{F}_S=-\boldsymbol{F}_w$$

2）从物质体的观点

盐度守恒方程实质上是质量守恒定律的应用，只不过它针对的是海水中的盐量（S）。Reynolds 输运定理是对物理量 f 建立的积分形式的连续性方程。对任意物质体（以流体运动的速度一起运动），取物理量为盐度 s，则物质体内盐度随时间的变化为

$$\frac{\mathrm{D}}{\mathrm{D}t}\int_{V(t)}\rho S\mathrm{d}V=\int_{V(t)}\rho\frac{\mathrm{D}S}{\mathrm{D}t}\mathrm{d}V$$

假定在单位时间内，由于盐分子不规则运动而通过物质体边界单位面元 dA 的盐量为 F_s，则由于分子扩散进入物质体内的盐量为

$$S=\int_{A(t)}\boldsymbol{F}_S\mathrm{d}A=\int_{V(t)}\nabla\cdot\boldsymbol{F}_S\mathrm{d}V$$

这样盐量守恒方程为

$$\int_{V(t)}\rho\frac{\mathrm{D}S}{\mathrm{D}t}\mathrm{d}V+\int_{V(t)}\nabla\cdot\boldsymbol{F}_S\mathrm{d}V=0$$

假设体积为任意体积，考虑盐度通量的参数化形式 $\boldsymbol{F}_S=-K_S\nabla(\rho S)$，$K_S$ 为盐度扩散系数，得微分形式的盐度守恒方程为

$$\frac{\mathrm{D}S}{\mathrm{D}t}=K_S\Delta S \tag{3-31}$$

上述方程可以表述海洋中任何可溶物质的分子扩散过程。

3.2.3 温度方程

热传导方程实质上是能量转换与守恒定律在海洋中的应用。海水中的热量（热能）

随海水的运动而不断地迁移。同时，由于海水温度分布的不均匀和海水分子的不规则运动也会产生热量的传导。但对于海水中任意选定的固定几何空间而言，单位时间内该空间的热量增加量必等于同一时间内由平流和扩散作用进入该空间的热量。或者对于海水中任意选定的随流体运动的物质空间而言，单位时间内该空间的热量增加量必等于同一时间内由扩散作用进入该空间的热量。

设海水的密度为 ρ、速度为 u、温度为 T、定压比热容为 c_p，则单位质量海水的热量为 $\rho c_p T$，用热能密度 $\rho c_p T$ 代替 Q，用分子热通量密度 $\boldsymbol{H}$ 代替 $\boldsymbol{F}_Q$，则可得到热量的守恒方程

$$\frac{\partial \rho c_p T}{\partial t} + \nabla \cdot (\rho c_p T u + \boldsymbol{H}) = 0$$

c_p 为常数，展开得

$$\rho\left[\frac{\partial T}{\partial t} + u \cdot \nabla T\right] + T\left[\frac{\partial \rho}{\partial t} + \nabla \cdot (\rho u)\right] + \frac{1}{c_p}\nabla \cdot \boldsymbol{H} = 0$$

联合质量守恒方程，得

$$\frac{\partial T}{\partial t} + u \cdot \nabla T = -\frac{1}{\rho c_p}\nabla \cdot \boldsymbol{H}$$

或

$$\frac{\mathrm{D}T}{\mathrm{D}t} = -\frac{1}{\rho c_p}\nabla \cdot \boldsymbol{H}$$

式中，$\boldsymbol{H} = H_x \boldsymbol{i} + H_y \boldsymbol{j} + H_z \boldsymbol{k}$，为分子热通量密度，表示由海水分子不规则运动引起的单位时间内通过某封闭表面的单位面积进入其内部的热量。根据傅里叶热传导定律 $\boldsymbol{H} = -\rho c_p K_T \nabla T$，代入上式得温度方程

$$\frac{\mathrm{D}T}{\mathrm{D}t} = K_T \Delta T \tag{3-32}$$

其中，$\Delta T = \nabla^2 T = \nabla \cdot \nabla T$。从物质体的观点，通过 Reynolds 输运定理同样可以推导出温度方程（3-32），请读者自行验证。

第 3 节　运动方程

3.3.1　坐标系

考虑整个海洋在地球上的运动，笛卡尔坐标系是不合适的，必须使用球面坐标系。地球并不完全是球形的，从北极到南极的横截面大致呈椭度约 1/300 的椭圆形，使用球面形式的方程所涉及的误差只有 0.5%左右，可以忽略不计。如果水平尺度远小于地球半径（=6 371 km），则可以忽略地球的曲率。即当考虑的水平面积不是太大，那么

我们可以在与球体相切的平面上建立坐标系，并使用误差可以忽略不计的局部笛卡尔坐标系来研究运动（图3-3）。在导出运动方程的过程中，我们将采用矢量表示法，因为矢量形式具有任何坐标系都成立的优点。在写矢量方程的分量形式时，采用笛卡尔坐标（直角坐标）系，因为其表达式相对简单，用它们来说明原理是最容易的；而且对许多现象，它们是非常好的近似。

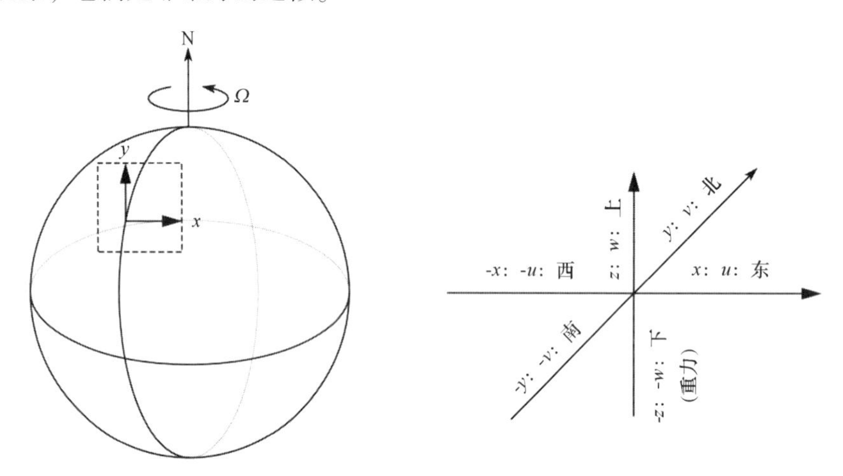

图3-3　固定在地球表面的局部笛卡尔坐标系

3.3.2　流体中的力

在我们进一步讨论运动方程之前，有必要先确定作用于流体元上的各种力。作用在流体元上的力可以方便地分为三类（见表3-1），即体（积）力、面（积）力和线力（表面张力）。

表3-1　流体力学中的三种力

力	符号	计算形式		单位	量纲
体积力	F_v	f_v	体积力	N/m^3	$ML^{-2}T^{-2}$
		f_m	质量力	N/kg	LT^{-2}
面积力	F_s	f_s	应力	$N/m^2=Pa$	$ML^{-1}T^{-2}$
		τ	应力张量	$N/m^2=Pa$	$ML^{-1}T^{-2}$
线力	F_l	σ	表面张力	N/m	MT^{-2}

1）体（积）力

体力是由“远程强迫”产生的，不需要物理上的接触。它们是由于物体被置于某种力场中而产生的。力场可以是引力场、磁力场、静电场和电磁力场等。它们作用于流体的整个质量，大小与质量成正比例。体积力可以方便地用单位质量或单位体积来表示。

$$单位体积体积力: f_v = \frac{作用于流体元上的体积力}{流体元体积}$$

$$单位质量体积力: f_m = \frac{作用于流体元上的体积力}{流体元质量}$$

有了这样的定义，则体积微分元 $\mathrm{d}V$ 上的体积力 $\mathrm{d}F_v$ 可写作

$$\mathrm{d}F_v = f_v \mathrm{d}V$$

质量微元 $\mathrm{d}m = \rho \mathrm{d}V$ 上的体积力 $\mathrm{d}F_m$ 可写作

$$\mathrm{d}F_m = f_m \mathrm{d}m = f_m \rho \mathrm{d}V$$

给定体积域 V 上的合力可以通过积分计算

$$\boldsymbol{F}_V = \int_V f_v \mathrm{d}V$$

$$\boldsymbol{F}_V = \int_V \rho f_m \mathrm{d}V$$

注意，单位体积或单位质量的体积力均可用于计算作用在有限流体微团上的合力 $\boldsymbol{F}_V$。因此

$$f_v = \rho f_m$$

体积力可以是保守的或非保守的。保守体积力可以表示为势函数的梯度

$$G = -\nabla\varphi \tag{3-33}$$

φ 被称为重力势，所有从源指向中心的力都是保守的。重力、静电力和磁力均是保守力。

单位质量重力可以写成势函数的梯度

$$\varphi = gz$$

其中 g 是重力加速度，z 垂直向上。为了验证这一点，方程式（3-33）给出

$$f_m = -\nabla\varphi = -\left[\boldsymbol{i}\frac{\partial}{\partial x} + \boldsymbol{j}\frac{\partial}{\partial x} + \boldsymbol{k}\frac{\partial}{\partial x}\right](gz) = -\boldsymbol{k}g$$

即单位质量的重力。$\boldsymbol{k}g$ 前面的负号确保 g 沿负 z 方向（即向下）。$\varphi = gz$ 还表明力势等于单位质量的势能。满足方程式（3-33）的力称为是“保守”的。如果没有耗散过程，由此力产生的动能和势能总和守恒。另外，保守力做功与路径无关。

在研究海洋运动的问题中，体积强迫除了需要考虑由地球引力而产生的重力强迫外，有时候还需要考虑由月球和太阳的引力而导致的强迫力，即引潮力。在第 9 章中，我们将仔细考虑引潮力的影响。

2）面（积）力

面力是指通过与周围环境直接接触而作用于单位面积上的力。其大小与面积成正比，因此可以方便地用单位面积来表示。

单位面积上的面力（应力）：$f_s = \dfrac{\text{作用于流体元上的面积力}}{\text{流体元面积}}$

则面积微分元 dA 上的面积力 dF_s 可写作

$$dF_s = f_s dA$$

在面域 A 上积分得总面积上的合力

$$F_S = \int_S f_s dA$$

压力和摩擦力均是面力。面力可以分解为与面元相垂直和相切的分量。考虑流体中的有向面元 dA（图 3-4），作用于 dA 上的力 dF 可以分解为垂直于该面元的分量 dF_n 和与该面元相切的分量 dF_s，即法向应力和切向应力

$$\tau_n \equiv \frac{dF_n}{dA}, \qquad \tau_s \equiv \frac{dF_s}{dA}$$

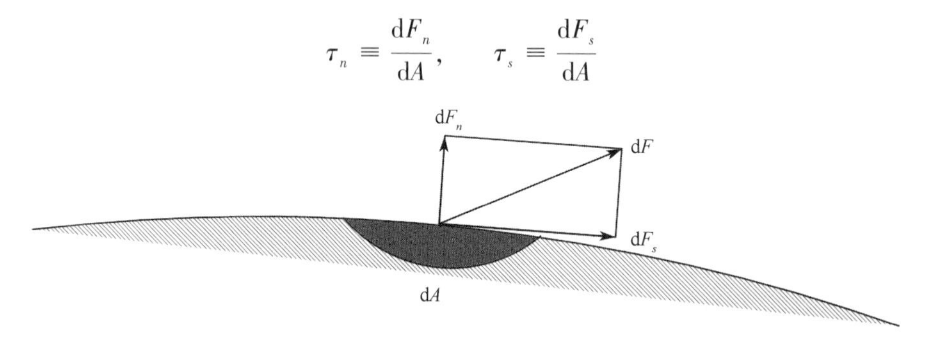

图 3-4　单位面元上的垂向和切向强迫

上述是应力分量的标量定义。应当注意，切应力分量是曲面中的二维矢量（需两个分量表示）。实际上，计算空间某一点应力的数学公式比体积力的公式要复杂得多。因为它取决于面的方向。在空间的某一点上存在无限多个平面需要考虑。

参考图 3-5，计算空间任一点上的应力 f_s 的基本思想是：应力必然作用于三个互相垂直的平面（三个平面无限收缩形成一个点），每一个平面上的应力由法向应力和切向应力三个分量表示。也就是说，我们需要 3 个平面乘以 3 个力分量等于 9 个分量来表示一个点的应力。这 9 个分量组成应力张量。

应力张量是一个矩阵 $\boldsymbol{\tau}$，其分量 τ_{ij} 表示应力 f_s，对于三维空间中的流体

$$\boldsymbol{\tau} = \begin{bmatrix} \tau_{11} & \tau_{12} & \tau_{13} \\ \tau_{21} & \tau_{22} & \tau_{23} \\ \tau_{31} & \tau_{32} & \tau_{33} \end{bmatrix}$$

应力张量的分量 τ_{ij} 表示作用在垂直于轴 i 的平面上的 j 方向上的应力。应力张量是对称张量，对角上的分量为正应力，其他分量为切应力。

应力张量的导出：为了从三个垂直平面上的应力确定空间中 P 点处的应力，考虑如图 3-6 所示的无穷小流体体积元，并应用牛顿第二定律。

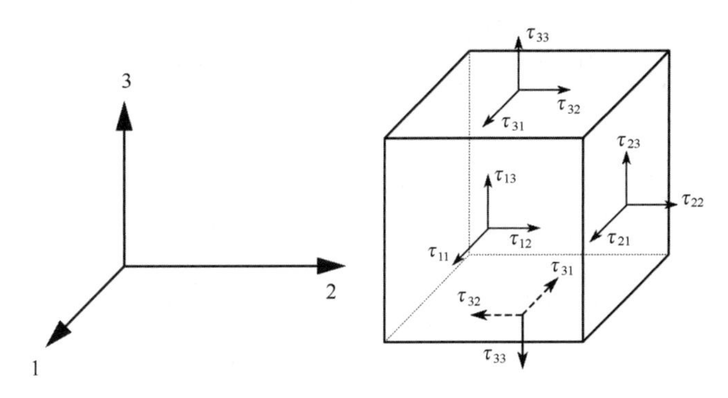

图 3-5　一个点的应力表示

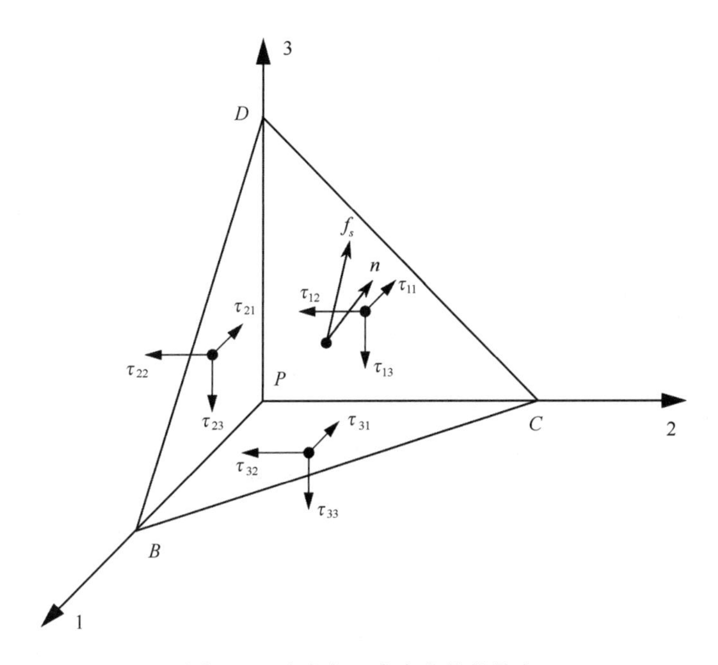

图 3-6　为支点 P 应力张量的导出

$$\sum F = ma$$

采用以下记号，

$$PB = \mathrm{d}x_1,\ PC = \mathrm{d}x_2,\ PD = \mathrm{d}x_3;\ \mathrm{d}A = BCD,\ \mathrm{d}A_1 = CPD = n_1\mathrm{d}A,$$

$$\mathrm{d}A_2 = BPD = n_2\mathrm{d}A,\ \mathrm{d}A_3 = BPC = n_3\mathrm{d}A$$

$$f_S = \begin{bmatrix} f_{S1} \\ f_{S2} \\ f_{S3} \end{bmatrix},\ n = \begin{bmatrix} n_1 \\ n_2 \\ n_3 \end{bmatrix},\ a = \begin{bmatrix} a_1 \\ a_2 \\ a_3 \end{bmatrix},\ f_v = \rho g = \rho \begin{bmatrix} g_1 \\ g_2 \\ g_3 \end{bmatrix}$$

无穷小流体体积元为一四面体，其体积为

$$dV = \frac{1}{3}\left(\frac{1}{2}dx_1 dx_2\right)dx_3 = \frac{1}{6}dx_1 dx_2 dx_3$$

质量为

$$dm = \rho dV$$

运动方程的第一分量写成

$$f_{s1}dA - \tau_{11}n_1 dA - \tau_{21}n_2 dA - \tau_{31}n_3 dA + \rho g_1 \frac{1}{6}dx_1 dx_2 dx_3 = \rho a_1 \frac{1}{6}dx_1 dx_2 dx_3$$

比较二阶量 dA 和三阶量 $dx_1 dx_2 dx_3$，忽略三阶无穷小量，得

$$f_{s1} - \tau_{11}n_1 - \tau_{21}n_2 - \tau_{31}n_3 = 0$$

同样根据运动方程的第二和第三分量，可得

$$f_{s2} - \tau_{12}n_1 - \tau_{22}n_2 - \tau_{32}n_3 = 0$$

$$f_{s3} - \tau_{13}n_1 - \tau_{23}n_2 - \tau_{33}n_3 = 0$$

联合三式，可写成

$$\begin{bmatrix} f_{s1} \\ f_{s2} \\ f_{s3} \end{bmatrix} = \begin{bmatrix} \tau_{11} & \tau_{21} & \tau_{31} \\ \tau_{12} & \tau_{22} & \tau_{32} \\ \tau_{13} & \tau_{23} & \tau_{33} \end{bmatrix} \begin{bmatrix} n_1 \\ n_2 \\ n_3 \end{bmatrix}$$

应力张量是对称的（参考流体力学书籍有关证明）。因此，我们可以用张量表示法来写

$$f_s = \tau n$$

如果 $\boldsymbol{\tau}$ 已知，则可以计算作用于任何方向上的表面力。

法向应力（压强）：为了引入压强的概念，让我们考虑静止的流体，静止的流体不存在任何切向应力，这意味着应力张量的所有非对角分量消失，应力张量仅为法向应力，即

$$\boldsymbol{\tau} = \begin{bmatrix} \tau_{11} & 0 & 0 \\ 0 & \tau_{22} & 0 \\ 0 & 0 & \tau_{33} \end{bmatrix}$$

考虑图 3-7 中的三棱柱，在 x 方向的力的平衡则表示为

$$-\tau_{xx}dzdy + \tau dsdy \sin\theta = 0$$

根据几何关系

$$\frac{dz}{ds} = \sin\theta$$

代入得，对于任意 θ 角

$$\boldsymbol{\tau}_{xx} = \boldsymbol{\tau}_{yy}$$

同样，可证明

$$\boldsymbol{\tau}_{xx} = \boldsymbol{\tau}_{zz}$$

因此，在静止流体中，法向应力在任何空间方向上都是相同的。该正应力被称为

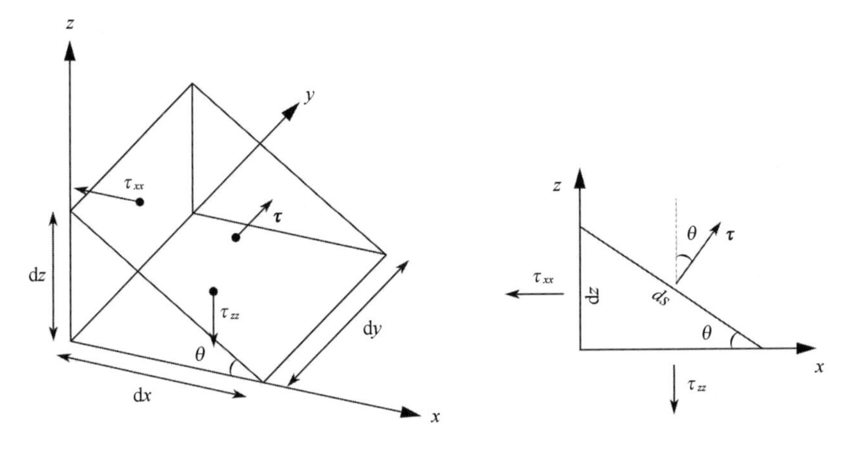

图 3-7　导出压强（正应力）的示意图

压力。设 $p>0$，因为它是一个起压缩作用的力，它是负的，所以

$$\boldsymbol{\tau} = \tau_{xx} = \tau_{yy} = \tau_{zz} = -p$$

因此，静止流体中的应力张量为

$$\boldsymbol{\tau} = \begin{bmatrix} -p & 0 & 0 \\ 0 & -p & 0 \\ 0 & 0 & -p \end{bmatrix}$$

注意，压强是一个标量，它在任何空间方向上的作用都是相等的。压强引起的力的方向由有向面元的法向方向确定。负号表示压强是负法向应力，也称为压缩，作用方向与外法向相反。当法向应力为正时，它会沿外法向作用，产生牵引力。

对于运动中的流体，应力张量是由压强引起的作用力加上由于运动引起的黏性应力之和。

3）表面张力

在两种物质交界处（例如液体和气体之间的界面或两种不相容液体之间的界面），由于两边物质的分子间作用力不同，宏观上在交界面就表现为一种力，称为表面张力 σ 。其大小与质量成正比，因此可方便地用单位长度上的力来表示

$$\text{表面张力}\ \sigma = \frac{\text{作用于交界面上的力}}{\text{界面长度}}$$

表面张力与界面相切并与穿过界面的任何线正交，任何微分线元上的表面张力表示为

$$\mathrm{d}F_l = \sigma \mathrm{d}l$$

常温下的液体物质，除水银之外，以水的表面张力为最大。纯水在 0℃时的表面张力达 $7.564\times10^{-2}\mathrm{N}\cdot\mathrm{m}^{-1}$，随着温度的升高而降低。海水的表面张力也随温度的增高而减小，但随盐度的增高而增大，然而两者变化的幅度都不大，杂质的增多会使海水的

表面张力减小。表面张力对水面毛细波的形成有很重要的作用，此时表面张力几乎是唯一的恢复力，重力倒显得无关紧要了。因此，这种恢复力为表面张力的波又称为表面张力波。因为表面张力波的位相速度正比于表面张力平方根，所以水面上的表面张力波，比水银之外的其他液体表面上的毛细波要大得多。

表面张力通常不直接出现在运动方程中，而只出现在边界条件中。

3.3.3 运动方程

动量守恒定律应用于流体中的物质体，要求其动量的变化率等于作用于该物质体积的体积力、边界处的面积力和其他强迫之和，其数学表述为

$$\frac{\mathrm{D}}{\mathrm{D}t}\int_V \rho u \mathrm{d}V = \int_V \rho \frac{\mathrm{D}u}{\mathrm{D}t}\mathrm{d}V = \int_V \rho g \mathrm{d}V + \int_A \tau \cdot n \mathrm{d}A + F_{\mathrm{t}} \tag{3-34}$$

物质体动量变化率=体积力+面积力

在以下讨论中我们不考虑潮汐强迫的影响，即 $F_{\mathrm{t}}=0$。应用 Reynolds 输运定理，并用高斯定理将面积分转化为体积分，方程（3-34）变成

$$\int_V \left[\rho \frac{\mathrm{D}u}{\mathrm{D}t} - \rho g - \nabla \cdot \tau\right] \mathrm{d}V = 0$$

因为所选物质体积是任意的，则被积函数必为0。因此可得动量守恒的微分形式

$$\rho \frac{\mathrm{D}u}{\mathrm{D}t} - \rho g - \nabla \cdot \tau = 0 \tag{3-35}$$

该方程称为柯西方程，它表示流体速度的变化由重力和黏滞力的作用共同导致。

把牛顿流体的本构方程（3-22）代入柯西方程（3-35），注意到 $(\partial p/\partial x_j)\delta_{ij} = \partial p/\partial x_i$，得 Navier-Stokes 方程的一般形式

$$\rho \frac{\mathrm{D}u_i}{\mathrm{D}t} = -\frac{\partial p}{\partial x_i} + \rho g_i + \frac{\partial}{\partial x_j}\left[2\mu e_{ij} - \frac{2}{3}\mu(\nabla \cdot \boldsymbol{u})\delta_{ij}\right] \tag{3-36}$$

在这个方程中，μ 称为黏度，单位是“Pa · s”。运动中的海水，其各层速度不会是完全相同的，于是相邻水层会出现相对运动。由于分子的不规则运动，在相邻水层之间便有动量的传递，从而产生切应力。黏度是切应力与流速梯度的比值，它是热力学状态的函数。对于大多数流体来说，黏度 μ 对温度的依赖性相当强。对液体来说，黏度 μ 随温度升高而降低；对气体来说，黏度 μ 随温度升高而增加。对于海水，μ 随盐度的增加略有增大；但随温度的上升，μ 值的下降相当迅速。在讨论大尺度的湍动状态下的海水运动时，要考虑比 μ 大得多的湍流黏度系数。如果流体内部的温差很小，μ 可以取为常数提到导数符号之外，方程（3-36）则简化为

$$\begin{aligned} \rho \frac{\mathrm{D}u_i}{\mathrm{D}t} &= -\frac{\partial p}{\partial x_i} + \rho g_i + 2\mu \frac{\partial e_{ij}}{\partial x_j} - \frac{2\mu}{3}\frac{\partial}{\partial x_i}(\nabla \cdot \boldsymbol{u}) \\ &= -\frac{\partial p}{\partial x_i} + \rho g_i + 2\mu\left[\nabla^2 u_i - \frac{1}{3}\frac{\partial}{\partial x_i}(\nabla \cdot \boldsymbol{u})\right] \end{aligned}$$

式中，$\nabla^2 u_i \equiv \dfrac{\partial^2 u_i}{\partial x_j \partial x_j} = \dfrac{\partial^2 u_i}{\partial x_1^2} + \dfrac{\partial^2 u_i}{\partial x_2^2} + \dfrac{\partial^2 u_i}{\partial x_3^2}$，对于不可压缩流体 $\nabla \cdot \boldsymbol{u} = 0$，因此得不可压缩流体的 Navier-Stokes 方程

$$\frac{D\boldsymbol{u}}{Dt} = -\frac{1}{\rho}\nabla p + g\boldsymbol{k} + \nu \nabla^2 \boldsymbol{u} \tag{3 - 37}$$

这里 $\nu = \dfrac{\mu}{\rho}$，如果黏性效应可以忽略，通常在远离流场边界处是成立的，则得到欧拉方程

$$\frac{\mathrm{D}\boldsymbol{u}}{\mathrm{D}t} = -\frac{1}{\rho}\nabla p - g\boldsymbol{k} \tag{3 - 38}$$

3.3.4　旋转坐标系下的运动方程

上一节给出的运动方程只在惯性或“固定”参考系中成立。虽然这样的参照系无法精确定义，但经验表明，在相对于“遥远恒星”静止的参照系中，牛顿定律是足够精确的。但在海洋应用中，我们测量的是相对于固定在地球表面的参照系的位置和速度。固定在地球表面的参照系相对于惯性参考系来说是旋转的。在本节中，我们将推导旋转参考系中的运动方程。

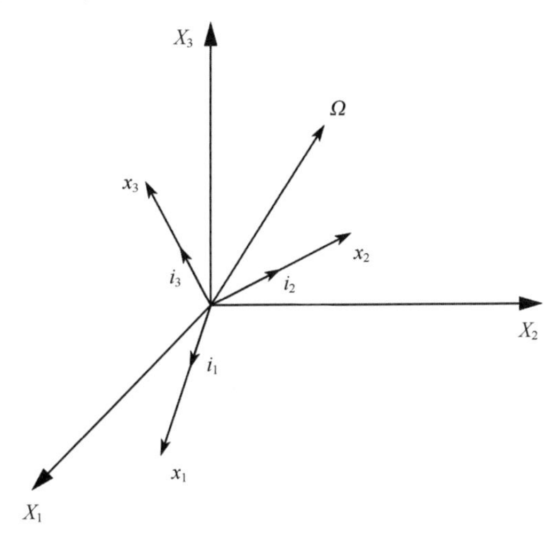

图 3-8　绕旋转轴以角速度 Ω 旋转的旋转坐标系

考虑图 3-8，相对于惯性参考系（X_1，X_2，X_3）以均匀角速度 Ω 旋转的参考框架（x_1，x_2，x_3）。任何向量 $\boldsymbol{P}$ 在旋转参考系中可表示成

$$\boldsymbol{P} = P_1\boldsymbol{i}_1 + P_2\boldsymbol{i}_2 + P_3\boldsymbol{i}_3$$

对于惯性参考系中的观察者，旋转坐标的单位矢量 $\boldsymbol{i}_1$、$\boldsymbol{i}_2$ 和 $\boldsymbol{i}_3$ 的方向是随时间变化的，则 $\boldsymbol{P}$ 的时间导数是

$$\left(\frac{d\boldsymbol{P}}{dt}\right)_{\text{inertial}} = \frac{d}{dt}(P_1\boldsymbol{i}_1 + P_2\boldsymbol{i}_2 + P_3\boldsymbol{i}_3)$$

$$= \boldsymbol{i}_1\frac{dP_1}{dt} + \boldsymbol{i}_2\frac{dP_2}{dt} + \boldsymbol{i}_3\frac{dP_3}{dt} + P_1\frac{d\boldsymbol{i}_1}{dt} + P_2\frac{d\boldsymbol{i}_2}{dt} + P_3\frac{d\boldsymbol{i}_3}{dt}$$

而对于旋转参考系中的观察者来说, $\boldsymbol{P}$ 的变化率是前三项的和，因此

$$\left(\frac{d\boldsymbol{P}}{dt}\right)_{\text{inertial}} = \left(\frac{d\boldsymbol{P}}{dt}\right)_{\text{rotating}} + P_1\frac{d\boldsymbol{i}_1}{dt} + P_2\frac{d\boldsymbol{i}_2}{dt} + P_3\frac{d\boldsymbol{i}_3}{dt} \tag{3-39}$$

对于每一个单位矢量 $\boldsymbol{i}$，绕旋转轴以角速度 Ω 旋转形成一个半径为 $\sin\alpha$ 的圆锥面，其中 α 是常数（图 3-9）。矢量 $\boldsymbol{i}$ 在时间 dt 间隔的幅度变化量为 $|d\boldsymbol{i}| = \sin\alpha d\theta$，即矢量 $\boldsymbol{i}$ 的尖端移动的长度。因此，矢量 $\boldsymbol{i}$ 变化率的大小为 $(d\boldsymbol{i}/dt) = \sin\alpha(d\theta/dt) = \Omega\sin\alpha$，且变化率的方向垂直于 $(\boldsymbol{\Omega}, \boldsymbol{i})$ 所形成的平面；而由图 3-9 可知 $|\boldsymbol{\Omega}\times\boldsymbol{i}| = \Omega\sin\alpha$，且 $\boldsymbol{\Omega}\times\boldsymbol{i}$ 方向与 $d\boldsymbol{i}$ 的变化方向一致。因此，对于任何旋转的单位矢量 $\boldsymbol{i}$，$d\boldsymbol{i}/dt = \boldsymbol{\Omega}\times\boldsymbol{i}$。因此，(3-39) 式中最后三项之和为 $\Omega\times P_1\boldsymbol{i}_1 + \Omega\times P_2\boldsymbol{i}_2 + {}_3\Omega\times P\boldsymbol{i}_3 = \boldsymbol{\Omega}\times\boldsymbol{P}$，则 (3-39) 式可以写成

$$\left(\frac{d\boldsymbol{P}}{dt}\right)_{\text{inertial}} = \left(\frac{d\boldsymbol{P}}{dt}\right)_{\text{rotating}} + \boldsymbol{\Omega}\times\boldsymbol{P} \tag{3-40}$$

该关系式联系了在不同坐标中两个观察者所看到的向量 $\boldsymbol{P}$ 的变化率。

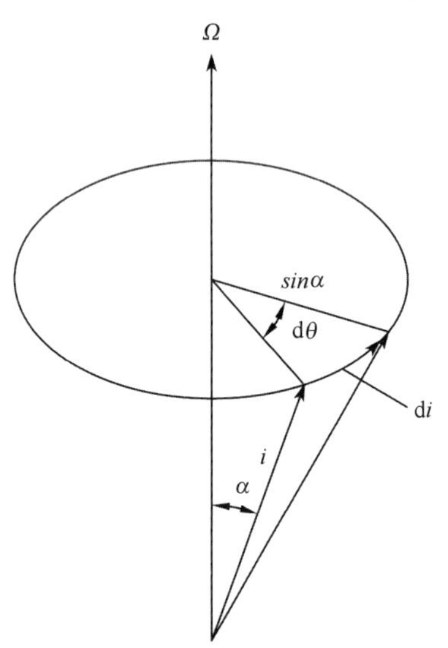

图 3-9　单位矢量旋转几何示意图

将规则（3-40）应用于位置向量 $\boldsymbol{r}$，将得速度的关系式

$$\boldsymbol{u}_{\text{inertial}} = \boldsymbol{u}_{rotating} + \boldsymbol{\Omega}\times\boldsymbol{r} \tag{3-41}$$

将规则（3-40）应用于速度向量 $\boldsymbol{u}_{\text{inertial}}$，则得

$$\left(\frac{\mathrm{d}\boldsymbol{u}_{\text{inertial}}}{\mathrm{d}t}\right)_{\text{inertial}}=\left(\frac{\mathrm{d}\boldsymbol{u}_{\text{inertial}}}{\mathrm{d}t}\right)_{\text{rotating}}+\boldsymbol{\Omega}\times\boldsymbol{u}_{\text{inertial}} \tag{3-42}$$

代入速度关系式（3-41），得

$$\begin{aligned}\frac{\mathrm{d}\boldsymbol{u}_{\text{inertial}}}{\mathrm{d}t}&=\frac{\mathrm{d}}{\mathrm{d}t}(\boldsymbol{u}_{\text{rotating}}+\boldsymbol{\Omega}\times\boldsymbol{r})_{\text{rotating}}+\boldsymbol{\Omega}\times(\boldsymbol{u}_{\text{rotating}}+\boldsymbol{\Omega}\times\boldsymbol{r})\\&=\left(\frac{\mathrm{d}\boldsymbol{u}_{\text{rotating}}}{\mathrm{d}t}\right)_{\text{rotating}}+\boldsymbol{\Omega}\times\left(\frac{\mathrm{d}\boldsymbol{r}}{\mathrm{d}t}\right)_{\text{rotating}}+\boldsymbol{\Omega}\times\boldsymbol{u}_{\text{rotating}}+\boldsymbol{\Omega}\times(\boldsymbol{\Omega}\times\boldsymbol{r})\end{aligned} \tag{3-43}$$

该关系式联系了在惯性坐标系和旋转坐标系中两个观察者所看到的加速度的变化率

$$\boldsymbol{a}_{\text{inertial}}=\boldsymbol{a}_{\text{rotating}}+2\boldsymbol{\Omega}\times\boldsymbol{u}_{\text{rotating}}+\boldsymbol{\Omega}\times(\boldsymbol{\Omega}\times\boldsymbol{r}),\quad \Omega=0 \tag{3-44}$$

上述方程中的最后一项可以用垂直于旋转轴的矢量 $\boldsymbol{R}$ 来表示（图 3-10），显然，$\boldsymbol{\Omega}\times\boldsymbol{r}=\boldsymbol{\Omega}\times\boldsymbol{R}\times\boldsymbol{R}$，应用矢量等式 $\boldsymbol{A}\times(\boldsymbol{B}\times\boldsymbol{C})=(\boldsymbol{A}\cdot\boldsymbol{C})\boldsymbol{B}-(\boldsymbol{A}\cdot\boldsymbol{B})\boldsymbol{C}$，得

$$\boldsymbol{\Omega}\times(\boldsymbol{\Omega}\times\boldsymbol{R})=-(\boldsymbol{\Omega}\cdot\boldsymbol{\Omega})\boldsymbol{R}=-\Omega^2\boldsymbol{R}$$

这里用到 $\boldsymbol{\Omega}\cdot\boldsymbol{R}=0$，这样（3-44）可写成

$$\boldsymbol{a}_{\text{inertial}}=\boldsymbol{a}_{\text{rotating}}+2\boldsymbol{\Omega}\times\boldsymbol{u}-\Omega^2\boldsymbol{R} \tag{3-45}$$

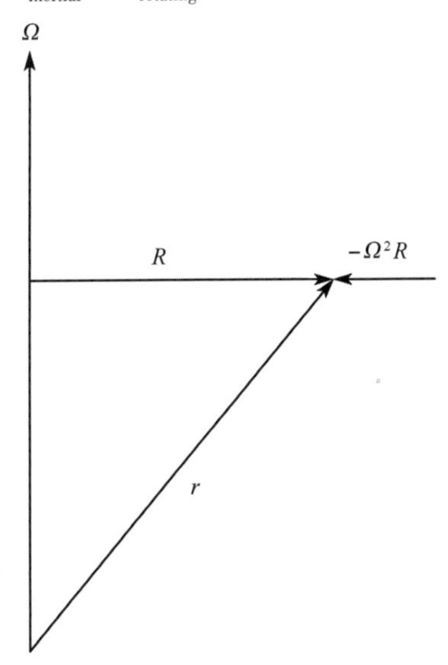

图 3-10　向心加速度

上述方程式指出，惯性（绝对）加速度等于在旋转坐标系中测得的加速度，加上科氏加速度 $2\boldsymbol{\Omega}\times\boldsymbol{u}$ 和向心加速度 $-\Omega^2\boldsymbol{R}$。

因此，如果我们在旋转参考系中进行测量，就必须考虑科氏加速度和向心加速度。将方程（3-45）代入惯性参考系下的 N-S 方程（3-37），则得旋转参考系中的运动方程

$$\frac{\mathrm{D}\boldsymbol{u}}{\mathrm{D}t}=-\frac{1}{\rho}\nabla p-2\boldsymbol{\Omega}\times\boldsymbol{u}-(\boldsymbol{g}_n+\Omega^2\boldsymbol{R})+\nu\nabla^2\boldsymbol{u} \tag{3-46}$$

在这里，我们把科氏加速度和向心加速度项放在右边（现在表示科氏力和离心力），并在 **g** 上加上一个下标，表示它是由于（牛顿）引力单独引起的单位质量的体积力。

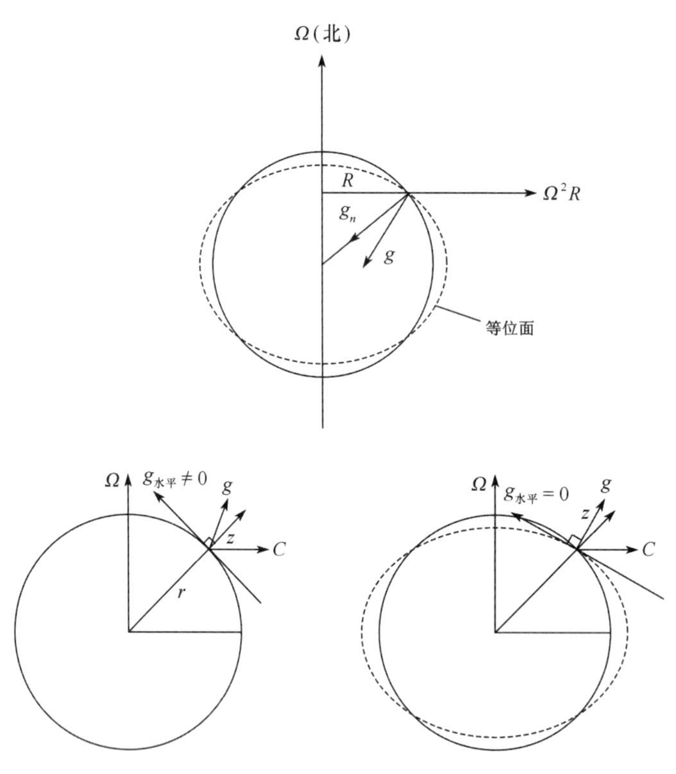

图 3-11　有效重力示意图

离心力 $-\Omega^2\boldsymbol{R}$ 可以合并到地心引力（牛顿引力）$\boldsymbol{g}_n$ 中，定义为有效重力 $g=\boldsymbol{g}_n+\Omega^2\boldsymbol{R}$（图 3-11）。如果地球是球对称均匀的，则地心引力在地球表面是均匀的，并且是指向中心的。但是地球实际上是一个椭球，赤道直径比极地直径大 42 km。此外，离心力的存在使得赤道处的有效重力小于极地的有效重力（在极地 Ω^2R 为 0）。根据有效重力定义，方程式（3-46）变成

$$\frac{\mathrm{D}\boldsymbol{u}}{\mathrm{D}t}=-\frac{1}{\rho}\nabla p+g\boldsymbol{k}-2\boldsymbol{\Omega}\times\boldsymbol{u}+\nu\nabla^2\boldsymbol{u} \tag{3-47}$$

地心引力可以写成标量势函数的梯度，离心力也同样可用势函数的梯度表示。根据梯度的定义，$\nabla(R^2/2)=R\boldsymbol{i}_R=R$，则 $\Omega^2R=\nabla(\Omega^2R^2/2)$，其中离心力势为 $-\Omega^2R^2/2$，因此有效重力可以写成 $\boldsymbol{g}=-\nabla\varphi$，$\varphi$ 是牛顿引力势与离心力势之和。等位面（如图 3-11 中虚线所示）垂直于有效重力。平均海平面为等位面。$\varphi=\boldsymbol{g}z$，其中 z 垂直于等位

面, $\boldsymbol{g}$ 则是有效重力引起的加速度。

简单讨论科氏力的影响，角速度矢量垂直于北半球的地面向上。因此，科氏力 $-2\boldsymbol{\Omega}\times\boldsymbol{u}$ 使粒子在北半球向右偏转，在南半球向左偏转（图 3-12）。

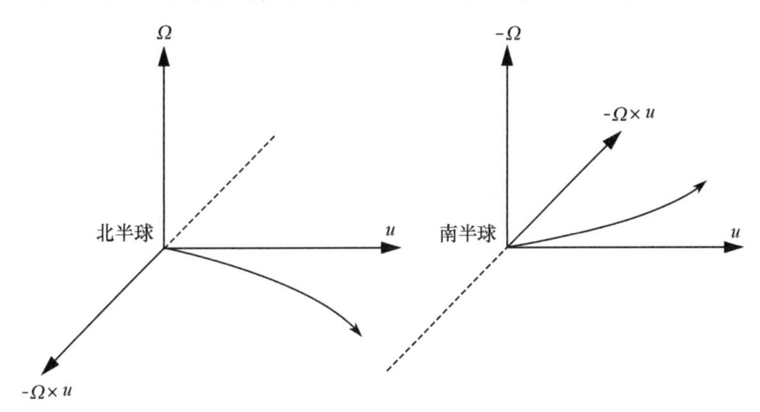

图 3-12 科氏力导致运动粒子的偏转

想象一个以速度 $\boldsymbol{u}$ 从北极水平射出的弹丸（图 3-13），如果从地球之外的惯性空间观测，弹丸实际上是直线运动的。科氏力 $-2\boldsymbol{\Omega}\times\boldsymbol{u}$ 持续垂直于其运动路径，因此不会改变弹丸的速度 $\boldsymbol{u}$。经过时间 t，弹丸向前移动的距离为 $\boldsymbol{u}t$，偏移角度为 $\boldsymbol{\Omega}t$，即地球在时间 t 内的旋转角度，则偏移量为 $|\Omega t\times\boldsymbol{u}t|=\Omega\boldsymbol{u}t^2$。这表明，它的表观偏转仅仅是由于它下面地球的旋转，地球上的观测者需要一个假想的力来解释观测到的偏转。

图 3-13 给出了在旋转框架中观察到的粒子运动轨迹发生偏转的几何解释。当旋转是逆时针时，偏转是指向右的。

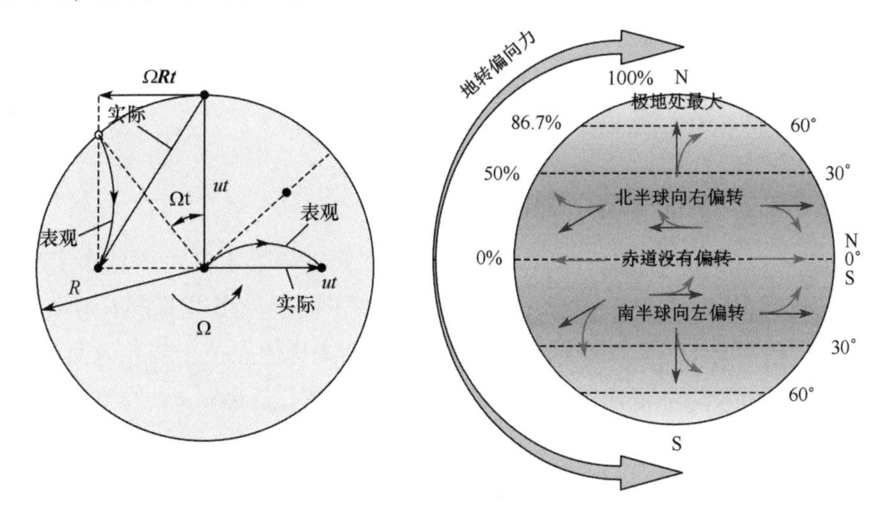

图 3-13 在旋转框架中观察到的粒子运动轨迹发生偏转的几何解释

3.3.5 海洋运动基本方程组

在前面几节中，我们用在海水运动中起支配作用的基本物理定律，建立了连续方程、动量方程、盐量守恒方程和热传导方程，加上海水状态方程，共七个方程式。这七个方程式包含着速度（u，v，w）、压强p、盐度S、密度ρ和温度T共七个变量，因此构成了一个封闭的方程组。在一定的定解条件（边界条件和初始条件）下，便可以确定描述海水运动和变化的速度场（u，v，w）、压强场p、密度场ρ、温度场T和盐度场S。为以后应用方便起见，现将封闭方程组，按直角坐标系和球坐标系分列如下。

1）矢量形式的基本方程组

质量守恒方程

$$\frac{\mathrm{D}\rho}{\mathrm{D}t}+\rho\,\nabla\cdot\boldsymbol{u}=0 \tag{3-48}$$

对于不可压缩流体而言，由于ρ = 常量，则质量守恒方程简化为

$$\nabla\cdot\boldsymbol{u}=0 \tag{3-49}$$

动量守恒方程

$$\frac{\mathrm{D}\boldsymbol{u}}{\mathrm{D}t}=-\frac{1}{\rho}\nabla p+\mu\,\nabla^2\boldsymbol{u}+g\boldsymbol{k}-2\boldsymbol{\Omega}\times\boldsymbol{u} \tag{3-50}$$

盐度方程

$$\frac{\mathrm{D}S}{\mathrm{D}t}=K_S\Delta S \tag{3-51}$$

温度方程

$$\frac{\mathrm{D}T}{\mathrm{D}t}=K_T\Delta T \tag{3-52}$$

状态方程

$$\rho=\rho(S,\ T,\ p) \tag{3-53}$$

2）直角坐标系下的海水运动基本方程组

大尺度地球物理流动问题应采用球坐标法。然而，如果水平尺度远小于地球半径（=6371 km），则可以忽略地球的曲率，并通过在切平面上采用局部笛卡尔坐标系统来研究运动（图3-14）。在这个平面上，直角坐标系的坐标原点位于静止海面，x轴指向东为正，y轴指向北为正，z轴指向上为正；相应的速度分量是u（向东）、v（向北）和w（向上）。

从北极上方看地球绕极轴逆时针方向旋转。其旋转角速度为，

$$\Omega=2\pi\ \mathrm{rad/dy}=0.729\times10^{-4}\mathrm{s}^{-1}$$

从图3-14可以看出，在局部笛卡尔坐标系中，地球角速度的分量是

$$\Omega_x=0$$

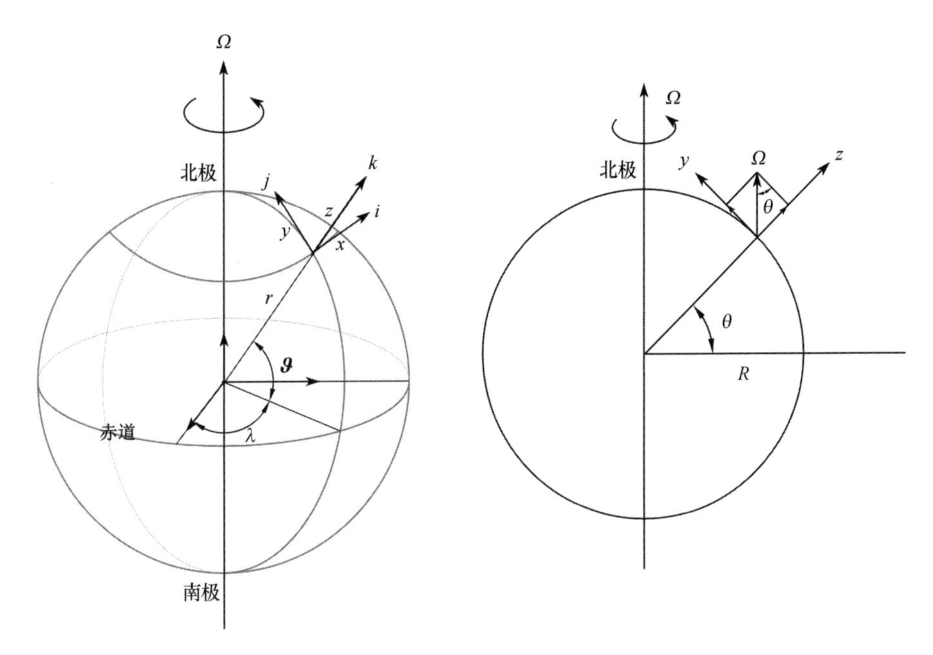

图 3-14　球坐标（左图）和球面上的局地直角坐标系（右图，x 轴垂直于纸面指向内）

$$\Omega_y = \Omega \cos\theta$$

$$\Omega_z = \Omega \sin\theta$$

其中 θ 是纬度。因此科氏力为

$$2\boldsymbol{\Omega} \times \boldsymbol{u} = \begin{vmatrix} \boldsymbol{i} & \boldsymbol{j} & \boldsymbol{k} \\ 0 & 2\Omega\cos\theta & 2\Omega\sin\theta \\ u & v & w \end{vmatrix}$$

$$= 2\Omega[\boldsymbol{i}(w\cos\theta - v\sin\theta) + \boldsymbol{j}u\sin\theta - \boldsymbol{k}u\cos\theta]$$

因此在直角坐标系下，海洋运动方程组可写成：

质量守恒方程

$$\frac{\partial\rho}{\partial t} + u\frac{\partial\rho}{\partial x} + v\frac{\partial\rho}{\partial y} + w\frac{\partial\rho}{\partial z} + \rho\left(\frac{\partial u}{\partial x} + \frac{\partial v}{\partial y} + \frac{\partial w}{\partial z}\right) = 0 \tag{3-54}$$

东方向运动方程

$$\frac{\partial u}{\partial t} + u\frac{\partial u}{\partial x} + v\frac{\partial u}{\partial y} + w\frac{\partial u}{\partial z} = -\frac{1}{\rho}\frac{\partial p}{\partial x} + 2\Omega\sin\theta\cdot v - 2\Omega\cos\theta\cdot w + \nu\left(\frac{\partial^2 u}{\partial x^2} + \frac{\partial^2 u}{\partial y^2} + \frac{\partial^2 u}{\partial z^2}\right) + \sum F_x \tag{3-55}$$

北方向运动方程

$$\frac{\partial v}{\partial t} + u\frac{\partial v}{\partial x} + v\frac{\partial v}{\partial y} + w\frac{\partial v}{\partial z} = -\frac{1}{\rho}\frac{\partial p}{\partial y} - 2\Omega\sin\theta\cdot u$$

$$+\nu\left(\frac{\partial^2 \upsilon}{\partial x^2}+\frac{\partial^2 \upsilon}{\partial y^2}+\frac{\partial^2 \upsilon}{\partial z^2}\right)+\sum F_y \tag{3-56}$$

垂直方向运动方程

$$\frac{\partial w}{\partial t}+u\frac{\partial w}{\partial x}+\upsilon\frac{\partial w}{\partial y}+w\frac{\partial w}{\partial z}=-g-\frac{1}{\rho}\frac{\partial p}{\partial z}+2\Omega\cos\theta\cdot u$$

$$+\nu\left(\frac{\partial^2 w}{\partial x^2}+\frac{\partial^2 w}{\partial y^2}+\frac{\partial^2 w}{\partial z^2}\right)+\sum F_z \tag{3-57}$$

盐度方程

$$\frac{\partial S}{\partial t}+u\frac{\partial S}{\partial x}+\upsilon\frac{\partial S}{\partial y}+w\frac{\partial S}{\partial z}=K_S\left(\frac{\partial^2 S}{\partial x^2}+\frac{\partial^2 S}{\partial y^2}+\frac{\partial^2 S}{\partial z^2}\right) \tag{3-58}$$

温度方程

$$\frac{\partial T}{\partial t}+u\frac{\partial T}{\partial x}+\upsilon\frac{\partial T}{\partial y}+w\frac{\partial T}{\partial z}=K_T\left(\frac{\partial^2 T}{\partial x^2}+\frac{\partial^2 T}{\partial y^2}+\frac{\partial^2 T}{\partial z^2}\right) \tag{3-59}$$

状态方程

$$\rho=\rho(S,\ T,\ p) \tag{3-60}$$

3）球坐标系下的海水运动基本方程组

球坐标系的坐标原点位于地心，点的位置由坐标（λ，θ，γ）给出（图 3-14 左图），λ 为地理经度 λ，θ 为地理纬度，r 是距地心的径向距离。设 α 是地球的半径，定义 $z=r-a$。在给定位置，我们可以定义笛卡尔坐标的增量 $(\delta x,\ \delta y,\ \delta z)=(r\cos\varphi\delta\gamma,\ r\delta\theta,\ \delta r)$。

对于任意标量 φ，在球坐标系中的物质导数为

$$\frac{\mathrm{D}\varphi}{\mathrm{D}t}=\frac{\partial\varphi}{\partial t}+\frac{u}{r\cos\theta}\frac{\partial\varphi}{\partial\lambda}+\frac{v}{r}\frac{\partial\varphi}{\partial\vartheta}+w\frac{\partial\varphi}{\partial r}$$

与坐标（λ，θ，r）对应的速度分量为

$$(u,\ \upsilon,\ w)\equiv\left(r\cos\theta\frac{\mathrm{D}\lambda}{\mathrm{D}t},\ r\frac{\mathrm{D}\theta}{\mathrm{D}t},\ \frac{\mathrm{D}r}{\mathrm{D}t}\right)$$

即 u 是纬向速度，v 是经向速度，w 是垂直速度。如果我们定义 $(\boldsymbol{i},\ \boldsymbol{j},\ \boldsymbol{k})$ 为（λ，θ，r）增加方向上的单位向量，则

$$\boldsymbol{u}=u\boldsymbol{i}+\upsilon\boldsymbol{j}+w\boldsymbol{k}$$

$$Dr/\mathrm{D}t=\mathrm{D}z/\mathrm{D}t$$

矢量 $\boldsymbol{B}=\boldsymbol{i}B^{\lambda}+\boldsymbol{j}B^{\varphi}+\boldsymbol{k}B^{r}$ 的散度和旋度分别为

$$\nabla\cdot\boldsymbol{B}=\frac{1}{\cos\theta}\left[\frac{1}{r}\frac{\partial B^{\lambda}}{\partial\lambda}+\frac{1}{r}\frac{\partial}{\partial\theta}(B^{\varphi}\cos\theta)+\frac{\cos\theta}{r^2}\frac{\partial}{\partial r}(r^2B^{r})\right]$$

$$\mathrm{curl}\,\boldsymbol{B}=\nabla\times\boldsymbol{B}=\frac{1}{r^2\cos\theta}\begin{vmatrix}\boldsymbol{i}r\cos\theta & \boldsymbol{j}r & \boldsymbol{k}\\ \partial/\partial\lambda & \partial/\partial\theta & \partial/\partial r\\ B^{\lambda}r\cos\theta & B^{\varphi}r & B^{r}\end{vmatrix}$$

标量 φ 的梯度为

$$\nabla\varphi = \boldsymbol{i}\frac{1}{r\cos\theta}\frac{\partial\varphi}{\partial\lambda} + \boldsymbol{j}\frac{1}{r}\frac{\partial\varphi}{\partial\varphi} + \boldsymbol{k}\frac{\partial\varphi}{\partial r}$$

标量 φ 的 Laplace 算子为

$$\nabla^2\varphi \equiv \nabla\cdot\nabla\varphi = \frac{1}{r^2\cos\theta}\left[\frac{1}{\cos\theta}\frac{\partial^2\varphi}{\partial\lambda^2} + \frac{\partial}{\partial\theta}\left(\cos\theta\frac{\partial\varphi}{\partial\theta}\right) + \cos\theta\frac{\partial}{\partial r}\left(r^2\frac{\partial\varphi}{\partial r}\right)\right]$$

矢量 $\boldsymbol{B} = \boldsymbol{i}B^{\lambda} + \boldsymbol{j}B^{\varphi} + \boldsymbol{k}B^{r}$ 的 Laplace 算子可根据以下等式计算

$$\nabla^2\boldsymbol{B} = \nabla(\nabla\cdot\boldsymbol{B}) - \nabla\times(\nabla\times\boldsymbol{B})$$

$$\Delta\boldsymbol{B} = \frac{1}{r^2}\frac{\partial\left(r^2\frac{\partial\boldsymbol{B}}{\partial r}\right)}{\partial r} + \frac{1}{r^2\cos\theta}\frac{\partial\left(\cos\theta\frac{\partial\boldsymbol{B}}{\partial\theta}\right)}{\partial\theta} + \frac{1}{r^2\cos^2\theta}\frac{\partial^2\boldsymbol{B}}{\partial\lambda^2}$$

根据上述球坐标中的等式，通过一系列的运算可以获得球坐标系的海洋运动控制方程组，即

质量守恒方程

$$\frac{\mathrm{d}\rho}{\mathrm{d}t} + \rho\left[\frac{1}{r^2}\frac{\partial(r^2V_r)}{\partial r} + \frac{1}{r\cos\theta}\frac{\partial(V_\theta\cos\theta)}{\partial\theta} + \frac{1}{r\cos\theta}\frac{\partial V_\lambda}{\partial\lambda}\right] = 0 \tag{3-61}$$

垂直方向运动方程

$$\frac{\partial V_r}{\partial t} + V_r\frac{\partial V_r}{\partial r} + \frac{V_\varphi}{r}\frac{\partial V_r}{\partial\theta} + \frac{V_\lambda}{r\cos\theta}\frac{\partial V_r}{\partial\lambda} - \frac{V_\varphi^2 + V_\lambda^2}{r}$$

$$= -g - \frac{1}{\rho}\frac{\partial p}{\partial r} + 2\omega\cos\theta\cdot V_\lambda$$

$$+\frac{\mu}{\rho}\left(\Delta V_r - \frac{2}{r^2}V_r + \frac{2\tan\theta}{r^2}V_\theta - \frac{2}{r^2}\frac{\partial V_\theta}{\partial\theta} - \frac{2}{r^2\cos\theta}\frac{\partial V_\lambda}{\partial\lambda}\right) + \sum F_r \tag{3-62}$$

纬度方向运动方程

$$\frac{\partial V_\theta}{\partial t} + V_r\frac{\partial V_\theta}{\partial r} + \frac{V_\theta}{r}\frac{\partial V_\theta}{\partial\theta} + \frac{V_\lambda}{r\cos\theta}\frac{\partial V_\theta}{\partial\lambda} + \frac{V_\lambda^2}{r}\tan\theta + \frac{V_rV_\theta}{r}$$

$$= -\frac{1}{\rho r}\frac{\partial p}{\partial r} - 2\omega\sin\theta\cdot V_\lambda$$

$$+\frac{\mu}{\rho}\left(\Delta V_\rho - \frac{V_\theta}{r^2\cos^2\theta} + \frac{2}{r^2}\frac{\partial V_r}{\partial\theta} + \frac{2\tan\theta}{r^2\cos\theta}\frac{\partial V_\lambda}{\partial\lambda}\right) + \sum F_\theta \tag{3-63}$$

经度方向运动方程

$$\frac{\partial V_\lambda}{\partial t} + V_r\frac{\partial V_\lambda}{\partial r} + \frac{V_\theta}{r}\frac{\partial V_\lambda}{\partial\theta} + \frac{V_\lambda}{r\cos\theta}\frac{\partial V_\lambda}{\partial\lambda} - \frac{V_\theta V_\lambda}{r}\tan\theta + \frac{V_rV_\lambda}{r}$$

$$= -\frac{1}{\rho r\cos\theta}\frac{\partial p}{\partial\lambda} + 2\omega\sin\theta\cdot V_\varphi - 2\omega\cos\theta\cdot V_r$$

$$+\frac{\mu}{\rho}\left(\Delta V_{\lambda}-\frac{V_{\lambda}}{r^{2}\cos^{2}\theta}-\frac{2\tan\theta}{r^{2}\cos\theta}\frac{\partial V_{\theta}}{\partial\lambda}+\frac{2}{r^{2}\cos\theta}\frac{\partial V_{r}}{\partial\lambda}\right)+\sum F_{\lambda} \tag{3-64}$$

盐度方程

$$\frac{\partial S}{\partial t}+V_{r}\frac{\partial S}{\partial r}+\frac{V_{\theta}}{r}\frac{\partial S}{\partial\theta}+\frac{V_{\lambda}}{r\cos\theta}\frac{\partial S}{\partial\lambda}=K_{S}\Delta S \tag{3-65}$$

温度方程

$$\frac{\partial T}{\partial t}+V_{r}\frac{\partial T}{\partial r}+\frac{V_{\rho}}{r}\frac{\partial T}{\partial\theta}+\frac{V_{\lambda}}{r\cos\theta}\frac{\partial T}{\partial\lambda}=K_{T}\Delta T \tag{3-66}$$

状态方程

$$\rho=\rho(S,\ T,\ p) \tag{3-67}$$

其中

$$\Delta=\frac{1}{r^{2}}\frac{\partial\left(r^{2}\frac{\partial}{\partial r}\right)}{\partial r}+\frac{1}{r^{2}\cos\theta}\frac{\partial\left(\cos\theta\frac{\partial}{\partial\theta}\right)}{\partial\theta}+\frac{1}{r^{2}\cos^{2}\theta}\frac{\partial^{2}}{\partial\lambda^{2}}$$

3.3.6 初始条件和边界条件

在前一节，我们已得出了描述海水运动和变化的基本微分方程组。微分方程的积分得出的是一个所有类似问题的通解。针对具体问题，只有给出了初始条件和边界条件，才能得出其特解。在海洋动力学的研究中，边界条件是十分重要的。在影响海水运动的各种因素中，重力、地转偏向力和天体引力直接作用于海水内部的每个质点，除此外的其他各种因素（比如大气、风、降水、蒸发、径流等）都是通过边界将其对海水的影响传递到海水内部的。海底和海洋侧边界的摩擦对海水的运动在几何空间上给予了限制，也必然影响海洋内部海水的运动。

1）初始条件

初始条件就是给定某一时刻（可视为起始时刻），海水中各点的各物理量的数值，即 $t=t_0$ 时，给定

$$\begin{cases}u(x,\ y,\ z,\ t_0)=f_u(x,\ y,\ z)\\ v(x,\ y,\ z,\ t_0)=f_v(x,\ y,\ z)\\ w(x,\ y,\ z,\ t_0)=f_w(x,\ y,\ z)\\ S(x,\ y,\ z,\ t_0)=f_S(x,\ y,\ z)\\ T(x,\ y,\ z,\ t_0)=f_T(x,\ y,\ z)\\ p(x,\ y,\ z,\ t_0)=f_p(x,\ y,\ z)\\ \rho(x,\ y,\ z,\ t_0)=f_\rho(x,\ y,\ z)\end{cases}$$

式中 f_u、f_v、f_w、f_S、f_T、f_p、f_ρ 都应是确定的函数。

对于定常流动，海水中任意点处的所有物理量均不随时间而变化，所以不需要给出初始条件。

2）边界条件

边界条件就是给定任意时刻流场边界处（自由表面固体壁面、物理量的不连续面等）的各物理量的数值或变化规律。

（1）运动学边界条件。

对于海面边界，一般写成

$$z = \eta(x,\ y,\ t)$$

改写成

$$F(x,\ y,\ z,\ t) = z - \eta(x,\ y,\ t) = 0$$

则

$$\frac{\mathrm{d}F}{\mathrm{d}t} = \frac{\mathrm{d}z}{\mathrm{d}t} - \frac{\mathrm{d}\eta}{\mathrm{d}t} = \frac{\mathrm{d}z}{\mathrm{d}t} - \left(\frac{\partial \eta}{\partial t} + \frac{\partial \eta}{\partial x}\frac{\mathrm{d}x}{\mathrm{d}t} + \frac{\partial \eta}{\partial x}\frac{\mathrm{d}y}{\mathrm{d}t}\right)$$

$$w_\eta - \left(\frac{\partial \eta}{\partial t} + u_\eta \frac{\partial \eta}{\partial x} + v_\eta \frac{\partial \eta}{\partial y}\right) = 0$$

即

$$\frac{\partial \eta}{\partial t} + u_\eta \frac{\partial \eta}{\partial x} + v_\eta \frac{\partial \eta}{\partial y} = w_\eta \tag{3-68}$$

式中 $u_\eta \boldsymbol{i} + v_\eta \boldsymbol{j} + w_\eta \boldsymbol{k} = \boldsymbol{V}_\eta$ ，为自由表面海水的运动速度。这就是自由海面的运动学边界条件。

对于海底边界，一般写成

$$z = -h(x,\ y)$$

改写成

$$F(x,\ y,\ z,\ t) = z + h(x,\ y) = 0$$

则

$$\frac{dF}{dt} = \frac{dz}{dt} + \frac{dh}{dt} = \frac{dz}{dt} - \left(\frac{\partial h}{\partial t} + \frac{\partial h}{\partial x}\frac{dx}{dt} + \frac{\partial h}{\partial x}\frac{dy}{dt}\right)$$

$$= w_h + \left(\frac{\partial h}{\partial t} + u_h \frac{\partial h}{\partial x} + v_h \frac{\partial h}{\partial y}\right) = 0$$

即

$$w_h = -u_h \frac{\partial h}{\partial x} - v_h \frac{\partial h}{\partial y} \tag{3-69}$$

式中 $u_h \boldsymbol{i} + v_h \boldsymbol{j} + w_h \boldsymbol{k} = \boldsymbol{V}_h$ ，为海底处海水的运动速度。这就是海底的运动学边界条件。

式（3-68）和式（3-69）为无质量交换界面的运动学边界条件。但通常情况下，海水和空气通过自由海面进行质量交换，包括蒸发和降水等。如果这些质量交换的总效应用单位时间内铅垂方向单位面积上的纯水通量 b 来表示的话，通过分析可得到有

质量交换的海面的运动学边界条件为

$$\frac{\partial \eta}{\partial t} + u_{\eta} \frac{\partial \eta}{\partial x} + v_{\eta} \frac{\partial \eta}{\partial y} - w_{\eta} = - \frac{b}{\rho}$$

（2）动力学边界条件。

在边界处，由分子输送过程引起的动量通量是连续的，即界面两边分子黏性应力在界面法线方向上相等，即

$$\begin{cases} [(\tau_{xx})_1 - (\tau_{xx})_2] \cos \alpha + [(\tau_{xy})_1 - (\tau_{xy})_2] \cos \beta + [(\tau_{xz})_1 - (\tau_{xz})_2] \cos \gamma = 0 \\ [(\tau_{yx})_1 - (\tau_{yx})_2] \cos \alpha + [(\tau_{yy})_1 - (\tau_{yy})_2] \cos \beta + [(\tau_{yz})_1 - (\tau_{yz})_2] \cos \gamma = 0 \\ [(\tau_{zx})_1 - (\tau_{zx})_2] \cos \alpha + [(\tau_{zy})_1 - (\tau_{zy})_2] \cos \beta + [(\tau_{zz})_1 - (\tau_{zz})_2] \cos \gamma = 0 \end{cases} \tag{3-70}$$

这就是动力学边界条件，下标 1、2 表示边界面两侧的流体，α、β、γ 分别为界面法线方向与 x、y、z 的夹角。

对于自由海面，$z = \eta(x, y, t)$，将应力表达式代入式（3-70），经化简后可得

$$\begin{cases} \left[\left(-p + 2\mu \frac{\partial u}{\partial x}\right)_1 - \left(-p + 2\mu \frac{\partial u}{\partial x}\right)_2\right] \frac{\partial \eta}{\partial x} + \left[\mu_1 \left(\frac{\partial u}{\partial y} + \frac{\partial v}{\partial x}\right)_1 - \mu_2 \left(\frac{\partial u}{\partial y} + \frac{\partial v}{\partial x}\right)_2\right] \frac{\partial \eta}{\partial y} \\ - \left[\mu_1 \left(\frac{\partial u}{\partial z} + \frac{\partial w}{\partial x}\right)_1 - \mu_2 \left(\frac{\partial u}{\partial z} + \frac{\partial w}{\partial x}\right)_2\right] = 0 \\ \left[\mu_1 \left(\frac{\partial u}{\partial y} + \frac{\partial v}{\partial x}\right)_1 - \mu_2 \left(\frac{\partial u}{\partial y} + \frac{\partial v}{\partial x}\right)_2\right] \frac{\partial \eta}{\partial x} + \left[\left(-p + 2\mu \frac{\partial v}{\partial y}\right)_1 - \left(-p + 2\mu \frac{\partial v}{\partial y}\right)_2\right] \frac{\partial \eta}{\partial y} \\ - \left[\mu_1 \left(\frac{\partial w}{\partial y} + \frac{\partial v}{\partial z}\right)_1 - \mu_2 \left(\frac{\partial w}{\partial y} + \frac{\partial v}{\partial z}\right)_2\right] = 0 \\ \left[\mu_1 \left(\frac{\partial u}{\partial z} + \frac{\partial w}{\partial x}\right)_1 - \mu_2 \left(\frac{\partial u}{\partial z} + \frac{\partial w}{\partial x}\right)_2\right] \frac{\partial \eta}{\partial x} + \left[\mu_1 \left(\frac{\partial v}{\partial z} + \frac{\partial w}{\partial y}\right)_1 - \mu_2 \left(\frac{\partial v}{\partial z} + \frac{\partial w}{\partial y}\right)_2\right] \frac{\partial \eta}{\partial y} \\ - \left[\left(-p + 2\mu \frac{\partial v}{\partial z}\right)_1 - \left(-p + 2\mu \frac{\partial v}{\partial z}\right)_2\right] = 0 \end{cases} \tag{3-71}$$

如果不考虑黏性（理想流体），则式（3-71）变为 $P_1 = P_2$（即界面处压强连续）。

如果考虑分子黏性，而界面的坡度很小，即 $\frac{\partial \eta}{\partial x} = 0$，$\frac{\partial \eta}{\partial y} = 0$，则式（3-71）简化为

$$\begin{cases} \mu_1\left(\frac{\partial u}{\partial z}+\frac{\partial w}{\partial x}\right)_1=\mu_2\left(\frac{\partial u}{\partial z}+\frac{\partial w}{\partial x}\right)_2 \\ \mu_1\left(\frac{\partial v}{\partial z}+\frac{\partial w}{\partial y}\right)_1=\mu_2\left(\frac{\partial v}{\partial z}+\frac{\partial w}{\partial y}\right)_2 \\ \left(-p+2\mu\frac{\partial w}{\partial z}\right)_1=\left(-p+2\mu\frac{\partial w}{\partial z}\right)_2 \end{cases}$$

（3）盐量边界条件。

当海水和空气通过海面进行质量交换时，由于质量交换的只是水而盐分总是在海水中，造成盐度的分布变化仍用单位时间内在 z 方向单位面积上的纯水通量 b 来表示质量交换过程的总效应，则海面 $z=\zeta(x, y, t)$ 的盐量边界条件可写为

$$\frac{\partial S}{\partial x}\frac{\partial \eta}{\partial x}+\frac{\partial S}{\partial y}\frac{\partial \eta}{\partial y}-\frac{\partial S}{\partial z}=-\frac{bS}{\rho k_s}$$

当海面坡度很小时，即 $\frac{\partial \eta}{\partial x}=0$，$\frac{\partial \eta}{\partial y}=0$，则海面盐量边界条件简化为

$$-\frac{\partial S}{\partial z}=\frac{bS}{\rho k_s}$$

（4）温度边界条件。

在边界面的两侧，由分子热运动产生的热通量在边界面的法线方向上是相等的，即

$$(\boldsymbol{H}_1-\boldsymbol{H}_2)\cdot\boldsymbol{n}=0 \tag{3-72}$$

式中，$\boldsymbol{n}$ 表示界面的法线方向（单位矢量）。如果界面没有质量交换，分子热通量可用温度梯度表示

$$\boldsymbol{H}=\rho c_p k_T \nabla T$$

则式（3-72）可写为

$$\left(\rho c_p k_T\frac{\partial T}{\partial n}\right)_1=\left(\rho c_p k_T\frac{\partial T}{\partial n}\right)_2$$

这就是界面温度边界条件。

对于自由海面 $z=\eta(x, y, t)$，热通量来自大气。若来自大气的沿海面铅垂方向的热通量为 Q，则有

$$\frac{\partial T}{\partial x}\frac{\partial \eta}{\partial x}+\frac{\partial T}{\partial y}\frac{\partial \eta}{\partial y}-\frac{\partial T}{\partial z}=-\frac{Q}{\rho c_p k_T}$$

同样，当海面坡度很小时，即 $\frac{\partial \eta}{\partial x}=0$，$\frac{\partial \eta}{\partial y}=0$，则海面温度边界条件简化为

$$-\frac{\partial T}{\partial z}=-\frac{Q}{\rho c_p k_T}$$

第4节 湍流与 Reynolds 平均方程

上一节我们得到了描述海水运动和变化规律的海水运动基本方程组、初始条件和边界条件。从理论上来讲，任何一个海水运动问题，用这组微分方程都是可以求解的。但实际上，由于数学上的困难，只有为数不多的问题是可以求解的。因此，当人们研究海水运动的某些特殊运动形式时常常作出一些近似和假定，忽略一些次要的影响因素以简化方程组，其结果并不影响其反映研究对象的主要特征。

本节首先分析和讨论湍流的时均化，得出时间平均的海水运动基本方程组。然后在此基础上，讨论几种常见的分析和简化方法，给出几组常用的简化方程组。

3.4.1 湍流

在前一节中，我们已导出控制海洋运动的瞬时运动方程。加速度项包含局地时间变化项和由流体流动而引起的平流项。由于包含了速度乘积（例如 $u(\partial u/\partial x) = (1/2)[\partial(u^2)/\partial x]$）或速度与其导数的乘积（例如 $\boldsymbol{v}(\partial u/\partial y)$），平流项也称为非线性项。这些非线性项可使一个小的扰动（变化）发展成大的扰动，引起不稳定，发展成湍流。分子摩擦的作用倾向于消除速度差。湍流是在非线性扰动远大于摩擦效应时发生的。

1）湍流的特征

（1）随机性：湍流看起来不规则、混乱和不可预测。

（2）非线性：湍流是高度非线性的。非线性作用的结果：首先，在不稳定流动中，小扰动自发地增长，当超过某种稳定性准则时（比如 Reynolds 数 Re、Rayleigh 数 Ra 或 Richardson 数 Ri 的临界值），新的状态会变得不稳定，并受到更复杂的扰动，最终达到混沌状态；其次，湍流的非线性可导致涡的扩散，是三维湍流维持涡度的关键过程。

（3）扩散性：由于流体微团的宏观混合，湍流可使动量和热量快速扩散。

（4）涡旋性：湍流的特征是高水平的波动涡度。湍流中可识别的结构被模糊地称为涡流。湍流流动的可视化显示了各种结构的凝聚、分裂、拉伸和旋转。湍流的一个特征是存在着大量尺寸不同的涡流。大涡的大小与紊流区域的宽度成一个数量级。在边界层中，这是该层的厚度。大旋涡包含了大部分能量。能量通过非线性相互作用从大涡传递到小涡，直到在最小的涡（其大小约为毫米）中通过黏性扩散消散。

（5）耗散性：旋涡拉伸机制将能量和涡度转移到越来越小的尺度上，直到梯度变得非常大，以至于它们被黏滞性耗散。因此，湍流需要持续的能量供应来弥补黏性损失。

湍流的这些特征表明，许多看起来“随机”的流动，如海洋或大气中的重力波，并不是湍流。因为它们不是耗散性的、旋涡性的和非线性的。

2）Reynolds 数

为了估计非线性与分子摩擦效应的大小，考虑非线性项与分子摩擦项之比 $(u\partial u/\partial x)/(v\partial^2 u/\partial x^2)$ 。取 u 和 ∂u 的量级为 U（典型的速度量级），∂x 的量级取为 L（速度随 U 变化的典型距离），则比率为 $(U^2/L)/(vU/L^2)=UL/v=Re$ ，它称为 Reynolds 数（Re）。它是运动方程中非线性项（也称为惯性项）与摩擦项的比值。在流体力学中，上述尺度分析方法经常被使用（见第 5 节）。在无法求解完整的方程时，通过尺度分析，我们可能会发现某些项可以被忽略，从而简化方程。

这个无量纲数 Re 是区分层流或湍流特性的一个非常重要的量。Reynolds 实验表明，一旦 Re 大于 10^5 或 10^6，在没有起稳定作用的密度层化时，湍流很可能发生。海洋中，以墨西哥湾流为例，$U\sim 1\ \mathrm{m\cdot s^{-1}}$ ，$L\sim 100\ \mathrm{km}=10^5\mathrm{m}$ ，$\upsilon\sim 10^{-6}\mathrm{m^2\cdot s^{-1}}$ ，则 $Re\sim 10^{11}$，因此其流动呈现湍流特征。

在海洋运动中，由于非线性效应比分子摩擦效应强，可以忽略分子摩擦效应。分子摩擦效应只在固体边界起作用来消耗湍流中的能量以阻止其无限增长，即分子摩擦在低 Reynolds 数区比较重要。

3.4.2　Reynolds 平均方程

通常情况下，海水的运动总是处于湍流状态。在湍流流动中，流体质点的运动极不规则，且不断地相互掺混和湍动。因此在给定点上，物理量的瞬时值随时间而发生毫无规则的、随机的脉动现象。研究某个质点在某个时刻的运动是非常困难而没有实际意义的。在实际问题中，人们并不关心流场，包括速度场、压力场、盐度场、温度场和密度场的精细结构，而注重这些量在一定时间间隔内的平均情况，即各物理量的时均值的变化规律。用物理量的时均值来描述湍流流动，可以使问题大大简化。

湍流流动的实验表明，虽然湍流结构十分复杂，但它仍然遵循连续介质的一般动力学规律。因此，Reynolds 在 1886 年提出用时均值概念来研究湍流运动。他认为湍流中任何物理量虽然都随时间和空间而变化，但是任一瞬时的运动仍然符合连续介质流动的特征，流场中任一空间点上应该适用黏性流体运动的基本方程。此外，由于各个物理量都具有某种统计学规律，所以基本方程中任一瞬时的物理量都可用平均物理量和脉动物理量之和来代替，并且可以对整个方程进行时间平均运算。Reynolds 从不可压缩流体的连续方程和动量方程导出湍流平均运动的连续方程和动量方程（Reynolds 方程）。随后，人们引用时均值概念又导出了其他方程，并且把它推广到可压缩流体中，从而形成了目前广泛使用的一种经典湍流理论。

虽然分子摩擦在海洋运动动力学的大多数方面可以忽略，但不能假定没有力的特性。当运动是湍流的，除了任何平均流量外，还包括快速波动的成分时，非线性项产生运动方程中具有摩擦物理特性的项，以及热盐守恒方程中的类似项，产生比纯分子过程更快的动量、热量和盐的分布。这些即是 Reynolds 应力（力/单位面积）和通量（输运/单位面积），它们出现在湍流流体的平均或平均运动方程（Reynolds 方程）和热盐守恒方程中。

根据湍流的性质，湍流中的变量在细节上是不确定的，必须作为随机变量来处理。这似乎不适合求解具体的速度，所以让我们来研究一下为平均运动写方程的可能性。

1）时间平均运算法则

设 u（t）为紊流中任何测量变量，首先考虑 u（t）的“平均特征”不随时间变化的情况［图 3-15（a）］。在这种情况下，我们可以将平均变量定义为时间平均值

$$\bar{u} \equiv \lim_{t_0\to\infty}\frac{1}{t_0}\int_0^{t_0}u(t)\,\mathrm{d}t \tag{3-73}$$

现在考虑“平均特征”随时间变化的情况。一个例子是图 3-15（b）。在这种情况下，平均值是时间的函数，不能用上述公式进行定义，因为我们不能指定在计算积分时平均间隔 t_0 应该有多大。如果我们把 t_0 取得很大，那么我们可能得不到“局部”平均值；如果我们把 t_0 取得很小，那么我们可能得不到可靠的平均值。然而，在这种情况下，人们仍然可以通过在相同条件下进行大量实验来定义平均值。为了准确地定义这个平均值，我们首先需要引入一些术语。

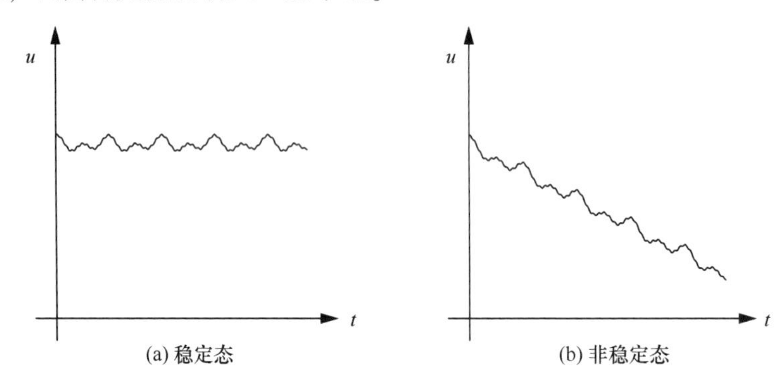

图 3-15　稳态和非稳态时间序列

在一组相同的实验条件下进行的实验集称为集合。集合上的平均值称为集合平均值或期望值。图 3-16 显示了几个随机变量记录的示例，例如上午 8 点到 10 点测量的海流的速度。每一个记录都是在同一个地方测量的，即在不同日子的相同的条件下。第 i 条记录用 u^i（t）表示。图中的所有记录表明，由于某种动力学原因，速度随时间衰减。即上午 8 点的期望速度大于上午 10 点的期望速度。很明显，上午 9 点的平均速度可以通过将每条记录上午 9 点的速度相加并除以记录的数目而得到。因此，我们将时间 t 处的 u 的集合平均值定义为

$$\bar{u}(t) \equiv \frac{1}{N}\sum_{i=1}^{N} u^i(t)$$

其中 N 是一个大数。由此可知，某一时刻的平均导数是

$$\overline{\frac{\partial u}{\partial t}} = \frac{1}{N}\left[\frac{\partial u^1(t)}{\partial t} + \frac{\partial u^2(t)}{\partial t} + \frac{\partial u^3(t)}{\partial t} + \cdots\right]$$

$$= \frac{\partial}{\partial t}\left[\frac{1}{N}\{u^1(t) + u^2(t) + \cdots\}\right] = \frac{\partial \bar{u}}{\partial t}$$

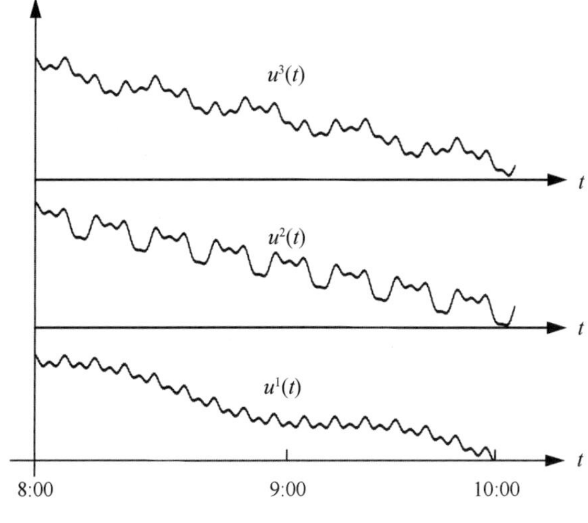

图 3-16　随机变量集合平均

这说明微分运算与系综平均运算是可互换的。以类似的方式，我们可以证明积分的运算也与系综平均也是可互换的。因此可以得到如下规则

$$\overline{\frac{\partial u}{\partial t}} = \frac{\partial \bar{u}}{\partial t}$$

$$\overline{\int_a^b u\mathrm{d}t} = \int_a^b \bar{u}\mathrm{d}t$$

当变量是空间函数时，类似的规则也适用

$$\overline{\frac{\partial u}{\partial x_i}} = \frac{\partial \bar{u}}{\partial x_i}$$

$$\overline{\int u\mathrm{d}x} = \int \bar{u}\mathrm{d}x \tag{3 - 74}$$

由于无法控制海洋中的自然现象，也就很难在相同条件下获得大量的测量结果。因此，在如图 3-15（b）所示的非平稳过程中，有时通过使用方程（3-73）并选择适当的平均时间 t_0来确定某一时间的 u 的平均值。该平均时间 t_0与平均特性明显改变的时间相比较小。为了进行理论讨论，本章中由符号（-）定义的所有平均值都将被视为集

合平均值。如果这个过程也恰好是平稳的，那么可以将符号（-）取为时间平均值。

随机变量的各种平均值，如其平均值和均方根值，统称为变量的统计量。当随机变量的统计量与时间无关时，我们称其为平稳过程。平稳和非平稳过程的示例如图 3-14 所示。对于平稳过程，时间平均值（即方程（3-73）定义的单个记录的平均值）可以表示为系综平均值。类似地，我们定义均匀过程。它的统计量与空间无关，其集合平均值等于空间平均值。

取时间间隔 T，某物理量 $f(x, y, z, t)$ 的瞬时值在 T 时间内的平均值

$$\bar{f} = \frac{1}{T}\int_0^T f \mathrm{d}t$$

称为该物理量的时间平均值，简称时均值。时间间隔 T 的选取，原则上应小于所研究性质的时间尺度，并大于脉动的时间尺度。由此，该物理量的瞬时值 f 可写为

$$f = \bar{f} + f'$$

式中 f' 称为该物理量的脉动值。

设 A、B 为流场中两个物理量的瞬时值，$\bar{A}$、$\bar{B}$ 为物理量的时均值，A'、B' 为物理量的脉动值，即

$$A = \bar{A} + A', \quad B = \bar{B} + B'$$

则时均运算有下列法则：

（1）时均值的时均等于原来的时均值，即

$$\overline{\bar{A}} = \bar{A} \quad \overline{\bar{B}} = \bar{B}$$

（2）脉动量的时均值等于 0，即

$$\overline{A'} = 0 \quad \overline{B'} = 0$$

（3）瞬时物理量之和（或差）的时均值，等于各个物理量时均值之和（或差），即

$$\overline{A \pm B} = \bar{A} \pm \bar{B}$$

（4）常数与瞬时物理量之积的时均值，等于常数与物理量时均值之积，即（k 为常数）

$$\overline{kA} = k\bar{A}, \quad \overline{kB} = k\bar{B}$$

（5）时均物理量与脉动物理量之积的时均值等于 0，即

$$\overline{\bar{A}B'} = 0, \quad \overline{\bar{B}A'} = 0$$

（6）时均物理量与瞬时物理量之积的时均值，等于两个物理量时均值之积，即

$$\overline{\bar{A}B} = \bar{A}\bar{B}, \quad \overline{A\bar{B}} = \bar{A}\bar{B}$$

（7）两个瞬时物理量之积的时均值，等于两个物理量时均值之积与两个物理量脉动值之积的时均值之和，即

$$\overline{AB} = \bar{A}\bar{B} + \overline{A'B'}$$

（8）两个时均物理量之积的时均值，等于两个物理量时均值之积，即

$$\overline{\bar{A}\bar{B}} = \bar{A}\bar{B}$$

（9）瞬时物理量对空间坐标各阶导数的时均值，等于时均物理量对同一坐标的各阶导数值，例如

$$\overline{\frac{\partial A}{\partial x}} = \frac{\partial \bar{A}}{\partial x}, \quad \overline{\frac{\partial^2 A}{\partial x^2}} = \frac{\partial^2 \bar{A}}{\partial x^2}, \quad \overline{\frac{\partial^3 A}{\partial x^3}} = \frac{\partial^3 \bar{A}}{\partial x^3}, \cdots$$

推论：脉动值对空间坐标各阶导数的时均值等于 0，例如

$$\overline{\frac{\partial A'}{\partial x}} = 0, \quad \overline{\frac{\partial^2 A'}{\partial x^2}} = 0, \quad \overline{\frac{\partial^3 A'}{\partial x^3}} = 0, \cdots$$

（10）瞬时物理量对时间导数的时均值，等于物理量时均值对时间的导数，即

$$\overline{\frac{\partial A}{\partial t}} = \frac{\partial \bar{A}}{\partial t} \quad \overline{\frac{\partial B}{\partial t}} = \frac{\partial \bar{B}}{\partial t}$$

湍流瞬时状态满足 Navier-Stokes 方程。然而，由于要解决的尺度范围很广，例如最小的空间尺度小于毫米，最小的时间尺度为毫秒，因此几乎不可能详细预测海流状态。即使是当今最强大的计算机也需要花费大量的计算时间来预测普通湍流的细节，解决所有涉及的精细尺度。幸运的是，我们通常只想找到这样一种流动的总体特征，例如平均速度和温度的分布。在本节中，我们将推导湍流中平均状态的运动方程，并检查湍流涨落对平均流的影响。

原始控制运动方程为

$$\begin{aligned}
&\frac{\partial \tilde{u}_i}{\partial t} + \tilde{u}_j \frac{\partial \tilde{u}_i}{\partial x_j} = -\frac{1}{\rho}\frac{\partial \tilde{p}}{\partial x_i} - g\delta_{i3} + v\frac{\partial^2 \tilde{u}_i}{\partial x_j \partial x_j} \\
&\frac{\partial \tilde{u}_i}{\partial x_i} = 0 \\
&\frac{\partial \widetilde{T}}{\partial t} + \tilde{u}_j \frac{\partial \widetilde{T}}{\partial x_j} = K_T \frac{\partial^2 \widetilde{T}}{\partial x_j \partial x_j} \\
&\frac{\partial \tilde{S}}{\partial t} + \tilde{u}_j \frac{\partial \tilde{S}}{\partial x_j} = K_s \frac{\partial^2 \tilde{S}}{\partial x_j \partial x_j}
\end{aligned} \tag{3 - 75}$$

这里，我们用符号（˜）表示瞬时量。将变量分解为其均值部分和偏离均值部分：

$$
\begin{aligned}
\tilde{u}_i &= U_i + u_i \\
\tilde{p} &= P + p \\
\tilde{\rho} &= \bar{\rho} + \rho' \\
\tilde{T} &= \bar{T} + T' \\
\tilde{S} &= \bar{S} + S'
\end{aligned}
\tag{3-76}
$$

这叫作 Reynolds 分解。如前一章所述，平均速度和平均压力用大写字母表示，湍流涨落用小写字母表示。这个约定不方便用于温度、盐度和密度，对于温度、盐度和密度，我们使用（$^{-}$）表示平均状态，使用符号（$'$）表示湍流部分。平均量（U，P，T）被视为集合平均值。对于平稳流，它们也可以被视为时间平均值。取方程（3-76）两边的平均值，我们得到

$$\overline{u_i} = \overline{p} = \overline{\rho'} = \overline{T'} = \overline{S'} = 0$$

即扰动的均值为 0。

将 Reynolds 分解（3-76）代入瞬时 Navier-Stokes 方程（3-75），得到瞬时量满足的方程并取方程的平均值，得 Reynolds 平均方程。这三个方程转换如下。

2）Reynolds 平均连续方程

将 Reynolds 分解（3-76）中的速度分解代入连续性方程（3-30）中，进行平均，我们得到

$$\overline{\frac{\partial}{\partial x_i}(U_i + u_i)} = \frac{\partial U_i}{\partial x_i} + \frac{\overline{\partial u_i}}{\partial x_i} = \frac{\partial U_i}{\partial x_i} + \frac{\partial \bar{u}_i}{\partial x_i} = 0$$

上式用了互换规则（3-74），由 $\bar{u}_i = 0$，我们得到

$$\frac{\partial U_i}{\partial x_i} = 0 \tag{3-77}$$

这是平均量的连续方程。从瞬时量连续性方程中减去上述方程，我们得到

$$\frac{\partial u_i}{\partial x_i} = 0$$

这是扰动场的连续方程。因此，速度场的瞬时部分、平均部分和湍流部分都是无散的。

3）Reynolds 平均温度方程

将 Reynolds 分解（3-76）中的温度分解代入温度方程（3-32），并取平均得

$$\overline{\frac{\partial}{\partial t}(\bar{T} + T')} + \overline{(U_j + u_j)\frac{\partial}{\partial x_j}(\bar{T} + T')} = \overline{K_T \frac{\partial^2}{\partial x_j^2}(\bar{T} + T')}$$

时间导数项的平均值是

$$\overline{\frac{\partial}{\partial t}(\bar{T} + T')} = \frac{\partial \bar{T}}{\partial t} + \frac{\partial \overline{T'}}{\partial t} = \frac{\partial \bar{T}}{\partial t}$$

平流项的平均值是

$$\overline{(U_j+u_j)\frac{\partial}{\partial x_j}(\overline{T}+T')}=U_j\frac{\partial \overline{T}}{\partial x_j}+U_j\frac{\partial \overline{T'}}{\partial x_j}+u_j\frac{\partial \overline{T}}{\partial x_j}+\overline{u_j\frac{\partial T'}{\partial x_j}}=U_j\frac{\partial \overline{T}}{\partial x_j}+\frac{\partial}{\partial x_j}(\overline{u_jT'})$$

扩散项的平均值是

$$\overline{\frac{\partial^2}{\partial x_j^2}(\overline{T}+T')}=\frac{\partial^2 \overline{T}}{\partial x_j^2}+\frac{\partial^2 \overline{T'}}{\partial x_j^2}=\frac{\partial^2 \overline{T}}{\partial x_j^2}$$

因此，Reynolds 平均得温度方程为

$$\frac{\partial \overline{T}}{\partial t}+U_j\frac{\partial \overline{T}}{\partial x_j}+\frac{\bar{\partial}}{\partial x_j}\overline{(u_jT')}=K_T\frac{\partial^2 \overline{T}}{\partial x_j^2}$$

它能被写成另一形式

$$\frac{\mathrm{D}\overline{T}}{\mathrm{D}t}=\frac{\partial}{\partial x_j}\left(K_T\frac{\partial \overline{T}}{\partial x_j}-\overline{u_jT'}\right)$$

两边乘以 ρC_p，得

$$\rho C_p\frac{D\overline{T}}{Dt}=-\frac{\partial H_j}{\partial x_j} \tag{3-78}$$

其中热通量为

$$H_j=-K_T\frac{\partial \overline{T}}{\partial x_j}+\rho_0 C_p\overline{u_jT'}$$

$k=\rho_0 C_p K_T$ 是热传导率。方程（3-78）表明，除了分子热通量为 $-K_T\nabla T$ 外，湍流涨落还导致了一个附加的平均湍流热通量 $\rho_0 C_p\overline{uT'}$。例如，地球表面在白天变热，导致平均温度随高度降低，并伴随着湍流的对流运动。然后，向上波动运动主要与正的温度波动相关，从而产生向上的热流密度 $\rho_0 C_p\overline{uT'}>0$。

4）Reynolds 平均盐度方程

Reynolds 分解（3-76）中的盐度分解代入盐度方程（3-31），并进行平均得

$$\frac{\partial}{\partial t}(\bar{S}+S')+(U_j+u_j)\frac{\partial}{\partial x_j}(\bar{S}+S')=K_S\frac{\partial^2}{\partial x_j^2}(\bar{S}+S')$$

时间导数项的平均值是

$$\overline{\frac{\partial}{\partial t}(\overline{S}+S')}=\frac{\partial \overline{S}}{\partial t}+\frac{\partial \overline{S'}}{\partial t}=\frac{\partial \overline{S}}{\partial t}$$

平流项的平均值是

$$\overline{(U_j+u_j)\frac{\partial}{\partial x_j}(\overline{S}+S')}=U_j\frac{\partial \overline{S}}{\partial x_j}+U_j\frac{\partial \overline{S'}}{\partial x_j}+\bar{u}_j\frac{\partial \overline{S}}{\partial x_j}+\overline{u_j\frac{\partial S'}{\partial x_j}}=U_j\frac{\partial \overline{S}}{\partial x_j}+\frac{\partial}{\partial x_j}(\overline{u_jS'})$$

扩散项的平均值是

$$\overline{\frac{\partial^2}{\partial x_j^2}(\bar{S}+S')}=\frac{\partial^2\bar{S}}{\partial x_j^2}+\frac{\partial^2\overline{S'}}{\partial x_j^2}=\frac{\partial^2\bar{S}}{\partial x_j^2}$$

因此，Reynolds 平均的盐度方程为

$$\frac{\partial\bar{S}}{\partial t}+U_j\frac{\partial\bar{S}}{\partial x_j}+\frac{\bar{\partial}}{\partial x_j}\overline{(u_jS')}=K_S\frac{\partial^2\bar{S}}{\partial x_j^2}$$

它能被写成另一形式

$$\frac{\mathrm{D}\bar{S}}{\mathrm{D}t}=\frac{\partial}{\partial x_j}\left(K_S\frac{\partial\bar{S}}{\partial x_j}-\overline{u_jS'}\right)=-\frac{\partial Q_j}{\partial x_j}$$

其中盐通量为

$$Q_j=-K_S\frac{\partial\bar{S}}{\partial x_j}+\overline{u_jS'} \tag{3-79}$$

方程（3-79）表明，除了分子盐通量为$-K_S\nabla S$外，湍流涨落还导致了一个附加的平均湍流盐通量$\overline{u_jS'}$。

湍流热盐通量可以做如下物理解释：在湍流中，水体较大数量的无序旋涡流动导致了水团在垂直和水平方向上的连续混合。这种混合过程不仅影响水流中速度的垂直分布，而且对水团性质的分布也起着相当大的作用。

为了建立湍流内部水体性质的交换过程的基本方程，考虑水平流动中一个水平单位面积为 1 的面元，在垂直方向z向上为正，向下为负（零点$z=0$位于表面）。由于湍流的存在，导致有质量为m_u的水体微团向上穿过单位面元，有质量为m_d的水体微团向下穿过单位面元。然而，由于水体的平均位移仅在水平方向上，因此在较长一段时间内，在垂直方向不存在水体微团的净位移，即

$$\Sigma m_u=\Sigma m_d$$

然而，水团在其湍流位移过程中会携带着它的特性S（例如盐度）。假设S仅是z的函数，则作为一阶近似在单位面元上

$$S=S_f+\frac{\partial S}{\partial z}z$$

其中S_f是$z=0$处的值。从下面穿过单位面元的水体微团携带属性量为m_uS_u，同样自上面穿过单位面元的水体微团携带属性量为m_dS_d。通过单位面元向上的最终交换通量S可以表示为两者之差，即

$$S=\Sigma m_uS_u-\Sigma m_dS_d$$

上式对所有向上和向下穿过单位面元的水团进行了求和。其中

$$S_u=S_f+\frac{\partial S}{\partial z}z_u$$

$$S_d=S_f+\frac{\partial S}{\partial z}z_d$$

其中 z_u 均为负值，z_d 均为正值，则

$$S = (\Sigma m_u z_u - \Sigma m_d z_d)\frac{\partial S}{\partial z}$$

考虑到 z 的不同符号，括号中的数量表示为 $-\Sigma m|z|$，这表示穿过单位面元质量为 m 的每一水体微团乘以它与单位面元的初始绝对距离 $|z|$。上述求和只取决于水流的湍流状态，把它称之为交换系数“K_z”，其量纲为“质量 · 长度$^{-1}$ · 时间$^{-1}$”。这样海洋湍流传输过程中水体属性交换的基本方程为

$$S = -K\frac{\partial S}{\partial z} \tag{3-80}$$

海洋湍流输运过程中最重要的交换量是：热量——温度、盐——盐度、气体——含气量、有机物含量，水流动量——流速也遵循这一规律。

在水平方向，湍流交换过程与（3－80）相似。联合三个方向的湍流交换，Reynolds 平均的温度和盐度方程可写成

$$\frac{D\bar{T}}{Dt} = \frac{\partial}{\partial x_j}\left(K_T\frac{\partial \bar{T}}{\partial x_j} + K_{\text{turb}}\frac{\partial \bar{T}}{\partial x_j}\right) \tag{3-81}$$

$$\frac{\mathrm{D}\bar{S}}{\mathrm{D}t} = \frac{\partial}{\partial x_j}\left(K_S\frac{\partial \bar{S}}{\partial x_j} + K_{\text{turb}}\frac{\partial \bar{S}}{\partial x_j}\right) \tag{3-82}$$

K_T 和 K_S 称为分子黏性系数，K_{turb} 称为湍流涡动黏性系数。

5）Reynolds 平均的动量方程

将 Reynolds 分解（3-76）中的速度、压强分解公式应用于动量方程（3-47），即写成

$$\frac{\partial}{\partial t}(U_i + u_i) + (U_j + u_j)\frac{\partial}{\partial x_j}(U_i + u_i)$$

$$= -\frac{1}{\rho}\frac{\partial}{\partial x_i}(P + p) - g\delta_{i3} - \varepsilon_{ijk}\Omega_i(U_j + u_j) + \nu\frac{\partial^2}{\partial x_j \partial x_j}(U_i + u_i)$$

取该方程每一项的平均值。时间导数项的平均值是

$$\overline{\frac{\partial}{\partial t}(U_i + u_i)} = \frac{\partial U_i}{\partial t} + \frac{\overline{\partial u_i}}{\partial t} = \frac{\partial U_i}{\partial t} + \frac{\partial \bar{u}_i}{\partial t} = \frac{\partial U_i}{\partial t}$$

这里用了互换规则（3-74）和 $\bar{u}_i = 0$。平流项的平均值是

$$\overline{(U_j + u_j)\frac{\partial}{\partial x_j}(U_i + u_i)} = U_j\frac{\partial U_i}{\partial x_j} + U_j\frac{\partial \bar{u}_i}{\partial x_j} + \bar{u}_j\frac{\partial U_i}{\partial x_j} + \overline{u_j\frac{\partial u_i}{\partial x_j}}$$

$$= U_j\frac{\partial U_i}{\partial x_j} + \frac{\partial}{\partial x_j}(\overline{u_i u_j})$$

这里用了互换规则（3-74）和 $\bar{u}_i = 0$。对最后一项，应用了连续性方程 $\partial u_j/\partial x_j = 0$。

压力梯度项的平均值为

$$\overline{\frac{\partial}{\partial x_i}(P+p)}=\frac{\partial P}{\partial x_i}+\frac{\partial \bar{p}}{\partial x_i}=\frac{\partial P}{\partial x_i}$$

重力项的平均值是

$$\bar{g}=g$$

黏性项的平均值是

$$\overline{\upsilon\frac{\partial^2}{\partial x_j \partial x_j}(U_i+u_i)}=\upsilon\frac{\partial^2 U_i}{\partial x_j \partial x_j}$$

科氏力项的平均值是

$$\overline{\varepsilon_{kij}\Omega_i(U_j+u_j)}=\varepsilon_{kij}\overline{\Omega_i}\,\overline{U_j}=\varepsilon_{ijk}\Omega_i U_j$$

因此，动量方程（3-47）的平均值为

$$\frac{\partial U_i}{\partial t}+U_j\frac{\partial U_i}{\partial x_j}+\frac{\partial}{\partial x_j}(\overline{u_i u_j})=-\frac{1}{\rho_0}\frac{\partial P}{\partial x_i}-g\delta_{i3}-\varepsilon_{ijk}\Omega_i U_j+V\frac{\partial^2 U_i}{\partial x_j \partial x_j} \tag{3-83}$$

方程（3-83）中的相关项 $\overline{u_i u_j}$ 通常不为0，尽管 $\bar{u}_i=0$。下面将进一步讨论这一点。把 $\overline{u_i u_j}$ 写到方程的右边，平均动量方程（3-83）变成

$$\frac{\mathrm{D}U_i}{\mathrm{D}t}=-\frac{1}{\rho}\frac{\partial P}{\partial x_i}-g\delta_{i3}-\varepsilon_{ijk}\Omega_i U_j+\frac{\partial}{\partial x_j}\left[V\frac{\partial U_i}{\partial x_j}-\overline{u_i u_j}\right]$$

可以写成

$$\frac{DU_i}{Dt}=\frac{1}{\rho}\frac{\partial \overline{\tau_{ij}}}{\partial x_j}-g\delta_{i3}-\varepsilon_{ijk}\Omega_i U_j \tag{3-84}$$

其中

$$\overline{\tau_{ij}}=-P\delta_{ij}+\mu\left(\frac{\partial U_i}{\partial x_j}+\frac{\partial U_j}{\partial x_i}\right)-\rho\,\overline{u_i u_j} \tag{3-85}$$

从方程（3-84）可以看出，在平均紊流中存在一个附加应力 $-\rho\,\overline{u_i u_j}$，称为 Reynolds 应力。事实上，湍流平均场上的这些附加应力远大于黏性应力 $\mu(\partial U_i/\partial x_j+\partial U_i/\partial x_j)$ 的贡献。特别是接近固体表面，那里平均流梯度很大。

张量 $-\rho_0\,\overline{u_i u_j}$ 称为 Reynolds 应力张量，有九个笛卡尔分量

$$\begin{bmatrix}-\rho\,\overline{u^2} & -\rho\,\overline{uv} & -\rho\,\overline{uw}\\ -\rho\,\overline{uv} & -\rho\,\overline{v^2} & -\rho\,\overline{vw}\\ -\rho\,\overline{uw} & -\rho\,\overline{vw} & -\rho\,\overline{w^2}\end{bmatrix}$$

这是一个对称张量，其对角分量是法向应力，非对角分量是剪切应力。如果湍流涨落是完全各向同性的，即没有任何方向偏好，那么 $\overline{u_i u_j}$ 的非对角分量消失，$\overline{u^2}=\overline{v^2}=$

$\overline{w^2}$ 。如图 3-17 所示，该图显示了 uv 平面上的数据“散点图”。这些点表示不同时间 uv 对的瞬时值。在各向同性情况下，没有方向偏好，点形成一个球对称图案。在这种情况下，正 u 与正 v 和负 v 都有相同的关联。因此，如果湍流是各向同性的，则 uv 的平均值为 0。相反，各向异性湍流场中的散点图具有极性。图中所示的情况是，正 u 主要与负 v 相关，$uv<0$。

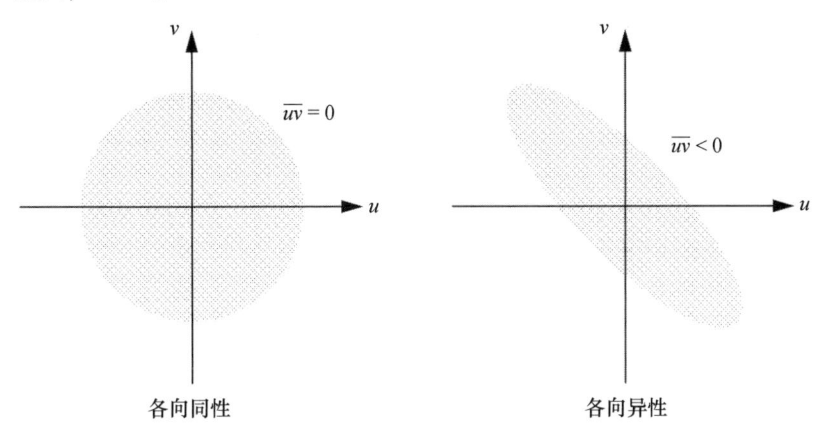

图 3-17　各向同性和各向异性湍流

下面简要说明为什么紊流中速度波动的平均乘积期望不为 0。考虑平均剪切 $\mathrm{d}U/\mathrm{d}y$ 为正的剪切流（图 3-18）。假设水平 y 处的粒子瞬间向上运动（$v>0$）。平均而言，粒子在迁移过程中保持其原始速度，当到达 $y+\mathrm{d}y$ 位置时，它发现自己处于一个速度较大的区域。因此，粒子倾向于减慢相邻流体粒子的速度，并导致负 u。相反，向下移动的粒子（$v<0$）倾向于在新的 $y-dy$ 水平上导致正 u。因此，x 方向的动量倾向于沿着梯度方向扩散使速度梯度降低。因此，对于图 13-17 所示的速度场，uv 相关为负，Reynolds 应力 $-\rho uv$ 为正，x 方向的动量倾向于向 y 的负方向传递。在这种意义下，Reynolds 应力 $-\rho\,\overline{u_iu_j}$ 可解释为 i 方向的动量向 j 方向的传递，且湍流倾向于沿着速度梯度的负方向传递动量且使速度梯度降低。这与层流中的切应力 $\tau_{xy}=\mu\dfrac{\partial u}{\partial y}$ 相似。

推导公式（3-85）的过程表明，Reynolds 应力产生于运动方程的非线性项 $\tilde{u}_j(\partial\tilde{u}_i/\partial x_j)$ 。它是紊流脉动对平均流施加的应力。另一种解释 Reynolds 应力的方法是，它是湍流涨落的平均动量传递率。再次考虑图 13-17 所示的剪切流 U（y），其中瞬时速度为 $(U+u,\ v,\ w)$ 。脉动速度分量不断输运流体粒子以及与流体粒子相联系的动量穿过垂直于 y 方向的 AA 平面。穿过单位面积上的瞬时质量输运率为 $\rho_0 v$ ，因此 x 方向瞬时动量输运率为 $\rho_0 v(U+u)$ 。因此，单位面积上 x 动量在 y 方向上的平均流动速率为

$$\rho_0\ \overline{(U+u)v}=\rho_0 U\bar{v}+\rho_0\ \overline{uv}=\rho_0\ \overline{uv}$$

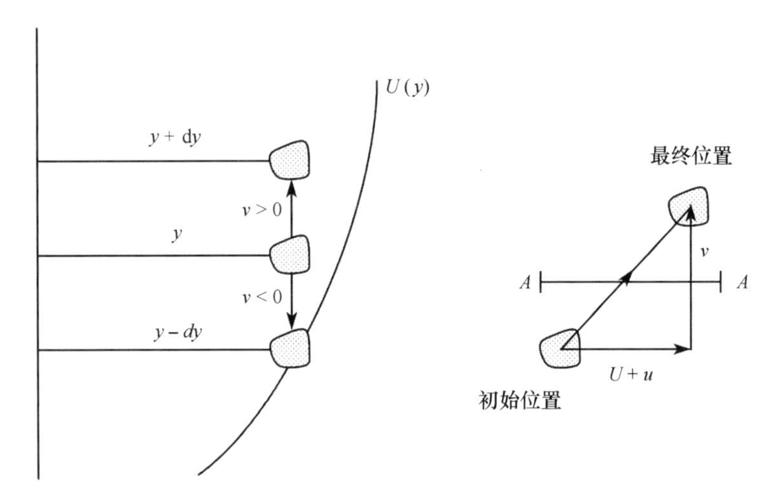

图 3-18　粒子在剪切流中的运动

$\rho_0 \overline{u_i u_j}$ 是 j 方向动量沿 i 方向输运的平均通量，也等于 i 方向动量沿 j 方向输运的平均通量。

Reynolds 应力的符号规则如下：外法向指向正 x 方向的表面上，正 τ_{xy} 指向正 y 方向。根据这一惯例，矩形单元上的 Reynolds 应力 $-\rho_0 \overline{uv}$（图 3-19 所示）是正的。上一段的讨论表明，这种 Reynolds 应力导致 x 动量沿负 y 方向的平均流动。

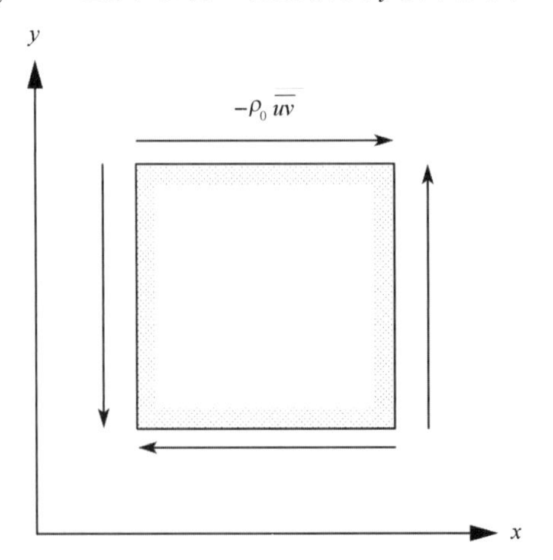

图 3-19　正方体面元上 Reynolds 应力的方向

类比于黏性应力（牛顿内摩擦定律），将流应力用时间平均速度的梯度来表示，即

$$\begin{cases} -\rho\,\overline{u'u'}=\rho A_{xx}\dfrac{\partial\bar{u}}{\partial x}, & -\rho\,\overline{u'v'}=\rho A_{xy}\dfrac{\partial\bar{u}}{\partial y}, & -\rho\,\overline{u'w'}=\rho A_{xz}\dfrac{\partial\bar{u}}{\partial z} \\ -\rho\,\overline{v'u'}=\rho A_{yx}\dfrac{\partial\bar{v}}{\partial x}, & -\rho\,\overline{v'v'}=\rho A_{yy}\dfrac{\partial\bar{v}}{\partial y}, & -\rho\,\overline{v'w'}=\rho A_{yz}\dfrac{\partial\bar{v}}{\partial z} \\ -\rho\,\overline{w'u'}=\rho A_{zx}\dfrac{\partial\bar{w}}{\partial x}, & -\rho\,\overline{w'v'}=\rho A_{zy}\dfrac{\partial\bar{w}}{\partial y}, & -\rho\,\overline{w'w'}=\rho A_{zz}\dfrac{\partial\bar{w}}{\partial z} \end{cases}$$

式中，A_{xx}、A_{xy}、A_{xz}、A_{yx}、A_{yy}、A_{yz}、A_{zx}、A_{zy}、A_{zz} 称为湍流运动黏性系数。

6）Reynolds 平均状态方程

以温度的时均值 $\bar{T}$、盐度的时均值 $\bar{S}$ 和压强的时均值 $\bar{p}$ 来表示密度的时均值 $\bar{\rho}$，即

$$\bar{\rho}=\bar{\rho}(\bar{T},\ \bar{S},\ \bar{p})$$

为时间平均海水状态方程的一般形式。

7）时间平均边界条件

由于边界面上存在着脉动，所以边界条件的描述是非常困难的，只能用近似的方法。一般认为，上一节所建立的边界条件，对时间平均的边界面仍然成立，但要相应地加上湍流脉动的影响；即，在边界条件中 u、$\boldsymbol{v}$、w、p、T 等用时均值 $\bar{u}$、$\bar{\boldsymbol{v}}$、$\bar{w}$、$\bar{p}$、$\bar{T}$ 等来代替后，分子黏应力 $\boldsymbol{\tau}$ 应加上湍流应力 $\bar{\boldsymbol{\tau}}$，分子盐通量 $\boldsymbol{S}=-\rho k_D\nabla$应加上湍流盐通量

$$\bar{\boldsymbol{S}}=\rho K_{sx}\frac{\partial\bar{S}}{\partial x}\boldsymbol{i}-\rho K_{sy}\frac{\partial\bar{S}}{\partial y}\boldsymbol{j}-\rho K_{sz}\frac{\partial\bar{S}}{\partial z}\boldsymbol{k}$$

分子热通量 $\boldsymbol{H}=-\rho c_p k_T\nabla T$ 应加上湍流热通量

$$\bar{\boldsymbol{H}}=\rho c_p K_{Tx}\frac{\partial\bar{T}}{\partial x}\boldsymbol{i}-\rho c_p K_{Ty}\frac{\partial\bar{T}}{\partial y}\boldsymbol{j}-\rho c_p K_{Tz}\frac{\partial\bar{T}}{\partial z}\boldsymbol{k}$$

对边界条件进行时间平均，同时考虑到分子黏应力、分子盐通量和分子热通量分别相对于湍流应力、湍流盐通量、湍流热通量，都是可以忽略不计的，由此得到的就是时间平均边界条件。现将时间平均边界条件分列如下，为简便起，略去各物理量上的时间平均符号。

自由海面时间平均运动学边界条件

$$\frac{\partial\eta}{\partial t}+u\frac{\partial\eta}{\partial x}+\boldsymbol{v}\frac{\partial\eta}{\partial y}-w=-\frac{b}{\rho}$$

海底时间平均运动学边界条件

$$u\frac{\partial h}{\partial x}+\boldsymbol{v}\frac{\partial h}{\partial y}+w=0$$

自由海面时间平均盐度边界条件

$$K_{sx}\frac{\partial s}{\partial x}\frac{\partial\eta}{\partial x}+K_{sy}\frac{\partial s}{\partial y}\frac{\partial\eta}{\partial y}-K_{sz}\frac{\partial s}{\partial z}=-\frac{bs}{\rho}$$

自由海面时间平均温度边界条件

$$K_{Tx}\frac{\partial T}{\partial x}\frac{\partial \eta}{\partial x}+K_{Ty}\frac{\partial T}{\partial y}\frac{\partial \eta}{\partial y}-K_{Tz}\frac{\partial T}{\partial z}=-\frac{Q}{\rho c_p}$$

边界面时间平均动力学边界条件

$$\begin{cases}\left[\left(-p+\rho A_{xx}\frac{\partial u}{\partial x}\right)_1-\left(-p+\rho A_{xx}\frac{\partial u}{\partial x}\right)_2\right]\frac{\partial \eta}{\partial x}+\left[\left(\rho A_{xy}\frac{\partial u}{\partial y}\right)_1-\left(\rho A_{xy}\frac{\partial u}{\partial y}\right)_2\right]\frac{\partial \eta}{\partial y} \\ \qquad -\left[\left(\rho A_{xz}\frac{\partial u}{\partial z}\right)_1-\left(\rho A_{xz}\frac{\partial u}{\partial z}\right)_2\right]=0 \\ \left[\left(\rho A_{yx}\frac{\partial v}{\partial x}\right)_1-\left(\rho A_{yx}\frac{\partial v}{\partial x_2}\right]\frac{\partial \eta}{\partial x}+\left[\left(-p+\rho A_{y}\frac{\partial v}{\partial y}\right)_1-\left(-p+\rho A_{y}\frac{\partial v}{\partial y}\right)_2\right]\frac{\partial \eta}{\partial y} \\ \qquad -\left[\left(\rho A_{y}\frac{\partial v}{\partial z}\right)_1-\left(\rho A_{yx}\frac{\partial v}{\partial z}\right)_2\right]=0 \\ \left[\left(\rho A_{x}\frac{\partial w}{\partial x}\right)_1-\left(\rho A_{x}\frac{\partial w}{\partial x_2}\right]\frac{\partial \eta}{\partial x}+\left[\left(\rho A_{y}\frac{\partial w}{\partial y}\right)_2-\left(\rho A_{y}\frac{\partial w}{\partial y}\right)_2\right]\frac{\partial \eta}{\partial y} \\ \qquad -\left[\left(-p+\rho A_{x}\frac{\partial w}{\partial z}\right)_1-\left(-p+\rho A_{x}\frac{\partial w}{\partial z}\right)_2\right]=0\end{cases}$$

第 5 节　运动方程的尺度分析和近似

3.5.1　尺度分析

描述海水运动和变化规律的海水运动基本方程组是非常复杂的，限于数学上的困难，当前还无法求出其准确的解析解。为了简化方程以易于求解，人们在研究实际海洋中的某一具体问题时往往先进行尺度分析，确定各种因素对该问题的影响程度，保留主要影响因素，略去次要影响因素，并保证其解能相当准确地描述和解释具体的问题。实际上，海水运动基本方程组中每一个方程的每一项都是影响海水运动和变化的各种因素的数学表达。一般来说，每个方程中的不同项有不同的量级。针对不同的海水运动问题，主要项和次要项的区分，取决于运动尺度。因此可以利用尺度分析的方法去分析比较方程中各项的相对大小，判定各个因素的相对重要性。尺度分析又被称为量纲分析。

设 a 表示某一个物理量，它可写成

$$a=A\bar{a}$$

其中，A 为物理量 a 的特征值，通常取为该物理量的最大值（也可取为该物理量的平均值或常见值），$\bar{a}$ 为一无因次量，即若满足 $\bar{a}=1$，则该特征值 A 称为物理量 a 的尺度。如果某物理量 b 是 x 和 t 的函数，即 $b=b(x,t)$，则因变量和自变量可写成

$$b = B\bar{b}, \quad x = X\bar{x}, \quad t = \tau\bar{t}$$

b 对 x 的一阶偏导数可写为

$$\frac{\partial b}{\partial x} = \frac{B}{X}\frac{\partial \bar{b}}{\partial \bar{x}}$$

若满足 $\frac{\partial \bar{b}}{\partial \bar{x}} \leqslant 1$，则 $\frac{\partial b}{\partial x}$ 的尺度为 $\frac{B}{X}$，即

$$\frac{\partial b}{\partial x} \sim \frac{B}{X}$$

类似地，若满足 $\frac{\partial^2 \bar{b}}{\partial \bar{x}^2} \leqslant 1$，则 b 对 x 的二阶偏导数的尺度为

$$\frac{\partial^2 b}{\partial x^2} \sim \frac{B}{X^2}$$

1）动量方程的尺度分析

为方便起见，先对时间平均基本方程式作如下简化：

（1）引入科氏参量 f

$$f = 2\Omega \sin \varphi$$

f 也被称为科氏频率，也被称为行星涡度（参考第 5 章）。北半球为正，南半球为负，在两极的值为 $\pm 1.45 \times 10^{-4}\ \mathrm{s}^{-1}$，赤道的值为 0。

（2）由于分子黏性应力较湍流应力要小得多，故忽略分子黏性摩擦力。

（3）取所有的铅垂方向湍流运动黏性系数均相等，即

$$A_{xz} = A_{yz} = A_{zz} = A_z$$

（4）取所有的水平方向湍流运动黏性系数均相等，即

$$A_{xx} = A_{xy} = A_{xz} = A_{yx} = A_{yy} = A_{yz} = A_l$$

（5）$\sum \boldsymbol{F}_0$，仅在研究潮汐运动时考虑天体引潮力。

由此，时间平均连续方程（3-77）和时间平均动量方程（3-85）在直角坐标系下简化为

$$\frac{\partial u}{\partial x} + \frac{\partial v}{\partial y} + \frac{\partial w}{\partial z} = 0$$

$$\frac{\partial u}{\partial t} + u\frac{\partial u}{\partial x} + v\frac{\partial u}{\partial y} + w\frac{\partial u}{\partial z} = -\frac{1}{\rho}\frac{\partial p}{\partial x} + fv - f\cos\varphi \cdot w + A_l\left(\frac{\partial^2 u}{\partial x^2} + \frac{\partial^2 u}{\partial y^2}\right) + A_z\frac{\partial^2 u}{\partial z^2} \tag{3-86}$$

$$\frac{\partial v}{\partial t} + u\frac{\partial v}{\partial x} + v\frac{\partial v}{\partial y} + w\frac{\partial v}{\partial z} = -\frac{1}{\rho}\frac{\partial p}{\partial x} - fu + A_1\left(\frac{\partial^2 v}{\partial x^2} + \frac{\partial^2 v}{\partial y^2}\right) + A_z\frac{\partial^2 v}{\partial z^2} \tag{3-87}$$

$$\frac{\partial w}{\partial t}+u\frac{\partial w}{\partial x}+v\frac{\partial w}{\partial y}+w\frac{\partial w}{\partial z}=-g-\frac{1}{\rho}\frac{\partial p}{\partial z}+f\cos\varphi\cdot u+A_l\left(\frac{\partial^2 w}{\partial x^2}+\frac{\partial^2 w}{\partial y^2}\right)+A_z\frac{\partial^2 w}{\partial z^2} \tag{3-88}$$

取方程中每个量的无因次形式为

$$\begin{cases}\bar{x}=\dfrac{x}{L},\ \bar{y}=\dfrac{y}{L},\ \bar{z}=\dfrac{z}{D}\\ \bar{u}=\dfrac{u}{U},\ \bar{v}=\dfrac{v}{U},\ \bar{w}=\dfrac{w}{W}\\ \bar{t}=\dfrac{t}{\tau},\ \bar{f}=\dfrac{f}{F},\ \bar{p}=\dfrac{p}{P}\end{cases}$$

其中，L 和 D 分别为海水运动的水平尺度和铅垂尺度，U 和 W 分别为海水运动的水平方向流速尺度和铅垂方向流速尺度，t 为时间尺度，F 为科氏参量尺度，P 为压强尺度。

将式（3-89）代入式（3-86）、式（3-87）和式（3-88）中，可得时间平均无因次动量方程为

$$Ro\left(\frac{\partial\bar{u}}{\partial t}+\bar{u}\frac{\partial\bar{u}}{\partial x}+\bar{v}\frac{\partial\bar{u}}{\partial y}+\bar{w}\frac{\partial\bar{u}}{\partial z}\right)$$

$$=-\frac{P}{\rho FUL}\frac{\partial\bar{p}}{\partial x}+\bar{f}\bar{v}+\delta\bar{f}\cos\varphi\cdot\bar{w}+E_l\left(\frac{\partial^2\bar{u}}{\partial x^2}+\frac{\partial^2\bar{u}}{\partial y^2}\right)+E_z\frac{\partial^2\bar{u}}{\partial z^2}$$

$$Ro\left(\frac{\partial\bar{v}}{\partial t}+\bar{u}\frac{\partial\bar{v}}{\partial x}+\bar{v}\frac{\partial\bar{v}}{\partial y}+\bar{w}\frac{\partial\bar{v}}{\partial z}\right)$$

$$=-\frac{P}{\rho FUL}\frac{\partial\bar{p}}{\partial y}-\bar{f}\bar{u}+E_l\left(\frac{\partial^2\bar{v}}{\partial x^2}+\frac{\partial^2\bar{v}}{\partial y^2}\right)+E_z\frac{\partial^2\bar{v}}{\partial z^2}$$

$$\delta Ro\left(\frac{\partial\bar{w}}{\partial t}+\bar{u}\frac{\partial\bar{w}}{\partial x}+\bar{v}\frac{\partial\bar{w}}{\partial y}+\bar{w}\frac{\partial\bar{w}}{\partial z}\right)$$

$$=-\frac{P}{\rho FUD}\frac{\partial\bar{p}}{\partial z}-\frac{g}{FU}+\bar{f}\cos\varphi\cdot\bar{u}+\delta\left[E_l\left(\frac{\partial^2\bar{w}}{\partial x^2}+\frac{\partial^2\bar{w}}{\partial y^2}\right)+E_z\frac{\partial^2\bar{u}}{\partial z^2}\right]$$

式种 $Ro=\frac{U^2}{L}/(FU)=\frac{U}{FL}$ 称为 Rossby 数，$E_l=\frac{A_lU}{L^2}/(FU)=\frac{A_l}{FL^2}$ 称为水平 Ekman 数，$E_z=\frac{A_sU}{D^2}/(FU)=\frac{A_s}{FD^2}$ 称为铅直 Ekman 数，$\delta=\frac{D}{L}=\frac{W}{U}$ 称为纵横比。

下面我们分别讨论这几个数。

Rossby 数（Ro）。

Rossby 数是平流项尺度 $\frac{U^2}{L}$（惯性加速度）与地转偏向力尺度 FU 的比值，其大小反映了二者的相对重要性。当 $R_o\gg1$ 时，表明平流非线性项比地转偏向力大得多，地

转偏向力可以忽略不计。当旋转速率很小（即小 f 值）或者运动的长度尺度不大时（即小 L 值），便可发生 $Ro \gg 1$ 的情形。因而，对于日常见到的小尺度运动来说，科氏力不重要，不必考虑地球旋转效应。当 $Ro \approx 1$ 时，表明平流非线性项与地转偏向力同等重要。当 $Ro \ll 1$ 时，表明平流非线性项比地转偏向力小得多，可以忽略不计。

在实际海洋中，一般可取 F 为 $10^{-4}\mathrm{s}^{-1}$，U 为 0. 1~1 m/s。如果取 U 为 1 m/s，则

$$Ro = \frac{U}{FL} \sim \frac{10^4}{L}$$

若 $L > 10^5\mathrm{m}$ 时，$Ro \ll 1$，相应的运动称为大尺度运动，如大洋环流、大洋潮波等。此时必须要考虑地转偏向力的影响，而平流非线性项可以忽略不计。而当 $L < 10^3\mathrm{m}$ 时，$Ro \gg 1$，相应的运动称为小尺度运动，如海浪等。此时要考虑平流非线性项的影响，而地转偏向力则可以忽略不计。

Ekman 数（E_l 和 E_z）。

Ekman 数是湍流摩擦力尺度与地转偏向力尺度 F 和 U 的比值，其大小反映了二者的相对重要性。当 $E_l \ll 1$ 时，表明水平湍流摩擦力小于地转偏向力，可以忽略不计。当 $E_l \approx 1$ 时，表明水平湍流摩擦力和地转偏向力同等重要。当 $E_l \gg 1$ 时，表明水平湍流摩擦力远大于地转偏向力，地转偏向力可以忽略不计。当 $E_z \ll 1$ 时，表明铅垂湍流摩擦力远小于地转偏向力，可以忽略不计。当 $E_z \approx 1$ 时，表明铅垂湍流摩擦力与地转偏向力同等重要。当 $E_z \gg 1$ 时，表明铅垂湍流摩擦力远大于地转偏向力，地转偏向力可以忽略不计。

在实际海洋中，一般可取 F 为 $10^{-4}\mathrm{s}^{-1}$，A_l 为 10^{3}-$10^4\mathrm{m}^2/\mathrm{s}$，$A_z$ 为 10^{-4}~$10^{-2}\mathrm{m}^2/\mathrm{s}$。由 $E_l = \frac{A_l}{FL^2}$，$E_z = \frac{A_z}{FD^2}$ 可知，对于大尺度运动，水平尺度 L 很大，所以 $E_l \ll 1$，即水平湍流摩擦力相对于地转偏向力可以忽略不计。而此时若铅垂尺度 D 也很大，则 $E_z \ll 1$，表明铅垂湍流摩擦力相对于地转偏向力也可以忽略不计。若铅垂尺度 D 较小，则可能有 $E_l \ll 1$，而 E_z 接近 1，表明水平湍流摩擦力可以忽略，而铅垂湍流摩擦力则不能忽略，它与地转偏向力同等重要。E_z 接近 1 所对应的运动铅垂尺度

$$D = \sqrt{\frac{A_z}{F}}$$

称为 Ekman 的深度。

纵横比（δ）。

纵横比 δ 是运动的铅垂尺度 D 与水平尺度 L 之比，也等于铅垂向流速尺度 W 与水平向流速尺度 U 之比。

对于大尺度流动，通常有水平尺度 L 远大于铅垂尺度 D，故 $\delta \ll 1$。

2）热传导方程的尺度分析

针对时间平均热传导方程（3-81），由于分子热传导项相对于湍流热传导项而言，

数量级较小，故忽略不计。再假定水平湍流热传导系数相等，即 $K_{turb-x} = K_{turb-y} = K_{Tl}$，水平湍流热传导系数为 K_{Tz}，因此时间平均热传导方程（3-81）可写为

$$\frac{\partial T}{\partial t} + u\frac{\partial T}{\partial x} + v\frac{\partial T}{\partial y} + w\frac{\partial T}{\partial z} = K_{Tl}\left(\frac{\partial^2 T}{\partial x^2} + \frac{\partial^2 T}{\partial y^2}\right) + K_{Tz}\frac{\partial^2 T}{\partial z^2} \tag{3-89}$$

引入温度尺度 T_0，则无因次温度为 $\bar{T} = \frac{T}{T_0}$。其他量的尺度及无因次形式仍采用式（3-89）的定义，则式（3-89）的无因次形式为

$$\frac{T_0}{\tau}\frac{\partial \bar{T}}{\partial \bar{t}} + \frac{UT_0}{L}\bar{u}\frac{\partial \bar{T}}{\partial \bar{x}} + \frac{UT_0}{L}\bar{v}\frac{\partial \bar{T}}{\partial \bar{y}} + \frac{WT_0}{L}\bar{w}\frac{\partial \bar{T}}{\partial \bar{z}} = \frac{T_0}{L^2}K_{Tl}\left(\frac{\partial^2 \bar{T}}{\partial \bar{x}^2} + \frac{\partial^2 \bar{T}}{\partial \bar{y}^2}\right) + \frac{T_0}{D^2}K_{Tz}\frac{\partial^2 \bar{T}}{\partial \bar{z}^2}$$

将上式两边同除以 $\frac{UT_0}{L}$，得

$$\frac{L}{U\tau}\frac{\partial \bar{T}}{\partial \bar{t}} + \bar{u}\frac{\partial \bar{T}}{\partial \bar{x}} + \bar{v}\frac{\partial \bar{T}}{\partial \bar{y}} + \bar{w}\frac{\partial \bar{T}}{\partial \bar{z}} = \frac{1}{P_l}\left(\frac{\partial^2 \bar{T}}{\partial \bar{x}^2} + \frac{\partial^2 \bar{T}}{\partial \bar{y}^2}\right) + \frac{1}{P_z}\frac{\partial^2 \bar{T}}{\partial \bar{z}^2}$$

式中，$P_l = \frac{UT_0}{L}\Big/\left(K_{Tl}\frac{T_0}{L^2}\right) = \frac{UL}{K_{Tl}}$ 称为水平 Peclet 数，$P_z = \frac{WT_0}{D}\Big/\left(K_{Tz}\frac{T_0}{D^2}\right) = \frac{WD}{K_{Tz}}$ 称为铅直 Peclet 数。

Peclet 数是热平流项与湍流热传导项之比，其大小反映了二者的相对重要性。当 $P_l \ll 1$，表明热平流项很小，相对于湍流热传导项可以忽略不计。而此时，$\frac{\partial \bar{T}}{\partial t}$ 也近似为 0，则时间平均的温度方程简化为

$$\frac{\partial^2 \bar{T}}{\partial x^2} + \frac{\partial^2 \bar{T}}{\partial y^2} + \frac{\partial^2 \bar{T}}{\partial z^2} = 0$$

还原为有量纲形式为

$$\frac{\partial^2 T}{\partial x^2} + \frac{\partial^2 T}{\partial y^2} + \frac{\partial^2 T}{\partial z^2} = 0$$

即近似为稳态导热。

当 $P \gg 1$ 时，表明湍流热传导项很小，相对于热平流项可以忽略不计，则（3-89）可简化为

$$\frac{L}{U\tau}\frac{\partial \bar{T}}{\partial t} + \bar{u}\cdot\frac{\partial \bar{T}}{\partial x} + \bar{v}\frac{\partial \bar{T}}{\partial y} + \bar{w}\frac{\partial \bar{T}}{\partial z} = 0$$

还原为有量纲形式为

$$\frac{\partial T}{\partial t} + u\frac{\partial T}{\partial x} + v\frac{\partial T}{\partial y} + w\frac{\partial T}{\partial z} = 0$$

即近似为等温运动。

3.5.2 Boussinesq 近似

对于满足一定条件的流动，布辛涅司克（Boussinesq）在 1903 年提出，除了保留重力项中的密度外，可以忽略流体中密度的变化。这种近似也将流体的其他性质（如 μ、K、C_p）视为常数。在这里我们仅给出海洋中采用 Boussinesq 近似的基础，并对运动方程简化。

海洋密度场的特点是：

（1）某一点的海洋密度与参考密度值相差不大。

（2）参考密度从表面到底部变化不大。

基于上述两个事实和不可压缩近似，一起构成了 Boussinesq 近似。其主要结果是：

（1）速度场可以假定为无散的，质量守恒被体积守恒所代替。

（2）除重力项中的密度外，动量方程中的密度可以用恒定的参考值 ρ_0 代替。即忽略密度变化对流体质量（即惯性质量）的影响，但必须保留它们对重量的影响。换一种表述是说，在动量方程中必须考虑浮力效应，但可以忽略由于质量随密度的变化而引起的水平加速度的变化。

Boussinesq 近似用不可压缩方程代替连续方程（体积守恒代替质量守恒），运动方程中的惯性质量取常数，Boussinesq 近似下的方程为

$$\nabla \cdot \boldsymbol{u} = 0$$

$$\frac{\mathrm{D}\boldsymbol{u}}{\mathrm{D}t} + 2\Omega \times \boldsymbol{u} = -\frac{1}{\rho_0}\nabla p - \frac{g\rho}{\rho_0}\boldsymbol{k} + \boldsymbol{F}$$

$$\frac{\mathrm{D}\rho}{\mathrm{D}t} = 0 \tag{3-90}$$

这里 $\boldsymbol{F}$ 表示单位质量摩擦力。在没有任何运动的情况下，假设密度和压力具有垂直分布 $\bar{\rho}(z)$ 和 $\bar{p}(z)$，其中 z 轴垂直向上。由于是静止状态，则有

$$\frac{\mathrm{d}\bar{p}}{\mathrm{d}z} = -\bar{\rho}g \tag{3-91}$$

在有流场 $\boldsymbol{u}$ 的情况下，运动方程可写成

$$-\frac{1}{\rho_0}\nabla p - \frac{g\rho}{\rho_0}\boldsymbol{k} = 0$$

用 ρ' 和 p' 表示偏离静止状态的扰动量。则有

$$-\frac{1}{\rho_0}\nabla p - \frac{g\rho}{\rho_0}\boldsymbol{k} = -\frac{1}{\rho_0}\nabla(\bar{p} + p') - \frac{g(\bar{\rho} + \rho')}{\rho_0}\boldsymbol{k}$$

$$= -\frac{1}{\rho_0}\left[\frac{\mathrm{d}\bar{p}}{\mathrm{d}z}\boldsymbol{k} + \nabla p'\right] - \frac{g(\bar{\rho} + \rho')}{\rho_0}\boldsymbol{k}$$

减去静力方程（3-91），变成

$$-\frac{1}{\rho_0}\nabla p-\frac{g\rho}{\rho_0}\boldsymbol{k}=-\frac{1}{\rho_0}\nabla p'-\frac{g\rho'}{\rho_0}\boldsymbol{k}$$

这表明在 Boussinesq 近似下可以用扰动量 ρ' 和 p' 代替方程（3-90）中的 p 和 ρ。

3.5.3 薄层近似

大气和海洋都是非常薄的层，其中流动的深度尺度是几千米，而水平尺度是几百千米，甚至几千千米。流体元的运动轨迹很浅，垂直速度远小于水平速度。实际上，连续性方程表明垂直速度 W 的尺度与水平速度 U 的尺度有关

$$\frac{W}{U}\sim\frac{H}{L}，即 W\sim\frac{H}{L}U$$

其中 H 是深度尺度，L 是水平长度尺度。层化和科氏效应通常限制垂直速度甚至小于 UH/L。在薄层近似条件下，运动主要表现为水平运动，垂直方向运动很弱，垂直运动方程中的惯性加速度项和摩擦均可以忽略。

其次在运动方程中，科氏力为

$$2\boldsymbol{\Omega}\times\boldsymbol{u}=(2\Omega\cos\theta w-2\Omega\sin\theta\boldsymbol{v})\boldsymbol{i}+2\Omega\sin\theta u\boldsymbol{j}-2\Omega\cos\theta u\boldsymbol{k}$$
$$=(\tilde{f}w-f\boldsymbol{v})\boldsymbol{i}+fu\boldsymbol{j}-\tilde{f}u\boldsymbol{k}$$

这里我们称 $\tilde{f}=2\Omega\cos\theta$ 为水平科氏参量，$f=2\Omega\sin\theta$ 为垂直科氏参量或直接称为科氏参量。在科氏力东方向分量中，根据薄层近似 $w\ll(u,\ \boldsymbol{v})$，我们可以使用条件 $w\cos\theta\ll\boldsymbol{v}\sin\theta$，因此，

$$(2\boldsymbol{\Omega}\times\boldsymbol{u})_x=-(2\Omega\sin\theta)\boldsymbol{v}=-f\boldsymbol{v}$$
$$(2\boldsymbol{\Omega}\times\boldsymbol{u})_y=(2\Omega\sin\theta)u=fu$$
$$(2\boldsymbol{\Omega}\times\boldsymbol{u})_z=-(2\Omega\cos\theta)u$$

科氏力的垂直分量，即 $(2\Omega\cos\theta)u$，与垂直运动方程中的主要项，即 $g\rho/\rho_0$ 和 $\frac{1}{\rho_0}\frac{\partial p}{\partial z}$ 相比，通常也是可以忽略不计的。所以传统近似仅保留与垂直科氏参量相关的科氏力分量，而忽略与水平科氏参量相关的科氏力。

3.5.4 静力近似

对于大尺度运动，有 $\delta\ll1$，$E_l\ll1$，$E_z\ll1$ 或 $E_z\sim1$，这表明铅垂方向的动量方程中的海水质点加速度项和湍流摩擦力项都很小，可以忽略不计。

因此，对于大尺度运动，铅垂方向的动量方程式可简化为

$$0=-\frac{1}{\rho}\frac{\partial p}{\partial z}-g$$

这也是海水无运动（静止）状态下的力的平衡，称为静力近似。

3.5.5　近似海洋原始控制方程

采用 Boussinesq 近似、薄层近似、静力近似和传统近似后，运动方程简化为

$$\begin{cases}\dfrac{\mathrm{D}u}{\mathrm{D}t}-fv=-\dfrac{1}{\rho_0}\dfrac{\partial p}{\partial x}+A_l\left(\dfrac{\partial^2 u}{\partial x^2}+\dfrac{\partial^2 u}{\partial y^2}\right)+A_z\dfrac{\partial^2 u}{\partial z^2}\\ \dfrac{\mathrm{D}v}{\mathrm{D}t}+fu=-\dfrac{1}{\rho_0}\dfrac{\partial p}{\partial y}+A_l\left(\dfrac{\partial^2 v}{\partial x^2}+\dfrac{\partial^2 v}{\partial y^2}\right)+A_z\dfrac{\partial^2 v}{\partial z^2}\\ 0=-\dfrac{1}{\rho_0}\dfrac{\partial p}{\partial z}-\dfrac{g\rho}{\rho_0}\end{cases}\tag{3-92}$$

3.5.6　f-平面近似

科氏参数 $f=2\Omega\sin\theta$ 随纬度 θ 变化。但是这种变化只对具有很长时间尺度（几周）或很长长度尺度（数千千米）的现象才重要。在所研究问题的纬度跨度不大时，我们可以假设 f 是一个常数，比如 $f_0=2\Omega\sin\theta_0$，其中 θ_0 是研究区域的中心纬度。取科氏参数为常数的平面称为“f-平面”实际上这是近似地认为海水的运动是在科氏参量 f 为一常数的平面内进行的，故称为 f-平面近似。

3.5.7　β-平面近似

当所研究的海水运动的海区纬度跨度较大时，必须考虑地转偏向力随纬度的变化，不能取科氏参量 f 为常数。f 随纬度的变化可以近似地用关于中心纬度 θ_0 的泰勒级数展开 f 来表示

$$f=f_0+\beta y$$

式中 f_0 是纬度 θ_0（此处为相对坐标系的原点）处的 f 值。因为 $f=2\Omega\sin\theta$，所以

$$\frac{\mathrm{d}f}{\mathrm{d}y}=\frac{\mathrm{d}f}{\mathrm{d}\theta}\frac{\mathrm{d}\theta}{\mathrm{d}y}=\frac{\mathrm{d}(2\Omega\sin\theta)}{\mathrm{d}\theta}\frac{\mathrm{d}\theta}{\mathrm{d}y}=2\Omega\cos\theta\frac{\mathrm{d}\theta}{\mathrm{d}y}$$

由图 3-20 知 $r_E\mathrm{d}\theta=\mathrm{d}y$，所以

$$\beta\equiv\left(\frac{\mathrm{d}f}{\mathrm{d}y}\right)_{\theta_0}=\frac{2\Omega\cos\theta_0}{r_E}$$

这里，r_E 是地球半径。在 $\theta_0=45°$ 处，$\beta=1.62\times10^{-13}\mathrm{m/s}$。这样就可以把必须考虑地球曲率影响的海水运动近似地看成是在科氏参量 f 随 y 线性变化的平面上进行的。这样的平面称为“β-平面”，这样的近似称为 β-平面近似。

在我们采用各种近似时，其本质上是滤掉了某些实际发生的物理过程，表 3-2 总结了各种近似的含义，所滤除的物理现象。其中线性近似和地转近似将在后续章节中进行介绍。

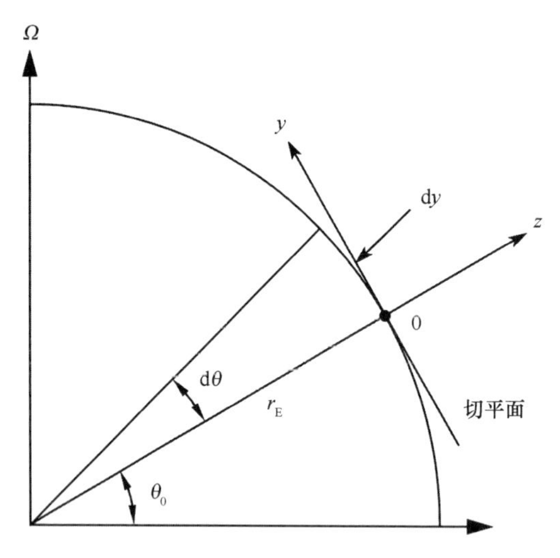

图 3-20 β-平面近似

表 3-2 各种各种近似的含义和所滤除的物理现象

近似	含义	滤除的物理过程
不可压近似	体积守恒代替质量守恒	声波
静力近似	忽略垂直加速度	陀螺波
传统近似	忽略与水平科氏参量相关的科氏力	短的低频惯性重力波
f-平面近似	固定纬度	行星波
Boussinesq 近似	运动方程中的惯性质量取常数	—
线性近似	忽略平流项	波波相互作用
地转近似	科氏力与压强梯度力平衡	惯性重力波

第4章　海　流

海流是海水重要的运动形式之一。从广义上讲海流是指海洋中发生的有相对稳定速度的海水运动。通常情况下人们所说的海流是指海水较大规模的、相对稳定的、非周期性的流动，即发生在较大的空间尺度范围内，海水的运动方向、流动速度和流动路径在较长时间内大致相似的一种海水流动。一般情况下，海流是三维的。海水不但在水平方向流动，也在铅垂方向上流动。但由于海洋的水平尺度远远大于铅垂尺度，水平方向的流动远比铅垂方向上的流动要强得多。尽管铅垂方向上的流动较弱，但它在海洋学中有重要的意义。狭义地，人们把海水水平方向的流动称为海流，而铅垂方向的流动则称为上升流或下降流。对整个世界大洋而言，海流的时空变化是连续的。海流把世界大洋联系在一起，使世界大洋中的各种水文、化学要素和热盐状况得以保持长期相对的稳定。人们把大洋中的海流所形成的首尾相接的相对独立的环流系统称为大洋环流。海流在能量和质量的输运中起着极为重要的作用。它对海洋生物、海洋化学以及海洋地质（沉积）状况和过程都有重要的影响。海水的流动伴随着海水物理性质的迁移，改变着海洋的温度分布、盐度分布和密度分布等，也改变了进入海洋中的污染物的分布。对海水养殖、海上作业、海上运输等都有重要的影响。因此是海洋科学中的一个重要的研究课题。

形成海流的原因有很多，但归纳起来主要有两种：一种是由动力学原因而产生的。例如由海面风力的作用而产生的风海流。海水运动中由于黏滞性对动量的消耗，风海流随深度的增大而迅速减弱，所涉及的深度通常只有几百米，相对于几千米深的大洋而言只是一个薄层，所以又称为表层流。另一种是由热力学原因而产生的。例如由海面受热和冷却的不均匀、蒸发、降水、径流等造成的温度、盐度、密度的变化而产生的海流。它既可以发生在海洋的上层，也可以发生在海洋的深层。

第1节　地转流

地转流是海洋中最基本的流动形式。在水平压强梯度力的作用下，海水将在受力的方向上产生运动。海水开始流动之后，地转偏向力便开始起作用，不断地改变海水流动的方向。若不考虑摩擦力和平流作用的影响（即小 Ekman 数和小 Rossby 数），则这种水平压强梯度力与地转偏向力相平衡，垂直方向满足静力平衡时的定常流动，被称为地转运动或地转流。科氏力有时也被称为“地转”力。

在非均匀密度场和均匀密度场中，压强梯度力的分布规律是不同的，相应的地转流也是不同的。通常，均匀密度场中的地转流被称为倾斜流，而非均匀密度场中的地转流被称为梯度流。

4.1.1 地转流方程

海水密度分布不均匀是由海面风的作用或海水受热、冷却、蒸发、降水等而导致的。我们考虑一种定常情况，即认为海水的密度场、温度场和盐度场已趋于稳定不再随时间而发生变化（没有局地加速度）。对于运动方程，不考虑上下边界的影响，也不考虑侧边界的影响，忽略非线性项的作用（小 Rossby 数），这样在海洋内部区域，除了压力强迫和科氏力外，不再考虑其他强迫力的作用。因此，可得地转流满足的基本方程组：

$$\frac{\partial u}{\partial x}+\frac{\partial v}{\partial y}+\frac{\partial w}{\partial z}=0 \tag{4-1}$$

$$-fv=-\frac{1}{\rho}\frac{\partial p}{\partial x} \tag{4-2}$$

$$+fu=-\frac{1}{\rho}\frac{\partial p}{\partial y} \tag{4-3}$$

$$0=-g-\frac{1}{\rho}\frac{\partial p}{\partial z} \tag{4-4}$$

$$u\frac{\partial s}{\partial x}+v\frac{\partial s}{\partial y}+w\frac{\partial s}{\partial z}=0 \tag{4-5}$$

$$u\frac{\partial T}{\partial x}+v\frac{\partial T}{\partial y}+w\frac{\partial T}{\partial z}=0 \tag{4-6}$$

$$\rho=\rho(T,\ S,\ p) \tag{4-7}$$

由式（4-2）和（4-3）可直接获得地转流水平流速的解

$$u=-\frac{1}{\rho f}\frac{\partial p}{\partial y},\qquad v=\frac{1}{\rho f}\frac{\partial p}{\partial x} \tag{4-8}$$

将式（4-8）代入连续方程式（4-1）中，可以求得流速的铅垂分量 w。但通过分析比较可知，铅垂方向的流速远小于水平方向的流速，在地转流中通常不予考虑。一般情况下视地转流动为纯粹的水平运动，此时，

科氏力=压强梯度力

注意到，在地转方程中，x 方向的压强梯度与 v 相关，而 y 方向的压强梯度 与 u 相关。对（4-8）中的两式求平方和，并开方得

$$\frac{\partial p}{\partial n_H}=f\rho V$$

其中

$$V = (u^2 + v^2)^{1/2}$$

$$\frac{\partial p}{\partial n_H} \equiv \left[\left(\frac{\partial p}{\partial x}\right)^2 + \left(\frac{\partial p}{\partial y}\right)^2\right]^{1/2}$$

$\frac{\partial}{\partial n_H}$ 指沿着高压指向低压方向的微商，则 $\frac{\partial p}{\partial n_H}$ 是压强梯度力，$f\rho V$ 为科氏力。上式表明，科氏力与压强梯度力数值相等，而方向相反（图 4-1）。

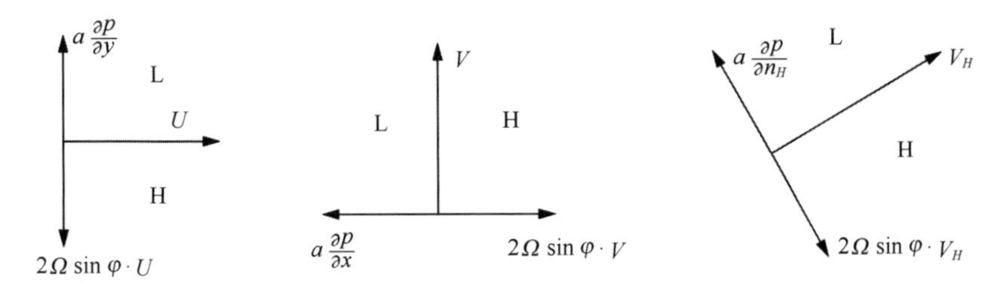

图 4-1　地转流中的速度方向与力的平衡（北半球），H 代表高压，L 代表低压

4.1.2　地转流的性质

为了方便说明地转流的一些性质，从式（4-8）可以立即得到地转平衡方程矢量形式的解

$$\boldsymbol{u} = \frac{1}{\rho f}\boldsymbol{k} \times \frac{\partial p}{\partial n_H} \qquad (4-9)$$

由上述地转方程的解可知，地转流沿着等压线流动（直接由式（4-8）也很容易得到 $\boldsymbol{u}\,\nabla_H p = 0$）。根据矢量运算的右手法则，从式（4-9）很容易得出以下规则：

规则 1：地转流沿等压线流动。如果已知压强在水平面上的分布，则地转流速大小为 $\boldsymbol{u} = \nabla_H p/f\rho$ ，方向通过右手定则判断，即垂向方向叉乘压强水平梯度方向为流速方向。赤道地区（f=0），地转关系不适用。

根据规则 1，北半球（f>0）高压在流动方向的右侧，南半球（f<0）高压在流动方向的左侧。记住压强和速度相对方向的一种方法是考虑如下顺序：

（1）首先由于某种原因压强梯度力建立起来；

（2）流体开始朝压强梯度力方向流动，从高压流向低压；

（3）然后流体在右侧（北半球）受到科氏力，因此向右偏转，在南半球则相反。

（4）流体最终会沿着等压线流动，即垂直于斜坡方向流动，而不是沿着斜坡流动，沿着斜坡向下的压强梯度力与沿着斜坡向上的科氏力平衡。

请注意，另一种方法是让流体朝某个方向运动，然后科氏力使其向右偏转（在北半球），然后流体在右侧堆积，从而建立起向左侧的压强梯度力。因此地转方程只是简单地告诉我们，压强梯度力平衡了科氏力，它并没有告诉我们建立这种平衡的先后次序。

在物理海洋学中，经常采用气旋和反气旋的术语来表示海流的旋转方向：采用右手螺旋法则，如果海流旋转方向与地球旋转方向一致，则称为气旋，对应中心为低压，在北半球气旋以逆时针方向旋转，而南半球则以顺时针方向旋转；如果海流旋转方向与地球旋转方向相反，则称为反气旋，对应中心为高压，在北半球反气旋以顺时针方向旋转，而南半球则以逆时针方向旋转［图 4-2（a）］。

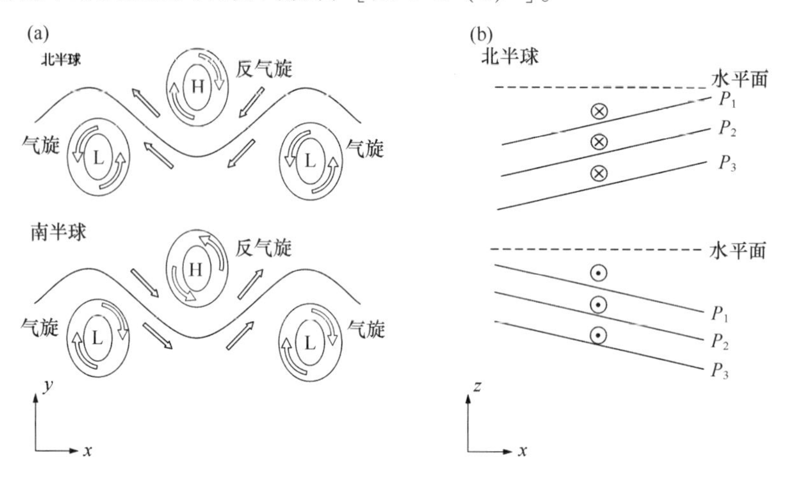

图 4-2 （a）水平面上的压强分布与地转流方向示意图，H 代表高压，L 代表低压；（b）垂直剖面上的压强分布与地转流方向，注意等压面坡度被放大了 10^5 倍

下面看一看等压线在垂直平面的分布与地转流速的关系［图 4-2（b）］。在 $x-z$ 平面等压面坡度为

$$S_{px} = \frac{\mathrm{d}z}{\mathrm{d}x} = - \frac{\partial p/\partial x}{\partial p/\partial z} = \frac{\partial p/\partial x}{\rho g}$$

因此 $\partial p/\partial x = \rho g S_{px}$ ，同理 $\partial p/\partial y = \rho g S_{py}$ ，所以地转方程可写成

$$- fv = - gS_{px}$$

$$+ fu - - gS_{py}$$

则地转水平速度的解为

$$\boldsymbol{u} = \frac{g}{f}\boldsymbol{k} \times \boldsymbol{S}_p$$

估计等压面坡度的量级如下：西边界流速 1 m/s，中纬度科氏参数量级为 $10^{-4}\mathrm{s}^{-1}$，则等压面坡度的量级为 10^{-5}，即水平方向变化 100 km（西边界流幅宽度），等压面高度的变化只有 1 m，即等压面与水平面的夹角约为 0. 000 57°，这个角度对于当前的技术手段是非常难以测量的。

规则 2：如果已知压强在垂直剖面上的分布，则地转流速大小为 gS_p/f ，方向通过右手定则判断，在北半球垂向方向叉乘等压面陡度方向为流速方向，在南半球，等压面陡度方向叉乘垂向方向为流速方向。

根据规则 2，在北半球（$f>0$），沿着流的方向，如果等压面向下倾斜，则流速方向向外，如果等压面向上倾斜，则流速方向向内（图 4-2b）。在南半球（$f<0$），则相反。

对方程（4-3）对 x 求偏导，对（4-2）对 y 求偏导，然后相减，这样也可以消除压强变量，得

$$f\rho\left(\frac{\partial u}{\partial x}+\frac{\partial v}{\partial y}\right)+f\left(u\frac{\partial \rho}{\partial x}+v\frac{\partial \rho}{\partial y}\right)+\rho u\frac{\partial f}{\partial x}+\rho v\frac{\partial f}{\partial y}=0 \tag{4-10}$$

上式可以等价地写成

$$f\rho\left(\frac{\partial u}{\partial x}+\frac{\partial v}{\partial y}+\frac{\partial w}{\partial z}\right)-f\rho\frac{\partial w}{\partial z}+f\left(u\frac{\partial \rho}{\partial x}+v\frac{\partial \rho}{\partial y}+w\frac{\partial \rho}{\partial z}\right)-fw\frac{\partial \rho}{\partial z}+\rho u\frac{\partial f}{\partial x}+\rho v\frac{\partial f}{\partial y}=0$$

注意到连续性方程 $\frac{\partial u}{\partial x}+\frac{\partial v}{\partial y}+\frac{\partial w}{\partial z}=0$，不可压条件 $\frac{D\rho}{Dt}=0$，以及在定常情形下 $\frac{\partial \rho}{\partial t}=0$，而 $\frac{\partial f}{\partial x}=0$，$\frac{\partial f}{\partial y}=\beta$，因此上式简化为

$$f\frac{\partial(\rho w)}{\partial z}=\beta\rho v$$

近似可取

$$f\frac{\partial w}{\partial z}=\beta v \tag{4-11}$$

此关系称为 Sverdrup 关系，它是地转平衡方程的涡度方程（第 5 章），联系了北向流速与垂向流速的垂直梯度。如果在 f 平面，则

$$\frac{\partial w}{\partial z}=-\left(\frac{\partial u}{\partial x}+\frac{\partial v}{\partial y}\right)=0$$

因此在 f 平面，由（4-10）得

$$\boldsymbol{u}_H\cdot\nabla_H\rho=0$$

即地转流是沿等密度线流动。由方程（4-5）和（4-6）得，$\boldsymbol{u}\cdot\nabla s=0$，$\boldsymbol{u}\cdot\nabla T=0$，因此地转流沿着等盐线和等温线流动。

下面将推导地转方程的另一种形式，即热成风关系。它最初是应用在大气科学中来说明水平面上的温差如何导致地转风速的垂直变化的。考虑方程（4-2），两边都乘以 ρ，得 $\rho f v=\partial p/\partial x$，两边对 z 微分给出

$$\frac{\partial(\rho f v)}{\partial z}=\frac{\partial}{\partial z}\frac{\partial p}{\partial x}$$

改变微分的顺序，这对于 p 这样的变量是正确的，并且使用静力方程 $\partial p/\partial z=-\rho g$ 得

$$\frac{\partial(\rho f v)}{\partial z}=\frac{\partial}{\partial x}\frac{\partial p}{\partial z}=\frac{\partial(-\rho g)}{\partial x}=-g\frac{\partial \rho}{\partial x}$$

对于 y 方向的方程，遵循同样的变换，最后得

$$\begin{aligned}\frac{\partial(\rho f v)}{\partial z} &= -g\frac{\partial \rho}{\partial x}\\ \frac{\partial(\rho f u)}{\partial z} &= +g\frac{\partial \rho}{\partial y}\end{aligned} \tag{4-12}$$

或者写成矢量方程

$$\frac{\partial(\rho f \boldsymbol{u})}{\partial z} = -g\boldsymbol{k}\times\frac{\partial \rho}{\partial n_H}$$

式（4-12）称为热成风关系，即由密度的水平梯度引起海流的垂向变化。从密度场我们只能确定速度的垂直变化，即速度的垂直剪切 $\partial u/\partial z$ 和 $\partial \boldsymbol{v}/\partial z$ 。这种通过密度场获得地转流速度的方法称为“地转方法”。

在第 3 章我们讨论 Boussinesq 近似时，我们说在水平方程中可以忽略密度变化。而在热成风方程中，我们又考虑了密度的变化。这是由于浮力效应确实会影响压力场。热成风方程是使用包含密度变化的静力方程推导出来的。在 $\partial(\rho f \boldsymbol{v})/\partial z$ 和 $\partial(\rho f u)/\partial z$ 项中，与 u 和 $\boldsymbol{v}$ 的垂直梯度相比，密度变化的影响较小，用 $\rho_0 f(\partial \boldsymbol{v}/\partial z)$ 和 $\rho_0 f(\partial u/\partial z)$ 分别代替 $\partial(\rho f \boldsymbol{v})/\partial z$ 和 $\partial(\rho f u)/\partial z$ 所产生的近似与 Boussinesq 近似一致，即：

$$\begin{aligned}\frac{\partial \boldsymbol{v}}{\partial z} &= -\frac{g}{\rho_0 f}\frac{\partial \rho}{\partial x} = +\frac{1}{f}\frac{\partial B}{\partial x}\\ \frac{\partial u}{\partial z} &= +\frac{g}{\rho_0 f}\frac{\partial \rho}{\partial y} = -\frac{1}{f}\frac{\partial B}{\partial y}\end{aligned} \quad 或 \quad \frac{\partial \boldsymbol{u}}{\partial z} = -\frac{g}{\rho f}\boldsymbol{k}\times\frac{\partial \rho}{\partial n_H} = \frac{1}{f}\boldsymbol{k}\times\frac{\partial B}{\partial n_H}$$

其中 $B = -\frac{\rho' g}{\rho_0}$ 为浮力，类似于 $\frac{\partial B}{\partial z} = N^2$，$\frac{\partial B}{\partial n_H}$ 也常定义为 M^2。同样可导出等密度线在垂直平面的分布与地转流速的关系。在 x–z 平面等密度面坡度为

$$S_{\rho x} = \frac{\mathrm{d}z}{\mathrm{d}x} = -\frac{\partial \rho/\mathrm{d}x}{\partial \rho/\mathrm{d}z} = \frac{\frac{g}{\rho}\partial \rho/\partial x}{-\frac{g}{\rho}\partial \rho/\partial z} = \frac{\frac{g}{\rho}\mathrm{d}\rho/\mathrm{d}x}{N^2}$$

因此 $\partial \rho/\partial x = \rho/gN^2 S_{\rho x}$ ，同理 $\partial \rho/\partial y = \rho/gN^2 S_{\rho y}$ ，所以

$$\begin{aligned}\frac{\partial \boldsymbol{v}}{\partial z} &= -\frac{\rho N^2}{f}S_{\rho x}\\ \frac{\partial u}{\partial z} &= +\frac{\rho N^2}{f}S_{\rho y}\end{aligned} \quad 或 \quad \frac{\partial \boldsymbol{u}}{\partial z} = \frac{\rho N^2}{f}\boldsymbol{S}_\rho \times \boldsymbol{k}$$

估计等密度面坡度的量级如下：垂向流速梯度为 0.1 m/s，中纬度科氏参数量级为 $10^{-4}\mathrm{s}^{-1}$，N^2 量级为 $10^{-4}\sim10^{-8}\mathrm{s}^{-1}$，则等密度面坡度的量级为 $10^{-4}\sim1$，是等压面坡度的 $10\sim10^5$ 倍。

规则 3：在稳定层化的海洋中（$N^2>0$），如果已知密度在垂直剖面上的分布，则地转流速垂向剪切（变化）的大小为 $\frac{\rho N^2}{f}S_\rho$ ，流速是增加或减小通过右手定则判断，在

北半球，如果等密度线坡度方向叉乘垂向方向与坐标方向一致，流速随高度而增加（随深度减小而减小），如果等密度线坡度方向叉乘垂向方向与坐标方向相反，则流速随高度增加而减小（随深度减小而增大）。在南半球则相反。

根据规则，北半球（$f>0$），沿着流的方向，如果等密度线向下倾斜，则流速随 z 的增加而增加（随深度增加而减小）；相反，如果等密度线向上倾斜，流速随 z 的增加而减小（随深度增加而增加）。在南半球（$f<0$）则相反。真实海洋中断面的等密度线通常不是直线，而呈现波浪形，且在有限的深度范围内等值线彼此之间的角度是不规则变化的。关于海流方向和密度分布之间的关系，Sverdrup 给出了一个实用的表述（图 4-3）：在北半球，读者面对密度垂直剖面图，在两个深度之间如果密度异常曲线从左向右下方倾斜，则相对于较深位置，海流的方向远离读者方向向内；在两个深度之间如果密度异常曲线从右向左下方倾斜，则相对于较深位置，海流的方向朝向读者方向向外。在南半球，判断的方向则相反，这其实就是规则 3 的具体应用。在后面将进一步讨论海流方向与等压线斜率和等密度面特性之间的关系。根据上述几个规则，在海洋的水文要素平面分布图上，就可以定性地分析地转流的运动规律。

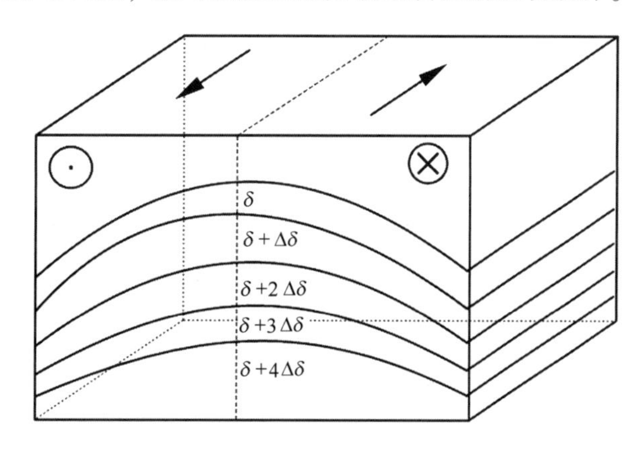

图 4-3　北半球密度异常分布判断地转流方向

热成风方程也表示行星涡度倾斜（方程左侧，关于行星涡度和涡度倾斜参考第 5 章）和斜压力矩（方程右侧）之间的平衡（图 4-4）。当压力/深度面与密度面不完全对齐，即 $\frac{\partial \rho}{\partial n_H} \neq 0$ 时（存在水平浮力梯度），$\frac{\partial V_H}{\partial z} \neq 0$，此时的地转流被认为具有斜压性（斜压地转流）。或者，当 $\frac{\partial \rho}{\partial n_H} = 0$ 时，$\frac{\partial V_H}{\partial z} = 0$，此时的地转流被认为具有正压性（正压地转流）。

如果密度为常数，则没有密度水平梯度，方程（4-12）变成

$$\frac{\partial v}{\partial z} = 0, \qquad \frac{\partial u}{\partial z} = 0 \tag{4-13}$$

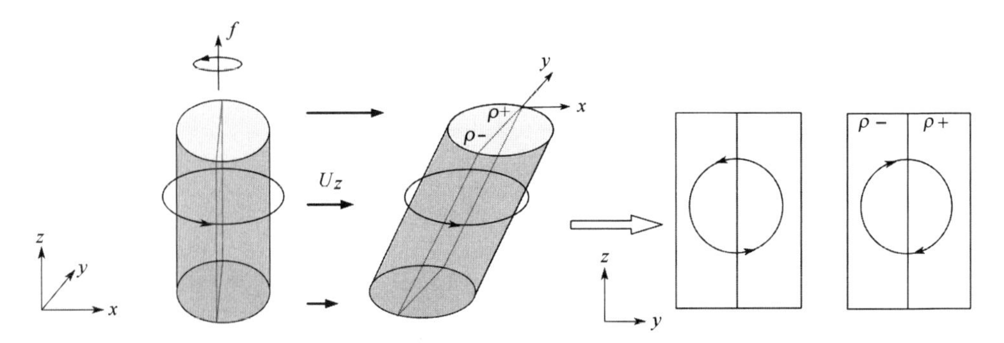

图 4-4 热成风方程的物理机制示意图。垂直切变的流场使一个旋转的水柱倾斜，则水柱的横切面中的环流得以发展，从而稳定的密度垂直梯度形成水平的密度梯度，作用与倾斜密度面上的重力平衡了流体柱倾斜的力矩

这个结论被称为泰勒-普罗德曼定理。从物理上讲，这意味着水平速度场没有垂直切变，同一垂直方向上的所有粒子一致运动，即旋转均质流体的运动表现为刚性（图 4-5）。这种垂直刚性是旋转均质流体的基本特性。

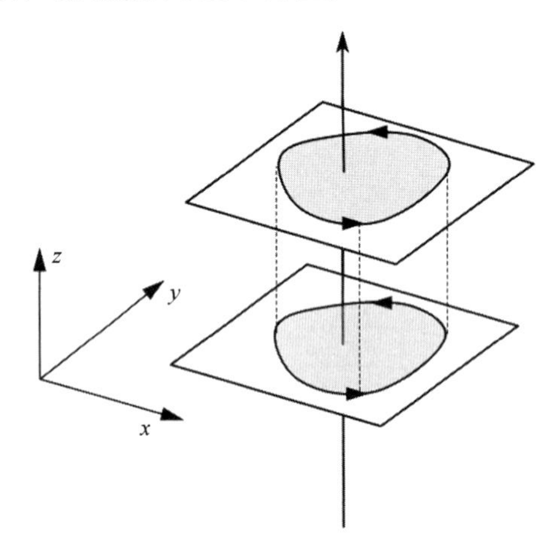

图 4-5 泰勒-普罗德曼流动（泰勒柱）

4.1.3 地转方程的解

下面，我们进一步详细地求解地转方程，从海表积分静压方程 $\frac{\partial p}{\partial z} = -\rho g$ 得

$$p_s - p = -g\int_z^{\eta}\rho \mathrm{d}z，\text{即}\quad p = p_s + g\int_z^{\eta}\rho \mathrm{d}z$$

代入到方程（4-8），得

$$
\begin{aligned}
u &= -\frac{1}{f\rho}\frac{\partial p}{\partial y} = -\frac{g}{f\rho}\left(\frac{\partial \eta}{\partial y}\rho\mid_{z=\eta} + \int_z^{\eta}\frac{\partial \rho}{\partial y}\mathrm{d}z\right) \\
&= -\frac{\rho\mid_{z=\eta}g}{\rho f}\frac{\partial \eta}{\partial y} - \frac{g}{f\rho}\int_z^{\eta}\frac{\partial \rho}{\partial y}\mathrm{d}z \\
&\approx -\frac{g}{f}\frac{\partial \eta}{\partial y} - \frac{g}{f\rho}\int_z^{0}\frac{\partial \rho}{\partial y}\mathrm{d}z
\end{aligned}
\tag{4-14}
$$

$$
\begin{aligned}
v &= +\frac{1}{f\rho}\frac{\partial p}{\partial x} = +\frac{g}{f\rho}\left(\frac{\partial \eta}{\partial x}\rho\mid_{z=\eta} + \int_z^{\eta}\frac{\partial \rho}{\partial x}\mathrm{d}z\right) \\
&= +\frac{\rho\mid_{z=\eta}g}{\rho f}\frac{\partial \eta}{\partial x} + \frac{g}{f\rho}\int_z^{\eta}\frac{\partial \rho}{\partial x}\mathrm{d}z \\
&\approx +\frac{g}{f}\frac{\partial \eta}{\partial x} + \frac{g}{f\rho}\int_{-z}^{0}\frac{\partial \rho}{\partial x}\mathrm{d}z
\end{aligned}
\tag{4-15}
$$

在上述方程近似过程中，我们假定海平面之上的密度场为常数。由上述地转方程的解可知，当密度无水平变化时，地转流仅与水位高度有关。特别是密度为常数时，可得水平速度的精确解仅与水位高度有关，即

$$
u = -\frac{g}{f}\frac{\partial \eta}{\partial y}, \qquad v = \frac{g}{f}\frac{\partial \eta}{\partial x} \tag{4-16}
$$

此时的地转流与密度水平梯度无关，称为倾斜流。由于 η 仅是水平坐标的函数，与 z 无关，因此由式（4–16）知，水平速度也不随深度变化，称为正压流。倾斜流沿着海表等高线流动。

$$
\boldsymbol{u} = \frac{g}{f}\boldsymbol{k} \times \nabla_H \eta, \qquad \boldsymbol{u} \cdot \nabla \eta = 0
$$

规则 4： 地转流为倾斜流时，沿着海表等高线（等水位线）流动，在北半球倾斜流流动方向右边的水位高，而在南半球，倾斜流流动方向左边的水位高。倾斜流从海面至海底的整个水柱具有相同的速度。

当密度存在水平变化时，地转流还与密度水平梯度有关。与密度水平梯度有关的地转流称为梯度流。此时地转流与深度有关，也称为斜压流。

现在重新来考虑正压流情形下的 Sverdrup 关系（4–11），当密度场均匀时，地转流与 z 无关（Taylor–Proudman 定理），从海表 η 到海底 $-H$ 进行积分（4–11），得

$$
f(w_{\eta} - w_{-H}) = \left(u\frac{\partial f}{\partial x} + v\frac{\partial f}{\partial y}\right)H \tag{4-17}
$$

海面和海底的边界条件为

$w_{\eta} = \left(\frac{\partial \eta}{\partial t} + u\frac{\partial \eta}{\partial x} + v\frac{\partial \eta}{\partial y}\right)$，采用刚盖近似，则 $w_{\eta} = 0$

$$
w_{-H} = -u\frac{\partial H}{\partial x} - v\frac{\partial H}{\partial y}
$$

边界条件代入（4-17）得

$$\frac{f}{H}\left(u\frac{\partial H}{\partial x}+v\frac{\partial H}{\partial y}\right)-u\frac{\partial f}{\partial x}+v\frac{\partial f}{\partial y}$$

重新排列得

$$u\frac{\partial f}{\partial x}+v\frac{\partial f}{\partial y}-u\frac{f}{H}\frac{\partial f}{\partial x}-v\frac{f}{H}\frac{\partial f}{\partial y}=0$$

$$u\left(\frac{1}{H}\frac{\partial f}{\partial x}-\frac{f}{H^2}\frac{\partial H}{\partial x}\right)+v\left(\frac{1}{H}\frac{\partial f}{\partial y}-\frac{f}{H^2}\frac{\partial H}{\partial y}\right)=0$$

即

$$u\frac{\partial}{\partial x}\left(\frac{f}{H}\right)+v\frac{\partial}{\partial y}\left(\frac{f}{H}\right)=0$$

进一步将上式写成矢量形式，得

$$\boldsymbol{u}\cdot\nabla_h(f/H)=0 \qquad (4-18)$$

上式表明，速度矢量在 f/H 梯度上的投影为 0，即流沿着 f/H 等值线流动。式（4-18）称为地形偏转效应，本质上是位涡守恒的体现，我们将在第 5 章做更详细讨论。

规则 5：在地转流为倾斜流情形下，如果存在海底地形，则地转流沿着 f/H 等值线流动。在北半球，当水深变浅时，其流动将向低纬度方向偏转，水深变深时，其流动将向高纬度方向偏转。在南半球则相反（图 4-6）。

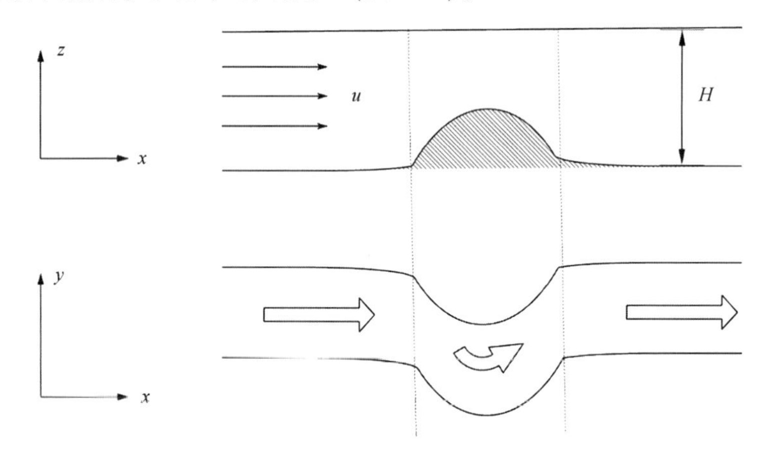

图 4-6　地转流的地形偏转效应

参考图 4-7，压强梯度力 $\frac{\partial p}{\partial n}$ 可分解成水平和垂直分量两部分：垂直分量 $\alpha(\partial p/\partial n)\cos i$ 与重力 g 平衡；水平分量 $\alpha(\partial p/\partial n)\sin i$ 与科氏力平衡。这样地转流的大小为

$$fV_H=\alpha\frac{\partial p}{\partial n}\sin i$$

上式的右边可写成 $\alpha \dfrac{\partial p}{\partial n}\sin i = \left(\alpha \dfrac{\partial p}{\partial n} \cos i\right) \dfrac{\sin i}{\cos i} = g \tan i$。因此，地转流速的大小为

$$V_H = \frac{g}{f}\tan i \tag{4-19}$$

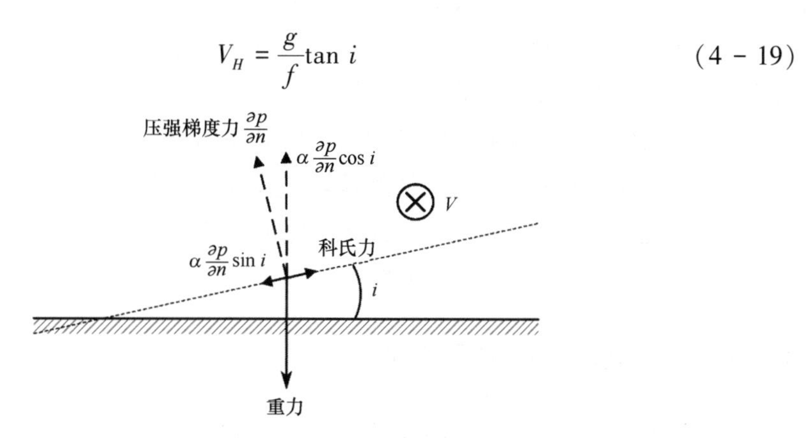

图 4-7　北半球压强梯度力的分解

原则上，式（4-19）允许我们通过测量等压面与水平面的夹角为 i 来确定地转流的速度 V_H。但实际上不能这样做，因为我们无法按照所需要的精度直接测定 p。所以我们需要在确定密度 ρ 随深度的分布后，再根据流体静力学方程 $p = -\int \rho g \mathrm{d}z$ 间接确定 p。即使用这种方法，我们也不能绝对地确定等压面与水平面的夹角 i。原因是船在海面上进行测量时，并不能保证海面水平（即使无波浪情形）。事实上，只要表层水中存在海流（不考虑风的影响），海面就不会水平。因为根据地转方程，运动产生的科氏力要求水面倾斜，从而使压强梯度力的水平分量平衡科氏力。我们所能做的只是测定 z_1 处的 i_1 和 z_2 处的 i_2 之间的差，这一点我们将在下面予以说明。这个差能给出高度 z_1 处相对于高度 z_2 处的相对速度，从而给出速度剪切（$\partial V/\partial z$）的有限差分估计。

现实海洋中，等压面的坡度很小，例如在纬度 45°，$f = 2\Omega \sin \theta \approx 10^{-4}$。对于 $V=1\ \mathrm{m \cdot s^{-1}}$，$\tan i \approx 10^{-5}$，即海表在 100 km 内上升 1 m，这是一个典型的强流（如湾流）的宽度距离。地转方程同样适用于大气，但大气中的水平气压可以直接测量并确定水平气压梯度力项 [$\alpha(\partial p/\partial n)\sin i$]，从而计算地转风速。此外，由于洋流速度比大气风速弱很多，大气中可以忽略海平面的坡度，用“平均”海平面作为参考水平面。

4.1.4　地转方程为什么重要

海洋学家之所以用地转方程来确定洋流，是因为在海洋中直接测量足够多的海流在技术上非常困难，且耗资巨大。在浅海海域，可以通过抛锚一艘船，并在船舷上悬挂一个或多个流速仪来测量特定深度或多个深度的海流。但该方法只提供船舶停泊点的水流信息。而且当船被锚定时，通常会相对于锚定点移动。这种船舶运动的一部分

会叠加到流速仪测量的速度上，构成一个很难纠正的误差源。在深海中，这种抛锚测流的难度更大，船舶运动误差可能远大于真实的水流运动速度。

海流观测的另一种方法是在海洋中布设许多系有多个流速仪的锚定潜标或浮标，以此观测海流随时间变化的三维分布。这种方式费用昂贵，操作困难。现实中难以采用这种方式来观测全球大洋的海流。

计算海流的地转方程需要海洋中的密度分布信息，从温度和盐度的测量中获得这一信息比直接测量海流更容易。虽然地转方程存在一些缺点，但如果我们结合其他资料进行巧妙运用，则会对我们认识海流非常有帮助。事实上，海洋学家已用这种方法获得了海表之下海洋环流的大部分知识。

4.1.5 计算地转流的实用公式

方程（4-19）中等压面的倾斜在实践中是很难进行精确测量的，如何计算地转流呢？首先，在地转方程的解（4-14）和（4-15）中，令 $z=0$，

$$u_0 \approx -\frac{g}{f}\frac{\partial \eta}{\partial y} - \frac{g}{f\rho}\int_0^0 \frac{\partial \rho}{\partial y}\mathrm{d}z = -\frac{g}{f}\frac{\partial \eta}{\partial y}$$

$$v_0 \approx +\frac{g}{f}\frac{\partial \eta}{\partial x} + \frac{g}{f\rho}\int_0^0 \frac{\partial \rho}{\partial x}\mathrm{d}z = +\frac{g}{f}\frac{\partial \eta}{\partial x}$$

即在 $z=0$ 处的流为倾斜流，在任一深度处的绝对流速由下式确定

$$v_z - v_0 = +\frac{g}{\rho f}\frac{\partial}{\partial x}\int_z^0 \rho \mathrm{d}z \tag{4-20}$$

$$u_z - u_0 = -\frac{g}{\rho f}\frac{\partial}{\partial y}\int_z^0 \rho \mathrm{d}z \tag{4-21}$$

上两式中左端为相对流或斜压流分量。根据上面两式，可由已知的密度出发，计算出流体内部任意深度处的地转流。我们可以将上两式简化为更实用的形式。首先，将式（4-20）改写为

$$v_z - v_0 = \frac{g}{\rho f}\int_z^0 \frac{\partial \rho}{\partial x}\mathrm{d}z$$

引入比容 $\alpha = \dfrac{1}{\rho}$，有

$$v_z - v_0 = \frac{g}{\rho f}\int_z^0 \frac{\partial \alpha^{-1}}{\partial x}\mathrm{d}z = -\frac{1}{f}\int_z^0 \frac{\partial \alpha}{\partial x}\rho g \mathrm{d}z$$

应用静力方程（4-4），对上式作变量变换，可得

$$v_z - v_0 = \frac{1}{f}\int_{p_z}^{p_0} \frac{\partial \alpha}{\partial x}\mathrm{d}p \approx \frac{1}{f}\frac{\partial}{\partial x}\int_{p_z}^{p_0} \alpha \mathrm{d}p \tag{4-22}$$

在上式中，因为等压线的倾斜度很小，我们交换了积分和微分的顺序。在第 2 章，

我们已定义 $D \equiv \int_{p_z}^{p_0} \alpha \mathrm{d}p$ 为动力高度，将 D 代入式（4–22），得

$$\boldsymbol{v}_z - \boldsymbol{v}_0 = \frac{1}{f}\frac{\partial D}{\partial x} \qquad (4-23)$$

类似地，从式（4–21）出发，可得

$$u_z - u_0 = -\frac{1}{f}\frac{\partial}{\partial y}\int_{p_z}^{p_0} \alpha \mathrm{d}p = -\frac{1}{f}\frac{\partial D}{\partial y} \qquad (4-24)$$

如把上两式写成有限差分的形式，我们便可用数值计算求得地转流的斜压分量。具体地考虑图 4–8 的情形，图中等压线 p_1 和 p_2 相对于水平面的斜率分别为 γ_1 和 γ_2，应用式（4–23），我们有

$$\begin{aligned}\boldsymbol{v}_1 - \boldsymbol{v}_2 &= \frac{1}{f}\frac{\Delta D}{\Delta x} = \frac{1}{fL}\left[\left(\int_{p_2}^{p_1} \alpha \mathrm{d}p\right)_{\mathrm{A}} - \left(\int_{p_2}^{p_1} \alpha \mathrm{d}p\right)_{\mathrm{B}}\right] \\ &= \frac{1}{fL}\left[\left(\int_{z_2}^{z_1} g \mathrm{d}z\right)_{\mathrm{A}} - \left(\int_{z_2}^{z_1} g \mathrm{d}z\right)_{\mathrm{B}}\right] \\ &= \frac{1}{fL}\left[g\ (z_1 - z_2)_{\mathrm{A}} - g\ (z_1 - z_2)_{\mathrm{B}}\right] \\ &= \frac{1}{fL}\left[\Phi_{\mathrm{A}} - \Phi_{\mathrm{B}}\right] \qquad (4-25)\end{aligned}$$

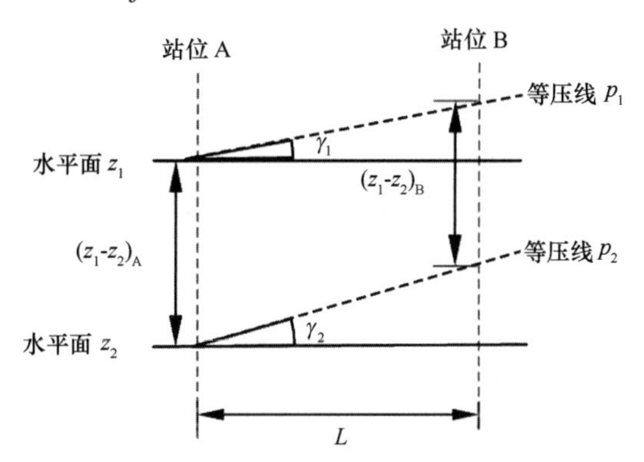

图 4–8　计算地转流的示意图

式中，$\boldsymbol{v}_1$ 和 $\boldsymbol{v}_2$ 分别为深度 z_1 和 z_2 处的 y 方向流速分量，L 为 A 站和 B 站间的水平距离，而积分中的下标指明站位。式（4–25）称为海伦–汉森公式。由关系式（2–7），我们可以得到

$$\left(\int_{p_2}^{p_1} \alpha \mathrm{d}p\right)_{\mathrm{A}} = \left[\left(\int_{p_2}^{p_1} \alpha_{35,\ 0,\ p} \mathrm{d}p\right)_{\mathrm{A}} + \left(\int_{p_2}^{p_1} \delta \mathrm{d}p\right)_{\mathrm{A}}\right]$$

$$\left(\int_{p_2}^{p_1} \alpha \mathrm{d}p\right)_{\mathrm{B}} = \left[\left(\int_{p_2}^{p_1} \alpha_{35,\ 0,\ p} \mathrm{d}p\right)_{\mathrm{B}} + \left(\int_{p_2}^{p_1} \delta \mathrm{d}p\right)_{\mathrm{B}}\right]$$

因此

$$v_1 - v_2 = \frac{1}{fL}\left[\left(\int_{p_2}^{p_1}\delta \mathrm{d}p\right)_{\mathrm{A}} - \left(\int_{p_2}^{p_1}\delta \mathrm{d}p\right)_{\mathrm{B}}\right] = \frac{1}{Lf}[\Delta D_{\mathrm{A}} - \Delta D_{\mathrm{B}}] \quad (4-26\mathrm{a})$$

根据式（2-10），如果采用动力米的单位进行计算，式（4-26a）可写成

$$v_1 - v_2 = \frac{10}{Lf}[\Delta D_{\mathrm{A}} - \Delta D_{\mathrm{B}}] \quad (4-26\mathrm{b})$$

式中，$\Delta D = \int_{P_1}^{p_2}\delta \mathrm{d}p$，方程（4-26a）和（4-26b）是地转方程的实用形式。原则上，每个测站在一系列深度上的温度和盐度测量值提供了计算两个比容距平 δ_A 和 δ_B 积分所需的信息，而站之间的距离 L 可通过定位获得。

在等式（4-26a）中，如果 L 以 m 表示，δ 单位为 $\mathrm{m}^3 \cdot \mathrm{kg}^{-1}$，$p$ 单位以 Pa 表示，$\Omega = 7.29\times10^{-5}\ \mathrm{s}^{-1}$，则 $(v_1 - v_2)$ 单位为 $\mathrm{m}\cdot\mathrm{s}^{-1}$。实际上，没有必要从 $p = -\int\rho g \mathrm{d}z$ 计算压力，使用 $p = -10^4 z$ 就足够了（因为在 5 000 m 深度范围内，平均密度 $\rho(s, t, p) \approx 1\,035\ \mathrm{kg}\cdot\mathrm{m}^{-1}$，因此 $\rho g \approx 1.014\times10^4\ \mathrm{Pa}\cdot\mathrm{m}^{-1}$ 或在 1.5%的相对精度范围内为 $10^4\mathrm{Pa}\cdot\mathrm{m}^{-1}$）。另一个原因是，在距离 L 上，例如大约 100 km，当用 $p = -10^4 z$ 计算的两个积分相减时，剩余的误差与观测误差相比可忽略不计。

用公式（4-25）计算的结果是 $(v_1 - v_2)$ 的值。这个值是压力 p_1 处与压力 p_2 处的海流速度差在 A 站和 B 站之间的平均值，其方向垂直于 AB 线，即实际海流速度差在垂直于 AB 方向上的分量。

为了明显地看出式（4-25）的物理意义，我们可通过静力方程，将积分变量 p 改回到 z，这样式（4-25）的右端变为

$$\frac{1}{fL}\left[\left(\int_{z_1}^{z_2} - g\mathrm{d}z\right)_{\mathrm{A}} - \left(\int_{z_1}^{z_2} - g\mathrm{d}z\right)_{\mathrm{B}}\right]$$

当 g 是常数时，可进一步简化为

$$\frac{g}{fL}[(z_1 - z_2)_{\mathrm{A}} - (z_1 - z_2)_{\mathrm{B}}]$$

上式的值等于等压线 p_1 对 p_2 的相对斜率乘以 g。另外，可以看出，由 $\alpha_{\mathrm{A}}(p)$，$\alpha_{\mathrm{B}}(p)$，$p=p_1$ 和 $p=p_2$ 四条曲线围成的面积的负值恰好等于式（4-25）方括号的值（参看图 4-9）。

在结束本节讨论之前，我们再次提醒读者注意：地转流是由两部分组成的，一部分依赖于自由表面的斜率，称为坡度流；另一部分依赖于流体内部的密度分布，称为相对流。在这两部分中，只有相对流可以根据观测到的密度分布加以计算，而另一部分则是难以计算的。这是因为由水体堆积形成的等压面的倾斜一般是不能直接观测的。为了求得绝对流，我们必须知道两站间某一水平面上的绝对压强场或绝对速度。要想

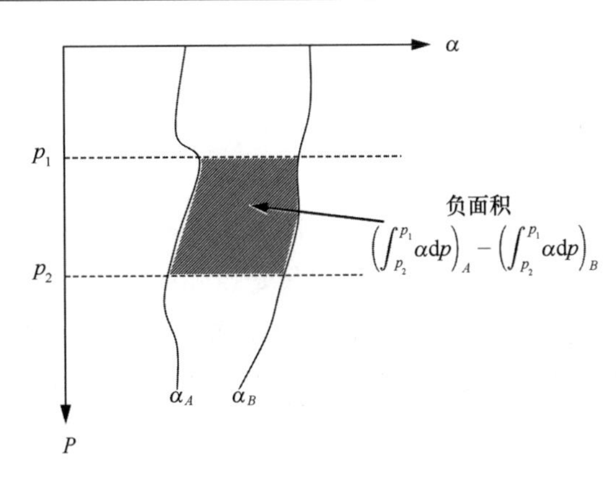

图4-9 α-p图与海伦-汉森公式的关系

做到这一点，只有如下两种可能：①通过流的直接测量，确定流速为0的水平面（称为无运动面）；②直接测出表面流。但是要做到这两点是相当困难的。

4.1.6 绝对地转流

地转计算给出了两个深度之间的相对速度分量（v_1-v_2），即速度切变 dv/dz。因此，如果我们知道 v_1 或 v_2 的绝对值，我们就会知道另一个的绝对值。

有几种可能性：

（1）假设有一个水平面或深度没有运动（参考水平面），例如在深水中 $v_2=0$，然后计算这上面不同水平面的 v（经典方法）；

（2）当在海峡或海洋的整个宽度上有可用的站点时，计算速度，然后应用连续性方程，以确定产生的流量是否合理，既符合所有已知的流量事实，也满足热量和盐的守恒；

（3）使用“已知运动水平”，例如，如果已知地表洋流，或者洋流已在某个深度通过海流计或中性浮标测量（最好在进行地转计算的密度测量时）。

注意，上述技术是获得绝对速度的“经典”技术。当然还有其他一些方法，例如“β螺旋方法”“P矢量方法”“逆方法”“全流流函数方法”等。

由于海表的速度很重要，并且可以从海面坡度（假设为等压）快速推断，因此，如果有足够的观测数据网格，通常绘制海面相对于某些较深位置的位势图（或“动力地形图”）。相对海流方向将与等位势线平行，相对速度大小将与等位势线间距成反比（即近间距=地形坡度大=速度大）。

需注意，这些位势地形图通常是基于某些假定的无运动水平面。如果平均上层洋流远大于平均深层洋流（通常是这样），即使深层洋流不完全为0，我们也可能得到足够好的近似。需要注意的是，虽然忽略深水中微弱的海流速度，可能不会对计算上层的地转流速产生很大影响，但当在整个深度上进行积分时，它可能对总体积输运作出重大贡献。

4.1.7 等压面、等密度面与海流的关系

流体中的等压面是流体静压强为常值的面，而等密度面（或等比容面）是流体密度（比容）为常值的面。如果流体的密度仅仅是压强的函数，即 $\rho=\rho(p)$，那么等压面与等密度面是彼此平行的。这种情形的质量场称为正压质量场。如果除压强外，密度还是其他参数的函数，且在水平方向上还呈现变化，那么等压面与等密度面就可能彼此倾斜，这种情形的质量场称为斜压场。斜压情况可以发生在密度依赖于压强与温度 $\rho(T, p)$ 的淡水湖中，也可以发生在密度依赖于盐度、温度和压强 $\rho(S, T, p)$ 的海洋中。在正压质量场中，水可处于静止状态。但在斜压质量场中，因为存在水平密度梯度，所以水是不能处于静止状态的。在海洋中，正压情况通常出现在深层水中，斜压情形通常出现在 1 000 m 以浅的上层海洋中。大多数较强的海流都出现在斜压性较强的上层海洋中。

在正压情形下，等密度面平行于等压面，且各等压面也相互平行，相对速度 V 为零，且等密度面的坡度很小，以致观测不到。对于 $V=0.1\ \mathrm{m\cdot s^{-1}}$，在中纬度海区其坡度的量级为 10^{-6}，即在 100 km 的距离上，等密度面高度的变化只有 0.1 m。如图 4-10 所示，图 4-10（a）表示海水静止的情形，而图 4-10（b）表示垂直方向为均匀流的情形。应注意，图 4-10（b）中的坡度被放大了。根据热成风方程组（4-13）的第一个方程，当 $\partial v/\partial z=0$ 时，有 $fv(\partial\rho/\partial z)=-g(\partial\rho/\partial x)$，即密度的水平梯度和相应的等密度面的坡度都是由与压缩效应有关的密度垂向变化引起的。在 Boussinesq 近似中，我们忽略了方程左边的密度变化，得到了正压情形时的 $\partial\rho/\partial x=\partial\rho/\partial y=0$。与斜压情况下的相应值比较，这些梯度和相应的等密度面坡度比起来是非常小的，因此近似是合理的。另一方面，当 Boussinesq 近似适用时，我们可以采用位势密度或 σ_t，这个量在正压情形下守恒。

在斜压情况下，在等压面与等密面之间没有简单的关系。根据地转方程（4-19），在北半球等压面的坡度正比于地转流的速度；而根据热成风方程（4-12），在北半球等密度面坡度（水平密度梯度）反比于水平速度的垂直剪切 $\partial \boldsymbol{V}/\partial z$（速度随深度的变化率）。应注意，如果密度向右减小，则等密度面将向右向下倾斜。

首先考虑最简单的理想化的斜压流动——两层流体系统：上层流体是运动的，下层流体是静止的；上层有常位势密度 ρ_1，下层有常位势密度 ρ_2，海表高度为 $\eta(x, y)$，上层海洋深度（即两层海洋的界面深度）为 $z=d(x, y)<0$，

$$\text{当 } z>d(x, y) \text{ 时}, p=\rho_1 g(\eta-z), \boldsymbol{V}_1=\frac{g}{f}\boldsymbol{k}\times\nabla\eta$$

$$\text{当 } z\leqslant d(x, y) \text{ 时}, p=\rho_1 g(\eta-d)+\rho_2 g(d-z)=\rho_1 g\eta+(\rho_2-\rho_1)gd-\rho_2 gz,$$

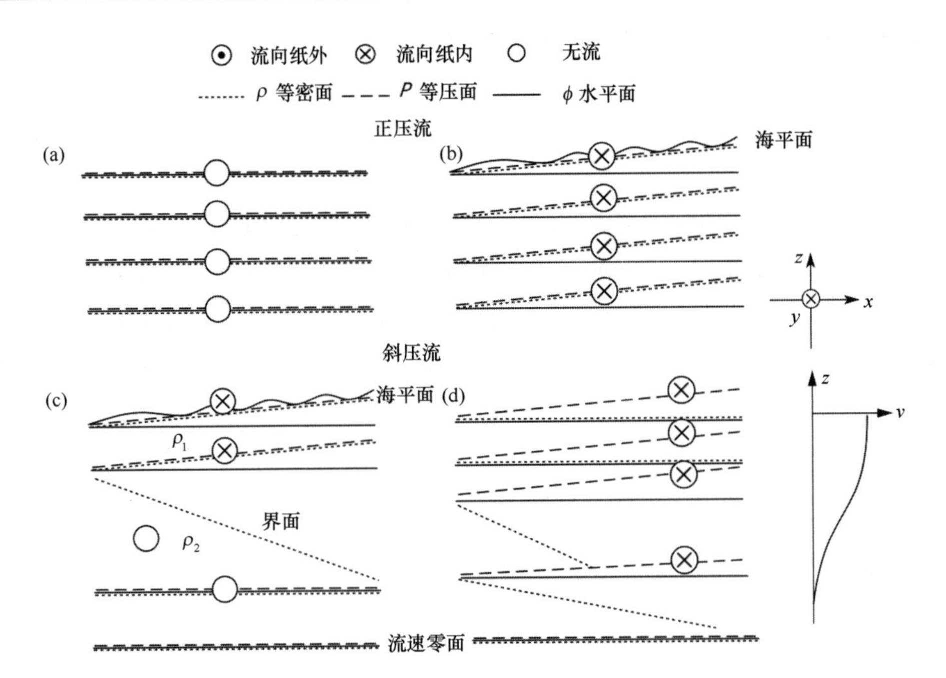

图 4-10 正压场和斜压场情形下等密度面与等压面之间的关系。(a) 和 (b) 是北半球正压质量场、压强场和流动方向；(c) 和 (d) 是北半球斜压质量场、压强场和流动方向；图 (b) 和 (c) 等压面和等密度面坡度放大了 10^5 倍，图 (d) 等压面坡度放大了 10^5 倍，等密度面坡度放大了 10^3 倍

因为假定下层流体是静止的，即 $\boldsymbol{V}_2=+\dfrac{g}{f}\boldsymbol{k}\times[\rho_1\nabla\eta+(\rho_2-\rho_1)\nabla d]=0$，则 $\nabla d=-\dfrac{\rho_1}{\rho_2-\rho_1}\nabla\boldsymbol{\eta}$，即两层流体等密度面交界面的坡度为 $-\rho_1/(\rho_2-\rho_1)$，且等密度面坡度的符号与等压面坡度的符号相反。在海洋中，$\rho_2-\rho_1\approx 1\ \mathrm{kg\cdot m^{-3}}$，而 $\rho_1\approx 1\,000\ \mathrm{kg\cdot m^{-3}}$，所以等密度面的坡度约为等压面坡度的 1 000 倍。图 4-10 (c) 说明了这种情况。应注意图中的坡度都显著地放大了，且上层海洋中的等压面坡度和等密度面坡度的放大倍数要比交界面坡度的放大倍数大得多。我们还可以把图 4-10 (c) 情况看作是上层为情况 (b) 与下层为情况 (a) 的一种组合。

这个简单的模型说明了在斜压情况下等密度面的坡度一定比等压面的坡度大得多，且符号相反。海洋中等密度面的坡度为等压面坡度的 $\rho/\Delta\rho$ 倍，而密度差是很小的，因此水平密度梯度和相应的等密度面坡度都很大，可以观测得到。而压强梯度和等压面坡度都很小，除了在强海流区可通过卫星高度计对其进行观测外，在其他海区一般是难以观测的。

如果密度的测量与压强和深度的测量精度相同（约为 $1/10^3$），我们则不能探测到等密度面坡度。但通过测定盐度和温度，我们可以把密度变化的测量提到更高的精度

（±5/10^6左右），或把 σ_t 的测量提高到 0.005 的精度。如果我们能把深度和压强差的测量提高到 1/10^5的精度，那么我们就可以利用压强场直接得到相对速度场。如果我们能把海平面的测量提高到±1 cm：100 km 的精度，在中纬度海区我们就能得到±1 $cm \cdot s^{-1}$ 精度的绝对速度场。但这种测量能力在当前还不能实现。

图 4-10（d）是与实际更接近的情况，但在深度 100 m 以上没有速度 V 的减小。注意此图中等压面坡度和等密度面坡度的放大倍数是不同的，ρ 放大了 10^3倍，而 p 放大了 10^5倍，这样做是为了表明等密度面的坡度比等压面的坡度大。尽管我们在图上不能表示出等密度面的坡度与等压面的坡度之比为 1 000：1。在这种情况下，跟与铅直方向速度剪切有关的坡度相比，由压强效应引起的等密度面的坡度非常小，以致无法把它表示出来。在流动的上部，V 很大且与 z 无关，各等压面彼此平行且向右向上倾斜（图中坡度~10^{-1}，实际坡度~10^{-6}），等密度面水平（按此放大倍数放大后的坡度应为 10^{-3}，而海洋中的真实坡度为 10^{-6}）。当速度开始随深度减小时，等压面坡度也逐渐减小，最后在无运动的平面上等压面坡度变为 0。在速度铅直剪切很大的地方，等密度面的坡度也很大，且向右向下倾斜；随着深度的增加，等密度面的坡度逐渐减小，在 V 和 $\partial V/\partial z$ 都等于 0 的无运动面上，等密度面的坡度为 0。此种情况下，与图 4-10（c）不同，速度和等密度面坡度具有连续性。

如果我们只有一幅等密度面图，为了大致了解地转流的状况，就必须用心算的办法，将密度从预期速度为零或速度很小的面上开始进行推断。在图 4-10（d）中，从无运动水平面开始，等密度面向右向下倾斜（轻水在右边），因此相对速度必然是向上增加直到等密度面变成水平以后，速度 V 便保持均匀不变。因为速度 V 向上增加并指向纸内，所以等压面必然向右向上倾斜（在等密度面向下倾斜的区域，等压面的倾斜方向与等密度面的倾斜方向相反）。

图 4-11 给出了近似符合实际的更复杂的情况。等压面坡度的放大倍数为 10^5，等密度面坡度的放大系数为 10^3。右边（区域 B）的流动类似于图 4-10（d）表示的流动，但流动方向相反；在海面附近流速量值向上有所减小，所以海面附近的等密度面坡度与等压面坡度具有相同的符号。在上面的无运动水平面（零流面 1）的上方，区域 A 类似于区域 B，但是这两个区域中的流动方向相反。而且在区域 A 中，由于流向在零流面 1 上发生改变，所以在零流面 1 上的剪切和等密度面的坡度均不为 0。随着深度的增加，区域 A 中的流动变为负值，等压面向右向下倾斜；当剪切变为零时，等密度面也变为水平。在零流面 1 下方，区域 A 中的等密度面向右向上倾斜，而等压面则向右向下倾斜；最后在下面的无运动面（零流面 2）上，等压面和等密度面又一次变成水平。概括起来说，由于在无运动面上流速为 0，而且向上流速增加（可以为正流速也可以为负流速），所以等压面的坡度和等密度面的坡度具有相反的符号，但在局部上它们也可以有相同的符号或其中一个是水平的而另一个是倾斜的，在这种情况下，用心算的办法对等密度面的断面分布图进行推断就更加困难了。除了非常简单的情况，由

密度场推断出速度场要求具有相当丰富的经验。

此外，我们还必须知道速度为 0 的面在什么地方。我们可以想象，如果加上图 4-10（b）那样的正压场，使得 A 区的流动方向上下都保持一致，而 B 区的深层流动是正的（尽管这种极端情况是不太可能的），那么所得的相对速度场仍然正确，但绝对速度场会完全不同。如果无运动水平面是仔细选择的，那么就有希望得到一个合理的流动图像。尽管在图 4-11 中我们把 A 区和 B 区上面的无运动平面都放置在同一水平面上，但必须注意，无运动面的位置可能随地点而变，在两个区域中可以是不同的。

在低纬度和中纬度海区，温度是决定密度的主要因素。因此温度断面图（在流场中直接画出）可以用来作为密度断面图的合理近似。判断相对流向（相对于较下层的海流而言）的法则由“在北半球，沿着流动方向观察时，密度较小的海水位于右方”变成了“温度较高的海水位于右方”，且等温线向右向下倾斜。

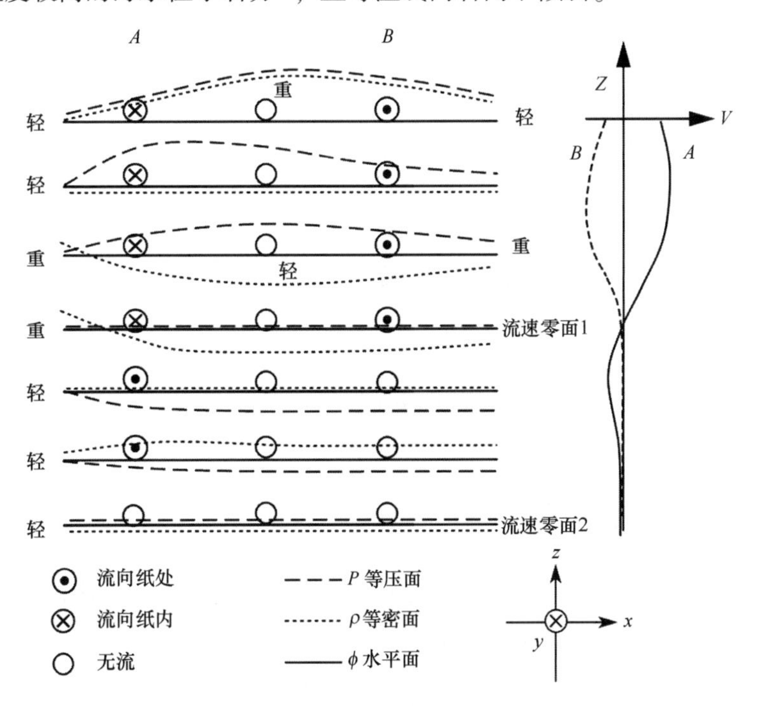

图 4-11　北半球斜压质量场、压强场和流动方向之间的关系（左图）的一个实例，图中等压面陡度放大了 10^5 倍，等密度面陡度放大了 10^3 倍。A 和 B 站位的地转流速剖面（右图）

在海洋学中，常常认为正压流动是由等压面的均匀倾斜引起的（例如在深水中，密度基本上只与压强有关），速度不随深度改变。斜压流动是由产生于密度变化的等压面附加倾斜引起的。在压强梯度力与科氏力平衡的意义上，以上两种流动都是地转流动。例如，在图 4-12 中，如果 ABC 代表水平速度的铅直变化，那么可以认为图中的速度是由两部分组成的：正压部分 V_b 和斜压部分 V_c。在图 4-12（a）中，V_b 和 V_c 方向相同；而在图 4-12（b）中，V_b和 V_c 方向相反。V_c 可以从地转（速度剪切）计算中得到。但 V_b在地转计算中不会出现，必须通过其他方法得到。这种划分似乎有任意性，但它与深水中成立的正压流体的定义 $p=p$（ρ）是一致的。然而，有些理论物理海洋学家取海面速度作为 V_b，而取相对于海面速度之偏离为 V_c。因此，在特定问题的讨论中弄清所采用的系统是重要的。例如，在讨论波浪运动时（第 8 章），把正压运动视为与表面坡度和表面速度有关是合适的。

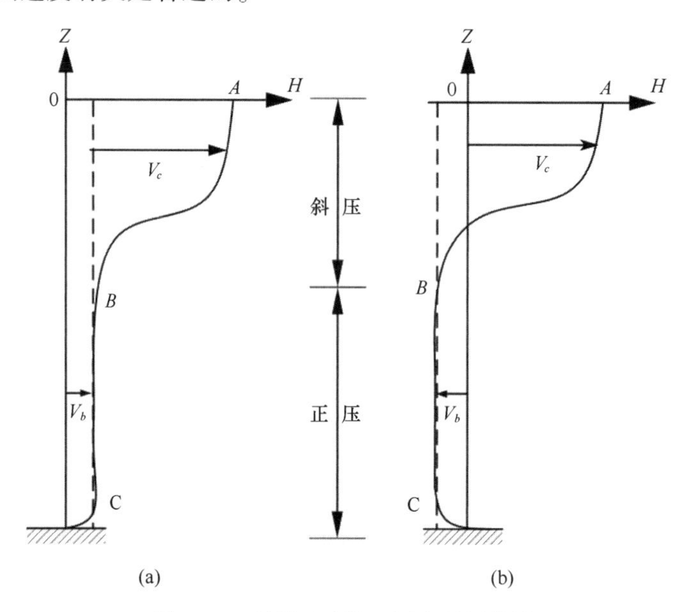

图 4-12　地转速度的正压和斜压分量

4.1.8　关于地转方程评述

根据海洋观测站 *A*、*B*（图 4-13）的资料计算地转流的方法只能得到垂直于线 *AB* 的海流分量 V_1。为了得到总海流，有必要用另外一对观测站（例如 *B*、*C*）的资料进行计算，以便得到另一个分量（V_2）。然后对这两个分量求矢量和，便得到总海流 V_H。如图 4-13（b）所示，为了得到一个区域上的总海流图像，在该海区设置许多观测站位，然后将这些站位划分为许多组，每组三个。对每一组都可计算出相应的总海流。如果只需要求出通过某个海峡的净输送量，则只需在跨过海峡的一条直线上布设观测站就够了。

计算海流的地转方法存在一些缺点：

（1）它只能给出相对海流，而且选择合适的无运动水平面也是个问题。然而有证据表明，地转方程如果使用得法，可以给出深水中的合理值。

（2）通常，地转方法只给出了相距几十千米的观测站之间的海流平均值。而要想把站位布设得很密是不现实的，这是由于：

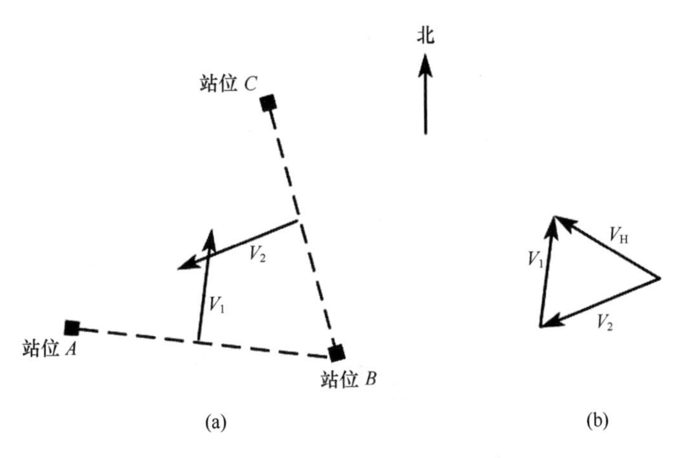

图 4-13　计算总地转流的方法示意图

①S，T 和 p 测量精度的限制，导致了 α 测量精度的限制（这些量的实际值在两站间的差必须显著大于这些量在个别站上的测量误差）。

②航海定位精度有限导致站间距离（L）有显著误差。如果船只有精确的定位装置，这种误差就可减至最小。现在可用卫星导航定位来确定静止船只的位置（精度可达 100 m 以上），但观测时船只的漂浮仍会给 L 值带来很大的不确定性。

③内波运动会使固定点的密度出现振动式的变化，从而使密度场的测量变得更复杂。密度的这种振动式变化效应很难修正。

事实上，地转计算只给出两站间距离上海流的平均值，其计算过程包含着平滑效应。如果我们只对大块水体运动有兴趣或不希望被一些小尺度或短周期的变化所干扰，则这种平滑效应并不是缺点。

（3）在推导地转方程时，摩擦已被忽略。实际上，在海底附近或有海流剪切的地方，摩擦可能是显著的。地转方程在这些地方不适用。

（4）在赤道附近，科氏力很小，摩擦力可能很重要，地转方程不成立。

（5）计算所得的地转流包括了所有长周期的瞬变海流。根据两个站算出来的地转流无法区分瞬变海流与定常海流。原则上可以每隔一定时间对各站的海流进行重复计算，以找出非定常的海流成分，但实际上很难做到。

尽管有这些缺点，但必须承认，地转方程的应用为我们提供了关于海流速度的大量知识。地转方法仍然是大面积区域上快速得到海流信息的唯一方法。仪器的发展提供了进行现场观测的各种新手段，例如各类中性浮子可直接给出深海海流的拉格朗日图像，从抛锚的船上放下的海流计可以得到欧拉型海流的铅直分布，现在还广泛使用适当布设的锚系海流计串，以研究有限区域上的环流。由中性浮子和海流计测得的资料表明，海洋中存在着许多具有不同周期和复杂空间变化的瞬变海流，使得我们很难得到平均流动的良好近似，因此无法用实测海流来检验地转方程的适用程度，也无法得到在大面积区域上进行地转计算所需的无运动参考面。

第 2 节　Ekman 流

Nansen 于 1898 年在北极考察时观测到北冰洋中浮冰的漂移方向与风向不一致，且偏向风向右侧。Ekman 于 1905 年发表了他关于大洋风生海流的著名论文，提出了漂流理论，奠定了风生海流的理论基础。故漂流理论又称为 Ekman 漂流理论。风作用在海面上而引起的海水流动，称为风生海流、风海流或 Ekman 流。海洋表层受海面风摩擦的影响，称为表 Ekman 层；同样，海洋底边界受底摩擦的影响，称为底部 Ekman 层，本节将分别予以介绍。Ekman 理论是现代海洋动力学的支柱。

4.2.1　风海流的定性描述

考虑 Nansen 观测的浮冰漂移问题。实际上，当风在海面上吹刮时，浮冰受到沿风向的作用力而开始运动，而浮冰一开始运动，便同时受到两个派生力的作用：一是地转偏向力，使浮冰向右偏转；另一个是海水的阻力，与冰的运动方向相反。如果风是定常的，那么当浮冰的漂移速度和方向达到某一数值后，上述三个力将相互平衡，浮冰的运动方向在风向和风向之右 90°之间的某一个方向上。

风海流，即风作用在海面上而引起的海水流动，与上述的浮冰运动相似。为了便于理解，我们可以设想把表层海水分成许多薄层。当第一层海水在风的作用下开始运动时，与上述分析类似，它的运动应当偏向风向的右侧，同时通过摩擦作用将动量传递给第二层，从而带动第二层一起运动。第二层的运动方向应当偏向第一层运动方向之右。类似地，第三层海水也将在第二层海水的带动下运动，并偏向第二层海水运动方向之右。这样动量层层向下传递，流向层层向右偏转。由于动量越向下传递越小，所以流速也随深度而减小，最后在某个深度上消失。这就是风生海流的定性描述。

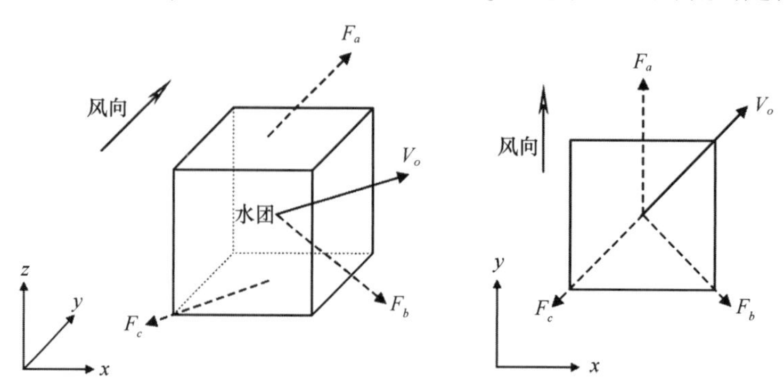

图 4-14　海洋表层一个立方水团的受力分析

4.2.2　表层 Ekman 方程及其解

重写近似条件下海洋运动控制方程（3−92）如下

$$\frac{\mathrm{D}u}{\mathrm{D}t} - fv = -\frac{1}{\rho_0}\frac{\partial p}{\partial x} + A_1\left(\frac{\partial^2 u}{\partial x^2} + \frac{\partial^2 u}{\partial y^2}\right) + A_z\frac{\partial^2 u}{\partial z^2} \tag{4-27a}$$

$$\frac{Dv}{Dt} + fu = -\frac{1}{\rho_0}\frac{\partial p}{\partial y} + A_l\left(\frac{\partial^2 v}{\partial x^2} + \frac{\partial^2 v}{\partial y^2}\right) + A_z\frac{\partial^2 v}{\partial z^2} \tag{4-27b}$$

$$0 = -\frac{1}{\rho_0}\frac{\partial p}{\partial z} - \frac{g\rho}{\rho_0} \tag{4-27c}$$

接近海面时，由于风对海面的影响，导致动量（和能量）通过湍流过程转移到海洋中，在一薄层内存在强剪切，即在这一层中大尺度运动的地转平衡被打破。进入海洋表面的动量流称为表面风应力，即施加在海洋表面单位面积的切向力（单位：N/m^2）。图 4−15 为海表应力示意图，在 $z=-\sigma$ 处，风应力较小为 0。风应力效应可以作为运动方程的边界条件。

在海面（$z=0$），湍流输送是由风应力引起，即

$$\tau_{xz}(z=0) = \tau_x = -\rho\,\overline{u'w'} = \rho A_z\frac{\partial u}{\partial z} \tag{4-28}$$

$$\tau_{yz}(z=0) = \tau_y = -\rho\,\overline{v'w'} = \rho A_z\frac{\partial v}{\partial z} \tag{4-29}$$

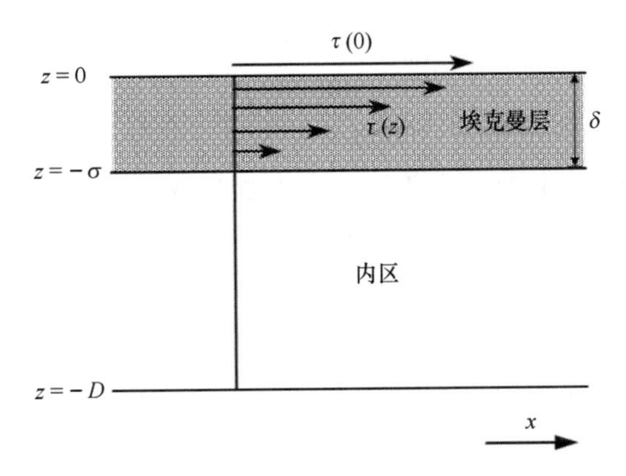

图 4−15　海表风应力示意图

在 $z=-\sigma$ 处，应力减小为 0。受风应力影响的层为 Ekman 层（埃克曼层）。

对问题做了以下假定：

（1）无横向边界，即无侧摩擦，可将问题转换为一维问题。

（2）无限深水域，即无底部摩擦。这样假设的原因是风力驱动的水流运动随着深度的增加而减小。因此在非常深的水域中，风力驱动变得微不足道，剪切力可忽略不

计，即摩擦力消失。

（3）A_z=常数。假设原因：简化问题；缺乏关于A_z随z的变化信息。

（4）稳定状态，即长期稳定风力的作用。

（5）海水密度均匀（ρ=常量）。

（6）f平面（f=常数）。

基于上述假定，在 Ekman 层，$R_o \ll 1$，$E_H \sim 1$，因此，存在三力平衡（图 4-16）：

科氏力+垂直摩擦力+压力梯度力=0

方程（4-27a）和（4-27b）简化为：

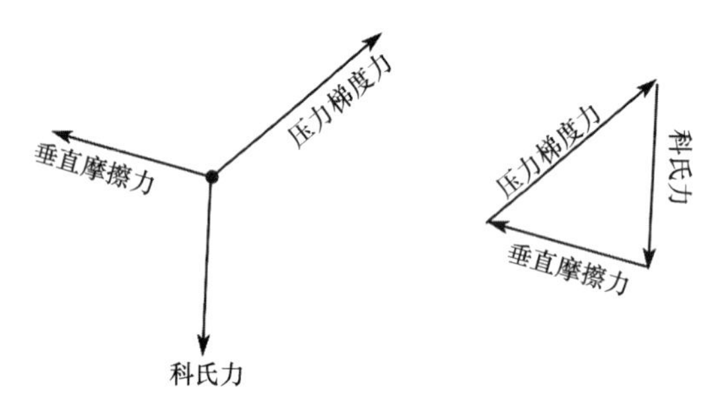

图 4-16　Ekman 层力的平衡

$$-fv = -\frac{1}{\rho}\frac{\partial p}{\partial x} + A_z\frac{\partial^2 u}{\partial z^2} \tag{4-30}$$

$$+fu = -\frac{1}{\rho}\frac{\partial p}{\partial y} + A_z\frac{\partial^2 v}{\partial z^2} \tag{4-31}$$

求解方程（4-30）和（4-31）的一个困难是，运动的原因由两个力导致，产生压力项的质量分布（即密度）和风摩擦项。但方程是线性的，满足叠加原理，我们可以认为速度由两部分组成，一部分与水平压力梯度有关，另一部分与垂直摩擦力有关，即总速度分解成地转流和 Ekman 流，即

$$(u,\ v) = (u_g,\ v_g) + (u_E,\ v_E) \tag{4-32}$$

其中$(u_g,\ v_g)$和$(u_E,\ v_E)$分别为地转速度和 Ekman 速度。将上式代入方程（4-30）和（4-31）中得

$$-f(v_g + v_E) = -\alpha\frac{\partial p}{\partial x} + A_z\frac{\partial^2}{\partial z^2}(u_g + u_E)$$

$$+f(u_g + u_E) = -\alpha\frac{\partial p}{\partial y} + A_z\frac{\partial}{\partial z}(v_g + v_E)$$

其中$fv_g = \alpha\frac{\partial p}{\partial x}, fu_g = -\alpha\frac{\partial p}{\partial y}$，则得 Ekman 方程：

$$fv_E + A_z\frac{\partial^2 u_E}{\partial z^2} = -A_z\frac{\partial^2 u_g}{\partial z^2} \approx 0 \tag{4-33}$$

$$-fu_E + A_z \frac{\partial^2 \upsilon_E}{\partial z^2} = -A_z \frac{\partial^2 \upsilon_g}{\partial z^2} \approx 0 \tag{4-34}$$

通过前面的尺度分析，$-A_z(\partial^2 u_g/\partial z^2)$ 可忽略。Ekman 方程的边界条件为：

在海表面（$z=0$）

$$\rho A_z \frac{\partial u_E}{\partial z} = \tau_x \tag{4-35}$$

$$\rho A_z \frac{\partial \upsilon_E}{\partial z} = \tau_y \tag{4-36}$$

在内区（$z \to -\infty$）

$$u_E \to 0 \tag{4-37}$$

$$\upsilon_E \to 0 \tag{4-38}$$

为方便求解，首先对 Ekman 方程和边界条件进行变换，写成复方程形式，则由式（4-33）+式（4-34）×i 得

$$\mathrm{i}f(u_E + \mathrm{i}\upsilon_E) = A_z \frac{\partial^2 (u_E + \mathrm{i}\upsilon_E)}{\partial z^2}$$

设 $V_E = u_E + \mathrm{i}\upsilon_E$，则原方程可写成：

$$\frac{\partial^2 V_E}{\partial z^2} - \frac{\mathrm{i}f}{A_z} V_E = 0 \tag{4-39}$$

相应地，边界条件改写成：

在海表面（$z=0$），由式（4-35）+i×式（4-36）

$$\rho A_z \frac{\partial (u_E + \mathrm{i}\upsilon_E)}{\partial z} = \tau_x + \mathrm{i}\tau_y$$

定义，$\tau = \tau_x + \mathrm{i}\tau_y$ 则

$$\frac{\partial V_E}{\partial z} = \frac{\tau}{\rho A_z} \tag{4-40}$$

在内区式（$z \to -\infty$），由 式（4-37）+i×式（4-38），得

$$u_E + \mathrm{i}\upsilon_E = V_E \to 0 \tag{4-41}$$

设方程（4-39）的解为 $V_E = \mathrm{e}^{\alpha z}$，代入到方程（4-39）中得

$$\alpha^2 \mathrm{e}^{\alpha z} - \frac{\mathrm{i}f}{A_z} \mathrm{e}^{\alpha z} = 0，则 \alpha^2 = \frac{\mathrm{i}f}{A_z}$$

对于北半球 $f>0$，$\alpha = \pm\sqrt{\frac{\mathrm{i}f}{A_z}} = \pm\sqrt{\frac{f}{2A_z}}(1+\mathrm{i})$，则方程的解为

$$V_E = A\mathrm{e}^{\left(\sqrt{\frac{f}{2A_z}}(1+\mathrm{i})z\right)} + B\mathrm{e}^{\left(-\sqrt{\frac{f}{2A_z}}(1+\mathrm{i})z\right)}$$

系数 A 和 B 由边界条件确定。因为 $\mathrm{e}^{\left(-\sqrt{\frac{f}{2A_z}}(1+\mathrm{i})z\right)} = \mathrm{e}^{\left(-\mathrm{i}\sqrt{\frac{f}{2A_z}}z\right)} \mathrm{e}^{\left(-\sqrt{\frac{f}{2A_z}}z\right)}$，它随深度增加呈

指数增长，因此不满足第二个边界条件（4-41），该项应舍去（即 $B=0$）。方程的解只能保留第一项，将海表边界条件（4-40）代入通解 $V_E=A\mathrm{e}^{\left(\sqrt{\frac{f}{2A_z}}(1+\mathrm{i})z\right)}$，当 $z=0$ 时，得

$$\frac{\partial V_E}{\partial z}=A\sqrt{\frac{f}{2A_z}}(1+\mathrm{i})=\frac{\tau}{\rho A_z}$$

所以

$$A=\frac{\tau}{\rho A_z\sqrt{\frac{f}{2A_z}}(\mathrm{i}+1)}=-\frac{(\mathrm{i}-1)\tau}{\rho\sqrt{2fA_z}}$$

因此方程（4-39）的完整解为

$$V_E=-\frac{(\mathrm{i}-1)\tau}{\rho\sqrt{2fA_z}}\mathrm{e}^{\left(\sqrt{\frac{f}{2A_z}}(\mathrm{i}+1)z\right)} \tag{4-42}$$

我们将风应力表示成 $\tau=\tau_x+\mathrm{i}\tau_y=\tau=|\tau|\mathrm{e}^{\mathrm{i}\varphi_w}$，其中

$$|\tau|=\sqrt{\tau_x^2+\tau_y^2},\ \varphi_w=\tan^{-1}\left(\frac{\tau_y}{\tau_x}\right)$$

又因为 $-\frac{\mathrm{i}-1}{\sqrt{2}}=\mathrm{e}^{-i\frac{\pi}{4}}$，所以解（4-42）可写成

$$V_E=\frac{|\tau|\mathrm{e}^{\sqrt{\frac{f}{2A_z}}z}}{\rho\sqrt{fA_z}}\mathrm{e}^{i\left(\sqrt{\frac{f}{2A_z}}z+\varphi_w-\frac{\pi}{4}\right)} \tag{4-43}$$

定义 $D_E=(2A_z/f)^{1/2}$，则

$$V_E=V_0\mathrm{e}^{\frac{z}{D_E}}\mathrm{e}^{i\left(\frac{z}{D_E}+\varphi_w-\frac{\pi}{4}\right)}$$

其中 $V_0=\left(\sqrt{2}\,|\tau|\right)/(\rho fD_E)$ 是 Ekman 表层合流速大小。$|\tau|$ 为海面风应力的大小，φ_w 海面风应力的方向，D_E 是 Ekman 深度或者摩擦影响的深度。因此流速大小和方向分别为

$$|V_E|=V_0\mathrm{e}^{\frac{z}{D_E}},\ \varphi=\frac{z}{D_E}+\varphi_w-\frac{\pi}{4}(\varphi=0\text{ 为正东方向})$$

如果把解（4-43）写成分量形式，则为

$$\begin{aligned}V_E&=V_0\mathrm{e}^{\frac{z}{D_E}}\mathrm{e}^{i\left(\frac{z}{D_E}+\varphi_w-\frac{\pi}{4}\right)}\\&=V_0\mathrm{e}^{\frac{z}{D_E}}\left[\cos\left(\frac{z}{D_E}+\varphi_w-\frac{\pi}{4}\right)+\mathrm{i}\sin\left(\frac{z}{D_E}+\varphi_w-\frac{\pi}{4}\right)\right]\end{aligned}$$

即

$$u_E=V_0\mathrm{e}^{\frac{z}{D_E}}\cos\left(\frac{z}{D_E}+\varphi_w-\frac{\pi}{4}\right)$$

$$v_E=V_0\mathrm{e}^{\frac{z}{D_E}}\sin\left(\frac{z}{D_E}+\varphi_w-\frac{\pi}{4}\right)$$

对于南半球$f<0$，$\alpha=\pm\sqrt{\dfrac{-\mathrm{i}|f|}{A_z}}=\pm\sqrt{\dfrac{(\mathrm{i}-1)^2|f|}{2A_z}}=\pm\dfrac{\mathrm{i}-1}{\sqrt{2}}\sqrt{\dfrac{|f|}{A_z}}$，则 Ekman 的解可表述为（请读者自行推导）

$$\begin{aligned}V_E&=V_0\mathrm{e}^{\frac{z}{D_E}}\mathrm{e}^{\mathrm{i}\left(-\frac{z}{D_E}+\varphi_w+\frac{\pi}{4}\right)}\\&=V_0\mathrm{e}^{\frac{z}{D_E}}\left[\cos\left(-\frac{z}{D_E}+\varphi_w+\frac{\pi}{4}\right)+i\sin\left(-\frac{z}{D_E}+\varphi_w+\frac{\pi}{4}\right)\right]\end{aligned}$$

因此流速大小和方向分别为

$$|V_E|=V_0\mathrm{e}^{\frac{z}{D_E}},\ \varphi=-\frac{z}{D_E}+\varphi_w+\frac{\pi}{4}$$

其分量形式为

$$u_E=V_0\mathrm{e}^{\frac{z}{D_E}}\cos\left(-\frac{z}{D_E}+\varphi_w+\frac{\pi}{4}\right)$$

$$v_E=V_0\mathrm{e}^{\frac{z}{D_E}}\sin\left(-\frac{z}{D_E}+\varphi_w+\frac{\pi}{4}\right)$$

从表 Ekman 方程在北半球和南半球的解，我们能得到以下几点：

（1）在海表面（z=0），Ekman 的解为

北半球：$V_E=V_0\mathrm{e}^{\mathrm{i}\left(\varphi_w-\frac{\pi}{4}\right)}$，　$u_E=V_0\cos\left(\varphi_w-\frac{\pi}{4}\right)$，　$v_E=V_0\sin\left(\varphi_w-\frac{\pi}{4}\right)$

南半球：$V_E=V_0\mathrm{e}^{\mathrm{i}\left(\varphi_w+\frac{\pi}{4}\right)}$，　$u_E=V_0\cos\left(\varphi_w+\frac{\pi}{4}\right)$，　$v_E=V_0\sin\left(\varphi_w+\frac{\pi}{4}\right)$

其中 $V_0=(\sqrt{2}|\tau|)/(\rho|f|D_E)$ 。表明在北半球，海面 Ekman 流方向沿风向向右偏转 45°，而在南半球海面 Ekman 流方向沿风向向左偏转 45°（图 4-17）。

（2）在海面之下（$z\neq0$），流速大小为 $V_0\mathrm{e}^{\left(\frac{z}{D_E}\right)}$ ，即速度大小随着深度的增加呈指数衰减；流速方向根据 $\mathrm{e}^{\mathrm{i}\left(\frac{z}{D_E}+\varphi_w-\frac{\pi}{4}\right)}$ 和 $\mathrm{e}^{\mathrm{i}\left(-\frac{z}{D_E}+\varphi_w+\frac{\pi}{4}\right)}$ 判断，在北（南）半球按顺时针（逆时针）变化［如图 4-17（c）的透视图］。

（3）在 $z=-\pi D_E$ 时，海流方向与海表处海流方向相反，且速度为海面速度的 $e^{-\pi}=0.04$ 倍。通常取深度 πD_E 为风生流（Ekman 层）的有效深度。

（4）如果把 Ekman 流矢量箭头的尖端联结起来，并投影到平面上，则形成一个大小逐渐减小的螺线，称为“Ekman 螺旋”（图 4-17）。

为了得到海面流速 V_0、风速 W 和 Ekman 深度 D_E 之间的数量关系，Ekman 利用了两个实验观测值。

（1）Ekman 分析风应力的大小由经验关系得

$|\tau|=\rho_a C_D W^2$，其中空气密度 $\rho_a=1.3\ \mathrm{kg/m^3}$，拖曳系数 $C_D\approx1.4\times10^{-3}$ ，则 $|\tau|=1.8\times10^{-3}W^2$，所以

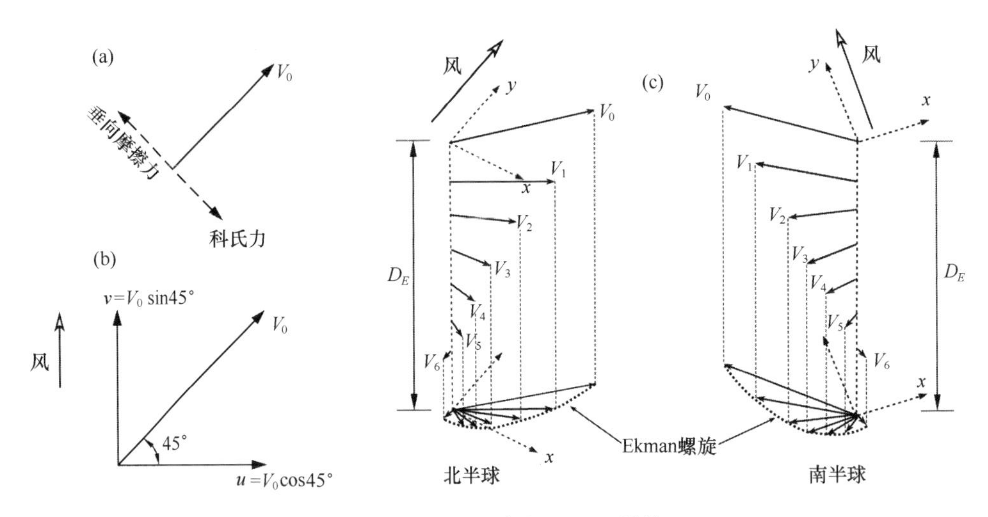

图 4-17　Ekman 流和 Ekman 螺旋

$$\pi V_0 = \frac{\sqrt{2}\pi|\tau|}{\rho f D_E} = \frac{\sqrt{2}\pi \times 1.8 \times 10^{-3} W^2}{1\,025 f D_E} = 0.79 \times 10^{-5}\frac{W^2}{f D_E}(\mathrm{m \cdot s^{-1}})$$

（2）Ekman 分析现场观测表明，在赤道±10°之外海域，海表流速和风速关系为

$$\frac{\pi V_0}{W} = \frac{0.012\,7}{(\sin|\varphi|)^{(1/2)}}。$$

因此，得

$$\pi D_E = \frac{4.3W}{\sqrt{\sin\varphi}}(\mathrm{m})(\text{其中 W 单位为 } m \cdot s^{-1})$$

如果某纬度位置的风速已知，我们就可以计算 V_0和 D_E ，以及海表以下任何深度的 Ekman 速度。D_E 取决于 W 的事实表明，涡流黏度 A_z是随着 W 的增加而增加的。如果我们知道 D_E ，则可以估计出 A_z的值。

值得注意的是，虽然观测事实（1）和（2）是合理的，但它们并不精确。例如，C_D值存在可变性。目前的估计表明，风速高达 15 m · s^{-1}时，C_D值为 1.3×10^{-3}至 $1.5\times10^{-3}\pm20\%$。

由于观测数据的限制，Ekman 有关 V_0/W 关系的陈述可能是不精确的。此外，随时间的变化，Ekman 深度对混合层深度的影响是重要的。尽管“混合层深度”与 Ekman 深度相同的假设并不总是正确。但通常情况下，D_E 的值是根据上层混合层的深度估算的，或与上层混合层的深度进行比较。混合层深度取决于当地的风的历史，而不是观察时刻的风速；它还取决于底层水的稳定性和通过海表的热平衡（这决定了对流效应）。混合层的形成是一个复杂的时变过程，它仍是物理海洋学的一个活跃研究领域。由于混合层深度可能受到短期强风的影响，在大多数情况下，Ekman 深度将小于混合层深度。因此从 D_E 计算的 A_z值通常可能偏大。

最后，Ekman 理论是基于 A_z 随深度不变且风速恒定的假设。这两种假设都不太现实。因此，虽然风海流在北半球向右偏转和随深度减小的主要特征是正确的，但一些细节并不准确。开阔深海海域是 Ekman 理论唯一适用的区域，但在这些海域开展准确的海流测量很困难，且在足够稳定的风况下获得的观测数据就更少，因此没有足够的海流剖面观测来全面检验这一理论。

4.2.3 表层 Ekman 输运

风驱动的 Ekman 流的速度在海表最大，并随着深度的增加逐渐减小。因为最强的海流在风向的右边（或左边），所以很容易理解净输送在风向的右边（或左边）。下面我们将证明 Ekman 流引起的总输送与风向成直角。

重写 Ekman 方程（4-31）和（4-32），利用边界条件（4-29）和（4-30），把摩擦项表示成风应力形式

$$+\rho f v_E + \frac{\partial \tau_x}{\partial z} = 0$$

$$-\rho f u_E + \frac{\partial \tau_y}{\partial z} = 0$$

它能够被改写成

$$f\rho v_E \mathrm{d}z = - d\tau_x$$
$$- f\rho u_E \mathrm{d}z = - d\tau_y$$

$\rho v_E \mathrm{d}z$ 是在 y 方向上每秒垂直通过深度为 dz、x 方向为单位宽度区域的质量通量，$\rho u_E \mathrm{d}z$ 是在 x 方向上每秒垂直通过深度为 dz、y 方向为单位宽度区域的质量通量，而 $\int_E^0 \rho v_E \mathrm{d}z$ 是单位时间内沿 y 方向垂直通过从海表至深度 E 每单位宽度的总质量通量，$\int_E^0 \rho u_E \mathrm{d}z$ 则表示单位时间内沿 x 方向垂直通过海表至深度 E 每单位宽度的总质量通量。在足够深处选择一个下界面，使积分包括整个风生海流的水层，例如取 $z=-2D_E$，此处流速值为表面速度值的 $e^{-2\pi}=0.002$ 倍，实质可视为零。用符号 M_{xE} 和 M_{yE} 分别表示沿 x 和 y 方向上的 Ekman（即风驱动）质量输运，那么

$$fM_y^\eta = f\int_{-2D_E}^0 \rho v_E \mathrm{d}z = -\int_{-2D_E}^0 \mathrm{d}\tau_x = -(\tau_x)_{sf} + (\tau_x)_{-2D_E}$$

$$fM_x^\eta = f\int_{-2D_E}^0 \rho u_E \mathrm{d}z = +\int_{-2D_E}^0 \mathrm{d}\tau_y = (\tau_y)_{sf} - (\tau_y)_{-2D_E}$$

由于风驱动的 Ekman 层之下的速度基本上为 0，因此不可能存在剪切和摩擦，即 $(\tau_x)_{-2D_E}$ 和 $(\tau_y)_{-2D_E} \sim 0$。因此 Ekman 输运为

$$fM_x^\eta = +\tau_y^\eta$$
$$fM_y^\eta = -\tau_x^\eta$$

采用矢量表示则为

$$\boldsymbol{M}^{\eta} = \frac{\boldsymbol{\tau}^{\eta}}{f} \times \boldsymbol{k} \tag{4-44}$$

上式中下标 η 表示海表面的值。因为海表面可能高于或低于由平均海平面确定的坐标系原点所决定的水平面，因此可能不为 0。

与 Ekman 输运有关的 ρ 的变化很小，可视为常数。例如取海表至 $2D_E$ 范围内的平均值，可将 ρ 提取到积分号之外。这样计算所产生的误差可以忽略不计。鉴于此，实际应用中也经常采用体积输运（单位宽度）。例如，$Q_y = \int_{-2D_E}^{0} v_E \mathrm{d}z$，则 $M_y^{\eta} = \rho Q_y^{\eta}$。采用体积输运所表示的 Ekman 输运为

$$\boldsymbol{Q}^{\eta} = \frac{\boldsymbol{\tau}_{\eta}}{\rho f} \times \boldsymbol{k} \tag{4-45}$$

式（4-44）和（4-45）表明，计算 Ekman 输运时，只需要风应力信息，不需要知道 Ekman 螺旋的详细结构（即 Ekman 流）和难以确定的涡黏性系数 A_z。根据矢量运算右手法则，Ekman 输运与风向成直角，在北半球向右输送，在南半球向左输送。

因为 Ekman 输运向风的右侧输运海水（北半球），连续性方程要求必须有来自风向左侧的海水补充流向右侧的海水。在 Ekman 理论所假定的无限宽海洋中，在表层提供这种海水的补充是没有问题的。如果风平行于海岸线从赤道吹向极地，则 Ekman 层输运海水远离海岸，由于海岸的存在，海洋表层水无法进行补充，只能由岸边海表之下的海水进行有效补充，这种现象称为上升流。如果靠近海岸的区域是一个辐散区，则通常存在上升流。上升流区的海水不是来自海洋深处。对上涌水体性质的研究表明，其来源深度一般不超过 200~300 m。当上涌水体营养盐含量较高时，可促进浮游生物的产生。因此这一过程具有重要的生物学意义。世界上约 90%的渔场占据海洋面积 2%~3%，其大部分都位于沿海上升流区域。但并不是所有深海海水都富含营养物质，因此上升流并不一定能促进海洋生产力。根据 Ekman 输运，存在以下一般规则：当风沿西海岸吹向极地或风沿东海岸吹向赤道时，通常会出现海岸上升流。

在上述西边界的上升流区，由于 Ekman 输送会引起海面从外海向岸向下倾斜，从而产生流向极地的沿岸地转流。另一方面在上升流区，同一水平面上的密度岸边比外海高，根据热成风关系，流向极地的沿岸地转流随深度增加而减小，这叫斜压补偿作用，甚至有时候还会出现“过度补偿”现象，即如果压强梯度力在某一深度处有符号变化，则需要一个流向极地的潜流来平衡（或部分平衡）科氏力。如果风沿着大洋东边界向两极吹，根据 Ekman 输运，海水被输送到海岸，使得海岸处的海面升高，所引起的海表坡度同样会产生流向极地的地转流。通常，由倾斜海面诱发的地转流的速度比由风导致的 Ekman 流的速度要大得多，这使得后者更加难以测量。

图 4-18 显示北半球海流的辐聚和辐散。(a) 沿着大陆的风产生 EKman 输运，倾向

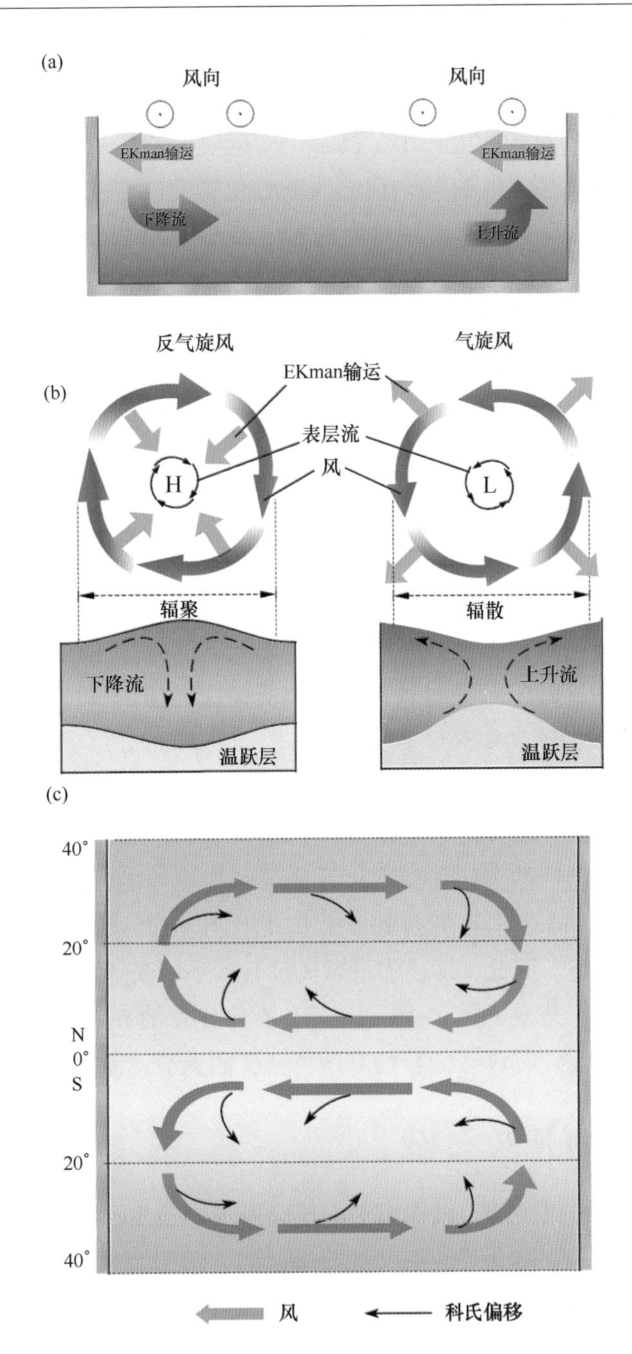

图 4-18 海岸区 Ekman 输运引起的上升流，气旋和反气旋风场以及中纬度大洋 Ekman 输运引起的辐散辐聚

于把水从东边移到西边，导致东、西侧水的上升和下沉；（b）气旋和反气旋风场引起的海水辐聚合辐散；（c）科氏右偏导致水在环流漩涡的中心聚集，形成下沉。沿着赤道，由于海水在南、北半球分别被科氏力向左（南）、右（北）偏移，海流辐散形成

上升流。

上面我们讨论了在边界约束（海岸）情形下，由 Ekman 输运导致的上升流。进一步我们讨论在远离边界的开阔大洋中，Ekman 输运对海流发展的影响。在真实的海洋表面，不存在 Ekman 假设的那种均匀风，风随着位置的改变而变化。如果风的方向保持恒定，但风速有所变化，则垂直于风向的 Ekman 输运也会发生变化。Ekman 层的水体输运使海水出现辐聚或辐散，由于水体的连续性，海水出现下沉或上升。

例如，在北大西洋和北太平洋，风的总方向是在高纬度地区向东（“西风带”），在低纬度地区向西（“东风带”）。图 4-19（a）以简化的形式显示了海表的主要风系，箭头长度表示风速的大小。西风带 Ekman 输运向南，东风带 Ekman 输运向北，且在风速较大时输送更大，其结果是 Ekman 向南的输运将从 A 向 B 增加。为补充这一增加，水必须从 Ekman 层以下向上涌，并形成一个辐散带［图 4-19（b）］。从 B 到 C，向南的 Ekman 流将减小到 0，而从 C 到 D，向北的 Ekman 输运逐渐增加，因此，海水在 C 的周围区域汇聚，形成下沉的流。类似地，D 和 E 之间存在一个辐散上升流区。在辐聚区，海面水位较高，而在辐散区，海面水位较低。这将产生压强梯度，最终形成地转流（u_g）［图 4-19（c）］。通过辐散合辐聚所建立的压力梯度，风引起的流动比它直接在 Ekman 层驱动的流动要深得多。风直接驱动的 Ekman 层的风生流约 100~200 m 深，而由 Ekman 输运所导致的辐聚和辐散以及由此引起的压强梯度力导致的地转流的影响可到 1 000~2 000 m 深。图 4-19（d）南北方向的经向断面，在纬度 25°附近的辐聚区有水堆积，由此产生的等压面斜率以及底层摩擦影响的发展。在赤道区域，尽管风很弱（无风带）Ekman 输运在赤道以北向北，在赤道以南向南，即赤道两侧的 Ekman 输运都远离赤道。因此，即使赤道东风没有水平切变［图 4-19（e）］，也会在赤道处形成辐散区和上升流［图 4-19（g）］。在第 6 章的 Sverdrup 理论讨论中，我们再详细讨论图 4-19（e）、（f）、（g）的其他特征，如赤道逆流。

4.2.4 表层 Ekman 抽吸

上一节的讨论和分析表明，风作用于上层海洋形成表 Ekman 层和横向（垂直于风的方向）Ekman 输运。在有边界约束（如海岸）时，由于海水的连续性，形成上升流。在开阔海域（无边界约束），风的变化引起由 Ekman 输运导致的水体辐散或辐聚，从而形成压强梯度力，进一步引起水平地转流和垂向流速。本节将详细讨论这一问题。

首先我们改写 Ekman 方程为矢量形式

$$\rho f \boldsymbol{k} \times \boldsymbol{u}_E = \frac{\partial \boldsymbol{\tau}}{\partial z}$$

再次声明，$\boldsymbol{\tau}$ 是指 Ekman 层中的湍流应力，它在 Ekman 层之下消失，相应地 $\boldsymbol{u}_E$ 也为 0。用 $\boldsymbol{u}_G$ 表示地转速度并满足

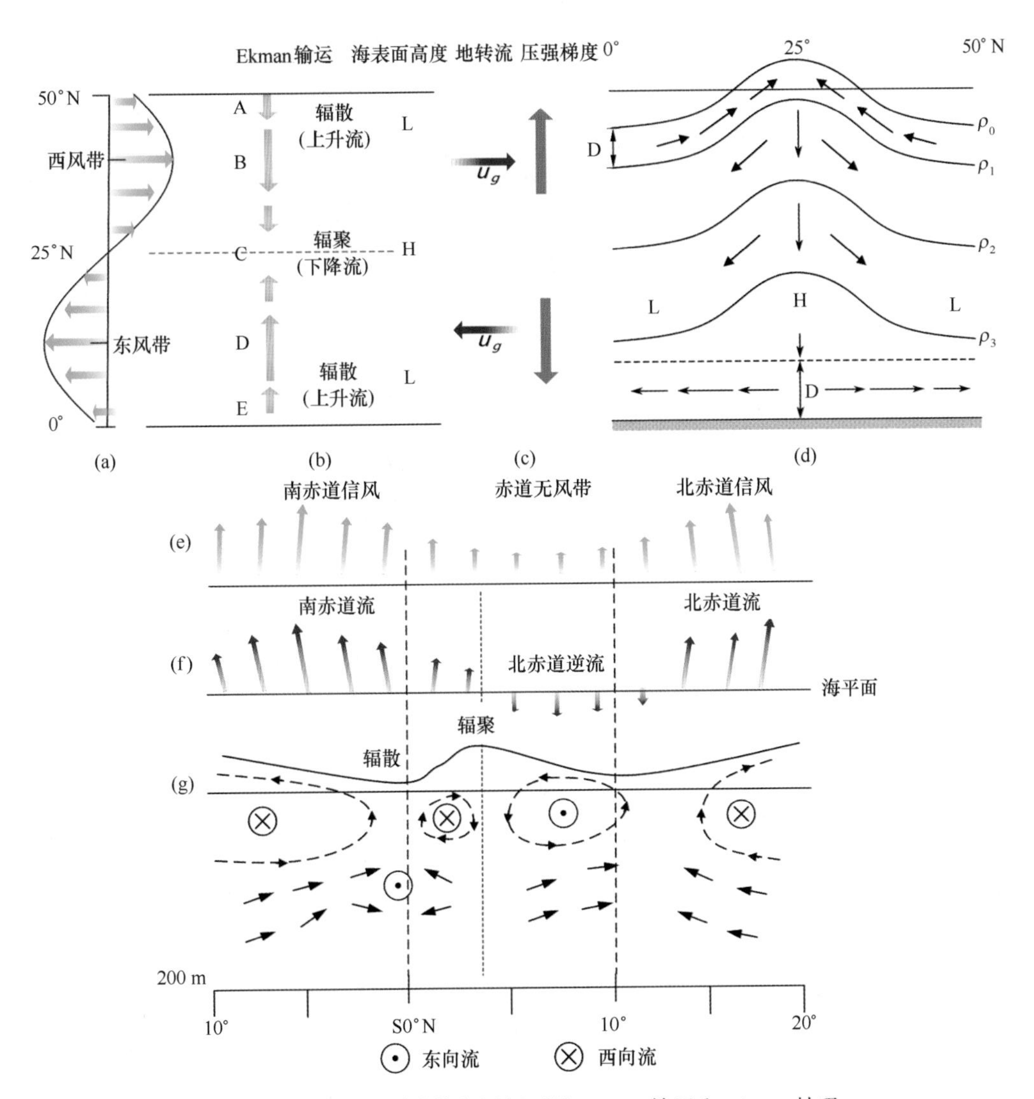

图 4-19　开阔大洋非均匀风场下的 Ekman 输运和 Ekman 抽吸

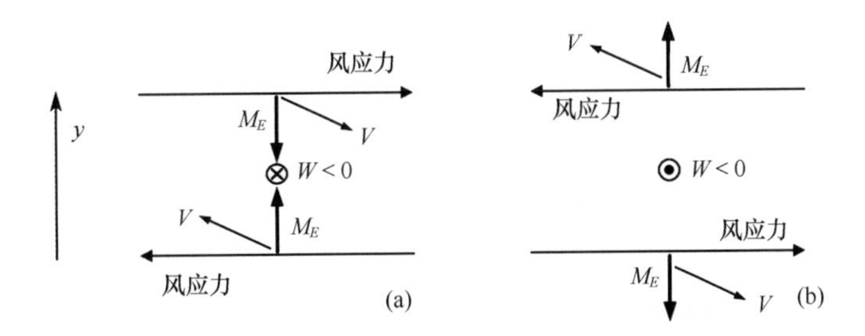

图 4-20　北半球 Ekman 输运和抽吸示意图

$$\rho f\boldsymbol{k}\times\boldsymbol{u}_G=-\nabla p$$

合速度为 $\boldsymbol{u}=\boldsymbol{u}_G+\boldsymbol{u}_E$。由于连续方程是线性的，所以可以对垂直速度进行类似分解得到

$$\frac{\partial w_E}{\partial z}=-\left(\frac{\partial u_E}{\partial x}+\frac{\partial \boldsymbol{v}_E}{\partial y}\right)=-\nabla\cdot(\boldsymbol{u}_E)_{\mathrm{h}}$$

对上式在湍流应力不为 0 的区间（$-D_E$，0）上积分，

$$\int_{-D_E}^{0}\frac{\partial w_E}{\partial z}\mathrm{d}z=-\int_{-D_E}^{0}\nabla\cdot(\boldsymbol{u}_E)_{\mathrm{h}}\mathrm{d}z=-\nabla\cdot\int_{-D_E}^{0}(\boldsymbol{u}_E)_{\mathrm{h}}\mathrm{d}z=-\nabla\cdot\boldsymbol{Q}_E$$

根据定义，摩擦驱动的垂直速度在 Ekman 层底部消失，故

$$w_E(0)=-\nabla\cdot\boldsymbol{Q}_E=-\mathrm{curl}_z\left(\frac{\boldsymbol{\tau}}{\rho f}\right)$$

这里 $\boldsymbol{Q}_E$ 为 Ekman 输运［参见式（4-45）］。这里我们引入了简化记号符 $\mathrm{curl}_z\boldsymbol{\tau}$ 表示风应力旋度的垂向分量，即

$$\mathrm{curl}_z\boldsymbol{\tau}\equiv\boldsymbol{k}\cdot(\nabla\times\boldsymbol{\tau})$$

总垂直速度在海表面为 0（即刚盖近似，在海面由于强大而稳定的引力，在时间平均的大尺度垂直速度为 0），因此

$$w_G(0)=-w_E(0)=\mathrm{curl}_z\left(\frac{\boldsymbol{\tau}}{\rho f}\right)\tag{4-46}$$

在表 Ekman 层中由风应力驱动的质量通量的辐散或辐聚将由 Ekman 层到 Ekman 层之下内部地转区域的垂直通量来补偿。应当注意，在 β 平面上，表 Ekman 层底部的实际垂直速度为

$$\int_{-D_E}^{0}\frac{\partial w}{\partial z}\mathrm{d}z=\int_{-D_E}^{0}\frac{\partial w_E}{\partial z}\mathrm{d}z+\int_{-D_E}^{0}\frac{\partial w_G}{\partial z}\mathrm{d}z$$

$$0-w(-D_E)=w_E(0)+\int_{-D_E}^{0}\frac{\beta \boldsymbol{v}_G}{f}\mathrm{d}z$$

也即

$$\begin{aligned}w(-D_E)=w_G(-D_E)&=w_G(0)-\int_{-D_E}^{0}\frac{\beta \boldsymbol{v}_G}{f}\mathrm{d}z\\&=\mathrm{curl}_z\left(\frac{\boldsymbol{\tau}}{\rho f}\right)-\int_{-D_E}^{0}\frac{\beta \boldsymbol{v}_G}{f}\mathrm{d}z\end{aligned}$$

我们可以认为地转流是由 Ekman 输运的辐聚辐散在 Ekman 层所产生的弱垂直速度驱动的。我们将在稍后的章节进一步讨论这个问题。

4.2.5 底部 Ekman 层

底部 Ekman 层的控制方程与表 Ekman 层控制方程相同，即垂向摩擦 Reynolds 应力

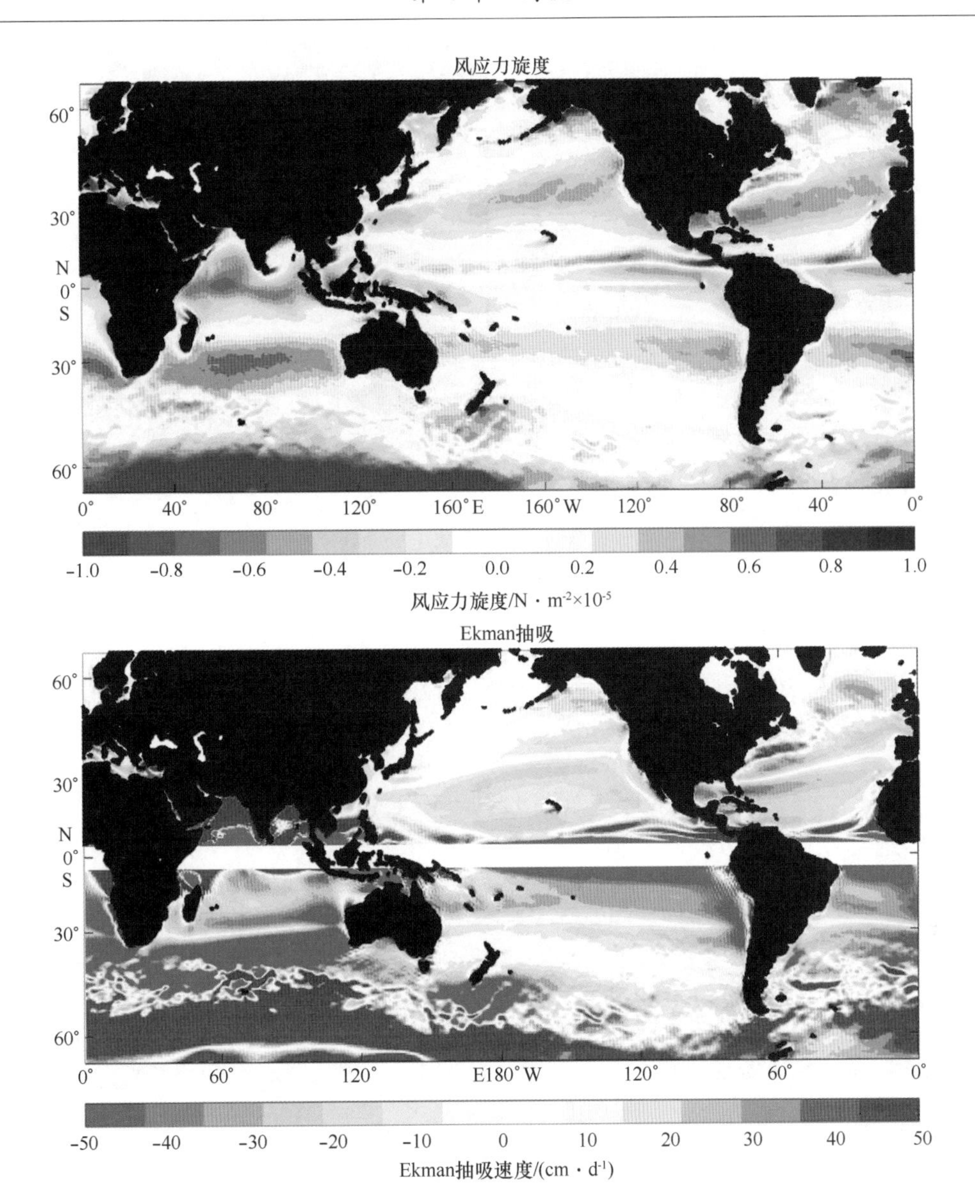

图 4-21　全球年均风场的风应力旋度和 Ekman 抽吸速度

与科氏力相平衡，即方程（4-33）和（4-34）。为方便处理，我们把坐标原点从海平面移动到海底，则边界条件可写成：

底部（z=0），为无滑移边界条件，$u_g+u_E=0$，$v_g+v_E=0$，即 $u_E=-u_g$，$v_E=-v_g$，写成矢量形式为

$$V_E=-u_g-\mathrm{i}\,v_g=-V_g \tag{4-47}$$

内区（$z\to\infty$），$u=u_g$，$v=v_g$，$u_e=0$，$v_e=0$，即

$$V_E=0 \tag{4-48}$$

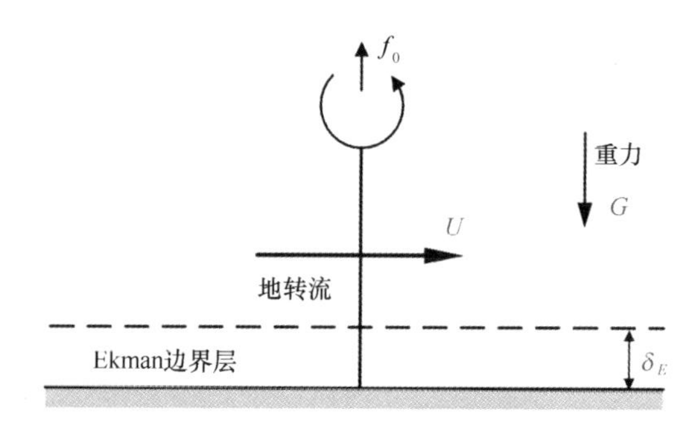

图 4-22　底 Ekman 层示意图

方程的通解同表 Ekman 层，即在北半球（$f>0$）

$$V_E = A\mathrm{e}^{\left(\sqrt{\frac{f}{2A_z}}(1+\mathrm{i})z\right)} + B\mathrm{e}^{\left(-\sqrt{\frac{f}{2A_z}}(1+\mathrm{i})z\right)}$$

由边界条件（4-48），得 $A=0$；由边界条件（4-47），得 $B=-V_g$

所以方程的解为

$$V_E = -V_g\mathrm{e}^{-\sqrt{\frac{f}{2A_z}}(\mathrm{i}+1)z}$$

底部 Ekman 层的合速度为

$$V = V_g + V_E = V_g\left(1 - \mathrm{e}^{-\sqrt{\frac{f}{2A_z}}(\mathrm{i}+1)z}\right)$$

同样定义 $D_E = (2A_z/f)^{1/2}$，则

$$V = u + \mathrm{i}v = (u_g + \mathrm{i}v_g)\left[1 - \mathrm{e}^{-\frac{z}{D_E}}\left(\cos\left(\frac{z}{D_E}\right) - i\sin\left(\frac{z}{D_E}\right)\right)\right]$$

$$= u_g - \mathrm{e}^{-\frac{z}{D_E}}\left[u_g\cos\left(\frac{z}{D_E}\right) + v_g\sin\left(\frac{z}{D_E}\right)\right] + \mathrm{i}\left[v_g + \mathrm{e}^{-\frac{z}{D_E}}\left(u_g\sin\left(\frac{z}{D_E}\right) - v_g\cos\left(\frac{z}{D_E}\right)\right)\right]$$

最后得底 Ekman 层方程速度分量的解

$$u = u_g - \mathrm{e}^{-\frac{z}{D_E}}\left[u_g\cos\left(\frac{z}{D_E}\right) + v_g\sin\left(\frac{z}{D_E}\right)\right]$$

$$v = v_g + \mathrm{e}^{-\frac{z}{D_E}}\left[u_g\sin\left(\frac{z}{D_E}\right) - v_g\cos\left(\frac{z}{D_E}\right)\right]$$

相应地，Ekman 速度为

$$u_E = -\mathrm{e}^{-\frac{z}{D_E}}\left(u_g\cos\left(\frac{z}{D_E}\right) + \sin\left(\frac{z}{D_E}\right)\right)$$

$$v_E = +\mathrm{e}^{-\frac{z}{D_E}}\left(u_g\sin\left(\frac{z}{D_E}\right) - \cos\left(\frac{z}{D_E}\right)\right)$$

让 $u_g = V_g\cos\varphi_g$，$v_g = V_g\sin\varphi_g$，其中 $V_g = \sqrt{u_g^2 + v_g^2}$，$\tan\varphi_g = \dfrac{v_g}{u_g}$，则

$$u_E = -\mathrm{e}^{-\frac{z}{D_E}}\left[u_g\cos\left(\frac{z}{D_E}\right) + v_g\sin\left(\frac{z}{D_E}\right)\right]$$

$$= -e^{-\frac{z}{D_z}} V_g \left[\cos\varphi_g \cos\left(\frac{z}{D_E}\right) + \sin\varphi_g \sin\left(\frac{z}{D_E}\right) \right]$$

$$= -e^{-\frac{z}{D_E}} V_g \cos\left(\frac{z}{D_E} - \varphi_g\right)$$

$$\boldsymbol{v}_E = +e^{-\frac{z}{D_E}} \left[u_g \sin\left(\frac{z}{D_E}\right) - \boldsymbol{v}_g \cos\left(\frac{z}{D_E}\right) \right]$$

$$= +e^{-\frac{z}{D_E}} V_g \left[\cos\varphi_g \sin\left(\frac{z}{D_E}\right) - \sin\varphi_g \cos\left(\frac{z}{D_E}\right) \right]$$

$$= +e^{-\frac{z}{D_E}} V_g \sin\left(\frac{z}{D_E} - \varphi_g\right)$$

所以 $|V_E| = e^{-\frac{z}{D_E}} |V_g|$ 。

下面我们分析底部 Ekman 层合速度的大小，考虑 $\boldsymbol{v}_g = 0$，$u_g = \bar{u}$ 的情形，而一般情形可以通过把坐标旋转到地转流速方向，其结论同样适用。此时

$$u = \bar{u} - e^{-\frac{z}{D_E}} |\bar{u}| \cos\left(\frac{z}{D_E}\right)$$

$$\boldsymbol{v} = +e^{-\frac{z}{D_E}} |\bar{u}| \sin\left(\frac{z}{D_E}\right)$$

当 $z \to \pi D_E$ 时

$$u = (1 + e^{-\pi}) |\bar{u}| \approx |\bar{u}|$$

$$\boldsymbol{v} = 0$$

当 $z \to 3\pi D_E/4$ 时

$$u = \bar{u}(1 - e^{-\frac{3\pi}{4}}) \cos\left(\frac{3\pi}{4}\right) = 1.07\bar{u}$$

$$\boldsymbol{v} = +e^{-\frac{3\pi}{4}} |\bar{u}| \sin\left(\frac{3\pi}{4}\right) = 0.07\bar{u}$$

当 $z = 0$ 时，

$$u = 0, \quad \boldsymbol{v} = 0$$

底 Ekman 层流速取决于内区流速，黏性系数和科氏参数。当 $z = 3\pi D_E/4$ 时，底部 Ekman 层合速度最大，且底 Ekman 速度可以大于内区速度。现详细考察 $z \to 0$ 时，但 $z \neq 0$ 时的情形，泰勒展开 $e^{-\frac{z}{D_E}}$，$\cos\left(\frac{z}{D_E}\right)$ 和 $\sin\left(\frac{z}{D_E}\right)$，当 $z \to 0$ 时，

$$e^{-\frac{z}{D_E}} \approx 1 + \left(-\frac{z}{D_E}\right), \quad \cos\left(\frac{z}{D_E}\right) \approx 1, \quad \sin\left(\frac{z}{D_E}\right) \approx \frac{z}{D_E}$$

所以

$$u \approx u_g - \left(1 - \frac{z}{D_E}\right)\left(u_g + \boldsymbol{v}_g\left(\frac{z}{D_E}\right)\right) \approx (u_g - \boldsymbol{v}_g)\frac{z}{D_E}$$

$$v \approx v_g + \left(1 - \frac{z}{D_E}\right)\left(u_g\left(\frac{z}{D_E}\right) - v_g\right) \approx (u_g + v_g)\frac{z}{D_E}$$

合流速方向为

$$\tan\varphi = \frac{v}{u} \approx \frac{u_g + v_g}{u_g - v_g} = \frac{1 + \tan\varphi_g}{1 - \tan\varphi_g} = \tan\left(\varphi_g + \frac{\pi}{4}\right)$$

其中，$\tan\varphi_g = \frac{v_g}{u_g}$，$\varphi = \varphi_g + \frac{\pi}{4}$。在近底层（$z$ 趋近 0 时），在北半球合速度方向偏向内区地转流速度方向左侧 45°（在南半球则相反，读者可以自行证明）。图 4-23 展示了北半球底 Ekman 层合速度的矢端曲线图。图中底 Ekman 层之上的地转流为东方向。与分析表 Ekman 层速度向北半球右偏类似，可以论证底部附近的流为什么向左偏转［参考图 4-24（a）］。在摩擦力开始作用之前，存在一个地转流，北半球科氏力作用于地转流右侧，而压力梯度力作用在左侧。在正压情况下（在海底附近是合理的），压强梯度与深度无关。当接近底部时，摩擦力减缓海流速度，则科氏力（与速度成比例）减小，左侧的压力梯度不能完全被平衡，因此水流向左偏转，直到科氏力和摩擦力的矢量和能够平衡压强梯度力。

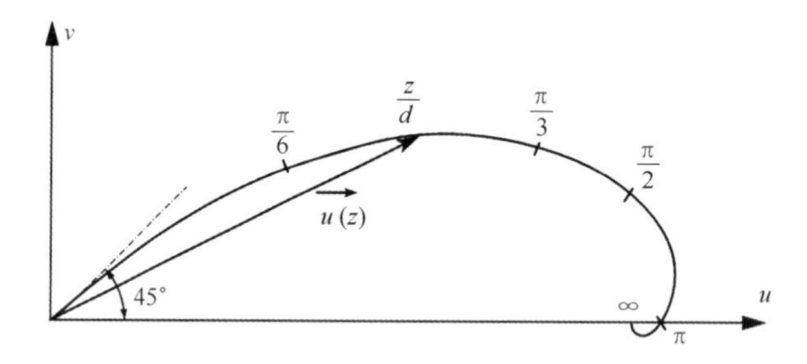

图 4-23　北半球底 Ekman 层合速度的矢端曲线图

进一步，我们可以计算底部 Ekman 层的底部应力

$$\frac{1}{\rho}\tau_{bx} = A_z\frac{\partial u}{\partial z}\bigg|_{z=0} = \frac{A_z}{D_E}(u_g - v_g)$$

$$\frac{1}{\rho}\tau_{by} = A_z\frac{\partial v}{\partial z}\bigg|_{z=0} = \frac{A_z}{D_E}(u_g + v_g)$$

底部应力的方向

$$\tan\varphi = \frac{\tau_{by}}{\tau_{bx}} = \frac{u_g + v_g}{u_g - v_g} = -\frac{1 + \frac{v_g}{u_g}}{1 - \frac{v_g}{u_g}} = \frac{\tan\frac{\pi}{4} + \tan\varphi_g}{\tan\frac{\pi}{4} - \tan\varphi_g} = \mathrm{tg}\left(\varphi_g + \frac{\pi}{4}\right)$$

因此在北半球底部应力方向偏向地转速度方向的左侧 45°，与近底层流速方向一致。

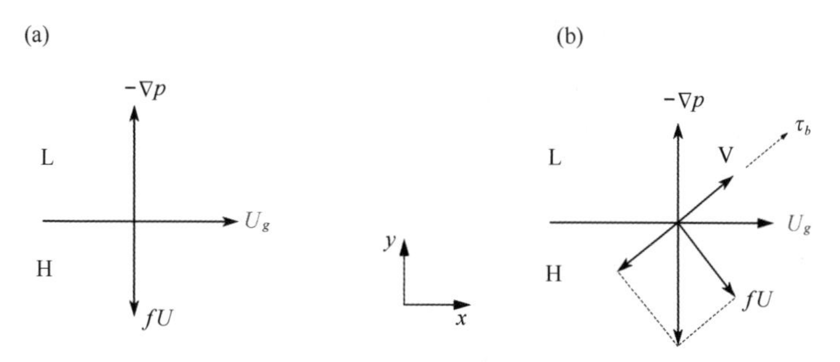

图 4-24　北半球底部 Ekman 层力的平衡示意图

4.2.6　底部 Ekman 层输运

与表 Ekman 层相似，对于底部 Ekman 层我们同样可以定义和计算 Ekman 层的整体质量或体积输运，即

$$M_y^b = \int_0^{D_E} \rho v \mathrm{d}z = -\frac{1}{f}\int_0^{D_E} \frac{\partial \tau_{bx}}{\partial z}\mathrm{d}z = -\frac{1}{f}(0 - \tau_{bx})$$

$$= \frac{\rho A_z}{f D_E}(u_g - v_g)$$

$$M_x^b = \int_0^{D_E} \rho u \mathrm{d}z = +\frac{1}{f}\int_0^{D_E} \frac{\partial \tau_{by}}{\partial z}\mathrm{d}z = +\frac{1}{f}(0 - \tau_{by})$$

$$= -\frac{\rho A_z}{f D_E}(u_g + v_g)$$

则输运方向为

$$\tan \varphi = -\frac{u_g - v_g}{u_g + v_g} = -\frac{1 - v_g/u_g}{1 + v_g/u_g} = \frac{\tan \varphi_g - \tan \frac{\pi}{4}}{1 + \tan \varphi_g \tan \frac{\pi}{4}} = \tan\left(\varphi_g - \frac{\pi}{4}\right) = \tan\left(\varphi_g + \frac{3\pi}{4}\right)$$

最后一步的变换是因为根据前面的分析在北半球 Ekman 层的流在地转流左侧，因此输运向地转流右偏 45°显然是不合理的。底部 Ekman 输运与内区地转流和 Ekman 深度有关（与摩擦系数无关），不需要知道 Ekman 层的速度分布。在北半球，底部 Ekman 输运的方向，沿地转流方向向左偏转 135°。这一结论也很容易从另一角度得以证明，因为

$$M_y^b = \frac{\tau_{bx}}{f},\quad M_x^b = -\frac{\tau_{by}}{f}$$

写成矢量形式为

$$M_{Eb} = \boldsymbol{k} \times \frac{\boldsymbol{\tau}_b}{f}$$

根据右手法则，北半球底部 Ekman 输运在底部应力方向的左侧 90°，而底部应力方向（与底部 Ekman 层流速方向一致）在地转流方向的左侧 45°，因此底部 Ekman 输运的方向，沿地转流方向向左偏转 135°。

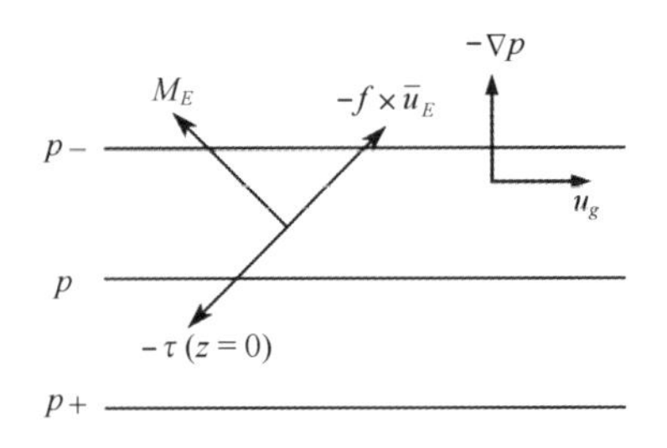

图 4-25　底部 Ekman 输运及其力平衡的示意图

在海气界面，海表之上是大气的底 Ekman 层，海表之下则是海洋的表 Ekman 层。我们讨论地转风速度与海表 Ekman 速度的关系（参考图 4-26）。在北半球，接近海面的风在地转风的左侧 45°处，即海洋 Ekman 层以上的风速方向，而海面 Ekman 流在海面风速的右侧 45°处，因此海面地转流将与地转风在同一方向。在南半球，两种情况下的旋转方向相反，但最终结果是一样的。应该注意的是，在上述讨论中选择了 A_z 为常数这一简单形式。实际观测表明，大气中底 Ekman 层风向左偏转的方向通常小于 45°，在海洋上观测到的偏转角度更常见的是 10°~20°。这种差异可能是由于理论假设有持续稳定的风（忽略风随时间的变化）和 A_z 的简单形式。同样地，风驱动的海表 Ekman 流在风向的右侧，但不是正好 45°。

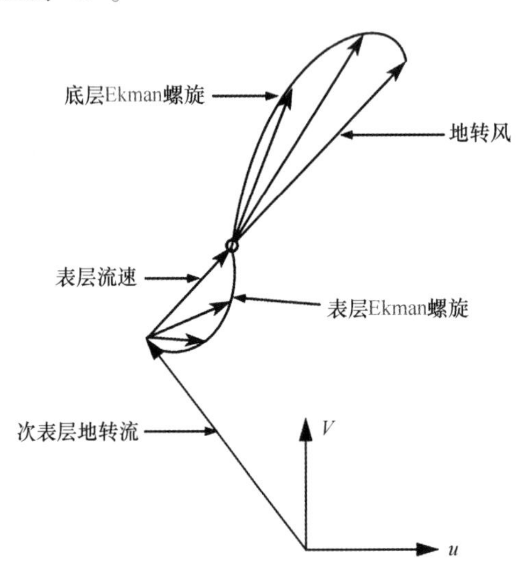

图 4-26　大气底 Ekman 层与海洋表 Ekman 层的速度矢端曲线图

值得注意的是，近地面风速仍然是地转速度的一个可观的部分。在 10 m 高，它是地转速度的 60%~70%；大部分降到 0 的过程都发生在离地面很近的地方。Ekman 层厚度在大气中通常是在海洋中的 10 倍。因此，基于该深度的大气层 Ekman 运动涡黏性将是海面 Ekman 层涡黏性的 100 倍左右。这种差异是由于大气中流速的增加导致了更大的剪切和更强的湍流摩擦效应，至少 A_z 值可以证明这一点。

更复杂的情况可能包括地转流与叠加在表面风驱动的 Ekman 螺旋的组合（如果水浅，地转流向底部延伸，则与 Ekman 底层）。现在想象一下叠加的潮流，其方向也可能是旋转的。在真实海洋中，事情会变得相当复杂。分析一个由地转、风驱动和潮汐三者组成的海流系统并非易事，特别是当它们都随时间变化时。

如果水变浅，深度下降到 D_E 或更小，则表 Ekman 层和底 Ekman 层将非常接近，甚至重叠。在浅水区，这两个螺旋往往相互抵消。因此总的输送量更多的是在表面风向上，而不是与之成直角。当水深减小到 $D_E/10$ 左右时，输送基本上是在风向上，科氏力的作用被摩擦力抵消。

4.2.7　底部 Ekman 抽吸

在底 Ekman 层需要考虑摩擦的影响对地转流速进行修正，在底边界层会出现横跨内区流的速度分量。如图 4-27，如果底 Ekman 层之上为一低压系统，则在底部 Ekman 层，底摩擦引起流体向低压系统内输送，由于流体的连续性将产生上升运动；相反，对于高压系统，则摩擦引起流体向外输送，产生下降运动。

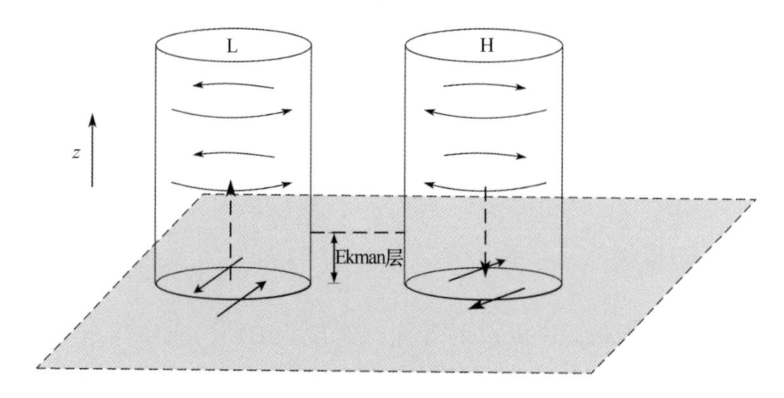

图 4-27　底部 Ekman 层摩擦引起的非地转流方向，低压系统（左图），底摩擦引起流体向内输送，产生上升运动；高压系统（右图），摩擦引起流体向外输送，产生下降运动。

设 $\xi = \dfrac{z}{D_E}$，则底部 Ekman 层合速度可写成

$$u = u_g - e^{-\xi}(u_g \cos \xi + v_g \sin \xi)$$
$$v = v_g + e^{-\xi}(u_g \sin \xi - v_g \cos \xi)$$

底部 Ekman 速度为

$$u = u_g - e^{-\xi}(u_g\cos\xi + v_g\sin\xi)$$
$$v = v_g + e^{-\xi}(u_g\sin\xi - v_g\cos\xi)$$

连续方程可写成

$$\frac{\partial u_E}{\partial x} + \frac{\partial v_E}{\partial y} + \frac{\partial w_E}{\partial z} = \frac{\partial u_E}{\partial x} + \frac{\partial v_E}{\partial y} + \frac{1}{D_E}\frac{\partial w_E}{\partial \xi} = 0$$

因此

$$\frac{\partial w_E}{\partial \xi} = -D_E\left(\frac{\partial u_E}{\partial x} + \frac{\partial v_E}{\partial y}\right)$$
$$= D_E\left(\frac{\partial v_g}{\partial x} - \frac{\partial u_g}{\partial y}\right)e^{-\xi}\sin\xi - D_E\left(\frac{\partial u_g}{\partial x} + \frac{\partial v_g}{\partial y}\right)e^{-\xi}\cos\xi$$

因为在 f 平面地转速度的散度为零，即 $\frac{\partial u_g}{\partial x} + \frac{\partial v_g}{\partial y} = 0$，所以

$$\frac{\partial w}{\partial \xi} = D_E\left(\frac{\partial v_g}{\partial x} - \frac{\partial u_g}{\partial y}\right)e^{-\xi}\sin\xi = D_E(\nabla\times \boldsymbol{u}_g)e^{-\xi}\sin\xi$$
$$= D_E\omega_g e^{-\xi}\sin\xi = D_E\nabla^2 p e^{-\xi}\sin\xi$$

其中地转速度的旋度为 $\nabla\times \boldsymbol{u}_g = \omega_g = \nabla^2 p$。

积分

$$\int_0^{D_E}\frac{\partial w}{\partial \xi}d\xi \approx \int_0^{+\infty}\frac{\partial w}{\partial \xi}d\xi = D_E\omega_g\int_0^{+\infty}e^{-\xi}\sin\xi d\xi = \frac{D_E\omega_g}{2}$$

故底 Ekman 层顶部的垂向速度，即底部 Ekman 层的抽吸速度为

$$w_B = \frac{D_E\omega_g}{2} = \frac{D_E\nabla^2 p}{2} \tag{4-49}$$

4.2.8 Ekman 流系统

考虑一个由直的无限长海岸围成的等深（深度为 d）均质海洋。海洋中唯一可能存在的海流是风海流和倾斜流。为了简单起见，将坐标系 y 轴垂直于海岸。假设均匀的风朝着正 x 轴方向吹（图 4-28），并且已经建立了稳态条件。在风的作用下，纯漂流会产生垂直于海岸的质量输运，海面会形成一个斜坡，使海面向海岸方向上升。根据 Ekman 理论，在深海中，产生的海流系统将由三部分组成：

（1）底部与底部上方高度 D^* 之间的底部海流（摩擦影响的底 Ekman 层）。在北半球该海流在压力梯度右侧，在从 45°偏转至 90°。

（2）在没有风的情况下，底面以上高度 D^* 与海面之间的水流为地转平衡。然而，随着风的吹拂，会形成纯风漂流，特别是在海面和深度 D 之间（即摩擦影响的上层深度）。

（3）因此，深度为 D 的表层流是中深层流和纯漂流的叠加。理论上，纯漂流延伸到无限深；然而，它在摩擦影响层下对中深层的贡献是微不足道的。

上述流系统由底部海流、深层海流和表层海流组成，称为 Ekman 基本海流系统（图 4-28）。该图适用于北半球，图 4-28 给出了总深度为 d 的垂直剖面中的三个层，以及投影到水平面上时每层中速度矢量的垂直分布：加粗的矢量（c）显示的是深层地转流，它与等压线平行，且右侧压强较高，与风的方向一致；（b）为表层 Ekman 漂流速度，位于风向右侧 45°；（a）为表层漂流和地转流合速度矢量；（d）底部 Ekman 层速度，在海底它位于地转流左侧 45°。在稳态海流条件下，海面坡度也处于稳定状态，底部跨等压线的总质量输运必须与表层漂流中跨等压线的总质量输运相等，但方向相反。

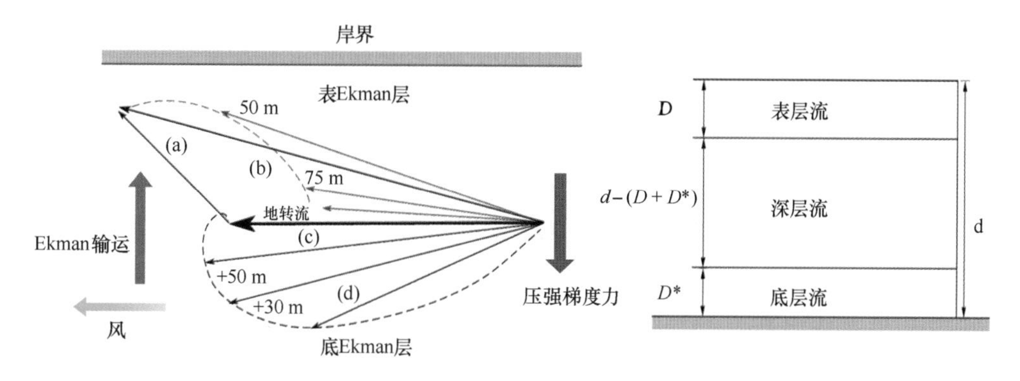

图 4-28　海洋中的 Ekman 流系统

图 4-29 是正压海洋中 Ekman 风生环流示意图，风对正压海洋的影响是产生两个 Ekman 螺旋，即在大气环流和海洋表层、海洋底部环流和海底之间存在摩擦相互作用形成的 Ekman 层，海流以 Ekman 螺旋的形式随深度发生转向且减慢。在两个 Ekman 摩擦层中，Ekman 输送与风应力成直角，在两个 Ekman 层之间，其流动是地转的。

在 Ekman 风生环流模式中，海表面上的反气旋式大气环流会将 Ekman 层中的水推向高气压中心，从而在正压海洋中产生一个水丘和相应的高压中心，形成沿径向向外的压力梯度，除两个 Ekman 层之外的中间层，由此高压中心对应的是一个反气旋地转运动流场。海表 Ekman 层中的 Ekman 输运是向内输运的，而底部 Ekman 层中的 Ekman 输运是向外输运的。由于底部 Ekman 层中的向外输送倾向于通过排出质量来降低海洋高压中心的压力，因此必须通过海表 Ekman 层中的向内输送以满足质量平衡，从而在海洋体内维持稳定的地转环流。海表 Ekman 层中的向内输送必然与下降流相关，以提供底部 Ekman 层中的向外的流体输送。这个简单的理想模型在实际海洋中是不存在的，因为受摩擦影响的表层，由于吸收太阳热辐射在上层海洋形成一个“凸透镜”形状的温暖、低密度水体，则正压海洋转化为斜压海洋，这种斜压分层的作用是将地转环流隔离到上层，并消除与下层流体的进一步相互作用，其边界是永久性温跃层。

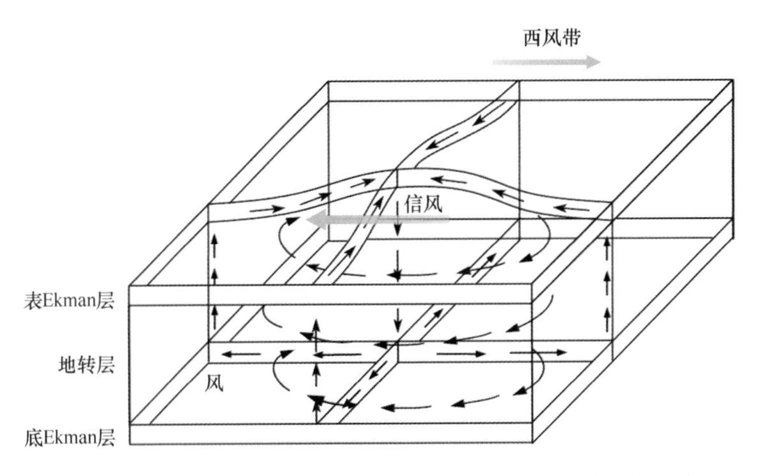

图 4-29 Ekman 风生海洋环流模型和上下 Ekman 层中的运动

4.2.9 Ekman 理论的限制

Ekman 理论看上去是相当优美的。但如果把它与海洋中充分发展的 Ekman 螺旋流的分布对比一下就会发现，这个理论实际上是值得怀疑的。正如 Ekman 本人在其最后一篇论文中所承认的那样。但这并等于说这个理论是不正确的。Ekman 螺旋是众所周知且在实验室中能清楚地观察到的（实验室的黏度是分子黏度，且为常数），且在大气中也已证明 Ekman 螺旋的存在。此外，Ekman 理论所产生的其他一些综合效应，如上升流，也是众所周知的、普遍的现象。这些都在广泛的基础上支持 Ekman 理论。为什么在海洋中很难观测到 Ekman 螺旋呢？

首要原因是 Ekman 所求解的问题是非常理想化的。讨论他的各种假设如下：

（1）无侧向边界——这与实际情况不符。但在离海岸的海域还算是一种不太坏的假设；在海岸附近海域，Ekman 流的实际结果也支持所得到的解。

（2）无限水深——这是不真实的。但在深海大洋，这种假定所引起的误差是很小的，D_E 值约为 100~200 m，与 4 000 m 的平均海洋深度相比是小的。

（3）A_z 为常数——这也是不真实的。但目前我们对它的了解还不足以说明这个假设是否会导致很大的误差。

（4）风和流均为定常的——这可能是引起困难的真正因素。现实中的流和风都不是定常的（在信风带近似定常）。

（5）此外，海洋中还有其他形式的（例如热盐的、潮汐的、表面波和内波的）运动，而海流计的观测无法区分彼此，所测结果为合速度。海洋学家必须设法分离它们（表面波引起的速度是不能测量的，也不能完全被平均掉，这可能会造成很大的误差）。要对速度进行分离，必须有长时间的测量（例如长达数月的逐时、甚至更高频的观测记录）。在开阔大洋测量海流存在许多实际困难，而开阔大洋区域是存在 Ekman 螺旋的唯一区域。

（6）均匀海水假定——显然是不真实的。

（7）f 平面假设——对于纬向水体和纬度跨度不大的区域，该假定所引起的误差较小。

尽管这种风生流理论是理想化的，但 Ekman 理论为理解产生上层流的机制开辟了道路。

4.2.10　风驱动的地转流

让我们从考虑西风带和信风的影响开始分析。我们从最简单的状态开始，初始，在北半球存在一个平坦的海面，且静止的巨大的水体（没有海流）。众所周知，风在海面上施加拖曳力，使海水产生漂流。漂流一旦产生，由于科氏效应，水将转向风的右侧。在这个简单模型中，由信风产生的漂流向北进行 Ekman 输运，由西风带产生的漂流向南进行 Ekman 输运［图 4-30（a）］。故信风和西风带之间的海域发生水体汇聚，缓慢地形成一个“水丘”。这个水丘在体积和高度上不断增长，直到压力梯度导致海水从水丘中心向下流动。由于科氏力的作用，由压力梯度力驱动的海流向右偏转［图 4-30（b）］，逐渐旋转并向上移动。由于科氏力的大小直接取决于流动的速度，所以流动减速，科氏偏转减弱。最终，水流又向下弯曲并随着压力梯度而加速。这种新的流动反过来迫使海流再次向右弯曲。因为科氏偏转，海流的速度重新变强。理论上，这种“上坡-下坡”的波浪运动强度将随着时间的推移而越来越小，直到压力梯度（它想要迫使海流流向下坡方向）和科氏偏转（它想要迫使海流流向上坡方向）达到平衡。最终，系统将处于动态平衡状态。海流将稳定而恒定地沿着等压线流动而不是向下坡方向流动［图 4-30（c）］。最终，这种稳定流是由于压力梯度和科氏偏转地转流之间的平衡而产生的地转平衡流动。由此产生的洋流是由纬向风间接驱动的。其结果是一股似乎不受重力影响的海流，因为它不是沿着斜坡向下流动，而是沿着斜坡等值线流动，是由科氏力和压力梯度力两个相互竞争的影响所形成的平衡。

海盆陆地形成了巨大的屏障，阻断了地转流的流动。中纬度地区的西风流被大陆阻断被迫向赤道偏转，赤道的东风流则被陆地强迫向极地流动。其结果是在北太平洋和北大西洋中形成一个顺时针旋转的闭合环流圈。这个地转系统在南半球（南太平洋、南大西洋和印度洋环流）则是北半球的镜像。因为科氏力偏转北半球向右，在南半球向左。

实际大洋中，其表层环流的流型是不对称的（图 4-31）。在西部有一条狭窄、深且流速大的洋流，即黑潮。而东面有一条宽、浅且流速缓慢的海流。不论南北半球，所有海洋环流的西支都强而快，此现象被称为西向强化。另外，地转流所围绕的水丘

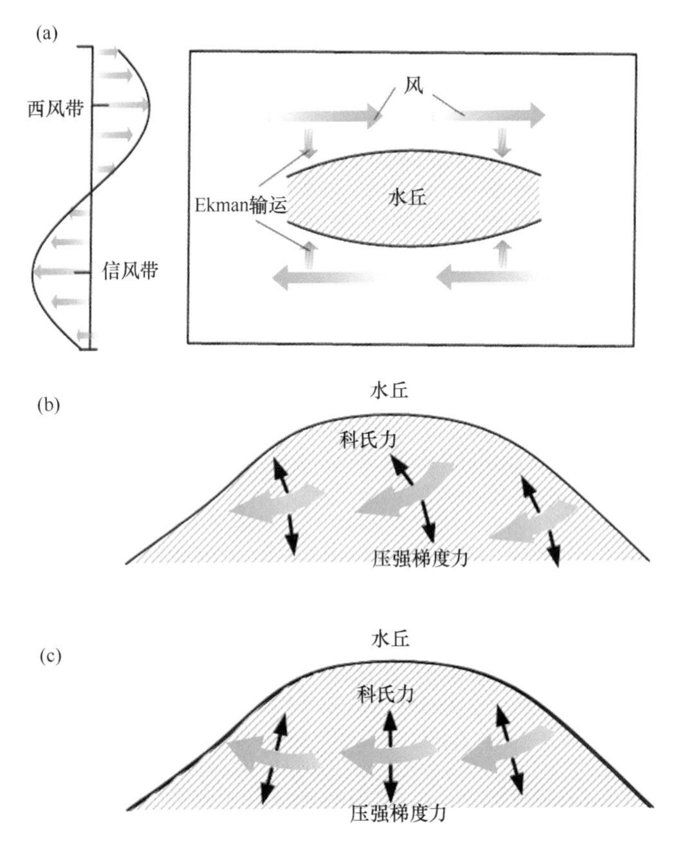

图 4-30 风驱动的地转流。(a) 在北半球，西风带和信风诱导 Ekman 输运，使水流向海洋中心。汇合的水流形成“水丘”，即海面地形高度。(b) 海洋中心的水丘有坡度，因此形成压强梯度力。当水开始随着压强梯度向外流动时，科氏力导致海流向右偏转。注意图中坡度是夸大了的。“水丘”高度不超过 1 m，但有数千千米长。(c) 最终形成地转流的稳定流动模式。压强梯度力和科氏力平衡，形成环流，水流顺时针绕着“水丘”流动。在南半球，由于科氏力偏左，地转流逆时针旋转

并非位于海洋中心，而是向西偏移，并且水丘的西侧比东侧陡峭（图 4-31）。我们的模型要想准确而有用，就必须同时考虑到西向强化和水丘形状的扭曲。

值得一提的是，地转流是一种稳定的流动，是由压力梯度和科氏偏转之间的动态平衡而产生的。科氏偏转与流速成正比。流速越快，科氏效应越明显，压力梯度越大（即水坡越陡），并在海流平行于水坡的情况下保持地转平衡。显然，西向强化要求西部水的坡度比东部更陡，以达到动态平衡。这很好地解释了水丘扭曲的形状，但它并不能解释西向强化的存在，为此必须介绍一些关于洋流运动的其他观点。

由于科氏效应随纬度的增加而增大，北半球中纬度西风影响下向东的洋流转向南部，比低纬度信风影响下向西流动的赤道洋流向北偏转更为强烈和迅速。科氏偏转的这种不对称模式的后果是什么？显然，中纬度向东流动的水流被更多地向南偏转到涡

旋内部，而低纬度向西流动的赤道洋流向北偏转到漩涡中心较少。这导致大量赤道水向西漂移并堆积在海洋盆地的西部边缘，从而反过来又要求海洋环流西侧加速地转流。在南半球的地转环流中，也有同样的西向强化现象。对西向强化的准确解释必须包括涡度的影响。涡度守恒以一种非常直接的方式控制着西向强化。

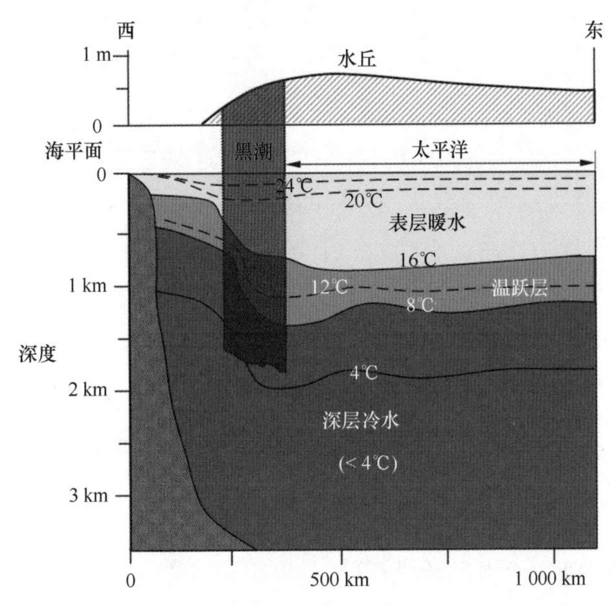

图 4-31　跨越海盆东西的温度剖面，暗示着地转流的东西不对称性

第 3 节　惯性运动

我们现在考虑一下，当驱动海流的风停止后会发生什么？显然，由于它具有动量，海水的流动不会立即静止。根据牛顿定律，在惯性参考系中，无摩擦情况下运动应保持匀速直线运动。但在地球这样的旋转参考系下，运动又是什么样呢？只要海水在运动，摩擦力和科氏力就会继续作用在它上面。在远离边界的开阔大洋中，摩擦力非常小。因此风传递给海水的动能需要一段时间才能被耗散。因此，科氏力继续使海水发生偏转。

风停后，由于惯性作用在科氏力的影响下产生的弯曲运动称为惯性流。如果科氏力是作用在水平方向上的唯一力，并且运动只涉及纬度的微小变化，则运动方程可写成

$$\frac{\mathrm{d}u}{\mathrm{d}t} = fv \tag{4-50}$$

$$\frac{\mathrm{d}v}{\mathrm{d}t} = -fu \tag{4-51}$$

这是耦合的一阶线性偏微分方程组。设f为常数，可以消去u转换成单变量的二阶偏微分方程。由（4-51）得

$$\frac{\mathrm{d}u}{\mathrm{d}t}=-\frac{1}{f}\frac{\mathrm{d}^2\boldsymbol{v}}{\mathrm{d}t^2}$$

代入（4-50），得

$$\frac{\mathrm{d}^2\boldsymbol{v}}{\mathrm{d}t^2}+f^2\boldsymbol{v}=0 \tag{4-52}$$

当然也可以消去$\boldsymbol{v}$得到类似的关于u的方程。这是二阶振动型的微分方程，振动的圆频率为f，即惯性振动圆频率。该方程的物理意义解释如下：对于作经向运动的流体微团而言，由于科氏力作用，它受到一个与运动方向相反的恢复力$-f^2v$，促使它在平衡位置做惯性振动。

惯性运动是地球自转偏转力产生的向心加速度被粒子运动路径曲率的离心力所平衡的运动（图4-32），即$fc=c^2/r$，其中c是粒子相对于地球的速度。地球上的惯性运动必然是反气旋，其运动半径为$r=c/f$。运动粒子完成一周所需的时间为

$$T=\frac{2\pi r}{c}=\frac{2\pi}{f}=\frac{\pi}{\Omega\sin\varphi}$$

地球以角速度Ω旋转π个幅度需要12 h，因此

$$T=\frac{\pi}{\Omega\sin\varphi}=\frac{12\ \mathrm{h}}{\sin\varphi}=\text{半摆日}$$

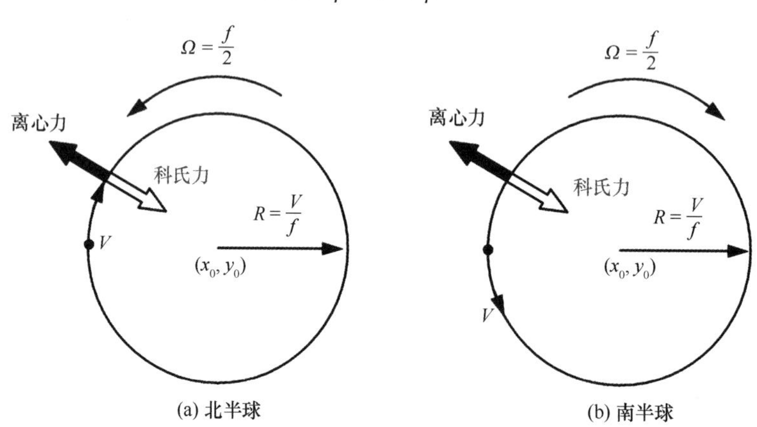

图4-32　自由粒子在f平面的惯性运动

由于科氏参数随纬度的变化，在给定速度下相对于地球的惯性运动在高纬度比在低纬度运动的半径更小（曲率更大），由于高纬度地区惯性轨道的曲率更大，因此连续的惯性运动存在向西迁移的现象（图4-33）。

方程（4-52）特征方程为$r^2+f^2=0$。它有两个虚根$r=\pm fi$。所以其通解为

$$v=A\cos(ft)+B\sin(ft) \tag{4-53}$$

考虑初始条件：$t=0$，$v=V_0$，$u=0$，代入方程（4-53），得

$$A=V_0,\ B=0。$$

所以方程（4-50）和（4-51）的解为

$$u=V_0\sin(ft)\ ;\ v=V_0\cos(ft)$$

惯性流流速大小为

$$V=\sqrt{u^2+v^2}=V_0 \tag{4-54}$$

方程的解为周期性运动，速度方向随时间改变；速度大小不随时间改变，但与纬度有关。速度的周期为 $T=\dfrac{2\pi}{2\Omega\sin\varphi}=\dfrac{12\ \text{h}}{\sin\varphi}=$半摆日，与上面的分析一致。$T$ 称为惯性周期，因为 $\dfrac{2\pi}{2\Omega\sin\varphi}$ 是纬度 φ 处傅科摆的周期，所以惯性周期恰好为傅科摆周期的一半，它与纬度有关，在纬度 45°处，T 约为 17 h；在极地处，T 为 12 h；在赤道处 T 变为无穷大。为了比较，流速为 2 kn 对应得惯性周期和惯性圆半径列于表 4-1。

表 4-1　不同纬度下的惯性周期和惯性圆半径

纬度/（°）	周期/h	惯性圆半径/n mile
90	12	7.6
60	14	8.2
30	24	15.3
0	∞	∞

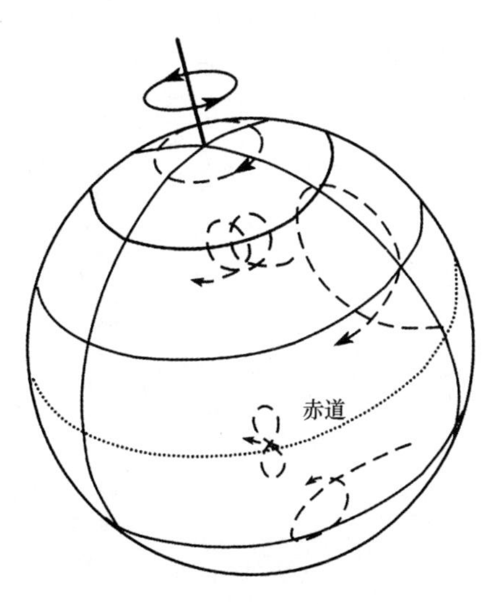

图 4-33　地球表面的惯性运动

通过积分方程（4-54），可以得到做惯性运动的粒子的运动轨迹

$$x = \int_{t_0}^{t} u\mathrm{d}t = \int_{t_0}^{t} [V_0 \sin(ft)]\,\mathrm{d}t = -\frac{V_0}{f}(\cos(ft) - \cos(ft_0))$$

$$y = \int_{t_0}^{t} v\mathrm{d}t = \int_{t_0}^{t} V_0 \cos(ft)\,\mathrm{d}t = +\frac{V_0}{f}(\sin(ft) - \sin(ft_0))$$

也即，

$$x - x_0 = -\frac{V_0}{f}\cos(ft) \tag{4-55}$$

$$y - y_0 = +\frac{V_0}{f}\sin(ft) \tag{4-56}$$

式中，$x_0 = \frac{V_0}{f}\cos(ft_0)$，$y_0 = -\frac{V_0}{f}\sin(ft_0)$，方程（4-55）和（4-56）可以写成一个方程

$$(x - x_0)^2 + (y - y_0)^2 = \frac{V_0^2}{f^2} \tag{4-57}$$

由方程（4-57）知，如果科氏参数保持不变，惯性流的路径是圆形的。图 4-32 是自由粒子在旋转平面上的惯性振荡。粒子运动轨道周期正好是环境公转周期的一半。图 4-32（a）代表北半球，科氏参数 f 为正，粒子向右（顺时针）偏转。图 4-32（b）代表南半球，科氏参数 f 为负，则粒子向逆时针方向偏转。总之，粒子的旋转方向与环境旋转方向相反。

注意，环境旋转和粒子旋转频率是完全不同的：环境旋转平面在等于 $T_a = 2\pi/\Omega$ 的时间内完成一个旋转；而粒子在等于 $T_p = 2\pi/f = \pi/\Omega$ 的时间内完成一周，即惯性周期。因此，当环境完成一次旋转时，粒子绕其轨道运行两次。

在无旋转（$f=0$）时，粒子的运动半径将是无限的，即粒子沿着一条直线运动。但是，在有旋转（$f \neq 0$）时，粒子就会不断偏转。图 4-34 是海洋中实际观测的惯性运动的例子。

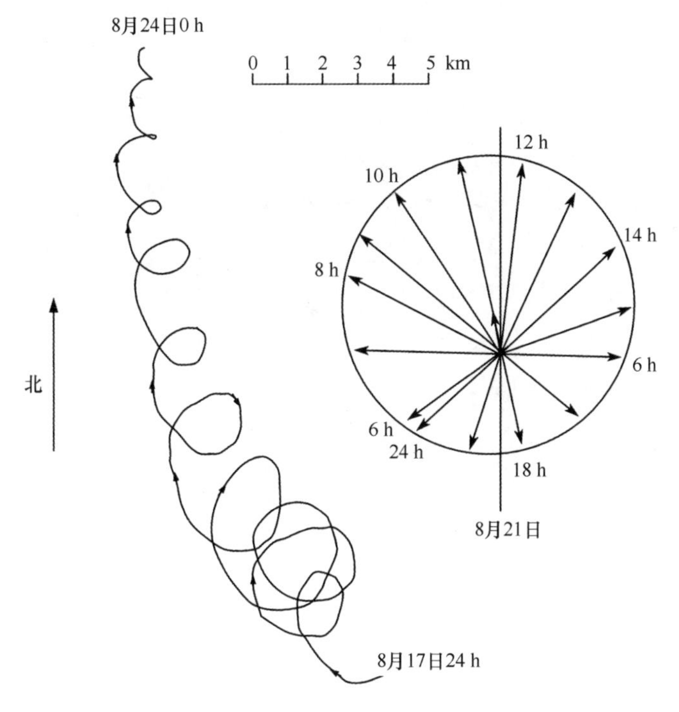

图 4-34　海洋中惯性振荡观测的例子

第 4 节　Langmuir 环流

对表层海流的观测表明，除 Ekman 流和惯性流外，风在海面还产生 Langmuir 环流。这是一种由波流相互作用形成的一对反对称的涡旋，其轴线几乎与风向平行。朗缪尔（Langmuir）是第一个观察和研究在湖泊表面出现的有组织的反对称涡旋对现象的人，因此此种现象被称为 Langmuir 环流，航海的船员通常称其为“风积丘”。Langmuir 环流是由波流相互作用所诱导的一个垂向运动（图 4-35）。观测和实验发现风速在 2~3 m · s^{-1}时，一般就会诱导形成 Langmuir 环流。Langmuir 环流能够通过辐聚和辐散诱导海表的气泡、固体漂浮物或污染物成条带分布（图 4-36），并与风向对齐（受科氏力影响，条带与风向间有一个 0°~15°的夹角）。

Langmuir 环流广泛存在于自然界水体的表层中，对分层水体中上混合层的维持和变化起着非常重要的作用。Langmuir 环流在海洋混合层内产生的垂直运动被认为是海洋温跃层形成的基本机制，也是海洋混合层形成与维持的机制。目前海洋和气候模式都因尺度过大而无法考虑海洋上混合层的效果（注：近年来出现了不少关于在大尺度模式中参数化 Langmuir 环流的方法，但也都存在着这样或那样的缺陷与不足）。而海洋上层混合层控制着海气界面间的热量、气体（特别是二氧化碳）的交换，目前因为缺

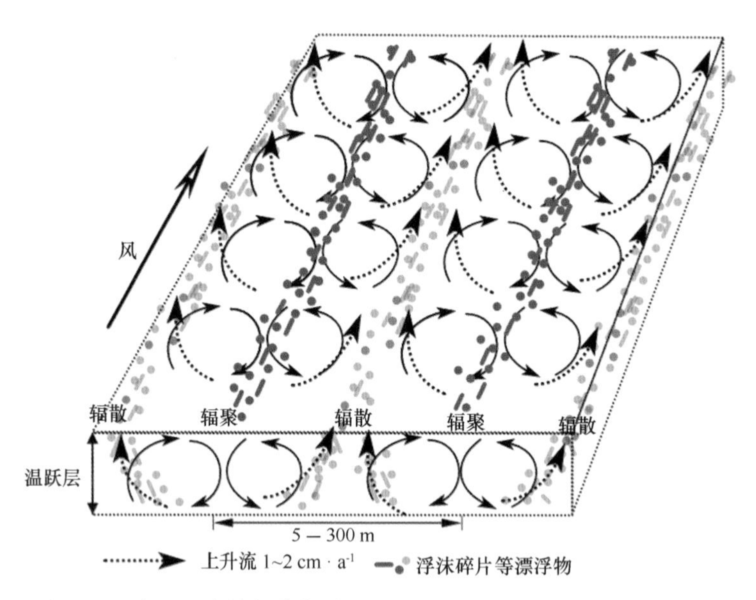

图 4-35　由风驱动的海洋表层 Langmuir 环流。Langmuir 环流沿风方向延伸，海表辐聚处形成碎末的堆集。

图 4-36　（a）Langmuir 环流诱导的气泡与风方向对齐排列；（b）Langmuir 环流诱导海表油污形成的条纹；（c）在低风速情况下 Langmuir 环流诱导的海藻与风方向对齐的条纹

乏对这些知识的深入理解其效应不得不被忽略。通过调查 Langmuir 环流与温跃层内波的正反馈机制及共振过程，获得海洋上层的上混合层的物理化学效果，再通过参数化加到数值模式的控制方程中是一项重要的工作，正受到全球海洋、气候和海气相互作用数值模拟界的重视。

长期以来，人们一直猜想 Langmuir 环流可能在上层海洋的混合过程及其他近表层的海洋过程（如海气交换、气泡夹带、上层光化学产生、动量和其他属性从海气界面垂直转移到内部）中起着关键作用。这是因为 Langmuir 环流非常活跃，在辐合区向下的垂直速度可以高达每秒几十厘米，可将气泡夹带输送到海洋更深处。Langmuir 环流还提供了混合层中垂直方向上的特性分布和浮游动植物的运输机制。但 Langmuir 环流本质上是一个瞬态事件，人们对其产生和衰变的特性还知之甚少。因此，它们的重要性很难评估。关于 Langmuir 环流的产生机制，目前流行的理论是 Craik-Leibovich 理论。该理论假设与风向平行的 Langmuir 环流的形成是因 Stokes 漂移与平均剪切的相互作用所导致的涡旋力项所引起的不稳定性所导致，本质上是垂直涡度被 Stokes 漂移扭曲为水平涡度从而形成 Langmuir 环流。

第 5 章　涡度和位涡方程

经典的运动学理论中，分析旋转运动时经常采用角动量守恒定理。该定理是研究旋转运动的基本定理。相似的定理也适用于旋转的流场。但是对于连续介质流体中，特别是相对于地球旋转的流体，关于“旋转”的定义相比于固体旋转更加精妙。涡度和环量是用于度量流体旋转的两种主要物理量，环量是关于速度矢量积分的标量，是对积分区域内流体旋转特征的宏观度量；涡度是矢量场，是对流体任一点上旋转特征的微观描述，对于大尺度的海洋运动，垂向涡度通常是最主要的。位涡是考虑热力学约束条件下涡度概念的延伸，它成为解释海洋动力学问题的强大工具。

第 1 节　涡度的定义

简单地说，涡度是表达物体旋转特征的一个运动学量，它与物体运动的速度剪切直接相联系。为了说明这一点，图 5-1 左侧显示了流场图，流体以速度 $u(y)$ 流向右侧，在 A 区速度随 y 减小而增加，在 B 区速度不随 y 变化，在 C 区中速度随 y 增加而增加。观测漂浮在 A 区的小物体，当其向右漂移时，会倾向于逆时针方向旋转，如图所示随时间推移的 t_1、t_2和 t_3时刻。在 C 区的物体会倾向于顺时针旋转，而在 B 区的物体则无旋转。在这种情况下，流体的旋转用速度剪切 $\partial u/\partial y$ 进行测量，被称为涡度。

旋转方向的符号依惯例为：从上面看，逆时针方向旋转（A 区）时涡度为正（从北极上方看正涡度的旋转方向与地球自转方向相同，逆时针方向也是北半球人采用日晷计时方法的自然约定俗成），顺时针方向旋转（C 区）时涡度为负。涡度的方向可用右手法则来确定（图 5-2）。

作为运动，旋转运动同样可分相对旋转和绝对旋转。因此涡度有相对涡度和绝对涡度。相对于地球测量的涡度被称为相对涡度。当它相对于固定参考系测量时，称为“绝对涡度”。

5.1.1　相对涡度

运动物体相对于地球进行测量时所具有的涡度称为相对涡度，数学上定义为：$\boldsymbol{\omega}=\nabla\times\boldsymbol{u}$，或者分量形式

$$\boldsymbol{i}\omega_x+\boldsymbol{j}\omega_y+\boldsymbol{k}\omega_z\equiv\left(\boldsymbol{i}\frac{\partial}{\partial x}+\boldsymbol{j}\frac{\partial}{\partial y}+\boldsymbol{k}\frac{\partial}{\partial z}\right)\times(\boldsymbol{i}u+\boldsymbol{j}v+\boldsymbol{k}w)。$$

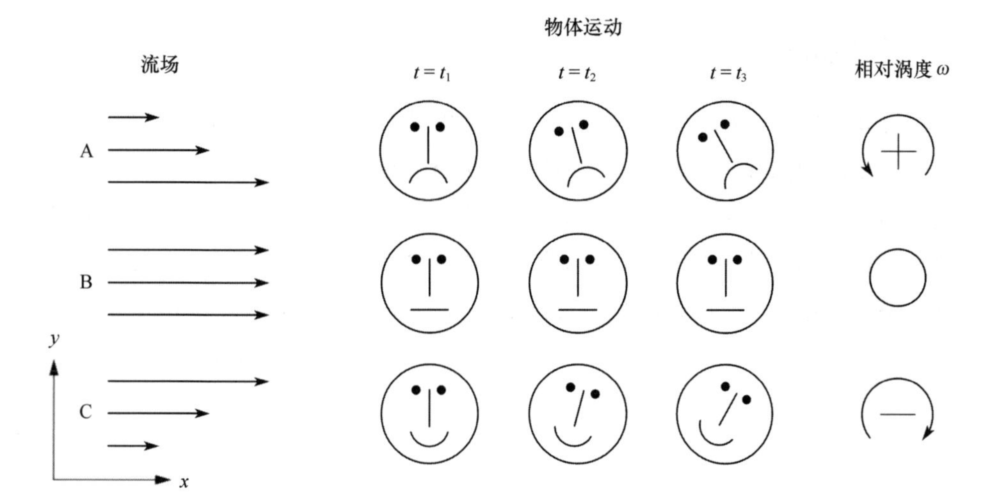

图 5-1　流体中涡度产生的示意图

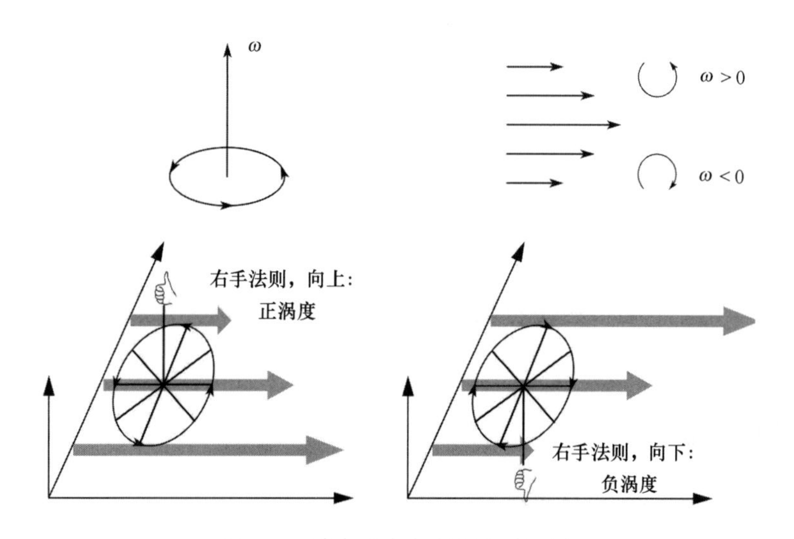

图 5-2　确定涡度方向的右手法则

应用矢量叉乘规则，得

$$\omega_x = \frac{\partial w}{\partial y} - \frac{\partial \boldsymbol{v}}{\partial z}, \quad \omega_y = \frac{\partial u}{\partial z} - \frac{\partial w}{\partial x}, \quad \omega_z = \frac{\partial \boldsymbol{v}}{\partial x} - \frac{\partial u}{\partial y}$$

以角速度 Ω 旋转的物体，其涡度为 2Ω，这个结论可以通过简单的矢量运算得出，即

$$\nabla \times (\boldsymbol{\Omega} \times \boldsymbol{r}) = (\boldsymbol{r} \cdot \nabla)\boldsymbol{\Omega} - (\boldsymbol{\Omega} \cdot \nabla)\boldsymbol{r} + (\nabla \cdot \boldsymbol{r})\boldsymbol{\Omega} - (\nabla \cdot \boldsymbol{\Omega})\boldsymbol{r} = 2\Omega$$

5.1.2 行星涡度

地球以角速度 Ω 旋转。在纬度 φ 处的地球表面具有角速度 $\Omega\sin\varphi$ ，其旋转轴铅直向上，因而相应的涡度为 $2\Omega\sin\varphi$ 。这种由于地球自转所产生的涡度为行星涡度。行星涡度正是出现在科氏力中的参数 f。如果一个水体相对于地球是静止的，那么此水体便自动地具有行星涡度 f，它是纬度的函数。图 5-3 表示行星涡度随地球纬度的变化，在赤道处 $f=0$，向北增加，在北极处其值为 2Ω；向南减小，在南极处其值为 -2Ω。

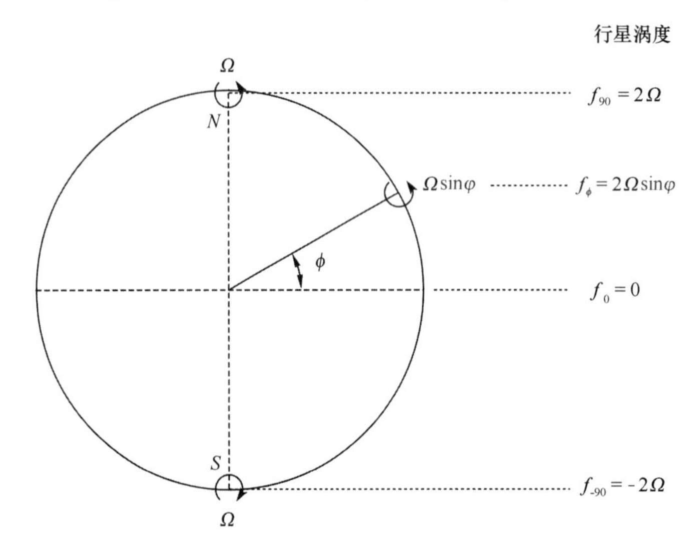

图 5-3　行星涡度随地球纬度的变化

5.1.3 绝对涡度

相对于宇宙空间中的惯性坐标系所测量的涡度叫绝对涡度。对惯性运动，行星涡度 $2\boldsymbol{\Omega}$ 和相对涡度 $\boldsymbol{\omega}=\nabla\times\boldsymbol{u}$ 之和为绝对涡度 $\boldsymbol{\omega}_a=2\boldsymbol{\Omega}+\nabla\times\boldsymbol{u}$ 。

海洋学中，经常用气旋涡和反气旋涡的术语，它们的定义分别如下：气旋涡，其相对涡度与行星涡度方向一致，在北半球逆时针旋转，在南半球顺时针旋转；反气旋涡，其相对涡度与行星涡度方向相反，在北半球顺时针旋转，在南半球逆时针旋转。

涡度计算中，记住一些矢量等式是方便的：

(1) $\nabla(\nabla\times\boldsymbol{u})=0$（涡度的散度为 0）

(2) $\nabla\times\nabla\varphi=0$（梯度的涡度为 0）

(3) $\nabla\times(\boldsymbol{a}\times\boldsymbol{b})=(\boldsymbol{b}\nabla)\boldsymbol{a}-(\boldsymbol{a}\nabla)\boldsymbol{b}+(\nabla\boldsymbol{b})\boldsymbol{a}-(\nabla\boldsymbol{a})\boldsymbol{b}$

(4) $(\nabla\times\boldsymbol{u})\times\boldsymbol{u}=(\boldsymbol{u}\cdot\nabla)\boldsymbol{u}-\nabla\left(\frac{1}{2}|\boldsymbol{u}|^2\right)$

Stokes 定理：沿封闭周线的速度环量等于该封闭周线内所有涡通量之和。斯托克斯

定理表明，沿封闭曲线 L 的速度环量等于穿过以该曲线为周界的任意曲面的涡通量，即

$$\iint \nabla\times \boldsymbol{u}\cdot \boldsymbol{n}\mathrm{d}A = \oint \boldsymbol{u}\cdot \mathrm{d}\boldsymbol{r}$$

由 Stokes 定理也容易证明涡度等于 2 倍的旋转角速度 $\omega = 2\Omega$。对于小的环形面元，$\pi r^2\boldsymbol{\omega} = 2\pi r\boldsymbol{u}$，所以 $\boldsymbol{\omega} = 2\dfrac{\boldsymbol{u}}{r} = 2\Omega$。

第 2 节　涡度方程

5.2.1　涡度方程的导出

不考虑传统近似和 Bousinessq 近似，一般形式的 Reynolds 平均方程为（详见第 3 章）：

$$\frac{\mathrm{D}\boldsymbol{u}}{\mathrm{D}t} + 2\Omega\times\boldsymbol{u} = -\frac{1}{\rho}\nabla p - g\boldsymbol{k} + \mu\nabla^2\boldsymbol{u} \qquad (5-1)$$

方程（5-1）表示流体速度的变化率与作用力（如科氏力，压强梯度力，重力，黏性力等）之间的关系。其实质是牛顿第二定理应用于流体时的具体形式，或动量守恒原理在流体运动中的应用。同理，应当有一个与角动量守恒原理相对应的方程，称为涡度方程。为了导出涡度方程，我们进行如下运算。

首先，利用第一节中的矢量恒等式（4），则（5-1）中的物质导数项可写成

$$\frac{\mathrm{D}\boldsymbol{u}}{\mathrm{D}t} = \frac{\partial\boldsymbol{u}}{\partial t} + \nabla\left(\frac{|\boldsymbol{u}|^2}{2}\right) + (\nabla\times\boldsymbol{u})\times\boldsymbol{u} = \frac{\partial\boldsymbol{u}}{\partial t} + \nabla\left(\frac{|\boldsymbol{u}|^2}{2}\right) + \boldsymbol{\omega}\times\boldsymbol{u}$$

其中 $\boldsymbol{\omega} = \nabla\times\boldsymbol{u}$ 为相对涡度。把重力加速度项表示成重力位势的梯度 $g = \nabla\varphi$，则 Reynolds 平均的运动方程（5-1）可改写成

$$\frac{\partial\boldsymbol{u}}{\partial t} + \boldsymbol{\omega}\times\boldsymbol{u} + 2\Omega\times\boldsymbol{u} = -\alpha\nabla p - \nabla\varphi - \nabla\left(\frac{|\boldsymbol{u}|^2}{2}\right) + \mu\nabla^2\boldsymbol{u}$$

利用绝对涡度表示 $\boldsymbol{\omega}_a = 2\boldsymbol{\Omega} + \boldsymbol{\omega}$，则上式可写成

$$\frac{\partial\boldsymbol{u}}{\partial t} + \boldsymbol{\omega}_a\times\boldsymbol{u} = -\alpha\nabla p - \nabla\varphi - \nabla\left(\frac{|\boldsymbol{u}|^2}{2}\right) + \mu\nabla^2\boldsymbol{u}$$

最后，我们对该方程两边做旋度运算，注意到 $\nabla\times\dfrac{\partial\boldsymbol{u}}{\partial t} = \dfrac{\partial}{\partial t}(\nabla\times\boldsymbol{u})$，又由于 $\partial\Omega/\partial t = 0$，则可得到以下涡度方程

$$\frac{\partial\boldsymbol{\omega}_a}{\partial t} + \nabla\times(\boldsymbol{\omega}_a\times\boldsymbol{u}) = -\nabla\times\alpha\nabla p - \nabla\times\nabla\Phi - \nabla\times\nabla\left(\frac{|\boldsymbol{u}|^2}{2}\right) + \nabla\times\mu\nabla^2\boldsymbol{u}$$

又因为梯度的旋度为 0，则等式右边的第二项和第三项为 0。第一项可化简为

$$\nabla\times(\alpha\nabla p)=\nabla\alpha\times\nabla p+\alpha\nabla\times\nabla p=\nabla\alpha\times\nabla p$$

而最后一项可以写成 $\nabla\times\mu\nabla^2\boldsymbol{u}=\mu\nabla^2(\nabla\times\boldsymbol{u})=\mu\nabla^2\boldsymbol{\omega}=\mu\nabla^2\boldsymbol{\omega}_a$。这样涡度方程可写成以下更简洁的形式

$$\frac{\partial\boldsymbol{\omega}_a}{\partial t}+\nabla\times(\boldsymbol{\omega}_a\times\boldsymbol{u})+\nabla\alpha\times\nabla p=\mu\nabla^2\boldsymbol{\omega}\tag{5-2}$$

方程（5-2）是涡度方程的一般形式。将第二项展开

$$\nabla\times(\boldsymbol{\omega}_a\times\boldsymbol{u})=(\boldsymbol{u}\cdot\nabla)\boldsymbol{\omega}_a+(\nabla\cdot\boldsymbol{u})\boldsymbol{\omega}_a-(\boldsymbol{\omega}_a\cdot\nabla)\boldsymbol{u}-(\nabla\cdot\boldsymbol{\omega}_a)\boldsymbol{u}$$

因为任一向量旋度的散度为0，所以上式右端的第四项显然为0。则方程（5-2）可写成

$$\frac{\partial\boldsymbol{\omega}_a}{\partial t}+(\boldsymbol{u}\cdot\nabla)\boldsymbol{\omega}_a=(\boldsymbol{\omega}_a\cdot\nabla)\boldsymbol{u}-(\nabla\cdot\boldsymbol{u})\boldsymbol{\omega}_a-\nabla\alpha\times\nabla p+\mu\nabla^2\boldsymbol{\omega}$$

或者

$$\frac{\mathrm{D}\boldsymbol{\omega}_a}{\mathrm{D}t}=(\boldsymbol{\omega}_a\cdot\nabla)\boldsymbol{u}-(\nabla\cdot\boldsymbol{u})\boldsymbol{\omega}_a-\nabla\alpha\times\nabla p+\mu\nabla^2\boldsymbol{\omega}\tag{5-3}$$

采用密度代替比容，并利用质量守恒方程，上式可写成

$$\frac{\mathrm{D}\boldsymbol{\omega}_a}{\mathrm{D}t}+\frac{\mathrm{D}\rho}{\mathrm{D}t}\frac{\boldsymbol{\omega}_a}{\rho}-(\boldsymbol{\omega}_a\cdot\nabla)\boldsymbol{u}=+\frac{\nabla\rho\times\nabla p}{\rho^2}+\mu\nabla^2\boldsymbol{\omega}$$

或者

$$\frac{\mathrm{D}}{\mathrm{D}t}\left(\frac{\boldsymbol{\omega}_a}{\rho}\right)-\frac{1}{\rho}(\boldsymbol{\omega}_a\cdot\nabla)\boldsymbol{u}=+\frac{\nabla\rho\times\nabla p}{\rho^3}+\frac{\mu}{\rho}\nabla^2\boldsymbol{\omega}$$

式（5-3）是涡度方程的最实用形式。该式表明绝对涡度的随体导数等于四项之和，其中每一项均可看作为单位质量流体所受的力矩（此力矩相当于动量方程中单位质量流体所受的力）。这四项中的第一项称为倾斜项，只有当流体速度沿涡度线（涡度线是流场中的一种曲线，线上每一点处的切线方向均与该点处的涡旋方向一致）的方向有变化时，此项才存在；第二项称为拉伸项（辐散项），此项只对可压缩流体存在；第三项称为螺管项，此项只对斜压流体存在；最后一项称为黏性力项，由流体内部的黏性切应力形成力矩，使流体元的转动角速度产生变化。为了真正理解这四项的物理意义，下面我们将逐一对其作详细的讨论。

1）拉伸项

引起涡度变化的这一部分在运动方程中没有和它对等的部分。为了清楚地说明这一项的物理意义，我们考虑一种简单的情形。参考图5-4，在局地笛卡尔坐标系中，矢量 $\boldsymbol{\omega}_a$ 最初与 z 轴平行，即 $\boldsymbol{\omega}_a=(\omega_1,\ \omega_2,\ \omega_3)^{\mathrm{T}}=\bar{\omega}(0,\ 0,\ 1)^{\mathrm{T}}$，其中上标T表示转置，且 $\bar{\omega}>0$。如果定义速度矢量为 $\boldsymbol{u}=(u,\ v,\ 0)$，则方程（5-3）右侧第一项和第二项之和为

$$(\boldsymbol{\omega}_a \cdot \nabla)\boldsymbol{u} - (\nabla \cdot \boldsymbol{u})\boldsymbol{\omega}_a = \begin{pmatrix} \bar{\omega}\dfrac{\partial u}{\partial z} \\ \bar{\omega}\dfrac{\partial v}{\partial z} \\ -\bar{\omega}\left(\dfrac{\partial u}{\partial x} + \dfrac{\partial v}{\partial y}\right) \end{pmatrix} \tag{5-4}$$

当不存在其他产生涡度的因素时，则由方程（5-3）和（5-4）给出涡度第三分量的变化为

$$\frac{\partial \omega_3}{\partial t} = -\bar{\omega}\left(\frac{\partial u}{\partial x} + \frac{\partial v}{\partial y}\right)$$

因此 $\boldsymbol{\omega}_a$ 的 z 分量的时间变化与垂直于 z 轴的速度场的水平散度成正比。当 $\partial u/\partial x + \partial v/\partial y < 0$ 时，在这个水平面上产生流体辐聚，与 z 轴平行的局部涡管被压缩（图 5-4）。根据方程（5-4），z 方向的涡度必须增加，这就是产生涡度的拉伸（stretching）机理。

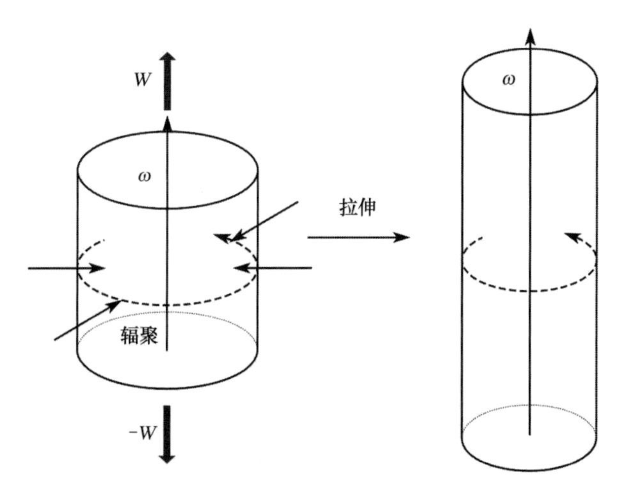

图 5-4　流的辐聚引起涡管压缩，导致涡管延伸方向上涡度的增加

涡度方程（5-3）中的第二项是产生涡度的拉伸项。由于流体元运动时，其密度可能发生变化，或者说流体元的体积可能发生变化（$\nabla \cdot \boldsymbol{u} \neq 0$），从而引起流体元转动惯量的变化。为了保持角动量守恒，流体元的转动角速度就要作相应的变化，这种变化就表现在辐散项 $-(\nabla \cdot \boldsymbol{u})$ 上。当（$\nabla \cdot \boldsymbol{u} > 0$）时，体积增加，回转半径变大，从而其转动惯量相应增加。为了保持角动量守恒，流体元的转动角速度必然减小。这就使得相对涡度的变化率为负值。反之，如果（$\nabla \cdot \boldsymbol{u} < 0$），即流体为辐聚的情形，相对涡度的变化率应为正值。事实上，流体涡度的这种变化机制是易于理解的。在日常生活中常可看到这种现象：例如滑冰运动员开始旋转时总是伸开双臂，然后为了得到更大的旋转速度，便收回双臂。当运动员收回双臂时，身体的转动惯量减小，为了保持角动量

守恒，便必然使得旋转速度加快。

2）倾斜项

从方程（5-4）的第一个分量可以看出，涡度分量在 x 方向的变化与 $\partial u/\partial z$ 成正比。当 $\partial u/\partial z > 0$ 时，流动中的 x 分量速度有垂直切变，初始平行于 z 轴的涡线发生倾斜，产生对涡度 x 分量的正贡献。当 $\partial u/\partial z < 0$ 时，流动中 x 分量速度的垂直切变使平行于 z 轴的涡线发生倾斜，产生对涡度 x 分量的负贡献［图 5-5（a）］。此种使涡度产生变化的机制称为涡度倾斜。当 $\partial \boldsymbol{v}/\partial z \neq 0$ 时，同样的机制会改变 y 方向的涡度。

涡度方程（5-3）中的第一项是涡度产生的倾斜项。图 5-5（b）描述了更一般的情况。初始时刻流体元具有指向 x 负方向的水平涡度矢量（图中用双箭头表示），而流场在 z 方向和 y 方向都存在速度剪切。这种速度剪切使得水平涡度矢量发生旋转，从而使得在 x，y 方向和 z 方向的涡度都增加。

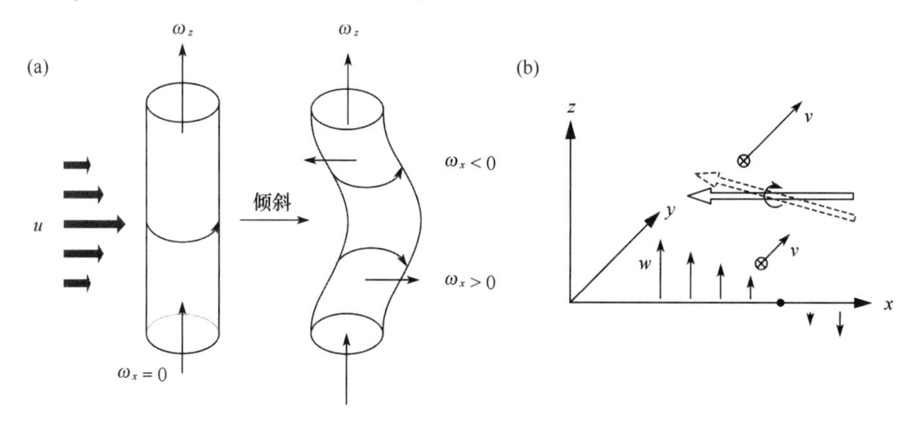

图 5-5　涡度矢量倾斜示意图

3）涡度的斜压产生项

图 5-6 表示斜压流体中水平面、等压面、等比容面的一种可能分布情况。对于斜压流体，等压面和等比容面的相对分布不同于正压流体中的分布。在正压流体中，等压面与等比容面重合；但在斜压流体中，等压面与等比容面不重合，即 $\nabla\alpha \times \nabla p \neq 0$，所以产生出涡度螺管项（螺管为两个等压面和两个等比容面围成的管，又称为等压等容管）。考虑图 5-6 中的两点 A 和 B，显然 B 点处压强较大，水平压强梯度力由 B 到指向 A。如果画出水平压强梯度力的垂直分布图，则其大致情形如图 5-6 右图所示。水平压强梯度力由上到下逐渐增加，水平速度会产生具有切变的垂直结构，进而产生涡度（旋转）。在图 5-6 中，产生的涡旋向量沿负 y 方向，即流体元作逆时针旋转。

4）黏性力矩项

涡旋的分子扩散作用引起的涡旋变化由黏性力矩项 $\mu\nabla^2\boldsymbol{\omega}_a$ 来体现。这一项与运动方程中的 $\mu\nabla^2\boldsymbol{u}$ 完全类似，$\mu\nabla^2\boldsymbol{u}$ 表示由动量的分子扩散作用所引起的流体质点速度的变化。应注意，速度 $\boldsymbol{u}$ 可随流体质点的运动而转移，因此 $\boldsymbol{u}$ 的所有空间导数也可随流

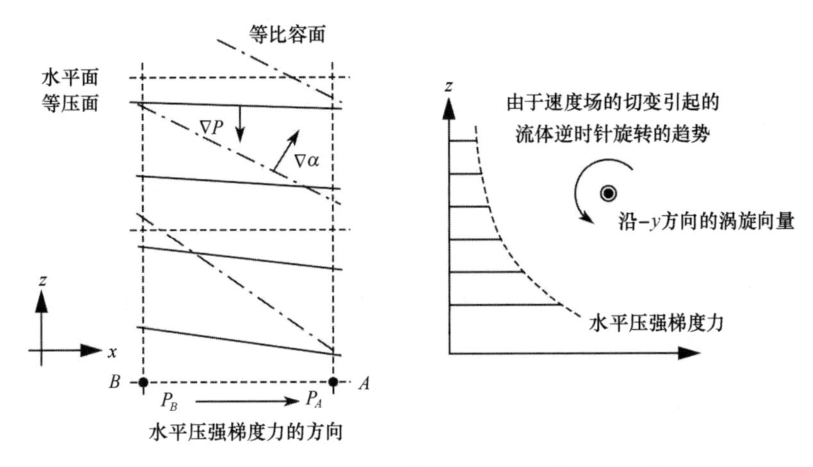

图 5-6　斜压性产生的涡度，斜压流体中水平面、等压面和等比容面分布（左图），斜压流体水平压强梯度力垂直分布以及所产生的涡度分量

体质点的运动而转移，而涡度是这些空间导数的函数，所以也可随流体运动而转移。

考虑下述情况的流动：①定常；②弱非线性（缓慢）；③相对涡度远小于绝对涡度；④均匀（必正压）；⑤不可压；⑥无摩擦。则上述涡度方程转化为

$$(2\boldsymbol{\Omega}\cdot\nabla)\boldsymbol{u}=0$$

在传统近似条件下（涡度仅有垂直分量），则

$$f\frac{\partial \boldsymbol{u}}{\partial z}=0$$

该方程就是第 4 章讲述的 Taylor-Proudman 定理，它在此处的意义为：在均匀无摩擦流体的定常缓慢运动中，流体运动速度在其旋转方向上保持不变（在旋转方向运动保持刚性），运动趋于二维性。

5.2.2　垂向涡度方程

海洋中水平运动远大于垂直运动，且物理量的垂直变化远小于水平变化，因此相比较于水平涡度，垂向涡度是大量，通常只考虑垂向涡度方程。

直接取涡度方程（5-3）垂直方向的分量

$$\frac{\mathrm{D}\boldsymbol{\omega}_a}{\mathrm{D}t}\cdot\boldsymbol{k}=[(\boldsymbol{\omega}_a\cdot\nabla)\boldsymbol{u}]\cdot\boldsymbol{k}-[(\nabla\cdot\boldsymbol{u})\boldsymbol{\omega}_a]\cdot\boldsymbol{k}-(\nabla\alpha\times\nabla p)\cdot\boldsymbol{k}+\mu\nabla^2\boldsymbol{\omega}_a\cdot\boldsymbol{k}$$

化简得

$$\begin{aligned}\frac{\mathrm{D}(\omega_z+f)}{\mathrm{D}t}=&\ \omega_x\frac{\partial w}{\partial x}+(\omega_y+\Omega_y)\frac{\partial w}{\partial y}+(\omega_z+2\Omega)\frac{\partial w}{\partial z}\\&-(\nabla\cdot\boldsymbol{u})(\omega_z+2\Omega)-(\nabla\alpha\times\nabla p)\cdot\boldsymbol{k}+\mu\nabla^2\boldsymbol{\omega}_a\cdot\boldsymbol{k}\end{aligned}$$

利用连续性方程进一步化简得

$$\frac{\mathrm{D}(\omega_z+f)}{\mathrm{D}t}=\omega_x\frac{\partial w}{\partial x}+(\omega_y+\Omega_y)\frac{\partial w}{\partial y}+(\omega_z+2\Omega)\frac{\partial w}{\partial z}-(\nabla\alpha\times\nabla p)\cdot\boldsymbol{k}+\mu\nabla^2\boldsymbol{\omega}_a\cdot\boldsymbol{k}$$

采用传统近似得

$$\frac{\mathrm{D}(\omega_z+f)}{\mathrm{D}t}=\omega_x\frac{\partial w}{\partial x}+\omega_y\frac{\partial w}{\partial y}+\frac{\partial w}{\partial z}(\omega_z+f)-(\nabla\alpha\times\nabla p)\cdot\boldsymbol{k}+\mu\nabla^2\boldsymbol{\omega}_a\cdot\boldsymbol{k} \tag{5-5}$$

相应地，等式左侧第一项和第二项为倾斜项，第三项为拉伸项，第四项为斜压生成项，第五项为摩擦项。

5.2.3 无黏海洋原始涡度方程

上述是 Reynolds 平均海洋运动的涡度方程，现在推导 Bousinessq 近似和传统近似条件下的无黏海洋原始运动方程的涡度方程。重写无黏海洋原始运动方程如下

$$\frac{\mathrm{D}\boldsymbol{u}}{\mathrm{D}t}+f\boldsymbol{k}\times\boldsymbol{u}=-\frac{1}{\rho_0}\nabla p-\frac{\rho}{\rho_0}g\boldsymbol{k}$$

同样，首先利用矢量恒等式 $(\nabla\times\boldsymbol{u})\times\boldsymbol{u}=(\boldsymbol{u}\cdot\nabla)\boldsymbol{u}-\nabla\left(\frac{1}{2}|\boldsymbol{u}|^2\right)$，上式可写成

$$\frac{\partial\boldsymbol{u}}{\partial t}+(\boldsymbol{\omega}_z+f\boldsymbol{k})\times\boldsymbol{u}=-\nabla\left(\frac{p}{\rho_0}+\frac{|\boldsymbol{u}|^2}{2}\right)-\frac{\rho}{\rho_0}g\boldsymbol{k}$$

两边取旋度，仿照上一节利用矢量恒等式，化简可得在 Bousinessq 近似和传统近似条件下的无黏海洋原始运动方程导出的涡度平衡方程，我们把它称为无黏海洋原始涡度方程：

$$\underbrace{\partial(\boldsymbol{\omega}+\boldsymbol{f})/\partial t+(\boldsymbol{u}\cdot\nabla)(\boldsymbol{\omega}+\boldsymbol{f})}_{D(\boldsymbol{\omega}+\boldsymbol{f})/Dt}-\underbrace{[(\boldsymbol{\omega}+\boldsymbol{f})\cdot\nabla]\boldsymbol{u}}_{\text{拉伸和倾斜项?}}-\beta v=\underbrace{-\nabla\times g\rho'/\rho_0}_{\text{浮力生成源项}} \tag{5-6}$$

这里用到了 $\frac{\mathrm{D}f}{\mathrm{D}t}=\frac{\partial f}{\partial t}+u\frac{\partial f}{\partial x}+v\frac{\partial f}{\partial y}=\beta v$，在直角坐标系下无黏海洋原始涡度方程（5-6）的分量形式为

$$\frac{\partial\omega_x}{\partial t}+u\frac{\partial(\omega_x+f_x)}{\partial x}+v\frac{\partial(\omega_x+f_x)}{\partial y}+w\frac{\partial(\omega_x+f_x)}{\partial z}=(\omega_x+f_x)\frac{\partial u}{\partial x}+(\omega_y+f_y)\frac{\partial u}{\partial y}+(\omega_z+f_z)\frac{\partial u}{\partial z}+\frac{g}{\rho_0}\frac{\partial\rho}{\partial y} \tag{5-7}$$

$$\frac{\partial\omega_y}{\partial t}+u\frac{\partial(\omega_y+f_y)}{\partial x}+v\frac{\partial(\omega_y+f_y)}{\partial y}+w\frac{\partial(\omega_y+f_y)}{\partial z}=(\omega_x+f_x)\frac{\partial v}{\partial x}+(\omega_y+f_y)\frac{\partial v}{\partial y}+(\omega_z+f_z)\frac{\partial v}{\partial z}-\frac{g}{\rho_0}\frac{\partial\rho}{\partial x} \tag{5-8}$$

$$\frac{\partial\omega_z}{\partial t}+u\frac{\partial(\omega_z+f_z)}{\partial x}+v\frac{\partial(\omega_z+f_z)}{\partial y}+w\frac{\partial(\omega_z+f_z)}{\partial z}$$

$$= (\omega_x + f_x)\frac{\partial w}{\partial x} + (\omega_y + f_y)\frac{\partial w}{\partial y} + (\omega_z + f_z)\frac{\partial w}{\partial z} \tag{5-9}$$

5.2.4　涡度方程的近似

现在对无黏海洋原始涡度方程进行量纲分析，取量纲如下：

$$f_x = O(f_0)\ ,\ f_y = O(f_0)\ ,\ \omega_x = O(UH/L^2)\ ,\ \omega_y = O(UH/L^2)\ ,\ \omega_z = O(U/L)$$

$$\partial/\partial x = O(1/L)\ ,\ \partial/\partial y = O(1/L)\ ,\ \partial/\partial z = O(1/H)$$

$$u = O(U)\ ,\ v = O(U)\ ,\ w = O(UH/L)\ ,\ \partial/\partial t = O(1/T)$$

取水平速度 $U \sim 1$ m/s，垂直尺度（水深）$H \sim 10^3$ m，水平尺度（宽度）$L \sim 10^7$ m，时间尺度 $T = L/U = 10^7$ s，$f_0 \sim 10^{-5}\ \mathrm{s}^{-1}$，$\rho_0 = 1\ 000\ \mathrm{kg \cdot m^{-3}}$，$\rho(z) = 30\ \mathrm{kg \cdot m^{-3}}$，$\rho'(x, y, z, t) = 3\ \mathrm{kg \cdot m^{-3}}$。

首先，对式（5-7）进行尺度分析：

$$\frac{\partial \omega_x}{\partial t} + u\frac{\partial(\omega_x + f_x)}{\partial x} + v\frac{\partial(\omega_x + f_x)}{\partial y} + w\frac{\partial(\omega_x + f_x)}{\partial z} = (\omega_x + f_x)\frac{\partial u}{\partial x} + (\omega_y + f_y)\frac{\partial u}{\partial y} + (\omega_z + f_z)\frac{\partial u}{\partial z} + \frac{g}{\rho_0}\frac{\partial \rho}{\partial y}$$

$$\frac{UH}{L^2}\frac{1}{T} \quad U\frac{UH}{L^2}\frac{1}{L} \quad U\frac{UH}{L^2}\frac{1}{L} \quad \frac{UH}{L}\frac{UH}{L^2}\frac{1}{H} \quad \frac{UH}{L^2}\frac{U}{L} \quad \left(\frac{UH}{L^2} + f_0\right)\frac{U}{L} \quad \left(\frac{U}{L} + f_0\right)\frac{U}{H} \quad \frac{g}{\rho_0}\frac{\rho}{L}$$

$$10^{-18} \quad 10^{-18} \quad 10^{-18} \quad 10^{-18} \quad 10^{-18} \quad 10^{-12} \quad 10^{-8} \quad 10^{-8}$$

因此，最低阶近似为

$$f\frac{\partial u}{\partial z} = \frac{g}{\rho_0}\frac{\partial \rho}{\partial y}$$

同样地，y 方向最低阶近似为

$$f\frac{\partial v}{\partial z} = -\frac{g}{\rho_0}\frac{\partial \rho}{\partial x}$$

即导出了与第 4 章相同的热成风关系。

对式（5-9）进行尺度分析：

$$\frac{\partial \omega_z}{\partial t} + u\frac{\partial(\omega_z + f)}{\partial x} + v\frac{\partial(\omega_z + f)}{\partial y} + w\frac{\partial(\omega_z + f)}{\partial z} = \omega_x\frac{\partial w}{\partial x} + \omega_y\frac{\partial w}{\partial y} + (\omega_z + f)\frac{\partial w}{\partial z}$$

$$\frac{U^2}{L^2} \quad \frac{U^2}{L^2} \quad \left(\frac{U^2}{L^2} + \frac{Uf}{L}\right) \quad \frac{U^2}{L^2} \quad = \frac{(UH)^2}{L^3} \quad \frac{(UH)^2}{L^3} \quad \left(\frac{U^2}{L^2} + \frac{Uf}{L}\right)$$

$$10^{-14} \quad 10^{-14} \quad 10^{-14}\ \ 10^{-12} \quad 10^{-14} \quad 10^{-15} \quad 10^{-15} \quad 10^{-14}\ \ 10^{-12}$$

因此，最低阶近似为

$$v\beta = f\frac{\partial w}{\partial z}$$

这样从垂向涡度方程出发，最低阶近似同样导出了 Sverdrup 关系。

第3节　位涡方程

5.3.1　位涡及位涡守恒

1）均质无黏海洋位涡守恒方程

根据上一节的结果，我们可以导出另一个重要方程——位涡守恒方程。这个方程是 Rossby 于 1940 年首先导出的。

考虑垂直涡度方程（5-5），并作如下假设：

（1）流体均匀，即比容 α 为常数。这样垂直涡度方程（5-5）右端的第四项为 0。

（2）流体为理想流体，上式右端第五项为 0。

（3）水平速度与深度无关，于是 $\partial u/\partial z=0$ 和 $\partial \boldsymbol{v}/\partial z=0$。

（4）铅直速度很小而且水平尺度很大，所以铅直速度的空间导数 $\partial w/\partial x$ 和 $\partial w/\partial y$ 与其他类似项相比很小，可以近似地看作为 0。于是与 $\boldsymbol{\omega}_x$ 和 $\boldsymbol{\omega}_y$ 相关的项近似为 0。

在上述假设下，方程（5-5）可以简化为

$$\frac{\mathrm{D}(\omega_z+f)}{\mathrm{D}t}=(\omega_z+f)\frac{\partial w}{\partial z}$$

沿铅直方向积分该方程得

$$\int_{x=-h}^{x=\eta}\frac{\mathrm{D}}{\mathrm{D}t}(\omega_z+f)\,\mathrm{d}z-\int_{x=-h}^{x=\eta}(\omega_z+f)\frac{\partial w}{\partial z}\mathrm{d}z=0$$

式中，$z=\eta$ 代表流体柱顶部，$z=-h$ 代表流体柱底部。因为第一项的被积函数与 z 无关，上式可简化为

$$H\frac{\mathrm{D}}{\mathrm{D}t}(\omega_z+f)-(\omega_z+f)\left(w\big|_{z=0}-w\big|_{z=-h}\right)=0$$

其中 $H=\eta+h$，注意边界条件

$$w\big|_{z=\eta}=\frac{\partial\eta}{\partial t}+u\frac{\partial\eta}{\partial x}+\boldsymbol{v}\frac{\partial\eta}{\partial y}$$

$$w\big|_{z=-h}=-u\frac{\partial h}{\partial x}-\boldsymbol{v}\frac{\partial h}{\partial y}$$

$$w\big|_{z=\eta}-w\big|_{z=-h}=\frac{\partial(\eta+h)}{\partial t}+u\frac{\partial(\eta+h)}{\partial x}+\boldsymbol{v}\frac{\partial(\eta+h)}{\partial y}=\frac{\mathrm{D}H}{\mathrm{D}t}$$

所以

$$H\frac{\mathrm{D}}{\mathrm{D}t}(\omega_z+f)-(\omega_z+f)\cdot\frac{\mathrm{D}H}{\mathrm{D}t}=0\qquad(5-10)$$

将上式两端除以 H^2 并合并为一项，得

$$\frac{\mathrm{D}}{\mathrm{D}t}\left(\frac{\omega_z+f}{H}\right)=0 \tag{5-11}$$

上式括号中的项称为均质无黏海洋的位势涡度，简称位涡。而方程（5–11）称为位涡守恒方程，即，随流体柱一起移动的观测者所观测到的位涡是不变化的。为了理解式（5–11）的物理意义，讨论下面的几个例子：

（1）位置固定，但在铅直方向上可拉伸或收缩的流体柱。

当流体柱的位置固定时，f=常数。于是由式（5–11）可知，流体柱高度的变化将会引起相对涡度分量的变化。如果流体柱拉伸，那么高度 h 就增大，ω_z 也增大（北半球），因而形成气旋运动，或者说产生正相对涡度（逆时针旋转）。这种气旋涡度是这样产生的：由于流体拉伸而高度变大时，流体必然要向流体柱内部运动，而科氏力又使这种向内的流动产生偏转，于是便形成逆时针旋转的气旋（图 5–7）。类似地，当流体柱收缩而高度减小时，流体必然向外运动，科氏力使此向外流动发生偏转，于是便形成反气旋或负的相对涡度。这种效应在式（5–11）中反应为，h 减小，ω_z 也要相应减小，但总位势涡度不变。

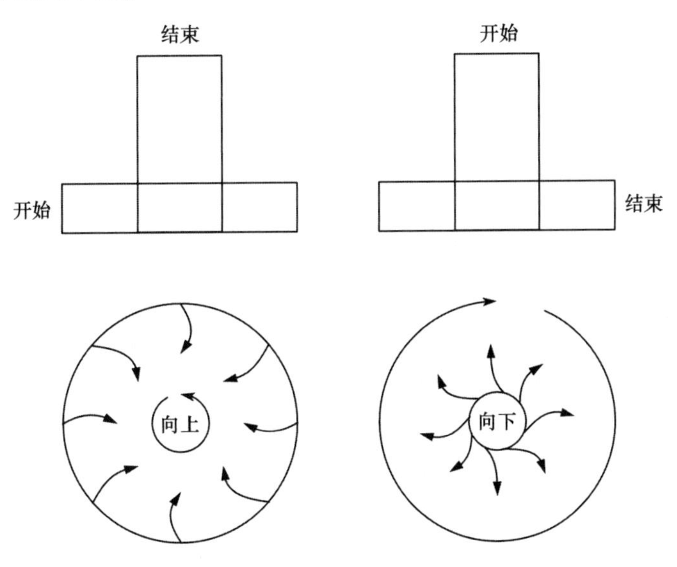

图 5–7　位置固定的流体柱通过拉伸或收缩产生相对涡度

（2）高度不变，但流体柱所在位置的纬度发生变化。

考虑北半球的一流体柱，设柱的高度保持常数。为了讨论方便，设初始时刻流体柱的相对涡度为零，即（$\omega_z=0$）。由式（5–11）可知，当此流体柱向北移动时，行星涡度 f 增加，为了保持位涡守恒，流体柱的相对涡度就要减小，即 $\omega_z<0$，流体柱要做顺时针的反气旋旋转。因此，我们可得出结论：在北半球，高度不变的流体柱，当其向高行星涡度区移动时（即向北移时），顺时针旋转的速度加快；当其向低行星度区移动时（即向南移动时），逆时针旋转的速度加快。

考虑在北极静止的一桶水，如果木桶向南移动，f 变小，则在新的纬度上桶里的水应逆时针旋转以保持涡度守恒。

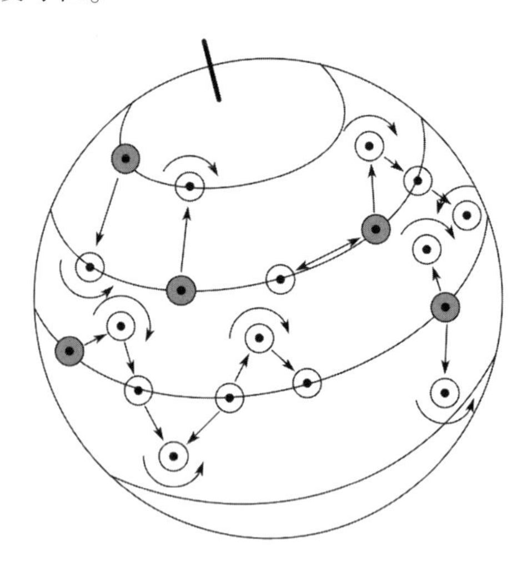

图 5-8 当水柱南北移动时位涡守恒要求产生相对涡度

（3）无限长洋脊上的纬向流。

假定洋脊是南北走向，且无限长。今有一从西向东的纬向流流过此洋脊（图 5 9），假定流动定常，上游处相对涡度为 0。当流体从西向东流过洋脊时，流体柱的高度变小，流体柱内的流体向外流动，科氏力使其产生偏转，形成顺时针的反气旋流动（图 5-9）。洋脊下游处流线的波状特征是由于科氏参量 f 随 y 变化而引起的。当流体柱向南移动时，行星涡度 f 减小，为了保持位涡守恒，相对涡度 ω_z 便要增加。因为 ω_z 为负值，所以相对涡度 ω_z 的增加意味着 ω_z 的绝对值减小。随着流体向南运动，流线的曲率逐渐变小，直到纬度 θ_2 处（在 θ_2 处，$f_2=2\Omega\sin\theta_2$，$\omega_z=0$，流线曲率为 0）。当流体柱运动到纬度 θ_2 处以后，由于流体柱具有动量，它继续向南运动，相对涡度 ω_z 仍然继续增加，此时流体柱便作逆时针的气旋式旋转，而且流线弯曲的方向发生变化。最后流体柱到达最南处，此时运动方向为正东，ω_z 取得正的最大极值，$\frac{\mathrm{D}\omega_z}{\mathrm{D}t}=0$。此后流体柱在向东运动的同时也开始向北移动，行星涡度的增加又使得相对涡度变小（为了保持位涡守恒），同时流线的曲率也逐渐变小。当流体柱向北运动到纬度 θ_2 处时，相对涡度和流线曲率都变为 0。由于流体柱具有动量，它继续向北运动，此时流线弯曲方向改变，反气旋的涡度不断增加（ω_2 减小），直到流体柱达到最北的纬度 θ_1 处。当流体柱到达 θ_1 处时，流体柱的运动方向为正东，反气旋涡度达最大值（即 ω_2 达最小值），流线曲率也达到最大值。此后流体柱继续在纬度 θ_2 附近作振动。注意，对于 θ_2 和 θ_1 处的科氏参量 f_2 和 f_1，存在关系 $f_2/h_2=f_1/h_1=$ 常数。

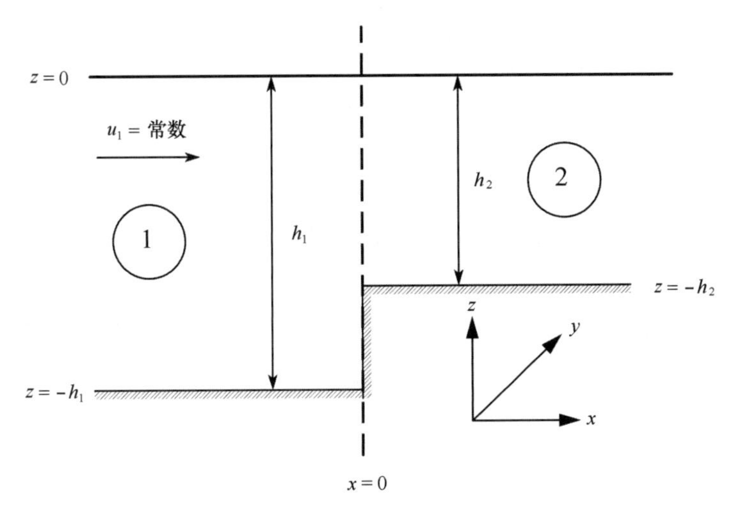

图 5-9　海水流过无限长洋脊的简化示意图

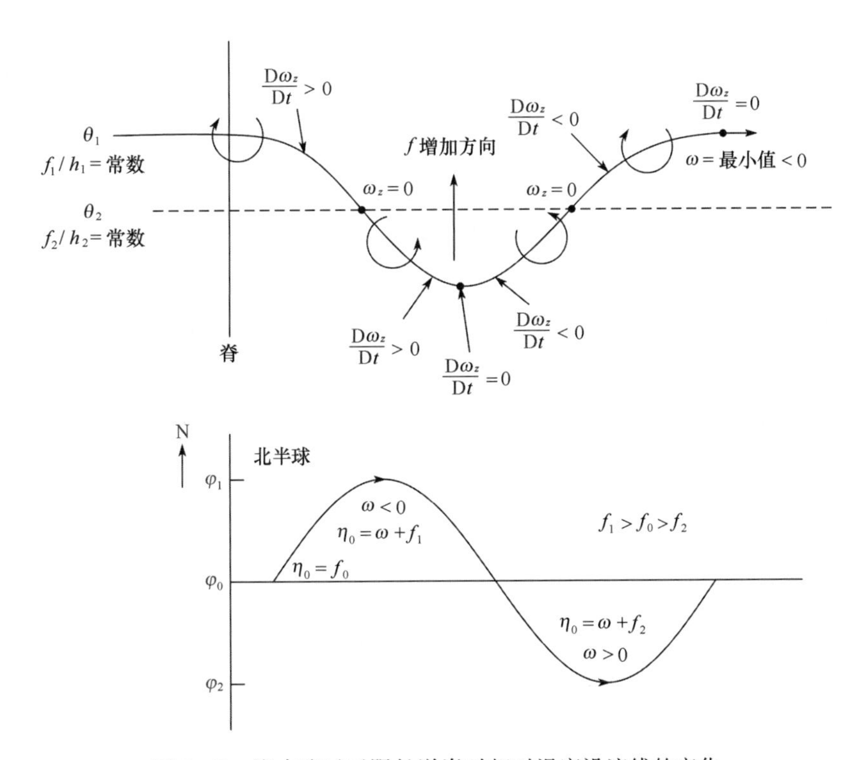

图 5-10　海水流过无限长洋脊时相对涡度沿流线的变化

2）一般情形位涡守恒

更一般形式的位涡守恒推导如下，首先将质量守恒方程

$$\frac{D\rho}{Dt} + \rho \nabla \cdot \boldsymbol{u} = 0$$

代入式（5-2），消除速度散度项，得

$$\frac{D\boldsymbol{\omega}_a}{Dt}+\frac{D}{Dt}\frac{\boldsymbol{\omega}_a}{\rho}-(\boldsymbol{\omega}_a\cdot\nabla)\boldsymbol{u}=+\frac{\nabla\rho\times\nabla p}{\rho^2}+\nabla\times\boldsymbol{F}$$

化简得

$$\frac{D}{Dt}\left(\frac{\boldsymbol{\omega}_a}{\rho}\right)-\frac{1}{\rho}(\boldsymbol{\omega}_a\cdot\nabla)\boldsymbol{u}=+\frac{\nabla\rho\times\nabla p}{\rho^3}+\frac{1}{\rho}\nabla\times\boldsymbol{F} \tag{5-12}$$

现在我们引入一个动力学变量 q，该动力学变量在随着流体运动过程中守恒，即

$$\frac{Dq}{Dt}=0 \tag{5-13}$$

用 ∇q 点乘式（5-12）左右两端，得

$$\nabla q\cdot\frac{D}{Dt}\frac{\boldsymbol{\omega}_a}{\rho}=\nabla q\cdot\left[\left(\frac{\boldsymbol{\omega}_a}{\rho}\cdot\nabla\right)\boldsymbol{u}\right]+\nabla q\cdot\frac{\nabla\rho\times\nabla p}{\rho^3}+\frac{1}{\rho}\nabla q\cdot(\nabla\times F) \tag{5-14}$$

根据式（5-13），得

$$\frac{\boldsymbol{\omega}_a}{\rho}\cdot\frac{D}{Dt}\nabla q=-\nabla q\cdot\left[\left(\frac{\boldsymbol{\omega}_a}{\rho}\cdot\nabla\right)\boldsymbol{u}\right] \tag{5-15}$$

这是因为

$$\frac{\boldsymbol{\omega}_u}{\rho}\cdot\frac{D}{Dt}\nabla q=\left(\frac{\boldsymbol{\omega}_a}{\rho}\cdot\nabla\right)\frac{\partial q}{\partial t}+\frac{\boldsymbol{\omega}_a}{\rho}\cdot[(\boldsymbol{u}\cdot\nabla)\nabla q]$$

做变量代换 $a\rightarrow\dfrac{\boldsymbol{\omega}_a}{\rho}$，　$b\rightarrow\boldsymbol{u}$，　$\varphi\rightarrow q$

采用矢量不等式

$$\boldsymbol{a}\cdot[(\boldsymbol{b}\cdot\nabla)\nabla\varphi]=(\boldsymbol{a}\cdot\nabla)(\boldsymbol{b}\cdot\nabla\varphi)-[(\boldsymbol{a}\cdot\nabla)\boldsymbol{b}]\cdot\nabla\varphi$$

化简上式右边第二项，得

$$\frac{\boldsymbol{\omega}_a}{\rho}\cdot[(\boldsymbol{u}\cdot\nabla)\nabla q]=\left(\frac{\boldsymbol{\omega}_a}{\rho}\cdot\nabla\right)(\boldsymbol{u}\cdot\nabla q)-\left[\left(\frac{\boldsymbol{\omega}_a}{\rho}\cdot\nabla\right)\boldsymbol{u}\right]\cdot\nabla q$$

则式（5-15）式转化为

$$\begin{aligned}\frac{\boldsymbol{\omega}_a}{\rho}\cdot\frac{D}{Dt}\nabla q&=\left(\frac{\boldsymbol{\omega}_a}{\rho}\cdot\nabla\right)\frac{Dq}{Dt}-\left[\left(\frac{\boldsymbol{\omega}_a}{\rho}\cdot\nabla\right)\boldsymbol{u}\right]\cdot\nabla q\\&=-\nabla q\cdot\left[\left(\frac{\boldsymbol{\omega}_a}{\rho}\cdot\nabla\right)\boldsymbol{u}\right]\end{aligned}$$

联合式（5-14）和式（5-15），得

$$\frac{D\Pi}{Dt}=-\nabla q\cdot\frac{\nabla\rho\times\nabla p}{\rho^3}+\frac{1}{\rho}\nabla q\cdot(\nabla\times F) \tag{5-16}$$

其中，$\Pi\equiv\dfrac{\boldsymbol{\omega}_a}{\rho}\cdot\nabla q$ 称为位涡，方程（5-16）则为位涡发展方程。

动力学变量 q 是什么呢？这个变量并不是普遍确定的，但它通常代表特定物理系统的一个特殊特征量。

分析方程（5-16），当

（1）摩擦可以忽略，则 $\nabla\times F$ 为 0；

（2）流体为正压流，则 $\nabla\rho\times\nabla p$ 为 0，或者 q 仅是 p 和 ρ 的函数，即 $q=q(\rho,p)$。

则随着流体运动，位涡是守恒的，即

$$\frac{\mathrm{D}\Pi}{\mathrm{D}t}=0$$

当 q 仅是 p 和 ρ 的函数时，$\nabla q=\frac{\partial q}{\partial p}\nabla p+\frac{\partial q}{\partial\rho}\nabla\rho$，因此

$$\nabla q\cdot(\nabla p\times\nabla\rho)=\frac{\partial q}{\partial p}\nabla p\cdot(\nabla p\times\nabla\rho)+\frac{\partial q}{\partial\rho}\nabla\rho\cdot(\nabla p\times\nabla\rho)=0$$

在海洋中，绝大多数情况下可取 $\nabla q\approx\frac{\partial q}{\partial z}\boldsymbol{k}$，即垂直方向梯度是重要项。因此位涡可近似写成

$$\Pi\approx\frac{\boldsymbol{\omega}+2\boldsymbol{\Omega}}{\rho}\cdot\frac{\partial q}{\partial z}\boldsymbol{k}=\frac{\omega_z+f}{\rho}\frac{\partial q}{\partial z}$$

因此式（5-16）可写成

$$\frac{\mathrm{D}}{\mathrm{D}t}\left(\frac{\omega_z+f}{\rho}\frac{\partial q}{\partial z}\right)=\frac{1}{\rho}\frac{\partial q}{\partial z}\left[\boldsymbol{k}\cdot(\nabla\times F)-\frac{1}{\rho^2}\boldsymbol{k}\cdot(\nabla p\times\nabla\rho)\right]\tag{5-17}$$

对可忽略摩擦的正压流，式（5-17）可写成

$$\frac{\mathrm{D}}{\mathrm{D}t}\left(\frac{\omega_z+f}{\rho}\frac{\partial q}{\partial z}\right)=0$$

5.3.2　浅水方程

事实上，均质无黏海洋的位涡方程可以直接通过浅水方程推导出来，考虑均匀密度并记为 ρ_0，无黏的水平运动方程为

$$\frac{\partial u}{\partial t}+u\frac{\partial u}{\partial x}+v\frac{\partial u}{\partial y}+w\frac{\partial u}{\partial z}-fv=-\frac{1}{\rho_0}\frac{\partial p}{\partial x}$$

$$\frac{\partial v}{\partial t}+u\frac{\partial v}{\partial x}+v\frac{\partial v}{\partial y}+w\frac{\partial v}{\partial z}+fu=-\frac{1}{\rho}\frac{\partial p}{\partial y}$$

在小纵横比 $\delta=\frac{D}{L}\ll 1$ 条件下，垂向运动方程简化为静力平衡方程

$$\frac{\partial p}{\partial z}=-\rho_0 g\tag{5-18}$$

$$\frac{\partial u}{\partial x}+\frac{\partial v}{\partial y}+\frac{\partial w}{\partial z}=0$$

积分静力方程（5-18）得

$$p=-\rho_0 gz+C(x,\ y,\ t)$$

应用海表边界条件 $z=\eta$ ，得

$$C(x,\ y,\ t)=\rho_0 g\eta$$

所以

$$p=\rho_0 g(\eta-z)$$

水平压强梯度与 z 无关，该假设表明水平速度与 z 无关，则

$$\frac{\partial p}{\partial x}=\rho_0 g\frac{\partial \eta}{\partial x},\quad \frac{\partial p}{\partial y}=\rho_0 g\frac{\partial \eta}{\partial y}$$

这样水平运动方程可写成

$$\frac{\partial u}{\partial t}+u\frac{\partial u}{\partial x}+v\frac{\partial u}{\partial y}-fv=-g\frac{\partial \eta}{\partial x} \tag{5-19}$$

$$\frac{\partial v}{\partial t}+u\frac{\partial v}{\partial x}+v\frac{\partial v}{\partial y}+fu=-g\frac{\partial \eta}{\partial y} \tag{5-20}$$

把连续方程写成 $\frac{\partial w}{\partial z}=-\left(\frac{\partial u}{\partial x}+\frac{\partial v}{\partial y}\right)$ 形式，对其积分得

$$w=-\left(\frac{\partial u}{\partial x}+\frac{\partial v}{\partial y}\right)z+B(x,\ y,\ t)$$

代入海底边界条件，$z=h_B$ ，$w_B=-u\frac{\partial h_B}{\partial x}-v\frac{\partial h_B}{\partial y}$ ，到上式得积分常数为

$$B(x,\ y,\ t)=-u\frac{\partial h_B}{\partial x}-v\frac{\partial h_B}{\partial y}-h_B\left(\frac{\partial u}{\partial x}+\frac{\partial v}{\partial y}\right)$$

因此

$$w=-(h_B+z)\left(\frac{\partial u}{\partial x}+\frac{\partial v}{\partial y}\right)-u\frac{\partial h_B}{\partial x}-v\frac{\partial h_B}{\partial y}$$

代入海面边界条件 $z=\eta$ ，$w=\frac{\partial \eta}{\partial t}+u\frac{\partial \eta}{\partial x}+v\frac{\partial \eta}{\partial y}$ 到上式得

$$\frac{\partial \eta}{\partial t}+u\frac{\partial}{\partial x}(h_B+\eta)+v\frac{\partial}{\partial y}(h_B+\eta)+(h_B+\eta)\left(\frac{\partial u}{\partial x}+\frac{\partial v}{\partial y}\right)=0$$

设 $H=h_B+\eta$ ，则连续方程可写成

$$\frac{\partial H}{\partial t}+u\frac{\partial H}{\partial x}+v\frac{\partial H}{\partial y}+H\left(\frac{\partial u}{\partial x}+\frac{\partial v}{\partial y}\right)=0 \tag{5-21}$$

式（5-19）、（5-20）和（5-21）所组成的方程组称为浅水方程。

5.3.3　浅水方程的涡度方程

由尺度分析

$$\omega_x=\frac{\partial w}{\partial y}-\frac{\partial v}{\partial z}=\frac{\partial w}{\partial y}=O\left(\frac{W}{D}\right)=O\left(\delta\frac{U}{L}\right)$$

$$\omega_y=\frac{\partial w}{\partial x}-\frac{\partial u}{\partial z}=\frac{\partial w}{\partial x}=O\left(\frac{W}{D}\right)=O\left(\delta\frac{U}{L}\right)$$

$$\omega_z=\frac{\partial v}{\partial x}-\frac{\partial u}{\partial y}=O\left(\frac{U}{L}\right)$$

可得，$\omega_z \gg \omega_x,\ \omega_y$。

交叉微分浅水方程（5-19）、（5-20）并相减得垂直涡度方程

$$\frac{\mathrm{D}\omega_z}{\mathrm{D}t}=\frac{\partial\omega_z}{\partial t}+u\frac{\partial\omega_z}{\partial x}+v\frac{\partial\omega_z}{\partial y}+\beta v=-(\omega_z+f)\left(\frac{\partial u}{\partial x}+\frac{\partial v}{\partial y}\right)$$

因为 $\frac{\mathrm{D}f}{\mathrm{D}t}=v\frac{\partial f}{\partial y}=\beta v$，上式可简化为

$$\frac{\mathrm{D}}{\mathrm{D}t}(\omega_z+f)=-(\omega_z+f)\left(\frac{\partial u}{\partial x}+\frac{\partial v}{\partial y}\right) \tag{5-22}$$

由式（5-21）得，$\frac{1}{H}\frac{\mathrm{D}H}{\mathrm{D}t}=-\left(\frac{\partial u}{\partial x}+\frac{\partial v}{\partial y}\right)$，代入到式（5-22）得

$$\frac{1}{(\omega_z+f)}\frac{D(\omega_z+f)}{Dt}=\frac{1}{H}\frac{\mathrm{d}H}{\mathrm{d}t}$$

即

$$\frac{\mathrm{D}}{\mathrm{D}t}\left(\frac{\omega_z+f}{H}\right)=0$$

此即为均质理想正压海洋的位涡守恒方程。

第 4 节　准地转方程

海洋中的大尺度流动很大程度上满足科氏力和压强梯度力相平衡的地转平衡态，与地转平衡态所涉及的场的时间演化问题构成准地转理论的主题。本节将推导准地转方程，在第 6 章将应用这个方程阐述风驱动的环流理论。

重写垂向涡度方程（5-5）为

$$\frac{\partial\omega_z}{\partial t}+u\frac{\partial\omega_z}{\partial x}+v\frac{\partial\omega_z}{\partial y}+w\frac{\partial\omega_z}{\partial z}+\beta v-(f+\omega_z)\frac{\partial w}{\partial z}-\omega_x\frac{\partial w}{\partial x}-\omega_y\frac{\partial w}{\partial y}$$
$$=\left(\frac{\partial\alpha}{\partial x}\frac{\partial p}{\partial y}-\frac{\partial\alpha}{\partial y}\frac{\partial p}{\partial x}\right)+A_H\left(\frac{\partial^2\omega_z}{\partial x^2}+\frac{\partial^2\omega_z}{\partial y^2}\right)+A_z\frac{\partial^2\omega_z}{\partial z^2}$$

考虑大尺度正压情形，则 $\omega_x \frac{\partial w}{\partial x} \ll 0$，$\omega_y \frac{\partial w}{\partial y} \ll 0$，$w \frac{\partial \omega_z}{\partial z} \ll 0$，$\left(\frac{\partial \alpha}{\partial x}\frac{\partial p}{\partial y} - \frac{\partial \alpha}{\partial y}\frac{\partial p}{\partial x}\right) = 0$。绝对涡度远大于相对涡度，$f \gg \omega_z$，则 $f + \omega_z \approx f$。在上述假设条件下，垂向涡度方程简化为正压涡度近似方程

$$\frac{\partial \omega_z}{\partial t} + u\frac{\partial \omega_z}{\partial x} + v\frac{\partial \omega_z}{\partial y} + \beta v - f\frac{\partial w}{\partial z} = A_H\left(\frac{\partial^2 \omega_z}{\partial x^2} + \frac{\partial^2 \omega_z}{\partial y^2}\right) + A_z\frac{\partial^2 \omega_z}{\partial z^2} \tag{5-23}$$

垂直积分方程（5-23）

$$\frac{\partial \bar{\omega}_z}{\partial t} + \bar{u}\frac{\partial \bar{\omega}_z}{\partial x} + \bar{v}\frac{\partial \bar{\omega}_z}{\partial y} + \beta \bar{v} - \frac{f}{H}(w_E - w_B) = A_H\left(\frac{\partial^2 \bar{\omega}_z}{\partial x^2} + \frac{\partial^2 \bar{\omega}_z}{\partial y^2}\right)$$

其中加短横线的量表示垂直平均的量，H 为水深。由边界层 Ekman 理论抽吸速度式（4-46）和式（4-49）得

$$w_B = \frac{D_E}{2}\boldsymbol{\omega}_g$$

$$w_E = \frac{1}{f\rho}\left(\frac{\partial \tau_y}{\partial x} - \frac{\partial \tau_x}{\partial y}\right)$$

代入上式得

$$\frac{\partial \bar{\omega}_z}{\partial t} + \bar{u}\frac{\partial \bar{\omega}_z}{\partial x} + \bar{v}\frac{\partial \bar{\omega}_z}{\partial y} + \beta \bar{v} = \frac{1}{\rho H}\left(\frac{\partial \tau_y}{\partial x} - \frac{\partial \tau_x}{\partial y}\right) - r\bar{\omega}_g + A_H\left(\frac{\partial^2 \bar{\omega}_z}{\partial x^2} + \frac{\partial^2 \bar{\omega}_z}{\partial y^2}\right)$$

其中 $r = \frac{f}{2}\frac{D_E}{H}$，因为

$$\frac{M_g}{M_E} = O\left(\frac{\mathrm{curl}(\tau)/\beta}{\tau/f}\right) = O\left(\frac{f}{\beta L}\right) = \frac{R}{L}\tan\varphi \approx 6$$

积分的地转速度（地转质量输送）比 Ekman 速度（Ekman 质量输送）要大，可将相对涡度用地转涡度的值来近似代替，水平速度也用地转速度的值来近似代替，则得

$$\frac{\partial \bar{\omega}_g}{\partial t} + \bar{u}_g\frac{\partial \bar{\omega}_g}{\partial x} + \bar{v}_g\frac{\partial \bar{\omega}_g}{\partial y} + \beta \bar{v}_g = \frac{1}{\rho H}\left(\frac{\partial \tau_y}{\partial x} - \frac{\partial \tau_x}{\partial y}\right) - r\bar{\omega}_g + A_H\left(\frac{\partial^2 \bar{\omega}_g}{\partial x^2} + \frac{\partial^2 \bar{\omega}_g}{\partial y^2}\right) \tag{5-24}$$

因为地转流质量输送散度为 0，可定义流函数

$$\bar{u}_g = -\frac{1}{\rho f}\frac{\partial \bar{p}}{\partial y} = -\frac{\partial \psi}{\partial y},\quad \bar{v}_g = \frac{1}{\rho f}\frac{\partial \bar{p}}{\partial y} = \frac{\partial \psi}{\partial x},\quad \psi = \frac{\bar{p}}{\rho f}$$

则地转速度的涡度可写成

$$\bar{\omega}_g = \frac{\partial \bar{v}_g}{\partial x} - \frac{\partial \bar{u}_g}{\partial y} = \frac{1}{\rho f}\left(\frac{\partial^2 \bar{p}}{\partial x^2} + \frac{\partial^2 \bar{p}}{\partial y^2}\right) = \nabla^2 \psi$$

所以垂直积分的涡度方程（5-24）用流函数可表示为

$$\frac{\partial}{\partial t}\nabla^2\psi + J(\psi,\ \nabla^2\psi) + \beta\frac{\partial \psi}{\partial x} = \frac{1}{\rho H}\left(\frac{\partial \tau_y}{\partial x} - \frac{\partial \tau_x}{\partial y}\right) - r\nabla^2\psi + A_H\nabla^4\psi \tag{5-25}$$

其中，$J(\psi,\ \nabla^2\psi)=\dfrac{\partial\psi}{\partial x}\dfrac{\partial(\nabla^2\psi)}{\partial y}-\dfrac{\partial\psi}{\partial y}\dfrac{\partial(\nabla^2\psi)}{\partial x}$，$\nabla^4\psi=\dfrac{\partial^4\psi}{\partial x^4}+2\dfrac{\partial^4\psi}{\partial x^2\partial y^2}+\dfrac{\partial^4\psi}{\partial y^4}$。

方程（5-25）为准地转方程，它表示的物理意义如下：

相对涡度局地时间变化项+非线性项+行星涡度项=风应力旋度输入项（表 Ekman 抽吸）－底摩擦耗散（底 Ekman 抽吸）＋侧摩擦耗散。

准地转方程（5-25）的边界条件为在固壁边界

（1）无穿透条件，由 $a\cdot(b\times c)=b\cdot(c\times a)=c\cdot(a\times b)$ 得，

$$\boldsymbol{n}\cdot\boldsymbol{V}=\boldsymbol{n}\cdot(\boldsymbol{k}\times\nabla\boldsymbol{\Psi})=0,\qquad \boldsymbol{L}\cdot\nabla\boldsymbol{\Psi}=\frac{\partial\boldsymbol{\Psi}}{\partial l}=0,\qquad \boldsymbol{\Psi}=\text{const}(=0)$$

（2）无滑移条件，

$$\boldsymbol{L}\cdot\boldsymbol{V}=\boldsymbol{L}\cdot(\boldsymbol{k}\times\nabla\boldsymbol{\Psi})=\boldsymbol{n}\cdot\nabla\boldsymbol{\Psi}=\frac{\partial\boldsymbol{\Psi}}{\partial n}=0,\qquad \boldsymbol{\Psi}=\text{const}(=0)$$

对准地转方程（5-25）进行无量纲化，可得无量纲正压准地转方程。取

$$(x,\ y)=L(x',\ y'),\qquad t=Tt',\qquad \psi=\Psi\psi',\qquad \tau=\Theta\tau'$$

其中

$$\Psi=UL,\qquad T=\frac{L}{U},\qquad \Theta=\rho\beta UDL$$

对每一项无量纲化，即

$$\nabla^2\psi=\frac{\partial^2\psi}{\partial x^2}+\frac{\partial^2\psi}{\partial y^2}=\frac{UL}{L^2}\left(\frac{\partial^2\psi'}{\partial x'^2}+\frac{\partial^2\psi'}{\partial y'^2}\right)=\frac{U}{L}\nabla^2\psi'$$

$$\frac{\partial}{\partial t}\nabla^2\psi=\frac{U^2}{L^2}\left(\frac{\partial}{\partial t'}\nabla^2\psi'\right)$$

$$J(\psi,\ \nabla^2\psi)=\frac{\partial\psi}{\partial x}\frac{\partial(\nabla^2\psi)}{\partial y}-\frac{\partial\psi}{\partial y}\frac{\partial(\nabla^2\psi)}{\partial x}=\frac{U^2}{L^2}\left(\frac{\partial\psi'}{\partial x'}\frac{\partial(\nabla^2\psi')}{\partial y'}-\frac{\partial\psi'}{\partial y'}\frac{\partial(\nabla^2\psi')}{\partial x'}\right)$$

$$=\frac{U^2}{L^2}J(\psi',\ \nabla^2\psi')$$

$$\beta\frac{\partial\psi}{\partial x}=\beta\frac{UL}{L}\frac{\partial\psi'}{\partial x'}=\beta U\frac{\partial\psi'}{\partial x'}$$

$$\frac{\partial\tau_y}{\partial x}-\frac{\partial\tau_x}{\partial y}=\frac{\tau_o}{L}\left(\frac{\partial\tau'_y}{\partial x'}-\frac{\partial\tau'_x}{\partial y'}\right)$$

$$\nabla^4\psi=\frac{\partial^4\psi}{\partial x^4}+2\frac{\partial^4\psi}{\partial x^2\partial y^2}+\frac{\partial^4\psi}{\partial y^4}=\frac{U}{L^3}\left(\frac{\partial^4\psi'}{\partial x'^2}+2\frac{\partial^4\psi'}{\partial x'^2\partial y'^2}+\frac{\partial^4\psi'}{\partial y^4}\right)=\frac{U}{L^3}\nabla^4\psi'$$

则准地转方程（5-25）的无量纲方程为

$$\frac{U^2}{L^2}\left(\frac{\partial}{\partial t'}\nabla^2\psi'\right)+\frac{U^2}{L^2}J(\psi',\ \nabla^2\psi')+\beta U\frac{\partial\psi'}{\partial x'}=\frac{\tau_o}{\rho HL}\left(\frac{\partial\tau'_y}{\partial x'}-\frac{\partial\tau'_x}{\partial y'}\right)-\frac{rU}{L}\nabla^2\psi'+\frac{A_HU}{L^3}\nabla^4\psi'$$

该方程的各项除以行星涡度项得

$$\frac{U}{\beta L^2}\left(\frac{\partial}{\partial t'}\nabla^2\psi' + J(\psi',\ \nabla^2\psi')\right) + \frac{\partial\psi'}{\partial x'} = \frac{\tau_0}{\rho\beta UDL}\left(\frac{\partial\tau'_y}{\partial x'} - \frac{\partial\tau'_x}{\partial y'}\right) - \frac{r}{\beta L}\nabla^2\psi' + \frac{A_H}{\beta L^3}\nabla^4\psi' \tag{5-26}$$

定义以下无量纲参数：

非线性参数：$\varepsilon_{\mathrm{I}} = \frac{U}{\beta L^2} = \left(\frac{\delta_{\mathrm{I}}}{L}\right)^2$，其中 $\delta_I = \sqrt{\frac{U}{\beta}}$ 为与惯性相联系的长度尺度；

底摩擦参数：$\varepsilon_{\mathrm{S}} = \frac{r}{\beta L} = \frac{\delta_{\mathrm{S}}}{L}$，$\delta_{\mathrm{S}} = \frac{r}{L} = \frac{fD_{\mathrm{E}}}{2\pi\beta H}$ 为与底摩擦相联系的长度尺度；

侧摩擦参数：$\varepsilon_{\mathrm{M}} = \frac{A_{\mathrm{H}}}{\beta L^3} = \left(\frac{\delta_{\mathrm{M}}}{L}\right)^3$，$\delta_{\mathrm{M}} = \sqrt[3]{\frac{A_{\mathrm{H}}}{\beta}}$ 为与侧摩擦相联系的长度尺度。

通过上述无量纲参数的选择得，

$$\left(\frac{\delta_{\mathrm{I}}}{L}\right)^2 = \frac{1}{\beta},\ \left(\frac{\delta_{\mathrm{M}}}{L}\right)^3 = \frac{1}{\beta Re},\ \frac{\delta_{\mathrm{S}}}{L} = \frac{\tau}{2\beta}$$

这样无量纲方程（5-26）可简写成

$$\varepsilon_I\left(\frac{\partial}{\partial t'}\nabla^2\psi' + J(\psi',\ \nabla^2\psi')\right) + \frac{\partial\psi'}{\partial x'} = \frac{\partial\tau'_y}{\partial x'} - \frac{\partial\tau'_x}{\partial y'} - \varepsilon_S\nabla^2\psi' + \varepsilon_{\mathrm{M}}\nabla^4\psi' \tag{5-27}$$

即

$$\left(\frac{\delta_{\mathrm{I}}}{L}\right)^2\left(\frac{\partial}{\partial t'}\nabla^2\psi' + J(\psi',\ \nabla^2\psi')\right) + \frac{\partial\psi'}{\partial x'} = \frac{\partial\tau'_y}{\partial x'} - \frac{\partial\tau'_{\mathrm{X}}}{\partial y'} - \left(\frac{\delta_{\mathrm{S}}}{L}\right)\nabla^2\psi' + \left(\frac{\delta_{\mathrm{M}}}{L}\right)^3\nabla^4\psi'$$

如果海流的运动尺度 L 远大于 $\max(\delta_{\mathrm{I}},\ \delta_{\mathrm{M}},\ \delta_{\mathrm{S}})$，则 Sverdrup 平衡成立；如果海流的运动尺度 L 与 $(\delta_{\mathrm{I}},\ \delta_{\mathrm{M}},\ \delta_{\mathrm{S}})$ 中的任一个同量级，则需要考虑惯性或摩擦的影响。在海洋内区，洋流的水平运动尺度 L 远大于 $\max(\delta_{\mathrm{I}},\ \delta_{\mathrm{M}},\ \delta_{\mathrm{S}})$，行星涡度项和风应力旋度输入项是最重要的两项，即满足 Sverdrup 关系。在边界层区 Sverdrup 关系不再成立，惯性、底摩擦和侧摩擦三个过程建立起新的平衡。

（1）对于侧向摩擦尺度 $\delta_{\mathrm{M}} \gg \max(\delta_{\mathrm{S}},\ \delta_{\mathrm{I}})$，惯性和底部摩擦力的影响可以忽略不计。边界层结构相对简单［图 5-11（a）］，称为 Munk 边界层。

（2）与底部摩擦效应和侧向摩擦相比，惯性的影响可以忽略不计。在长度尺度 L_{S} 上，底部摩擦的影响远大于侧向摩擦的影响，此时下，$\delta_{\mathrm{S}} \gg \max(\delta_{\mathrm{M}},\ \delta_{\mathrm{I}})$；在长度尺度 L_{S} 上，仅运动学边界条件能满足，此边界层称为 Stommel 边界层。为了满足无滑移边界条件，在 Stommel 边界内必须存在一个次边界层 $L_{\mathrm{S}}>L_{\mathrm{M}}$，在该层侧向摩擦很重要（图 5-11b）。

$$\left(\frac{\delta_{\mathrm{M}}}{L_{\mathrm{M}}}\right)^3 = O\left(\frac{\delta_{\mathrm{S}}}{L_{\mathrm{S}}}\right) \Rightarrow L_{\mathrm{M}} = O\left(\delta_{\mathrm{S}}\left(\frac{\delta_{\mathrm{M}}}{\delta_{\mathrm{S}}}\right)^{3/2}\right)$$

（3）底部摩擦的影响在任何地方都可以忽略不计，在长度尺度 L_{I} 上，惯性的影响

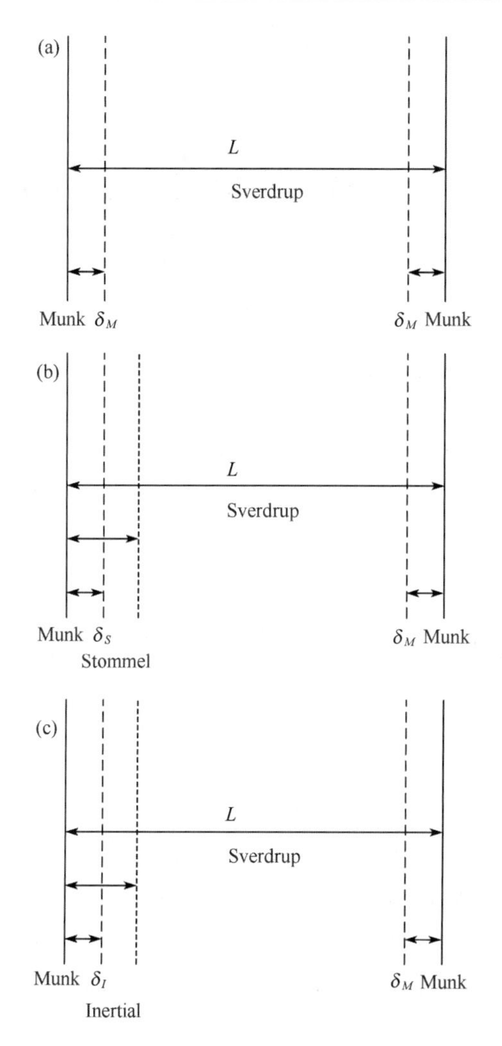

图 5-11　三种不同的边界层结构：（a） Munk 边界层；（b） Stommel 边界层；（c） 惯性边界层

比侧向摩擦影响更大，此边界层尺度被称为惯性边界层。这种情况，与（2）中的情况相同，即必须存在一个侧向摩擦很重要的子层（图 5-11c）。对于 $\delta_{\mathrm{I}} \gg \max(\delta_{\mathrm{M}}, \delta_{\mathrm{S}})$，该子层的尺度为

$$\left(\frac{\delta_{\mathrm{M}}}{L_{\mathrm{M}}}\right)^3 = O\left(\frac{\delta_{\mathrm{I}}}{L_{\mathrm{M}}}\right)^2$$

如果这三种效应的量级相同，边界层结构就更为复杂。

第 6 章　风驱动的海洋环流

海洋环流一般是指海洋中的海流形成的首尾相接的相对独立的环流系统。世界大洋都存在海流，并且其时空变化是连续的，从而形成大洋环流。它们把世界大洋联系在一起，使世界大洋的各种水文、化学要素及热盐状况得以保持长期的相对稳定。风应力和热盐作用是形成大洋环流的最基本的动力。在大洋的上层，风应力起着主导作用，风生大洋环流决定了大洋上层环流的主要特征。而在下一章我们将考虑热盐（密度差）驱动的海洋环流。

第 1 节　观测的大气和海洋环流

6.1.1　大气风系

在不计海陆分布和地形的影响下，大气低层盛行风带总称为大气风系。大气风系表现为在南、北半球两个副热带高压带之间的低纬度盛行信风，其中北半球为东北信风带，南半球为东南信风带，两信风带之间是赤道低压带。在副热带高压带和副极地低压带之间的中纬度为盛行西风带。在副极地低压带和极地高压带之间的高纬度盛行极地偏东风，其中北半球为东北风带，南半球为东南风带。

大气风系是大气环流的组成部分，太阳辐射是大气环流的动力来源，地球自转和公转是影响大气环流运行的基本因素。赤道区域接受太阳辐射最多，海表之上的空气受热上升，地面气压降低形成赤道低压带。热空气上升到一定高度便向高纬度流去，在科氏力的作用下产生向东的速度分量，纬度越高向东的分速度越大，造成空气质量的水平辐聚、堆积，从而向地面下沉，引起地面气压升高。在副热带高空的水平辐聚最强，在地面则形成高压。副热带高压的空气所建立起的压强梯度力引起空气在地面辐散，由于地转偏向力作用，流向低纬度的气流在北半球成为东北信风，在南半球成为西南信风。这一经向垂直环流称为哈德莱环流。地面副热带高压向高纬度地区流去的气流，因地球自转，成为盛行的西风带，它与极地高压引起的偏东气流交汇形成为极锋。由于空气的连续性，辐聚的空气要上升至高空。因此在 60°N 和 60°S 附近地面形成低压带，即副极地低压带。上升的空气到一定高度后又向南北两个方向流去，向南流去的空气在副热带下沉。这一经向垂直环流为费雷尔环流，其地面的低层气流是盛行的西风带。在极锋上空向高纬度流去的气流因地转偏向力作用形西南风，在极地地区下层形成极地高压，与地面由于高压流出的偏东气流组成为极地环流圈，其低层气流为偏东气流。

上述风系是在平滑和性质均一理想的地球表面，由地球自转产生的科氏力的作用下形成的。现实中地球表面并不光滑，性质也不均一，特别是北半球地势起伏大，海陆相间分布，在不同季节位于海洋和陆地的大气活动中心的性质及其位置也不同，因而上述大气风系常遭破坏，不能连续围绕地球，且具有季节变化和局部变化。

现实中，大气中风的强度和方向的变化是由太阳热辐射、海陆分布和风垂向环流不均匀造成的。图6-1所示是多年平均海面风场和气压。该图表明，海表风环流过程包括赤道对流、热带信风和高纬度西风带。在纬度40°至60°间，存在较强的西风，在40°至50°最强，而30°附近较弱；在热带存在信风；在赤道地区，存在微弱的风系。海表风场强烈地影响着上层海水的性质。风场是随季节而变的，印度洋和西太平洋上的变化最大，他们深受亚洲季风的影响：冬季，西伯利亚的冷空气形成高压中心，从而空气向东南方向跨过日本和黑潮，从海洋中吸收热量；夏季，西藏上空是热低压区，使印度洋上空的温湿空气向该区域流动，导致印度上空降雨，形成雨季。海洋上空10 m高度风的平均速度是 $U_{10}=7.4$ m/s。风矢量的各要素呈高斯分布，均值为零，风速大小则呈 Rayleigh 分布。

6.1.2　大气环流

大气环流一般是指具有全球规模的、大范围的大气运行现象，既包括平均状态，也包括瞬时现象，水平尺度在数千千米以上，垂直尺度在10 km以上，时间尺度在数天以上的大范围大气运动状态。某一大范围的地区（如欧亚地区、半球、全球），某一大气层（如对流层、平流层、中层、整个大气圈）在一个长时期（如月、季、年、多年）的大气运动的平均状态或某一个时段（如一周、梅雨期间）的大气运动的变化过程都可以称作大气环流。

大气环流是完成地球-大气系统角动量、热量和水量的输送和平衡，以及各种能量相互转换的重要机制和重要结果。研究大气环流的特征及其形成、维持、变化和作用，掌握其演变规律，不仅是人类认识自然不可缺少的重要组成部分，而且是改进和提高天气预报准确率、探索全球气候变化的必要基础。大气环流通常包括平均纬向环流、平均水平环流和平均经向环流三部分内容。平均纬向环流指大气盛行的以极地为中心并绕其旋转的纬向气流，是大气环流的最基本的状态。就对流层平均纬向环流而言，低纬度盛行东风，称为东风带（由于地球旋转，北半球多为东北信风，南半球多为东南信风，故又称为信风带）；中高纬度盛行西风，称为西风带（其强度随高度增大，在对流层顶附近达到极大值，称为西风急流）；极地还有微薄的弱东风，称为极地东风

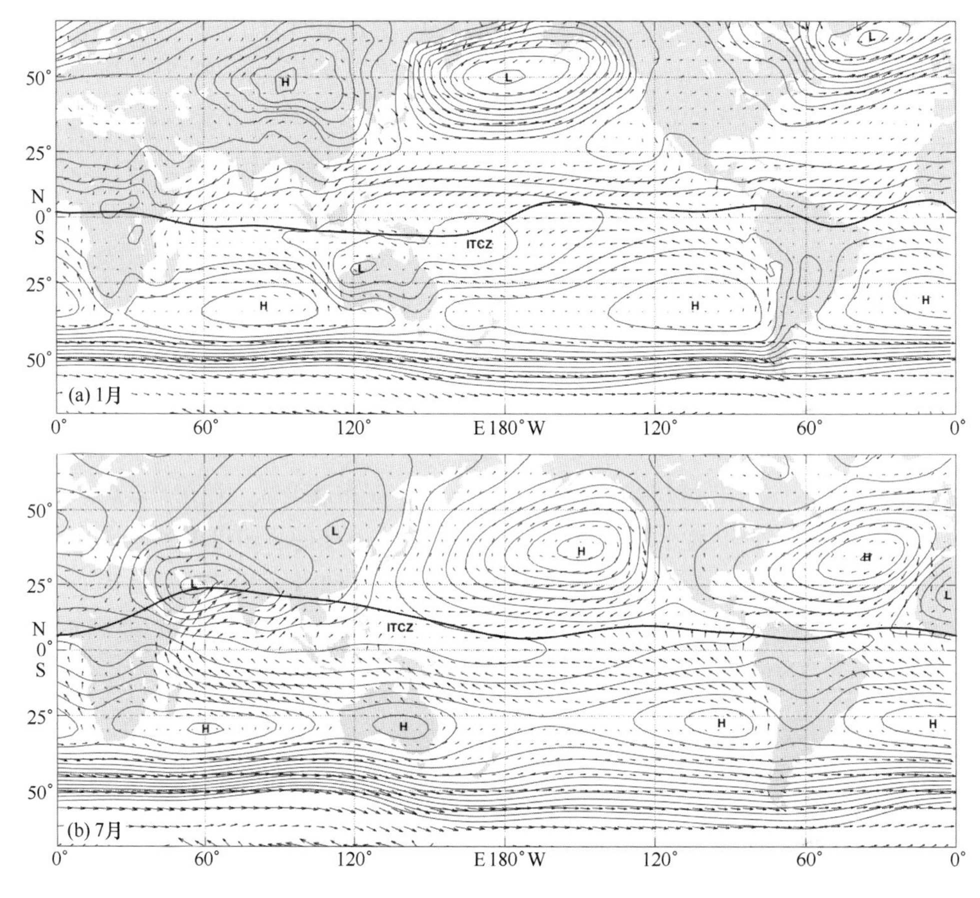

图 6-1　全球平均海表压力和 10 m 风速分布

带。地球上的风带和湍流由上述三个对流环流圈所推动，即低纬度的哈德莱环流、中纬度的费雷尔环流以及高纬度的极地环流。有时候同一种环流（譬如低纬度的环流）可以在同一纬度（如赤道）有数个同时存在，并随机地随时间移动、合并与分裂。为了简单起见，同一种环流通常当作一个环流处理。平均水平环流指在中高纬度的水平面上盛行的叠加在平均纬向环流上的波状气流（又称平均槽脊）。通常北半球冬季为 3 个波，夏季为 4 个波，3 波与 4 波之间的转换表征季节变化。平均经向环流指在南北-垂直方向的剖面上，由大气经向运动和垂直运动所构成的运动状态。通常，对流层的经圈环流存在 3 个圈。如前所述，低纬度是哈德莱环流（气流在赤道上升，高空向北，中低纬下沉，低空向南），中纬度是费雷尔环流（中低纬气流下沉，低空向北，中高纬上升，高空向南）；极地是弱的极地环流（极地下沉，低空向南，高纬上升，高空向北）（图 6-2）。

1）低纬度环流

科学界对低纬度环流的运行机制了解得比较清楚。乔治·哈德莱（George Hadley,

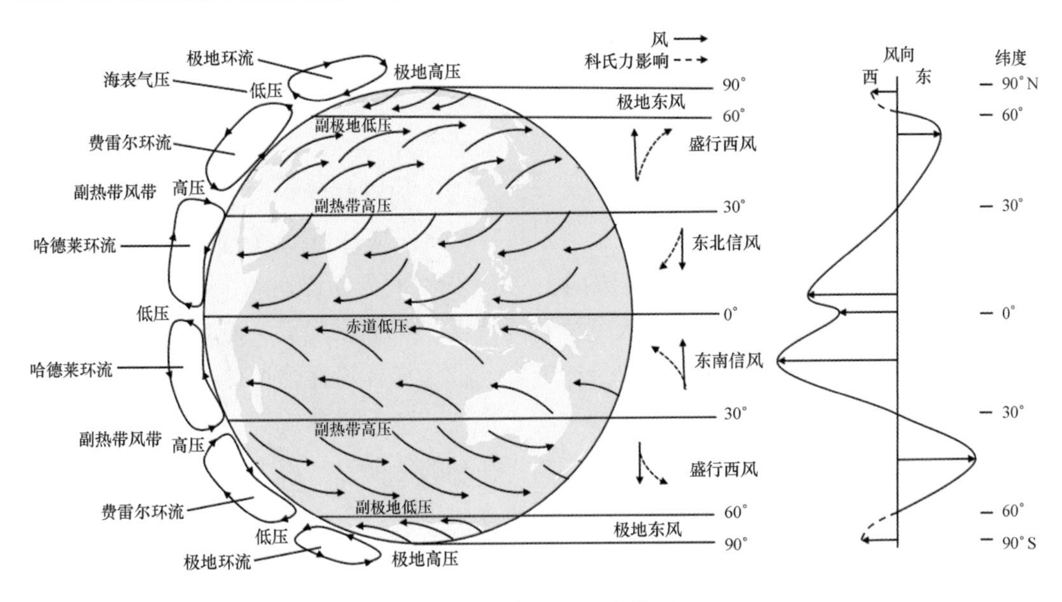

图 6-2　大气三圈环流模型

1685—1768）所记述的大气环流模式，可以解释信风的形成，与观测到的结果非常符合。这的确是一个封闭式环流：温暖潮湿空气从赤道低压地区上升，升至对流层顶向极地方向迈进，直到南、北纬 30°左右；这些空气在高压地区下沉，部分空气到达地面后向赤道返回，形成信风，完成低纬度环流。低纬度环流基本活动于热带地区，在太阳直射点引导下，以半年为周期。

2）极地环流

极地环流同样是一个简单的系统。虽然与赤道上的空气相比，极地的空气寒冷干燥，但是仍然含有足够的热量和水分进行对流，完成热循环。该环流的活动范围限于对流层内，最高也只到对流层顶（8 km）。流向极地的气流主要集中在空中，而流向赤道方向的气流主要集中在地面。当空气到达极地区域，它的温度已经大大降低，在高压干燥寒冷的地区下沉，受地转偏向力影响向西偏转，形成极地东风。极地环流的流出，形成呈简谐波形的 Rossby 波。极地环流如散热器，平衡低纬度环流地区的热盈余，使整个地球热量收支平衡。

3）中纬度环流

中纬度环流是由威廉·费雷尔（ William Ferrel，1817—1891）所提出的一个次要环流，依靠其余两个环流而出现，其产生原理如同一个处于两者之间的走珠轴承。故中纬度地区称为混合区。在南面位于低纬度环流之上，在北面又漂浮在极地环流上。东风带（信风）出现在低纬度环流，西风带则出现在中纬度环流。与低纬度环流和极地环流不同，中纬度环流并不是真正的闭环系统，其重要特征是西风带。不像信风和极地东风那样有所属的环流捍卫着它们在该区的主导地位，中纬度盛行的西风常常听命于经过的天气系统，在高空通常由西风主导，但在地球表面可以随时突然改变。

6.1.3 上层海洋水平环流

世界大洋上层环流的总特征可以用风生环流理论加以解释。太平洋与大西洋的环流有相似之处：在南北半球都存在一个与副热带高压对应的巨大反气旋式大环流（北半球为顺时针方向，南半球为逆时针方向），在它们之间为赤道逆流；两大洋北半球的西边界流（在大西洋称为湾流，在太平洋称为黑潮）都非常强大，而南半球的西边界流（巴西海流与东澳海流）则较弱；北太平洋与北大西洋沿洋盆西侧都有来自北方的寒流；在主要反气旋环流北部有一小型气旋式环流。各大洋环流类型的差别是由它们的几何形状不同所造成的。印度洋南部环流，在总的特征上与南太平洋和南大西洋的环流相似；而北部则为季风型环流，冬夏环流方向相反。在南半球的高纬海区，与西风带相对应为一支强大的自西向东绕极流。另外，在南极大陆沿岸附近还存在一支自东向西的绕极风生流（图 6-3）。

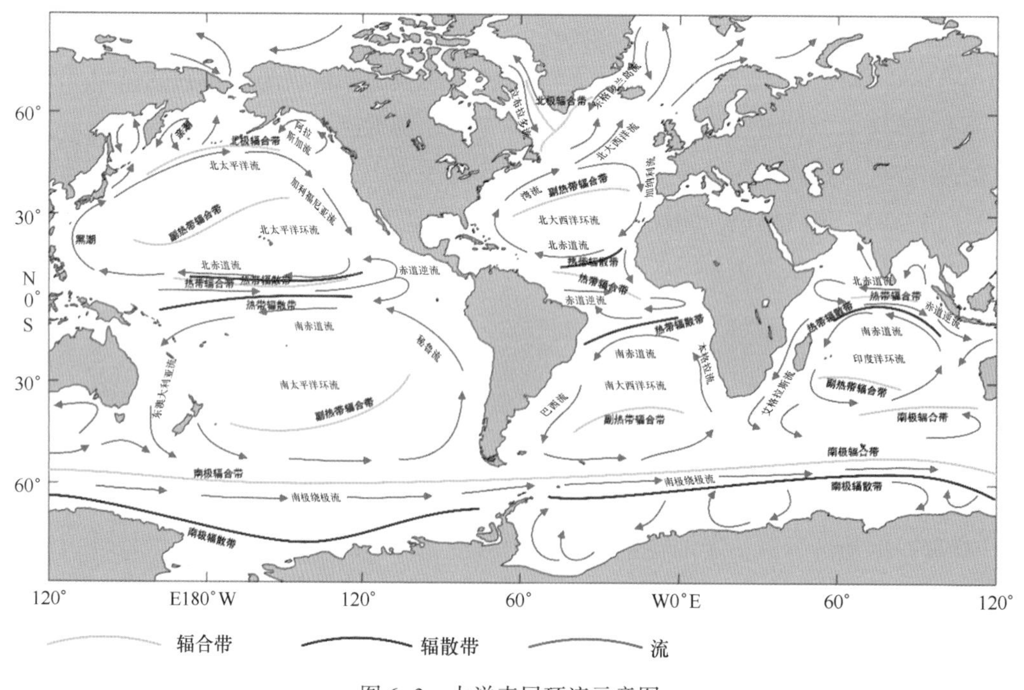

图 6-3　大洋表层环流示意图

1）赤道流系

与两半球信风对应的分别为西向的南赤道流与北赤道流，亦称信风流。这是两支比较稳定的由信风引起的风生漂流，是南、北半球巨大气旋式环流的一个组成部分。在南、北信风流之间与赤道无风带相对应的是一支向东运动的赤道逆流，流幅约 300～500 km。由于赤道无风带的平均位置在 3°～10°N 之间，因此南北赤道流也与赤道不对称。夏季（8 月），北赤道流约在 10°N 与 20°N 之间，最北可达 25°N，南赤道流约在 3°N 与 20°S 之间；冬季则稍偏南。赤道流自东向西逐渐加强。在洋盆边缘，赤道逆流和信风流都变得更为复杂。

赤道流系主要局限在表面以下到 100~300 m 的上层，平均流速为 0.25~0.75 m/s，在其下部有强大的温跃层存在。温跃层以上是充分混合的温暖高盐的表层水，溶解氧含量高，但营养盐含量很低，浮游生物不易繁殖，因而海水透明度大、水色高。总之，赤道流系的特征有：高温、高盐、高水色及大透明度。

印度洋的赤道流系主要受季风控制，在赤道区域的风向以经线方向为主，并随着季节变换而变化。11 月至翌年 3 月盛行东北季风，5-9 月盛行西南季风。5°S 以南，终年有一股南赤道流，赤道逆流终年存在于赤道以南。北赤道流从 11 月到翌年 3 月盛行东北季风时向西流动，其他时间受西南季风影响而向东流动，可与赤道逆流汇合在一起而难以分辨。赤道逆流区有充沛的降水，因此相对赤道流区而言具有高温、低盐的特征。它与北赤道流之间存在着海水的辐散上升运动，低温、高营养盐的海水得以向上输送，水质肥沃，有利于浮游生物生长，因而水色和透明度相对降低。

太平洋在南赤道流区赤道下方的温跃层内有一支与赤道流方向相反自西向东的流动，称为赤道潜流。它一般呈带状分布，厚约 200 m，宽约 300 km，最大流速高达 1.5 m/s，流轴深度常与温跃层一致，在大洋东部位于 50 m 或更浅的深度内，在大洋西部约在 200 m 或更深的位置上。赤道潜流不是由风直接引起的，关于其形成和维持机制有许多不同的观点。有的认为它是由于南赤道流使表层海水在大洋西岸堆积，使海面自西向东下倾，从而产生向东的压强梯度力所致。由于赤道两侧科氏力的方向相反，故使向东流动的潜流集中在赤道两侧。这种潜流在大西洋、印度洋都已相继发现。

2）上层西边界流

上层西边界流是指大洋西侧大陆坡从低纬流向高纬的海流，包括太平洋的黑潮与东澳大利亚流、大西洋的湾流、巴西海流以及印度的莫桑比克海流等。它们都是南、北半球主要反气旋式环流的一部分，也是南、北赤道流的延续。因此，与近岸水体相比，具有赤道流系的高温、高盐、高水色和透明度大等特征。

由于湾流和黑潮有许多相似之处，且它们对北半球有重要作用，长期以来许多研究者对其进行了大量的研究工作，发表了大量论著。

（1）黑潮。

黑潮是北太平洋的一支西边界流，存在着北赤道流的水文特征，是北太平洋赤道流的延续。在洋盆西侧，北赤道流的一支向南汇入赤道逆流；一支沿菲律宾群岛东侧北上，主流从台湾东侧经台湾和与那国岛之间的水道进入东海，沿陆坡向东北方向流动，到九洲西南方又有一部分向北称为对马暖流，经对马海峡进入日本海。在进入对马海峡之前，在济州岛南部，也有一部分进入黄海，称为黄海暖流，它具有风生补偿流的特征。黑潮主干经吐葛喇海峡进入太平洋，然后沿日本列岛流向东北，在 35°N 附近分为两支：主干转向东流直到160°E，称为黑潮延续体；一支在40°N附近与来自高纬的亲潮汇合一起转向东流汇于黑潮延续体，一起横越太平洋（图6-3）。

Sverdrup把从台湾岛南端开始经过日本一直延伸到35°N附近的这一段流动称为黑潮，从35°N向东到160°E附近的流称为黑潮延续体，160°E以东为北太平洋流，三者合称黑潮流系。黑潮与湾流相似，也是一支斜压性很强的海流，同处在准地转平衡中，强流带宽约75~90 km，两侧水位相差1 m左右。黑潮影响深度达1 000 m以下，两侧也有逆流存在。黑潮在日本南部流速最大可达1.5~2.0 m/s，东海黑潮流速一般在3月份最强，11月份最弱。

黑潮也发生大弯曲，但与湾流有不同的特点。人们从20世纪30年代开始对其进行过多次考察，发现黑潮路径有两种可能：一种为明显弯曲的路径，弯曲中心在138°E，弯曲长度为500~800 km，弯曲半径为150~400 km；另一种为没有弯曲的路径。两种情况下，黑潮都能向高纬区输送持续稳定的流量。西边界流每年向高纬区输送的热量约同暖气团向高纬区输送的热量相等，这对高纬区的海况和气候产生巨大的影响。

（2）湾流。

如果把湾流视为反气旋式环流的一部分，那么如何确定它的头尾就是一个难题。通常把由北赤道流和南赤道流跨过赤道的部分组成的沿南美北岸的流动称为圭亚那流和小安得列斯流，经成卡坦海峡进入墨西哥湾之后的部分称为佛罗里达海流，将佛罗里达海流流经佛罗里达海峡进入大西洋后与安得列斯流的汇合处视为湾流的起点。此后它沿北美陆坡北上，约经1 200 km到哈特拉斯角（35°N附近）又离岸向东，直到45°N附近的格兰德滩以南，海流都保持在比较狭窄的水带内，行程约2 500 km，此段称为湾流（也有人认为湾流起点为哈特拉斯角）。然后转向东北，横越大西洋，称为北大西洋流。佛罗里达流湾和北大西洋流合称为湾流流系。湾流在海面上的宽度为100~150 km，表层最大流速可达2.5 $m \cdot s^{-1}$，最大流速偏于流轴左方，沿途流量不断增大，影响深度可达海底。湾流两侧有自北向南的逆流存在。

湾流方向的左侧是高密的冷海水，右侧为低密的暖海水，其水平温度梯度高达10℃/（20 km），等密线的倾斜深达2000 m以下，说明在该深度内地转流性质仍明显存在。观测表明，在湾流的前进途中，绝大部分区域一直深达海底。湾流的运动事实上处于地转平衡占优势状态。湾流离开哈特拉斯角后，流幅稍微变宽，且常常出现弯曲现象，并逐渐发展。当流轴弯曲足够大时，往往与主流分离，在南侧形成气旋式冷涡，在北侧则形成反气旋式暖涡，形成之后沿湾流相反方向移动。这些涡旋空间特征尺度为数百千米，时间尺度为几年。

3）西风漂流

与南、北半球盛行西风带相对应的是自西向东的强盛的西风漂流，即北太平洋流、北大西洋流和南半球的南极绕极流。它们也分别是南、北半球反气旋式大环流的组成部分。其界限是：向极一侧以极地冰区为界，向赤道一侧到副热带辐聚区为止。其共同特点是：在西风漂流区内存在着明显的温度经线方向梯度，即大洋极锋。极锋两侧的水文和气候状况有明显的差异。

（1）北大西洋流。

湾流到达格兰德滩以南转向东北横越大西洋称为北大西洋流。它在 50°N、30°W 附近与许多逆流相混合，形成许多分支，已不具有明显的界限。在欧洲沿岸附近分为三支中支：一支进入进挪威海，称为挪威流；南支沿欧洲海岸向南，称为加那利流，再向南与北赤道流汇合，构成了北大西洋气旋式大环流；北支流向冰岛海域南部，称为伊尔明格流，它与东、西格陵兰流以及北美沿岸南下的拉布拉多流构成了北大西洋高纬海区的气旋式小环流。北大西洋流将大量的高温、高盐海水带入北冰洋，对北冰洋的海洋水文状况影响深远，同时对北欧的气候状况也有巨大的影响。

（2）北太平洋流。

它是黑潮延续体的延续，在北美沿岸附近分为两支：向南一支称为加利福尼亚流，它汇于北赤道流，构成了北太平洋反气旋式大环流；向北一支称为阿拉斯加流，它与阿留申流汇合，连同亚洲沿岸南下的亲潮共同构成了北太平洋高纬海区的气旋式小环流。

（3）南极绕极流。

由于南极周围海域连成一片，南半球的西风流环绕整个南极大陆（应当指出，南极绕极流是一支自表至底从西向东的强大流动，其上都是漂流，而下层的流动为地转流），南极锋位于其中，在大西洋与印度洋的平均位置为 50°S，在太平洋位于 60°S。风场分布不均匀造成了来自南极海区的低温、低盐、高溶解氧的表层海水在南极的向极一侧辐聚下沉，此处称为南极辐聚带。极锋两侧不仅海水特性不同，而且气候也有明显差异。南侧全年为干冷的极地气团盘踞，海面热平衡几乎全年为负值，海面为浮冰所覆盖；在北侧，冬夏分别为极地气团与温带海洋气团轮流控制，季节性明显。因此南部被称为极地海区，北侧至副热海区为亚南极区。南极绕极流的北向分支在太平洋东岸称为秘鲁流；在大西洋东岸称为本格拉海流；在印度洋称为西澳流。它们分别在各大洋中向北汇入南赤道流，从而构成了南半球各大洋的反气旋式大环流。

北半球的极地辐聚不甚明确，只在太平洋西北部的黑潮与亲潮交汇区以及大西洋北部的湾流与拉布拉多海流的交汇区存在着比较强烈的辐聚下沉现象，一般称为西北辐聚区。寒、暖流交汇区海水混合强烈，海洋生产力高，从而使西北辐聚区形成良好的渔场，例如世界有名的北海道渔场和纽芬兰渔场。在南、北半球西风漂流区内，气旋活动频繁，降水量较多，大风频现，海况恶劣。特别是南半球的冬季，风大浪高，故在航海家口中有“咆哮 45°”和“咆哮好望角”的传称。

4）东边界流

大洋的东边界流有太平洋的加利福尼亚流、秘鲁流，大西洋的加那利流、本格拉流以及印度洋的西澳大利亚流。它们都是寒流，从高纬流向低纬，同时都处在大洋东边界，故统称东边界流。与西边界流相比，它们的流辐宽广、流速小，而且影响深度浅。上升流是东边界流海区的一个重要特征。由于信风几乎常年沿岸吹，而且风速分布不均匀（即沿岸风速小，离岸风速大），海水离岸运动明显，海水的连续性形成上升流。上升流区往往是良好的渔场。

此外，东边界流是来自高纬海区的寒流，水色低、透明度小，易形成大气的冷下垫面，使其上方的大气层稳定，利于海雾的形成。因此，东边界流区干旱少雨，与西边界流区气候温暖、雨量充沛的特点形成鲜明的对比。

5）极地环流

（1）北冰洋中的环流。

北冰洋内主要有从大西洋进入的挪威海流及一些沿岸流。加拿大海盆中为一个巨大的反气旋式环流，它从亚、美交界处的楚科奇海峡穿越北极到达格陵兰海，部分折向西流，部分汇入东格陵兰流，一起把大量的浮冰（估计 10 000 $km^3 \cdot a^{-1}$）带入大西洋。其他多为一些小气旋式环流。

（2）南极海区环流。

在南极大陆边缘一个很窄的范围内，由于极地东风的作用，形成了一支自东向西绕南极大陆边缘的小环流，称为东风环流。它与南极绕极环流之间，由动力作用形成南极辐散带，与南极大陆之间形成海水沿陆架的辐聚下沉，此即南极大陆辐聚带。这也是南极陆区表层水下沉的动力学原因。

极地海区的共同特点：几乎终年或大多数时间被冰覆盖，结冰与融冰过程导致水温与盐度全年较低，形成低温低盐的表层水。

6）副热带辐聚区的特点

在南、北半球反气旋式大环流的中间海域，分别受西风漂流与赤道流的影响，一般流速甚小，流向不定，因季节变化而变化。由于它在反气旋式大环流中心，表层海水下沉，称为副热带辐聚区。它把大洋表层盐度最大、溶解氧含量较高的温暖表层水带到表层以下形成次表层水。该区域内天气干燥而晴朗，风力弱，海面比较平静；由于海水下沉，悬浮物质少，因此在世界大洋中水色最高，透明度最大，生产力最低，有“海洋沙漠”之称。

以上是世界大洋表层水平环流的主要特征。此外，大洋中还有一些区域性的海流。在大洋表层的环流之间，特别是在赤道海区，由于海水输运有南、北分量，导致海水辐聚下沉或辐散上升。在赤道上，西向的南赤道流，在赤道两侧分别向南与向北辐散，导致海水上升；在南赤道流与赤道逆流之间（3°～4°N），海水辐聚形成下沉；在赤道逆流与北赤道流之间（10°N）又形成了海水的上升。海水的连续性使上述上升/下沉的海水在一定的深度上形成了经向的次级小环流。它们深度较浅（50～100 m），分布在25°N 至 20°S 之间。这些次级小环流使赤道海区表层的热量和淡水盈余向高纬度方向输送，部分调节了热盐的分布状况，使其得以相对稳定。此外，表面海水的辐散和辐聚还导致了海表高度的变化，形成在表层纬向环流中有重要作用的压力场。

7）表层以下的环流

大洋表层以下的环流以经线方向为主，其分布的深度主要取决于海水的密度，因此是热盐效应起主导作用。但在某些海域海水的下沉或上升也会由某些动力作用引起次表层水的运动和分布。

（1）次表层暖水区环流。

大洋表层以下与大洋主温跃层以上的海水称为次表层水，是由副热带海域（两半球反气旋式大环流中间）表层的高温，高盐水下沉形成的。在副热带的动力作用下，它只能下沉到表层水以下的深度上再重新分布。其中大部分流向低纬一侧，沿主温跃层散布，少部分流向高纬一侧，形成了以高盐为主要特性的次表层水。在次表层水形成过程中，由于动力作用与连续性的制约，其下界的深度起伏与表层水海面的起伏相反。因为次表层水也具有较高的温度，所以与表层水一起称为大洋上层暖水区。其下方的主跃层正是该水区与大洋深处冷水区之间的过渡层，因此具有大的铅直温度梯度。

（2）冷水区的环流。

冷水区的环流是指大洋主温跃层以下与极锋向极一侧海域内的环流，包括中层水、深层水和底层水的运动与分布情况。

中层水主要由南极和西北辐聚区下沉的海水所形成，因此有源地的低盐特征。由于温度也较低，所以其密度较大，因而分布在次表层之下。对其运动情况，可通过其低盐特征进行追踪。由南极下沉的海水其温、盐特征值分别为 2.2℃与 33.8，它下沉到 800~1 000 m 的深度上，一部分参加了南极绕极环流，另一部分向北散布进入三大洋。在大西洋中，以 $5\times10^{-2}\sim6\times10^{-2}$ m·s^{-1}的速度沿西部向北运动，可到达 25°N；在太平洋也可能会跨越赤道，在印度洋则不能。另外，在北大西洋与印度洋中，还存在着高盐特性的中层水。在北大西洋由直布罗陀海峡流出的高盐地中海水（温度 13℃，盐度 37）下沉到 1 000~1 200 m 的深度上，然后向西、西南和东北方向散布，此称为北大西洋高盐中层水。在印度洋，红海的高盐水（温度 15℃，盐度 36.5）通过曼德海峡流出，在 600~1 600 m 的深度上沿非洲东岸向南，与南极中层水相遇发生混合。

大洋底层水具有最大的密度，其主要源地是南极大陆边缘的威德尔海、罗斯海，其次为北冰洋的格陵兰海与挪威海等。普遍认为，南极威德尔海是南极底层水的主要来源，在冬季冰盖下海水（温度-1.9℃，盐度 34.6）密度迅速增大，沿陆坡下沉到海底，一部分加入南极绕极流向东流，另一部分向北进入三大洋。南极底层水在各大洋中主要沿洋盆西侧向北流动，在大西洋中可达 40°N，与北大西洋底层水相遇，由于南极底层水密度较大，继续潜入海底向北扩散。Gill 于 1973 年提出了南极大陆边缘全年都产生底层水的观点。这是因为大陆架上 200 m 以下的海水夏季也存在低温、高盐的特征，因而亦具有高密度的特征，特别是在威德尔海西部的陆架上更是如此。南极底层水的源地还有罗斯海和阿德利地近海，底层水的年平均生成率总共约 38×10^{6} m^{3}/s。

北冰洋也生成底层水，但因白令海峡很浅，不可能进入太平洋。密度更大的海水在格陵兰与斯匹次卑尔根之间，位于北冰洋的固定冰之下形成。但它被限制在诸如格陵兰和挪威等一些海盆之中。只在偶然情况下，少量海水通过苏格兰-法罗群岛、冰岛到格陵兰的海槛溢出而进入大西洋。因此北冰洋底层水几乎处于被隔绝状态。

大洋深层水介于中层水和底层水之间，约在2 000~4 000 m的深度上。大洋深层水主要是在北大西洋格陵兰南部的上层海洋中形成的。东格陵兰流与拉布拉多寒流都向该海区输送冷的极地水，与湾流混合下沉（温度近3℃，盐度约为34.9）后开始向整个洋底散布。深层水在大洋西部接近40°N处，与来自南极密度更大的底层水相遇，就在其上向南流向南大洋。在它向南的流动过程中与上层的由地中海溢出的高盐高温中层水相互混合。在南大洋的这种混合水称为南大洋深层水，在40°S附近加入绕极环流，而被带入印度洋和太平洋。在印度洋，西部的深层水向北运动，于2 500 m的深度上可根据其高盐特性追踪至10°S；在东部的深层水则向南运动。太平洋的深层水由南大西洋的深层水与南极底层水混合而成。因此太平洋2 000 m以下海水的温盐是均匀的，温度为1.5~2.0℃，盐度为34.60~34.75，不像大西洋那样具有较明确的分层特征。大西洋深层水加入绕极环流的同时逐渐上升，在南极辐散带可上升至海面，与南极表层水混合后，分别向北与向南流去，即加入南极辐聚与南极大陆辐聚中去。由于大洋深层水的源地不是海面，因此贫氧是它的主要特征。从流体动力学性质看它具有适应其他各层流动的补偿的性质。

上述大洋环流是一种具有大的（洋盆或准洋盆范围）空间尺度和长期（气候学）的时间尺度的平均流动状况。尽管是概括描述，但它能给出世界大洋总环流的基本格局和主要特征，构成进一步研究大洋环流的基础。

8）大洋中尺度涡

自20世纪70年代以来，海洋科学工作者相继在各大洋中发现了一种水平尺度约为100~500 km，时间尺度约为20~200 d的流涡。它们广泛地寄居于总的大洋环流之中，并且以1~5 $cm \cdot s^{-1}$的速度移动着。这些流涡称为“中尺度涡”，它们可以类比于大气中的气旋与锋面等天气系统。因此，如果把以前对海洋平均状况的研究称为气候学的话，中尺度涡便使海洋学进入了“天气学”的研究阶段。

关于中尺度涡的形成、运动和能量传输机制、时空分布及其与平均环流的关系等，许多学者已进行了研究。观测到的中尺度涡的最突出特性是它们的动能（和势能）数量级的区域不均匀性。它与大洋环流的格局紧密相关。最强盛的主要存在或者靠近强流区，这是由于那些区域存在不稳定性，具有形成中尺度涡的基本条件。例如在北大西洋和北太平洋西边界强流区的表层，中尺度涡动能约为东边界流区和弱流区的10倍。中尺度涡动能又主要集中在表层。在强流区，从海面至1 000 m的深度内直线减少至表面的1/1 087。中尺度涡是一个深厚的系统，其影响的深度极大，在湾流强流区达5 000 m以下，在黑潮延伸体达6 000 m。

涡的能量传输过程是：上层动能由大洋环流的平均动能提供；在较下层，由平均环流的势能转化为涡的动能，同时伴随着自上而下的由涡的动能转化为涡的势能，然后再转化为更下层的动能这一次级传输过程。另外，下层涡的动能也会转化为平均环流的动能。

涡在强流区形成后，既能被强流吸收，也能传播到其他海域。这就导致了涡场动能和势能量级的多变性。早期认为，涡可能强烈影响副热带内部的总环流。而现在的认识却是，涡对总环流的作用主要发生在强流区附近。在强流区内，涡形成的结果只起到了使平均环流能量下沉的作用。而平均环流与涡之间的能量交换主要靠在强锋面处以及向下输送过程中的能量耗散机制。对涡自身的能量耗散而言，海底摩擦是重要的，涡至少部分地驱动回流的形成。涡在深层的强流区和底部，也扮演了一个“混合”的角色。

涡的时间尺度变化相对较小。在靠近或在强流区中，其支配周期主要为中尺度时间，即 20~200 d；靠近表层，天气时间尺度显著；近海底陡坡处，地形波时间尺度变得突出。

第 2 节　风驱动的海洋环流理论

Ekman 的漂流理论给风生海流理论奠定了基础，揭示了许多风生海流的重要特征。但由于假设条件过于理想，在实际海洋中很难找到完全符合这种理论的海流。

海洋表层环流的一个显著特征是流动方向在北半球为顺时针，在南半球为逆时针。对于北大西洋，这一事实在 16 世纪早期为西班牙航海家所知。在 19 世纪中期，人们认为这种环流是由赤道和极地间的太阳热差异造成的。但没有人对这一过程提出任何定量的理论。风驱动和密度变化的影响对整个环流都很重要。但前者可能在大部分海区的上层约 1 000 m 占主导地位。风驱动环流理论的发展经历了几个阶段：

（1）大约 1898 年，Nansen 定性地解释了为什么风驱动的洋流方向不是沿风向，而是在风向右边夹角 20°~40°的方向（在北半球）；

（2）1902 年，Ekman 建立了一个理想化的定量模型，解释了地球自转导致 Nansen 观测到的洋流偏转；

（3）1947 年，Sverdrup 研究认为赤道表层流的主要特征是由风驱动作用形成的；

（4）1948 年，Stommel 解释了风驱动环流向西加强的原因；

（5）1950 年，Munk 将上述理论成果结合起来，得到了由实际风场定量描述风驱动环流主要特征的解析表达式；

（6）20 世纪末和 21 世纪初，已发展了许多海洋数值模式来模拟全球或区域海洋环流。

上面提到的主要的风生环流是相对稳定的运动。叠加在这些之上的是随时间周期性变化的惯性流和潮流运动。海流的直接观测已经清楚地显示，海流中还存在其他随时间变化的运动。它们具有不同的时空尺度，且振幅往往远远大于某些区域的平均值。下面我们将介绍由风驱动的稳态或长期平均环流的理论。

本节将讨论三种理论模式，即Sverdrup模式（1947）、Stommel（1948）和Munk模式（1950）。这三种理论模式都只涉及大洋环流问题的一个方面，即都研究水平环流的主要特征与平均风分布的关系。这三种理论都是线性的，这三种理想模式的应用价值在于它们可作为一种基础，以进一步了解现代动力海洋学的内容。在现代动力海洋学中，常涉及非线性的研究方法，并试图把风生环流和热盐环流合并于一个模式中。我们学习这三种理想模式时，应该把它们看作是研究的起点而非终点。

Sverdrup理论模式表明，大洋主要部分的地转流是由风应力来局部平衡的，但这个理论无法解释封闭形式的环流。Stommel（1948）指出，在相对涡度具有较高值的西边界区引入边界流，可以构成封闭的环流模式，而且地转向量铅直分量随纬度的变化在其中起着重要作用。Munk（1950）使用更符合实际情况的风应力资料，并在运动方程中引入牛顿形式的侧向摩擦力，成功地解释了大洋环流的许多主要特征和若干细微特征。在本章的最后一节，我们将定性地研究运动方程中保留惯性项后所产生的效应。

在正式讨论大洋环流之前，我们先回顾有关地转流和Ekman漂流的知识：地转流是压强梯度力和科氏力相互平衡的一种无加速流动，其中压强梯度力是由海表面坡度（正压分量）和内部质量分布（斜压分量）引起的，正压流（坡度流）加上斜压流（相对流）构成总的地转流。Ekman漂流是摩擦力和科氏力相互平衡的一种无加速流动，Ekman漂流的摩擦影响深度一般为20~100 m，在北半球，流速向量从表面到深层不断作顺时针旋转，流速值呈指数衰减，净质量输送的方向与风向垂直并指向风向右方。

6.2.1 Sverdrup理论模型

考虑运动方程

$$\frac{\partial u}{\partial t}+u\frac{\partial u}{\partial x}+v\frac{\partial u}{\partial y}+w\frac{\partial u}{\partial z}-fv=-\frac{1}{\rho}\frac{\partial p}{\partial x}+\frac{1}{\rho}\left[\frac{\partial}{\partial x}\left(A_H\frac{\partial u}{\partial x}\right)+\frac{\partial}{\partial y}\left(A_H\frac{\partial u}{\partial y}\right)+\frac{\partial}{\partial z}\left(A_V\frac{\partial u}{\partial z}\right)\right] \tag{6-1}$$

$$\frac{\partial v}{\partial t}+u\frac{\partial v}{\partial x}+v\frac{\partial v}{\partial y}+w\frac{\partial v}{\partial z}+fu=-\frac{1}{\rho}\frac{\partial p}{\partial y}+\frac{1}{\rho}\left[\frac{\partial}{\partial x}\left(A_H\frac{\partial v}{\partial x}\right)+\frac{\partial}{\partial y}\left(A_H\frac{\partial v}{\partial y}\right)+\frac{\partial}{\partial z}\left(A_V\frac{\partial v}{\partial z}\right)\right] \tag{6-2}$$

$$\frac{\partial p}{\partial z}=-\rho g$$

这里垂直方向上采用了静压近似。做如下假定

（1）流动是定常的，即

$$\frac{\partial u}{\partial t}=0,\qquad \frac{\partial v}{\partial t}=0$$

（2）非线性项很小，平流加速度可略去不计，即

$$u\frac{\partial u}{\partial x}+v\frac{\partial u}{\partial y}+w\frac{\partial u}{\partial z}=0$$

$$u\frac{\partial v}{\partial x}+v\frac{\partial v}{\partial y}+w\frac{\partial v}{\partial z}=0$$

（3）水平方向上的导数远小于铅直方向上的导数，从而可以略去侧向摩擦项，即

$$\frac{1}{\rho}\left[\frac{\partial}{\partial x}\left(A_H\frac{\partial u}{\partial x}\right)+\frac{\partial}{\partial y}\left(A_H\frac{\partial u}{\partial y}\right)\right]=0$$

$$\frac{1}{\rho}\left[\frac{\partial}{\partial x}\left(A_H\frac{\partial v}{\partial x}\right)+\frac{\partial}{\partial y}\left(A_H\frac{\partial v}{\partial y}\right)\right]=0$$

该假定表明摩擦是需要考虑的，但只考虑其中的铅直向摩擦。在上述三个假定下，方程（6-1）和（6-2）简化为

$$-\rho fv=-\frac{\partial p}{\partial x}+\frac{\partial}{\partial z}\left(A_v\frac{\partial u}{\partial z}\right)\tag{6-3}$$

$$+\rho fu=-\frac{\partial p}{\partial y}+\frac{\partial}{\partial z}\left(A_v\frac{\partial v}{\partial z}\right)\tag{6-4}$$

实际上，Sverdrup 所做的工作只是在 Ekman 工作的基础上保留了压强梯度项。在上两方程中，左边项与右边第一项之间的平衡代表地转流，左边项与右边第二项之间的平衡代表 Ekman 漂流。这两个方程表明压强梯度力、科氏力和作用于水平面上的摩擦应力相互平衡。

方程（6-3）和（6-4）中的水平导数都是一阶，这就对可能的侧向边界条件加上了很强的限制。侧向边界条件只能有两个，一个是对 x 的，另一个是对 y 的。因此，此模式只能代表满足大洋边界条件的一部分。另一方面，方程中包含对 z 的二阶导数项，因此可以对海面和海底提出边界条件。

不同于 Ekman 所做的工作，Sverdrup 放弃直接求解速度 u 和 v，而另辟蹊径地确定受风影响的整个海洋水体中 x 和 y 方向的总输运。Sverdrup 假定：在某个适当的深度上，压强梯度力为 0，即压强梯度力的正压部分与斜压部分互相平衡，这样水平速度在远离海底处便趋于 0，从而底摩擦应力为 0，海底地形对流动不产生任何影响。对运动方程进行铅直积分时，可取 $u|_{z=-H}=v_{z=-H}=0$，此处 H 与海深相比很小。现在我们来定义一个新的函数 P，

$$\frac{\partial P}{\partial x}\equiv\int_{-d}^{0}\frac{\partial p}{\partial x}\mathrm{d}z,\ \frac{\partial P}{\partial y}\equiv\int_{-d}^{0}\frac{\partial p}{\partial y}\mathrm{d}z$$

因为当 $z\leqslant -H$ 时，水平速度为 0，所以积分

$$M_x = \int_{-H}^{0} \rho u \mathrm{d}z, \quad M_y = \int_{-H}^{0} \rho v \mathrm{d}z$$

代表由流动产生的净质量输送的分量。在海面 $z=0$ 和 $z=-H$ 处的边界条件可取为

$$A_V \frac{\partial u}{\partial z}\bigg|_{z=0} = \tau_x, \ A_V \frac{\partial u}{\partial z}\bigg|_{z=-H} = 0$$

$$A_v \frac{\partial v}{\partial z}\bigg|_{z=0} = \tau_y, \ A_v \frac{\partial v}{\partial z}\bigg|_{z=-H} = 0$$

这里，τ_x 和 τ_y 表示海面上的风应力。对方程（6-3）和（6-4）从海面 $z=0$ 到 $z=-H$处进行积分，可得

$$\begin{cases} \dfrac{\partial P}{\partial x} = fM_y + \tau_x \\ \dfrac{\partial P}{\partial y} = -fM_x + \tau_y \end{cases} \tag{6-5}$$

将方程（6-5）作交叉微分并相减，便可消去压强项，得出涡度方程。对方程（6-5）中的第一式对 y 微分，得

$$\frac{\partial^2 P}{\partial x \partial y} = \frac{\partial f}{\partial y} M_y + f\frac{\partial M_y}{\partial y} + \frac{\partial \tau_x}{\partial y}$$

对方程（6-5）中的第二式对 x 微分，并考虑到 $\partial f / \partial x = 0$，得

$$\frac{\partial^2 P}{\partial x \partial y} = -f\frac{\partial M_x}{\partial x} + \frac{\partial \tau_y}{\partial x}$$

将上两式相减得

$$\frac{\partial f}{\partial y} M_y + f\left(\frac{\partial M_x}{\partial x} + \frac{\partial M_y}{\partial y}\right) + \left(\frac{\partial \tau_x}{\partial y} - \frac{\partial \tau_y}{\partial x}\right) = 0 \tag{6-6}$$

方程（6-6）中第一项是由经向流动引起的涡度变化，第二项是由于质量输送的水平辐散引起的涡度变化，第三项是风应力力矩引起的涡度变化。由质量守恒方程

$$\frac{\partial \rho}{\partial t} + \nabla \cdot \rho \boldsymbol{u} = 0$$

当流动为定常时，上式简化为

$$\frac{\partial \rho u}{\partial x} + \frac{\partial \rho v}{\partial y} + \frac{\partial \rho w}{\partial z} = 0$$

将上式从 $z=-H$ 到 $z=0$ 对 z 积分，得

$$\frac{\partial M_x}{\partial x} + \frac{\partial M_y}{\partial y} + \rho w \big|_{z=-d}^{z=0} = 0$$

取 $w\big|_{z=0} = w\big|_{z=-d} = 0$，则得到定常状态的连续方程的铅直积形式

$$\frac{\partial M_x}{\partial x} + \frac{\partial M_y}{\partial y} = 0 \tag{6-7}$$

于是方程（6-6）变成

$$M_y \frac{\partial f}{\partial y} = \frac{\partial \tau_y}{\partial x} - \frac{\partial \tau_x}{\partial y} = \mathrm{curl}_z \boldsymbol{\tau} \tag{6-8}$$

也即 $\beta M_y = \mathrm{curl}_z \boldsymbol{\tau}$ 。

这就是著名的 Sverdrup 方程。这个方程表明，流体经向运动导致的行星涡度变化与风应力旋度相互平衡。因为我们考虑的是定常运动，又没有消耗涡度的摩擦机制，因此流体向南运动时，由于行星涡度的减小，为了维持位涡守恒，流体便要获得正的相对涡度，为了使流体的相对涡度不至于增加（定常条件），风应力便要不断使流体产生负的涡度。

由方程（6-8）可以看出，当 $\mathrm{curl}_z \boldsymbol{\tau} = 0$ 时，$M_y = 0$，只可能存在 M_x ，即此时只可能有东西向的质量输运；当 $\mathrm{curl}_z \boldsymbol{\tau} > 0$ 时，$M_y > 0$，质量输运向北；当 $\mathrm{curl}_z \boldsymbol{\tau} < 0$ 时，$M_y<0$，质量输运向南。

若将质量流量 M 写成漂流质量流量 M_x 和地转流质量流量 M_y 之和，即

$$M_x = M_{Ex} + M_{gx}$$
$$M_y = M_{Ey} + M_{gy}$$

由式（6-5）得

$$\begin{cases} 0 = fM_{Ey} + \tau_x \\ 0 = - fM_{kx} + \tau_y \end{cases} \tag{6-9}$$

$$\begin{cases} 0 = - \dfrac{\partial P}{\partial x} + fM_{gy} \\ 0 = - \dfrac{\partial P}{\partial y} - fM_{gx} \end{cases} \tag{6-10}$$

交叉微分式（6-9）中的两式，然后相减得漂流质量流量的散度

$$\frac{\partial M_{Ex}}{\partial x} + \frac{\partial M_{Ey}}{\partial y} = \frac{1}{f}(-\beta M_{Ey} + \mathrm{curl}_z \boldsymbol{\tau}) \tag{6-11}$$

交叉微分式（6-10）中的两式，然后相减得地转流质量流量的水平散度

$$\frac{\partial M_{gx}}{\partial x} + \frac{\partial M_{gy}}{\partial y} = - \frac{\beta M_{gy}}{f} \tag{6-12}$$

此式表明，所有向南、向北的地转运动，必须存在水平散度。式（6-11）与式（6-12）之和应等于 0，则

$$\left(\frac{\partial M_{gx}}{\partial x} + \frac{\partial M_{gy}}{\partial y}\right) + \left(\frac{\partial M_{Ex}}{\partial x} + \frac{\partial M_{Ey}}{\partial y}\right) = \frac{1}{f}(-\beta M_{Ey} + \mathrm{curl}_z \boldsymbol{\tau}) - \frac{\beta M_{gy}}{f} = 0$$

即

$$\beta M_y = \mathrm{curl}_z \boldsymbol{\tau}$$

此式即 Sverdrup 方程（6-8）。由此可知，Sverdrup 方程的物理意义是漂流质量流量的

散度与地转流质量流量的散度的平衡，所以 Sverdrup 方程又称为 Sverdrup 平衡。

典型情况下 $M_x \sim 10M_y$，尤其是赤道地区，其原因在于涡旋系统的长度尺度东西方向和南北方向存在差异。东西方向尺度（L_x）由大陆屏障决定，南北方向尺度（L_y）由 $\mathrm{curl}\tau_\eta = 0$ 的等值线决定。一般情况下，两者长度的比例约为 $L_x / L_y = 10:1$。因为连续性

$$\frac{\partial M_x}{\partial x} + \frac{\partial M_y}{\partial y} = 0, \quad 则\frac{M_x}{M_y} \sim \frac{L_x}{L_y} \sim \frac{10}{1}$$

从另一个角度看，在一个漩涡中向北或向南的水必须通过向东或向西形成闭合的涡旋。因此，南北输运总量等于东西输运总量，即 $M_y L_x = M_x L_y$，与上述结果相同。这里使用的概念是积分意义上的体积的连续性。

下面我们考虑 Sverdrup 方程的完整解，为简便起见，设风为纬向风（即 $\tau_y = 0$），由式（6-8）便有

$$M_y = -\frac{\partial \tau_x / \partial y}{\beta} \tag{6-13}$$

由 $\beta = \frac{df}{dy} = \frac{df}{d\theta}\frac{d\theta}{dy} = \frac{2\Omega\cos\theta}{R_e}$，于是式（6-13）变成

$$M_y = -\frac{\partial \tau_x}{\partial y}\left(\frac{R_e}{2\Omega\cos\theta}\right) \tag{6-14}$$

如果纬向风沿南北方向上没有变化，则有

$$\partial \tau_x / \partial y = 0, \quad M_y = 0, \quad M_x = 0$$

也就是说没有净的经向质量输送，此时 Ekman 输送与地转输送互相平衡。考虑纬向风沿南北方向存在变化的情形，将式（6-14）代入式（6-7）便可求得 x 方向上的净质量输送 M_x。因此有

$$\frac{\partial M_x}{\partial x} = -\frac{\partial M_y}{\partial y} = \frac{\partial}{\partial y}\left[\frac{\partial \tau_x}{\partial y}\left(\frac{R_e}{2\Omega\cos\theta}\right)\right] = \frac{1}{2\Omega\cos\theta}\left(\frac{\partial^2 \tau_x}{\partial y^2}R_e - \frac{\partial \tau_x}{\partial y}\tan\theta\right)$$

这个方程只能在一个经向边界上满足边界条件。Sverdrup 引进东边界的运动学边界条件 $u|_{x=0} = 0$，从而 $M_x|_{x=0} = 0$，将上式从 0 到 x 进行积分（参考图 6-4），得

$$0 - M_x = \frac{1}{2\Omega\cos\theta}\left[R_e\int_{-x}^{0}\frac{\partial^2 \tau_x}{\partial y^2}\mathrm{d}x - \tan\theta\int_{-x}^{0}\frac{\partial \tau_x}{\partial y}\mathrm{d}x\right] \tag{6-15}$$

用 $\overline{\partial^2 \tau_x / \partial y^2}$ 和 $\overline{\partial \tau_x / \partial y}$ 分别表示 $\partial^2 \tau_x / \partial y^2$ 和 $\partial \tau_x / \partial y$ 的平均值，则式（6-15）近似写成

$$M_x = -\frac{|x|}{2\Omega\cos\theta}\left[R_e\overline{\frac{\partial^2 \tau_x}{\partial y^2}} - \tan\theta\overline{\frac{\partial \tau_x}{\partial y}}\right] \tag{6-16}$$

式中 M_x 为从东向西距离为 x，纬度为 θ 处净质量输送的纬向分量。其量纲为［质量］［时间长度］。M_x 依赖于如下两个因素：①风应力沿 y 方向（南北）的平均变化率，②

风应力沿 y 方向二阶导数的平均值。此处所说的平均是指从东边界 $x=0$ 向西到 x 范围内的平均。

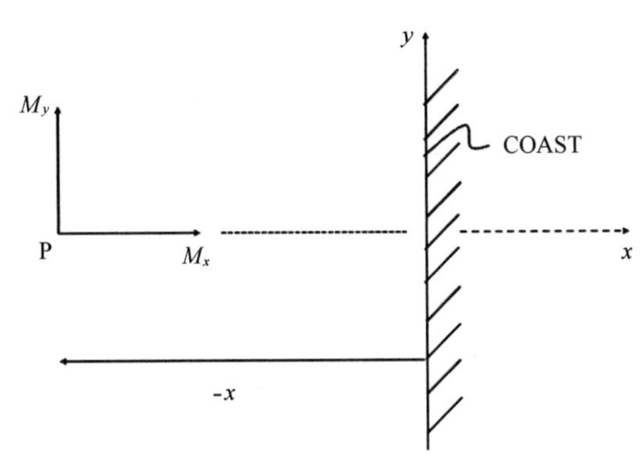

图 6-4　Sverdrup 理论取东边界为边界条件的示意图

赤道海区的调查资料显示存在逆流，即位于主流附近，流向与主流相反的流动，且此流动与盛行风的方向相反。赤道流系统由两个向西流动的北赤道海流和南赤道海流组成，其间有一个向东流动的北赤道逆流。注意，由于信风系统在太平洋和大西洋均是向北偏移，因此该流系关于赤道也向北偏移，并不以赤道对称。但受季风系统控制的印度洋不同。在东北季风（11 月至翌年 3 月）期间，其风的分布形态与太平洋和大西洋相似，但位置稍偏南；向西的北赤道流横跨赤道，向东的赤道逆流和向西的南赤道流都位于赤道南部。在西南季风（5 月至 9 月）期间，东南信风继续在赤道以南，而赤道以北吹西南风（称为西南季风）。其结果是存在双流系统，即西南风驱动的西南季风流和南赤道流。

应用式（6-16）很容易定性地解释赤道逆流，设风为纬向定常风，但风速量值沿经向作正弦变化（参看图 6-5 的左图）。选出 $\partial^2\tau_x/\partial y^2$ 和 $\partial\tau_x/\partial y$ 两者中为零的纬度，并考虑在这些纬度处 $\partial^2\tau_x/\partial y^2$ 和 $\partial\tau_x/\partial y$ 的正负号，由式（6-16）便不难定性地得到纬向质量输送 M_x 的正负号。例如在纬度 $\theta=\theta_1(y=y_1)$ 处，$\partial\tau_x/\partial y<0$，$\partial^2\tau_x/\partial y^2=0$，由式（6-16）可知，此处的 M_x 大于 0，即纬向质量输送方向朝东。对各纬度处进行这样的重复讨论，便可得到 M_x 的大致分布。如图 6-5 所示，呈正弦形式变化的风应力总是朝西（东风带），但有一部分水域其纬向质量输送是朝东的，即存在逆流。

图 6-5 显示了东太平洋风的平均东向分量的整体特征（实际风随纬度的变化）。根据公式（6-16）中 M_x 的表达式，在信风区和赤道区，右边的重要项是 $R_e\partial^2\bar{\tau}_x/\partial y^2$，其特征在图 6-5 中用虚线表示。可以看出：

（1）在约 15°N 以北和约 2°N 以南，$\partial^2\bar{\tau}_x/\partial y^2$ 为负，则 M_x 为负（x 始终为负），即流向向西（北赤道流和南赤道流）。

（2）在 15°N 和 2°N 之间，值 $\partial^2\bar{\tau}_x/\partial y^2$ 为负，则 M_x 为正，即流向东部（赤道逆

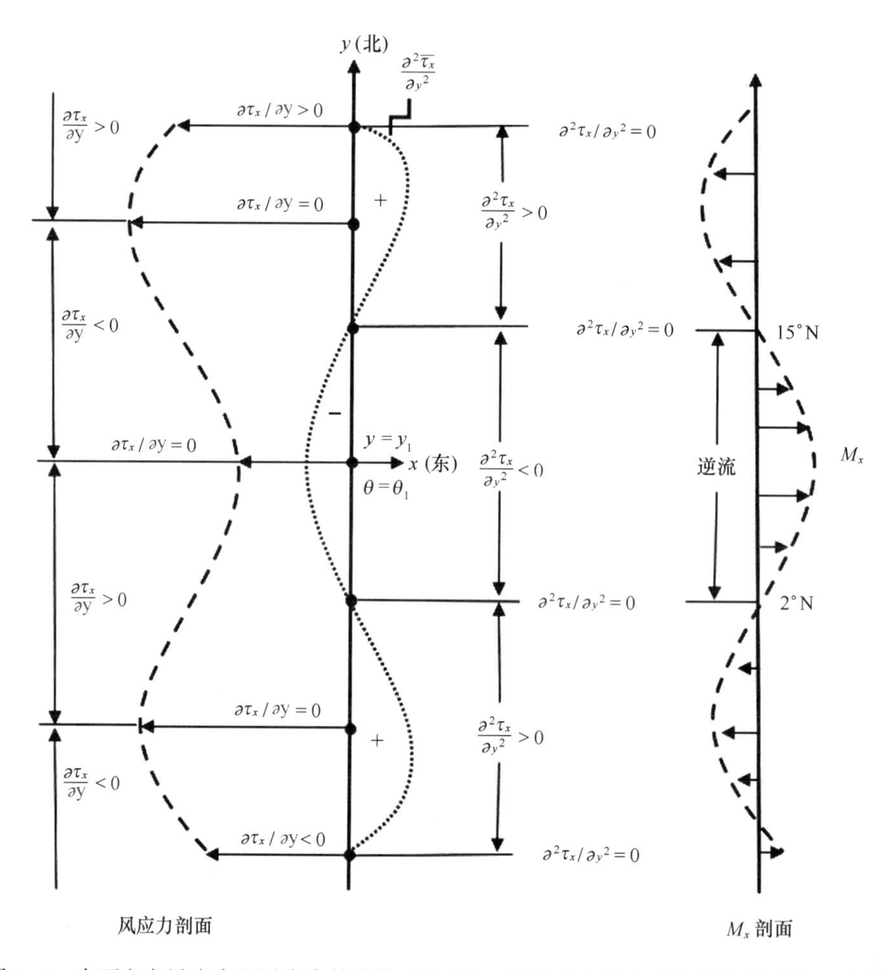

图 6-5 东西方向风应力和风应力的变化（左图），流风应力经向变化引起的逆流（右图）

流）。

上述讨论用 Sverdrup 理论定性地解释了赤道逆流系统的存在。值得注意的是，实际的赤道洋流系统比简单的 Sverdrup 理论显示的要复杂得多，东西向流的分量也更多。

Stommel 对 Sverdrup 的一种简单流动系统作了非常清晰的描述：设具有东边界的均匀海洋受到纬向风应力作用所形成的流动（图 6-6）。图中带影线的粗头代表海面上的风，它们都是纬向的，其分布类似于北半球真实海洋上的西风和信风。在薄薄的摩擦影响层中 Ekman 水平质量输送方向在风向右侧且数值与风速成正比。在最大西风和最大信风之间，Ekman 层内风漂流的辐聚引起海水下沉；在最大西风处的北面和最大信风处的南面，Ekman 层内风漂流的辐散引起海水上升。从 Ekman 层的下部到海底，铅直方向的速度线性地减小至 0。与此流场相适应，必然会附带产生满足东边界条件的地转流。在西风和信风之间的中纬度地区，海面朝东向下倾斜，引起了往南的地转流；而在西风的北面地区和信风的南面地区，海面朝东向上倾斜，引起了往北的地转流。

由于风漂流的辐聚辐散作用，在中纬度以北，海面朝北向下倾斜，在最大西风的纬度处引起向东的地转流；而在中纬度以南，海面朝北向上倾斜，在最大信风的纬度处引起向西的地转流。在东边界处，海面沿南北方向没有倾斜，所以该处的东西方向的地转流为零。这和边界条件的要求是一致的。

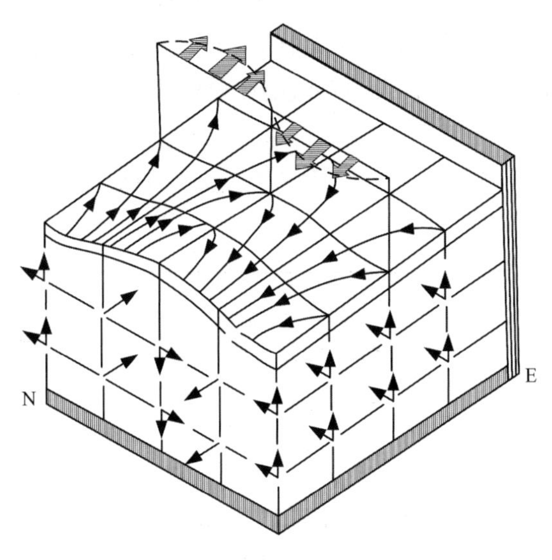

图 6-6　均质海洋 Sverdrup 理论所描述的海洋流动

比较 Ekman 和 Sverdrup 的解，Sverdrup 解失去了水流速度随深度变化的细节，但获得了在海洋一侧有海岸边界的可能性，这比 Ekman 解的水平无限（即无边界的海洋）更接近实际情况。但 Sverdrup 理论在应用时也有局限性，即：

（1）由于方程式（6-16）表达式中的 x 似乎使 M_x 与向西的距离成正比，因此它在应用于海洋东侧附近时受到限制。M_x 在西边确实有所增加，但没有 Sverdrup 解所表达得那么快。造成这种差异的原因可能是忽略了海流的侧向摩擦，它会随着洋流的增加而增加。因此在真实的海洋中 M_x 不会像 Sverdrup 关系所暗示的那样迅速地向西方增加。毫无疑问，现实中应力项 τ_x 和 $\partial^2\bar{\tau}_x/\partial y^2$ 也应包含 x 的一些变化。

（2）水平边界条件的数目受到限制。Sverdrup 理论的微分方程只允许满足一个边界条件（在给定的解中无水流通过海岸），无法代表实际大洋的情形。实际大洋可以是封闭的，两个边界条件不能完全表征边界上的特点。例如，假定海洋为矩形时，水平边界条件的数目就有四个。为了能够应用更多的边界条件，我们需要更复杂的方程。

（3）在实际大洋的西部海域中，流动在水平方向上变化很大。但 Sverdrup 理论在导出方程（6-3）和（6-4）时，完全忽略了与水平导数有关的量，因此，Sverdrup 理论模式不能表示出这一特点。

（4）这些解给出了深度积分质量输运，但没有给出速度随深度分布的细节。

6.2.2 大洋海流西向强化

实际大洋环流最显著的特点就是西向强化（见图6-7）。例如，湾流、黑潮和阿古拉斯海流都是西向强化现象。关于大洋东西边界上的环流差别，Stommel 在 1948 年提出了如下的看法：为了使大洋环流能构成封闭的形式，大洋中应该有一个相对涡度较高的局部区域。Stommel 提出了一种大洋环流的简单模式，成功地说明了科氏参量随纬度的变化对流动的重要影响，同时改进了 Sverdrup 理论的环流模式，使其可以推广到整个大洋构成闭合的流动。下面，我们就按照 Stommel 的理论来讨论大洋西向强化的物理机制。

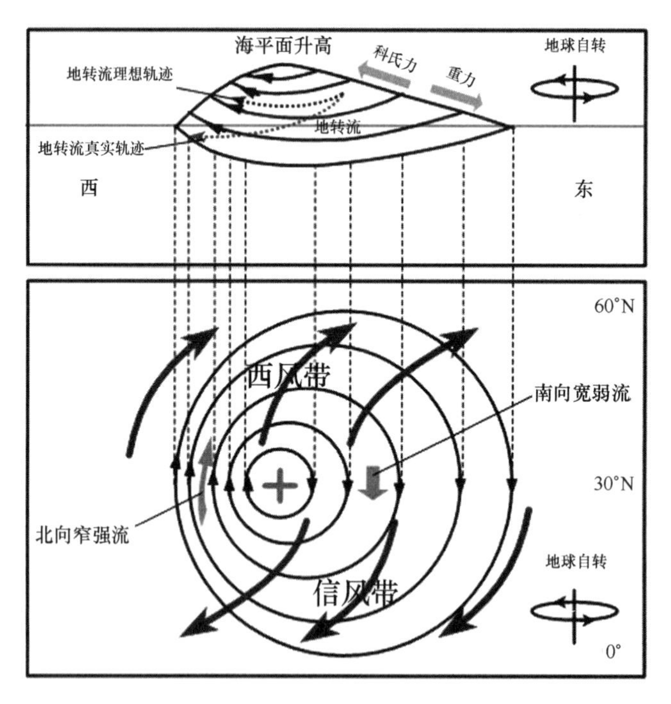

图 6-7 副热带海洋环流示意图

为了能在物理上表示出大洋环流西向强化这一现象，必须在 Sverdrup 的基本方程中再加上某种物理过程，显然加上某种摩擦过程是其中合理的方案之一。Sverdrup 理论假定在海洋的某个深度存在一个无运动面，忽略了底摩擦，铅直向的摩擦只考虑了海表风的影响。在从解析上进行研究之前，先从涡度的观点上定性地来考虑一下这一问题。

设风速剖面如图 6-8 所示。风的这种分布将使大洋海水作顺时针的旋转运动，因而使海水具有负（反气旋）涡度。另一方面，由于地球旋转角速度的铅直分量随纬度而变，因此当流体作南北方向的运动时流体的相对涡度就要改变。不过，相对涡度的

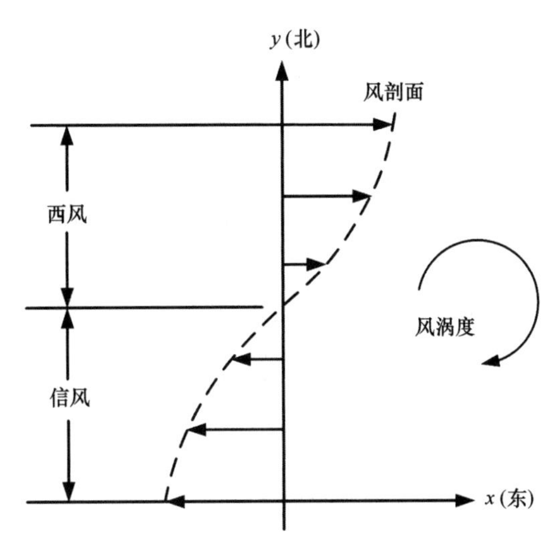

图 6-8　风速剖面及相应的涡度

这种改变要受到位涡守恒原理的限制。当水深为常值时，其绝对涡度应保持不变，即

$$f + \omega_z = \text{常数}$$

此处 f 为行星涡度的铅直分量，在北半球为正，从赤道到北极，f 值不断增加，ω_z 为相对涡度（局部观测到的涡度）。在北半球，当流体从南向北运动时，f 值增大，ω_z 要减小，流体不断获得负的相对涡度；而从北向南运动时，f 值减小，ω_z 要增大，流体不断获得正的相对涡度。

在 Sverdrup 的模式中，只讨论大洋东部的环流。如果统一考虑整个大洋的环流，根据连续性原理，向南流的海水应该与向北流的海水同样多，这样 Sverdrup 理论中的涡度平衡关系就不再成立，也就是说，风应力引起的涡度不能靠流体的经向运动加以平衡。因为统一考虑整个大洋时，经向运动不能再像 Sverdrup 理论中那样是单向的，而兼具向南向北的双向运动。这样就出现了一个问题，风应力引起的涡度用什么加以平衡呢？显然，应该寻找另外一种机制，其作用相当于一个“汇”以吸收或消耗风应力所引起的涡度。考虑图 6-9 中的一种理想海洋，其形状为长方形，其内的海水作反气旋的环流运动。如果在南北走向的东边界和西边界上，存在流速剪切（摩擦力），则所产生的涡度与环流的涡度相反，即与风应力引起的负涡度相反，这样我们便有了一个“汇”来消耗风应力引起的祸度。

这个摩擦消耗风应力涡度的“汇”在东西边界是否一样呢？如图 6-10，分别考虑东西海盆，假设摩擦在海盆东西两侧提供的涡度相等 $\omega_{FW} = \omega_{FE} = \omega_F$ ，风应力输入涡度在整个海盆均为 ω_τ 。在大洋东侧，海流从北向南流动，f 减小，根据位涡守恒原理 ω_z 增加，因此在东侧涡度可以达到近似平衡，即 $+\omega_z + \omega_F - \omega_\tau \approx 0$（不考虑摩擦影响即为 Sverdrup 关系）；在大洋西侧，海流从南向北流动，f 增加，根据位涡守恒原理 ω_z 减小，因此在西侧涡度不能达到近似平衡，即 $-\omega_z + \omega_F - \omega_\tau \neq 0$，如果在西海岸涡度要

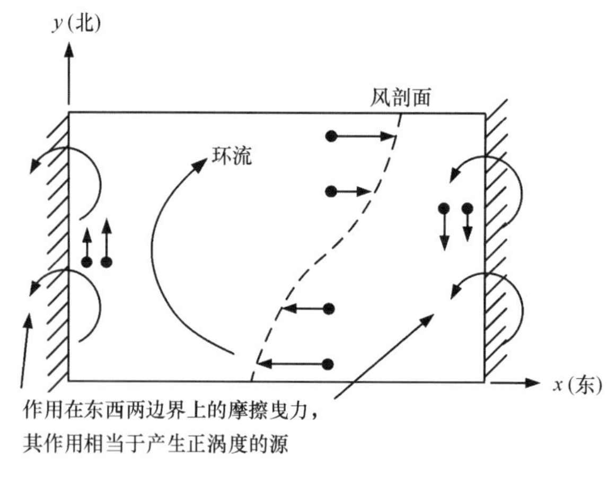

图 6-9　长方形理想海洋：风应力引起负涡度，东西边界上的速度剪切（摩擦）产生正涡度

达到平衡，显然 $\omega_{FW} > \omega_{FE}$ ，即西边界摩擦提供的涡度要大于东边界摩擦的涡度，这就要求西边界流速等值线比东边界流速等值线更密集（流速更强），即西向强化。在要求相对涡度保持稳定不变情况下，海流在西侧强化作为局部“汇”来平衡海流从南向北流动行星涡度增加这一问题。

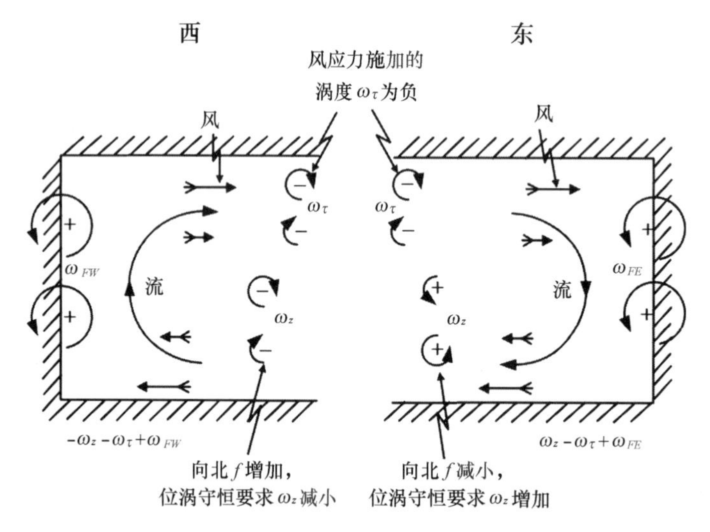

图 6-10　用涡度守恒解释长方形理想海洋西向强化，在东西海盆摩擦涡度相同的情况下，大洋东侧可以涡度可以基本平衡，而大洋西侧涡度则不能平衡

综合上述，为了得到定常的运动状态（稳定态），整个旋涡的总涡度必须是恒定的。即当每个粒子绕着旋涡形成一个回路时，它必须回到其起点，而涡度没有净变化。如果在 Sverdrup 理论中再加上摩擦产生的涡度，即在基本方程中使用三类涡度——风

应力涡度，摩擦涡度和行星涡度，则平衡方程如下

$$\beta v = 摩擦效应输入涡度 + 风应力输入涡度$$

假设风应力涡度的输入在东西两侧是一样的，对于北半球副热带呈顺时针方向旋转的封闭环流，Sverdrup 理论已证明在海洋东侧，海流从北向南，f 减小引起负涡度输入基本是与风应力涡度的负涡度输入是相平衡的，因此在大洋东侧不需要摩擦提供额外涡度，流线稀疏。而在大洋西侧，海流从南向北（图 6-11），f 增加，这样只能通过增加摩擦涡度来达到平衡，这样西侧的流线要比东侧密得多，形成西向强化流，从而提供正的摩擦涡度。

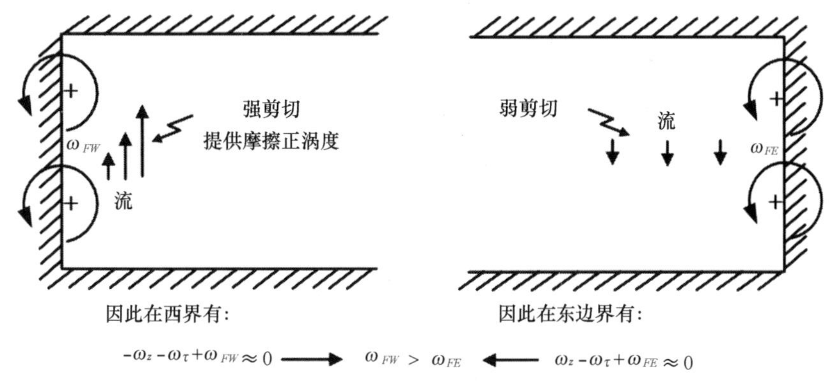

图 6-11　用涡度守恒解释长方形理想海洋西向强化，在东西海盆摩擦涡度相同的情况下，大洋东侧涡度可以基本平衡，而大洋西侧涡度则不能平衡

在海盆内涡度输入不为 0 的情形下，海流必须旋转起来，西边界流产生的原因在于对整个环流需要达到整体涡度平衡的要求。上述对涡度平衡的分析可以找到风应力涡度、摩擦涡度和行星涡度这三种涡度平衡的方式，这种估计只是一种定性的说明而非严格的证明。图 6-12 给出了全球大洋风的分布和对应的副热带流涡和副极地流涡，对于副极地环流和南半球的环流请读者自行做相似的分析。

6.2.3　边界层方法

在第 2 章，研究运动方程中各个项的大小时，发现许多项可以忽略不计。其中垂直分量方程简化成了静力方程。对于周期大于几天的运动，局地时间变化项很小。在某些区域，湍流摩擦力可能很重要。如果我们除以科氏项的大小，对于大尺度运动，我们发现非线性项和摩擦项分别具有小 Rossby 数和 Ekman 数。

简单的方程在海洋流体内区成立，如地转方程适用于海洋内区。然而，地转方程的解通常不满足所有边界条件，因此在边界附近必须包含一些高阶项。因为在边界区域垂直于边界的长度尺度变小，一些额外的项就变得足够大，可以满足边界条件。

为了使用边界层方法，需要对方程重新尺度化，即采用恰当的长度尺度使之与边

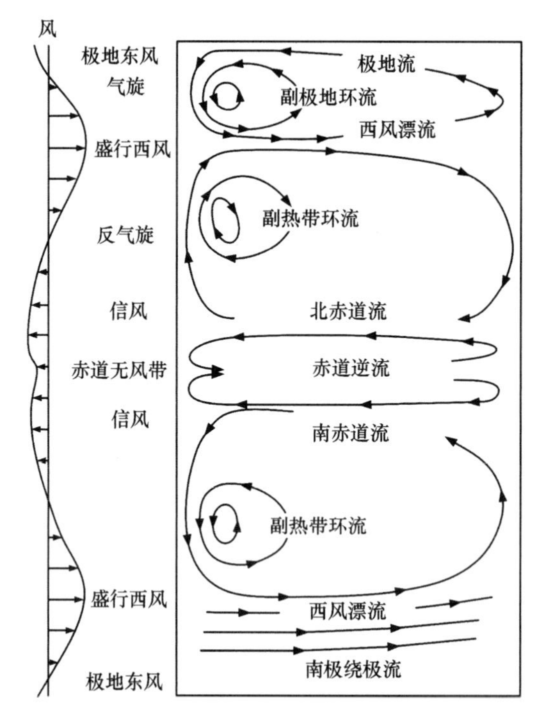

图 6-12　由风驱动的太平洋洋流涡示意图

界层厚度匹配。这种方法的优点是，只有重要的高阶项才会变得重要，而不重要的项仍然很小。“边界层”方程将比完整方程更简单，更容易求解。边界层效应在远离几个边界层长度的距离处消失，边界层的解满足边界条件，但在远离边界处逼近内区解。由于边界层相对于整个海洋非常薄，且内部解缓慢变化，所以可以在边界处有效地匹配内部解。一旦人们确信边界层和内部区域的这种“连接”是可能的，就可以集中精力研究一系列边界层解，而不必担心匹配问题。边界层方法在科学研究中是一个非常有用的工具，即使这些解过于理想化，无法完全应用于实际海洋，但它有助于更好地理解哪种动力效应可能更重要。边界层方法还可以说明边界层的厚度如何取决于系统的参数。

事实上，在第 4 章第 2 节中给出的 Ekman 漂流解就是边界层解。地转方程描述了与水平压力梯度相关的运动部分。但当存在风应力时，这些解就不能满足表面边界条件（即海表的剪切应力必须是连续的）。在海表附近，垂直摩擦项的垂直长度尺度变小，使得垂直摩擦项变大，足以平衡由风直接驱动的与海流相联系的科氏力项。如当应力在 y 方向时，所给出的解的表面边界条件是 y 方向的海表面应力等于 y 方向海表面的风应力，即

$$\rho A_z\ (\partial v/\partial z)_{z=\eta} = \tau_{y\eta}$$

可以验证，Ekman 给出的解是满足这个方程的。实际上海表面的流速 V_0 就是由这

个边界条件决定的。Ekman 解具有适当的边界层性质。除了满足表面边界条件外，Ekman 解中的流速随深度迅速衰减，并在非常薄（相对于海洋总深度）的边界层底部流速几乎为 0。在这种情况下，与内区解的衔接是非常直接的：如果 Ekman 流没有辐聚辐散，那么 Ekman 流和地转流是完全独立的，可以简单地将两者直接相加；如果 Ekman 流有辐聚辐散，那么 Ekman 层底部的垂直速度提供了一个边界条件，内区地转流则必须满足该条件。

6.2.4　Stommel 理论模型

本节及后面两节不直接从原始方程出发来推导 Stommel 模型、Munk 模型和惯性理论模型，而是直接从第 5 章推导的用流函数表示的垂直积分的涡度方程出发，重写准地转方程（5-25）如下

$$\underset{\text{I}}{\frac{\partial}{\partial t}\nabla^2\psi} + \underset{\text{II}}{J(\psi,\ \nabla^2\psi)} + \underset{\text{III}}{\beta\frac{\partial\psi}{\partial x}} = \underset{\text{IV}}{\frac{1}{\rho H}\mathrm{curl}_z\boldsymbol{\tau}} - \underset{\text{V}}{r\nabla^2\psi} + \underset{\text{VI}}{A_H\nabla^4\psi} \tag{6-17}$$

该方程包含了局地时间变化项（Ⅰ）、平流项（Ⅱ）、涡度输运项（Ⅲ）、风应力涡度项（Ⅳ）、底摩擦项（Ⅴ）和侧摩擦项（Ⅵ）。如果我们把 Sverdrup 方程（6-8）表示成流函数形式，则

$$\beta\frac{\partial\psi}{\partial x} = \frac{1}{\rho H}\mathrm{curl}_z\boldsymbol{\tau}$$

即方程（6-17）中第Ⅲ项和第Ⅳ项的平衡。Sverdrup 方程是从原始方程（6-1）和（6-2）出发，经过一系列的假定而得出的。如果在推导过程中，包含底摩擦的效应，则会出现方程（6-17）中的第Ⅴ项，结合第Ⅲ项和第Ⅳ项，就是 Stommel 理论模型。如果包含原始方程中的侧项摩擦项，则会出现方程（6-17）中的第Ⅵ项，结合第Ⅲ项和第Ⅳ项，就是 Munk 理论模型。

准地转方程（6-17）是求解平底正压海洋模型的完整方程。但通常找不到该方程的完整解。使用边界层方法获得近似但足够精确的解则要容易得多。在这里，将采用边界层方法求解它在矩形海盆内的解。

定常情形下准地转方程（6-17）的无量纲形式［即方程（5-27）］为

$$\varepsilon_I J(\Psi,\ \nabla^2\Psi) + \frac{\partial\Psi}{\partial x} = \mathrm{curl}_z\boldsymbol{\tau} - \varepsilon_S\nabla^2\Psi + \varepsilon_M\nabla^4\Psi \tag{6-18}$$

采用式（6-18），便可把它与以前讨论过的 Sverdrup 方程进行比较。在式（6-18）中，令 $\varepsilon_I = 0$，$\varepsilon_S = 0$，$\varepsilon_M = 0$，便得到适用于大洋内区的 Sverdrup 方程，即式（6-17）第Ⅲ项和第Ⅳ项平衡。在式（6-18）中，令 $\varepsilon_I = 0$，$\varepsilon_M = 0$，便得到 Stommel 方程，即式（6-17）中的第Ⅲ项、第Ⅳ项和第Ⅴ项平衡

$$\frac{\partial\Psi}{\partial x} = \mathrm{curl}_z\boldsymbol{\tau} - \varepsilon_S\nabla^2\Psi$$

在式（6-18）中，令 $\varepsilon_{\mathrm{I}}=0$，$\varepsilon_{\mathrm{S}}=0$，便得到 Munk 方程，即式（6-17）中的第Ⅲ项、第Ⅳ项和第Ⅵ项平衡

$$\frac{\partial \boldsymbol{\Psi}}{\partial x}=\operatorname{curl}_z \boldsymbol{\tau}+\varepsilon_{\mathrm{M}} \nabla^4 \boldsymbol{\Psi}$$

在式（6-18）中，令 $\varepsilon_{\mathrm{S}}=0$，$\varepsilon_{\mathrm{M}}=0$，便得到惯性理论方程，即式（6-17）中的第Ⅱ项、第Ⅲ项和第Ⅳ项平衡

$$\varepsilon_{\mathrm{I}} J(\boldsymbol{\Psi}, \nabla^2 \boldsymbol{\Psi})+\frac{\partial \boldsymbol{\Psi}}{\partial x}=\operatorname{curl}_z \boldsymbol{\tau}$$

一般，在大洋内区 ε_{I}、ε_{S}、ε_{M} 都很小，在内区式（6-17）中的第Ⅱ项、第Ⅳ项和第Ⅵ项可忽略。但在侧边界层中，$\partial/\partial x$ 项（垂直于边界的坐标的导数）变得非常重要，以便能够满足侧边界处无流动和无滑移的边界条件。

首先寻找内区解，即 Sverdrup 解，此时 $\varepsilon_{\mathrm{I}} \ll 1$，$\varepsilon_{\mathrm{S}} \ll 1$，和 $\varepsilon_{\mathrm{M}} \ll 1$。方程简化为

$$\frac{\partial \boldsymbol{\Psi}_{\mathrm{I}}}{\partial x}=\frac{\partial \tau_y}{\partial x}-\frac{\partial \tau_x}{\partial y}$$

满足东边界条件的解

$$\int_x^{x_E} \frac{\partial \boldsymbol{\Psi}_{\mathrm{I}}}{\partial x}=0-\boldsymbol{\Psi}_I^E=\int_x^{x_E}\left(\frac{\partial \tau_y}{\partial x}-\frac{\partial \tau_x}{\partial y}\right) \mathrm{d} x \text{，即}$$

$$\boldsymbol{\Psi}_{\mathrm{I}}^E=-\int_x^{x_E}\left(\frac{\partial \tau_y}{\partial x}-\frac{\partial \tau_x}{\partial y}\right) \mathrm{d} x$$

满足西边界条件的解

$$\int_{x_w}^{x} \frac{\partial \boldsymbol{\Psi}_{\mathrm{I}}}{\partial x}=\boldsymbol{\Psi}_{\mathrm{I}}^w-0=\int_{x_w}^{x}\left(\frac{\partial \tau_y}{\partial x}-\frac{\partial \tau_x}{\partial y}\right) \mathrm{d} x \text{，即}$$

$$\boldsymbol{\Psi}_{\mathrm{I}}^w=\int_{x_w}^{x}\left(\frac{\partial \tau_y}{\partial x}-\frac{\partial \tau_x}{\partial y}\right) \mathrm{d} x$$

考虑正方形海盆（$x=0,\ 1$；$y=0,\ 1$），风场取 $\tau_x=-\tau_0 \cos \pi y$，$\tau_y=0$，则满足东边界和西边界的解分别为

$$\boldsymbol{\Psi}_{\mathrm{I}}^E=-\int_x^1\left(\frac{\partial \tau_y}{\partial x}-\frac{\partial \tau_x}{\partial y}\right) \mathrm{d} x=-\int_x^1\left(\frac{\partial}{\partial y}(\pi y)\right) \mathrm{d} x=\pi(1-x) \sin \pi y \qquad (6-19)$$

$$\boldsymbol{\Psi}_{\mathrm{I}}^w=\int_0^x\left(\frac{\partial \tau_y}{\partial x}-\frac{\partial \tau_x}{\partial y}\right) \mathrm{d} x=\int_0^x \frac{\partial}{\partial y}(\cos \pi y) \mathrm{d} x=-\pi \sin \pi y x$$

图 6-13 给出了两种解 $\boldsymbol{\Psi}_{\mathrm{I}}^E$ 和 $\boldsymbol{\Psi}_{\mathrm{I}}^W$ 的分布，显然满足东边边界边界条件的解与实际情形是一致的。

在 Stommel 模型中底摩擦项也被认为是重要的，而忽略侧摩擦和惯性项。

$$\varepsilon_s \nabla^2 \boldsymbol{\Psi}+\frac{\partial \boldsymbol{\Psi}}{\partial x}=-\pi \sin \pi y \qquad \varepsilon_s \ll 1 \qquad (6-20)$$

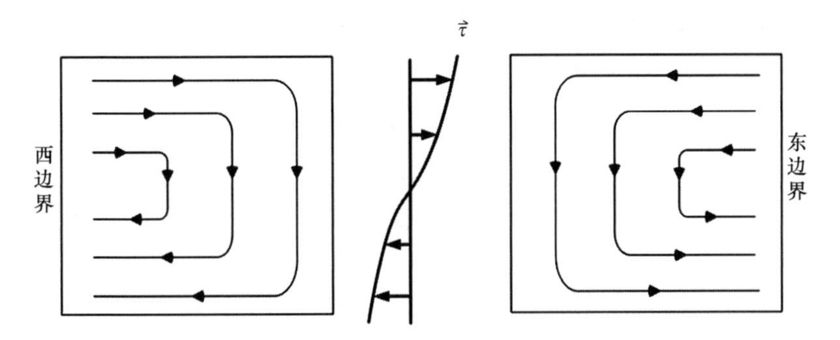

图 6-13　副热带地区简化的风应力分布（中）下 Sverdrup 输运流线图，左图是满足东边界垂向输运为零边界条件，右图是满足西边界垂向输运为零边界条件

边界条件，由于忽略了水平摩擦力，因此不能满足无滑移边界条件。采用无通量边界条件，即

$$\text{当 } x=0 \text{ 时，} \Psi=0$$

内区依然是 Sverdrup 解，即（6-19）式。在边界层，对方程进行尺度化，设 $\lambda = \frac{x}{\varepsilon_s} = \frac{x^*}{\delta_s}$，则有

$$\frac{\partial \Psi}{\partial x} = \frac{\partial \Psi}{\partial \lambda}\frac{\partial \lambda}{\partial x} = \frac{1}{\varepsilon_s}\frac{\partial \Psi}{\partial \lambda},$$

$$\frac{\partial^2 \Psi}{\partial x^2} = \frac{1}{\varepsilon_s}\frac{\partial \Psi}{\partial \lambda}\left(\frac{\partial \Psi}{\partial x}\right) = \frac{1}{\varepsilon_s^2}\frac{\partial^2 \Psi}{\partial \lambda^2}$$

$$\nabla^2 \Psi = \frac{\partial^2 \Psi}{\partial x^2} + \frac{\partial^2 \Psi}{\partial y^2} = \frac{1}{\varepsilon_s^2}\frac{\partial^2 \Psi}{\partial \lambda^2} + \frac{\partial^2 \Psi}{\partial y^2}$$

代入原方程（6-20）进行整理，得

$$\frac{\partial^2 \Psi}{\partial \lambda^2} + \frac{\partial \Psi}{\partial \lambda} = -\varepsilon_s^2\frac{\partial^2 \Psi}{\partial y^2} - \varepsilon_s \pi \sin \pi y = O(\varepsilon_s) = 0$$

相应的边界条件：$\lambda = 0$，$\Psi = 0$；$\lambda \to \infty$，$\Psi = \Psi_I$

方程 $\frac{\partial^2 \Psi}{\partial \lambda^2} + \frac{\partial \Psi}{\partial \lambda} = 0$ 的通解为

$$\psi = A(x, y) + B(x, y)e^{-\lambda} = A + Be^{-\frac{x}{\varepsilon_s}}$$

由边界条件 $\lambda = 0$，$\Psi = 0$ 得，$A=-B$，$\Psi = A(x, y)(1 - e^{-\frac{x}{\varepsilon_s}})$ 。

由边界条件 $\lambda \to \infty$，$\Psi = \Psi_I$ 得

$$A(x, y) = \Psi_I(x, y) = \pi(1 - x)\sin \pi y$$

所以 $\Psi = \Psi_I(1 - e^{-\frac{x}{\varepsilon_s}})$

综合得 Stommel 理论模式（6-20）的完整解如下：

（1）当 $x < O(\varepsilon_s)$ 时

$$\Psi^B = \pi \sin \pi y(1 - e^{-\frac{x}{\varepsilon_s}})$$

$$v^B = \frac{\partial \Psi^B}{\partial x} = \frac{e^{-\frac{x}{\varepsilon_s}}}{\varepsilon_s}\pi \sin \pi y$$

$$u^B = -\frac{\partial \Psi^B}{\partial y} = (1 - e^{-\frac{x}{\varepsilon_s}})\pi^2 \cos \pi y$$

（2）当 $O(\varepsilon_s) \leqslant x < a$ 时

$$\Psi_I = \pi(1 - x)\sin \pi y$$

$$v^B = \frac{\partial \Psi^B}{\partial x} = -\pi \sin \pi y$$

$$u^B = -\frac{\partial \Psi^B}{\partial y} = \pi^2(1 - x)\cos \pi y$$

6.2.5 Munk 理论模型

Munk 的模型认为侧摩擦项是重要的，而忽略底摩擦和惯性项。即

$$-\varepsilon_M \nabla^4 \psi + \psi_x = -\pi \sin(\pi y) \tag{6 - 21}$$

在边界层内，对方程进行尺度化，设 $\xi = \frac{x}{\varepsilon_M^{1/3}} = \frac{x^*}{\delta_M}$，代入原方程（6-21）得

$$-\left(\frac{\partial^4 \psi}{\partial \xi^4} + 2\varepsilon_M^{2/3}\frac{\partial^4 \psi}{\partial^2 \xi \partial^2 y} + \varepsilon_M^{4/3}\frac{\partial^4 \psi}{\partial y^4}\right) + \frac{\partial \psi}{\partial \xi} = \varepsilon_M^{1/3}\nabla \times \boldsymbol{\tau}$$

该方程的最低阶近似方程为

$$\frac{\partial^4 \psi}{\partial \xi^4} - \frac{\partial \psi}{\partial \xi} = 0$$

设原方程的解为 $\psi = \psi_I(x, y) + \varphi(\xi, y)$，代入原方程，则有

$$\frac{\partial^4 \varphi}{\partial \xi^4} - \frac{\partial \varphi}{\partial \xi} = 0$$

$$\xi \to +\infty, \quad \varphi \to 0 \tag{6 - 22}$$

方程（6-22）的特征方程为 $z^4 + z = 0$，其解为

$$z_1 = 0, \quad z_2 = -1, \quad z_3 = \frac{1}{2}(1 + i\sqrt{3}), \quad z_4 = \frac{1}{2}(1 - i\sqrt{3})$$

因此方程（6-22）的一般解为

$$\varphi = C_1 + C_2 e^{\xi} + C_3 e^{-\xi/2}\cos\left(\frac{\sqrt{3}}{2}\xi\right) + C_4 e^{-\xi/2}\sin\left(\frac{\sqrt{3}}{2}\xi\right)$$

由边界条件 $\xi \to +\infty \quad \varphi \to 0$ 得 $C_1 = C_2 = 0$，所以

$$\psi = \psi_{\mathrm{I}}(x, y) + C_3 e^{-\xi/2}\cos\left(\frac{\sqrt{3}}{2}\xi\right) + C_4 e^{-\xi/2}\sin\left(\frac{\sqrt{3}}{2}\xi\right)$$

由 $x=0$ 处应满足无滑移边界条件，即

$$\psi(0, y) = \psi_{\mathrm{I}}(0, y) + C_3 = 0\text{，因此 } C_3 = -\psi_I(0, y)$$

$$v = \frac{\partial\psi}{\partial x} = \frac{\partial\psi_1}{\partial x} + \frac{1}{\varepsilon_M^{1/3}}\left[-\frac{C_3}{2} + \frac{\sqrt{3}}{2}C_4\right] = 0\text{，因此 } C_4 = \frac{C_3}{\sqrt{3}}$$

最后得方程的解为

$$\psi = \psi_{\mathrm{I}}(x, y)\left[1 - \mathrm{e}^{-\xi/2}\left(\cos\frac{\sqrt{3}}{2}\xi + \frac{1}{\sqrt{3}}\sin\frac{\sqrt{3}}{2}\xi\right)\right]$$

西边界流速的解为

$$v_{\mathrm{B}} = \psi_{\mathrm{I}}(0, y)\left[\frac{2\mathrm{e}^{-\frac{\xi}{2}}}{\sqrt{3}\,\varepsilon_M^{1/3}}\sin\frac{\sqrt{3}}{2}\xi\right]$$

6.2.6　惯性理论模型

在前面，我们详细讨论了大洋环流的三种模式。这三位杰出的海洋学家所用的方法以及所得到的结果对我们认识大洋环流做出了卓越贡献，建立了封闭大洋的风生大洋环流模式，证明了大洋环流的西向强化现象。但在这三种模式中，都忽略了运动方程中的非线性项。理论分析得到的西边界区域流动宽度过大，流量过小，表明这三种模式还有较大的缺陷。许多学者认为，非线性效应是大洋边界区域的重要影响因素。非线性平流项比摩擦项大一个数量级，相对而言应保留非线性平流项，而摩擦项可以忽略不计，这样的理论被称为惯性理论。1950 年以后，许多研究者用了各种方法来研究大洋风生环流模式中非线性项的效应，其中有摄动法、数值方法等。也有学者在研究非线性效应时，给定内部区域的流动并以非线性处理边界层内的流动。由于考虑了非线性平流项，描述海水运动的基本方程就是非线性的，求解就非常困难。但绝对涡度守恒仍可说明大洋环流的西向强化现象。

为了定性地了解非线性的效应，我们考虑西边界流区在引入惯性项后，Stommel 模式应如何改变。假定在西边界流区，可以略去风应力，那么 Stommel 模式便可写成

$$\varepsilon_{\mathrm{I}} J(\psi, \nabla^2\psi) + \frac{\partial\psi}{\partial x} = -r\nabla^2\psi$$

如果重写为涡度方程形式，则为

$$R_o \boldsymbol{u}\cdot\nabla_H\omega_z + v\beta = -r\omega_z$$

或者写成

$$\boldsymbol{u}\cdot\nabla_H(R_o\omega_z + f) = -r\omega_z \tag{6-23}$$

其中 Ro 为 Rossby 数。当 Rossby 数等于 0 时，

$$\boldsymbol{u}\cdot\nabla_H f=-r\omega_z$$

此方程表明，边界区内负相对涡度的耗散率由行星涡度的北向平流平衡。如果如式（6-23）那样引入非线性效应，那么在西边界层的南半部，负相对涡度的北向平流（$Ro\omega_z$）将使耗散率减小，当$|\partial v/\partial x|$减小时，耗散率就有可能减小。这就意味着边界层的厚度必须变大。在中纬度以北的某点上，相对涡度必然要从其最大的负值开始增加（因其在内区必须接近于0），$\boldsymbol{u}\cdot\nabla_H Ro\omega_z$的符号也必须从负变为正。这就要求$-r\omega_z$或$-r\partial v/\partial x$增加，这样边界层就要变窄。因此，引入非线性项后，其总效应就是使流动在南北方向上变得不对称：耗散率在北部边界层内比南部边界层内要高。

如果 Rossby 数（Ro）增加，南北不对称性就要变大，最大$|\omega_z|$值的区域就要北移，涡度消耗区就要向大洋西北角靠近。如果Ro变得很大，以致流动在达到北边界之前涡度都不耗散，此时向东的流动就要成为边界流。对于向东的流动，行星涡度的变化为0，于是非线性平流和耗散之间就必须取得平衡，即

$$\boldsymbol{u}\cdot\nabla_H(Ro\omega_z)=-r\omega_z$$

由于耗散作用，不可能维持窄的边界流和强的东向流，流线便要离开北边界而进入大洋的内区。这样，惯性效应就要在内部区域发生。

下面讨论一种理想化的简单惯性理论两层模式，通过此模式可以简单地了解惯性效应是否对西边界流起支配作用。设x轴与流系垂直，y轴与流系同向，上层密度为ρ_1，下层密度为ρ_2，上层流体运动，而下层流体静止。用D表示上层厚度，在东海岸$x=0$处，$D=0$，在西边界层边缘，$D=D_0$。

先来求出用水层厚度表示的压强梯度的表达式，下层的压强

$$p=-\int_\eta^z\rho g\mathrm{d}z=-\int_\eta^d\rho_1 g\mathrm{d}z-\int_d^z\rho_2 g\mathrm{d}z$$

式中，η表示偏离静止状态水面（$z=0$）的海表高度，d表示从$z=0$算起的两层海洋界面的深度。ρ_1和ρ_2都是常数，可以提到积分号外，且求得

$$p=\rho_1 g(\eta-d)+\rho_2 g(d-z)=\rho_1 g\eta+(\rho_2-\rho_1)gd-\rho_2 gz$$

于是下层便有

$$\frac{\partial p}{\partial x}=\rho_1 g\frac{\partial\eta}{\partial x}+(\rho_2-\rho_1)g\frac{\partial d}{\partial x}$$

根据假定，下层流体静止，因此压强梯度力必须为0，也就是说

$$\frac{\partial d}{\partial x}=-\frac{\rho_1}{\rho_2-\rho_1}\frac{\partial\eta}{\partial x}$$

如果使用总的上层厚度（正值），有$D=\eta-d$和

$$\frac{\partial D}{\partial x}=\frac{\partial\eta}{\partial x}-\frac{\partial d}{\partial x}=\left(1+\frac{\rho_1}{\rho_2-\rho_1}\right)\frac{\partial\eta}{\partial x}=\left(\frac{\rho_2}{\rho_2-\rho_1}\right)\frac{\partial\eta}{\partial x}$$

另外，$(\rho_2-\rho_1)\ll\rho_2\approx2\times10^{-3}\,\mathrm{kg\cdot m^{-3}}$，例如在湾流中，$(\rho_2-\rho_1)\approx2\times10^{-3}\rho_2$，所以

界面斜度比表面的斜度大得多，而且倾斜方向相反。在更一般的密度连续层化的情形中，结果类似。如果深海的水平压强梯度趋于零，那么等密度面的倾斜方向与表面的倾斜方向相反，而且等密度面的斜度要比表面斜度大得多。

在 $z>-d$ 的上层，有

$$p=\rho_1 g(\eta-z) \quad \text{和} \quad \frac{\partial p}{\partial x}=\rho_1 g\frac{\partial \eta}{\partial x}$$

在很高的近似度上，x 方向的动量方程仍然是地转方程

$$-fv=-\frac{1}{\rho_1}\frac{\partial p}{\partial x}=-\frac{\rho_2-\rho_1}{\rho_2}g\frac{\partial D}{\partial x}=-g'\frac{\partial D}{\partial x}$$

式中 $g'=g(\rho_2-\rho_1)/\rho_2$，称为约化重力加速度。海流的总体积输送为

$$Q=\int_0^W Q_y \mathrm{d}x$$

式中 W 是流系西边界外缘处的 x 值。因为上层是均匀的，所以上层中 v 与深度无关；而下层流速为 0，于是 $Q_y=vD$ 。将 $Q_y=vD$ 和式（6–20）代入上式，并考虑到 $x=0$ 处 $D=0$ 和 $x=W$ 处，$D=D_0$，便有

$$Q=\int_0^W \frac{g'}{f}\frac{\partial D}{\partial x}D\mathrm{d}x=\int_0^W \frac{g'}{f}\frac{1}{2}\frac{\partial D^2}{\partial x}\mathrm{d}x=\frac{g'}{f}\frac{D_0^2}{2}$$

假定位势涡度基本上为一常数（如果摩擦效应很小，可以忽略不计，那么这个假定是成立的），重要的惯性项仍然保留。湾流的观测结果表明，位势涡度近似为常数。对于相对涡度项，由于 $v\gg u$ ，而且流系在 y 方向是狭长的，所以和 $\partial v/\partial x$ 比较起来，$\partial u/\partial y$ 可以忽略不计。这样，位势涡度守恒方程可简化为 $(f+\partial v/\partial x)/D=$ 常数 $=f/D_0$（因为在流系西边界边缘处 $\partial v/\partial x$ 很小）。将方程（6–20）对 x 求导数，并代入位势涡度守恒方程，便得到

$$\left(f+\frac{g'}{f}\frac{\partial^2 D}{\partial x^2}\right)/D=f/D_0$$

或者

$$\frac{\partial^2 D}{\partial x^2}=\frac{(D-D_0)}{\lambda^2}$$

式中 $\lambda=\sqrt{(g'D_0)}/f$ 称为 Rossby 变形半径，是为纪念 Rossby 而采用的。Rossby 在试图对湾流内侧和外侧的逆流进行解释时，在其流的尾流理论中首次使用了这个量，它是由系统确定的一种长度尺度。方程（6–21）的解为

$$D=D_0[1-\exp(-x/\lambda)], \qquad v=\sqrt{g'D_0}\exp(-x/\lambda)$$

如果 $D_0=800$ m，$f=10^{-4}\mathrm{s}^{-1}$，$(\rho_2-\rho_1)/\rho_2\approx 2\times 10^{-3}$ ，那么 $Q\approx 63$ Sv（1 Sv $=10^6$ $\mathrm{m}^3\cdot\mathrm{s}^{-1}$），$v$ 的最大流速值为 4 $\mathrm{m}\cdot\mathrm{s}^{-1}$。另外，流系宽度尺度 $\lambda=40$ km。

这种简单的惯性边界层模式给出的输送值类似于对湾流的东北向流的观测结果。

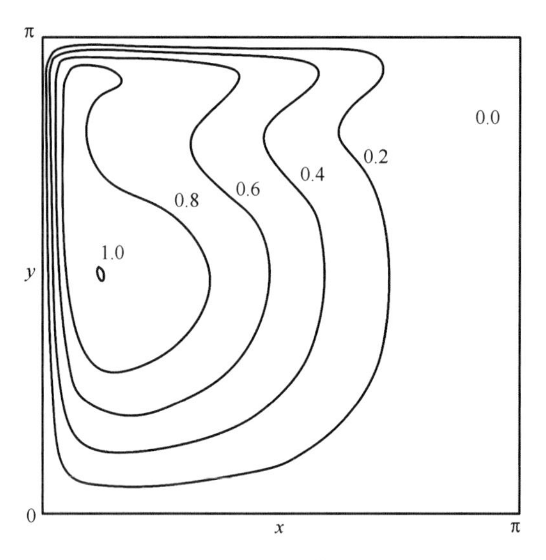

图 6-14　风生环流惯性模型流函数分布

在湾流的外面部分，由模式解计算所得的流速与用地转方程和温盐观测结果计算所得的流速相当一致。在靠岸边缘附近，观测到的流速减小，而模式给出的流速却继续增加。

上述两层惯性模式太简单，不能描述出湾流的细节。但这种模式的确表明，惯性效应是重要的，应加以考虑，特别是在输送值最大地点以南的湾流外侧。在靠岸一侧的边缘，摩擦可能变得很大。当纬度超过输送值最大的纬度时，流系偏转很大，此时需要一种更复杂的模式。无摩擦的纯惯性模式也不会完全令人满意，无滑动条件得不到满足的这一事实说明湾流会输送相对涡度。这样，在惯性模式中，相当一部分的相对涡度被输送到回旋的西北角。这就使得所使用的动力学模式在那里变得不正确，甚至可能在回旋的大部分区域都变得不正确。同时考虑惯性和摩擦效应的解析模式是很难处理的。

第 7 章　热盐过程与深海环流

到目前为止，我们只介绍了表层（主温跃层之上）的洋流。而这一层仅占总海洋体积约 10%。上层的主要洋流系统是由大气强迫产生的。由于海表坡度、温度和盐度场的调整，海洋中密度分布是不均匀的，会引起深层环流。海水因受热、冷却、蒸发、降水等引起温度和盐度分布的变化从而造成密度分布不均匀所产生的环流称为热盐环流。在实际海洋中，风生环流和热盐环流并存，相对而言，风生环流主要影响大洋的上层海水，而热盐环流主要主导大洋的中下部分。在大洋的中下层，海水的温度、盐度和密度的变化一般都比较小，所以相对风生环流而言，热盐环流流动是缓慢的，但它却具有全球大洋的空间尺度，是形成大洋中下层温、盐分布特征及海洋层化结构的主要原因。在理论上进行对热盐环流的研究时，除了需要描述海水运动学和动力学规律的连续方程和动量方程以外，还需要描述海水热力学性质的热传导方程和盐量守恒方程。

第 1 节　海洋混合层与温跃层

人们发现，通常海洋顶部的几十米范围混合得十分充分，温度和盐度分布都非常均匀。在该区域的下面，有一个温跃层或盐跃层，从而有一个密度跃层。顶层是海洋的行星边界层，在那里铅直摩擦效应是重要的，称为 Ekman 层。这已在第 4 章讨论过，Ekman 层中由于海水辐聚和辐散引起的 Ekman 抽吸效应可引起较深层海水的环流。同时，Ekman 层也是海洋初级生产力丰富的区域，其深度和自下而上营养物的混合是决定初级生产力的重要因素。

在开始研究温盐驱动的热盐环流之前，我们首先研究一下海洋的垂直温度结构。上层 30~100 m 的温度和盐度由于表面风产生的湍流混合而非常均匀，因此通常称为混合层。图 7-1 显示了理想情况下的混合层，其中混合系数或湍流扩散系数 K 远大于混合层下方温跃层中的值。在混合层之下是突变的温跃层，这是海洋中普遍观测到的垂直结构特征。混合在很大程度上受密度层结的影响，分层流体中运动稳定性的衡量标准是 Richardson 数（参考第 2 章）

$$Ri = \frac{gE}{(\partial U/\partial z)^2}$$

其中分子代表静力稳定性，分母代表速度剪切强度。$Ri < 0$，流体不稳定，湍流混

合加强，Ri 的值越负，则混合系数越大。这里取中性稳定性 Ri 的值为 0。但通常认为 Ri 的范围从 0.2 到 0.25，流体就开始不稳定，湍流混合已显得重要。在临界值之上，湍流混合和混合系数 K 的值很小。在海洋混合层之下，K 值非常小，Ri 数可达 10^3 的量级。但由于内波的阵发性破碎可引起小的 Ri 数和大的混合系数。

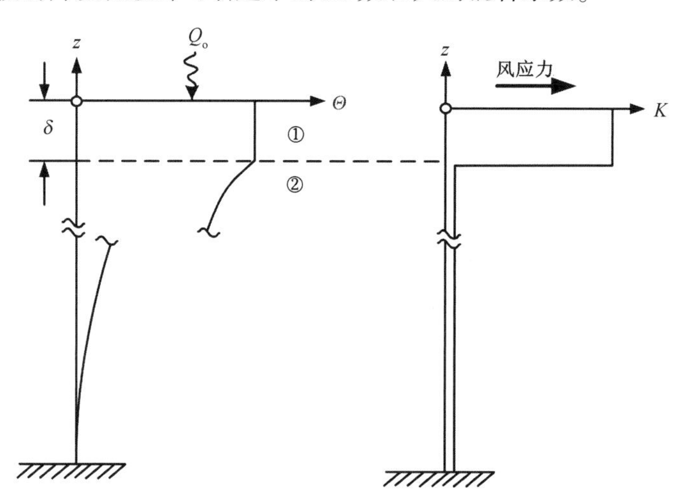

图 7-1　海洋混合层与温跃层示意图

Reynolds 平均的温度控制方程（3-81），忽略分子黏性项，可以写成如下形式

$$\frac{\partial T}{\partial t} + V_H \cdot \nabla_H T + w\frac{\partial T}{\partial z} = K_H \nabla_H^2 T + K_z \frac{\partial^2 T}{\partial z^2} \tag{7-1}$$

如果我们只考虑稳态问题，则方程（7-1）表明，水平对流项加上铅直对流项等于水平扩散项加上铅直扩散项。由于我们对深层环流的知识还很不足，不知道方程（7-1）中哪些项是可以忽略的小量。Stommel 的模式表明，在热盐环流理论中，两种对流项都是需要的；对于扩散项，至少铅直扩散项是需要加以考虑的，侧向扩散也可能是重要的。可以让四项中的两项取得平衡而忽略另外两项，以便了解可能存在怎样的解。在六种可能性中至少已经试验了五种，在可能的平衡中有不止一种可以产生看来合理的温跃层结构。

一种可能是铅直对流项主要由铅直扩散项来平衡，其余的项都很小，这种可能性长期以来被认为是合理的。假定这种平衡是正确的，这里仅考虑一个适用于海洋上升流区的混合层和温跃层的简化模型。为了大大简化问题，我们假设水平方向温度均匀：$\partial T/\partial x = \partial T/\partial y = 0$，且仅考虑稳态情形。因此，温度方程式（7-1）变成

$$w\frac{\partial T}{\partial z} = \frac{\partial}{\partial z}\left(K_z \frac{\partial T}{\partial z}\right) \tag{7-2}$$

为了使问题简化，进一步我们假定 w 为常数，K_z 也取为常数，但在混合层和温跃层，K_z 的取值不同。

方程（7-2）的解为

$$T = A + Be^{(wz/K_z)}$$

为了确定上混合层的解 $T=T_1$，需要边界条件，设上混合层中 $K_z=K_1$。则边界条件可写成：

在海面（$z=0$），$T=T_s$（温度边界条件），$K_1\left(\frac{\partial T_1}{\partial z}\right)_{z=0}=Q_0$（热通量边界条件），代入边界条件，确定通解的常数 A 和 B，从而完整的解为

$$T_1 = T_s - \frac{Q_o}{w}[1 - e^{(wz/K_1)}], \quad 0 > z > -\delta$$

在上混合层，(wz/K_1) 非常小，采用级数展开，保留首项，其解可以简化为

$$T_1 = T_s - \frac{Q_0 z}{K_1}, \quad 0 > z > -\delta \tag{7-3}$$

事实上，它是 $\frac{\partial}{\partial z}\left(K\frac{\partial T}{\partial z}\right)=0$ 的解，即在海表附近，扩散主导垂直对流。因为假设 w 为常数，这在上层混合层中是不甚合理的。

为了确定混合层以下的温度分布，在界面处（$z=-\delta$），我们需要温度和热通量是连续的边界条件，即

$$z=-\delta, \quad T_2 = T_1 \text{ 和 } Q_1 = K_1(\partial T_1/\partial z) = K_2(\partial T_2/\partial z)$$

还应注意到 $Q_1=Q_0$。此外，当 $z\to\infty$，$T_2\to 0$。实际上，海洋底部的温度接近 2℃。然而，在这个分析中，所有的温度都是相对于海底温度的。联合式（7-3），混合层之下的解为

$$T_2 = \frac{T_1}{w}e^{w(z+\delta)/K_2}, \quad z < -\delta \tag{7-4}$$

其中 $Q_1=Q_0=wT_s\left[1-\frac{Q_0\delta}{K_1T_s}\right]$。这样，方程（7-3）和（7-4）分别是混合层（区域 1）和温跃层（区域 2）的解。

根据式（7-4）是，我们可以估计温跃层温度衰减的垂直尺度如下

$$\delta_2 = \frac{K_2}{w}$$

这是温跃层厚度的估计。由小尺度湍流维持的扩散率 K_2 可以测量，在海洋的大部分区域，其量值在 $10^{-5}m^2\cdot s^{-1}$ 到 $10^{-4}m^2\cdot s^{-1}$，仅在在一些深海和陆架区域局部具有较高的值。海洋中的垂直速度太小以至于当前还没有较好的技术手段进行直接测量。但基于深水形成的产量，各种估计表明其量值约为 $10^{-7}m^2\cdot s^{-1}$。使用此值和 K_2 的取值范围，可以估计温跃层厚度的 e 折垂直尺度为 100~1 000 m。这与观测的温跃层厚度相比是合理的。这也表明温度梯度是集中在上层海洋，其上下不对称的原因是深层冷水上

升，当它接近温暖的上层海洋时通过热扩散达到平衡。如果 K_2 的取值非常小，则在海洋顶部只会存在一层薄薄的边界层，这样几乎整个海洋都会像寒冷的极地表层水一样寒冷。

现在讨论一下温度解的问题。在海洋内部海流基本是满足地转平衡的，一阶近似下 Sverdrup 关系成立，即 $\beta v = f\left(\frac{\partial w}{\partial z}\right)$ 。第 6 章表明由于风应力涡度的输入，在内部必须有南北向的流动（相对涡度保持很小）来平衡。从 Sverdrup 关系知，南北向流动的存在，w 必须随 z 而变化。在内部，w 认为是向上的，w 在较大的深度上为 0，然后向上增加，在温跃层内取得最大值，以后又向上逐渐减小，在混合层的底部减小到 0（如果包括风的驱力，在混合层的底部则减小到 w_E）。w 沿铅直方向上的这种依赖性可给出南北向的流动，这是为了保持相对涡度很小所需要的。对于方程（7-2）的解，我们要求 w/K 为常数，于是在温跃层内 K 的值就最大。这种情况似乎与预期的情况矛盾。因为一般认为在静力学稳定性最强的区域，K 应该比较小。但在温跃层里很可能有内波，内波的破碎可能导致充分的混合，从而使温跃层内的 K 变大。

在风驱动的海洋环流中（第 6 章）已证明风会产生海洋漩涡。风是如何影响深层环流的呢？在副热带，风应力旋度迫使水在 Ekman 层中辐聚，从而迫使相对温暖的水向下，并在一定深度与上升流的较冷的深海水相遇。其结果是，温跃层不再一定仅仅局限于海表。相反，在副热带海域，从寒冷的深海水与上层温暖水的过渡区域可能发生在表层之下的某个深度，即主温跃层。在主温跃层和海洋涡旋主导的海洋表层之间的区域通常也存在垂直温度梯度，该区域称为“通风温跃层”。这里的通风有下层海水感受到海表影响之意。可以将风和扩散的两种效应分开来看，我们可以说风的强度影响温跃层出现的深度，而扩散率的强度影响温跃层的厚度。而在实际中，这些区域通常会平滑地结合在一起。

第 2 节　深海环流

7.2.1　深海环流的定义

关于大洋较深处的环流曾出现过以下定义：①热盐环流；②经向翻转流；③全球输送带；④深海环流；⑤质量、热量和盐量的环流；⑥表层浮力驱动的环流；⑦由密度或（和）压强差驱动的环流。

名词“热盐环流”曾被广泛使用，但其概念似乎从未被很好地定义过。人们很容易把热盐环流称为热和盐的环流。然而，温度和盐度的空间分布、边界条件是不同的，所以我们很有必要把热量环流和盐环流区分开来。

“经向翻转流”的定义描述的是一种区域平均流动，为深度和纬度的函数。

Broecker 把全球热输运系统的海洋部分称为“全球输送带”。其基本想法是：表层海流把热量带至大西洋的最北端，并在那里释放热量和水分到大气；之后，海水变得足够冷、咸和密，以致其在挪威与格陵兰之间的海域下沉至深海；接着以冷底流的形式往南流动。但并非所有海水都会下沉，部分仍留在海表并转向南，成为向南的寒流，如拉布拉多寒流和葡萄牙寒流。来自北大西洋的深层水在其他海区混合后向上运动，最后回到湾流区域。在北大西洋下沉的大部分海水必须由南大西洋南端的海水补充。随着补充的海水由南大西洋跨过赤道进入北大西洋并最终与湾流混合，大量热量也同时被带入。

Stewart 指出，深海环流是质量环流。当然，质量环流同样可以携带热量、盐、氧和其他物理性质。这些物理性质的环流与质量环流是不一样的，如北大西洋输入热量但输出氧。

黄瑞新（2011）给出深海环流一个新的定义：“热盐环流是由机械搅拌驱动的环流，它在经向和纬向上输送质量、热量、淡水以及其他特性量，而这种机械搅拌由来自风应力和潮汐耗散的外部机械能源所维持。另外，表层热通量和淡水通量是建立该环流的必要条件。”

Munk 和 Wunsch 的计算表明，驱动深海环流需要 2.1 TW（$1\ TW=10^{12}W$）的功率，而该深海环流驱动了 2 000 TW 流向北极的热通量。用于混合的能量一部分来自风场，因为风场可以引起遍及海洋的湍流混合；另一部分来自取决于由大陆分布引起的潮流消散；还有部分来自经过洋中脊系统的深海海流。

7.2.2　深海环流的推断

直接测量海洋深层的海流是困难的。对深层环流的了解大都是根据海水要素分布的观测结果推演出来的。对深层环流的现有了解表明，海水要素的变化比速度场的变化小。但海水要素基本上只能提供长期平均的环流图像。长期以来，人们一直认为由热、盐作用所形成的大洋深处的海水运动是很缓慢的（每天只有几毫米）。但近年来的观测表明，并非所有的深层环流速度都很缓慢。

由于大洋深处海水的温、盐等特性取决于其来源地的特性及其在运动中与周围海水的混合情况，因此可以通过追踪其来源地水团的主要特性分布与趋向，借以推断热盐环流的运动与分布情况。这种方法称为核心层分析法。根据海水性质的分析，世界大洋深处的海水主要是由表层海水下沉而形成，其主要来源地是北大西洋（格陵兰海、挪威海）和南大西洋（威德尔海）。对于北大西洋，自 20 世纪 50 年代后期以来，人们认为深层水的主要来源是来自挪威海并流经格陵兰和苏格兰之间海槛上的溢流。在格陵兰南面的拉布拉多海，存在某些因冬冷却而造成的海水下沉的迹象。但这种现象在空间和时间上都很局部。在南大西洋，深层水的主要来源很可能是威德尔海，那里海水下沉的原因是结冰引起的密度增加。南极周围的其他可能来源是南太平洋的罗斯海 50°E 和 140 °E 附近的海岸外面。无论北部南部，这些过程都是季节性的热盐过程。此外有证据表明，即使在冷却季节，深层水的形成也是断断续续的。

深层水形成的原因除了冬季的冷却以外，热盐效应也可以使中等深度的海水下沉而形成深层水。例如从地中海流入到大西洋的海水，以及从红海和波斯湾流到印度洋的海水都是因表面蒸发而密度变大，然后下沉并流入相邻海域。

7.2.3 深海环流的多平衡态

如果北大西洋北部加入足量的淡水，海表水密度减小，不足以下沉，经向翻转环流是可以停止的。但由于这种环流的起动和停止具有较大的滞后性，撤掉等量的淡水却不能使经向翻转环流恢复。如图 7-2 所示。状态①为高盐高温态，如前所述北大西洋海水下沉与温度的关系不大，高盐的海水密度高，因此可以下沉形成经向翻转环流。状态②为低盐高温态，但密度仍能保证海水下沉。如盐度进一步下降，海水便不能下沉，由南向北的热量输运停止，海面温度下降，这样就进入了无翻转环流的状态③，甚至可以逆向行驶，出现逆环流。这时如果把淡水减少，使海表盐度提升，甚至达到状态②的盐度，按前面所述北大西洋海水下沉与温度的关系不大，似乎应该有深层水形成，但试验结果表明没有深层水形成。当盐度提升至状态④对应低温高盐态时，仍没有层深水形成，为了使深层水形成，盐度必须超越状态④。

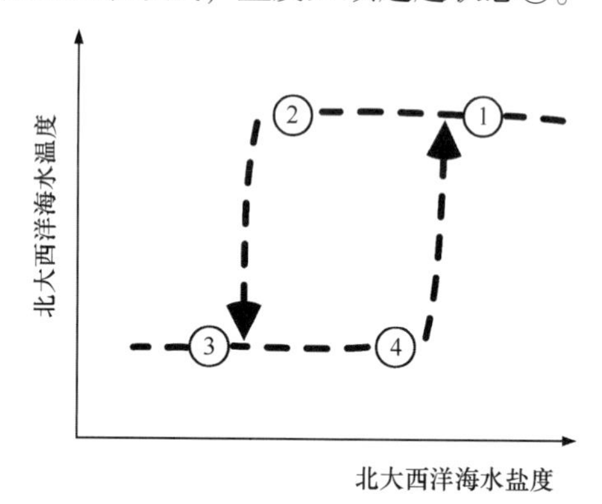

图 7-2 深海环流多平衡态，环流有两个稳定态阶段①-②、③-④，从高温高盐态进入低温低盐态或从低温低盐态进入高温高盐态都存在滞后现象

7.2.4 深海环流的重要性

深海环流和大气中著名的哈德莱环流、费雷尔环流和极地环流等一起，构成了维持全球气候系统能量平衡的经向环流体系。

对于全球气候系统而言，热带存在辐射盈余，极地存在辐射亏损，为保持整个系统的能量平衡，能量必须从低纬输送到高纬。以前人们认为，这种输送主要通过大气过程来实现。现在研究表明，海洋的极向热输送约占海-气耦合系统中极向热输送总量的 50%。在北半球，海洋把热量从低纬输送到高纬。在 50°N 附近（西边界流最强区）通过强烈的海-气热交换，海洋把大量的热量输送给大气，再由大气把能量向更高纬度输送。海洋经向热输送强度的变化对全球气候有重要影响。

在当前气候中，大西洋是主要的热输送器。北大西洋湾流属于暖水系环流，深海环流属于冷水系环流，冷、暖水在北大西洋高纬度转换，向大气释放出大量的热量。据估算，在 24°N 处，大西洋的热输送为 1.2 PW。而该纬度上所有大洋的经向热输送总量为 2.0 PW，大气的热输送总量为 3.0 PW。在北大西洋，海洋向高纬的热输送以及冬季的热释放，可以补充年日射的 25%。盛行西风带将这些热量带至相邻大陆，使得北欧气候温暖。深海环流活动的任何变化，都将给区域乃至全球气候造成可观的影响。深海环流所携带的热量和其他变量的能量可影响地球的热量收支和气候。通量的时间变化尺度为几十年、几百年，甚至几千年。由此所带来的气候变化也具有相同的尺度。几年至几十年的气候变化往往是海洋造成的。海洋可能已经影响了冰期气候。

此外，深海环流还可把盐、氧、二氧化碳和其他物质从高纬地区带到低纬地区。寒冷的深层海与温暖的表层水温差决定海洋的层化，与海洋动力过程密切相关。虽然深层海洋中的海流较弱，但深层水的体积远大于表层水，故它的输运量可与表层水相提并论。

另外，由于冷水具有从大气中吸收二氧化碳的能力，深海环流对我们了解地球气候和海洋对大气中二氧化碳增加的反应特别重要。

第 3 节　温-盐关系和水团分析

温度和盐度的分布共同为海洋学家提供了有用信息，使他们能够追踪海洋三维环流的形态。海水的温度受海表热收支和海流的影响，盐度由海表淡水通量、径流和海流共同决定。显而易见，温度和盐度之间的关系将提供有关水团来源以及海洋环流混合速率的信息。海表的温度和盐度特征将随着大气和海洋之间热通量和淡水通量的季节变化而不断变化。然而，在季节变化所能影响的深度之下（平均 100~200 m），水体的温度和盐度只会通过与周围水团进行混合而发生改变，因而水体的温度-盐度（θ-S）特性是保守的。

7.3.1　温盐关系和 T-S 图

温度和盐度是随深度 h 或压力 p 而变化的。假设盐度是温度的函数，或者在坐标系（温度为纵坐标，盐度为横坐标）中绘制盐度与温度的关系，则每个深度的点不是随机分布的，而是落在一条确定的、或多或少平滑的曲线上。

将海洋观测连续深度的一组温度和盐度观测值绘制在以纵轴为温度、横轴为盐度坐标图中，并按深度增加的顺序将各点连接起来所得到被称为温度-盐度（*T*-*S*）图，*T*-*S* 图可用于确定海洋中某一特定位置的水团。

图 7-3 显示了在相距约 200 km 的墨西哥湾流中的两个海洋观测站的温度和盐度剖面。乍一看没有明显的相似性，但是当信息被绘制在 *T*-*S* 图上时，可以看出它们具有相似的特征形状。两个剖面的数值只有在表层展现出明显的差异。

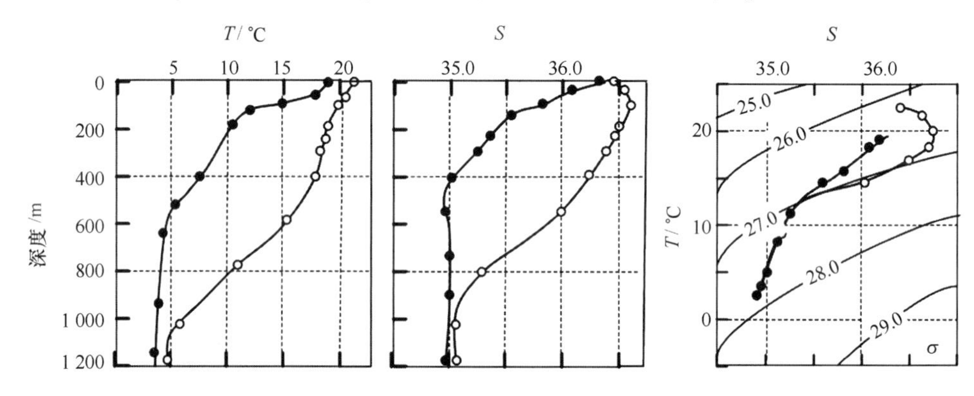

图 7-3　墨西哥湾流中两个相距约 200 km 海洋观测站的温度、盐度垂直剖面和温度-盐度图

由图可见一个站位的水体相对于另一站位垂直位移了约 600 m，这个例子表明 *T*-*S* 关系可用于标记和跟踪海洋中特定的水团。在海洋学中，*T*-*S* 图上的点被称为水型，水型通过混合形成水团。因此，水型是指海水在源地形成时的原始温度和盐度的组合，而水团是通过不同水型之间的混合而演变的。

如果两个均匀的水型以任何给定的比例混合，其结果将存在一个确定的 *T*-*S* 曲线。在 *T*-*S* 坐标系中，两个均匀水团可由坐标系中的两点 1（S_1，T_1）和 2（S_1，T_1）来表征。如果两个水团以 m_1 ∶ m_2的质量比例混合，则混合后的最终温度和盐度将由下式给出。

$$T = \frac{m_1T_1 + m_2T_2}{m_1 + m_2}, \quad S = \frac{m_1S_1 + m_2S_2}{m_1 + m_2}$$

图 7-4（a）显示了两种水型 A 和 B 的逐步混合过程。0～300 m 深度为水型 A（10℃，34），另一水型 B（10℃，34.5）位于下方的 300～600 m 深度，这两个水型在 *T*-*S* 图中用两点 *A* 和 *B* 表示。在 300 m 深度处的界面，初始是一个物理量不连续面，由于混合作用这种不连续面逐渐消失最终形成一个稳定的连续面（图中虚线）。很明显，无论两个水团的混合比是什么，混合后的水团特性均位于 *T*-*S* 图中 *A* 和 *B* 之间的直线上，且在这条直线上的深度根据混合的强度而变化。理论上很容易证明这一点。也可以证明，直线上的任意一点到两个点（代表两种原始水团类型）的距离与混合速

率成反比。因此，从 T–S 图混合后水团相对于端点 A 和 B 的位置可以简单地确定混合速率。简而言之，为了保持温度和盐度守衡，两种水型的混合必须位于 AB 线上，在直线上的位置则由每种水型的相对浓度决定。因此，形成了一系列不同的水型。直线上水型的集合称为水团。

图 7–4（b）显示了三种水型的混合，此时混合后的水将位于三角形 ABC 内，其实际位置取决于三种水的相对比例。在 T–S 图中，三种类型海水的混合用折线 ABC 表示，B 为反转点。只要中间水型 B 不与水团 A 和 B 混合，则 B 点仍在 T–S 直线上。当混合发生时，B 点向 A 和 B 移动，T–S 曲线在 B 处不再是尖峰值，而是在 B 处变得圆滑。如果上面的水型和下面的水型之间的混合速率相等，那么盐度最小值将位于中线 BD 线上。

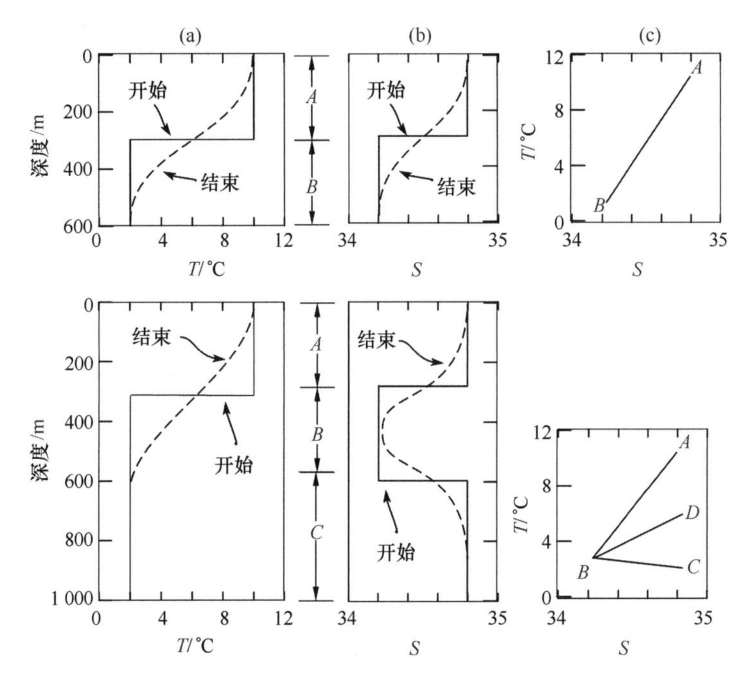

图 7–4　(a) 温度和 (b) 盐度剖面，以及 (c) 相应的 T–S 图，以说明三个均质型的混合。第 1 阶段（顶部）表示发生任何混合之前的情况；第 2 阶段（中部）为混合早期，中间水的核心非常突出；到第 3 阶段（底部），水团核心已被侵蚀

对海洋实际 T–S 的分析基本上显示了这些主要的理论特征：在大的海洋区域，它们有与个别水型的核心相联系的特征性反转点，而 T–S 曲线的大部分通常显示出一种令人惊讶的直线。在这种情况下，这些曲线可以精确地确定水团的深度、温度和盐度，最终将它们结合在一起形成单独的水型，在 T–S 曲线上可以确定水型混合的百分比。

水型逐渐混合的一个实际例子是大西洋中南极中间水，这种水存在于南极洲辐合带约 50°S 处。那里的温度为 2.2℃，盐度为 33.8。它下沉到 700~1 500 m 的深度，然后作为低盐水舌向北推进，它可以在大西洋的 T–S 图上确定，存在盐度最小值。在 T–S 图显示，当它与上面的中大西洋水和下面的北大西洋深层水混合时，水体变得更咸。由 T–S 图可以推算出南极中间水的混合速率，从而估算出原始水型的体积。

为了获得更高的精确度，有时必须使用位温 θ 代替现场温度 T 来构造 θ–S 曲线。但在大多数情况下，θ–S 曲线和 T–S 曲线差异很小。如果在 T–S 图中也包括等密度线，如图 7-5 所示，则获得了一个相当有指导意义但并不完全正确的垂直分层稳定性表示。始终记住 T–S 曲线上密度的增加对应于深度的增加。如果 T–S 曲线与等密度线大致平行，则整个水柱部分的密度是几乎均匀的，即水混合良好（未分层），因此是不稳定的。但如果 T–S 曲线以大角度切割等密度线，即 T–S 曲线随深度增加而增加的方式穿过等密度线，则水柱必然是稳定的。最后，需说明的是，与温度一样，海水的任何其他性质（例如溶解氧含量）也可以以相同的方式与盐度相结合，形成海水属性分布图。

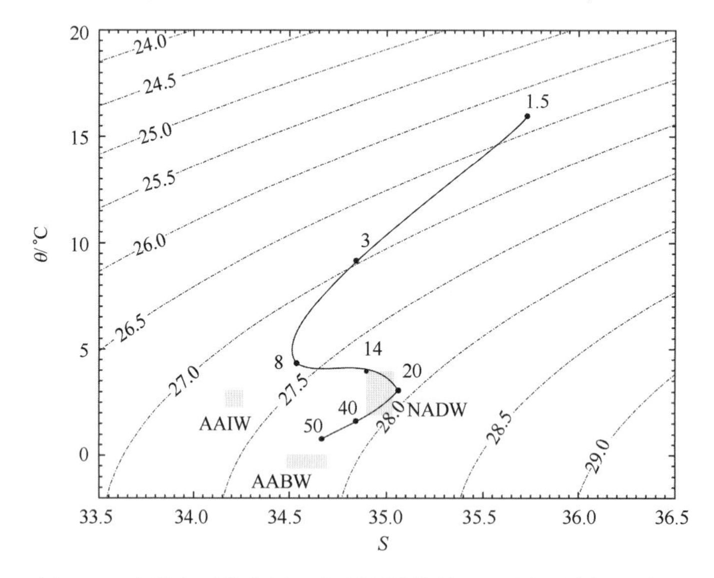

图 7-5　赤道大西洋南部一个观测站位的 T–S 图。图中显示了三个大西洋三个水团（AAIW，AABW，NADW）的位置，T–S 曲线上的数值为深度（×100 m）

海洋中 T–S 关系具有很强的特征性。无论深度如何，温度都对应于给定的盐度。在某一特定海域，在一定条件下形成的任何特定类型的水体，都是具有一定的温度和盐度的组合。如果一个水团的这种特性是均匀的，那么它的温度和盐度属性是恒定的，可以用一个点表示在 T–S 图上。如果这个水团向任何方向移动而不改变它的物理化学特性，这个点在图上的位置不会改变。然而，在某些过程的影响下，例如混合、辐射或蒸发，水团失去均匀特性，在 T–S 图中点的位置就会发生变化。这种变化尤其发生在上层（下至 200 m）。在海洋表层，其气候条件能够产生持续的“干扰”。然而，在有扰动的上层之下，海洋条件是准平稳的。因此每个站点都有它的特征曲线。然而，这种属性的恒常性不仅适用于每个单独的观测站，而且在更广泛的意义上也适用于或多或少更大的海洋空间。因此，可以针对不同的区域构造标准曲线，并根据特定站点的值与标准曲线的偏差得出关于水团的起源和扩散的结论。

T–*S* 图既可用于识别水团，也可用于确定水团相互混合的程度。在图 7–5 中，水深在 1 400 m 到 3 800 m 之间的代表水团为北大西洋深水（NADW），即使在本站的低纬度（~9°S），也几乎没有通过混合而改变，其源区主要位于拉布拉多海和格陵兰海。为简单起见，我们将 NADW 视为一个单一水型，但实上它包含多个水型。在图 7–5 的 *T*–*S* 曲线底部依然可以识别出 AABW，尽管这一底层水已经从源地南极洲行进了数千千米。在 800 m 左右深度的水虽然显示出 AAIW 的一些特征，但由于与表层水和深层水的混合，这一水体已经“变异”。

7.3.2　大洋水团

深海洋流一般较弱。关于深海环流的许多已知信息都是从水团性质推断出来的。水团是一个宏大而均匀的水体，可以通过温度和盐度的特征范围来识别。当上层海洋在相当长的一段时间内受到特定的气象条件影响时，就会形成具有特征温度和盐度值的水团。水离开海洋表面后，水的性质变化不大。大量具有特征温度和盐度的海水的存在表明，在相同的温度和淡水通量下，海洋内部的海水起源于同一地点。水团的名称是根据其海洋来源区域确定的，如北大西洋形成的深水称为北大西洋深水（NADW），南极周围形成的深水团称为南极底层水（AABW）等等。图 7–6 是三大洋水团在垂直方向的分布。AABW 是海洋中密度最大的水体，是形成于威德尔海，温度为–0.5℃，盐度为 34.66。AABW 几乎仅限于南大洋，不会流入其他海盆，因为它被海底海脊困在南极大陆附近。绕极深层水（CDW）位于 AABW 之上，并环绕南极洲流动。CDW 是 AABW 与大西洋、太平洋和印度洋盆的深层水混合的结果。南极绕极流有效地混合和传播了南极周围的水团。CDW 以南大洋为起点向北流动，成为所有三大海洋盆地（大西洋、太平洋和印度洋）的底层水。

大西洋是北半球深层水形成的主要场所。晚冬时节北大西洋深层水在拉布拉多海和格陵兰海中形成，是全球海洋中体积最大的深层水团，温度为 2℃，盐度为 34.9。NADW 穿过赤道向南流动，然后被卷入围绕南极洲的绕极环流中。NADW 从南大洋扩散到印度洋和太平洋。大西洋 NADW 下方向北流动的是南大洋形成的一个楔形深水团。CDW 和 AABW 延伸到北半球，逐渐混合并夹带到上层 NADW 中。

除深层水外，深水上方和风驱动环流下方为中层水团，深度为 1~2 km。中层水是通过各种过程形成的。南极中层水团（AAIW）是最广泛的中层水团，由南大洋外海海水冷却形成。其他中间水形成于边缘海，如俄罗斯东北部鄂霍次克海形成的北太平洋中层水（NPIW）、红海中层水（RIW）和地中海中层水（MIW）。

在1000 m上部，水团结构主要由跨海/气界面的交换所控制。地中海海水的高盐度与冬季从大陆吹来的寒冷干燥的风吹过相对温暖的海面时发生的大量蒸发有关，这增加了海表水的密度，以至于在2 000 m深的海底发生对流。地中海的海水从直布罗陀海峡的深处流出，在那里与大西洋的海水强烈混合。尽管地中海的水通过混合不断地被改变，但它可以通过其高温和盐度的特征值在大西洋的大部分地区被识别。由于北大西洋表面蒸发量大，降水量相对较低，北大西洋中部水比南大西洋中部水含盐量大得多。南大西洋 $T-S$ 曲线的复杂形状是因为它的水柱在大约1 000 m处与南极中层水和大约3 000 m处的北大西洋深层水相交。

最均匀的水团出现在北太平洋。那里没有底层水来源，也不形成源自本地的深层水。虽然北太平洋的表层水被冷却到非常低的温度。但由于降水和径流，盐度仍然很低。此外，白令海峡的深度仅为50 m，将深太平洋与深北冰洋隔离开来。太平洋本地唯一的水团是北太平洋中层水（NPIW），在鄂霍次克海形成。由于没有深水形成，太平洋盆地的最深部分充满了起源于南半球的绕极深水（CDW）。随着时间的推移，CDW与上覆水混合，形成第三个水团——太平洋深层水（PDW）。它不是直接由海表冷却形成，所有深层水团都起源于北大西洋和南极，与太平洋相距相当远。因此混合过程有足够的时间使太平洋深层水团均匀化。

印度洋的盐度趋于相对均匀，为34.70，但温度范围较大。大西洋与印度洋或太平洋有很大的不同，温度在-1℃～+4℃范围内存在大量的水团，与印度洋和太平洋相比，盐度较高。印度洋的环流与太平洋相似。沿其热带和亚热带北部边界没有形成深水团。少量的中层水从红海的盐水流出形成，但这种水流对盐度的影响最为显著。像太平洋一样，深水来自CDW，沿着底部向北流动，逐渐上升并混合形成印度深水（IDW）。

海洋中的大型水团在垂直和水平方向上运动，每个水团都由其温度（T）、盐度（S）和其他特征来定义，这些特征可用于识别和跟踪其运动。水团运动的主要特征总结如下：

（1）上水团的边界，从表层一直延伸到永久性温跃层底部。这些水团的边界是由它们的温度、盐度和其他特性，包括它们所居住的生物群落来确定的。可以看到这些上层水团之间的边界与主要的表层水流系统非常吻合。也有可能确定在海洋深处不同方向运动的水团之间的边界。

（2）水的运动比空气慢得多，所以水团的变化不如空气气团大，它们的边界变化不大，即使在几十年到几百年的时间尺度上也是如此。

（3）表层海流系统是由风驱动的，而中、深层水团的运动主要受密度（温度和盐度）控制。当海水表层的密度足够大时，水柱在重力作用下变得不稳定，密度较大的海水下沉。

（4）海洋的垂直环流受温度和盐度变化的控制，称为热盐环流。它的主要成分是在高纬度地区产生的冷而密的水团，这些水团在永久性温跃层下面的海洋中下沉和扩散。这些水团中都有其特定的 T 和 S 特征（图 7-6），从其源区的水团生成条件继承而来。来自南极的底层水（AABW）可以穿过赤道进入北半球。在北大西洋，有源自亚北极的类似向南流动的深流，但在北太平洋没有这样的深海洋流，部分原因是阿留申岛弧向北形成的屏障。

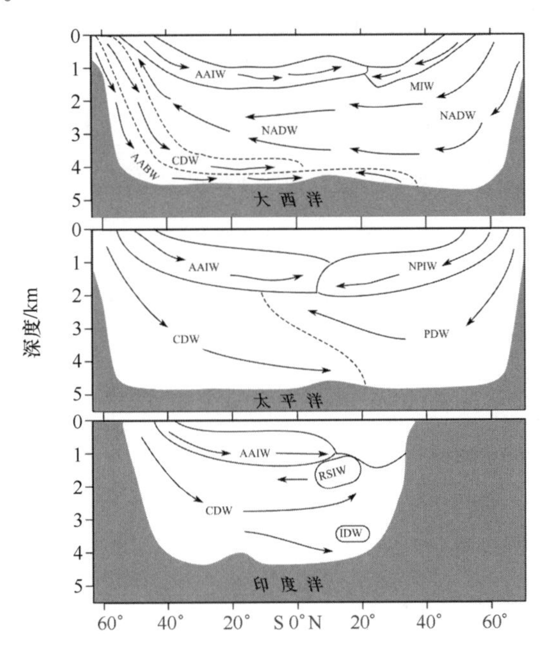

图 7-6　大西洋、太平洋和印度洋中水团的垂直分布。AAIW（南极中层水），MIW（地中海中层水），NADW（北大西洋深层水），CDW（绕极深层水），AABW（南极底层水），NPIW（北太平洋中层水），PDW（太平洋深层水），RSIW（红海中层水），IDW（印度洋深层水）

一般认为上层水团包括海水上混合层和永久性温跃层的上部。由静力不稳定或水体密度变大引起的上层水团下沉，根据其下沉的深度产生一个中间水团或深水团。由于在这些深度，水团之间唯一可能的热交换是扩散和湍流，因此中深层水团在很长一段时间内都保持其守恒性。中深层水团形成于高纬度地区，是由于大气降温和结冰过程引起的海表冷却和盐析作用。中层和深层水团由远离其源头的洋流输送。例如，在整个南半球和进入北半球的最深海洋中发现了南极底层水。

7.3.3　海洋混合

海洋中的流动是湍流的。而混合主要是湍流涡旋“搅动”的结果。湍流混合沿等密度面最为显著。因为在此种情形下，能量消耗最少，但不同密度的水层之间也会发生混合，这被称为“跨密度面混合”。

海洋中的不均匀性可以在各种尺度上发生，最大的尺度是本章前面提到的水团尺

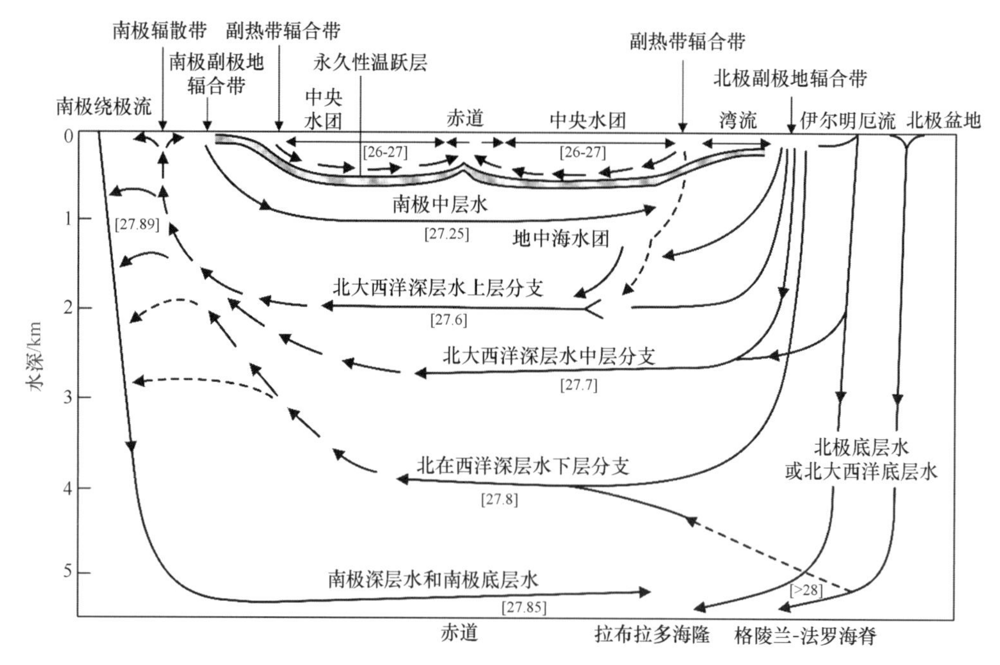

图 7-7　大西洋水团和经向翻转环流示意图

度。我们将在本节后面讨论小尺度的不均匀性。混合过程起到平衡不均匀性的作用：它们包括分子扩散的极其缓慢的过程和湍流混合得更加快速的过程。

1）分子混合和湍流混合

即使在绝对静止的流体中，如果溶解物质在其中的分布不均匀，该物质也会沿浓度梯度向下扩散，最终达到均匀分布，这是分子扩散，是单个分子运动的结果。以类似的方式实现热量的均匀分布：在温度较高的区域，分子具有较高的动能，当这些高能分子沿温度梯度向下移动（扩散）到温度较低的区域，在那里遇到移动较慢的分子，并将部分多余的能量传递给它们时，就会发生热的分子扩散。这就是传导过程的运作机制。海洋中的水通常是流动的，很少是层流，最常见的是湍流。两者之间的区别如图 7-8 所示。

图 7-8　层流和湍流

当流体以层流运动时，混合主要通过分子扩散发生。湍流可使具有非常不同特性的水体靠近参混，它牵涉到大量的混合，就像在浴缸中晃动水一样，这样可以很快达到均匀的温度和均匀的浴盐分布。因此，在海洋中，混合主要通过湍流扩散发生，其速度比分子扩散快许多数量级。然而，无论混合是通过分子扩散还是湍流扩散，扩散必须发生在温度或浓度的“梯度”存在的前提下，即从较高温度到较低温度或从较高浓度到较低浓度的溶解盐、营养物、溶解气体等。如上所述，湍流扩散速率远大于分子扩散速率。

在海洋中，湍流可能与一系列过程有关：风驱动的波浪运动；密度差异引起的对流倾覆；垂直或横向的海流剪切（即速度随深度或水流方向的变化）；不规则海床或不规则海岸上的海水运动；潮流随时间和位置的变化；以及与海流相关的移动涡流。

海洋水平尺度比垂直尺度大得多——宽达 10 000 km，而深约 5 km——水平温度梯度比相应的垂直梯度小几个数量级。在 1 km 深度内，温度可以变化 10℃或更多，而水平方向上通常需要行进数千千米，以体验 10℃的温度变化。水平湍流混合的尺度大于垂直湍流混合的尺度，由于密度随深度增加而引起的垂直重力稳定性往往与之相反。总之，密度分层的作用是垂直混合。

2）双扩散混合

现代海洋学采用 CTD 观测水体温盐，水团的 θ-S 关系并不像经典方法那样均匀（图 7-9）。通过对温度和盐度的快速采样，人们发现不同深度的均匀水层被分开。这些均匀层的深度从 1 m 到 100 m 不等。θ-S 关系的小尺度变化被称为精细结构，现在人们知道，这些精细结构是深海水团转化的直接证据。在水团边界形成这种精细结构的一个过程是双扩散对流。一个例子是盐指现象，主要是由于热扩散率比盐的分子扩散率更大。考虑两层水体，上层是咸而热，而下层是冷而淡。温度是控制海水密度的主要因素，上层的密度将小于下层，两种流体将是流体静力学稳定的。现在考虑一个流体微团从上层运动到下层，由于热扩散系数更大，它失去热量的速度比失去盐量的速度快，该微团将失去浮力，变得静力不稳定并下沉。从下层向上层移动的微团获得热量的速度比获得盐量更快，相对于周围环境获得净浮力，向上加速。因此，产生向上（淡）和向下（咸）的交替运动，穿过界面向下输运盐量。盐指释放的对流能导致界面上下形成混合良好的水体。在地中海出流之处发现了这样的精细结构，在那里来自地中海的咸而相对温暖的海水覆盖在盐分较少且较冷的北大西洋深水之上。

3）内波破碎混合

我们已经确定，随着每一步的密度向下增加，微观结构在重力上是稳定的。在水稳定的地方，如果水垂直移动，就会发生振荡。内波的结果是，它可以像表面波动一样通过海洋传播能量。

这种波动可以在与速度剪切有关的不同密度层之间的界面处形成，即界面上方和下方的水以不同速度向相反方向或（更有可能）同一方向移动。这些剪切可能会产生局部不稳定，其形式为波浪或破碎，从而导致界面上方和下方的水流紊流混合。与盐

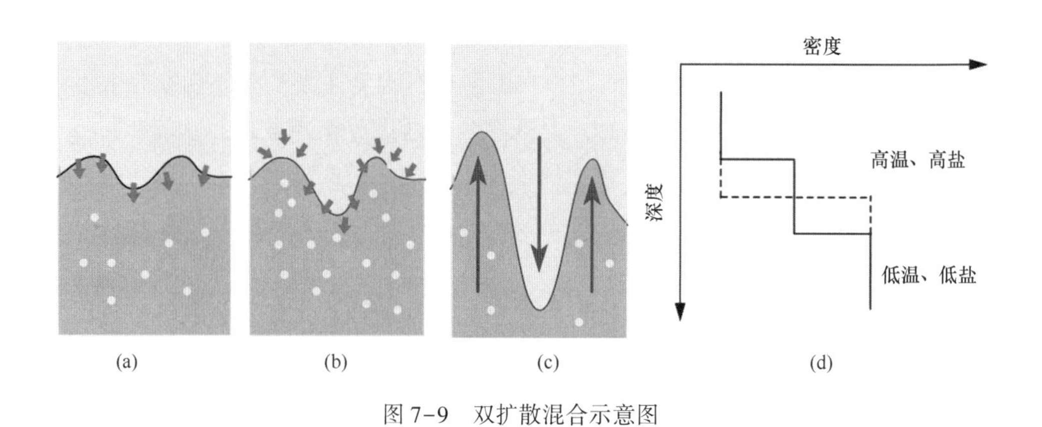

图 7-9　双扩散混合示意图

指法一样，这种方法的效果是在两个原始层之间创建一个中间层，从而在垂直剖面中形成两个较小的台阶，而不是一个较大的台阶。这可以无限期地继续下去，在每一次形成的垂直剖面上都有进一步的步骤。

这一过程的第一次观测是在 20 世纪 70 年代初，当时使用染料示踪剂使潜水员能够观测到马耳他附近温跃层中的内波破裂。内波一般发生在各种尺度上，是海洋中普遍存在的现象。此处海域发生内波可能与大陆边缘由潮汐引起的振荡有关，而且如果它们足够大，不太深，就很容易在航空照片和卫星图像上被发现。

4）混合增密

第四个导致水团之间的混合过程的原因是由于海水的非线性状态变化特征，在海洋学中被称为“混合增密”。如图 7-10 所示，考虑两个具有不同温度和盐度但密度相等的流体微团，混合后的流体微团将沿着 *AB* 线，其位置由两种原始流体微团的相对比例确定。然而，由于等密度线是弯曲的，混合后的微团将比原来的流体微团密度更大，因此混合后将下沉。在低温条件下，等密度线的弯曲度更大，因此在南极和北极水域，混合增密尤为显著。南极底层水的形成是混合增密的结果。在威德尔海，表层水通常比表层水之下的南极绕极水更冷，含盐量更少，在冬季，海冰形成会释放出盐分（析盐过程），这一过程与冬季的冷却相结合，可能会产生与下层密度相似的水团，在此种情况下，上下水团的混合可能产生密度大于深层水的混合水团，从而使其下沉到达底部形成南极底层水。

另一个重要的水平混合过程是由高能中尺度涡旋引起的，通常直径为 50～200 km。这些漩涡在海洋的所有地方都有被发现，可以使水团均匀化，特别是在与湾流和南极绕极流相关的强烈锋面区域。众所周知，地中海海水向北大西洋的扩散主要是由于涡旋的混合作用。直径约 200 km 的湾流环的寿命可能为 2～3 a。显示这些涡旋寿命的一个例子是，在 1978 年，一个具有地中海水温和盐度特征的水团在大西洋西部一个小而强烈的中尺度环流中被发现，显然，这个水团横渡大西洋大约需要 3 a 的时间，在那种

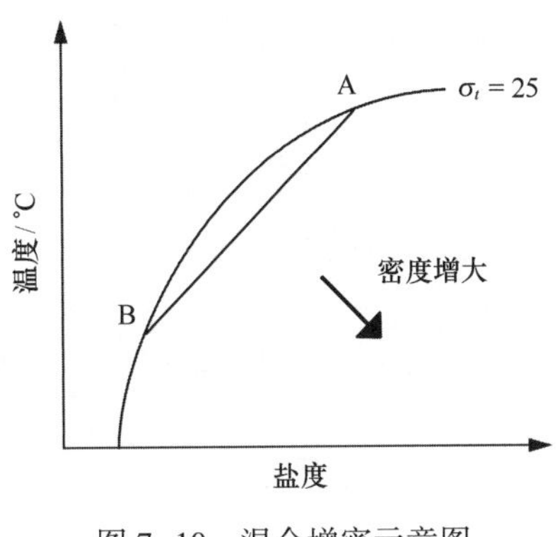

图 7-10　混合增密示意图

情况下，它在很大程度上没有与环境混合。这些例子表明，中尺度涡旋可能在年的时间尺度上混合，在年的时间尺度上，中尺度涡旋可以穿越海洋盆地进行长距离的传播。

第 4 节　深海环流理论模型

描述热盐环流的一种较为简单的模型是把南北洋盆视为一套叠置在一起的“锅”。每个“锅”与等密度面（严格地讲是等位密面）一一对应。如图 7-11 所示。极地的高密度冷水沿等密度面下沉最深，中纬度的海水只能下沉到中等深度。分析等密度面上的温、盐结构，可以确定由热盐作用引起的海水运动情况。当然，实际海洋中的情况要比这复杂得多，我们将从简单的单半球模型开始深海环流的动力和热力原因。

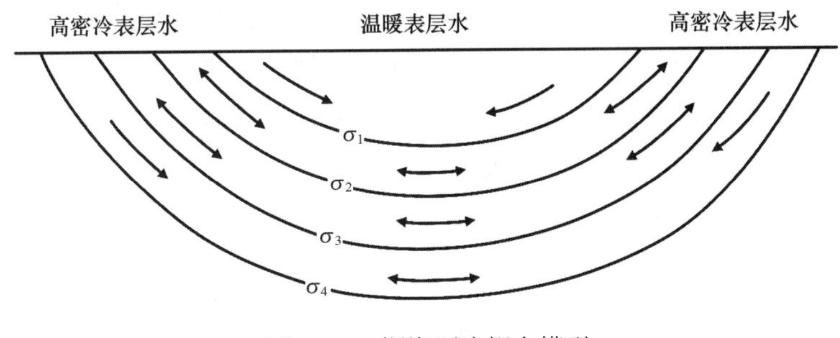

图 7-11　深海环流概念模型

7.4.1　经向翻转环流

我们先考虑海盆纬向平均的环流，简称为经向翻转环流。考虑最简单的情况，即一个封闭的单半球海盆中的环流，假设在低纬度地区的海表面有一个净加热，在高纬度地区存在一个净的冷却，这样在海表面维持一个经向的温度梯度。对于这样的一个理想情形，我们可以合理地想象，应该在经向存在一个翻转的环流，高纬度的水下沉，低纬度的水向上翻转后返回到高纬度地区（图 7-12），下面我们对这样的环流进行解释。

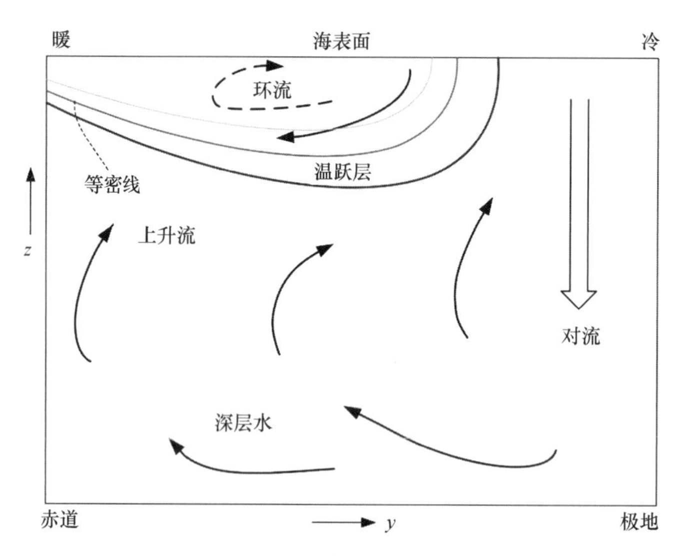

图 7-12　单半球经向翻转环流示意图。下沉集中在高纬度地区，扩散上升流出现在低纬度地区。温跃层是极地起源的寒冷深海水和温暖的近海表副热带水之间的边界。副热带地区风的强迫将温暖的表层水泵吸到海洋内部，加深了温跃层，并形成环流

图 7-13 是上面模型的简化。假设最初海盆内的水温均匀，内部流动是绝热的，即次表层海水在流动过程中保持其位温不变。因为内部水温暖，高纬度地区冷的表层水将因为对流不稳定会下沉。因此高密度的水会很快延伸到海底，根据静力平衡关系，高纬度地区的深海压力高于低纬度地区，而低纬度地区的海水温度更高，压力梯度将导致海水向赤道方向移动，填满整个深渊层。因为低纬度的海洋表面保持着较高的温度，因此最终除了海表非常薄的一层水体外，整个海洋充满了源自高纬度地区冷的高密度水。一旦整个深渊层充满了高密度水，海表极地水将不再是对流不稳定的，此时对流将停止，翻转环流也将停止！然而现实中的深海翻转环流，尽管速度很慢，是没有停止的，深海水体完全翻转，海水更新的时间尺度是几百年、甚至上千年。维持翻转环流的原因有两个，一是海洋混合过程，另一个海表面风力的驱动；无论是分子混合，还是湍流混合都会导致低纬度地区较高的海表温度向下扩散到海洋内部，也即海洋内部通过从上方向下的热扩散缓慢升温，这种扩散使低纬度深海海水略高于寒冷的极地表层水，从而使高纬度对流和环流本身得以持续。扩散还将垂直温度梯度向下延伸至内部，在第 2 章我们看到垂直温度剖面如何随纬度变化。除了海水下沉的最高纬度地区，那里海温在垂直方向几乎是均匀的，海水温度梯度集中在海洋的上层约 1 km 处，即主温跃层。风应力旋度迫使水在 Ekman 层中辐聚，从而迫使相对温暖的水向下，并在一定深度与上升流的较冷的深海水相遇。其结果是，温跃层不再一定仅仅局限于

海表。

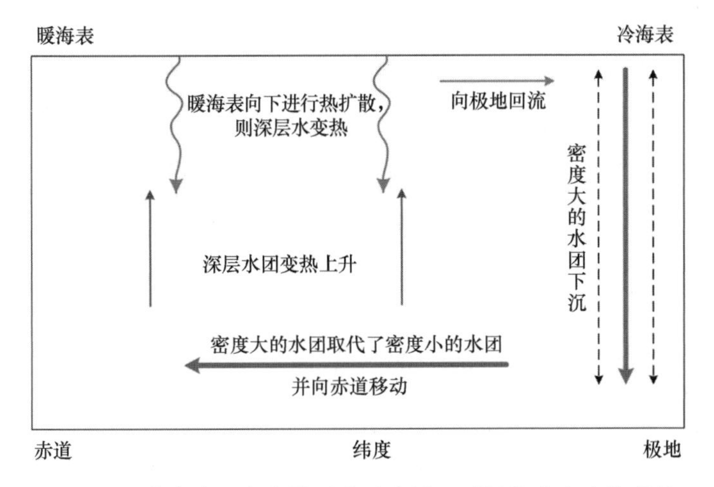

图 7-13　单半球经向翻转环流示意图。下沉集中在高纬度地区，扩散上升流出现在低纬度地区

7.4.2　经向翻转环流简单动力学模型

下面我们考虑产生翻转环流的动力学，并尝试估计翻转环流的速度，温跃层的深度，以及这些量取决于什么参数。大尺度环流的 Rossby 数较小，因此满足地转方程，其水平和垂直运动方程是

$$\boldsymbol{f} \times \boldsymbol{u}_h = -\frac{1}{\rho_0}\nabla p \tag{7-5}$$

$$\frac{\partial p}{\partial z} = -\frac{g\rho}{\rho_0} = b \tag{7-6}$$

连续方程为

$$\nabla \cdot \boldsymbol{u} = 0$$

热力学方程可根据简单的状态方程（2-5）采用浮力来表示，即浮力方程

$$\frac{\mathrm{D}b}{\mathrm{D}t} = K\frac{\partial^2 b}{\partial z^2}$$

这里我们只考虑垂直扩散项，而忽略水平扩散。上述方程在海洋内区即 Ekman 层之下是一个很好的近似，表层风应力的影响则通过 Ekman 层底部的抽吸速度 w_E 来体现。

假设翻转环流是稳定的（图 7-11），如果不考虑风的影响，可否能估计扩散层在副热带环流中的深度呢？热力学方程简化为方程（7-2）的对流扩散平衡，但我们将使用方程（7-5）和（7-6）来估算垂直速度。如果我们取动量方程（7-5）的旋度，并使用质量连续性，我们得到线性涡度方程，即 Sverdrup 关系

$$\beta v = f\frac{\partial w}{\partial z} \tag{7-7}$$

取动量方程的垂直导数，并利用静力平衡关系，我们得到热风方程

$$f\partial \boldsymbol{u}/\partial z = \boldsymbol{k} \times \nabla b \tag{7-8}$$

联合这些方程起来，得到

$$w\frac{\partial b}{\partial z} = K\frac{\partial^2 b}{\partial z^2},\quad \beta v = f\frac{\partial w}{\partial z},\quad f\frac{\partial \boldsymbol{u}}{\partial z} = \boldsymbol{k} \times \nabla b$$

相应的尺度分析为

$$\frac{W}{\delta} = \frac{K}{\delta^2},\quad \beta V = \frac{fW}{\delta},\quad \frac{U}{\delta} = \frac{\Delta b}{fL}$$

δ 为扩散垂直尺度，其他尺度因子均用大写字母表示。进一步假定 $V \sim U$，U 是纬向速度尺度，水平运动尺度 L 取为副热带旋涡或海盆尺度，对于副热带环流的典型值为 $L = 5\ 000$ km，$\Delta b = g\Delta\rho/\rho_0 \sim 10^{-2}\ \mathrm{m \cdot s^{-2}}$，$f = 10^{-4}\mathrm{s^{-1}}$ 和 $K = 10^{-5}\ \mathrm{m^2 \cdot s^{-2}}$，可以估计垂直运动速度如下

$$W = \frac{\beta\delta^2\Delta b}{f^2 L}$$

扩散垂直尺度如下：

$$\delta = \left(\frac{Kf^2 L}{\beta\Delta b}\right)^{1/3}$$

因此

$$W = \left(\frac{K^2\beta\Delta b}{f^2 L}\right)^{1/3} \tag{7-9}$$

采用上述参数值，估计得到 $\delta \approx 150$ m，$W \approx 10^{-7}\ \mathrm{m \cdot s^{-1}}$。从这里估计的垂直速度非常小，远小于海洋顶部的 Ekman 泵吸速度（$10^{-6} \sim 10^{-5}\ \mathrm{m \cdot s^{-1}}$），存在的这种差异表明，我们可以忽略扩散项，即完全忽略热力学项来构建风影响深度的绝热尺度估计。此外，在副热带环流中，Ekman 泵吸是向下的，而深层水的涌升速度是向上的，这意味着在某种深度（D）上，垂直速度为 0。

不考虑热力学方程，仅考虑动力过程，运动方程为地转涡度方程（7-7）和热成风平衡（7-8），相应的尺度分析为

$$\beta U = f\frac{W}{D},\quad \frac{U}{D} = \frac{1}{f}\frac{\Delta b}{L}$$

我们认为垂直速度是由于 Ekman 泵吸的作用，存在一个向下速度 W_E，我们立即获得

$$D = W_E^{1/2}\left(\frac{f^2 L}{\beta\Delta b}\right)^{1/2}$$

如果我们利用连续方程联系起来 U 及 W_E，即 $U/L = W_E/D$，根据线性地转涡度方

程，我们用 L 代替 f/β，则

$$D=\left(\frac{W_E fL^2}{\Delta b}\right)^{1/2}$$

上述估算表明，受风影响的深度随着风应力的大小而增加（W_E 正比于风应力旋度），随着经向温度梯度的增大而减小。前者是相当直观的，后者是因为温度梯度增加了，则热成风切变 U/D 相应地增加，但是由质量守恒可确定水平运输（UD）为常数，这两者保持一致的唯一方法是深度 D 减小。取 $W_E=10^{-6}\ \mathrm{m\cdot s^{-1}}$ 和之前的其他值，得 $D=500\ \mathrm{m}$，以及 $W_E=10^{-5}\ \mathrm{m\cdot s^{-1}}$ 给出 $D=1\ 500\ \mathrm{m}$，D 远小于海洋深度，估计确实表明风驱动环流主要是上层海洋现象。

上面导出的两种尺度究竟代表什么？风影响的深度尺度 D 是风直接驱动环流预计可穿透的深度，因此在这个深度上，我们可以看到风驱动的涡旋和相关现象。在更深处存在着深海环流，而这与上层风力驱动的环流是不相同的。一般来说，风驱动的上层海洋底部的水（温暖具有副热带水体属性）不会具有与上升流深海水相同的热力学性质（寒冷具有高纬度水体属性）。扩散厚度 δ 表征了这两个水团之间的扩散过渡区，在扩散率非常小的情形下将形成一个锋面。在扩散区，无论扩散率 K 有多小，在热力学方程中的扩散项很重要。相反，D 是温跃层的深度，这取决于风的强度，而不是温度扩散系数 K。当然，如果扩散足够大，扩散厚度将与温跃层深度一样大或更大，两个区域将相互模糊，在真实海洋中可能确实如此。

7.4.3　Stommel-Arons 模型

首先简要介绍 Stommel-Arons 大洋深海环流理论模型的基本思想：在大洋的低纬度海区，主跃层的深度基本上是稳定的；在中纬度海区的向极一侧，主温跃层消失，这是因为这里的气候寒冷，海面上形成的密度大的海水可以下沉到很大的深度甚至海底，并沿着大洋的西边向南流动。由于海水体积的守恒性，大洋高纬度海区表层海水的下沉，必然引起大洋其他海区海水的上升运动。在大洋中海水下沉是局部的，而上升运动则遍及大洋的整个中纬度海区，其依据是实际大洋中的主跃层是稳定的这一事实。因为低纬度海区每年有净热量从海面进入海水中，暖水层的厚度和它的下边界（即主温跃层）应当逐渐加深，而实际上在任何位置上温跃层的深度基本上保持为常数，这表明深层有冷水上升，有效地阻止了热量从表面向下扩散，使主温跃层的深度保持稳定。该模型还指出，海水的下沉是非常局部的，两个下沉海区是北半球的挪威海和拉布拉多海以及南半球的威德尔海。下沉的北大洋深层水沿西边界向南流，南极水向北流，在 40°S 附近二者转向东，进入南极绕极流中。在运动过程中，部分海水离开西边界流，以地转流进入大西洋中部；部分通过缓慢的上升运动回到大洋的上层，同时维持了主温跃层的深度不变；部分又返回到极地海区。

在内部，上升运动使水柱拉伸，位涡守恒要求水向极地流动，行星涡度f的数值增加，相对涡度仍保持很小。为了得到向南的回流（相对涡度要保持很小），就得要有适当的涡度输入。这种涡度输入可以再用西部的强流和剪切来达到（如第6章所讨论过的上层环流那样）。为了保持相对涡度很小，向南的流要求有负的涡度输入，则当边界附近的回流向南时，此强流动和剪切必须出现在西部而不是在东部。

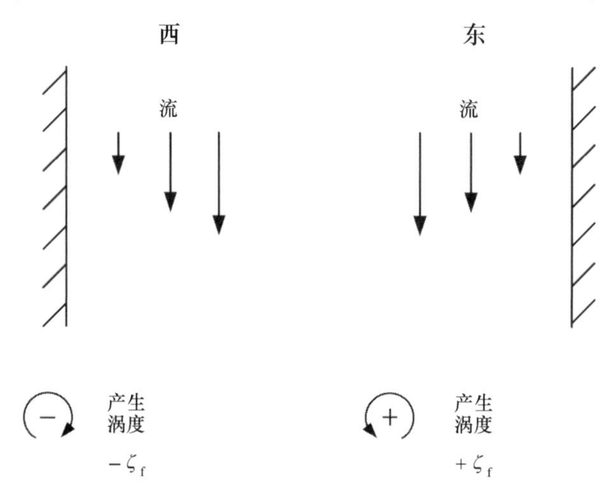

图 7-14　大洋西边界和东边界的速度剪切提供的相对涡度

在温跃层上方，向上的流动使水柱压缩，为了保持相对涡度很小，流动指向赤道，也就是说是与深层流反向的。同样，为了保持位势涡度守恒，上层的西部边界流与下层的西部边界流反向。上层中指向东北的强湾流与北大西洋底部流出的深层西南向强流相关。而太平洋中强度较弱的黑潮是与较弱的深层流动有关的，虽然热盐流动的确使表层中的黑潮（包含风驱动部分和热盐部分，二者流向一致）得到了加强（注意太平洋中没有大的深水源。现在认为有一些海水从南极的罗斯海流进太平洋深层，但其流量似乎比从威德尔海流出的流量要小得多）。类似地，南大西洋上层中比较弱的南向巴西海流与它下面的南向深层流相联系。

Stommel 明确指出他并不认为上面的讨论是一种理论，他认为那只是为了进行定量研究而建立的可成为一种理论的基础模型。在本章的7.4.1和7.4.2中，我们用简单的模型描述了经向平面（y-z平面）的环流，下面将看看x-y平面的情况。根据上面的讨论，我们将采用一个由两层浅层流体组成的层化海洋模型，每层流体都遵循行星尺度的地转运动方程。界面和上层代表温跃层（简单起见，假设温跃层是静止的），下层代表深渊海。对流过程由高纬度下层的局部质量源表示，扩散上升流通过从下层到上层的质量输运来描述。

在这个简单的模型中，我们假设下层满足质量守恒方程和地转平衡，即

$$\frac{\mathrm{D}h}{\mathrm{D}t} + h\,\nabla \cdot u = S$$

$$-fv = -g'\frac{\partial h}{\partial x}$$

$$fu = -g'\frac{\partial h}{\partial y}$$

这里 h 是下层的厚度，g'是约化重力，S 是质量源或质量汇。联合这些方程可以组合成行星地转位涡方程，即

$$\frac{D}{Dt}\left(\frac{f}{h}\right) = -\frac{fS}{h^2}$$

在稳态条件下，该方程简化为（读者可以将其视为涡度方程 $\beta v = f\partial w/\partial z$ 的另一种形式）

$$\frac{v}{h}\frac{\partial f}{\partial y} = -\frac{fS}{h^2} \tag{7-10}$$

先局限于北半球的情况，我们假设在高纬度地区有一个有效的点质量源，在其他地方有一个均匀的质量汇，这意味着 S 几乎到处都是负数，则 v 为正，即它是流向下层质量源的！这一结果似乎与直觉相反，与我们之前的讨论不一致，在我们之前的讨论中，下层的流是远离源区的，而是通过浅层回流到源区的。而更根本的是，下层的整体质量平衡不满足，因此必须有一个远离对流源的净流量。

解决这一矛盾是通过强化的西边界流来实现的，类似于前一章风驱动模型中封闭的环流系统一样。在西部边界，水流摩擦效应非常重要，使环流得以封闭。因此，该模型预测，应该有一个从源头流出的深西部边界流（在北半球向南），以及一个通常向极地回流的内部流，这些都是真实海洋的特征。一个简短的计算可以揭示了该流动的本质。

我们可以通过以下方式计算西部边界流的强度。设海盆为 $L_x \times L_y$ 在赤道（$y=0$）处存在一堵墙。在某个纬度 y，下层的质量平衡必须满足（参考图 7-15）

$$C_0 + T_I(y) = T_W(y) + U(y) \tag{7-11}$$

在这里 C_0 是对流源的强度，其值为给定，T_I（y）是底层的内部穿过纬度线的极向输送，T_W（y）深西部边界流向赤道输送，U（y）底层上升流向上的总输送。左端项表示质量源，右端则表述了质量的汇，其单位统一为 $m^3 \cdot s^{-1}$。因为质量守恒，在整个区域上，源项必须平衡上升流，因此 $C_0 = U$（0）（我们假设上升流是均匀的）。

使用（7-10）给出了内部的向极输送

$$T_I(y) = \int vh\mathrm{d}x = \int \frac{fS}{\beta}\mathrm{d}x \tag{7-12}$$

因为上升流 S 是均匀的，因此 $\int S\mathrm{d}x\mathrm{d}y = SL_xL_y = U(0) = C_0$，则有

$$T_I(y) = \frac{fC_0}{\beta L_y} = \frac{C_0 y}{L_y} \tag{7-13}$$

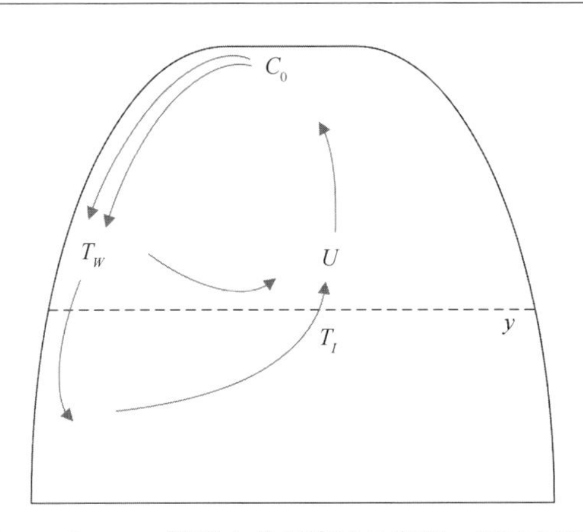

图 7-15　单扇区 Stommel-Arons 模型中的深海流示意图。极区由于对流源的存在，深海中的质量增加 C_0，内部回流 T_I，两者必须通过西部边界流 T_W 和上升流 U 的损失来平衡，西部边界流中的输运 T_W 比对流源的流量大，因为存在海流再循环

纬度 y 处上升流为

$$U(y) = SL_x(L_y - y) = C_0\left(1 - \frac{y}{L_y}\right)$$

在式（7-11）中使用式（7-12）和式（7-13）给出

$$T_W(y) = \frac{2C_0y}{L_y}$$

这个结果告诉我们，靠近源区的西部边界流的强度是源本身强度的两倍！产生这种结果的原因是深层的一些流动是再循环的。该计算本身是非常近似的，但存在深西部边界流以及再循环流动这一事实是可靠合理的预测。最后一点是，我们把对流源取为给定的量级。事实上对流源的强度必须与上升流的强度相匹配，即翻转环流本身的强度，它是跨密度面扩散率和经向温度梯度的函数。

7.4.4　两半球的经向翻转环流

前面讨论的单半球经向翻转环流只是一个简单的模型，虽然它已能优雅地解释深海环流的一些现象。实际的深海环流，大部分是贯穿两个半球的，这在 21 世纪初才逐渐被认识。对于北大西洋经向翻转环流，在南大洋下沉的大部分深层水约在 40°S 处上升，下面我们试图理解为什么是这样的。

为了简单起见，依然考虑一个“盒子”海洋，它由一个从北极高纬度延伸到南极高纬度的两个海盆组成，同样在北半球的高纬度地区海表水下沉形成对流（图 7-16）。这与单球的情况没有多少区别，系统中密度最大的水下沉，并向赤道方向扩散。然而，没有理由认为它在到达赤道之前会上升，系统中密度最大的水将取代任何较轻的水，填满两个半球的盆地，除了靠近海表的温跃层，上述结果与单半球模式一样，远离对流区的流动发生在西部边界洋流深处，盆地内部存在上升流和回流。回流取决于是否存在非零扩散率来加热深水并使其上升。如果扩散率为 0，那么整个盆地将简单地充满高密度的水（除了表层），然后环流停止。

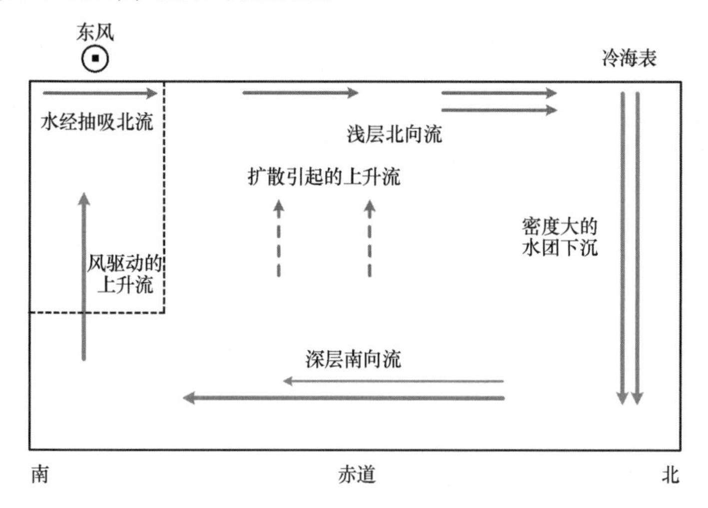

图 7-16　一个理想化的风和混合驱动的两半球翻转环流的示意图。北半球有一个冷的高密度水源，南半球存在一个通道（虚线矩形）。实心箭头表示不存在跨密度面扩散的环流方向，如果跨密度面扩散率不为 0，则会存在用虚线表示的上升流增强了翻转流

上述混合驱动的环流不是实际深海环流的唯一机制，事实上也不是主要机制。海洋经向翻转环流很大一部分是风力驱动的，很大程度上源于南大洋的特殊地理位置。一个显著的特征是南大洋没有完整的经向边界，在南美洲和南极洲之间，海洋形成了一条纬向通道。在这个高纬度地区，常年吹强烈的西风，在海峡中产生向北流动的 Ekman 输送。Ekman 流的强度可通过 x 方向的摩擦地转平进行计算

$$-fv=-\frac{1}{\rho}\frac{\partial p}{\partial x}+\frac{\partial \tau}{\partial z}$$

这里 τ 为运动应力，即实际应力除以海水密度。如果我们沿着通道积分这个方程，压力项消失，如果我们再向海洋深度积分到一个有效应力消失的水层，我们可以得到风引起的输运的估计，即

$$V_w=\frac{\tau_0 L}{f}$$

这里 V_w 是体积运输量（$m^3\cdot s^{-1}$），τ_0 为海面风应力，L 为风应力的纬向范围。南大洋上的风应力相当高，约为 0.2 Pa（实际应力）。如果我们假设 L 相当于大西洋的宽度（大约 5 000 km）。我们得到的输运量约为 20 Sv。向北流动的 Ekman 输运无法通过表层回流来补充，这是因为在封闭的洋盆中，西部边界流可以提供平衡 Ekman 输送所需的任何回流，但这不能发生在开边界的水道中。因此水流必须发生垂直方向上，这

意味着翻转环流的产生。

虽然是粗略的估计，但其数量级与扩散计算得出的数量级相同。利用（7-9）并取 $\beta \sim f/L$，我们得到了一个由扩散估计翻转环流的体积

$$V_d = \left(\frac{K^2 \Delta b L^4}{f}\right)^{1/3}$$

代入各种参数的值，其估计的体积介于 $1\times10^6 \sim 2\times10^7\ m^3 \cdot s^{-1}$之间，具体取决于为参数 K 及 Δb 值的选择。上述两项估计的比率如下

$$R = \frac{V_d}{V_w} = \left(\frac{K^2 \Delta b L f^2}{\tau_0^3}\right)^{1/3} \tag{7-14}$$

由式（7-14）所估计的比率具有较大的误差。但它在一个合理的范围区间。这意味着南大洋上的风可以在推动海洋的全球翻转环流中发挥重要作用。现在让我们更深入地理解全球翻转环流的动力学，并同时考虑北部冷源和南部通道的情况。如图 7-16 所示，考虑跨密度面扩散系数为 0 的情况，北部的冷高密度水下沉并填满海盆。但与无风作用的情况不同，当海盆地充满高密度的水时，由于风在通道上的抽吸作用，环流最终也不会停止。通道中的海水被风不断地向北泵送，但离开水道时，水不会下沉，因为它比下面来自寒冷北方的水要轻。相反，这些水将继续向北流动，直到它们到达北部高纬度，此时它们变得又冷又密而下沉，并重新开始它们的循环之旅。

上述解释并不完整。因为在南大洋通道的南端，表层水实际上比北半球高纬度地区的水更冷，密度更大。因此这些水也会下沉并填满整个海盆。然而这种推理是不正确的。因为通道底部向南的海流必须与海面向北的海流完全平衡。这就要求一些来自北部高纬度地区的流必须被拉到南部通道。其最终结果是翻转环流形成两个单元。如图 7-17 所示，南极底层水（AABW）的底层单元的环流取决于混合的存在。因为它不是由风泵送的，而北大西洋上层深水（NADW）单元是由混合和南大洋的风驱动的。在没有任何混合的情况下，深海将充满 AABW，然后变得停滞，上层环流单元则继续发展。

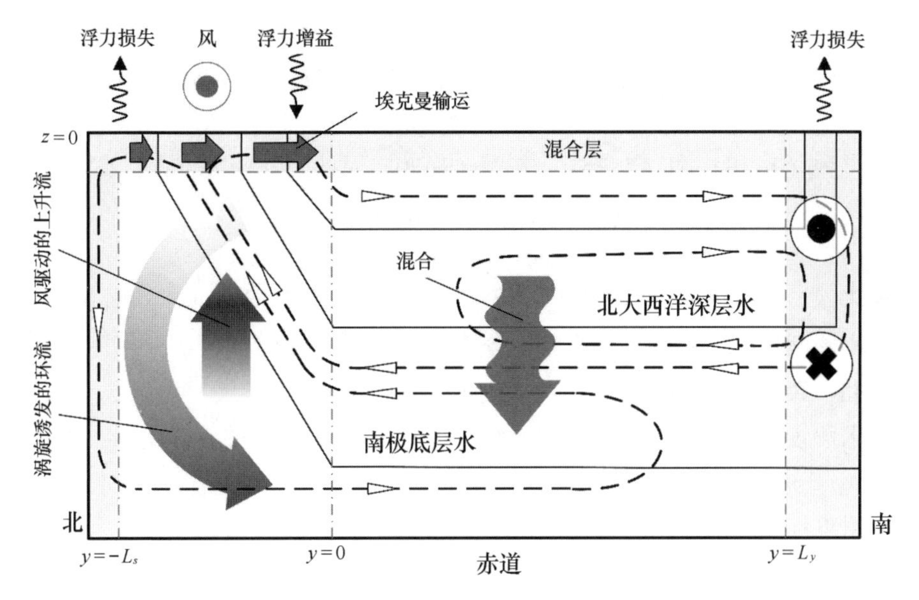

图 7-17　大西洋经向翻转环流示意图（NADW 单元和 AABW 单元）以及与之相关的主要过程动力过程——风、混合、斜压涡旋和表面浮力通量

第 5 节　大洋风生热盐环流

从前面的分析和讨论中可以看到，风生大洋环流理论只考虑了风应力的作用，而忽略了热盐因素的影响；而热盐环流理论又只考虑了热盐因素的作用，忽略了风应力的影响。事实上，大洋是一个动力-热力系统，大洋环流是一种风生-热盐环流，是动力因素和热力因素相互制约、相互调整的结果。为了建立一种包含热盐效应的环流理论，T 和 S（从而 ρ）就不能作为观测资料给定，而应和速度一起当作问题中要求解的未知量。如果 T 和 S 是未知量，就需要联立求解它们的方程。

设海水是非均匀的不可压缩流体，忽略盐度的变化，密度仅由温度决定，则定常情形下，考虑侧边界影响的铅垂尺度与 Ekman 深度同数量级的大尺度运动的基本方程组可写为

$$\frac{\partial u}{\partial x}+\frac{\partial v}{\partial y}+\frac{\partial w}{\partial z}=0 \tag{7-15}$$

$$0=-\frac{1}{\rho}\frac{\partial p}{\partial x}+fv+A_l\left(\frac{\partial^2 u}{\partial x^2}+\frac{\partial^2 u}{\partial y^2}\right)+A_z\frac{\partial^2 u}{\partial z^2} \tag{7-16}$$

$$0=-\frac{1}{\rho}\frac{\partial p}{\partial y}-fu+A_l\left(\frac{\partial^2 v}{\partial x^2}+\frac{\partial^2 v}{\partial y^2}\right)+A_z\frac{\partial^2 v}{\partial z^2} \tag{7-17}$$

$$0=-z-\frac{1}{\rho}\frac{\partial p}{\partial z} \tag{7-18}$$

$$\rho = \rho_0(1 - kT) \tag{7-19}$$

$$u\frac{\partial T}{\partial x} + v\frac{\partial T}{\partial y} + w\frac{\partial T}{\partial z} = K_{Tl}\left(\frac{\partial^2 T}{\partial x^2} + \frac{\partial^2 T}{\partial y^2}\right) + K_{Tz}\frac{\partial^2 T}{\partial z^2} \tag{7-20}$$

利用方程（7-19）和（7-15），方程（7-20）可改写成密度方程：

$$\frac{\partial \rho u}{\partial x} + \frac{\partial \rho v}{\partial y} + \frac{\partial \rho w}{\partial z} = K_l\left(\frac{\partial^2 \rho}{\partial x^2} + \frac{\partial^2 \rho}{\partial y^2}\right) + K_z\frac{\partial^2 \rho}{\partial z^2} \tag{7-21}$$

一般来说，大洋风生-热盐环流的铅垂向结构是非常复杂的，求解较困难。然而，大洋的海水密度是分层的，且无论密度分布的具体形式如何，跃层的存在都是其主要特征。因此，大洋可以被抽象成一个两层模型，中间以一个薄层（温跃层）将其分开。两层模型求解较为简单，所获得的大洋风生-热盐环流的解能够解释实际大洋环流的主要特征。

下面以下标 1 表示大洋的上层，下标 2 表示大洋的下层，下标 i 表示上下层的分界面。上下层内和分界面上的物理量均冠以下标以示区别。分别对上层和下层采用积分以简化描述定常的大洋风生-热盐环流的基本方程组（7-15）～（7-21）。首先做如下假设：

（1）大洋的总水深 D 和密度跃层深度 h，且均为常量；

（2）在界面 $z=-h$ 处，u、v 对 z 的导数为 0，$K_z\dfrac{\partial \rho_i}{\partial z} = \Gamma_i$；

（3）在界面 $z=-h$ 处，p_i对 x 和 y 的导数及二阶导数均为 0；

（4）在洋底 $z=-D$ 处，P_2、u_2、v_2对 z 的导数均为 0；

（5）在洋底 $z=-D$ 处，ρ_2对 x、y、z 的导数均为 0；

（6）在洋底 $z=-D$ 处，$w_2=0$；

（7）在海面 $z=\eta$ 处，$w_1=0$，p_1为常量；

（8）近似取 $\eta=0$。

定义

$$S_{x1} = \int_{-h}^{0} u_1 \mathrm{d}z,\quad S_{y1} = \int_{-h}^{0} v_1 \mathrm{d}z,\quad S_{x2} = \int_{-D}^{-h} u_2 \mathrm{d}z,\quad S_{y2} = \int_{-D}^{-h} v_2 \mathrm{d}z,$$

$$M_{x1} = \int_{-h}^{0} \rho_1 u_1 \mathrm{d}z,\quad M_{y1} = \int_{-h}^{0} \rho_1 v_1 \mathrm{d}z,\quad M_{x2} = \int_{-D}^{-h} \rho_2 u_2 \mathrm{d}z,\quad M_{y2} = \int_{-D}^{-h} \rho_2 v_2 \mathrm{d}z,$$

$$P_1 = \int_{-h}^{0} p_1 \mathrm{d}z,\quad Q_1 = \int_{-h}^{0} \rho_1 \mathrm{d}z,\quad P_2 = \int_{-0}^{-h} p_2 \mathrm{d}z,\quad Q_2 = \int_{-D}^{-h} \rho_2 \mathrm{d}z,$$

$$\tau_x = \rho_1 A_z \left.\frac{\partial u_1}{\partial z}\right|_{z=0},\quad \tau_y = \rho_1 A_x \left.\frac{\partial v_1}{\partial z}\right|_{z=0},\quad \Gamma_0 = K_z \left.\frac{\partial \rho_1}{\partial z}\right|_{z=0}$$

将方程（7-15）～（7-18）和（7-21）在大洋上层对 z 从 $-h$ 到 0 积分，在大洋下层对 z 从 $-D$ 到 $-h$ 积分，并利用上述假设，对积分后的方程（7-16）和（7-17），消去 P_2或 P_1有关项后，得到上层和下层的积分方程组。

上层：

$$\frac{\partial S_{x1}}{\partial x}+\frac{\partial S_{y1}}{\partial y}=w_i \tag{7-22}$$

$$\rho_1\beta S_{y1}+\rho_1 A_l\left(\frac{\partial^3 S_{x1}}{\partial x^2\partial y}+\frac{\partial^3 S_{x1}}{\partial y^3}-\frac{\partial^3 S_{y1}}{\partial y^2\partial x}-\frac{\partial^3 S_{y1}}{\partial x^3}\right)-\mathrm{curl}_z\tau+f(\Gamma_0-\Gamma_i+\rho_i w_i)=0 \tag{7-23}$$

$$gQ_1+p|_{z=0}-p|_{x=-h}=0 \tag{7-24}$$

$$\frac{\partial M_{x1}}{\partial x}+\frac{\partial M_{y1}}{\partial y}=\Gamma_0-\Gamma_i \tag{7-25}$$

下层：

$$\frac{\partial S_{x2}}{\partial x}+\frac{\partial S_{y2}}{\partial y}=-w_i \tag{7-26}$$

$$\rho_2\beta S_{y2}+\rho_2 A_l\left(\frac{\partial^3 S_{x2}}{\partial x^2\partial y}+\frac{\partial^3 S_{x2}}{\partial y^3}-\frac{\partial^3 S_{y2}}{\partial y^2\partial x}-\frac{\partial^3 S_{y2}}{\partial x^3}\right)+f(\Gamma_i-\rho_i w_i)=0$$

$$gQ_2+p|_{z=-h}-p|_{x=-H}=0 \tag{7-27}$$

$$\frac{\partial M_{x2}}{\partial x}+\frac{\partial M_{y2}}{\partial y}=\Gamma_i \tag{7-28}$$

式中，

$$\beta=\frac{\mathrm{d}f}{\mathrm{d}y}$$

$$\mathrm{curl}_z\tau=\frac{\partial\tau_y}{\partial x}-\frac{\partial\tau_x}{\partial y}$$

从方程式（7-22）~（7-28）中我们可以得到一些有意义的结论：

（1）全流流函数 ψ 由风应力旋度和热盐梯度确定，当 $\mathrm{curl}_z\tau=0$ 时，大洋环流为纯热盐水平环流；而当 $\Gamma_i=0$ 时，大洋环流为风生环流。

（2）由于该式是线性的，所以风生环流和热盐环流的叠加便可获得大洋风生-热盐环流。

（3）热盐梯度 Γ_0 与 f 相乘，说明在赤道附近热盐因素对产生水平环流没有显著贡献，赤道附近的水平流动主要是风生流。

（4）由于大洋中热盐要素的结构稳定，Γ_i 为负值，因此在封闭大洋中的纯热盐环流是气旋式的。

（5）大洋下层的水平环流的形成，一部分是借助于 $\rho_i w_i$ 和 w_i 沟通上层的铅垂对流所致，另一部分是由于跃层这一准不连续面所形成的强大湍流扩散所致。

根据方程式（7-22）~（7-25）的线性性质，如果略去对流式的热盐效应，可引入全流函数 ψ_1 和 ψ_2

$$S_{x1}=-\frac{\partial\psi_1}{\partial y},\quad S_{y1}=\frac{\partial\psi_1}{\partial x},\quad S_{x2}=-\frac{\partial\psi_2}{\partial y},\quad S_{y2}=\frac{\partial\psi_2}{\partial x}$$

则可以得到上层的风应力旋度–热盐梯度方程

$$\rho_1 A_l\nabla^4\psi_1-\rho_1\beta\frac{\partial\psi_1}{\partial x}=-\mathrm{curl}_z\tau+f(\Gamma_0-\Gamma_i)\tag{7-29}$$

下层的热盐梯度方程

$$\rho A_l\nabla^4\psi_2-\rho_2\beta\frac{\partial\psi_2}{\partial y}=f\Gamma_i\tag{7-30}$$

利用这两个方程，下面讨论以南、北纬60°为南、北边界，长度为 a 的矩形大洋。相应的边界条件为

东边界（$x=a$）和西边界（$x=0$）处，$\psi_1=\psi_2=0$，$\frac{\partial\psi_1}{\partial x}=\frac{\partial\psi_2}{\partial x}=0$；

南边界（$\theta=60°\mathrm{S}$）和北边界（$\theta=60°\mathrm{N}$）处，$\psi_1=\psi_2=0$，$\frac{\partial\psi_1}{\partial y}=\frac{\partial\psi_2}{\partial y}=0$。

假设风应力只有东西向分量且仅与 y 有关，$\tau_x=\tau_x(y)$，$\tau_y=0$，于是 $-\mathrm{curl}_z\tau=\frac{\mathrm{d}\tau_x(y)}{\mathrm{d}y}$，再假设跃层处密度梯度足够大，满足 $\Gamma_i\gg\Gamma_0$；由于盐度的保守性，所以认为密度分布主要取决于温度分布；自然也可以假设 Γ_i 仅随纬度而变化，$\Gamma_i=\Gamma_i(y)$，且对于密度稳定结构有 $\Gamma_i=\Gamma_i(y)<0$；由此，可得式（7–29）和式（7–30）的解为

$$\psi_1=\frac{a}{\rho_1\beta}X(x)\left[\frac{\mathrm{d}\tau_x(y)}{\mathrm{d}y}-f\Gamma_i(y)\right]$$

$$\psi_2=\frac{a}{\rho_2\beta}X(x)\cdot f\Gamma_i(y)$$

$$X(x)=1-\left(\frac{2}{\sqrt{3}}-\frac{\sqrt{3}}{ka}\right)\mathrm{e}^{-\frac{1}{2}k}\cos\left(\frac{\sqrt{3}}{2}kx+\frac{\sqrt{3}}{2ka}-\frac{\pi}{6}\right)-\frac{1}{ka}\left[kx-\mathrm{e}^{-k(a-x)}+1\right]$$

式中 $k=\sqrt[3]{\beta/A_l}$ 。

将此解与 Munk 风生大洋环流的解进行比较，可以得到如下结论：

（1）大洋上层为风生–热盐环流，下层为纯热盐环流。当不考虑热盐梯度，即 $\Gamma_i(y)=0$ 时，此解即为 Munk 风生大洋环流的解。

（2）由于 X（x）与风应力旋度和热盐梯度均无关，并且 X（x）与 Munk 风生大洋环流解在形式上完全相同，因此 Munk 风生大洋环流中所具有的特征，如西向强化、在西部主流之东有一逆流存在等，均保留在两层模型的解中，并且上层和下层都有西向强化现象。

（3）热盐水平环流增强了西部流。据计算，大洋上层西部流的总流量的理论值与实测值一致，从而克服了 Munk 风生大洋环流的理论值仅为实测值的一半的缺陷。

第8章 波 浪

海洋中的波动是海水运动的重要形式之一，从海面到海洋内部都可能出现波动现象，有表面波和内波之分。波动的基本特点是，在外力的作用下，水质点离开其平衡位置作周期性或准周期性的运动。由于流体的连续性，必然带动其邻近质点，导致其运动状态在空间的传播。因此，运动随时间与空间的周期性变化是波动的主要特征。

海浪是指在风力的作用下产生的短周期波动（规则的和不规则的）在海洋中的传播。当海面有风时，海面会发生一种不规则的起伏波动，这种由风力直接作用而在当地产生的不规则波动称为风浪，风浪的大小取决于风速、风时和风距。在海面无风时，通常也会出现表面光滑的波动，它是由有风区域产生的风浪从远处传来的，这种波动称之为涌浪。由于海面风的作用往往有一定的范围，在风区内由风力的直接作用而产生了各种大小不等、长短不一的波动（风浪），当这些波动向前传播而脱离了风区之后，就不再受风力的作用，成为自由波动继续向前传播。此时，周期短（波长短）的波动衰减得很快，而周期长（波长长）的波动则成为涌浪，于是涌浪显得光滑而规则，并且离风区越远，波形越规则。一般情况下，涌浪可传播很远，达数百至数千千米，最终传到浅水区或岸边。当波浪由深水传到浅水之后，由于海底的起伏会引起波浪的折射，当遇到海岸或障碍物时还会发生反射和绕射。习惯上把风浪和涌浪，以及它们形成的近岸波，合称为海浪，是在风的作用下产生的小尺度表面重力波。

海浪研究的主要内容是海浪的生成、成长、消衰及传播的规律，建立海浪模型，依据给定的海面风场计算海浪场中各点的海浪要素，进行海浪的模拟、后报与预报。关于海浪的研究方法目前有两种：①理论方法。通常理论方法视海水不可压且运动无旋，利用流体动力学方程研究理想的规则波动（正弦波和斯托克斯波等），视海水不可压且运动无旋。理论方法可以说明实际海洋中发生的一些比较规则的波动现象。描述简单波浪运动最常用的理论有两个：Airy 于 1845 年提出的微小振幅波理论，另一个是 Stokes 于 1847 年提出的有限振幅波理论。微小振幅波理论是最基本的波浪理论，它较清楚地描述了波浪的运动特性，是研究其他较复杂的波浪理论以及不规则波的基础。对某些情况，用有限振幅波理论来描述波浪运动会得到更加符合实际的结果。这两种理论目前都得到广泛的应用。对于浅水海域，Korteweg 和 De Vries 于 1895 年提出了椭圆余弦波理论，它很好地描述了浅水海域波浪的形态和运动特性，但缺点是计算较烦琐。②统计方法。统计方法就是将实际观测资料与波动理论相结合，将实际海浪视为一系列振幅不等、位相不同的正弦波的叠加，利用谱分析的方法确定组成波谱的特征。

第1节 基本概念

8.1.1 波浪的特征参数

一个简单波动的剖面（波面）可用一条正弦曲线来描述，如图8-1所示。这样描述波浪的要素有：

（1）波峰：波面的最高点称为波峰。

（2）波谷：波面的最低点称为波谷。

（3）波长：相邻两波峰（或波谷）之间的水平距离称为波长，用 L 表示，单位为m。

（4）波高：相邻波峰与波谷间的铅垂距离称为波高，用 H 表示，单位为m。

（5）振幅：波高的一半称为振幅，用 A 表示，单位为米（m），$A=H/2$。

（6）波陡：波高与波长之比称为波陡，用 δ 表示。

（7）周期：相邻两波峰（或波谷）通过某个固定点所经历的时间称为周期，用 T 表示，单位为秒（s）；周期的倒数为频率，用 σ 表示，单位 s^{-1}。

（8）波速：波形的传播速度，即单位时间内波形传播的距离称为波速，用 c 表示，$c=L/T$，其单位为m/s。

（9）波峰线：垂直于波浪传播方向且通过波峰的线称为波峰线。

（10）波向线：垂直于波峰线且指向波浪传播方向的线称为波向线。

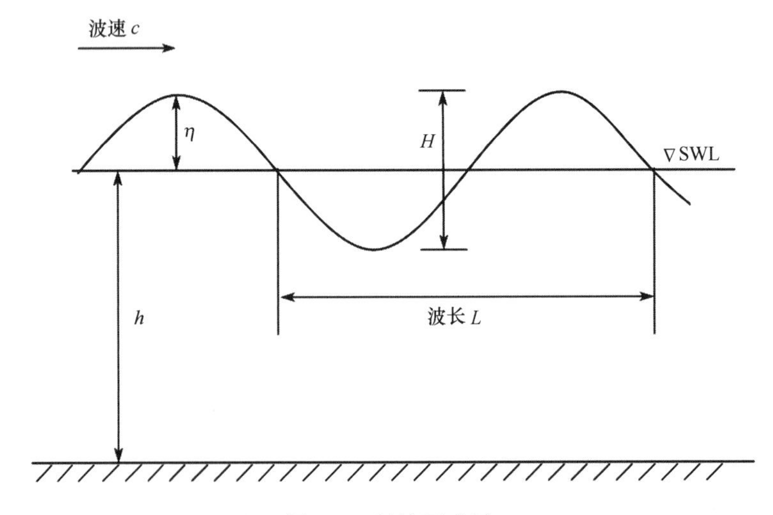

图8-1 波浪要素图

8.1.2　波浪分类

海洋中的波动有很多种类，引起的原因也各不相同。海面上的风力、海底及海岸附近的火山和地震、大气压力的变化、月球和太阳形成的引潮力等，都能引起海洋中的波浪。一般地说，海洋中的波动所涉及的频率（或波长）范围是很大的，周期从零点几秒到数十小时以上，波高从几毫米到几十米，波长可以从几毫米到几十千米。波动的类型可以根据各种不同的判据加以划分，主要有频率划分法、扰动力划分法和恢复力的划分法。

海洋中的波浪可以从不同的角度进行分类。图 8-2 根据波浪的周期不同而进行的分类，图中标明了各种波浪的名称及其生成力和恢复力。周期最短的波浪，也就是频率（周期的倒数）最高的波浪为表面张力波（或毛细波）。波长在 1.7 cm 以下，波高为 1~2 mm，其传播方向与风的作用方向相同，风是它的生成力，表面张力是它的恢复力。随着周期的加长，重力逐渐成为主要的恢复力，这时的波动称为重力波。风区中的强迫波——风浪和超出风区成为自由波的涌浪，均属于重力波。由风驱动的波浪周期通常为 1~30 s，风浪的波陡较大而涌浪的波陡较小，若以周期分界则涌浪的周期大多在 10 s 以上。周期从 30 s 至 5 min 的波浪称为长周期重力波，大多以长涌或先行涌的形式存在，一般是由风暴系统引起的。周期从 5 min 至数小时的长周期波主要是地震、风暴等作用而产生的，它们的恢复力主要为地转偏向力，但重力也起着重要的作用。周期为 12~24 h 的波动，主要是由月球和太阳引潮力而产生的潮波。完全由地转偏向力作为恢复力的波动称为惯性波，其周期为半摆日，是纬度的函数。海洋中还存在着一种周期更长的波，它的恢复力既不是重力也不是地转偏向力，而是地转偏向力随纬度的变化率，这种波称为行星波或 Rossby 波。表面张力波、重力波、惯性波和行星波是海洋中波动的四种基本类型。大尺度的波动将在后面的章节中介绍，本章主要介绍恢复力为重力的表面波。

波浪的另一种分类是看其波面有无水平方向的运动。如果波面相对某一参考点做水平运动，则称为行进波（推进波）；如果波面无水平方向的运动，只有水面的上下振荡，则称为驻波。还可以根据水深条件来对波浪进行分类，分为深水波和浅水波。研究表明，水质点的运动速度是由海面向下逐渐衰减的。如果波浪的振幅小于水深，不受海底限制，则称为深水波（短波），否则称为有限深水波或浅长波（长波）。一般按相对水深（水深 h 与波长 L 之比，即 h/L）来进行划分。当 $h/L \geq 0.5$ 时为深水波，当 $h/L \leq 0.05$ 时为浅水波，当 $0.05 < h/L < 0.5$ 时为有限深水波。

此外，也可以按波面形状对波浪进行分类。最常用的波面是正弦曲线（即用正弦或余弦函数来描述波面）。正弦波是傅立叶分析的基本组成单元，其数学特性清楚并且便于度量，但在实际海洋中并不存在正弦波。对波陡较小的涌浪及地震等引起的波动，可以近似地当作正弦波处理。浅水条件下，波峰较小，波谷较为平坦，其波面类似摆线。此外，按波动发生的位置不同又可分为表面波、内波和边缘波，按波动形成的原因又可分为风浪、涌浪、地震波等等。无论是风浪还是涌浪，当它由深水向浅水传播时，会因种种原因而发生变形，最后破碎，所以也可以把波浪分为破碎波和不破碎波。

根据对波浪运动的运动学和动力学分析的处理方法不同，还可以把波浪分为微小振幅波和有限振幅波两大类。由于前者得到的微分方程是线性的，而后者得到的微分方程是非线性的，所以有时也分别称为线性波和非线性波。

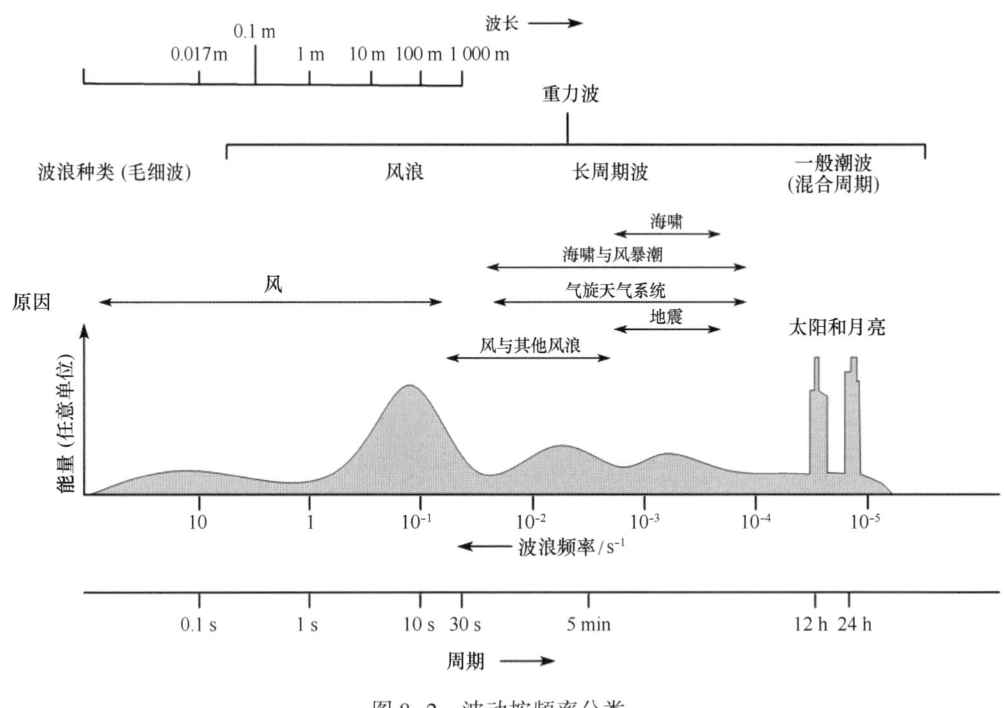

图 8-2　波动按频率分类

8.1.3　波浪运动控制方程

在研究理想规则波动时，通常做如下假设：

（1）海水是无黏性的理想流体；

（2）波浪引起的海水运动是连续无旋的；

（3）海水是均质的不可压缩流体，密度 ρ 为常量；

（4）自由海面的压强是均匀的，并且为常量；

（5）作用在海水上的质量力仅为重力，表面张力和地转偏向力等均忽略不计。

由此，描述理想规则波动的控制方程，可简化为

$$\frac{\partial u}{\partial x}+\frac{\partial v}{\partial y}+\frac{\partial w}{\partial z}=0 \tag{8-1}$$

即为连续方程。而不同方向的动量方程则为

$$\begin{cases}\dfrac{\partial u}{\partial t}+u\dfrac{\partial u}{\partial x}+v\dfrac{\partial u}{\partial y}+w\dfrac{\partial u}{\partial z}=-\dfrac{1}{\rho}\dfrac{\partial p}{\partial x}\\ \dfrac{\partial v}{\partial t}+u\dfrac{\partial v}{\partial x}+v\dfrac{\partial v}{\partial y}+w\dfrac{\partial v}{\partial z}=-\dfrac{1}{\rho}\dfrac{\partial p}{\partial y}\\ \dfrac{\partial w}{\partial t}+u\dfrac{\partial w}{\partial x}+v\dfrac{\partial w}{\partial y}+w\dfrac{\partial w}{\partial z}=-g-\dfrac{1}{\rho}\dfrac{\partial p}{\partial z}\end{cases} \tag{8-2}$$

其边界条件为

在海面（$z=\eta$）：　$w=\dfrac{\partial\eta}{\partial t}+u\dfrac{\partial\eta}{\partial x}+v\dfrac{\partial\eta}{\partial y}$

$p=p_0$

在固体边界：　$V_n=0$

其中，p_0为海面的压强，常量；V_n为固体边界面法线方向的速度。可以证明，式（8-2）所描述的流动为无旋运动且速度势存在，所以通常也把这种波动称为势波。将流体运动的速度与势函数的关系

$$u=\frac{\partial\varphi}{\partial x},\quad v=\frac{\partial\varphi}{\partial y},\quad w=\frac{\partial\varphi}{\partial z} \tag{8-3}$$

代入连续方程（8-1）得

$$\frac{\partial^2\varphi}{\partial x^2}+\frac{\partial^2\varphi}{\partial y^2}+\frac{\partial^2\varphi}{\partial z^2}=0 \tag{8-4}$$

代入到动量方程（8-2）中的第一式得

$$\frac{\partial}{\partial x}\frac{\partial\varphi}{\partial t}+\frac{\partial\varphi}{\partial x}\frac{\partial^2\varphi}{\partial x^2}+\frac{\partial\varphi}{\partial x}\frac{\partial^2\varphi}{\partial y^2}+\frac{\partial\varphi}{\partial x}\frac{\partial^2\varphi}{\partial z^2}+\frac{1}{\rho}\frac{\partial p}{\partial x}=0 \tag{8-5}$$

即

$$\frac{\partial}{\partial x}\left[\frac{\partial\varphi}{\partial t}+\frac{1}{2}\left[\left(\frac{\partial\varphi}{\partial x}\right)^2+\left(\frac{\partial\varphi}{\partial y}\right)^2+\left(\frac{\partial\varphi}{\partial z}\right)^2\right]+\frac{p}{\rho_0}+gz\right]=0 \tag{8-6}$$

同样代入到动量方程（8-2）中的第二式和第三式得

$$\begin{cases}\dfrac{\partial}{\partial y}\left[\dfrac{\partial\varphi}{\partial t}+\dfrac{1}{2}\left[\left(\dfrac{\partial\varphi}{\partial x}\right)^2+\left(\dfrac{\partial\varphi}{\partial y}\right)^2+\left(\dfrac{\partial\varphi}{\partial z}\right)^2\right]+\dfrac{p}{\rho_0}+gz\right]=0\\ \dfrac{\partial}{\partial z}\left[\dfrac{\partial\varphi}{\partial t}+\dfrac{1}{2}\left[\left(\dfrac{\partial\varphi}{\partial x}\right)^2+\left(\dfrac{\partial\varphi}{\partial y}\right)^2+\left(\dfrac{\partial\varphi}{\partial z}\right)^2\right]+\dfrac{p}{\rho_0}+gz\right]=0\end{cases} \tag{8-7}$$

因此$\dfrac{\partial\varphi}{\partial t}+\dfrac{1}{2}\left[\left(\dfrac{\partial\varphi}{\partial x}\right)^2+\left(\dfrac{\partial\varphi}{\partial y}\right)^2+\left(\dfrac{\partial\varphi}{\partial z}\right)^2\right]+\dfrac{p}{\rho_0}+gz$与坐标$x$、$y$、$z$无关，仅是$t$的函数，写成

$$\frac{\partial\varphi}{\partial t}+\frac{1}{2}\left[\left(\frac{\partial\varphi}{\partial x}\right)^2+\left(\frac{\partial\varphi}{\partial y}\right)^2+\left(\frac{\partial\varphi}{\partial z}\right)^2\right]+\frac{p}{\rho}+gz=C(t) \tag{8-8}$$

若令 $\varphi_1 = \varphi + \frac{p_0}{\rho}t - \int C(t)\mathrm{d}t$，则

$$\frac{\partial \varphi_1}{\partial x} = \frac{\partial \varphi}{\partial x} = u, \quad \frac{\partial \varphi_1}{\partial y} = \frac{\partial \varphi}{\partial y} = v, \quad \frac{\partial \varphi_1}{\partial z} = \frac{\partial \varphi}{\partial z} = w$$

所以，φ_1 仍代表流场的速度势。将 φ_1 代入式（8-4）和式（8-5）中，并略去下标 1，可得

$$\frac{\partial^2 \varphi}{\partial x^2} + \frac{\partial^2 \varphi}{\partial y^2} + \frac{\partial^2 \varphi}{\partial z^2} = 0 \tag{8-9}$$

$$\frac{\partial \varphi}{\partial t} + \frac{1}{2}\left[\left(\frac{\partial \varphi}{\partial x}\right)^2 + \left(\frac{\partial \varphi}{\partial y}\right)^2 + \left(\frac{\partial \varphi}{\partial z}\right)^2\right] + \frac{p - p_0}{\rho} + gz = 0 \tag{8-10}$$

相应的，边界条件变为

在海面（$z = \eta$）

$$\frac{\partial \varphi}{\partial z} = \frac{\partial \eta}{\partial t} + \frac{\partial \varphi}{\partial x}\frac{\partial \eta}{\partial x} + \frac{\partial \varphi}{\partial y}\frac{\partial \eta}{\partial y} \tag{8-11}$$

$$\frac{\partial \varphi}{\partial t} + \frac{1}{2}\left[\left(\frac{\partial \varphi}{\partial x}\right)^2 + \left(\frac{\partial \varphi}{\partial y}\right)^2 + \left(\frac{\partial \varphi}{\partial z}\right)^2\right] + g\zeta = 0 \tag{8-12}$$

在固体底边界

$$\frac{\partial \varphi}{\partial n} = 0 \tag{8-13}$$

其中，式（8-11）为运动学边界条件，式（8-12）为动力学边界条件。

式（8-9）~（8-13）构成了波动方程的定解问题。数学上把这种只给定边界条件而无须给定初始条件的方程定解问题称为边值问题。求得这一边值问题的解，波浪场中的各运动要素便确定了。

第 2 节　线性波理论

实际海洋中的波浪，从表象看有时较规则，有时则很复杂，但即使是一些较规则的波动，其内部结构也是非常复杂的。在研究复杂波动之前，先研究简单波动是必要的，简单波动是研究复杂波动的基础，它也可以近似地说明复杂波动的一些特征。线性波理论在海洋波浪研究中已有 150 多年的历史，许多科学研究和工程应用都证明了线性波理论的科学性。

8.2.1　微小振幅波动的理论解

1）势函数和波面方程

从波动方程及其边界条件式（8-9）~（8-13）可以看出，由于自由海面边界条

件是非线性的，且自由海面的位移也是不确定的，所以不能精确地求出它的定解。为了简化问题，使非线性问题线性化，Airy 于 1845 年提出波动的振幅 A 远小于波长 L 或水深 h 的假设，并由此而建立了线性波理论，亦称 Airy 波动理论。由于振幅 A 很小，也就是说 ζ 和 φ 均为小量，因此，式（8-6）~（8-8）中的非线性项，包括 $\left(\frac{\partial\varphi}{\partial x}\right)^2$，$\left(\frac{\partial\varphi}{\partial y}\right)^2$，$\left(\frac{\partial\varphi}{\partial z}\right)^2$，$\frac{\partial\varphi}{\partial x}\frac{\partial\eta}{\partial x}$，$\frac{\partial\varphi}{\partial y}\frac{\partial\eta}{\partial y}$ 等均可忽略不计，式中的 $\left.\frac{\partial\varphi}{\partial z}\right|_{z=\eta}\approx\left.\frac{\partial\varphi}{\partial z}\right|_{z=0}$，$\left.\frac{\partial\varphi}{\partial t}\right|_{z=\eta}\approx\left.\frac{\partial\varphi}{\partial t}\right|_{z=0}$，仅保留线性项，使问题线性化。

如果研究的水域广阔等深，水深为 h，由微小振幅波动的假定，则二维线性波动基本方程和边界条件可简化为

$$\frac{\partial^2\varphi}{\partial x^2}+\frac{\partial^2\varphi}{\partial z^2}=0 \tag{8-14}$$

$$\frac{\partial\varphi}{\partial t}+\frac{p-p_0}{\rho}+gz=0 \tag{8-15}$$

$$\frac{\partial\eta}{\partial t}=\left.\frac{\partial\varphi}{\partial z}\right|_{z=0} \tag{8-16}$$

$$\left.\frac{\partial\varphi}{\partial t}\right|_{z=0}+g\eta=0 \tag{8-17}$$

$$\left.\frac{\partial\varphi}{\partial \mathrm{z}}\right|_{z=-h}=0 \tag{8-18}$$

其中，式（8-18）为海底的运动学边界条件，由式（8-13）得到。将海面的运动学边界条件式（8-16）和动力学边界条件式（8-17）合并可写成

$$\left.\left(\frac{1}{g}\frac{\partial^2\varphi}{\partial t^2}+\frac{\partial\varphi}{\partial z}\right)\right|_{z=0}=0 \tag{8-19}$$

由于现在是讨论简单波动，设速度势 φ 的波动形式解为

$$\varphi(x,\ z,\ t)=\Phi(z)\cos(kx-\sigma t) \tag{8-20}$$

其中 $\Phi(z)$ 为待定函数，将此式代入到（8-14），得

$$\frac{d^2\Phi}{dz^2}-k^2\Phi=0$$

该方程得通解为

$$\Phi=B_1\mathrm{e}^{kx}+B_2\mathrm{e}^{-kx}$$

其中，B_1、B_2为积分常数。代入式（8-20）中，得

$$\varphi=(B_1\mathrm{e}^{kx}+B_2\mathrm{e}^{-kx})\cos(kx-\sigma t) \tag{8-21}$$

将此式代入边界条件式（8-18）和式（8-19）中，得

$$-\frac{\sigma^2}{g}(B_1+B_2)\cos(kx-\sigma t)+(kB_1-kB_2)\cos(kx-\sigma t)=0$$

$$(kB_1 e^{-kh}-kB_2 e^{\sigma})\cos(kx-\sigma t)=0 \tag{8-22}$$

即

$$(\sigma^2-gk)B_1+(\sigma^2+gk)B_2=0 \tag{8-23}$$

$$e^{-kh}B_1-e^{kh}B_2=0 \tag{8-24}$$

由式（8-24）可得

$$e^{-kh}B_1=e^{kh}B_2=H$$

或写成

$$B_1=De^{kh},\quad B_2=De^{-kh} \tag{8-25}$$

式中 D 为常数，将式（8-25）代入式（8-21）中，得

$$\varphi=(De^{kh}e^{kx}+De^{-kh}e^{-kx})\cos(kx-\sigma t)=2D\,ch[k(h+z)]\cos(kx-\sigma t) \tag{8-26}$$

将此式代入式（8-17）中，可得

$$\eta=-\frac{2D\sigma}{g}\text{ch}(kh)\sin(kx-\sigma t) \tag{8-27}$$

若令 $A=-\frac{2D\sigma}{g}\text{ch}(kh)$，则式（8-26）和（8-27）改写成

$$\varphi=-\frac{gA}{\sigma}\frac{\text{ch}[k(h+z)]}{\text{ch}(kh)}\cos(kx-\sigma t) \tag{8-28}$$

$$\eta=A\sin(kx-\sigma t) \tag{8-29}$$

式（8-28）即为线性波动（微小振幅波动）的势函数表达式；式（8-29）即为线性波动的波面方程，A 为振幅。

2）周期、波长、频散关系和波速

由式（8-29）可知，对某确定点 x，时间 t 每增加 $2\pi/\sigma$，波面 ζ 保持不变，则 $2\pi/\sigma$ 为线性波动的周期，即

$$T=2\pi/\sigma \tag{8-30}$$

σ 称为圆频率，它表示 2π 时间内的振动次数。

类似的，对某时刻 t，在 x 每增加 $2\pi/k$ 距离的不同位置上，波高 ζ 也保持不变，则 $2\pi/k$ 应为线性波动的波长，即

$$L=2\pi/k \tag{8-31}$$

式中，k 称为波数，它表示 2π 长度上波的个数。由式（8-23）和式（8-24）可知，若求出 B_1 和 B_2 不为零的解，必须满足

$$\begin{vmatrix}\sigma^2-gk & \sigma^2+gk\\ e^{-kh} & e^{kh}\end{vmatrix}=0$$

即

$$\sigma^2 = gk\frac{e^{kh} - e^{-kh}}{e^{kh} + e^{-kh}} = gk\ \text{th}(kh) \tag{8-32}$$

此式称为线性波动的频散方程，它是波浪运动中的一个重要关系式。

将式（8-30）和式（8-31）代入式（8-32）中，得线性波动的波长和波速为

$$L = \frac{gT^2}{2\pi}\text{th}\left(\frac{2\pi}{L}h\right) \tag{8-33}$$

$$c = \frac{L}{T} = \frac{gT}{2\pi}\text{th}\left(\frac{2\pi}{L}h\right) \tag{8-34}$$

由此二式可以看出，当水深给定时，波浪周期越长，波长亦就越长，波速也将增加，这样就使不同波长的波动在传播过程中逐渐分离开。这种不同波长（或周期）的波动以不同的速度进行传播最后导致分散的现象，称为波动的频散现象。频散关系式（8-32）是波浪传播过程中的重要特性，只有满足频散关系，波浪才能稳定传播。

3）深水波和浅水波

结果适用于任意水深，而对于深水和浅水条件，各关系式可以相应简化。图 8-3 表示了深水/浅水条件下，波浪参数发生的变化。

（1）深水波。

当水深 h 或 k 趋于无穷大时，有

$$\text{th}(kh) \approx 1,\quad \text{sh}(kh) \approx \frac{1}{2}e^{kh},\quad \text{ch}(kh) \approx \frac{1}{2}e^{kh} \tag{8-35}$$

则微小振幅波动的速度势式（8-28）可简化为

$$\varphi = \frac{-gA}{\sigma}e^{kx}\cos(kx - \sigma t)$$

式（8-32）~（8-34）也可简化为

$$\sigma^2 = gk$$

$$L = gT^2/2\pi$$

$$c = gT/2\pi$$

而波面方程不变。

由以上各式可以看出，在深水情况下波长和波速只与波动的周期有关，而与水深无关。这种波动称为深水波或短波。实际上，当水深 $h \geqslant L/2$，或 $kh > \pi$ 时，式（8-35）已足够精确，所以通常情况下，水深大于波长的一半（$h/L \geqslant 1/2$）的波动均可视为深水波动。

（2）浅水波。

当水深很浅时，即当水深 h 或 k 趋于 0 时，有

$$\text{th}(kh) \approx kh,\quad \text{sh}(kh) \approx kh,\quad \text{ch}(kh) \approx 1 + \frac{1}{2}(kh)^2 \tag{8-36}$$

则线性波动的势函数式（8-28）可简化为

$$\varphi = -\frac{gA}{\sigma}\left[1 + \frac{k^2\ (h + z)^2}{2}\right]\cos(kx - \sigma t)$$

式（8-32）～（8-34）可相应地简化为

$$\sigma^2 = gk^2h$$

$$L = T\sqrt{gh}$$

$$c = \sqrt{gh}$$

由以上各式可以看出，在浅水情况下波速只与水深有关，且与水深的平方根成正比，与波动的性质（波动的周期和波长等）无关。也就是说，任何波浪传到浅水区域后，其传播的速度只受水深控制，波动也不再具有弥散性质了，这种情况下的波动，称为浅水波或长波。通常情况下认为，水深 $h<L/10$，或 $kh<\pi/10$ 时的波动均可视为浅水波动。

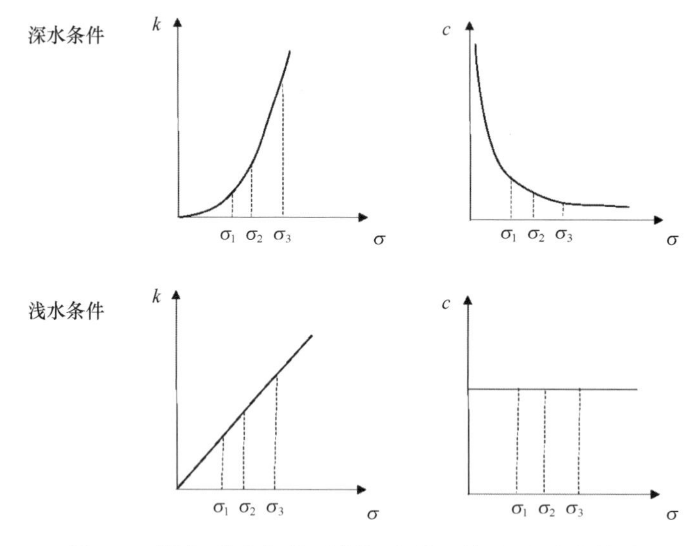

图 8-3　深水/浅水条件下波数-频率、波速-频率的关系

4）速度场和压强场

根据速度势与速度之间的关系式（8-3），由速度势式（8-28）可以得到微小振幅波动中任一海水质点的速度为

$$u = \frac{gkA}{\sigma}\frac{\operatorname{ch}[k(h + z)]}{\operatorname{ch}(kh)}\sin(kx - \sigma t) \tag{8-37}$$

$$w = \frac{-gkA}{\sigma}\frac{\operatorname{sh}[k(h + z)]}{\operatorname{ch}(kh)}\cos(kx - \sigma t) \tag{8-38}$$

将式（8-28）代入式（8-22）中，可得任一海水质点的压强为

$$p = p_0 - \rho gz + \rho gA\frac{\operatorname{ch}[k(h + z)]}{\operatorname{ch}(kh)}\sin(kx - \sigma t) \tag{8-39}$$

可见，任一海水质点的波浪压强由两部分组成：$p_0 - \rho gz$ 为静水压强部分，最后一项为动水压强部分。

对于深水波，由式（8-35），式（8-37）～（8-39）可写为

$$u = A\sigma e^{kx}\sin(kx - \sigma t) \tag{8-40}$$

$$w = - A\sigma e^{kx}\cos(kx - \sigma t) \tag{8-41}$$

$$p = p_0 - \rho gz + \rho gAe^{kx}\sin(kx - \sigma t) = p_0 + \rho g(\zeta e^{kx} - z) \tag{8-42}$$

从上述三式可以看出，海水质点的运动速度随着深度（$-z$）的增加而以指数函数规律迅速减小，当到达一定深度时运动速度消失。例如 $z = - L$ 时，$e^{-kL} = e^{-2\pi} = 0.019$，即流速仅为海面上速度的 0.19%，由此可见“表面”波的性质。而任一海水质点压强中的动水压强部分也是随着深度（$-z$）的增加而以指数规律减小，越靠近海底，动水压强越小（图 8-4）。

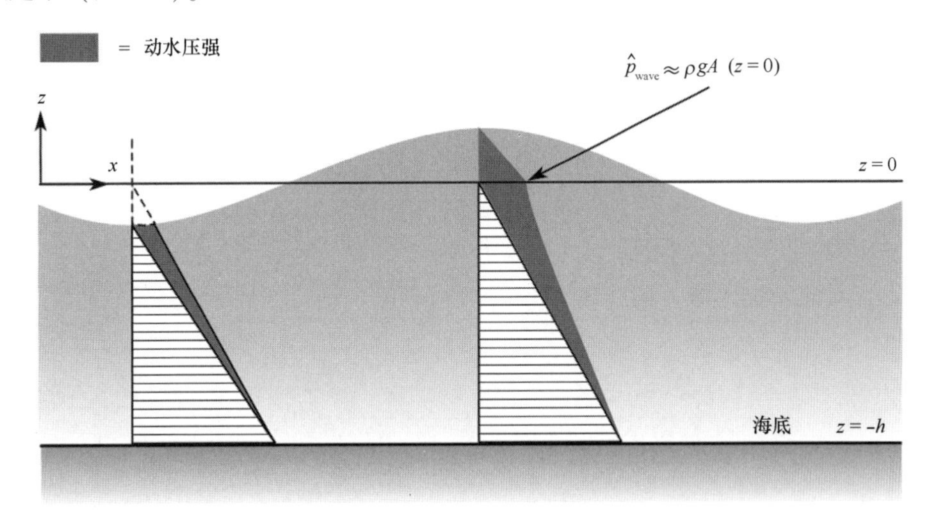

图 8-4　压强场

对于浅水波，由式（8-36），式（8-37）～（8-39）可写为

$$u = \frac{A\sigma}{kh}\sin(kx - \sigma t)$$

$$w = - A\sigma\left(1 + \frac{z}{h}\right)\cos(kx - \sigma t)$$

$$p = p_0 - \rho gz + \rho gA\sin(kx - \sigma t) = p_0 + \rho g(\eta - z)$$

由以上三式可以看出，海水质点的铅垂向速度远小于水平向的速度，并且随深度（$-z$）的增加而逐渐减小，而水平向速度的大小与深度（$-z$）无关，同一铅垂线上各点，从海面到海底，水平向速度均相等，压强分布为静压强规律分布。

5）海水质点运动轨迹与波形传播

式（8-37）和式（8-38）表示任一海水质点在（x，z）处的水平向速度和铅垂向

速度，由于在线性波动理论中假定其振幅相对波长无限小，因此水质点的运动路程极短，所以式（8-37）和式（8-38）中的水质点的实际坐标（x，z）可以近似地用其平衡位置坐标（x_0，z_0）代替，即得

$$\frac{dx}{dt}=u=\frac{gkA}{\sigma}\frac{\mathrm{ch}[(h+z_0)]}{\mathrm{ch}(kh)}\sin(kx_0-\sigma t)$$

$$\frac{\mathrm{d}z}{\mathrm{d}t}=w=-\frac{gkA}{\sigma}\frac{\mathrm{sh}(k(h+z_0)]}{\mathrm{ch}(kh)}\cos(kx_0-\sigma t)$$

以上二式对 t 积分，得

$$x-x_0=\frac{gkA}{\sigma^2}\frac{\mathrm{ch}[k(h+z_0)]}{\mathrm{ch}(kh)}\cos(kx_0-\sigma t)$$

$$z-z_0=\frac{gkA}{\sigma^2}\frac{\mathrm{ch}[k(h+z_0)]}{\mathrm{ch}(kh)}\sin(kx_0-\sigma t)$$

利用频散关系式（8-32），此二式可改写为

$$x-x_0=A\frac{\mathrm{ch}[k(h+z_0)]}{\mathrm{sh}(kh)}\cos(kx_0-\sigma t)$$

$$z-z_0=A\frac{\mathrm{sh}[k(h+z_0)]}{\mathrm{sh}(kh)}\sin(kx_0-\sigma t)$$

由此二式可得海水质点运动轨迹为

$$\frac{(x-x_0)^2}{\left\{A\frac{\mathrm{ch}(k(h+z_0)]}{\mathrm{sh}(kh)}\right\}^2}+\frac{(z-z_0)^2}{\left\{A\frac{\mathrm{sh}[k(h+z_0)]}{\mathrm{sh}(kh)}\right\}^2}=1 \qquad (8-43)$$

此式表明，海水质点的运动轨迹为一椭圆，其半长轴为水平方向，半短轴为铅垂方向。随着离开自由表面向下距离的增加，半长轴和半短轴的大小都逐渐减小，但半长轴变化较慢，而半短轴变化较快。在海底处，半短轴为 0，海水质点只做水平运动。

对于深水波，式（8-43）可简化为

$$(x-x_0)^2+(z-z_0)^2=(A\mathrm{e}^{kx_0})^2$$

此式表明，深水波中海水质点运动轨迹为一圆，而且其半径随深度（$-z$）的增加而迅速减小，当达到一定深度时运动消失，如图 8-5 所示。

对于浅水波，式（8-43）可简化为

$$\frac{(x-x_0)^2}{\left(\frac{A}{kh}\right)^2}+\frac{(z-z_0)^2}{\left[A\left(1+\frac{z_0}{h}\right)\right]^2}=1$$

此式表明，浅水波中海水质点运动轨迹仍为一椭圆，但是其半长轴（水平轴）不随深度（$-z$）而变化，而其半短轴相对于半长轴很短并仍随深度（$-z_0$）的增加而减

小，如图 8-5 所示。

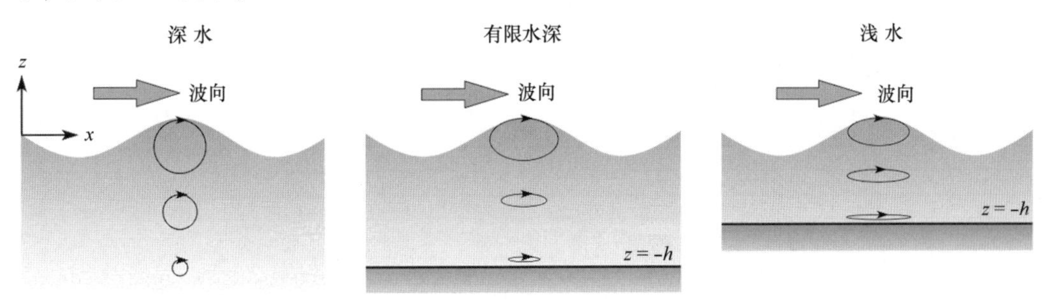

图 8-5　深水、有限水深、浅水条件下，波浪运动的轨迹

需要指出的是，在前面已导出的波速公式（8-34），表示的是整个波形的向前移动速度，而不是水质点的移动速度。也就是说波形以一定的速度向前传播，故称前进波，但有一点要注意，这里所说的是波形传播，而不是海水质点的传播，海水质点围绕各自的静平衡位置作椭圆周运动。波形向前传播完全是由海水质点的运动而产生的，但是它们二者却绝不是一回事。正如麦田中麦浪滚滚向前，而麦株并不跟着向前运动的道理一样。

下面以深水波为例，用沿波面水质点的速度分布，解释说明海水质点的运动与波形传播的关系。如图 8-6 所示，由式（8-29）和式（8-40）可知位于波峰（$kx - \sigma t = \pi/2$）以及波峰以下的水质点，具有正的最大水平向速度，铅垂向速度为 0；位于波谷（$kx - \sigma t = 3\pi/2$）以及波谷以下的水质点，具有负的最大水平向速度，铅垂向速度也为 0；位于波面与静止水面的交点以及该点以下的海水质点，其水平向速度为 0，铅垂向速度最大；而且，位于波峰前部的水质点，速度向上，位于波峰后部的水质点，速度向下。因此无论何时，波峰前部都是海水质点的辐聚区，波面将上升，波峰也将随之向前移动；波谷前部（波峰后部）都是海水质点的辐散区，波面将下降，波谷也将随之向前移动，从而使波形不断向前传播，而海水质点本身却只围绕自己的平衡位置做圆周运动。

总之，由于海水质点的这种不断的、有规律的运动，使波形不断地向前传播。所以波形传播和海水质点的运动是波动的两种表现形式，它们在本质上是不同的，但又是相互联系的。

6）波动的能量和能流

波浪具有巨大的能量，当海水发生波动时，海水质点具有速度，因而具有动能；由于海面的上下起伏，海水质点的位置相对其平衡位置不断发生变化，因而具有势能。另外，对前进波来说，海水的运动状态可以从一点传播到另一点，因而在传播过程中还会伴随着能量的转移。

对于简单波动来说，在一个波长范围内，其海水总质量是一定的，它等于无波动

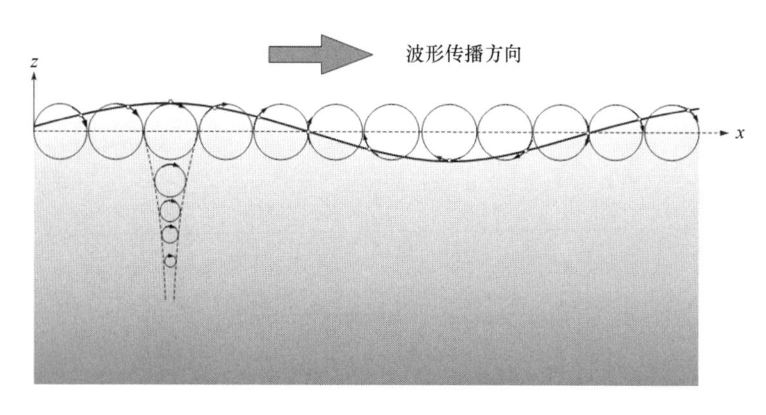

图 8-6　水质点的水平向速度与垂向速度

时在同一范围内的流体质量。所以，在讨论波动的动能和势能时，一般总是取一个波长范围来讨论。此外，在讨论波动的势能时，总要预先选定一个势能为 0 的参照面，一般选静止海面。也就是说，讨论的波动势能是相对于无波动的静止状态而言的。

在二维前进波中，沿波动传播方向（x 轴方向）取一个波长长度，沿波峰线方向（y 轴方向）取单位宽度，从海面到海底范围内的海水所具有的波动动能为

$$E_k = \int_0^L \int_{-h}^{\eta} \frac{1}{2}\rho(u^2 + w^2)\,\mathrm{d}z\mathrm{d}x \tag{8-44}$$

考虑到微小振幅的假定，$z=\eta$ 用 $z=0$ 代替，上式可写为

$$E_k = \int_0^L \int_{-h}^{0} \frac{1}{2}\rho(u^2 + w^2)\,\mathrm{d}z\mathrm{d}x \tag{8-45}$$

将式（8-37）和式（8-38）代入上式，然后积分可得

$$E_k = \frac{1}{4}\rho g A^2 L \tag{8-46}$$

在相同区域内的势能为

$$E_p = \int_0^L \int_0^{\eta} \rho g z\,\mathrm{d}z\mathrm{d}x$$

将式（8-32）代入上式，然后积分可得

$$E_p = \frac{1}{4}\rho g A^2 L \tag{8-47}$$

总能量应为动能与势能之和，即

$$E = E_k + E_p = \frac{1}{2}\rho g A^2 L \tag{8-48}$$

显然，$E_k = E_p = E/2$，即对于微小振幅波动，动能与势能相等，均为总能量的一半。波动的总能量与波动振幅的平方成正比。式（8-44）~（8-48）适用于任意水深，对深水波和浅水波，结果是相同的。以上指的是波动的总能量，至于能量的时空分布，

在海水内部却是不断变化的。事实上，由于波动随深度的增加而迅速减小，因此，能量主要集中在海面附近，这也体现了波动的表面性。单位面积水体内的平均总能量为

$$\bar{E}=E/L=\frac{1}{2}\rho gA^2$$

线性波动在传播过程中，由于海水质点的运动轨迹是封闭的，它不会引起质量输运，但波动会引起能量的输运，单位时间内通过波峰线方向上单位宽度的铅垂断面的能量，称为波动的能流。它应等于该平面外侧有效压强所做的功。

由式（8-39）可得波动的能流为

$$P=\int_{-h}^{\eta}\rho gA\frac{\mathrm{ch}[k(h+z)]}{\mathrm{ch}(kh)}\sin(kx-\sigma t)\cdot u\mathrm{d}z$$

将式（8-37）代入上式，然后积分可得

$$P=\frac{1}{2}\rho gA^2c\left[1+\frac{2kh}{\mathrm{sh}(2kh)}\right]\sin^2(kx-\sigma t)$$

显然，波动的能流随时间而变。在一个周期内的平均能流为

$$\bar{P}=\frac{1}{T}\int_0^T P\mathrm{d}t=\frac{1}{2}\rho gA^2\cdot\frac{c}{2}\left[1+\frac{2kh}{\mathrm{sh}(2kh)}\right]$$

对于深水波，$kh\to\infty$，$\dfrac{2kh}{\mathrm{sh}(2kh)}\to 0$，于是平均能流为

$$\bar{P}=\frac{1}{2}\rho gA^2\cdot\frac{c}{2}=\bar{E}\cdot\frac{c}{2}$$

对于浅水波，$kh\to 0$，$\dfrac{2kh}{\mathrm{sh}(2kh)}\to 1$，于是平均能流为

$$\bar{P}=\frac{1}{2}\rho gA^2\cdot c=\bar{E}\cdot c$$

由此可见，波动总能量的传递速度与波速是不同的。在深水中，波动总能量是以半波速向前传递，随着水深 h 的减小，波动总能量的传递速度加大。在浅水中，波动总能量的传递速度与波速相同。波动所具有的能量是相当可观的。例如，波高为 3 m、周期为 7 s 的一个波动，跨过 10 km 宽的海面，其功率为 6.3×10^5 kW。海浪能量之大可见一斑。

8.2.2　波的叠加

实际海洋中的波浪现象是十分复杂的，远非上述的简单波动所能解释和说明。例如，在陡峭的海岸码头附近和港湾内，波动的反射会造成驻波。在海洋中，波浪的传播往往是一群一群的，个别波动的振幅并不相等，且随时随地变化着。但是，如果将简单波动叠加，就可以说明一些比较复杂的波动。

1）驻波

设有两列振幅、周期、波长均相等，但传播方向相反的前进波

$$\eta_1 = A\sin(kx - \sigma t)$$

$$\eta_2 = A\sin(kx + \sigma t)$$

相遇叠加，合成后的波动为

$$\eta = \eta_1 + \eta_2 = 2A\sin(kx)\cdot\cos(\sigma t)$$

由此式可以看出，这种合成波动在 $kx=n\pi$（$n=0$，±1，±2，…）处，总为0，波面始终没有升降，这些点称为波节或节点；而在 $kx=(n+1/2)\pi$（$n=0$，±1，±2，…）处，波面具有最大的铅垂向升降，振幅为 $2A$，即为合成前振幅的2倍，这些点称为波腹或腹点。在波节与波腹之间的波面升降幅度在0~$2A$之间。随着时间的变化，波节两侧的波面，一侧上升，另一侧下降，在 $t=(2n+1)T/4$（$n=0$，±1，±2，…）时，波面水平。这种波形不向外传播，波面只在原地振动的波动，称为驻波。如图8-7所示，实际波面在图中虚线所示的极限范围内振动。

若水深为有限深，由式（8-28），驻波的速度势为

$$\varphi = -\frac{gA}{\sigma}\frac{\mathrm{ch}[k(h+z)]}{\mathrm{ch}(kh)}\cos(kx - \sigma t) + \frac{gA}{\sigma}\frac{\mathrm{ch}[k(h+z)]}{\mathrm{ch}(kh)}\cos(kx + \sigma t)$$

$$= -\frac{gA}{\sigma}\frac{\mathrm{ch}[k(h+z)]}{\mathrm{ch}(kh)}\sin(kx)\sin(\sigma t)$$

由此求得海水质点的速度分布为

$$u = -\frac{gkA}{\sigma}\frac{\mathrm{ch}[k(h+z)]}{\mathrm{ch}(kh)}\cos(kx)\sin(\sigma t) \tag{8-49}$$

$$w = -\frac{gkA}{\sigma}\frac{\mathrm{sh}[k(h+z)]}{\mathrm{ch}(kh)}\sin(kx)\sin(\sigma t) \tag{8-50}$$

由式（8-15）求得压强分布为

$$P = p_0 - \rho gz + \rho gA\frac{\mathrm{ch}[k(h+z)]}{\mathrm{ch}(kh)}\sin(kx)\cos(\sigma t)$$

由式（8-49）和式（8-50）可以看出，在波节处 $kx=n\pi$（$n=0$，±1，±2，…）海水质点的铅垂向流速为0，只有水平向流速；在波腹处 $kx=(n+1/2)\pi$（$n=0$，±1，±2，…），海水质点的水平向流速为0，只有垂向流速。在波腹和波节中间那些点，既有水平向流速又有铅垂向流速。当波面处于上升过程，波腹处海水质点作向上运动，左右两边的海水向它辐聚，它左边波节处的海水质点向右做水平运动，而它右边波节处的海水质点则向左做水平运动。当波面处于下降过程，海水质点的运动与波面上升时正好相反。当波面处于最高或最低位置时，海水质点的流速为0，波面升降速度为0；当波面处于水平位置时，海水质点的流速绝对值最大，波面升降也最快。

与前面类似，利用近似式

$$\frac{dx}{dt} = u = -\frac{gkA}{\sigma}\frac{\text{ch}[k(h+z_0)]}{\text{ch}(kh)}\cos(kx_0)\sin(\sigma t)$$

$$\frac{dz}{dt} = w = -\frac{gkA}{\sigma}\frac{\text{sh}[k(h+z_0)]}{\text{ch}(kh)}\sin(kx_0)\sin(\sigma t)$$

求解得

$$x - x_0 = A\frac{\text{ch}[k(h+z_0)]}{\text{ch}(kh)}\cos(kx_0)\sin(\sigma t)$$

$$z - z_0 = A\frac{\text{sh}[k(h+z_0)]}{\text{ch}(kh)}\sin(kx_0)\sin(\sigma t)$$

两式相除，得

$$\frac{z - z_0}{x - x_0} = \text{th}(h+z_0)\cdot\tan(kx_0)$$

此式表明，驻波中的海水质点的运动轨迹是一段直线，每个海水质点均以自己的平衡位置（x_0，z_0）为中心，沿方向为 $\arctan[\text{th}(h+z_0)\cdot\tan(kx_0)]$ 的直线来回运动。具有不同平衡位置的海水质点其运动的方向不同。在波节处 $kx=n\pi$（$n=0$，±1，±2，…），海水质点几乎沿水平方向振动；在波腹处，$kx=(n+1/2)\pi$（$n=0$，±1，±2，…），海水质点沿铅垂方向振动随着深度（$-z$）的增加，海水质点振动的振幅迅速减小。

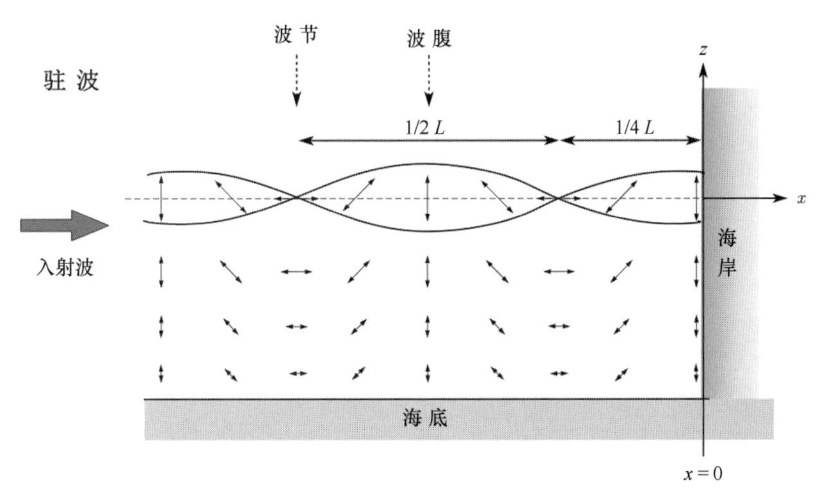

图 8-7　驻波示意图

2）波群

海洋中的波浪常常以“群”的形式出现。其主要特征是，在固定地点，有时出现振幅较大的波动，有时出现振幅较小的波动，两者相继交错发生，看起来波是一群一群出现的，所以这种现象称作波群。

波群现象是无法用简单的波动来解释的，它是波与波的干涉而形成的。当许多周期和波长不同但很接近的简单波动沿同一个方向传播时，就会形成波群。如图 8-8 所示，有两个振幅相同，但波长和周期稍有不同的正弦波同时在海水中沿同一方向传播，叠加以后的波形如图 8-8 所示，因而就使得叠加后波动的振幅由小到大，又由大到小地有规律地排列，它们的包络线也形成一条正弦曲线，如图 8-8 中虚线所示。包络线所表示的波形也是向前传播的，其传播的速度称为群速。群速一般慢于其中的个别波的波速，如果跟踪某一个别波就会看到，当它刚进入一个波群时，它的振幅较小，在继续向前传播的过程中逐渐增大，当到达波群的中央时变得最大，继而又逐渐减小，最后离开这个波群继续前进，把刚才所穿过的波群抛在后面。

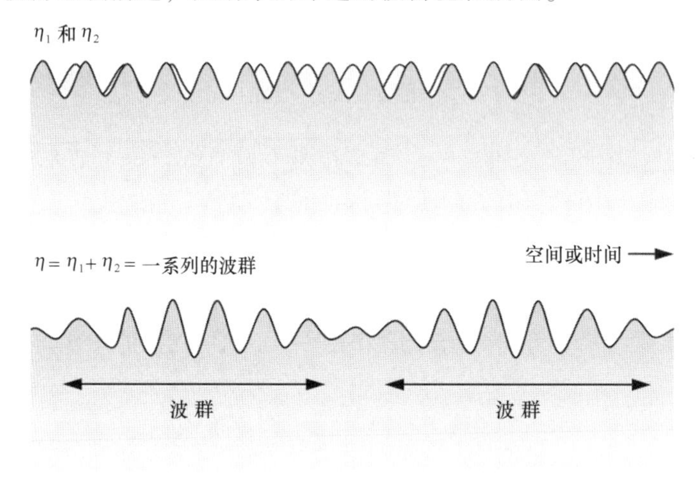

图 8-8 两波长相近的波叠加而形成波群

设有两个振幅相等且均为 A、波数很接近且分别为 k 和 k'、固有频率很接近且分别为和 σ 、波长很接近且分别为 L 和 L'的正弦波

$$\eta_1 = A\sin(kx - \sigma t)$$

$$\eta_2 = A\sin(k'x - \sigma' t)$$

同时在海水中沿 x 轴正向向前传播，二者叠加的结果可表示为

$$\eta = \eta_1 + \eta_2 = A\sin(kx - \sigma t) + A\sin(k'x - \sigma' t)$$

$$= \underbrace{2A\cos\left(\frac{k-k'}{2}x - \frac{\sigma-\sigma'}{2}t\right)}_{\text{包络/幅度调制}} \cdot \underbrace{\sin\left(\frac{k+k'}{2}x - \frac{\sigma+\sigma'}{2}t\right)}_{\text{载波}} \quad (8-51)$$

此式的前一部分

$$\eta_g = 2A\cos\left(\frac{k-k'}{2}x - \frac{\sigma-\sigma'}{2}t\right) \quad (8-52)$$

代表一种波形，就是波群的包络线，其振幅为 2A，波数为（$k-k'$）/2，圆频率为（$\omega-\omega'$）/2，传播速度为

$$c_g=\frac{(\sigma-\sigma')/2}{(k-k')/2}=\frac{\sigma-\sigma'}{k-k'}\approx\frac{\mathrm{d}\sigma}{\mathrm{d}k} \tag{8-53}$$

称之为群速，群长为

$$L_g=\frac{2\pi}{(k-k')h}=\frac{4\pi}{\frac{2\pi}{L}-\frac{2\pi}{L'}}=\frac{2LL'}{L'-L} \tag{8-54}$$

可见，L_g远大于 L 和 L'，并且两个正弦波动的波长越接近，即 $L'-L$ 越小，L_g也就越长。

式（8-51）的后一部分表示波群中的个别波，其波数为（$k+k'$）/2，圆频率为 $(\sigma+\sigma')/2$，由于 k 和 k' 很接近，σ 和 σ' 很接近，所以（$k+k'$）/2 $\approx k$ 或 k'，$(\sigma+\sigma')/2\approx\sigma$ 或 σ'，显然，个别波就是原来的正弦波，波速为

$$c=\frac{(\sigma+\sigma')/2}{(k+k')/2}\approx\frac{\sigma}{k}\approx\frac{\sigma'}{k'}$$

若不止两个简单的正弦波动，而是一组简单的正弦波动沿同一方向向前传播，它们的波数、圆频率、波长和周期都很接近，但振幅相等均为 A。则这组正弦波动的波数范围为 $k_0-\Delta k\sim k_0+\Delta k$，圆频率范围为 $\sigma_0-\Delta\sigma\sim\sigma_0+\Delta\sigma$，于是，这一组波动叠加形成的波剖面可表示为

$$\eta=\int_{k_0-\Delta k}^{k_0+\Delta k}A\mathrm{e}^{\mathrm{i}[kx-\sigma(k)t]}\mathrm{d}k \tag{8-55}$$

将频散关系=σ（k）在 k 附近按泰勒级数展开

$$\sigma(k)=\sigma[k_0+(k-k_0)]=\sigma(k_0)+(k-k_0)\left.\frac{\mathrm{d}\sigma}{\mathrm{d}k}\right|_{k=k_0}+\cdots$$

代入式（8-55）中，得

$$\begin{aligned}\eta&\approx A\int_{k_0-\Delta k}^{k_0+\Delta k}\mathrm{e}^{\mathrm{i}[k_0+(k-k_0)]x-\mathrm{i}\left[\sigma(k_0)+(k-k_0)\frac{\mathrm{d}\sigma}{\mathrm{d}k}|_{k=k_0}\right]t}\mathrm{d}k\\&=A\mathrm{e}^{\mathrm{i}[(k_0x-\sigma(k_0)t)]}\int_{k_0-\Delta k}^{k_0+\Delta k}\mathrm{e}^{\mathrm{i}\left[(k-k_0)x-(k-k_0)\frac{\mathrm{d}\sigma}{\mathrm{d}k}|_{k=k_0}t\right]}\mathrm{d}k\end{aligned}$$

作变换，令 $\beta=(k-k_0)/k$，则

$$\begin{aligned}\eta&=A\mathrm{e}^{\mathrm{i}[k_0x-\sigma(k_0)t]}\int_{-\Delta k/k_0}^{\Delta k/k_0}k_0\mathrm{e}^{\mathrm{i}\left[k_0\left(\beta x-\beta x\frac{\mathrm{d}\sigma}{\mathrm{d}k}\Big|_{k=k_0}\right)\right]}\mathrm{d}k\\&=2A\frac{\sin\left[\Delta k\left(x-t\left.\frac{\mathrm{d}\sigma}{\mathrm{d}k}\right|_{k=k_0}\right)\right]}{x-t\left.\frac{\mathrm{d}\sigma}{\mathrm{d}k}\right|_{k=k_0}}=A\mathrm{e}^{\mathrm{i}[k_0x-\sigma(k_0)t]}\end{aligned} \tag{8-56}$$

此式表明，当一组振幅相等但波长和周期等都很接近的正弦波动沿同一方向传播时，叠加后的波动近似于一种振幅缓慢变化着的正弦波，这种振幅变化的波称为个别波

$$A' = \left\{2A\ \sin\left[\Delta k\left(x - t\left.\frac{\mathrm{d}\sigma}{\mathrm{d}k}\right|_{k=k_0}\right)\right]\right\} \Big/ \left(x - t\left.\frac{\mathrm{d}\sigma}{\mathrm{d}k}\right|_{k=k_0}\right)$$

为包络线，它以群速 $c_g = \left.\frac{\mathrm{d}\sigma}{\mathrm{d}k}\right|_{k=k_0}$ 向前传播。图 8–9 为根据式（8–56）所绘制的示意图。

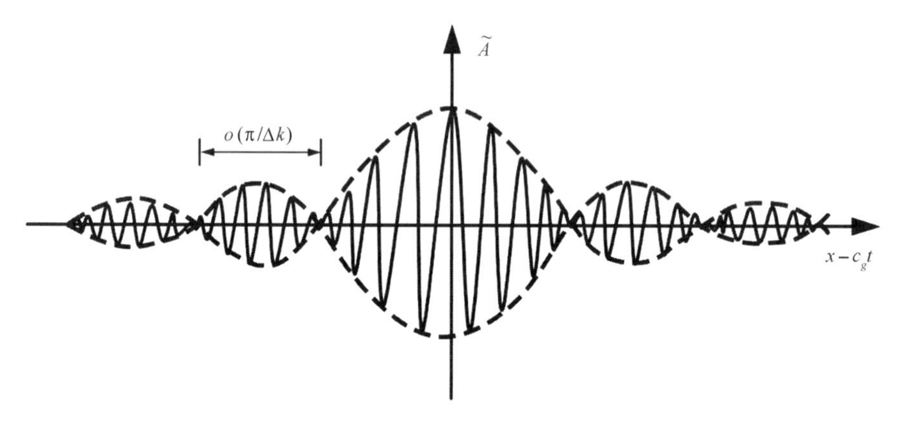

图 8–9　窄频带的波群

对有限水深海域中的波群，群速的大小可由式（8–53），将频散关系式（8–32）代入得

$$c_g = \frac{\mathrm{d}\sigma}{\mathrm{d}k} = \frac{1}{2}\frac{\sigma}{k}\left[1 + \frac{2kh}{\mathrm{sh}(2kh)}\right] = \frac{c}{2}\left[1 + \frac{2kh}{\mathrm{sh}(2kh)}\right]$$

对于深水情形可简化为

$$c_g = c/2$$

对于浅水情形可简化为

$$c_g = c$$

由以上三式可以看出，在一般情况下波速大于群速，即 $c \geqslant c_g$，因此，个别波是从波群的后面穿过波群在其前面传播。

第 3 节　非线性波

在微小振幅波动理论中，为使问题简化，假定了波动振幅相对于波长为无限小，将波动的速度势所满足的方程和边界条件进行了线性化处理，其结果定性地解释了一些实际波动现象。但是，实际海洋中的海浪，波高常常达数米以至数十米，波面振幅

较大，相对于波长不能视为无限小，或者有时水深较浅时（波高和水深的比值，波高和波长的比值较小的情况下），线性化的处理将带来较大的误差。因而微小振幅波动理论的结果有很大的局限性，很多实际海浪现象它都无法解释。比如，海浪的波高增大，波峰变陡变尖，波谷变平，发生破碎现象以及海水质点的运动轨迹不是封闭的圆或椭圆等。本节讨论的有限振幅波动，取消了振幅为无限小的假设，认为振幅是有限的，其结果能够解释微小振幅波动理论所不能说明的一些实际波动现象。有限振幅波不再是简单的正弦（或余弦）曲线，而是波峰较陡、波谷较平坦的非对称曲线，这是非线性项的作用所致，即所谓的非线性理论。通常采用 Ursell 数来量化非线性的程度，其主要考虑了波陡和波高与水深之比：

$$N_{\text{Ursell}} = \frac{H/L}{(d/L)^3} = HL^2/d^3$$

其中，H 为波高，L 为波长，d 为水深。当 $N_{\text{Ursell}} > 26$ 时，可采用椭圆余弦波理论；而当 $N_{\text{Ursell}} < 10$ 时，通常采用 Stokes 波理论；当 N_{Ursell} 介于 10 和 26 之间时，两者兼可参考。这通常是由于水深或浅水条件下波陡较大造成的。

对有限振幅波动的研究，最早由 Stokes 提出来的，所以又称为 Stokes 波理论。其后，许多学者经过进一步研究，不仅在数学上严格地证明了 Stokes 波的存在，而且使研究成果在海洋工程方面得到了广泛的应用。有限振幅波动的理论有很多，本文主要介绍 Stokes 波、椭圆余弦波和孤立波。

8.3.1　Stokes 波

关于 Stokes 波的理论研究，涉及很烦琐的数学推导。限于篇幅，以下仅介绍一种相对简便的方法。除去振幅无限小的假定之外，Stokes 波与微小振幅波动类似，也假定海水是不可压缩的、无黏性的理想流体，质量力只有重力，运动是无旋的，表面压强均匀等值为常量。在线性波理论中，具有谐波表面轮廓的波，建立了线性化的基本方程和边界条件，而 Stokes 波理论可以被认为是对线性波动过程的修正，因而 Stokes 理论仍然是用速度势表示的。

在 Stokes 波理论中，谐波的波面考虑了高阶的修正项，以二阶 Stokes 波为例，其波面函数修正为

$$\eta = A\sin(kx - \sigma t) + \varepsilon^2\eta_2(x,\ t)$$

其中，$\varepsilon^2\eta_2(x,\ t)$ 为额外的谐波项，基于线性波理论的解，对非线性方程进行求解，可以得到其表达式为

$$\varepsilon^2\eta_2(x,\ t) = kA^2\frac{\cosh(kh)}{4\sinh^3(kh)}[2 + \cosh(2kh)]\cos[2(\sigma t - kx)]$$

该项即为 Stokes 波的二阶项，由其表达式即可看出，其高阶项往往有着复杂的推导过程。振幅为恒定值，且相速度相等，意味着表面轮廓不存在时间或空间上演变。波浪

是水平对称的波峰和垂直不对称（在平均海平面周围）：波浪波峰比谐波更尖锐，波谷比谐波更平坦（见图 8-10）。此外，波峰位于波高的一半以上高于平均水位。采用类似的方法，Stokes 波可进一步推导得出更高阶的项，将会使得波面的表达式变的更为复杂。

$$\eta = A\sin(kx - \sigma t) + \varepsilon^2\eta_2(x, t) + \varepsilon^3\eta_3(x, t) + \cdots$$

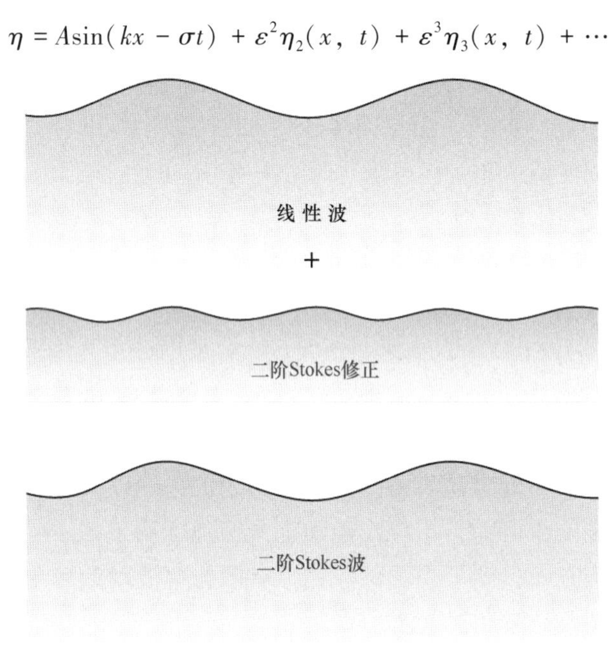

图 8-10　二阶 Stokes 波波面

8.3.2　椭圆余弦波和孤立波

在 Stokes 非线性波理论中，其高阶项仍然是基于正弦波理论展开的，而在水深足够浅的条件下，这是不适合的。因为波陡的非线性修正，需考虑有限水深对波面的影响。在椭圆余弦波理论中，采用了修正的波面表达式，从而体现了波面的非线性特征，由于椭圆余弦波的理论是较为复杂的，因而本书中，并未对其理论进行详细的介绍。图 8-11 示意了椭圆余弦波的波面，可见，其波峰波谷存在明显的不对称性，波峰较短，而波谷则较长。

图 8-11 中同样给出孤立波的波面，顾名思义，孤立波即为单个孤立的波动，也可以理解为其波长为无限长，孤立波在真实海洋中是真实存在的，且能传播很长的距离，其峰高和水深的比值不一定是小量。目前，孤立波的产生机制等问题尚没有明确。

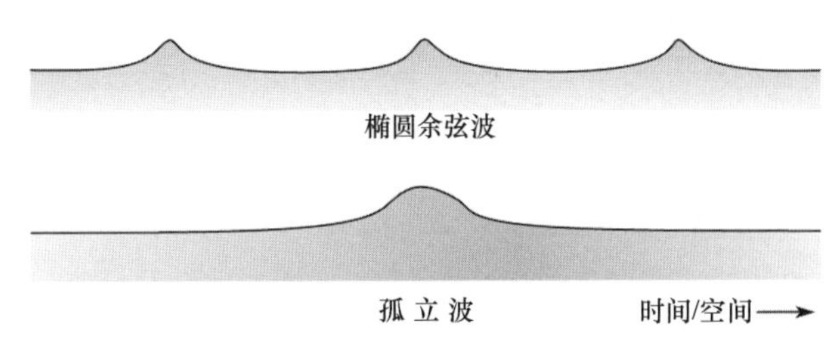

图8-11　二阶 Stokes 波波面

第4节　随机海浪

随机海浪，即真实海洋中的海浪，通常通过描述其统计特征来对其进行定量分析，或者采用波谱分析法。采用的数据，通常是一段时间（如15~30 min）的波浪记录，在这段时间内的波浪能够较好地满足基本的统计特性要求，如正态性、各态历经性等，才能真正反映实际海洋波浪的真实情况。而波谱分析是为人们提供的一种把海上实测波浪同理想化波浪联系起来的方法，能够有效的表示随机海浪的特征，并根据波谱计算得到一些波浪的参数。这一节主要介绍了如何采用这两种方法对随机海浪进行分析。

8.4.1　常用的统计波高及其相互关系

图8-12为随机海浪的波面过程，可采用上跨零点法来确定波面过程中相邻两个零点位置的时间间隔（Δt），波的周期 T_i，即图中两个跨零点之间的间隔，而时间间隔内的波峰和波谷之间的距离为波高 H_i，由此得到了一系列的波浪数据样本（H_1，H_2，…，H_n）。图8-13为波高的概率分布示意图，图中阴影部分为部分大波的概率。

1）平均波高

根据一段连续波高记录的样本分别为 H_1，H_2，…，H_n，则此段时间的平均波高等于

$$\bar{H} = \frac{1}{n}(H_1 + H_2 + \cdots, H_n) = \frac{1}{n}\sum_{i=1}^{n} H_i$$

此均值反映了系列的平均情况，即系列的水平，另外随着系列项数的增加，均值愈趋稳定。

2）均方根波高（H_{rms}）

$$H_{rms} = \sqrt{\frac{\sum_{i=1}^{n} H_i{}^2}{n}}$$

由于波浪能量正比于波高的平方，所以均方根波高反映波浪能量的平均状态。在

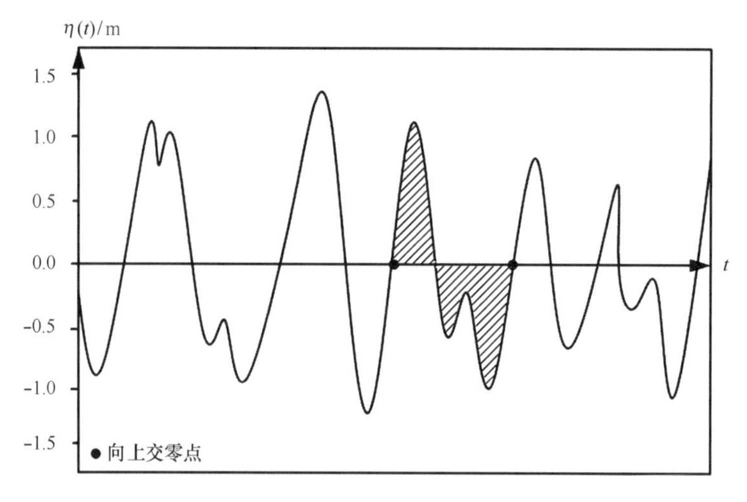

图 8-12 随机海浪波面

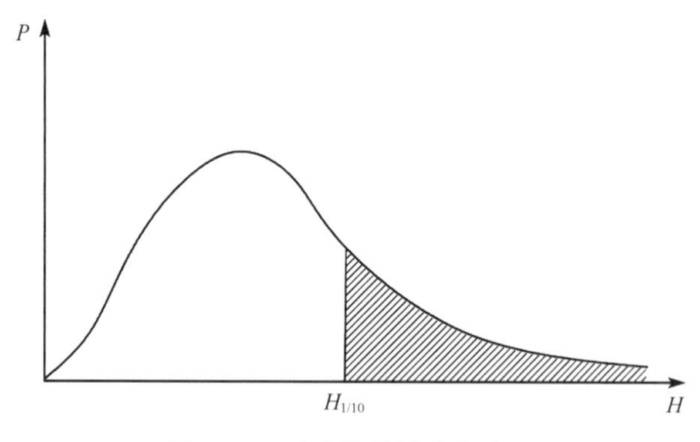

图 8-13 波高的统计分布关系

某些理论工作中，这种波高是很有用的。

3）部分大波波高（H_p）

指在某一次观测或一列波高系列中，按大小将所有波高排列起来，并就最前的 P 个波的波高计算平均值，称为该部分大波的波高。例如共观测 1000 个波，最高的前 10 个、100 个和 333 个波的平均值，即为前 1/100，1/10，1/3 波高值，可表示为 $H_{1/100}$，$H_{1/10}$，$H_{1/3}$。部分大波平均波高反映出海浪的显著部分或特别显著部分的状态。习惯上还将 $H_{1/3}$称为有效波高。

4）最大波高（H_{max}）

有时指某次观测中，实际出现的最大一个波高；有时指根据统计规律推算出的在某种条件下出现的最大波高。

5）各种波高间的换算

在实际工作中，对上面提及的几种波高之间的相互关系均有专门表可查，这些专

门表是利用波高的分布函数来求出各种波高间的关系而制成的。例如

$$\frac{H_{1/100}}{H}=2.663,\quad \frac{H_{1/10}}{H}=2.032,\quad \frac{H_{1/3}}{H}=1.598$$

$$\frac{H_{1/100}}{H_{1/10}}=1.311,\quad \frac{H_{1/100}}{H_{1/3}}=1.666,\quad \frac{H_{1/10}}{H_{1/3}}=1.272$$

更多的相对应关系，可参照海港水文规范等工程应用相关的海浪计算规范。

8.4.2　海浪谱

用波谱来描述海浪的目的不仅仅是描述海面的一次观测记录，更是为了描述海面波浪这一随机过程，即表征所有可能的发生的波浪的整体情况。因此，一个观察被视为一个认识随机过程。根据随机相位/振幅模型得到波浪谱，即描述海浪的最重要形式。为了得到精确的近似值，我们假定复杂风浪是由许多简谐周期波叠加而成的，并且这些波浪组成波的相速和群速都与深水波相同。略去沿途一定数量的摩擦损失，就可以在任何时间内把各个谱分量加起来，对观测到的大洋表面波进行波谱分析，从而得到和海面观测十分接近的统计特性（图 8-14）。由于能量从波谱的一部分向另一部分的转移很少，波浪与波浪之间的相互作用也很小，所以用这种数学方法效果甚好。

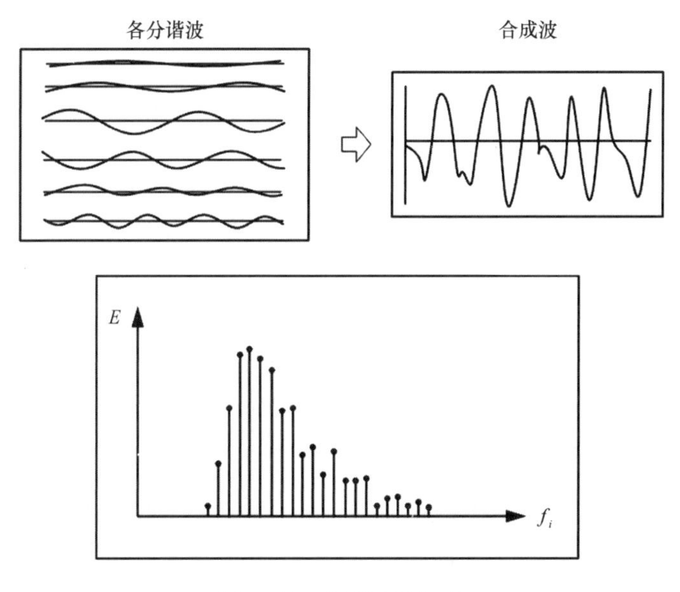

图 8-14　海浪谱的原理

1）频率谱

海浪的能量谱是随机海浪的一种重要形式，通常是由波面过程的谱分析得到。假如不考虑波浪传播方向计算得到与频率相关的频率谱 $S(f)$。频率谱的计算可以通过傅

里叶变换的方式，计算其功率谱密度函数。如图 8-15 所示，如单色波的情况下，仅存在单个频率的波浪，那么得到的海浪谱为单个频率上的值，谱的能量强度则和波高有关。而当海浪存在多个频率或周期，其频率或周期又较为接近，则会形成窄谱，即谱宽度较窄，该类波动往往表现出较好的波群特征。而真实海洋中的海浪，通常存在着许多的不同周期的子波，当这些子波组合起来传播时，观测到的波面过程则会表现出强的随机性，形成宽谱，即谱宽度较宽。

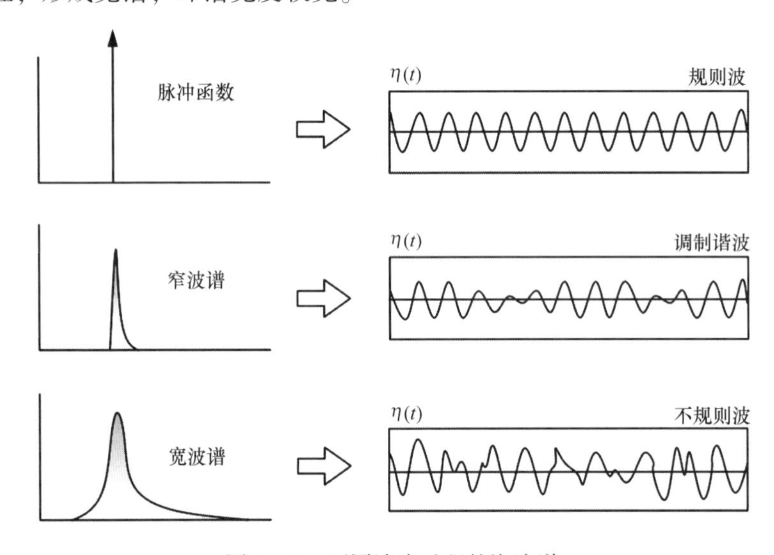

图 8-15　不同波浪过程的海浪谱

2）方向谱

真实海洋中的海浪往往是有不同的传播方向的，并且在某一位置处（如某浮标站）的海浪是由四面八方的海浪传播而来的，那么也就存在着海浪方向的分布问题。波向亦是随机海浪十分重要的要素之一。而海浪的方向谱常常是难于观测的，与频率谱类似，基于观测数据将海浪的谱密度在不同方向上进行分割开来。而不同的是，方向谱是归一化的。即方向谱分布函数的积分等于 1，即

$$\int_{-\pi}^{\pi} D(\theta)\,\mathrm{d}\theta = 1$$

方向谱是构成二维海浪谱的重要组成部分，有了方向谱才能更好地刻画真实海洋中的海浪。图 8-16 为不同的方向谱函数所示的方向谱分布。由图可见，当 s 值较大时，方向谱的分布更为集中，而 s 值较小时，空间分布更为均匀。方向谱函数如下

$$D(\theta) = M\cos^{2s}\theta$$

其中，M 为满足其积分等于的常数，不同 s 值所对应的 M 值亦有所不同。

3）二维海浪谱

二维海浪谱即为频率-波向的组合谱，可以更好地来描述真实海洋中的海浪。采用

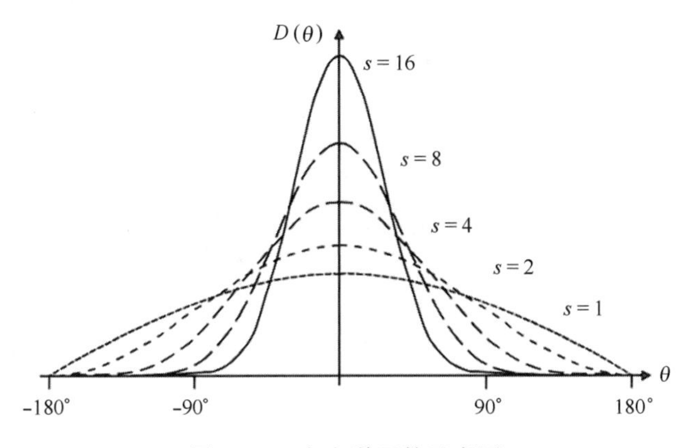

图 8-16　方向谱函数示意图

前面子波分割的方法，我们假设不同的子波有着不同的频率、振幅和方向，如图 8-17 所示，当他们进行叠加时，则十分接近真实海洋中看似毫无规则的波面形态。即有

$$S(f,\ \theta) = S(f)\cdot D(\theta)$$

而在二维谱的谱形中，则是类似于将频率谱在不同方向角进行了分配，即对应的每一个 f_i 上的能量，均能在方向角内分配。

这里，我们引入阶矩的概念，来将定义其与波高之间的关系

$$m_n = \int_0^\infty \int_{-\pi}^\pi f^n S(f,\ \theta)\,\mathrm{d}f\mathrm{d}\theta$$

m_n 成为 n 阶矩。例如

$$m_0 = \int_0^\infty \int_{-\pi}^\pi S(f,\ \theta)\,\mathrm{d}f\mathrm{d}\theta$$

即为对谱密度函数积分，谱的面积为波浪的能量，即

$$m_0 = \frac{1}{8}H_{rms}^2$$

而

$$H_{1/3} = 4\sqrt{m_0}$$

另外，有波浪的平均周期，可以由谱关系

$$\overline{T} = \left(\frac{m_0}{m_2}\right)^{1/2}$$

目前的海浪数值模型中，最为经典和常用的模型（如 SWAN 模型）是基于能量谱平衡的模型。基于能量谱的计算能充分的保障模型的稳定性和计算能力。

4）典型海浪谱

主要介绍几种经典的海浪谱。常用的海浪谱有 Neumann 谱、PM（Pierson－Moskowitz）谱、文氏谱，以及最为知名的 JONSWAP 谱。Neumann 谱是基于较早期的观测资料得到的，因而现在已较少使用。

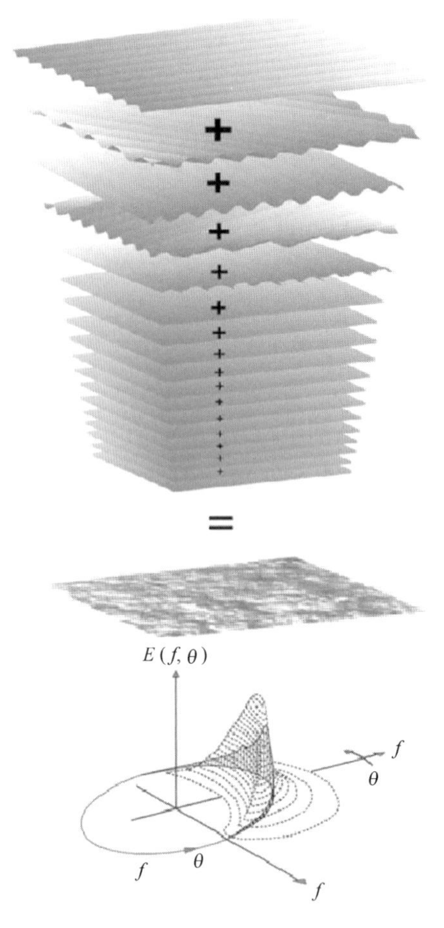

图 8-17　二维海浪谱形成示意图

（1）PM 谱。

在风浪区范围足够长且经过定常风长期作用的情况下，风浪与对其输入的能量已经达到一种平衡，达到充分成长的状态。此时形成的海浪谱即是 PM 谱。其数学表达式为

$$S(f)=\alpha g^2(2\pi)^{-4}f^{-5}\exp\left[-\frac{5}{4}\left(\frac{f}{f_p}\right)^{-4}\right]$$

其中，α 为能量尺度，根据其观测数据取 0.008 1，f_p为谱峰频率。由于 PM 谱是风浪充分发展情况下的海浪谱，因而谱峰频率通常与风速有关。无量纲化的谱峰频率

$$f_p U_{19.5}/g=0.14$$

（2）JONSWAP 谱。

知名的 JONSWAP（Joint North Sea Wave Observation Project）谱来源于欧洲北海的长期观测资料，该谱谱峰位置发生一定的增长，体现了波浪的非线性作用，其谱函数可以看作是在 PM 谱的基础上，在谱峰处存在进一步地增长，其表达式为该图谱可以看

作在 PM 谱的基础上谱峰处出现了进一步地增长，是波浪非线性作用的体现。JONSWAP 谱的表达式为

$$S(f) = \alpha g^2 (2\pi)^{-4} f^{-5} \exp\left[-\frac{5}{4}\left(\frac{f}{f_p}\right)^{-4}\right] \gamma^{\exp\left[-\frac{1}{2}\left(\frac{f/f_p-1}{\sigma}\right)^2\right]}$$

谱峰增长因子 γ 通常取 3.3，而

$$\sigma = \begin{cases} 0.07, & f < f_p \\ 0.09, & f > f_p \end{cases}$$

由于 JONSWAP 观测的风区长度较为有限，未能考虑到充分成长的波浪。图 8-18 是 JONSWAP 实验中不同风区长度的风浪谱，可见，风区是限制风浪成长的重要因素。大量的后期工作也表明，JONSWAP 的适用性非常好，不仅适用于理想条件，也适用于深水条件下的实际海浪，如台风浪等，但并不是很适用于涌浪。

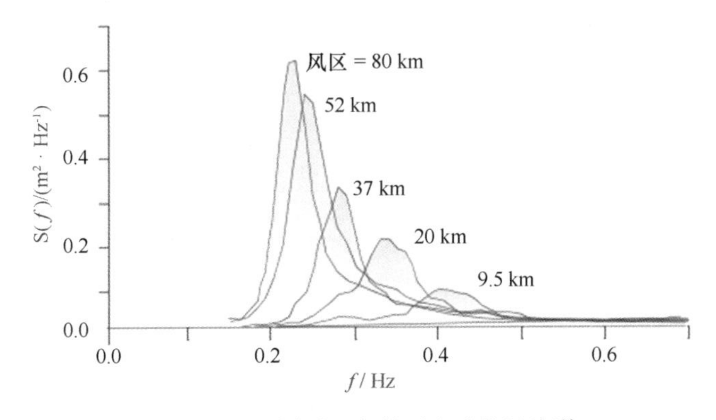

图 8-18 不同风区条件下生成的风浪谱

（3）文氏谱。

我国海洋学家文圣常等经过对前述海浪谱的研究，导出了理论风浪能谱，称为文氏谱。其相对于前述海浪谱的表达式更为复杂，但更好地刻画了波浪受风的作用下增长的过程。

第 5 节 近岸海浪

当波浪从深水区传播至近岸地区时，由于水深变浅，波浪的传播会发生一定的变化，但其波动的频率或周期通常情况下并不会发生明显的变化。本节主要介绍了波浪传播至近岸时发生的浅水变形、折射、绕射、破碎、反射特征。

8.5.1 浅水变形

海浪在近岸地区的传播，仍然由其频散关系决定

$$\sigma^2 = gk\ \mathrm{th}(kh)$$

随着水深变浅，其波长会变短、波速会减小

$$c = \sqrt{\frac{g}{k}\mathrm{th}(kh)}$$

其群速也会发生相应的变化，但变化较为复杂。当波浪传播到较浅的水中时，相速度接近群速度和波的频散越来越小（相速度越来越慢），较少依赖于频率。相速度法和群速度法在零水深处附近接近于零，该情况下线性假设则不再适用。

群速度的这种变化引起了局地的波浪能量的变化，从而导致波振幅的变化。在不考虑折射等影响的情况下，波浪向浅水区域传播时，为了保持波浪能量的传播，考虑波浪通过两个横截面的能通量守恒（图 8-19），在没有任何波能产生/消耗的情况下，能量从剖面 1 进入，然后从剖面 2 离开，因而

$$E_1 c_{g,1} = E_2 c_{g,2}$$

可见，波能的变化，由群速的变化决定。因而，浅水变形对波高的影响，会使得波高向着岸缘的方向先变小，后变大。能量在平面的压缩，有点类似于交通堵塞时，汽车正在减速。当群速度接近于零时，理论上波幅会趋于无穷大。显然，波浪在那之前会提前发生破碎。而在近岸地区的其他过程，如波浪的折射、破碎等会导致波浪在近岸地区发生更为复杂的变化。

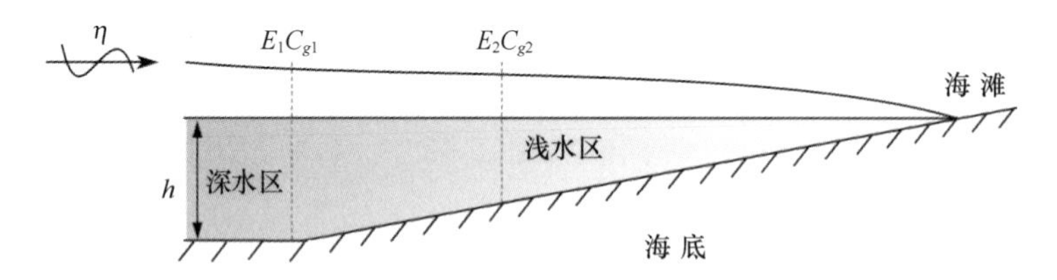

图 8-19　波浪浅水变形的示意图

8.5.2　波浪折射

在波浪向近岸传播的过程中，如果波浪的传播方向和海岸的等深浅存在一定的斜角（非 90 度），波浪的传播方向会发生一定的变化，即向着垂直于海岸的方向发生偏转。这与光学的折射有着一定的类似特征，不同的是，光仅在媒介的交界面发生折射，而波浪则会在斜坡海岸上持续地发生折射，直到波向与海岸等深线完全垂直。因而，在波浪折射的计算中，可以借鉴光折射计算的 Snell 射线原理。

其折射的角度可根据下式来计算

$$\frac{d\theta}{dn} = -\frac{1}{c}\frac{\partial c}{\partial m}$$

其中，n 为波向线的方向，m 为波峰线的方向。这个表达式表明，当相速度沿着波峰线

方向增加时（m 的方向），波浪发生顺时针的转动（图 8-20）。需要注意的是，相速度的计算有时候需基于非线性波理论，而不是线性波理论。

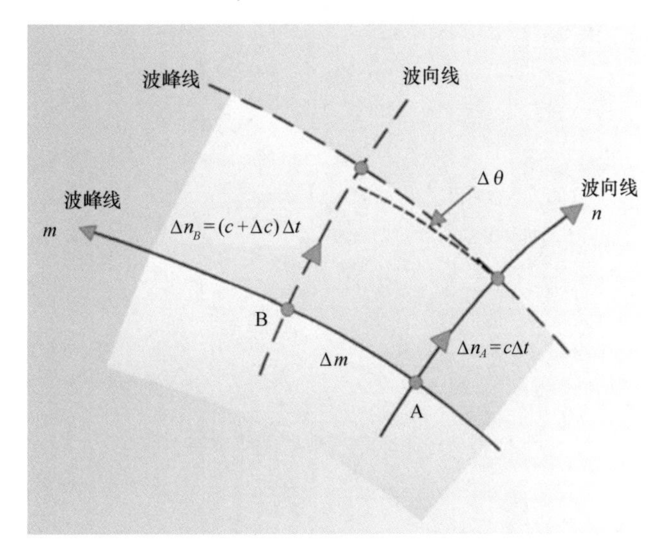

图 8-20　波浪折射计算的示意图

基于上式沿着波射线积分计算的曲率，可以计算得出任何入射和水深条件下波浪向近岸传播发生的折射。此外，也可以根据这一理论来反推外海的波要素（波高和波向等），即当在近岸观测到一定的波浪时，可以反推出外海的波浪特征。

波浪引起的折射，在海岸上会形成十分有意思的特征，如图 8-21，波浪传播至近岸地区时，由于波浪的折射，在海湾地区会发生明显的辐散特征，波浪变小；而在海岬位置则会发生明显的辐聚，波浪变大。波浪在近岸地区的波动，对海岸地区的泥沙有着掀动的作用，伴随着海岸附近的流场，从而对海岸地貌、海岸线等都能产生重要的影响。

8.5.3　波浪绕射

波浪绕射是指波浪在传播至岬角或防波堤的掩护区域，波浪会以近乎圆形的波峰图案进入障碍物的阴影中（考虑底部是水平的，没有折射的情况），而振幅则明显小于入射波浪。由于地形的掩护效应，如果不考虑绕射的作用，波浪会沿着原波射线传播，掩护区内，不会有波浪；而考虑绕射的情况下，波射线则会进入掩护区（图 8-22）。波浪的绕射，同样与光学的衍射有着类似的特征。绕射的计算是较为复杂的，常采用波数矢守恒的方法进行计算，其理论是较为复杂的，这里我们简要介绍其带来的影响。

由于绕射的作用，其相速度会发生一定的变化

$$C=c\left(1+\delta_A\right)^{-\frac{1}{2}}$$

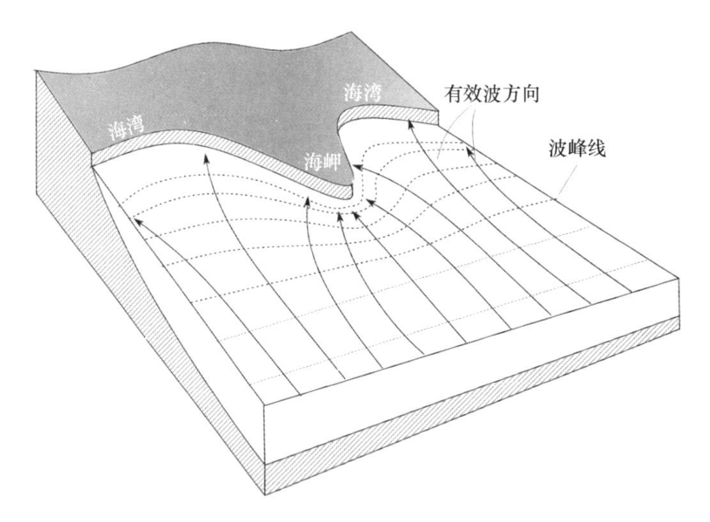

图 8-21 波浪在海岸地区的折射示意图

其中 C 为绕射影响下的波速

$$\delta_A = \frac{\nabla^2 A}{k^2 A}$$

与折射过程的作用类似，绕射过程使得波浪发生一定的偏转

$$\frac{d\theta}{dn} = \frac{1}{2(1+\delta_A)} \frac{\partial \delta_A}{\partial m}$$

上述基于波射线的计算是非常规的，波射线的强度由其幅度决定，因而完整的计算需要考虑波振幅。而在具体问题中，如浅滩、海岛等地形，往往需考虑波浪折射带来的影响，因为波浪的折射和绕射常常是同时发生的。图 8-22 为基于真实案例的波浪绕射计算，由图中可见，防波堤的掩护作用与波浪的来波方向有着重要的关系，通过调整其相对关系，才能够有效的发挥防波堤对海浪的防护作用。

8.5.4 波浪破碎

海浪传播至岸边时，由于发生极强的非线性，会造成波浪的破碎，从而形成强的紊动形态，最后形成破波流，对海岸和海岸工程结构等有着重要的影响。目前，人们对这个过程的认识尚有不足，还没有较好的理论来刻画波浪破碎的过程，因而对于波浪破碎的计算和模拟能力亦十分有限。这里，我们介绍几种典型的在平坦的海滩条件下发生的波浪破碎的形态（图 8-24）。首先，引入近破波参数

$$\xi = \frac{\tan \alpha}{\sqrt{H/L_0}}, \quad \xi_{br} = \frac{\tan \alpha}{\sqrt{H_{br}/L_0}}$$

式中，α 为海底坡度，H 为入射波高，L_0 为深水波长，而 H_{br} 为破波处波高。

当 $\xi < 0.5$ 或 $\xi_{br} < 0.4$ 时，波浪破碎表现出崩破波的形态；

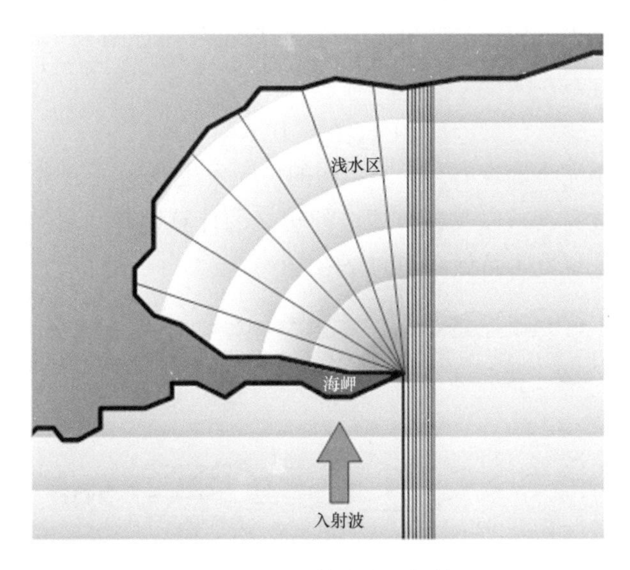

图 8-22　入射波发生绕射

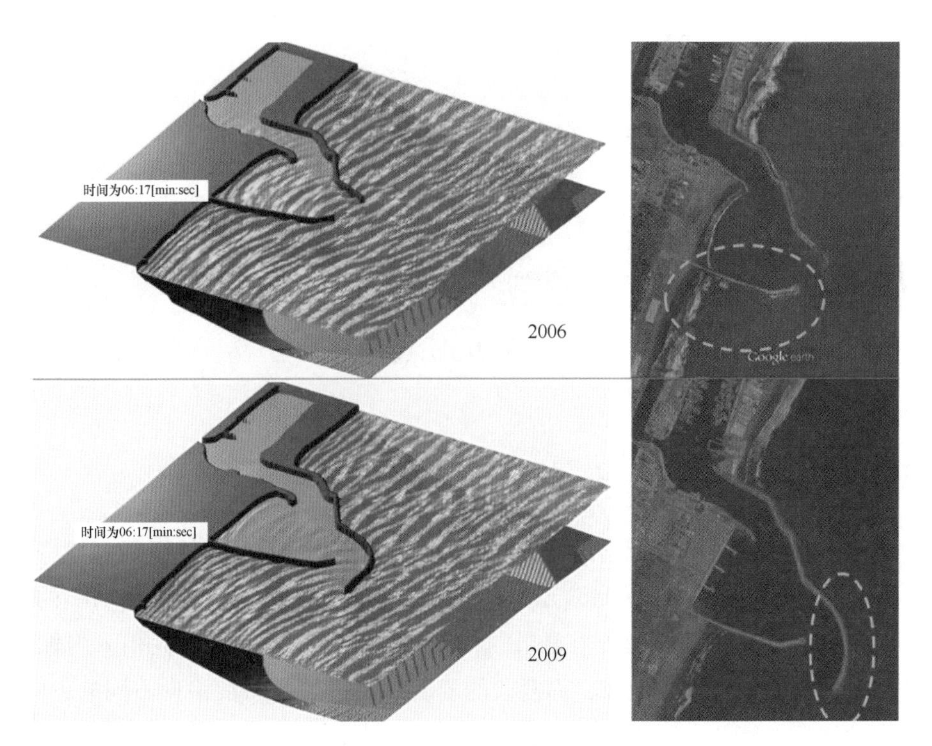

图 8-23　港内波浪绕射计算

当 $0.5 < \xi < 3.3$ 或 $0.4 < \xi_{br} < 2.0$ 时，波浪破碎表现出卷波的形态；

当 $\xi > 3.3$ 或 $\xi_{br} > 2.0$ 时，波浪破碎表现塌破波或激破波的形态。

近破波参数主要是定义了波浪破碎的形态，而破碎后的波高以及波浪的爬高均未

在其中体现。通常条件下，当波高和水深之比达到某一阈值时，认为波浪开始发生破碎，即

$$H_{max}/h \approx 0.75$$

这一阈值并不是完全确定的，会因不同的情况发生改变（通常在0.5~1.5之间）。波浪破碎后发生的波高衰减以及破碎波浪的爬高的计算则较为复杂，许多研究给出了许多的计算方法，这里就不再做详细的介绍。

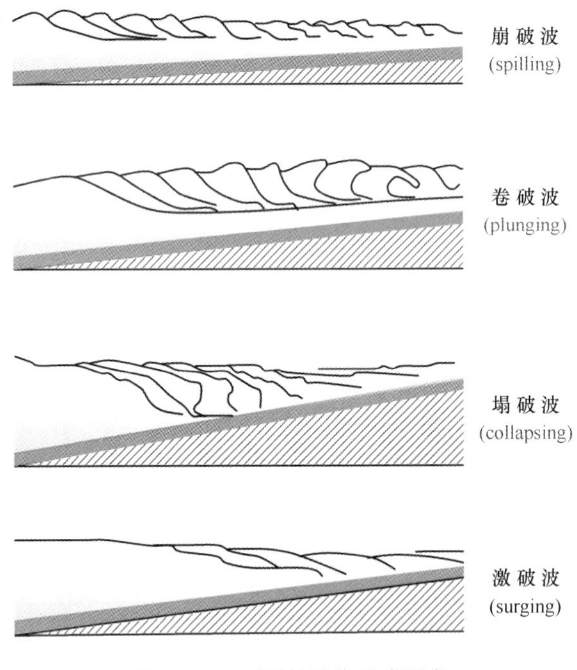

图8-24　不同的波浪破碎形态

8.5.5　反射

波浪传播至海岸时很可能会发生波浪的反射，比如，垂直的悬崖可以很好地反射100%的入射波能量，而平缓的海滩几乎不反射波浪能量。即便入射波是简单的单色波情况下，反射对波浪的影响也是很复杂的。在海岸前缘的波浪往往是由入射波和一个或多个反射波的叠加形成的波浪，而复杂的岩石海岸可能会将波浪向不同的方向反射，如同光学的漫反射特征。因而对于不同条件下的反射计算，很大程度上取决于反射的性质。如果海岸有许多岩石露头，其尺寸大致等于或小于入射波波长，那么反射波的情况会变得十分复杂，目前尚没有数学模型能够计算这一特征。如果反射的条件不那么复杂，例如在平直的堤坝、防波堤或其他线障碍物条件下，那么波浪的绕射则更为重要。可见，波浪的反射很大程度上取决于海岸的形态。如果反射相当均匀，则基于光谱能量平衡方程可用于计算反射。然而，反射常常被忽略，尤其是在沙滩状海岸附

近，波浪反射通常被认为是不重要的。

前面讲到的“驻波”是反射波最显著的现象之一，当波浪传播至垂直海岸时，会发生正的反射，反射波和入射波的叠加，则在海岸前缘形成驻波。而其他情况下，由于结构物或海岸反射的机制通常是如此复杂，以至于反射系数无法从理论上确定（它很可能包括波浪破碎）。通常波浪的反射需要通过实际的观测结果才能确定。这里，我们介绍采用近破碎波参数的方法来估算反射率，它根据底坡和波浪陡度定义。对于缓坡和陡波的情况下，反射系数为

$$K \approx 0.1\xi^2$$

其中

$$\xi = \frac{\tan \alpha}{\sqrt{H/L_0}}$$

α 为海底坡度，H 为波高，L_0为深水波长。而当 $\xi > 2.5$ 时，反射系数往往更大。

第 9 章　潮汐和潮流

潮波是所有海洋现象中较先引起人们注意的海水运动现象，它与人类的关系十分密切，海洋工程、航运交通、军事活动、近海环境研究与污染治理以及渔、盐、水产业等，都与潮波现象密切相关。潮汐和潮流是潮波现象的两个方面，潮波是指海水在天体（主要是月球和太阳）引潮力作用下而产生的长周期波动，习惯上把海面铅垂向的涨落称为潮汐，而把海水在水平方向上的流动称为潮流。与海浪相比较，潮波波面起伏缓慢，因此波峰波谷难辨。一般来说，潮汐波面的升降速率约为 $10^{-4}\sim10^{-3}$ m · s^{-1}，而潮流速度可达 $10^{-2}\sim1$ m · s^{-1}，也就是说，海水质点的水平向速度远大于它的铅垂向速度。因此，潮流现象要比潮汐现象复杂得多。在一个周期里，潮流的大小和方向都不断地发生变化，形成一种左旋或者右旋的旋转流。

第 1 节　潮汐现象

潮汐是在沿海经常被观测到的现象，潮汐最显著的特征是海平面在半天或一天内有节奏地上升和下降。海平面的上升通常被称为涨潮，而海平面的下降则被称为落潮。这种涨落是由于潮波中的水质点的水平运动造成的（潮流），那些只在海滩和河口看到潮汐人往往认为潮汐是“进来”和“出去”。然而，重要的是要认识到，海岸潮汐的涨落是由影响海洋和浅海沿岸的长波波动引起的海平面涨落的一种表现。尽管如此，由于其周期和波长较长，潮汐波表现为浅水波。

潮汐产生的波浪运动和风产生的波浪运动之间有两个重要的区别，即：

（1）风浪的振荡周期一般在几秒到几十秒之间，振荡的周期和振幅都是非常不规则的。相比之下，潮汐周期以半日或全日为主，即每天出现两次高潮和低潮或一次高潮和低潮，周期和振幅都有系统的变化。

（2）风浪的高度可以从 0 到 30 m 或更多。相比之下，在大多数地方，潮差一般只有几米，超过 10 m 的潮差只有少数几个地方存在。在任何特定位置，潮差几乎总是在相同的范围内变化，并且由于潮汐波运动的原因是连续的和有规律的，潮差可以非常可靠地预测。另一方面，由于风的固有变化性，风产生的波浪就不那么容易预测了。潮汐波被称为“强迫波”，因为它们是由规则（周期性）外力产生的，因此其行为与第 8 章中的表面重力波不完全相同，不过它们可以被视为重力波，特别是在深海中。

很早以前，人们就意识到潮汐和月亮之间有某种联系：在满月或新月之时，潮位是最高或最低的，在任何给定的位置，涨潮的次数可以近似地（但不是完全地）与月亮在天空中的位置相关；而且，正如我们将看到的，太阳也会影响潮汐。在讨论这些关系之前，我们将首先描述潮汐波运动的一些主要特征。图 9-1 是一个潮位观测点的潮汐记录，显示了大约一个月内水面相对于平均水位较规则的垂直运动。

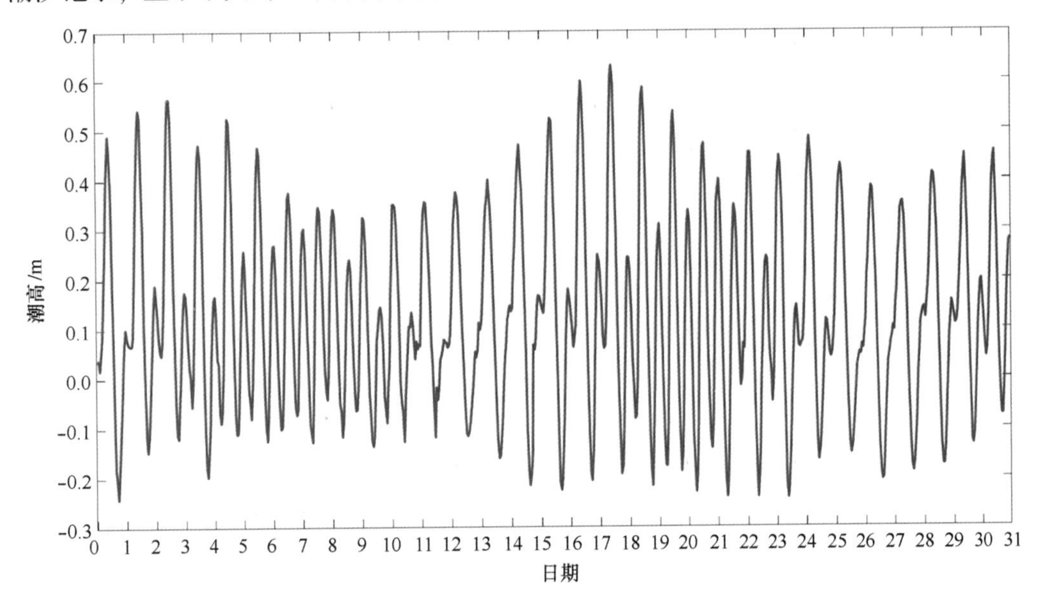

图 9-1　台湾省高雄某潮位站所记录的水位时间序列

9.1.1　潮汐要素

如图 9-2 所示为由潮汐引起的海面涨落过程曲线，潮汐要素说明如下：

（1）高潮和低潮：在海面涨落的每一个周期中，海面上涨到最高的位置叫作高潮，海面下落到最低的位置叫作低潮。

（2）平潮和停潮：高潮的海面往往持续一定的时间，处于不涨不落的平衡状态，称为平潮；同样，低潮的海面也持续一定的时间处于不涨不落的平衡状态，称之为停潮。

（3）高潮时和低潮时：平潮的中间时刻称为高潮时，停潮的中间时刻称为低潮时。

（4）高潮高和低潮高：平潮时的海面水位高度称为高潮高，停潮时的海面水位高度称为低潮高。

（5）涨潮和落潮：从低潮到高潮的过程中，海面逐渐升涨，称为涨潮；自高潮到低潮的过程中，海面逐渐下落，称为落潮。

（6）涨潮时和落潮时：从低潮时到高潮时的时间间隔，称为涨潮时；从高潮时到低潮时的时间间隔，称为落潮时。涨潮时与落潮时之和为一个潮周期。

（7）涨潮潮差和落潮潮差：从低潮到高潮的潮位差，称为涨潮潮差；从高潮到低潮的潮位差，称为落潮潮差。两者的平均值就是这个潮汐循环的潮差。潮差每天不等，潮差的平均值，称为平均潮差。

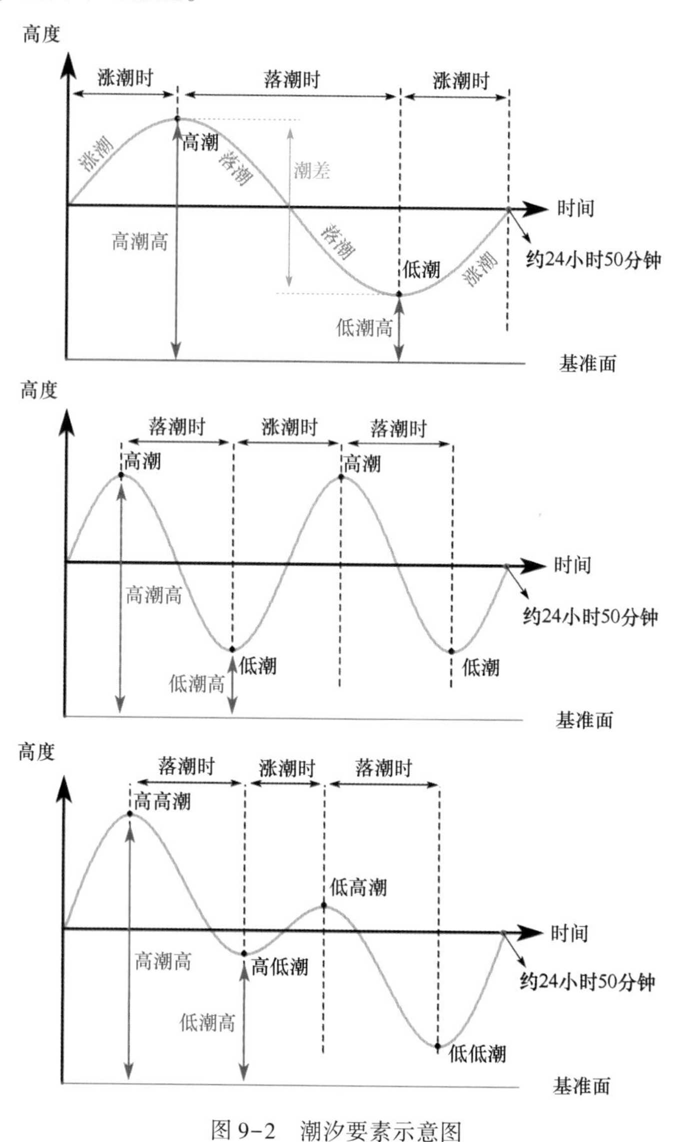

图 9-2　潮汐要素示意图

9.1.2　潮汐类型

海洋中的潮汐现象不是到处都一样的。从各地的潮汐观测资料可以看出，无论是涨潮时、落潮时，还是潮高潮差等都呈现出周期性的变化。根据潮汐涨落的周期和潮差的情况，可以大致把潮汐分成四种类型，如图 9-3 所示。

（1）正规半日潮：在一个平太阴日内，发生两次高潮和两次低潮，涨潮潮差和落潮潮差几乎相等，这类潮汐称为正规半日潮。

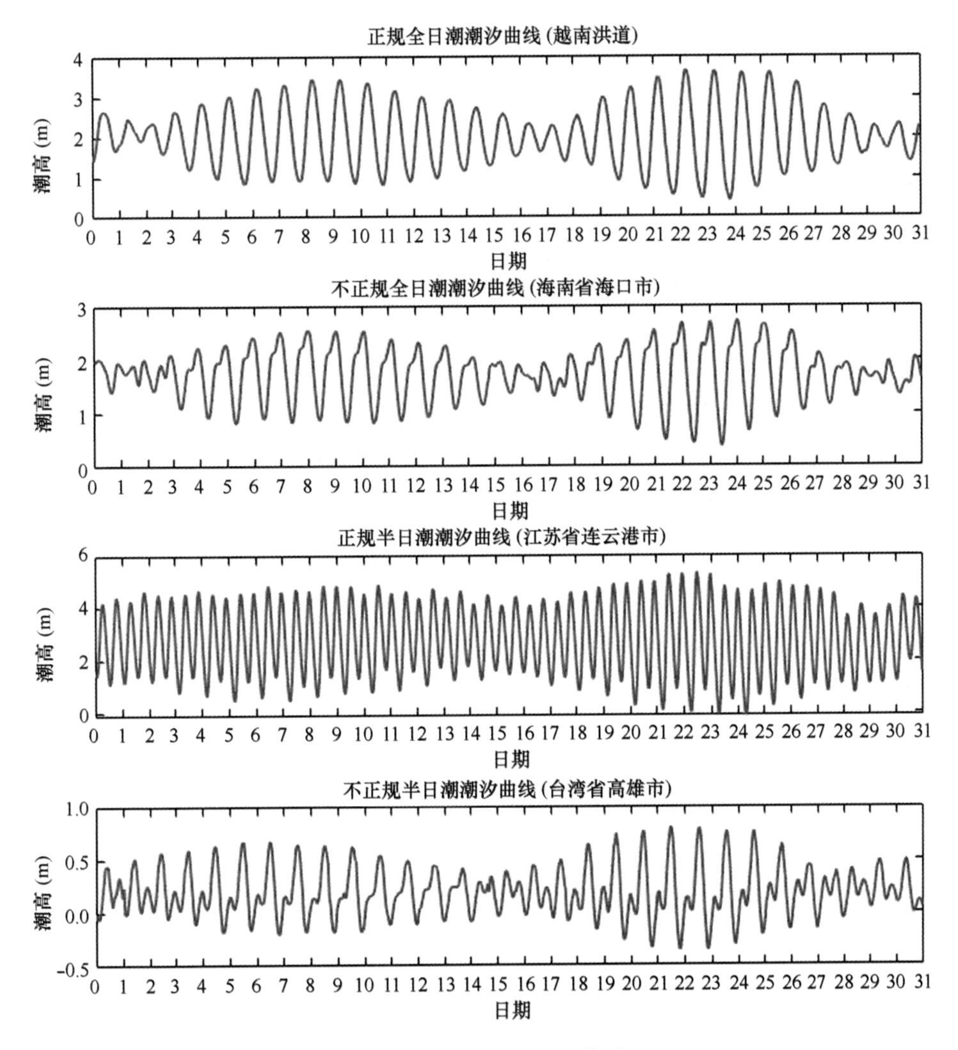

图 9-3　各类潮汐过程曲线

（2）不正规半日潮：在一个朔望月中的大多数日子里，每个平太阴日内一般可有两次高潮和两次低潮，但相邻的两个高潮潮差或低潮潮差相差较大，涨潮时和落潮时也不相等，这类潮汐称为不正规半日潮。

（3）正规全日潮：在一个平太阴日内只有一次高潮和一次低潮的潮汐，称为正规全日潮。

（4）不正规全日潮：在一个朔望月中的大多数日子里具有全日潮的特征，但在少数日子里则具有半日潮的特征，这类潮汐称为不正规全日潮，有时也将不正规半日潮和不正规全日潮统称为混合潮。

9.1.3 潮汐不等现象

（1）日不等：凡是在一个平太阴日内，相邻的两次高（或低）潮的潮高和潮时不等的现象，称为潮汐的日不等现象，两次高潮中，比较高的潮称为高高潮，比较低的潮称为低高潮，两次低潮中，比较低的称为低低潮，比较高的称为高低潮。

（2）半月不等：在每个月的朔（新月）和望（满月）时太阳地球和月球处在同一方向上，月球和太阳的作用相互叠加，形成朔望大潮，在每个月的上弦和下弦时，月球和太阳相对地球成直角，月球和太阳的作用相互抵消，形成方照小潮。因此，在一个望月中潮差变化两个周期，这种现象称为潮的半月不等现象。

（3）月不等：由于月球绕地球公转的轨道是椭圆，因此当月球位于近地点时潮差较大，位于远地点时潮差较小，以一个朔望月为周期，故这种现象称为潮的月不等现象。

（4）年不等：地球绕太阳公转的轨道为椭圆，太阳位于一个焦点上，因此地球位于近日点时的潮差比位于远日点时的潮差大，形成潮差的年周期变化，这种现象称为潮汐的年不等现象。

（5）多年不等：月球的近地点顺着月球的运动方向每年向前移动约40°，每8.85年完成一个周期。黄、白道交点（升交点和降交点）每年沿黄道向西移动约19°21′，每18.61年完成一个周期。这是两个最重要的长周期变化，另外还有更长周期的变化。它们都会使潮汐产生相应的周期变化，这种现象称为潮汐的多年不等现象。

第2节 潮汐理论

由于历史上的原因，潮汐理论有两种：一种是潮汐静力学理论，即平衡潮理论，另一种是潮汐动力学理论。1687年，牛顿提出了万有引力定律，解决了产生潮波运动的原动力——引潮力的问题。但是，当时他却把原属于动力学问题的潮波运动当成静力学问题来处理，建立了平衡潮理论。然而，平衡潮理论中所包含的许多概念，比如潮汐椭球、分潮、调和常数等概念，都有助于人们理解实际海洋中的一些潮汐现象，尤其是调和常数的概念，它至今仍是潮汐和潮流预报的依据。差不多一个世纪后，Laplace在1775年—1776年建立了潮汐动力学理论，他将全球大洋中的潮波看成是在月球和太阳引潮力作用下的强迫波动。此后，经过许多科学家的努力，使得人们对于实际海洋中的潮波运动规律有了一些认识，用于说明一些潮汐静力学理论所不能解释的现象。到目前为止，潮波运动的解析解，还只限于某些简单几何形状的理想海域，并且只能定性地说明一些实际现象，还不能给出实际海洋中的潮汐分布规律。为得到具体海区中的潮波运动特征，只能借助于数值方法。

9.2.1　平衡潮理论

天体引潮力 $\boldsymbol{F}_T$ 主要由月球引潮力 $\boldsymbol{F}_M$ 和太阳引潮力 $\boldsymbol{F}_S$ 组成，其他天体的引潮力相对较小，可以忽略不计。因此有

$$\boldsymbol{F}_T = \boldsymbol{F}_M + \boldsymbol{F}_S$$

1）地月系统引潮力

由月亮引起的潮汐称为太阴潮。地球和月球表现为一个单一的系统，围绕一个共同的质量中心旋转，周期为 27.3 d。这些轨道实际上是椭圆形的，但为了简化问题，我们暂时将它们视为圆形。地球绕着共同的质量中心（重心）偏心旋转，该质量中心位于地球内部，距离地球中心约 4 700 km。图 9-4 说明了地月系统的运动，此时月球位于地球赤道的正上方，此种情况每 27.3 d 仅发生两次（见图 9-4）。围绕地月质心的偏心运动的主要结果是：地球上和地球内部的所有点也必须围绕共同质心旋转，因此它们必须遵循相同的椭圆路径。因此，每个点必须有相同的角速度（2πrad/27.3 d），因此将经历相同的离心力。图 9-4 中也显示了地球自转轴，它垂直于月球轨道平面，不应将偏心运动产生的离心力（地球上所有点的离心力都相等）与地球自转产生的离心力（地球自转的离心力随着距离自转轴的距离而增加）相混淆。

如果你觉得这些概念很难理解，下面的简单类比可能会有帮助，想象一下你在一条短链（比如 25 cm）上旋转着一小串钥匙。钥匙代表月亮，你的手代表地球。你的手在偏心地旋转（但与地球不同的是无自转运动），你手上和手内的所有点都在经历相同的角速度和离心力。如果所旋转的一串钥匙不是太大，那么“手和钥匙”系统的重心就在你的手中。

图 9-5 给出了地球上引潮力产生的示意图。作用于地-月系统上的总离心力正好平衡了两者之间的引力，系统处于平衡状态，即地球既不会远离月球，也不会与月球发生碰撞。离心力平行于连接地球和月球中心的线（见图 9-5 中的红色箭头）。现在考虑一下月球对地球的引力，它的大小在地球表面的所有点上都不相同，因为它们与月球的距离不一样。离月球最近的点会比地球另一边的点受到更大的引力。此外，月球在所有点上的引力方向都将指向其月球中心（见图 9-5 中的蓝色箭头），因此它不会完全平行于离心力的方向，除沿着连接地球和月球中心线上的点之外。

地球绕地月系统共同质心旋转的离心力和月球对地球引力的合力称为引潮力。根据它在地球表面相对于月球的位置，这个力可能指向于、平行于或远离于地球表面。它的方向和相对强度在图 9-5 上用紫色粗箭头表示（不严格按比例）。

地球和月球之间的引力为

$$F_g = \frac{GM_1M_2}{R^2} \tag{9 - 1}$$

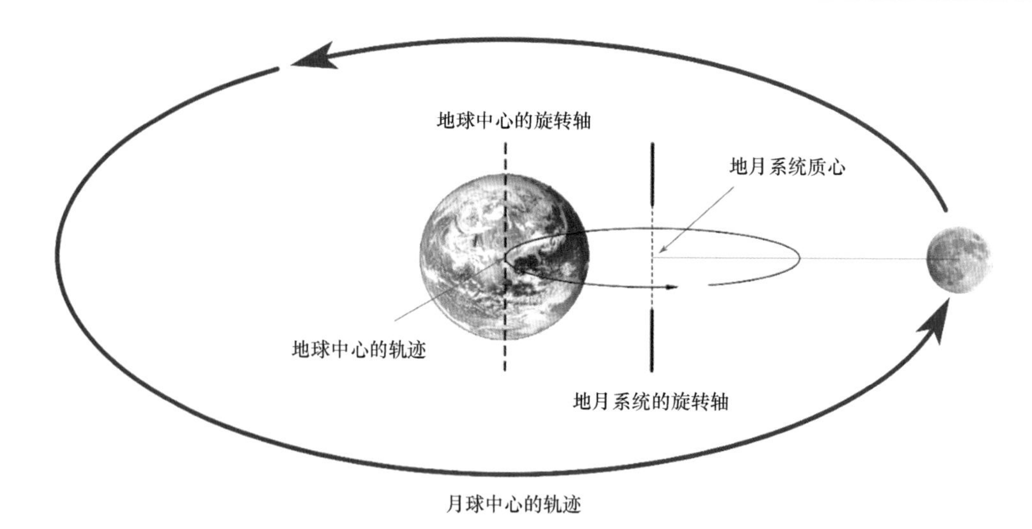

图 9-4　地球-月球组成的旋转系统示意图。月球围绕其共同质心（位于地球内部）绕地球运行，每 27.3 d 旋转一次。地球的中心也每隔 27.3 d 围绕这个质量中心旋转一次，其轨道为图中的细黑线，地球上和地球内部的所有其他点也是围绕这个质量中心旋转。请注意，地球自身的中心旋转轴在这里显示为垂直于月球轨道的平面，此种情形每 27.3 d 发生两次

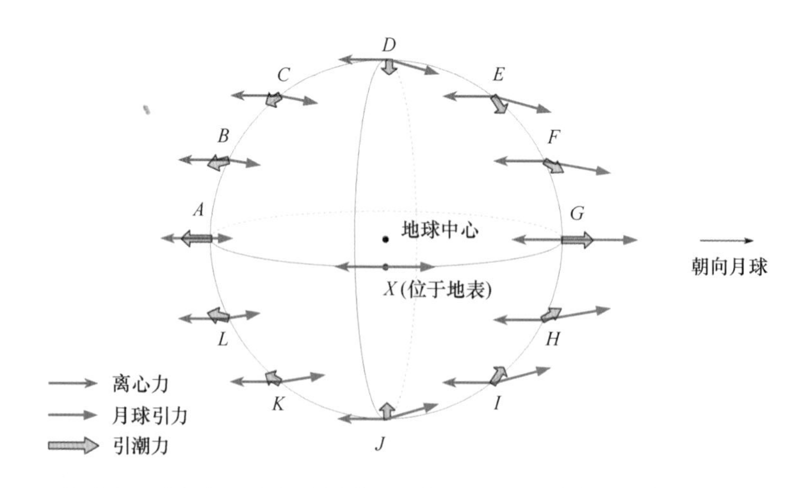

图 9-5　地球表面引潮力产生的示意图（不按比例）。所有点上的离心力其大小和方向都完全相同，而月球对地球施加的引力在大小上与月亮距离的平方成反比，方向指向月亮的中心（为了清晰起见，角度夸大了）。任何一点的引潮力（粗的紫色箭头）是该点的重力和离心力的合力

其中 M_1 和 M_2 是两个物体的质量，R 是它们中心之间的距离，G 是万有引力常数。

考虑图 9-5 中的 G 点。月球对地球上 G 点（F_{gG}）处的引力大于对地球中心的引力，因为 G 点离月球的距离要比地球中心离月球的半径小，地球半径的长度为 a。月球对地球中心所施加的引力与地球中心的离心力完全相等但方向相反，因此在地球中心

的引潮力为 0。因地球上所有点的离心力都相等，地球中心的离心力等于月球在那里施加的重力，因此我们方程式（9-1）中右边可用于表达离心力。点 G 处（TPF_G）处的引潮力是由月球在 G 点处的引力（F_{gG}）减去在 G 处的离心力，即

$$TPF_G = \frac{GM_1M_2}{(R-a)^2} - \frac{GM_1M_2}{R^2}$$

化简得

$$TPF_G = \frac{GM_1M_2a(2R-a)}{R^2(R-a)^2} \tag{9-2}$$

现在 a 与 R 相比非常小，所以 $2R-a \approx 2R$，$(R-a)^2 \approx R^2$，因此（9-2）近似为

$$TPF_G \approx \frac{GM_1M_2 2a}{R^3} \tag{9-3}$$

这样引潮力与 R^3 成反比。在图 9-5 中哪一点对实际潮汐的作用最大呢，是 G 点吗？虽然 G 点离月球最近，但也是离心力和月球引力之间差别最大的两点之一，在 G 点，引潮力与垂直作用于地球的重力方向相反，而重力远大于引潮力。因此，在点 G 处引潮力的局部效应可以忽略不计。类似的论点也适用于 A 点，除了 A 点月球的引力（Fg_A）小于离心力，因此 A 点的引潮力的大小与 G 点的相等，但方向远离月球（图 9-5）。

我们需要确定的是引潮力水平分量（水平牵引力）最大的点。这些点并不直接位于连接地球和月球中心的直线上，因此方程（9-2）变得稍微复杂一些。例如，在图 9-5（a）中的 P 点处，引力（F_{gp}）的一阶近似值为

$$F_{gp} = \frac{GM_1M_2}{(R-a\cos\psi)^2} \tag{9-4}$$

参见图 9-6（a）给出了长度 $a\cos\psi$ 的定义。式（9-4）所计算的引力是在图 9-6（a）中所定义小圆平面上最大的。导致海水移动的是水平牵引力，因为与地球表面相切的水平分量不受任何其他横向力的影响（忽略海床上的摩擦力）。虽然由地球产生的重力强迫比水平牵引力大得多，但它与水平牵引力成直角，所以对海水的水平移动没有效果。图 9-6（b）中的长箭头显示了当月球位于赤道上方时水平牵引力最大的位置。

在这种简化情况下，水平牵引力将导致海水向图 9-6（b）中的 A 和 G 点移动，最终将达到一个平衡状态，这称为平衡潮。在平衡潮状态，覆盖在地球表面的海水产生一个椭球体，椭球的两个凸起，其中一个朝向月球，另一个远离月球。一个有趣之处是，尽管在 A 和 G 处，引潮力很小，但海水倾向于流向这两点。图 9-6 显示了上述所考虑的简化情况下处于平衡态的潮汐椭球体，即月球位于赤道正上方的完全被水覆盖的地球，其潮汐引力的分布如图 9-6（b）所示。

下面进一步简单解释为什么在平衡潮状态下地球上有两个潮汐凸起（图 9-6）。围

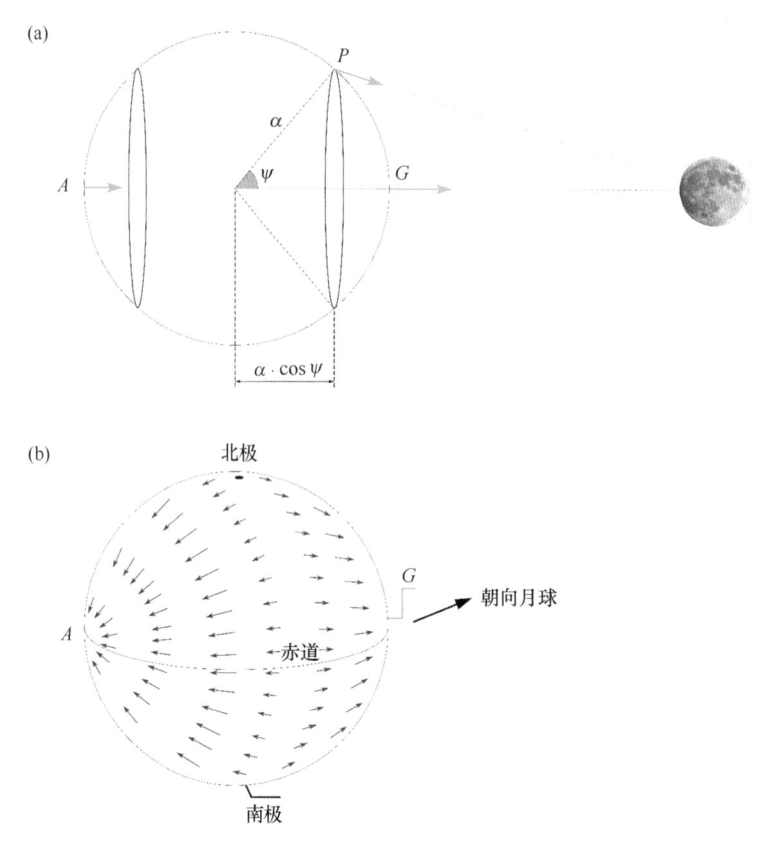

图 9-6 地球上三个不同位置处月球对地球的引力作用。引力在 G 点最大（离月球最近），在 A 点最小（离月球最远）。在 P 点，引力小于 G 点，可由方程式 2.3 近似计算。引潮力 A 点和 G 点最小，但在 P 点以及两个小圆上所有其他点最大。这些圆所在位置的角度值 ψ 为 54°41′，与经纬度无关。b）地球表面不同点上引潮力的水平分量的相对大小。假设月球正位于赤道上方（即在零偏角处）。点 A 和点 G 对应于图 9-4 中的 A 和 G 点

绕地月共同质心旋转并作用于地球上每一点的离心力大小一样，且方向相同，即远离月球（图 9-5）。此外，在地球远离月球的一侧，月球产生的引力小于地球面向月球的一侧。因此，在图 9-5 中的 A 点处，引潮力（离心力与引力的合力）指向远离月球的方向。这就是为什么在向月方向存在一个潮汐凸起外，在远离月球的另一个方向也有一个潮汐凸起（图 9-7）。这种关系的数学原理是这样的：理论上，地球两边的引潮力是相等但方向是相反的。

现实中，上述分析的平衡潮椭球体并不存在，部分原因是地球当然没有完全被水覆盖，但主要原因是地球绕着自己的旋转轴旋转。如果这两个凸起要保持它们相对于月球的位置，它们就必须以地球绕其轴旋转旋转时的相同速度（但方向相反）旋转。

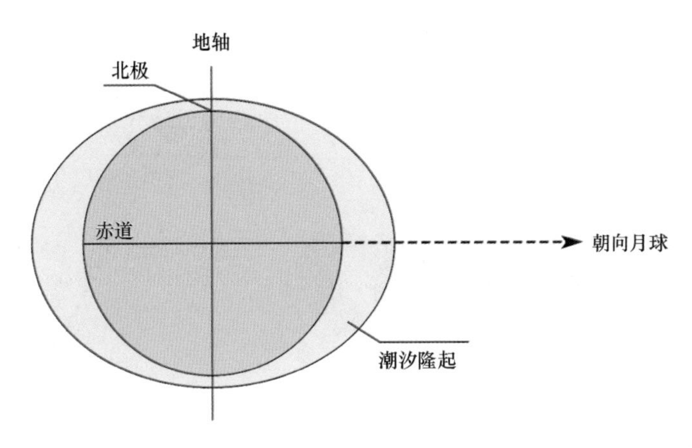

图 9-7　平衡的潮汐椭球体（不按比例），月球在赤道正上方，地球完全被水所覆盖。

如图 9-8 所示，地球表面的任何一点在地球每完成一次自转（即每天）期间都会遇到两次高潮和两次低潮。

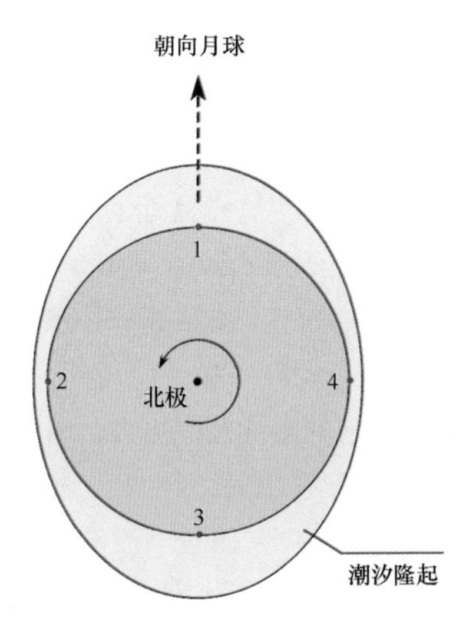

图 9-8　地球平衡潮汐凸起区围绕地球的自转（从北极上方看，不按比例），显示地球表面的一个点在绕其轴旋转的自转周期内如何经历两次高潮（1 和 3）和两次低潮（2 和 4）

图 9-8 显示了月球和潮汐凸起在地球自转期间保持相对静止。但事实并非如此，因为月球在地球自转时仍在其轨道上运行。由于月球每 27. 3 d 绕地月质心旋转一次，与地球自转（每 24 h 旋转一次）的方向相同，因此地球相对于月球的旋转周期为 24 h50 min，这就是农历的一天。

连续高潮（和低潮）之间的间隔约为 12 h25 min，高潮和低潮之间的间隔接近 6 h12. 5 min。参考图 9-9，这也是为什么许多地点的涨潮时间几乎每天晚一小时的原因。

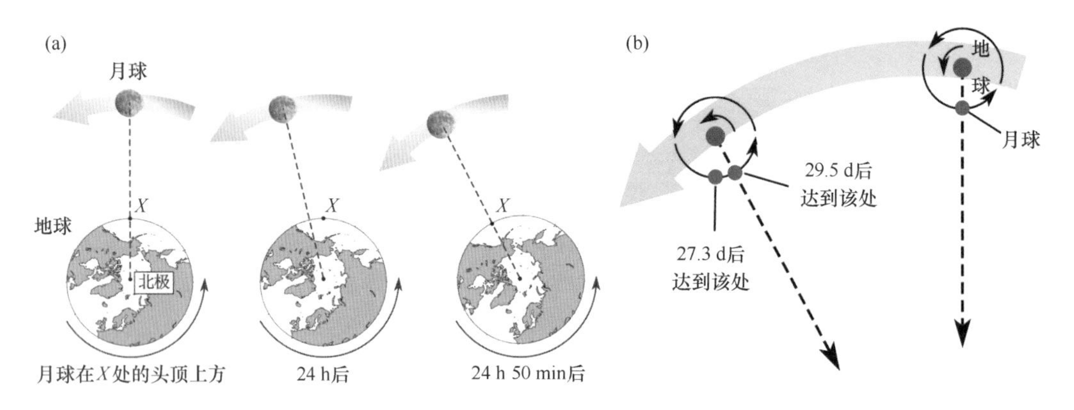

图 9-9 （a）从地球北极上空看，24 h 太阳日和 24 h50 min 阴历日之间的关系示意图。当月球在地球正上方时，地球表面的 X 点在 24 h 后回到它的起始位置。与此同时，月球在其轨道上移动，因此 X 点必须进一步旋转（再旋转 50 min）才能再次位于月球正下方。（b）月球必须绕其轨道走得更远，才能返回到相对于地球和太阳的同一位置，因为地球也在其相对于太阳的轨道上移动

平衡潮汐概念也提出了潮汐波运动的另一个非常重要的方面。如图 9-8，在一个地球圆周（周长约 4 000 km）上，有两个“峰”（高潮位置 1 和 3）和两个“槽”（低潮位置 2 和 4）。所以图 9-8 中的凸起的波长为地球周长的一半（约 20 000 km）。即使在真实的海洋中，潮汐波长也有数千千米，海洋盆地的平均深度不到 4 km，即远小于波长的 1/20，因此潮汐波必须以浅水波的形式传播（第 8 章），其水平速度由方程式（8-40）控制，即水越浅，传播越慢。此外，在第 8 章中我们看到风浪向浅水传播过程中，波速减慢，波高增加；潮波如同风浪一样，传播到大陆架上的潮波波速减慢、潮差也会增加。因此，浅海和沿海地区的潮汐范围更大，潮流速度也更快（图 9-16）。

平衡潮的概念是由牛顿在 17 世纪提出的，我们已经看到它证实了基本的半日潮周期（12 h 25 min）（见图 9-8 和图 9-9），而且潮汐波必须作为浅水波在海洋中传播。我们也可以用这个概念来探索潮汐现象的其他方面，尽管由于大陆的存在，实际的潮汐并不能像平衡潮汐那样运动。

2）月球引起的潮汐变化

地球和月球的相对位置和方向不是恒定的，而是随着地月相互作用所产生的周期而变化的。就引潮力产生机制的简单理解而言，只有两个因素对月球引起的潮汐有显著影响：一是月球的偏斜，二是月球的椭圆轨道。

首先看月球偏斜的影响。月球的轨道并不是在地球赤道所在的平面上，而是与赤道面成一夹角（图 9-10）。这意味着在月球运动过程中，连接地球和月球中心的线与赤面形成一个从 0°到 28. 5°的夹角，这个角即是月球相对于地球赤道面的偏角。由于月球偏角的存在，在地球上的一个观察者看来，月球绕地球旋转（严格地说，是绕地-月系统的质量中心）的一个周期（27. 3 d）内，月球在天空中的路径似乎在上升和下降，

这与太阳在天空中的路径呈现明显季节变化类似，一年中冬季太阳较低，夏季较高（图 9-13）。

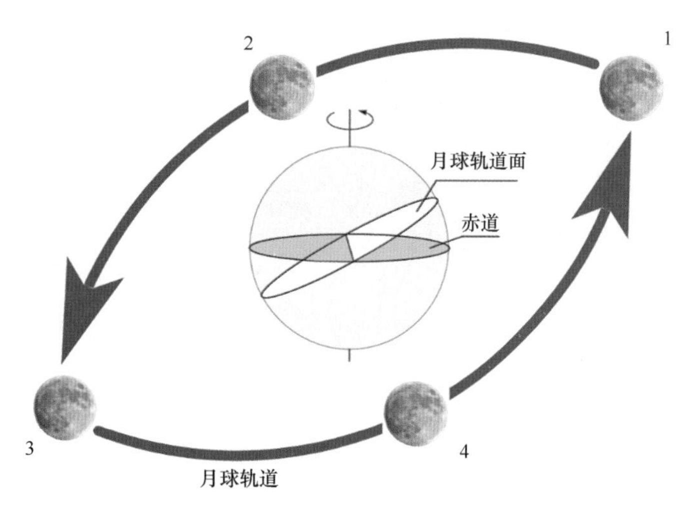

图 9-10　月球轨道面相对于地球赤道面（阴影）的倾角。数字 2 和 4 位置倾角最小（0°）（月球位于地球赤道上空），1 和 3 位置倾角最大（28.5°。

从图 9-10 可以看出，月球偏角在位置 1 和 3 处最大，在位置 2 和 4 处为 0，此时月球位于赤道上空。图 9-10 中连续编号位置之间的间隔接近 7 d（27.3 d/4）。由于月球的最大偏角为 28.5°，因此，在 28.5°N 以北或 28.5°S 以南的极地上空永远看不到位于头顶的月亮。例如，在 50°N 左右的英国南部，观测月亮（和太阳一样）总是出现在南方的天空中；相反，约 40°S 观测月亮（和太阳一样）总是出现在北方的天空中。

当月球处于除 0°以外的任何偏角时，两个潮汐凸起的将相对于赤道偏移，并且它们在给定的同一纬度上将不相等，特别是在中纬度。因此，半日潮潮高将显示日不等现象（图 9-11）；当月球处于最大偏角时，这种不平等将达最大。

当月球大约位于热带（北纬或南纬 23.4°）位置时，具有最大偏角，此时的日不等现象最显著，此处的潮汐也称为回归潮（此时月球位于图 9-10 中的位置 1 和位置 3）；而当月球位于赤道上空时，具有最小偏角（0°），此时地球上任何地方都没有日不等现象，此处的潮汐被称为赤道潮汐（此时月球位于图 9-10 中的位置 2 和位置 4）。

其次，我们讨论月球椭圆轨道的影响。月球绕地月质心的轨道不是圆，而是椭圆的，地球不是在椭圆的中心，而是在一个焦点上（图 9-12）。地球与月球之间距离的变化导致了引潮力的相应变化。当月球离地球最近时（位于近地点），月球引潮力高于平均值 20%；当月球离地球最远的时候（位于远地点），月球引潮力低于平均值 20%。远地点和近地点之间地月距离差约为 13%，当月球在近地点时，潮差更大。如图 9-12 所示，月球的椭圆轨道本身是进动的，也就是说它旋转完成一个完整的进动周期需要

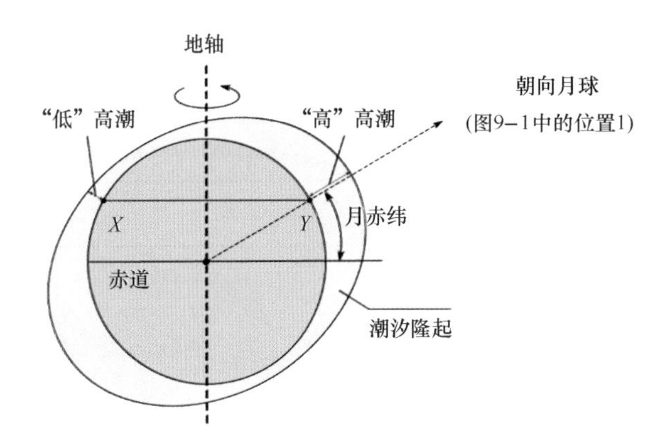

图 9-11　中纬度地区潮汐日不等现象的产生。在 *Y* 的观测者将比在 *X* 的观测者观测到更高的高潮；12 h25 min 后，在 *X* 的观测者将比在 *Y* 的观测者观测到更高的高潮

18.6 年。此外，月球轨道平面与地球绕太阳轨道平面（即黄道平面）成 5°夹角。地球赤道平面与黄道平面的夹角为 23.4°（图 9-12），因此在 18.6 年进动周期中，月球的最大偏角为 18.4°（23.4°-5°）至 28.4°（23.4°+5°）之间。我们将不详细讨论这些额外的复杂因素是如何影响潮汐的，只是简单地归纳结论如下：

（1）进动周期的 18.6 年周期可以在长期潮汐记录中确定。

（2）图 9-4 和图 9-12 所示关系的综合影响导致地月周期（27.3 d）、偏角周期（27.2 d）以及近地点-远地点-近地点周期（27.5 d）的细微变化。

（3）月球轨道的椭圆形状使月球在近地点比在远地点移动得更快，导致潮汐周期（平均为 12 h25 min 或 24 h50 min）的变化。

3）地日系统引潮力

由太阳引起的潮汐称为太阳潮，我们现在考查太阳是如何影响潮汐的。与月球一样，太阳也产生引潮力，从而产生平衡状态下的两个潮汐凸起。正如我们公式（9-3）看到的，引潮力与吸引体的质量有关，但与吸引体和地球距离的立方成反比。尽管太阳的质量比月球大得多，但它离地球的距离大约是月球的 360 倍，所以它的引潮力的大小大约是月球的 0.46 倍。太阳所产生的平衡潮周期为 12 h。

正如两个半日太阴潮的相对高度受月球偏斜的影响一样，由于太阳偏斜，太阳潮也存在日不等现象。太阳的偏角存在季节性的周期变化，变化范围可达 23.4°。这个角度是地球赤道平面和黄道平面之间的夹角，因此也是地球轴的倾角（图 9-13）。

就像月球绕地球的轨道一样，地球绕太阳的轨道也是椭圆形的。当地球和太阳之间的距离最小时，称地球处于近日点；当此距离最大时，称地球处于远日点。然而，近日点和远日点之间的地-日距离相对误差仅为 4%左右，而月球近地点和远地点之间的地-月距离相对误差约为 13%。地球绕太阳公转的轨道特征在几万年的时间尺度上是

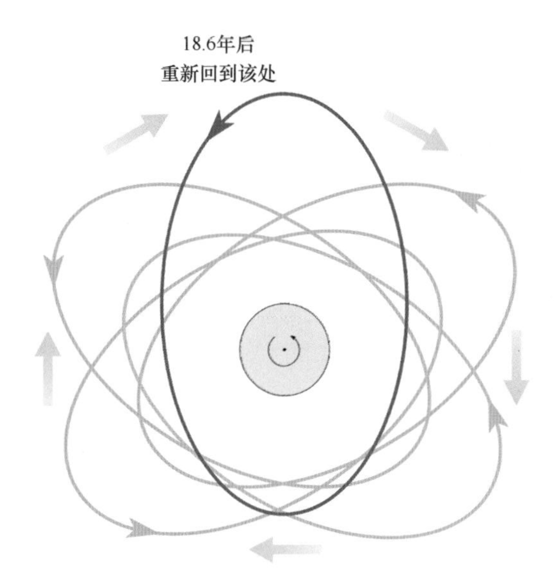

图 9-12　从北极上方观测月球轨道连续变化的位置，月球轨道进动周期为 18.6 年。轨道的旋转感与地球绕其轴的旋转感和月球绕地球的旋转感是相反的

周期性变化的，当然这些会影响潮汐，但不会影响到我们在本书中所关注的时间尺度。

4）日月共同影响下的潮汐

为了解太阳和月球所引起潮汐之间的相互作用，首先考虑太阳和月球的倾角均为 0°的最简单情况（图 9-14）。在图 9-14（a）和（c）中，太阳和月球的引潮力作用在同一方向上，太阳和月球所引起的平衡潮处于同一位相，因此潮汐加强，产生的潮差大于平均值，即高潮位较高，低潮位较低，此种情况下的潮汐被称为大潮。大潮发生在新月［图 9-14（a）］或满月［图 9-14（c）］时期。

在图 9-14（b）和（d）中，太阳、月亮和地球的位置关系构成直角，此时太阳和月球的所产生的潮汐是不同步的，潮差也相应地小于平均值，此种情况下的潮汐被称为小潮。（近海渔民有时分别用“长潮”和“短潮”潮来描述大潮和小潮。）图 9-14 中事件的完整周期为 29. 5 d，这与 27. 3 d 的地月旋转周期（图 9-4）不同的，原因可参考图 9-15（a）（类似于图 9-9）。简单地说，在月球绕地球轨道运行 27. 3 d 的时间里，地月系统也绕着太阳在旋转。为了使月球回到相对于地球和太阳的同一位置，它必须在其轨道上移动得更远一些，这需要额外的 2. 2 d 左右的时间。

图 9-13 是地球和月球围绕太阳的联合运动的概要图。它显示了月球和地球中心如何在它们围绕地月系统公共质心（地球-月球系统的质量中心，图 9-4）旋转时的路径起伏。该图还显示了图 9-14 中的 29. 5 d 的大小潮周期（月球绕地球公转相对于太阳的平均周期），这一周期有时被称为太阴月，但更常见的是被称为“朔望月”（即连续新

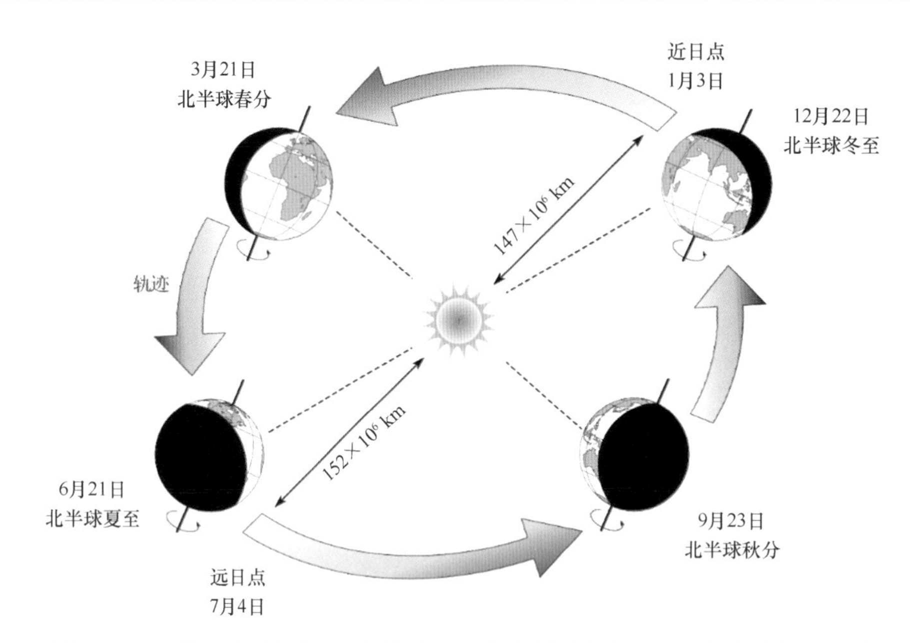

图 9-13 地球的椭圆轨道。分别标出了地球在夏至和冬至，春分和秋分四个时间点与太阳的相对位置。地球轨道平面与黄道平面（地球轨道平面）成 23.4°角，因此地球轴线的倾斜度为 23.4°，这就是巨蟹座和摩羯座分别位于北纬和南纬 23.4°。地球在 1 月离太阳最近，在 7 月离太阳最远

月之间的周期，在我国先民们把完全见不到月亮的一天称“朔日”，定为阴历的每月初一；把月亮最圆的一天称“望日”，为阴历的每月十五或十六）。月球绕地月质量中心旋转 27.3 d 的周期称为恒星月。

太阳月球偏角的规律性变化，以及它们相对于地球位置的周期性变化，产生了非常多的潮汐谐波成分，每一个谐波成分在任何特定时间和地点都对潮汐起作用。一个有趣的情况是“最高天文潮”，即地球位于近日点，月亮位于近地点，太阳和月亮位于同一直线，即太阳和月亮处于零偏角，这将产生最大的潮汐产生力。如此的组合将在全世界产生比正常范围更大的潮差。例如，在康沃尔州的纽林，正常潮差约为 3.5 m，平均春季潮差约为 5 m，而最高天文潮差约为 6 m。

9.2.2 动力潮理论

当牛顿在 17 世纪提出平衡潮理论时，他意识到这只是对问题的静态处理，仅仅是一个粗略的近似。他很清楚基于平衡潮理论预测潮汐和实际观测到的潮汐之间存在差异，但他没有进一步研究这个问题。平衡潮理论的实用价值有限，尽管它的某些预测是正确的，特别是大潮和小潮将发生在新月和满月（图 9-14），大潮的范围通常是小潮的 2 到 3 倍（图 9-15），潮汐不等现象与偏角有关等（图 9-11）。但实际潮汐不能

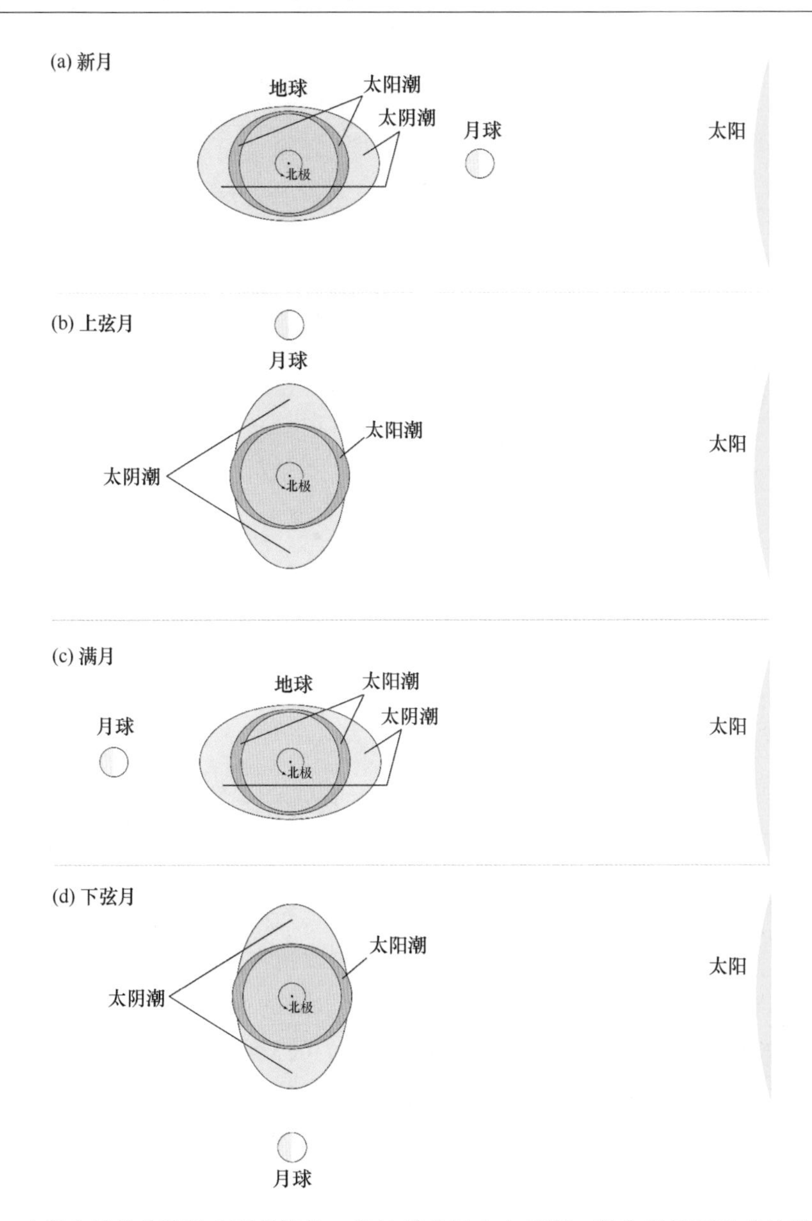

图 9-14　太阳和月球共同影响下的潮汐。从地球北极上方观测，箭头显示了地球的旋转方向。(a) 新月，太阳、月亮和地球位于同一条线上，且太阳和月亮位于地球的同一侧，此时为大潮；(b) 上弦月，地球位于太阳和月球的正交位置，此时为小潮；(c) 满月，太阳、月亮和地球位于同一条线上月亮在同一个位置，但太阳和月亮位于地球的相对侧，此时为大潮；(d) 下弦月，地球再次位于太阳和月球的正交位置，此时为小潮。我们必须认识到，大潮和小潮在全世界几乎是同时发生的，虽然地球在凸起的潮汐内旋转（参见图 9-8），而潮汐凸起本身仅与月球和地球的轨道运动相关

用平衡潮理论进行完整描述，其原因如下：

（1）潮波的波长相对于海洋的深度是很长的，因此它们以浅水波的形式传播，其

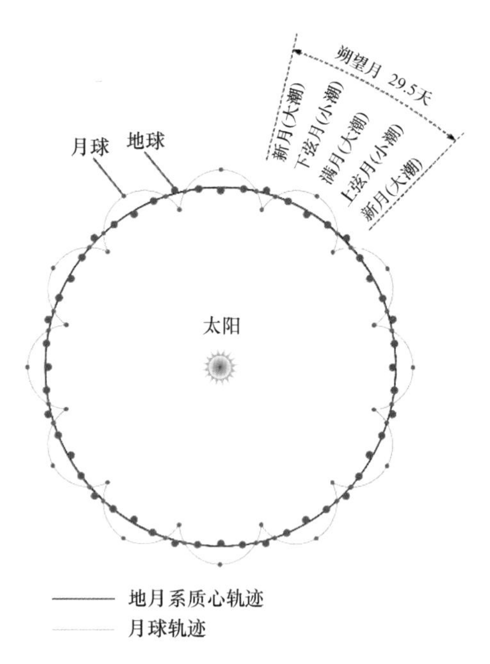

图 9-15 地球和月球围绕太阳和地球-月球系统质心的运动简图

相速度由 $c = \sqrt{gd}$ 。因此，在外海中，任何长度超过几千米的波的相速度都被限制在 230 m・s^{-1}左右，在浅海域相速度更低。这比旋转地球的表面相对于月球的线速度慢得多：赤道处 448 m・s^{-1}。（线速度随着距离赤道的距离而减小：在大约 60°纬度上约为 230 m・s^{-1}，在 80°的纬度上约为 78 m・s^{-1}，在两极则为 0。）

（2）地球绕其轴以较快的速度旋转，以至于水团的运动惯性或海床上的摩擦力无法被克服而产生平衡潮汐，这样海洋对潮汐牵引力的反应必然存在时间上的滞后，即存在潮汐滞后，因此，通常在月球掠过头顶几个小时后高潮才会到来。由于地球表面相对于月球的线速度在两极减少，因此在低纬度地区的潮汐滞后最大（约 6 h），大约在纬度 65°时潮汐滞后为 0，但在特定位置的时间滞后总是精确恒定的。此外，在大多数地方，大潮发生在满月和新月之后的一两天（图 9-14）。满月或新月经过头顶与最高大潮出现之间的时间差（以天为单位）有时称为潮龄。

（3）陆地的存在阻止了潮汐隆起直接环绕地球，海洋盆地的形状也限制了潮汐流动的方向。事实上，大洋中唯一一个向西移动的潮汐隆起可以畅通无阻地在世界各地移动的区域仅有南大洋。

（4）除赤道外，所有的水平运动（包括潮流）均受到科氏力的影响，科氏力使海流发生偏转，即在北半球向顺时针方向偏转，在南半球向逆时针方向偏转。

潮汐动力学理论是 18 世纪由伯努利、欧拉和拉普拉斯等科学家和数学家发展起来的。他们试图通过考虑海洋盆地的深度和结构、科氏力、惯性力和摩擦力可能影响流体的因素，在地球、月球和太阳轨道关系产生所产生的周期性作力来全面理解潮汐。虽然涉及的因素众多，潮汐动力学理论错综复杂，方程的求解也十分复杂。但是，动力理论已经得到了很好的改进，计算出的理论潮汐与观测到的潮汐非常接近。

海盆的几何形状和科氏力的联合影响下导致了旋转潮波系统的发展，在每一个潮汐周期中，高潮处的潮波波峰围绕无潮点循环一次（图 9-16）。无潮点的潮差为 0，从无潮点向外，潮差逐渐增加。在每一个旋转潮波系统中，可以定义等（同）潮时线，它是将潮汐周期中处于同一相位的所有点连接起来的线。从无潮点向外辐射的连续等潮时线表明其周围有潮波通过。而横穿同潮时线，大致与同潮时线成直角的是等（同）潮差线，它们连接具有相同潮差的地方。等潮差线在无潮点周围形成或多或少的同心圆，它们离潮无点越远，代表着潮差越来越大。图 9-16 显示了由月球影响引起的半日潮的旋转潮波系统。

从图 9-16 表明，除少数例外情况外，北半球的旋转潮波倾向于逆时针旋转，南半球的旋转潮波倾向于顺时针旋转。乍一看，这种旋转模式似乎与科氏力使运动流体发生偏转的原理相冲突，但我们必须知道，潮波的运动方向并不等同于单个水质点的运动。

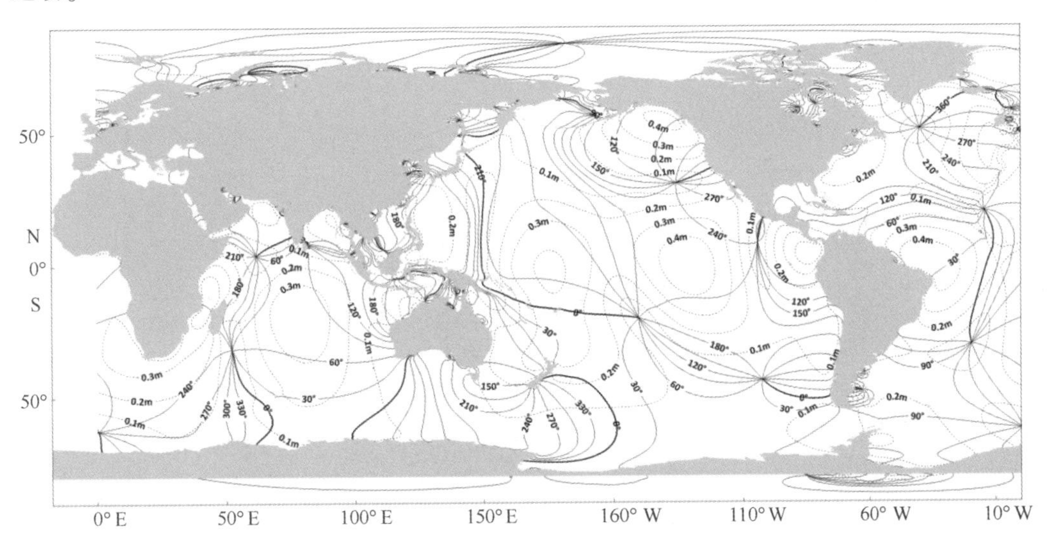

图 9-16　全球半日分潮（M_2）的旋转潮波系统。实线是等潮差线，虚线是等潮时线

考虑图 9-17 所示的封闭式水池。在图 9-17（a）中的弯曲箭头表示涨潮时的水流运动，即在涨潮过程中，由于科氏力的作用，北半球的潮流向右偏转，因此海水在东侧堆积；相反，在退潮过程中，海水会在西侧堆积［图 9-17（b）］。因此，由于潮汐波受到陆地的限制，从而建立了一个逆时针的旋转潮波系统［图 9-17（c）和（d）］。因为潮汐波为浅水波，因此水质点的运动轨道是扁平的（第 8 章）。潮流是伴随潮汐涨落的水平运动，潮汐波的传播围绕无潮点旋转，很显然潮流在潮汐周期中会改变其

方向。

旋转潮波系统中潮汐绕无潮点旋转进行传播，这是海盆中潮汐传播的一般模式。但在图 9-16 所示潮汐图中，我们能看到不受海盆地形约束的一些例外，例如南大西洋（以 20°S，15°W 为中心）、中太平洋（以 20°S，130°W 为中心）和北太平洋（以 25°N，155°W为中心）；或在某些情况下旋转潮波系统围绕一个岛屿进行旋转，例如马达加斯加岛。潮波旋转系统中的潮汐波是 Kelvin 波的一种，其振幅在海岸附近最大（图 9-17）。Kelvin 波发生在科氏力引起的偏转受到约束（如在海岸）或为 0（如在赤道）的地方。

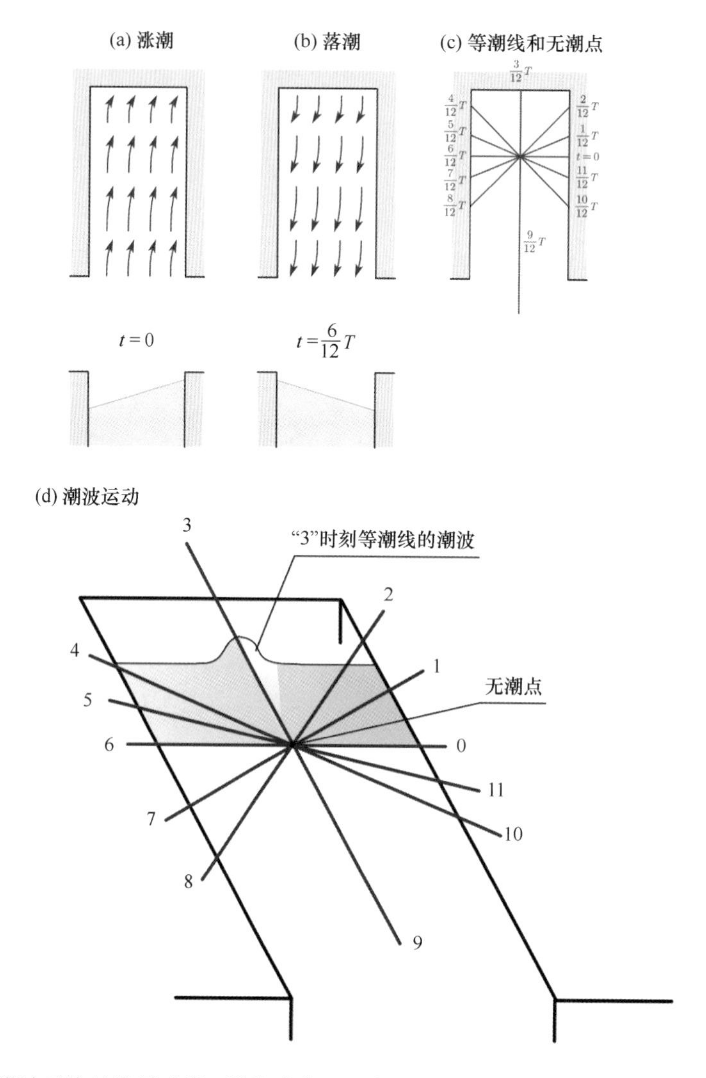

图 9-17　旋转潮波系统的发展过程。设海盆位于北半球。在（a）和（b）中，“弯曲”箭头显示了科氏力如何使移动的水质点偏转，从而使得水体在海盆的侧面堆积。（a）为涨潮，科氏力使水向右偏，海水在东侧堆积。（b）退潮，海水在西侧堆积。（c）所建立的逆时针旋转潮波系统。（d）潮波逆时针传播。等潮时线上的数字对应于图（c）中的 t 值

第 3 节　调和分析和潮汐预报

调和分析方法是潮汐动力学理论的实际应用，是最常用、最令人满意的潮位预报方法。它将观测到的潮汐分解成许多调和分量（分潮），每一个调和分量的周期与地球、太阳和月球之间的相对运动的某些分量的周期精确对应。对于任何海岸位置，每一个分潮都有一个特定的振幅和相位。在这种情况下，相位是指在给定的参考时间完成的分潮的周期，这取决于有关潮汐产生力的周期，以及该特定位置的分潮汐滞后。

基本概念与第 8 章类似，某一特定地点实际潮汐的波形是该地点所有分潮的叠加。图 9-18 给出了一个仅含两个分潮的例子，即一个全日分量和一个半日分量的叠加，其结果是每天产生两个不相等的高潮（H 和 h）和两个不相等的低潮（L 和 l），并且高低潮（l）和低高潮（h）之间的时间间隔明显短于 H 和 l 之间（或 L 和 h 之间）的时间间隔。这些潮汐以高度不等的涨潮和低潮为特征，称为混合潮汐，常见于太平洋北美洲沿岸。

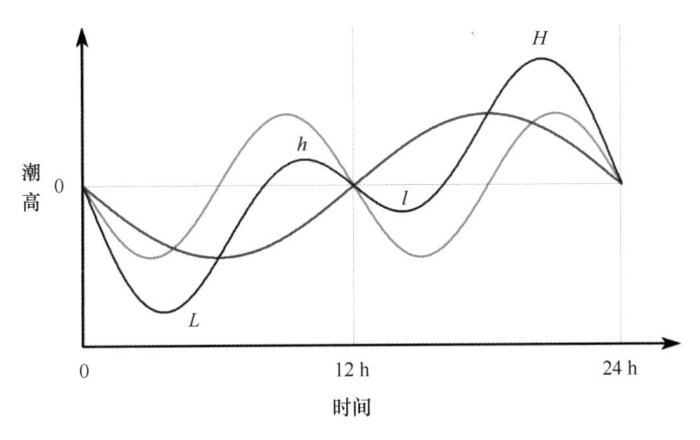

图 9-18　混合潮（紫色）是由一个全日（红色）和一个半日（浅蓝色）分潮叠加产生的。H 和 h = 高潮；L 和 l = 低潮。为简单起见，半日周期显示为 12 h

为了对某一地点的潮汐进行准确预报，必须首先通过对观测的潮汐进行分析来确定每一分潮的振幅和相位，即确定各分潮对实际潮汐的贡献。这需要潮位数据的观测时间具有一定的长度，即观测时间与有关分潮的周期相比要更长。目前已鉴定出多达 390 种潮谐波成分，表 9-1 给出了其中最重要的 11 种成分：深水区主要考虑四种半日变化成分、四种日变化成分，在浅水区需要增加三个浅水分潮。

表 9-1 主要分潮

类别	名称	符号	周期/h	相对振幅 ($M_2=100$)
半日分潮	太阴主要半日分潮	M_2	12. 421	100
	太阳主要半日分潮	S_2	12. 000	46. 5
	太阴椭率主要半日分潮	N_2	12. 658	19. 1
	太阴-太阳赤纬主要半日分潮	K_2	11. 967	12. 7
全日分潮	太阴-太阳赤纬主要全日分潮	K_1	23. 934	54. 4
	太阴主要全日分潮	O_1	25. 819	41. 5
	太阳主要全日分潮	P_1	24. 066	19. 3
	太阴椭率主要全日分潮	Q_1	26. 868	7. 9
浅水分潮	太阴浅水 1/4 日分潮	M_4	6. 210	
	太阴浅水 1/6 日分潮	M_6	6. 140	
	太阴、太阳浅水 1/4 日分潮	MS_4	6. 103	

半日分潮是由于与太阳和月球有关的引潮力对称地分布在地球表面（图 9-5 和图 9-6）。M_2和 S_2分潮是最重要的，因为它们控制着大小潮周期（图 9-16）。表 9-1 显示，S_2分潮的振幅仅为 M_2 分潮的 46. 6%，因为尽管太阳的质量比月球大得多，但它的距离也远得多。

全日潮主要是月球和太阳存在偏角的结果（图 9-10 和图 9-14），与潮汐日不平等有关。在图 9-11 中，*Y* 点有一个全日高潮，*X* 点有一个全日低潮。半天之后，随着地球在平衡潮汐凸起内旋转，*X* 点的全日高潮和 *Y* 点的全日低潮都将升高。当月球处于零偏角时，*X* 和 *Y* 的潮差都将是最低的。然而，在半日潮影响最小的位置，只有全日潮出现，当月偏角为零时，潮差最小。

值得注意的是表 9-1 中的一些其他规律。全日分潮 K_1 的周期是其半日分潮 K_2 的两倍，但振幅要大得多，而 K_1 和 P_1 的平均值正好是 24 h。一些半日和全日分潮（如 N_2、P_1）的周期与 M_2 和 K_1 的微小偏离主要与月球和地球轨道之间的复杂情况有关。关于表 2. 1 中列出的较长周期，太阴半月周潮（M_f）为 13. 66 d，几乎是月球绕地月质心旋转 27. 3 d 周期的一半；而太阴月周期（Mm）非常接近图 9-12 中提到的 27. 5 d 的近地点远地点周期。当然还有更长周期的分潮，一个明显的例子是 18. 6 年的周期与月球轨道进动有关（图 9-12）。

除了近海潮汐站位观测外，雷达高度计所达到的精度使得可以利用从卫星数据中提取深海的潮汐振幅和相位信息依次进行的潮汐预测与观测吻合良好。在深海，压力计记录的潮汐数据也用于潮汐预报分析。

第 4 节　浅海潮汐和潮流

随着浅水区潮汐波的传播速度减慢，潮差和潮流增加，大陆架上的潮流通常达到 1~2 n mile · h^{-1}（0.5~1 m · s^{-1}）。潮流与垂直运动的潮汐振荡具有相同的周期性。在河口，潮流在一半潮汐周期中以一个方向流动，在另一半潮汐周期中以相反方向流动，这种往复运动是潮汐不利于冲走污染物的主要原因，例如在落潮时丢弃或排放的东西可能在潮汐再次上升时又回到原位置。然而，在宽阔的河口、海湾、外海，科氏力使水流不断地改变方向，使水质点趋向于沿着近似椭圆的路径运动，而不是简单的往复运动。潮流图可以方便地用水流方向和速度大小的图表来表示，即在整个潮汐周期的特定时间间隔测量，由从共同原点绘制的适当长度的矢量箭头进行表示。图 9-19（a）一个简单的潮流往复运动，潮流在一半潮汐周期沿西北方向流动，在另一半期间为东南方向。由于水流随着潮汐的涨落而起伏，每一个箭头都有不同的长度；在图 9-19（b）中，潮流则显示出更为常见的椭圆模式，在完成循环之前，当潮流从西北偏西向西北方向摆动时，速度会增加，当洋流回到东南方向时，速度会降低，然后在向南方向再次加速。潮汐的旋转可能是顺时针或逆时针，但如果没有岸界约束，则在北半球为反气旋旋转。

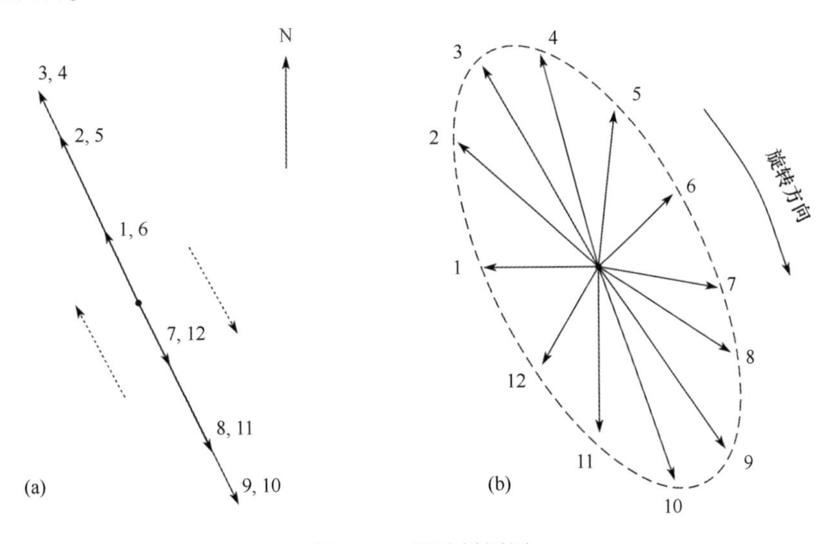

图 9-19　潮汐椭圆图

在大陆架和浅海，潮汐椭圆通常是不对称的，因为涨潮流和落潮流往往是不相等的。部分原因是不同分潮之间的相互作用，图 9-20 显示了较大的半日潮 M_2 分量和较小的四分之一日潮 M_4 分量之间的相互作用，在这个例子中，当半日潮 M_2（蓝色）和

四分之一日潮 M_4（红色）同相时，两个“波峰”重合而加强，即涨潮加强，而落潮时由于 M_2 的“波谷”与 M_4 的“波峰”重合而减弱，即落潮减弱。本例中，这两个分量是同相的，因此洪水潮流由于持续的水流叠加在潮流上，也会出现潮汐椭圆的不对称或扭曲现象。

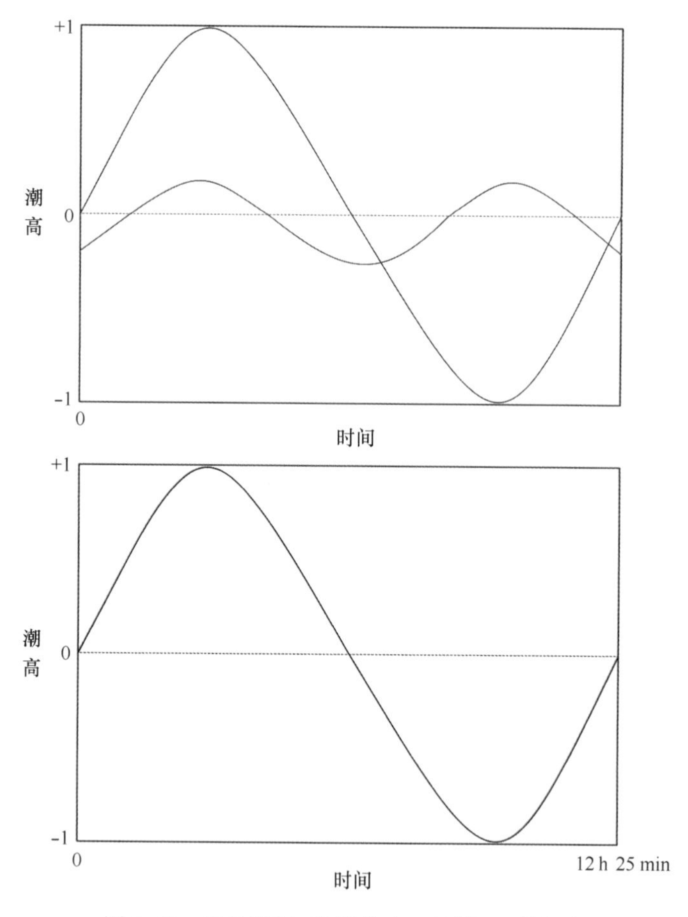

图 9-20　半日潮 M_2 和四分之一日潮 M_4 的组合

陆架海潮流椭圆还受到海岸线形状、底部地形、当地天气条件以及锋面等因素的影响，所有这些因素都可以加强图 9-20 所示的影响，并进一步导致理想化潮汐椭圆的扭曲和不对称，其结果是存在潮汐余流，即水质点在明确方向上的长期净运动。潮汐余流对沉积物的输运具有重要意义，尽管它们的速度通常只有几个厘米每秒。

海床对浅水区潮流速度的影响如图 9-21 所示，该图显示了一个潮汐周期间的一系列流速剖面。流速剖面底部流速的减小是潮流与海床摩擦的结果，海床摩擦产生垂直剪切流，即流速随离海床的高度变化而变化。表层和海床附近的潮汐椭圆通常不同步，使得表层和近底层水流在不同的时间发生转向。这种“相位差”的结果在图 9-21 第 3 小时的速度剖面中特别明显。

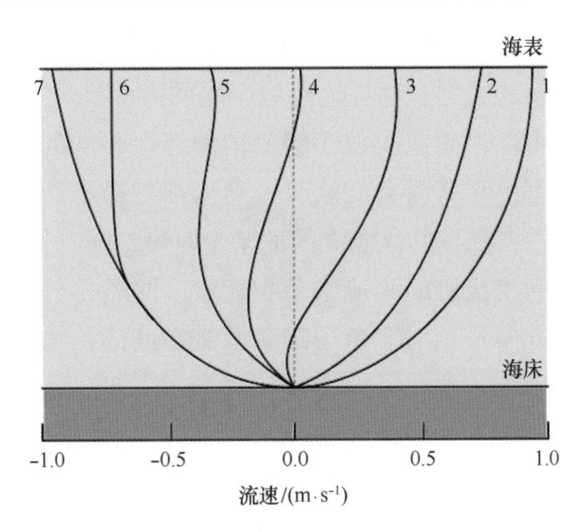

图 9-21　某观测点半个潮汐周期的潮流速度剖面，特别注意，在第 3 小时，水面上的水质点运动方向与河床附近的水质点运动方向相反

由于与海床的摩擦而产生的垂直剪切引起的湍流会导致水柱的垂向混合，这种混合会延伸到浅水或潮流足够强区域的表层。在其他潮汐流较弱或海水较深的地区，则这种混合较弱。当海表水在夏季变热时，会形成具有不同密度层的分层。混合充分水和分层水之间的倾斜边界形成潮汐锋面，这样的锋面通常具有 1/100 和 1/1 000 之间的梯度，即通常有明确的定义，锋面两侧的水密度存在明显差异（图 9-22）。在分层和非分层水体中，密度都必须向下增加，但层化侧的平均密度小于充分混合侧水柱的平均密度。风对海表水的湍流混合会破坏上层的层结，并加强另一侧的潮流混合，在中高纬度地区的冬季，强风的冷却和混合完全破坏了层结，导致锋面消失。锋面通常是海表水汇合的区域，通常可见泡沫或漂浮碎片形成的线条。它们通常也是营养盐浓度升高的区域，因此具有较高的初级生产力。

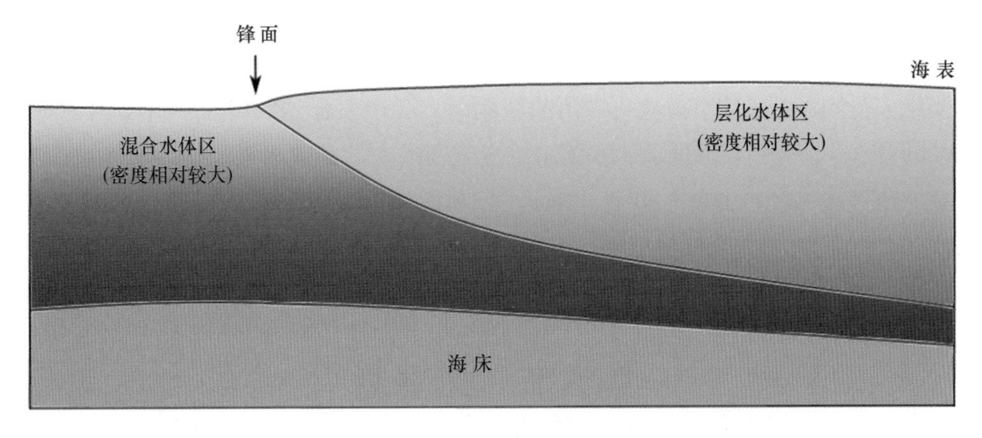

图 9-22　近海层化水体区与潮汐导致的充分混合区之间的潮汐锋面

潮汐是行进波，因此我们预计潮流在高潮和低潮时最强，即潮波的波峰和波谷通过时潮流最强，这在开阔的大洋和存在笔直海岸线的近海是成立的。相对较浅的近海，进入海湾和河口的潮波可以设想成类似于缓慢向海滩上移动的长而低的涌浪。任何观察过潮汐河口的人都知道，在高潮和低潮时，潮流都是最小的，也就是说，在这两个时段潮流缓慢，潮流往往在涨潮和落潮之间的某个时段最强。

一些底栖鱼类种群利用浅海的潮流来节省能量，同时在它们的觅食地和产卵地之间迁徙。当潮水朝某个方向流动时，鱼会随着水流在底部几米以上的地方游动。当潮流变缓时，它们下降到海床，并在另一半潮汐周期里（此时潮流反相）保持在那里，等待潮汐再次来临时他们再上升到水柱中。正如人们所知，这种选择性的潮流输运现象，通过几十年来鱼类电子标记和不同潮汐状态下的拖网捕捞已有明确的证实。

在一些海湾和河口的潮差相对较大，通常是源于共振。在一些较大的港湾中，如果港湾的长度合适，进入港湾的行进潮汐波的反射波和入射波的叠加将导致驻波。在这种情况下，潮汐波被反射于港湾的入口处，并与下一个潮汐波的到来相遇，其结果是潮波的振幅增加，并且这种港湾的潮差可能非常大，例如新斯科舍省（Nova Scotia）狭长的芬迪湾（Bay of Fundy），其长度约 270 km，平均深度 60 m，合适的港湾长度引起了几乎与半日潮周期完全相同的共振振荡（湾头的潮差约 15 m），并在涨潮和落潮间形成了强烈的潮流。

即使没有封闭，在面向大洋的大陆架上也可能发生共振。与大多数大陆地区接壤的大陆架被海水覆盖，深度很少超过 200 m，并延伸到陆架断裂处，即陆架边缘，实际上是大陆斜坡的顶部，那里的水深增长相对较快。理论上，当陆架宽度（从海岸到陆架断裂的距离）约为潮汐波长的四分之一（或其简单倍数，如 3/4、5/4）时，共振就有可能发生。在大约 100 m 的水深中，半日潮 M_2 的波长约为 1 400 km，因此要发生共振，需要大约 350 km 的陆架宽度，而大多数大陆架都比这要窄。因为，陆架越宽，越接近共振所需的条件，所以陆架宽度与近岸潮差之间存在粗略的相关性，而潮差增加意味着潮流速度增大。

当水流受到岛屿、狭窄海峡或岬角的限制时，会产生强烈的海流。这是因为海水对连续性的要求，即每单位时间流入和流出给定空间的水量必须相等。如果水流被迫变窄，它就会加速（浅滩海底也会有类似效果）。与潮流相关而衍生的力包括所谓的“水力”（hydraulic currents）。潮流使得水倾向于在狭窄海峡的入口处堆积，导致海面朝流动方向向下倾斜。这一坡度导致沿海峡的水平压力梯度，从而产生水流的“水力”。

第 5 节　风暴潮

潮位预报中的另一个复杂问题是，气象条件可以显著改变某一特定潮位的高度及其发生的时间。风可以阻挡潮水，也可以助推潮水前进。大气压力的变化也会影响到水位，而且大气压力的变化会导致实际水位与预测值有很大的不同，特别是在风暴期间。风和低气压的共同作用可以导致异常高的潮汐，它威胁着沿海低洼地区，并可能引发洪水灾害。另一方面，在高气压时期，特别是如果有强大的海面风，也可能会出现异常的低潮位，这种情况虽然不太常见，但对于吃水相对较深的大型船舶来说，可能会造成搁浅的问题。

正风暴潮是指由于强烈的大气扰动，如强风和气压骤变所导致的海面异常升高现象。在相反的气象条件下，也会产生海面的异常下降，则称为“负风暴潮”。风暴潮频率介于低频天文潮和海啸之间。风暴潮，也称之为“风暴增水”或“风暴海啸”，乃至“气象海啸”；“负风暴潮”也可称为“风暴减水”。

最具灾难性的正风暴潮通常由热带气旋（台风或飓风）引起，大潮、强劲的陆上风和极低的大气压共同导致当地海平面异常上升。最近历史上最严重的一次风暴潮灾害发生在 1970 年的孟加拉湾北部海岸，造成 25 万人死亡；随后在 1985 年的一次风暴潮灾害造成 2 万人丧生。1953 年记录在案的北海风暴潮导致当地海平面高出正常值 3 米，造成荷兰 1 800 人死亡，英国 300 人死亡。我国南北纵跨温带和热带地区，台风季节长且次数多，其强度和影响范围也大，另外在非台风季节，渤海和黄海又是冷暖气团活动频繁的海区，其次我国广阔的大陆架又有利于风暴潮的成长和发展，上述因素使得我国是世界上多风暴潮的国家之一。得益于当前准确的气象和潮汐数据的获取，以及通过卫星跟踪的风暴预报和计算机海浪模拟技术的提高，风暴潮预警在世界许多地方已实现业务化。

9.5.1　风暴潮的形成和传播

我们以一种简单和理想化的方式来理解风暴潮的形成与传播过程：假定在海面上突然形成一个以“低压区”为中心的风暴，该低压中心将立即引起海水升高，这是因为海面水柱的升高与气压降低约成静压关系——气压下降 100 Pa（1 毫巴），水位约上升 1 cm。与此同时，风暴中心周围的强风将以湍流切应力的作用形成一个与风场同方向的气旋式环流，但由于科氏力的作用，在北半球海流将向右偏，这样在海面就形成了海水的辐散，由于海水运动的连续性，在深层必将予以补偿，因此在深层水中形成海水的辐聚，开始沿着径向流向中心的海流则由于科氏力的作用向右偏在深层就建立了气旋式环流。若设风暴静止不移动，且海水密度均匀，则根据风海流理论，这种运动能影响到海洋中较深的水层，而实际上由于海水层化和风暴本身移动的缘故，其影响深度是有限的。海面受大气低压影响，以及深层流的幅聚所形成的海面异状隆起，就像孤立波一样，随着风暴的移动而在海面上传播。在这个波形成的同时，也形成了由风暴中心向四面八方传播出去的自由长波，它们传播到陡峭的岸旁将被反射，当它们传播到大陆架上浅海水域时，由于水深变浅，再加上强风的直接作用，能量则急剧集中，风暴潮也就急剧地增大起来。

风暴潮传至大陆架或港湾，大致可分为三个阶段：

（1）先兆阶段：台风（或飓风）来临之前，则有一产生于台风域内，以长波传播速度 $\sqrt{gh}$ 向前传播的自由波，实际上就是台风长波。在深海，其传播速度大大超过台风移动速度而在大风来临之前出现，即所谓台风（或飓风）长波增水的“先兆波”。由于水深不断变浅，导致能量集中，能出现水位剧增现象。

（2）主振阶段：风暴逼近或过境时，水位急剧升高，形成风暴潮的主振阶段。引起风暴潮灾主要在这一阶段。台风进入浅海后，其风场和气压场的作用即发生显著的变化：原来在开阔的深海区起主导作用的气压场，随着台风进入浅海海域，便让位于风场。据研究，在 120 m 水深处，风的效应和气压的虹吸作用大致相等，因此台风从深海区移行到浅海陆架区，其风、压作用的比例将于 120 m 水深处附近发生转变。风海流引起的水体运输是导致台风中心附近海面显著升高的主要原因。风暴潮的主振阶段，其潮高能达数米，但这一阶段时间不太长，也就是数小时的尺度。

（3）余振阶段：当风暴过境以后，即在主振阶段结束之后，仍有一系列波动存在，即所谓余振阶段。如果余振的高峰与天文潮高潮相遇，则可能再度造成灾害，甚至会超过主振段的增水。

9.5.2 深转风暴潮理论

大陆架上风暴潮理论和预报的研究具有重大的实践意义。但大陆架上风暴潮现象极其复杂，为了说明大陆架上风暴潮的基本机制，本节只介绍一种大陆架上风暴潮的简单理论模型，即“深转（Bathystrophic）模型”。该模型的数学处理简便、物理意义清晰，它往往是某些复杂实际情形的一个良好的初步近似。

以一条离岸的光滑界线 AB 来代表真实的岸线，真实的岸线外的复杂大陆架用一个理想的大陆架代替，该理想大陆架的数学形式描述了真实大陆架的主要特征，即水深在海岸法线方向上向外逐增，即仅是 x 的函数，设水深分布为 $h = h_0 + \alpha x$（图 9-23）。

理想化大陆架上的深转风暴潮的基本方程是忽略非线性平流项，其铅垂向平均方程组为

$$\frac{\partial \zeta}{\partial t} + \frac{\partial[(h+\zeta)u]}{\partial x} + \frac{\partial[(h+\zeta)v]}{\partial y} = 0$$

$$\frac{\partial u}{\partial t} - fv = -g\frac{\partial \zeta}{\partial x} + \frac{\tau_x}{\rho(h+\zeta)} - \tilde{k}u$$

$$\frac{\partial v}{\partial t} + fu = -g\frac{\partial \zeta}{\partial y} + \frac{\tau_y}{\rho(h+\zeta)} - \tilde{k}v$$

其中 u 和 v 为铅直向平均流速分量，$\tilde{k}u$ 和 $\tilde{k}v$ 为海底摩擦项，设 $\tilde{k} = k'/(h+\zeta)$，即将底

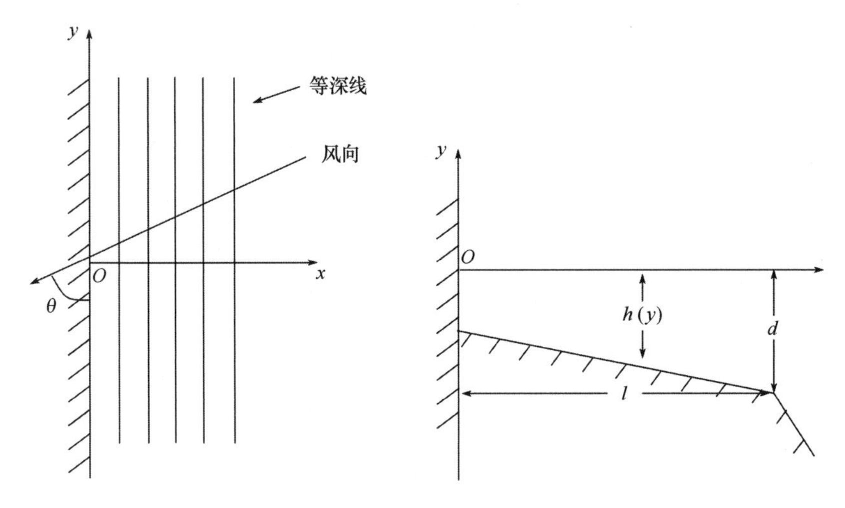

图 9-23　理想大陆架平面图和水深分布

摩擦表示成与流速一次方成比例的比例系数。设大陆架宽度为 L，风暴所影响的范围在 x 方向为 l，并且 $L \gg l$，则由连续方程可知 $\boldsymbol{v} \gg u$，即风暴潮流基本上沿等深线方向流动，这也是深转流这一术语的来源。据此，运动方程中的与 u 有关的项可以略去，再引进全流参量

$$U = (h + \zeta)u, \qquad V = (h + \zeta)\boldsymbol{v}$$

因此，上述基本方程可以简化为

$$\frac{\partial \zeta}{\partial t} + \frac{\partial U}{\partial x} + \frac{\partial V}{\partial y} = 0 \tag{9-5}$$

$$-fV = -gh\frac{\partial \zeta}{\partial x} + \frac{\tau_x}{\rho} \tag{9-6}$$

$$\frac{\partial V}{\partial t} = \frac{\tau_y}{\rho} - \tilde{k}V \tag{9-7}$$

进一步设风应力为常数 τ_0，风与 $-y$ 轴的夹角为 θ，则

$$\tau_x = -\tau_0 \sin\theta, \qquad \tau_y = -\tau_0 \cos\theta$$

大陆架外缘，其边界条件取为

$$\zeta = 0, \qquad x = l$$

初始条件为

$$\zeta = V = 0, \qquad t = 0 \tag{9-8}$$

将式（9-8）代入式（9-7），得

$$\frac{\partial V}{\partial t} + \tilde{k}V = -\frac{\tau_0}{\rho}\cos\theta$$

该方程通解为

$$V = -\frac{\tau_0 \cos\theta}{\rho \bar{k}}(1 - e^{-\tilde{k}t}) + C \tag{9-9}$$

代入初始条件（9-8）到式（9-9），可得积分常数 $C=0$，则风暴潮全流

$$V(x, t) = -\frac{\tau_0 \cos\theta}{\rho \bar{k}}(1 - e^{-\tilde{k}t}) \tag{9-10}$$

将上式代入式（9-6），并利用水深分布函数 $h = h_0 + \alpha x$ ，经积分，再利用边界条件可得风暴潮位表达式

$$\zeta(x, t) = \frac{\tau_0 \sin\theta}{\rho g \alpha}\left[1 + \frac{f}{k}\cot\theta(1 - e^{-\tilde{k}t})\right]\ln\frac{h_0}{h_0 + \alpha l} \tag{9-11}$$

由（9-10）式和（9-11）式可知，风暴潮位与风暴潮流是同时到达定常状态。定常时岸边的风暴潮位为

$$\zeta(0, \infty) = \frac{\tau_0}{\rho g \alpha}\left[\sin\theta + \frac{f}{k}\cos\theta\right]\ln[h_0/(h_0 + \alpha l)]$$

对于既定的大陆架地形，不同的风应力方向将产生不同高度的岸边增水。设某一方向可产生最大的增水，也即此方向是“危险风向”。利用 $\frac{d\zeta(0, \infty)}{d\theta} = 0$ 可确定出危险风向的关系式

$$\tan\theta_0 = \tilde{k}/f$$

由此可见，在低纬度（$f \approx 0$）则有 $\theta_0 \approx \frac{\pi}{2}$，即向岸风向为最危险风向；对于水深较深的海域 $\tilde{k} = k'/(h + \zeta) \approx 0$，则 $\theta_0 \approx 0$，即沿着海岸向 x 右方吹的风向为最危险风向；当海域由深逐渐变浅时，危险风向由 $\theta_0 \approx 0$ 逐渐向 $\theta_0 \approx \frac{\pi}{2}$。

浅水风暴潮的一个重要特征是：风应力是风暴潮的主要强迫力。当风暴潮高度远小于海水深度，而且风暴的空间尺度大于风暴潮海域的水平尺度，则可以给风暴潮位一个良好的近似估值公式

$$\zeta = k\frac{\tau \cdot l}{\rho g h}$$

其中 k 为经验常数。由风暴潮位的估值公式可以看出，风暴潮的振幅反比于海深 h，它表明了在浅海中风暴潮发展特别强烈。

但当风暴潮幅度 ζ 与海深 h 相比为同量阶时，即 ζ 与 h 相比不能忽略时，上述估值公式必须修正为

$$\zeta = k\frac{\tau \cdot l}{\rho g(h + \zeta)}$$

它表明海面风切应力 τ 对水体 l 所做的功，除了一部分消耗于海底湍流摩擦效应以外，余者全部转化为该水体势能的增加；经验系数 k 包含了这种分配的比例。

9.5.3　影响风暴潮高度的因素

1）风应力和与低压相关联的“共振”

它们是产生风暴潮的主要因子，是它们构造了风暴潮的范围，控制了风暴潮的大小。另外，还有一种危险的情形，即当风暴移行速度接近当地的长波波速时“共振”现象发生，其结果将导致异常的高水位。

2）近岸海浪的水量迁移

充分发展的热带风暴可引起向岸传播的巨浪，这些表面波在外海对于向岸的水量迁移几乎没什么贡献，但在近岸处这一效应却变得显著。当这些表面波在近岸处破碎的时候，朝向岸边运动的水质点将具有显著的动量，并且它们能在一个倾斜的海滩上爬升到或超过它们破碎前的两倍波高的高度。引起平均水位升高，其值可能达数十厘米甚至一米以上这个效应会增加实际潮位能持续数小时乃至数天以上。

3）风暴潮期间的阵雨量

如果雨量足够大，而且在风暴潮之前足够长的时间内就已开始降雨，那么当风暴移行速度比较缓慢时，降雨，特别是涨潮时的降水对总水位可能产生重要影响。与此相关联的是江河入海口处受到上游泻下的洪峰的影响也应考虑。

第 10 章　大尺度海洋波动

本章主要讨论在重力和科氏力作用下的海洋波动，分两类波进行讨论。第一类是长周期重力波，相较于前一章介绍的小尺度海浪，这类波动仅仅在一定程度上受到科氏力的修正，当地转趋于 0 时，重力将成为其主要恢复力，因而仍具有浅水重力波的波动特性。第二类波动则不然，当地转趋于零时，它失去运动的周期性质而退化为定常流动。实际上，第二类波动之所以会具有周期性，主要是受到地球自转的影响，因此，该类波动的周期通常大于 24 h。本章我们将介绍不考虑引潮力时大尺度海洋波动的基本知识，首先建立长波动力学方程，然后应用这些方程详细地研究如下几种第一类波动：斯威尔德鲁普（Sverdrup）波、庞加莱（Poincaré）波、开尔文（Kelvin）波和普劳德曼（Proudman）波；最后一节介绍罗斯贝（Rossby）波，属于第二类波动。

第 1 节　长波方程

考虑 x 方向和 y 方向的运动方程，假定流动是无摩擦的，在传统近似下忽略惯性项中的非线性项，则运动方程变为

$$\frac{\partial u}{\partial t} - fv = -\frac{1}{\rho}\frac{\partial p}{\partial x} \tag{10-1}$$

$$\frac{\partial v}{\partial t} + fu = -\frac{1}{\rho}\frac{\partial p}{\partial y} \tag{10-2}$$

铅直方向上的运动方程，则取为静力学平衡方程

$$\frac{\partial p}{\partial z} = -\rho g \tag{10-3}$$

方程中各物理量的意义见图 10-1。如果流体是均匀的，式（10-3）沿铅直方向积分便可得到任意深度上的压强 p，因此可得如下表达式

$$\int_z^{\eta}\frac{\partial p}{\partial z}\mathrm{d}z = -\rho g\int_z^{\eta}\mathrm{d}z,\ \int_{p_z}^{p_\eta}\mathrm{d}p = -\rho g(\eta - z)$$

或

$$p_z = p_\eta + \rho g(\eta - z)$$

假设海表面压强为 0，即 $p_\eta = 0$，则将上式分别对 x 和 y 求导数，可得

$$\frac{1}{\rho}\frac{\partial p}{\partial x} = g\frac{\partial \eta}{\partial x},\ \frac{1}{\rho}\frac{\partial p}{\partial y} = g\frac{\partial \eta}{\partial y} \tag{10-4}$$

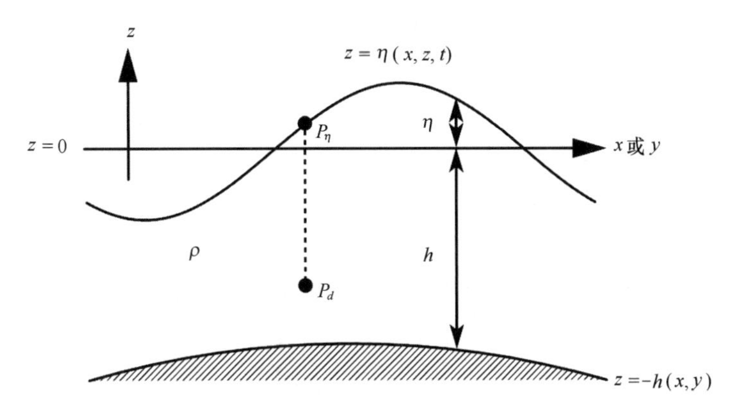

图 10-1　长波方程各物理量示意图

将上式代入方程（10-1）和（10-2）便可得到著名的长波运动方程

$$
\begin{aligned}
\frac{\partial u}{\partial t} - fv &= - g\frac{\partial \eta}{\partial x} \\
\frac{\partial v}{\partial t} + fu &= - g\frac{\partial \eta}{\partial y}
\end{aligned} \tag{10 - 5}
$$

接下来我们考虑不可压缩流体的连续方程

$$
\frac{\partial u}{\partial x} + \frac{\partial v}{\partial y} + \frac{\partial w}{\partial z} = 0 \tag{10 - 6}
$$

将其沿铅直方向积分，可得

$$
\int_{-h(x,\ y)}^{\eta(x,\ y,\ t)} \left(\frac{\partial u}{\partial x} + \frac{\partial v}{\partial y} + \frac{\partial w}{\partial z}\right) \mathrm{d}z = 0 \tag{10 - 7}
$$

对上式中前两个量的积分应用 Leibniz 法则（见第 3 章），便有

$$
\int_{-h(x,\ y)}^{\eta(x,\ y,\ t)} \frac{\partial u}{\partial x}\mathrm{d}z = \frac{\partial}{\partial x}\int_{-h}^{\eta} u\mathrm{d}z - u\big|_{z=\eta}\frac{\partial \eta}{\partial x} - u\big|_{z=-h}\frac{\partial h}{\partial x}
$$

$$
\int_{-h(x,\ y)}^{\eta(x,\ y,\ t)} \frac{\partial v}{\partial y}\mathrm{d}z = \frac{\partial}{\partial y}\int_{-h}^{\eta} v\mathrm{d}z - v\big|_{z=\eta}\frac{\partial \eta}{\partial y} - v\big|_{z=-h}\frac{\partial h}{\partial y}
$$

于是式（10-7）变成

$$
\begin{aligned}
&\frac{\partial}{\partial x}\int_{-h}^{\eta} u\mathrm{d}z - u\big|_{z=\eta}\frac{\partial \eta}{\partial x} - u\big|_{z=-h}\frac{\partial h}{\partial x} \\
&+ \frac{\partial}{\partial y}\int_{-h}^{\eta} v\mathrm{d}z - v\big|_{z=\eta}\frac{\partial \eta}{\partial y} - v\big|_{z=-h}\frac{\partial h}{\partial y} \\
&+ w\big|_{z=\eta} - w\big|_{z=-h} = 0
\end{aligned} \tag{10 - 8}
$$

为了进一步简化上式，需给定海洋上下界面处的边界条件。自由面 $z = \eta(x,\ y,\ t)$ 处运动学边界条件为

$$
-\frac{\partial \eta}{\partial t} - u\big|_{z=\eta}\frac{\partial \eta}{\partial x} - v\big|_{z=\eta}\frac{\partial \eta}{\partial y} + w\big|_{z=\eta} = 0 \tag{10 - 9}
$$

海底 $z=-h\ (x,\ y)$ 运动学边界条件为

$$w\big|_{z=-h} + u\big|_{z=-h}\frac{\partial h}{\partial x} + v\big|_{z=-h}\frac{\partial h}{\partial y} = 0$$

因而，将上述边界条件代入式（10-8）中，便得

$$\frac{\partial \eta}{\partial t} + \frac{\partial}{\partial x}\int_{-h}^{\eta} u\mathrm{d}z + \frac{\partial}{\partial y}\int_{-h}^{\eta} v\mathrm{d}z = 0 \tag{10-10}$$

上式表示在长波运动中质量是守恒的，即如果取一个从海面到海底的铅直水柱，那么通过水柱边界流入和流出水柱的质量与水面升降取得平衡。在长波理论中，一般取水平速度 u 和 v 与深度 z 无关，从方程（10-4）和（10-5）中可以看出这一点，因为这些方程表明 x 和 y 方向的质点加速度均与 z 无关，因此只要有一个时刻（例如 $t=0$）u 和 v 与 z 无关，那么在任意时刻 u 和 v 就与 z 无关。在某些特殊情况下，如果 $t=0$ 时，水是静止不动的，则对于这种特殊情形便可认为 u 和 v 与 z 无关；不过在后面我们将假定在所有的情况下，u 和 v 均与 z 无关。此时计算式（10-10）中的积分，便得

$$\frac{\partial \eta}{\partial t} + \frac{\partial}{\partial x}[u(h+\eta)] + \frac{\partial}{\partial y}[v(h+\eta)] = 0$$

另外，除了在非常浅的水域中，波动振幅一般都远小于水深，即 $|\eta| \ll h$，因此对于大多数的情况，上式可近似地写为

$$\frac{\partial \eta}{\partial t} + \frac{\partial uh}{\partial x} + \frac{\partial vh}{\partial y} = 0 \tag{10-11}$$

这就是长波运动的连续方程。此外，为了得到垂向流速 w 的表达式，我们可将连续方程（10-6）从深度 z 到海面 η 进行垂向积分，于是有

$$-\int_{z}^{\eta}\frac{\partial w}{\partial z}dz = \int_{z}^{\eta}\frac{\partial u}{\partial x}\mathrm{d}z + \int_{z}^{\eta}\frac{\partial v}{\partial y}\mathrm{d}z$$

$$-\int_{w_z}^{w_\eta}\mathrm{d}w = (\eta - z)\left(\frac{\partial u}{\partial x} + \frac{\partial v}{\partial y}\right)$$

$$w = w_\eta + (\eta - z)\left(\frac{\partial u}{\partial x} + \frac{\partial v}{\partial y}\right)$$

或

$$w = \frac{\partial \eta}{\partial t} + (\eta - z)\left(\frac{\partial u}{\partial x} + \frac{\partial v}{\partial y}\right)$$

若忽略上式中的二阶小量，可得

$$w = \frac{\partial \eta}{\partial t} - z\left(\frac{\partial u}{\partial x} + \frac{\partial v}{\partial y}\right) \tag{10-12}$$

第 2 节　第一类波

在第 1 节中，我们已建立起长波运动的基本方程，包括运动方程（10-5）和连续

方程（10−11），我们将根据这些方程寻求周期解。在这些方程中，需求解的未知变量为 u，v 和 η。这些方程都是齐次线性方程，方程中水平坐标轴的方向是任意的，x 轴不一定朝东，y 轴不一定朝北。地转影响是通过科氏参量 f 来体现的，而且无论水平轴的方向怎样选取，与 f 有关的项都可取为式（10−5）中的形式。现在，我们仍把 f 和 h 看作 x 和 y 的函数。至于铅直速度 w，可依式（10−12）求得。

我们令所需要的周期解具有如下形式

$$\begin{cases} \eta \equiv \mathrm{Re}[Z(x, y)\mathrm{e}^{-\mathrm{i}\sigma t}] \\ u \equiv \mathrm{Re}[U(x, y)\mathrm{e}^{-\mathrm{i}\sigma t}] \\ v \equiv \mathrm{Re}[V(x, y)\mathrm{e}^{-\mathrm{i}\sigma t}] \\ w \equiv \mathrm{Re}[W(x, y, z)\mathrm{e}^{-\mathrm{i}\sigma t}] \end{cases} \tag{10-13}$$

式中，Z、U、V、W 代表不同参量的振幅，σ 代表波动频率，Re 表示取实部。将上式代入式（10−5）中，得

$$-\mathrm{i}\sigma U - fV = -g\frac{\partial Z}{\partial x}$$

$$-\mathrm{i}\sigma V + fU = -g\frac{\partial Z}{\partial y}$$

求解得

$$\begin{cases} U = \dfrac{g}{\sigma^2 - f^2}\left(-\mathrm{i}\sigma\dfrac{\partial Z}{\partial x} + f\dfrac{\partial Z}{\partial y}\right) \\ V = \dfrac{g}{\sigma^2 - f^2}\left(-\mathrm{i}\sigma\dfrac{\partial Z}{\partial y} - f\dfrac{\partial Z}{\partial x}\right) \end{cases} \tag{10-14}$$

上式为极化方程。将式（10−11）和（10−13）代入（10−12），便得到 W 的相应方程

$$W = -\mathrm{i}\sigma Z\left(\frac{h+z}{h}\right) + \frac{z}{h}\left(U\frac{\partial h}{\partial x} + V\frac{\partial h}{\partial y}\right) \tag{10-15}$$

在给定 Z 的情况下，由以上两式便可求得 U、V 和 W，进而可求出质点速度 u、v 和 w 的表达式和质点的运动轨迹表达式。将式（10−13）和（10−14）代入连续方程（10−11），并假定深度 h 和科氏参量为常量，便得到求解的微分方程

$$\nabla^2 Z + \left(\frac{\sigma^2 - f^2}{gh}\right)Z = 0 \tag{10-16}$$

其中

$$\nabla^2 \equiv \frac{\partial^2}{\partial x^2} + \frac{\partial^2}{\partial y^2}$$

虽然以上是从实用的角度出发，假定 h 和 f 为常数，然而，从另一方面来看，这种假定也包含着动力学上的某些后果，即：这样的假定实际上等价于滤掉某些类型的波

动。例如当假定f = 常数时，凡是依赖于行星位涡（f/h）变化的波动都将被滤掉，这种波是第二类波，其频率很低，本章最后一节将要介绍的 Rossby 波便属于其中的一种。另外，在假定h = 常数时，所有与地形有密切关系的波将被滤掉，其中也包括依赖于行星位涡变化的波动，这是因为行星位涡的变化也可由h的空间变化而引起，例如在大陆架上传播的边缘波即属于此种类型。这样，方程（10-16）描述的波动都是第一类波，虽然地转对其有影响，但即使令地转角速度为 0，这类波也仍能保持其波动的性质。当假定h和f均为常数时，极化方程（10-14）不会有明显的简化，但方程（10-15）可简化为

$$W = -\mathrm{i}\sigma\left(\frac{h+z}{h}\right)Z \qquad (10-17)$$

第 3 节　平面 Sverdrup 波

如果沿着与波向垂直的方向上波动状态皆相同，则此波动称为平面波，此时波峰线是一系列平行的直线。方程（10-16）是亥姆霍兹方程，它属于经典的微分方程，这个方程也可以说是简化了的波动方程，因为我们采用形如（10-13）的周期解时，波动方程中的自变量t已经消去。下面我们采用分离变量法来求此方程所对应的平面波解。令

$$Z \equiv X(x)Y(y) \qquad (10-18)$$

此处X（x）是x的任意函数，Y（y）是y的任意函数。为了使函数满足方程（10-16），X（x）和Y（y）就一定要满足某种方程，这种方程是易于求得的。为此，将式（10-18）代入（10-16），经过简单运算可得

$$\frac{X''}{X} + \frac{\sigma^2 - f^2}{gh} = -\frac{Y''}{Y}$$

此处撇号“″”表示二次微商。显然上式左右两端的量都应等于某一常数，令此常数为

$$\frac{\sigma^2 - f^2}{gh} - k^2$$

于是得到

$$X'' + k^2X = 0 \qquad (10-19)$$

类似的有

$$Y'' + \left(\frac{\sigma^2 - f^2}{gh} - k^2\right)Y = 0$$

为书写方便，令

$$l^2 \equiv \frac{\sigma^2 - f^2}{gh} - k^2 \qquad (10-20)$$

于是关于 $Y(y)$ 的方程写为

$$Y'' + l^2 Y = 0 \tag{10-21}$$

方程（10-19）和（10-21）是二阶常微分方程，其解分别为

$$\begin{cases} X = A_1 e^{-ikx} + B_1 e^{ikx} \\ Y = A_2 e^{-ily} + B_2 e^{ily} \end{cases} \tag{10-22}$$

此处 A_1、A_2、B_1 和 B_2 是积分常数，显然方程（10-16）具有许多形如（10-18）的解。式（10-22）中，令 $A_1 = A_2 = 0$，所得表达式是方程（10-16）的一个解，此解可写为

$$Z = a e^{i(kx+ly)} \tag{10-23}$$

上式中 $a = B_1 B_2$。从式（10-20）中解出 σ，我们便得到波动的频散关系

$$\sigma = \pm [f^2 + (k^2 + l^2) gh]^{1/2} \tag{10-24}$$

将式（10-23）和（10-24）代入极化方程（10-14）和（10-17），可得

$$U = A e^{i(kx+ly)}$$

$$V = B e^{i(kx+ly)}$$

$$W = C e^{i(kx+ly)}$$

其中

$$A \equiv \frac{a}{h} \frac{\sigma k + ifl}{k^2 + l^2}, \quad B \equiv \frac{a}{h} \frac{\sigma l - ifk}{k^2 + l^2}, \quad C \equiv -\frac{ia\sigma}{h}(z + h) \tag{10-25}$$

由式（10-13），可写出完整形式的波动解

$$\begin{cases} \eta = \mathrm{Re}[a e^{i(kx+ly-\sigma t)}] \\ u = \mathrm{Re}[A e^{i(kx+ly-\sigma t)}] \\ v = \mathrm{Re}[B e^{i(kx+ly-\sigma t)}] \\ w = \mathrm{Re}[C e^{i(kx+ly-\sigma t)}] \end{cases} \tag{10-26}$$

当 k 和 l 为实数时，所代表的波动为斯威尔德鲁普（Sverdrup）波。从式（10-24）可知，对于 Sverdrup 波，其最小频率为 f。因 f 各地不同，于赤道处为 0，而于北极处 $f = 2\Omega$，因此，如果北半球某点处的 f 与 $|\sigma|$ 相等，那么在该点以北的海区中不可能存在频率为 σ 的 Sverdrup 波，对南半球亦有类似情况。

一个波长范围单位水面面积水柱内的平均动能密度和平均势能密度分别为

$$\bar{E}_k = \frac{1}{2}\rho h(u^2 + v^2) \tag{10-27}$$

$$\bar{E}_p = \frac{1}{2}\rho g \bar{\eta}^2 \tag{10-28}$$

为求出 Sverdrup 波的平均动能密度，先取式（10-26）水平速度的实部，得

$$u = \frac{\sigma k \cos(kx + ly - \sigma t) - fl \sin(kx + ly - \sigma t)}{k^2 + l^2}\left(\frac{a}{h}\right)$$

$$v = \frac{\sigma l \cos(kx + ly - \sigma t) + fk \sin(kx + ly - \sigma t)}{k^2 + l^2}\left(\frac{a}{h}\right)$$

则

$$u^2 + v^2 = \frac{\sigma^2 \cos^2(kx + 1y - \sigma t) + f^2 \sin^2(kx + ly - \sigma t)}{k^2 + l^2}\left(\frac{a}{h}\right)^2$$

在一个周期内平均得

$$\overline{u^2 + v^2} = \frac{1}{2}\left(\frac{\sigma^2 + f^2}{k^2 + l^2}\right)\left(\frac{a}{h}\right)^2 = \frac{1}{2}\left(\frac{ga^2}{h}\right)\left(\frac{\sigma^2 + f^2}{\sigma^2 - f^2}\right)$$

代入式（10-27），得到平均动能密度表达式

$$\bar{E}_k = \frac{1}{4}\rho g a^2\left(\frac{\sigma^2 + f^2}{\sigma^2 - f^2}\right) \tag{10 - 29}$$

相似地，因为

$$\eta = a\cos(kx + ly - \sigma t) \quad 和 \quad \bar{\eta}^2 = \frac{1}{2}a^2$$

因此，由式（10-28）可得平均势能密度为

$$\bar{E}_p = \frac{1}{4}\rho g a^2 \tag{10 - 30}$$

显然，当f=0 时，动能和势能相等，即

$$\bar{E}_k = \bar{E}_p = \frac{1}{4}\rho g h^2$$

此结果与简谐波理论一致。但是，当存在科氏力时，动能密度大于势能密度，这两者的比率为（σ^2+f^2）/（σ^2-f^2）。为了更详细地、更方便地研究 Sverdrup 波的性质，我们把 x 轴取在波动传播的方向上，此时便有 $l=0$，$k>0$。取式（10-26）的实部，便得到

$$\eta = a\cos(kx - \sigma t) \tag{10 - 31a}$$

$$u = \frac{\sigma a}{kh}\cos(kx - \sigma t) \tag{10 - 31b}$$

$$v = \frac{fa}{kh}\sin(kx - \sigma t) \tag{10 - 31c}$$

$$w = \frac{\sigma a}{h}(z + h)\sin(kx - \sigma t) \tag{10 - 31d}$$

此时，频散关系式（10-24）亦简化为

$$\sigma = \pm (f^2 + ghk^2)^{1/2} \tag{10 - 32}$$

方程（10-31c）告诉我们，引入科氏力以后，在与波向垂直的方向上也有流体运动的分量；另外，由式（10-32）可知，对于给定的波数 k，有科氏力时的频率要比无科氏力时的频率高，而且此时的波动为频散波，因为波速 σ/k 与波数 k 有关；如果在式（10-32）中取正号，则 $\sigma>0$，此时波沿正 x 轴方向传播，而取负号时，$\sigma<0$，则波沿负 x 轴方向传播，在这两种情况下，波速的量值相同。图 10-2 表示式（10-32）所

示的 σ 与 k 的关系，图中的曲线对应于 $f=\Omega$ 的情形。即对应于纬度 30°处的科氏参量。图 10−3 表示波速 $|\sigma|/k$ 和群速 $|d\sigma/dk|$ 与频率 $|\sigma|$ 的关系，图中曲线对应于 $f=\Omega$ 的情形。从式（10−32）解出 k，便可求得波速的表达式

$$c \equiv \frac{|\sigma|}{k} = \frac{|\sigma|}{(\sigma^2 - f^2)^{1/2}}(gh)^{1/2}$$

将式（10−32）对 k 求微分，便求得作为波能传播速度的群速

$$c_g \equiv \left|\frac{d\sigma}{dk}\right| = \frac{(\sigma^2 - f^2)^{1/2}}{|\sigma|}(gh)^{1/2} \tag{10 - 33}$$

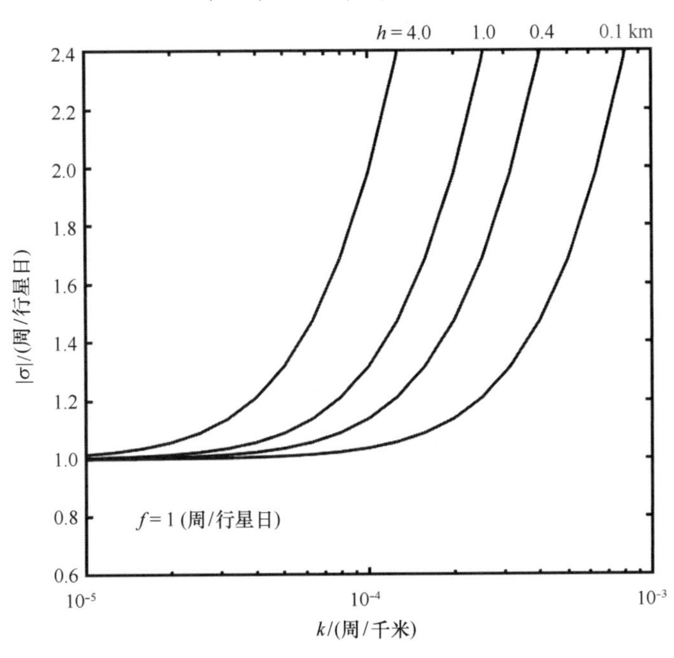

图 10−2　Sverdrup 波频散关系图

为了得到流体质点的运动轨迹，首先定义一个新坐标系（ξ，v，ζ）（图 10−4），新坐标轴的方向与坐标系（x，y，z）坐标轴的方向相同，但新坐标系的原点位于质点的平衡位置处（图 10−4）。令质点平衡位置的坐标为 $x = x_1$，$y = y_1$，$z = z_1$ 或 $\xi=0$，$\nu=0$，$\zeta=0$，当存在波动时，此质点的瞬时坐标为 $x = x_1 + \xi_1$，$y = y_1 + \nu_1$，$z = z_1 + \zeta_1$ 或 $\xi = \xi_1$，$\nu = \nu_1$，$\zeta = \zeta_1$。显然，应有

$$u = \frac{dx}{dt} = \frac{d\xi_1}{dt}$$

$$v = \frac{dy}{dt} = \frac{dv_1}{dt}$$

$$w = \frac{dz}{dt} = \frac{d\zeta_1}{dt}$$

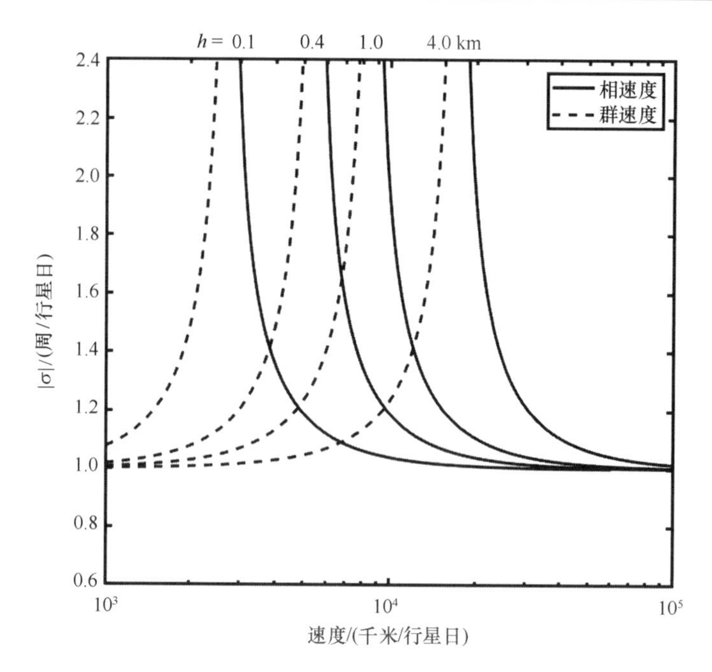

图 10-3　Sverdrup 波波速、群速与频率关系图

将式（10-31）代入上式，并用 x_1 和 z_1 近似代替右端函数中的 x 和 z，便有

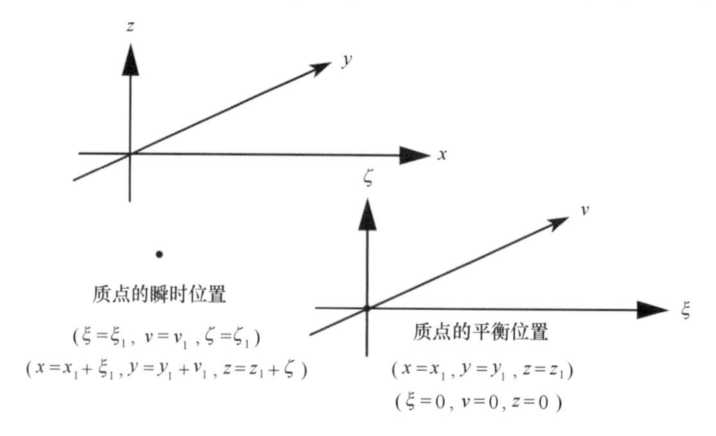

图 10-4　研究 Sverdrup 波粒子轨迹所用坐标系

$$\begin{cases}\dfrac{\mathrm{d}\xi_1}{\mathrm{d}t}=\dfrac{\sigma a}{kh}\cos(kx_1-\sigma t)\\\dfrac{\mathrm{d}v_1}{\mathrm{d}t}=\dfrac{fa}{kh}\sin(kx_1-\sigma t)\\\dfrac{\mathrm{d}\zeta_1}{\mathrm{d}t}=\dfrac{\sigma a}{h}(z_1+h)\sin(kx_1-\sigma t)\end{cases}\tag{10-34}$$

积分上式，并略去下标得

$$\xi = -\frac{a}{kh}\sin(kx - \sigma t) \tag{10-35a}$$

$$\nu = \frac{fa}{\sigma kh}\cos(kx - \sigma t) \tag{10-35b}$$

$$\zeta = \frac{(z+h)a}{h}\cos(kx - \sigma t) \tag{10-35c}$$

上面三式就是质点轨迹的参数方程，方程中的自变量是 t，而 x、y、z 标志特定质点的参数，即特定质点的平衡位置的坐标，将式（10-35a）和式（10-35b）平方相加，得

$$\frac{\xi^2}{(1/k)^2} + \frac{v^2}{(f/\sigma k)^2} = \left(\frac{a}{h}\right)^2 \tag{10-36}$$

这是一个椭圆方程，它的两个半轴分别为 k^{-1} 和 $|f/\sigma|k^{-1}$，此方程是质点轨迹在 xy 平面上的投影的方程。同样地，将式（10-35a）和（10-35c）平方相加，便得到轨迹在 xz 平面上的投影的方程

$$\frac{\xi^2}{(1/k)^2} + \frac{\zeta^2}{(z+h)^2} = \left(\frac{a}{h}\right)^2$$

此方程亦为椭圆方程，两个半轴的长度分别为 k^{-1} 和 $z+h$。式（10-35b）和（10-35c）表明，质点在 yz 平面上的运动是振幅为 $\frac{a}{h}\left[(f/\sigma k)^2 + (z+h)^2\right]^{1/2}$ 的简谐直线运动。综上所述，在 Sverdrup 波中，质点运动的轨迹平面与波锋面垂直，且与 xz 平面成一交角，并朝着波向的左方向上倾斜，质点在运动平面上的轨迹是一椭圆（图 10-5）。在北半球，$f>0$，如把轨迹投影在 xy 平面上，其投影为椭圆，此时质点在 xy 平面上以顺时针方向绕此椭圆运动的同时，质点还具有穿过此椭圆面的速度分量。由式（10-36）可知，将水平形态比定义为 v 方向上的半轴长度与 ξ 方向上的半轴长度之比时，其值为 $|f/\sigma|$。由式（10-32）可得

$$\left|\frac{\sigma}{f}\right| = \left(1 + \frac{k^2}{f^2}gh\right)^{1/2} > 1$$

因此，形态比 $|f/\sigma|$ 小于 1，并随着波动频率的增加而逐渐趋于零。当此形态比趋于零时，质点的轨迹平面是铅直的，表明此时科氏力对运动没有影响。当波动频率很低时，此形态比 $|f/\sigma|$ 趋于 1，科氏力有着很强的影响，并且由式（10-36）可知，质点运动的轨迹平面几乎是水平的圆。铅直形态比可定义为 ζ 方向上的半轴长度与 ξ 方向上的半轴长度之比为 $k(z+h)$，在海洋表面 $z=0$ 处，此形态比具有最大值 kh。显然，对于长波来说，$kh \ll 1$。

最后，由式（10-31a）求得波动在各方向上的一个波长范围内的平均能通量

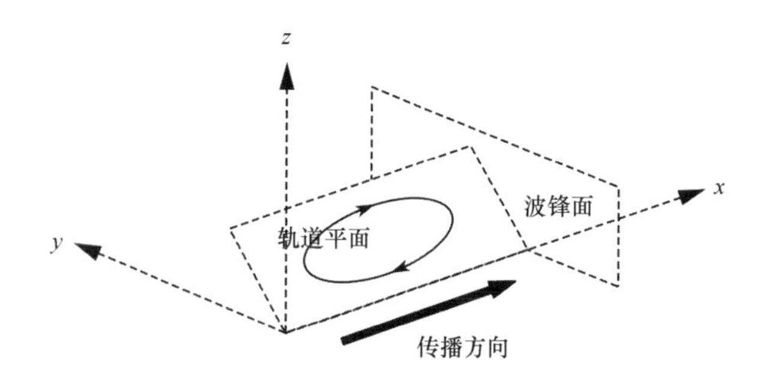

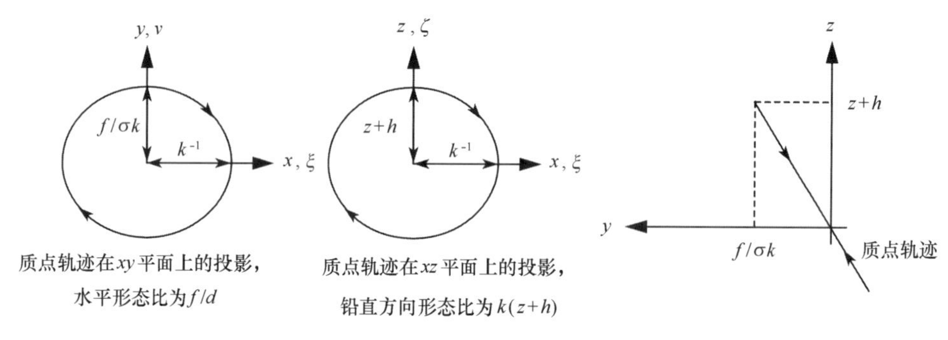

图 10-5　Sverdrup 波的质点轨迹图

$$\begin{cases} \bar{P}_x = \rho gh\,\overline{\eta u} = \dfrac{\rho gh}{T}\displaystyle\int_t^{t+T} \dfrac{a^2\sigma}{hk}\cos^2(kx-\sigma t)\,\mathrm{d}t = \dfrac{1}{2}\rho g a^2\left(\dfrac{\sigma}{k}\right) \\ \bar{P}_y = \rho gh\,\overline{\eta v} = \dfrac{\rho gh}{T}\displaystyle\int_t^{t+T} \dfrac{a^2 f}{hk}\sin(kx-\sigma t)\cos(kx-\sigma t)\,\mathrm{d}t = 0 \end{cases} \tag{10-37}$$

上式表明，虽然流体具有横向速度，但能量并不沿着波峰线的方向转移。为了检验前面的结果，我们可以注意到，根据群速的定义，C_g应等于能通量与机械能密度$\bar{E}$的比值，此处$\bar{E}$为

$$\bar{E} \equiv \bar{E}_k + \bar{E}_p$$

因而，对于本节的特殊情形，由式（10-29）、（10-30）和（10-37）有

$$c_g = \frac{\overline{P_x}}{\overline{E_k} + \overline{E_p}} = \frac{\dfrac{1}{2}\rho g a^2\left(\dfrac{\sigma}{k}\right)}{\dfrac{1}{4}\rho g a^2\left(\dfrac{\sigma^2+f^2}{\sigma^2-f^2}\right)+\dfrac{1}{4}\rho g a^2} = gh\left(\frac{k}{\sigma}\right)$$

这里使用了频散关系式（10-24），上述结果是与式（10-33）一致的，式（10-33）中的c_g是依$|\mathrm{d}\sigma/\mathrm{d}k|$而求得的。

第 4 节　平面 Poincaré 波

Sverdrup 波遇到直线海岸时将发生反射，此时入射波与反射波的叠加结果将形成另一种第一类波动，即庞加莱（Poincaré）波。从动力学上讲，这种波与平面 Sverdrup 波是一样的。取 x 轴平行于海岸，y 轴垂直于海岸并指向外海，坐标原点位于海岸处，设波数向量在 x 轴上具有非零的分量，沿 x 方向观测到的传播速度为 σ/k，此处 $\sigma>0$，$k>0$。根据连续性的考虑，入射波和反射波的频率必须相同，在 x 方向上传播速度也必须相同。如果入射波的波数向量为

$$\boldsymbol{K}_i \equiv k\boldsymbol{i} - l\boldsymbol{j}$$

那么反射波的波数向量就应为

$$\boldsymbol{K}_r \equiv k\boldsymbol{i} + l\boldsymbol{j}$$

式中要求 $l>0$（图 10-6）。入射波和反射波的波长均为

$$L = \frac{2\pi}{|K_i|} = \frac{2\pi}{|K_r|} = \frac{2\pi}{(k^2 + l^2)^{1/2}}$$

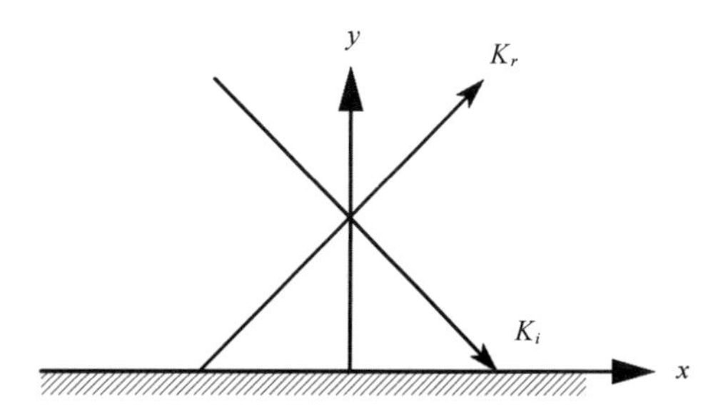

图 10-6　入射波和反射波的波数向量

根据式（10-25）和（10-26），入射波的波面表达式和速度分量表达式为

$$\eta_i = \mathrm{Re}\left[\frac{1}{2}h\mathrm{e}^{\mathrm{i}(kx-ly-\sigma t)}\right] \tag{10-38a}$$

$$u_i = \mathrm{Re}\left[\frac{1}{2}A^*\mathrm{e}^{\mathrm{i}(kx-ly-\sigma t)}\right] \tag{10-38b}$$

$$v_i = \mathrm{Re}\left[-\frac{1}{2}B^*\mathrm{e}^{\mathrm{i}(kx-ly-\sigma t)}\right] \tag{10-38c}$$

$$w_i = \mathrm{Re}\left[\frac{1}{2}C\mathrm{e}^{\mathrm{i}(kx-ly-\sigma t)}\right] \tag{10-38d}$$

此处星号表示共轭，加上一个乘数因子是为了后面的讨论方便。类似地，对反射波可写出相应的表达式

$$\eta_r = \mathrm{Re}\left[\tilde{K}\frac{1}{2}h\mathrm{e}^{\mathrm{i}(kx+ly-\sigma t)}\right] \tag{10-39a}$$

$$u_r = \mathrm{Re}\left[\tilde{K}\frac{1}{2}A\mathrm{e}^{\mathrm{i}(kx+ly-\sigma t)}\right] \quad (10-39\mathrm{b})$$

$$v_r = \mathrm{Re}\left[\tilde{K}\frac{1}{2}B\mathrm{e}^{\mathrm{i}(kx+ly-\sigma t)}\right] \quad (10-39\mathrm{c})$$

$$w_r = \mathrm{Re}\left[\tilde{K}\frac{1}{2}C\mathrm{e}^{\mathrm{i}(kx+ly-\sigma t)}\right] \quad (10-39\mathrm{d})$$

此处 $\tilde{K}$ 表示反射系数，其量值为反射波振幅与入射波振幅之比。对于全反射，应有 $|\tilde{K}|=1$。因为海岸是不透水的刚性海岸，所以在海岸 $y=0$ 处，$v=0$，沿着 y 方向不应有质量通量和能量通量。由于 y 方向的速度分量 v 为

$$v \equiv v_i + v_r$$

由式（10-38c）和（10-39c）应有

$$v|_{y=0} = (v_i + v_r)|_{y=0}$$

从而

$$-B^* + \tilde{K}B = 0$$

即

$$\tilde{K} = \frac{B^*}{B} \quad (10-40)$$

但 B 和 B^* 可分别写成

$$B = |B|\mathrm{e}^{\mathrm{i}\arg B} \quad B^* = |B|\mathrm{e}^{-\mathrm{i}\arg B}$$

其中

$$|B| = \frac{[(\sigma l)^2 + (fk)^2]^{1/2}}{k^2 + l^2}\frac{a}{h} \qquad \arg B = \tan^{-1}\left(-\frac{fk}{\sigma l}\right)$$

于是，式（10-40）变为

$$\tilde{K} = \mathrm{e}^{-2\mathrm{i}\arg B}$$

将上式代入式（10-39）后可以看出，由于地转的影响，反射时反射波的位相要增加 $-2\arg B = -2\arg(\sigma l - \mathrm{i}fk)$。把式（10-38a）和（10-39a）相加，可得合成波的波剖面的表达式

$$\begin{aligned}\eta &\equiv \eta_i + \eta_r \\ &= R\left[\frac{1}{2}a(\mathrm{e}^{\mathrm{i}(kx-ly-\sigma t)} + \mathrm{e}^{\mathrm{i}(kx+ly-\sigma t-2\arg B)})\right] \\ &= R\left[\frac{1}{2}a(\mathrm{e}^{\mathrm{i}(kx-\arg B-ly+\arg B-\sigma t)} + \mathrm{e}^{\mathrm{i}(kx-\arg B+ly-\arg B-\sigma t)})\right]\end{aligned}$$

改变 x 轴原点的位置，可将上式简化，即：令

$$kx' \equiv kx - \arg B$$

于是，波剖面表达式可写成

$$\eta = \mathrm{Re}\left[\frac{1}{2}a(\mathrm{e}^{\mathrm{i}(kx'-ly+\arg B-\sigma t)} + \mathrm{e}^{\mathrm{i}(kx'+ly-\arg B-\sigma t)})\right]$$

取上式实部，并略去撇号可得

$$\eta = \frac{1}{2}a\cos[(kx-\sigma t)-(ly-\arg B)] + \frac{1}{2}a\cos[(kx-\sigma t)+(ly-\arg B)]$$

化简得

$$\eta = a\cos(ly-\arg B)\cos(kx-\sigma t) \tag{10-41a}$$

对式（10-38）和（10-39）的其余三项亦作类似处理，便得到合成波的流速分量表达式

$$u = |A|\cos(ly-\arg B+\arg A)\cos(kx-\sigma t) \tag{10-41b}$$

$$v = -|B|\sin ly\sin(kx-\sigma t) \tag{10-41c}$$

$$w = \frac{a\sigma}{h}(z+h)\cos(ly-\arg B)\sin(kx-\sigma t) \tag{10-41d}$$

方程（10-41）是入射 Sverdrup 波与全反射的反射波的合成结果，它所代表的波动称为 Poincaré 波。由（10-41a）可明显看出，波峰线和波谷线都是垂直于海岸的平行直线，而节线则是平行于海岸的直线。如果海岸位于传播方向的右方，称为右界波，反之称为左界波。对于相同的 k 和 l，右界波和左界波是有差别的，虽然它们的节线都与海岸平行，两节线间的距离都为 π/l，但这两种波的第一条节线与海岸的距离是不同的。对于右界波，$\arg B=\arg(\sigma l-\mathrm{i}fk)$ 位于幅角图中的第四象限；而对于左界波，其位于第三象限，沿着节线应有 $\eta=0$，因而 $\cos(ly-\arg B)=0$，于是对于与岸相距最近的第一条节线有

$$ly-\arg B=\frac{\pi}{2}$$

$$ly-\tan^{-1}\left(-\frac{fk}{\sigma l}\right)=\frac{\pi}{2}$$

从而

$$y=\frac{1}{l}\left(\frac{\pi}{2}+\tan^{-1}\left(-\frac{fk}{\sigma l}\right)\right)=\frac{1}{l}\left(\frac{\pi}{2}-\tan^{-1}\frac{fk}{\sigma l}\right)$$

对于右界波，$\sigma>0$，$y<\pi/2l$，这表示第一条节线与岸的距离小于横向波长的四分之一；对于左界波，$\sigma<0$，$y>\pi/2l$。图 10-7 给出了这种横向不对称性的示意图。由于横向不对称性的存在，当把沿 x 轴正方向传播和沿负方向传播的两列庞加莱波叠加起来的时候，不能形成驻波系统。因此，当 Poincaré 波遇到垂直于海岸的障壁时，其反射问题无法解决。基于这一事实可知，当旋转海盆出现尖角边界时，波动的数学分析将变得非常复杂。

Poincaré 波的频散关系与 Sverdrup 波的频散关系相同，均可由式（10-24）给出。

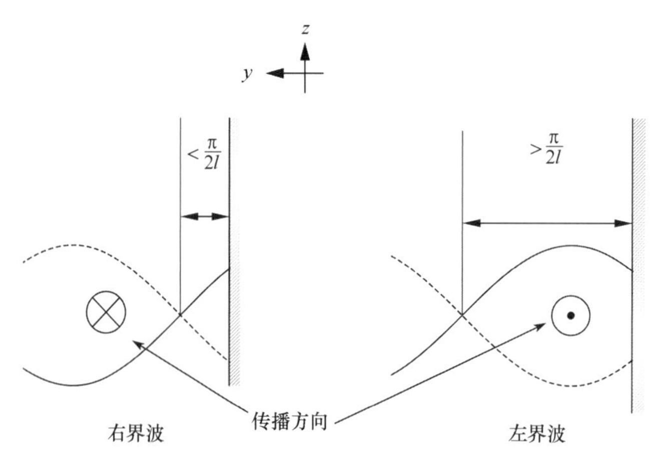

图 10-7　Poincaré 波的横向波剖面，图中实线和虚线代表相距半个波长断面上的横向剖面。

当考虑入射波和反射波的情形时，频散关系也可用沿岸波数 k 和表示入射波方向的角度 α 给出，参见图 10-8，显然有

$$\sec^2\alpha = \frac{1}{\cos^2\alpha} = \frac{k^2 + l^2}{k^2}$$

将上式代入式（10-24），便得

$$\sigma = \pm \left[f^2 + ghk^2 \sec^2\alpha\right]^{1/2}$$

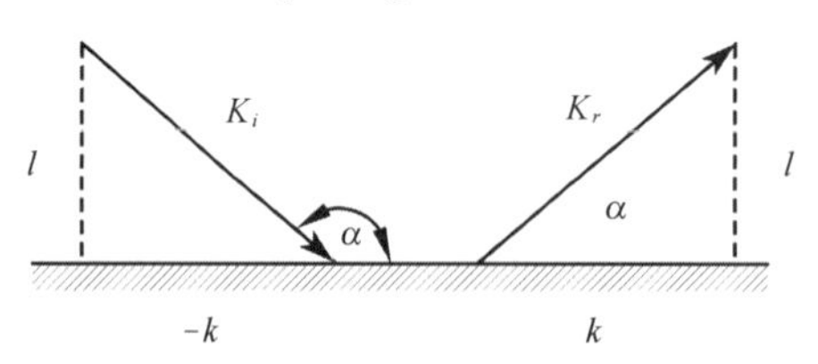

图 10-8　Sverdrup 波的反射角 α

α 取各种值时，σ 与 k 的关系见图 10-9。显然 σ 和 k 的变化都是连续的，它们都可在图中的阴影区域连续取值，图中阴影区域的外边界表示 $l=0$ 和 $\alpha=0$ 的情形，即入射波平行于海岸的情形。当 $\alpha=90°$（垂直入射）时，$k=0$，此时可得到 Sverdrup 普驻波。

当 Sverdrup 波在平直边界的沟渠中传播时，可以求得相应的 Poincaré 波的解，这种解称为波导模解。由式（10-41c）可知，当 Poincaré 波的横向波数满足关系 $l = \frac{n\pi}{Y}$（$n = 1, 2, 3, \cdots$）时，$y=Y$ 处的边界条件 $v=0$ 可以得到满足，此处 Y 为沟渠的宽度。在这种解中，频率随 k 可以连续变化，但横向波数不能连续变化，而只能取离散值，对于最低型的波 $n=1$，由式（10-24）可得

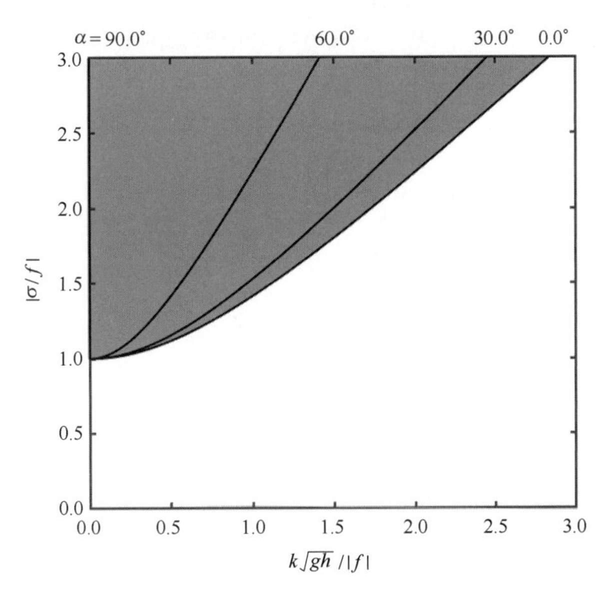

图 10-9　对于 Poincaré 波频率 σ、沿岸波数 k 和入射角 α 三者之间的关系

$$\left|\frac{\sigma}{f}\right| = \left(1 + \frac{ghk^2}{f^2} + \frac{\pi^2 gh}{f^2 Y^2}\right)^{1/2}$$

上式中的频率也是与 k 对应的最低频率，为方便起见，取

$$\frac{\pi\sqrt{gh}}{|f|\ Y} \equiv 1$$

于是

$$\left|\frac{\sigma}{f}\right| = \left(2 + \frac{ghk^2}{f^2}\right)^{1/2}$$

第 5 节　平面 Kelvin 波和 Proudman 波

在前面几节，我们在 f-平面内讨论了平面 Sverdrup 波和平面 Poincaré 波，其中假定 x 和 y 方向上的波数 k 和 l 都是实数。从数学角度上讲，当 k 和 l 为复数时，式（10-23）~（10-26）所代表的解仍然成立。现在我们假定 k 为正实数，而 l 为纯虚数，即 $l = il'$，此时（k^2+l^2）仍为实数，从而由式（10-24）可知，σ 亦为实数，因而作这样的假设是合宜的。如果我们处理的是纯谐波，那么 σ 就要为实数，因为复频率对应的波动振幅是随时间变化的，而 σ 为纯虚数的话，解中则必然包含 $e^{\pm|\sigma|t}$ 的乘数因子，此因子表示的不是随时间的振动，而是随时间的指数成长或指数衰减。将 $l = -il'$ 代入式（10-24），得

$$\sigma = \pm\left[f^2 + (k^2 - l'^2)\, gh\right]^{1/2} \tag{10-42}$$

而将 $l=-il'$ 代入（10-25）和（10-26），分别得到

$$A\equiv\frac{\sigma k+fl'}{k^2-l'^2}\left(\frac{a}{h}\right)\tag{10-43a}$$

$$B\equiv\frac{-\mathrm{i}(\sigma l'+fk)}{k^2-l^2}\left(\frac{a}{h}\right)=-\mathrm{i}B'\tag{10-43b}$$

$$\eta=\mathrm{Re}\left[a\mathrm{e}^{\mathrm{i}(kx-\sigma t)}\mathrm{e}^{l'y}\right]$$
$$u=\mathrm{Re}\left[A\mathrm{e}^{\mathrm{i}(kx-\sigma t)}\mathrm{e}^{l'y}\right]$$
$$v=\mathrm{Re}\left[B\mathrm{e}^{\mathrm{i}(kx-\sigma t)}\mathrm{e}^{l'y}\right]$$
$$w=\mathrm{Re}\left[C\mathrm{e}^{\mathrm{i}(kx-\sigma t)}\mathrm{e}^{l'y}\right]$$

取式的实部得

$$\eta=a\mathrm{e}^{l'y}\cos(kx-\sigma t)\tag{10-44a}$$
$$u=A\mathrm{e}^{l'y}\cos(kx-\sigma t)\tag{10-44b}$$
$$v=B'\mathrm{e}^{l'y}\sin(kx-\sigma t)\tag{10-44c}$$
$$w=C'\mathrm{e}^{l'y}\sin(kx-\sigma t)\tag{10-44d}$$

其中 B' 的表达式见（10-43b），$C'\equiv\sigma(z+h)\left(\frac{a}{h}\right)$。这些方程所描述的波动振幅沿 y 方向以指数的形式增加或减小，因而该波动被称为非均匀平面波。式（10-42）可改写成

$$\left|\frac{\sigma}{f}\right|=\left[1+(k^2-l'^2)\quad\frac{gh}{f^2}\right]^{1/2}$$

对于各种不同的 l'^2 值，$|\sigma|$ 与 k 所表达的频散关系见图 10-10。$l'=0$ 的等值线代表沿 x 轴正方向传播的平面 Sverdrup 波。将式（10-31a）和（10-32）与式（10-42）和（10-44a）加以比较即可看出：图 10-10 中的阴影区域，$l'^2<0$，即 l' 为纯虚数或 l 为实数，此区域代表由式（10-24）和（10-26）所表示的平面 Sverdrup 波，不过其波数向量在 x 方向和 y 方向均具有分量。我们可以看到，对于给定的波数 k，存在频率低于平面 Sverdrup 波频率的非均匀平面波，显然，式（10-42）~（10-44）代表四种可能的非均匀波：

（1）沿正 x 方向传播（$\sigma>0$）而振幅向传播方向左侧逐渐减小（$l'<0$）的波；

（2）沿正 x 方向传播而振幅向传播方向左侧逐渐增加（$l'>0$）的波；

（3）沿负 x 方向传播（$\sigma<0$）而振幅向传播方向右侧逐渐减小的波；

（4）沿负 x 方向传播而振幅向传播方向右侧逐渐增加的波。

因为沿正 x 轴方向传播的波与沿负 x 轴方向传播的波并无本质区别，因此，下面我们只研究沿正 x 轴方向传播的波。通常把振幅向传播方向左边减小的波称为左减波，而把振幅向传播方向左边增加的波称为右减波。以下我们将基于横向上力的平衡关系，从动力学上对这两种波加以比较。

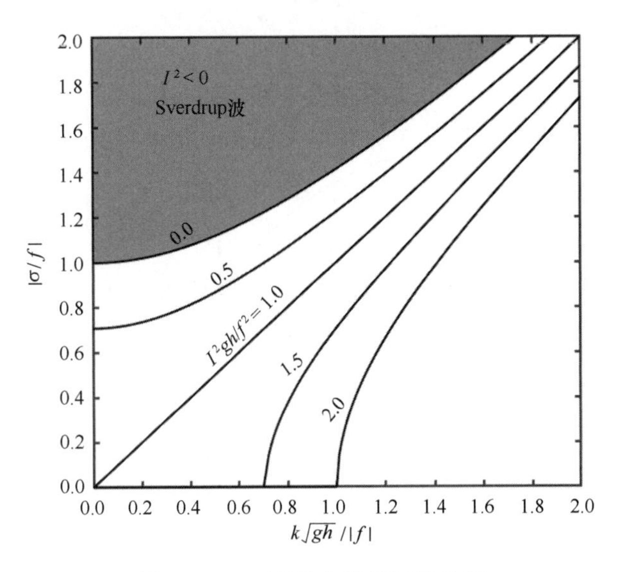

图 10-10　对非均匀波的频散关系

由横向上的动量方程 $\dfrac{\partial v}{\partial t}=-g\dfrac{\partial\eta}{\partial y}-fu$ 可知，对于在横向上完全处于地转平衡的波，表面横向水位梯度引起的横向压强梯度力与横向科氏力相互平衡，即 $(-g\partial\eta/\partial y)/fu=1$ 和 $\partial v/\partial t=0$。对于平面 Sverdrup 波，不管其频率 σ 如何，比率 $(-g\partial\eta/\partial y)/fu=0$，因为不是 y 的函数。但另一方面，对于非均匀平面波，由式（10-44a）和（10-44b）可知

$$\frac{-g\partial\eta/\partial y}{fu}=-\left(\frac{gh}{f}\right)\frac{l'}{A}$$

事实上，上式与波动频率有关。图 10-11 表示 $k\sqrt{gh}\equiv af$ 的值固定时比率 $-(gh/f)(l'/A)$ 与波动频率的关系，此处 a 为数值常数，并且为了简单起见取 $f>0$（北半球）。图中曲线有两个分支，上分支相应于 $l'<0$（北半球 $fl'<0$），下分支相应于 $l'>0$（北半球 $fl'>0$）。与上分支对应的波称为开尔文（Kelvin）波，而把与下分支对应的波称为普劳德曼（Proudman）波。下面我们将对两个分支分别进行介绍。

当 $l'<0$ 时对应的是 Kelvin 波，在北半球 $f>0$，它是左减波；在南半球 $f<0$，对应为右减波。在点 1，$(ghl')/fA=0$，从而 $l'=0$。由式（10-42）可知，此时给出 Kelvin 波的最高频率，其值为 $\sigma=(f^2+k^2gh)^{1/2}$。然而，由于 $l'=0$，式（10-42）和（10-44）与式（10-31）和（10-32）等同，因此点 1 代表的是沿正 x 轴方向传播的平面 Sverdrup 波。从点 1 开始沿着曲线作顺时针方向移动时，l' 变为负值，其绝对值越来越大，比值 $(-ghl')/fA$ 不断增加，波动频率不断降低，只要 $(-ghl')/fA$ 保持正值但不等于 1，横向的波面坡度便称为准地转的。随着 σ 的减小，最后将达到图中的点 2，此时 $\sigma=k\sqrt{gh}$。由式（10-42）可知，在点 2 处，$l'=-f/\sqrt{gh}$，而

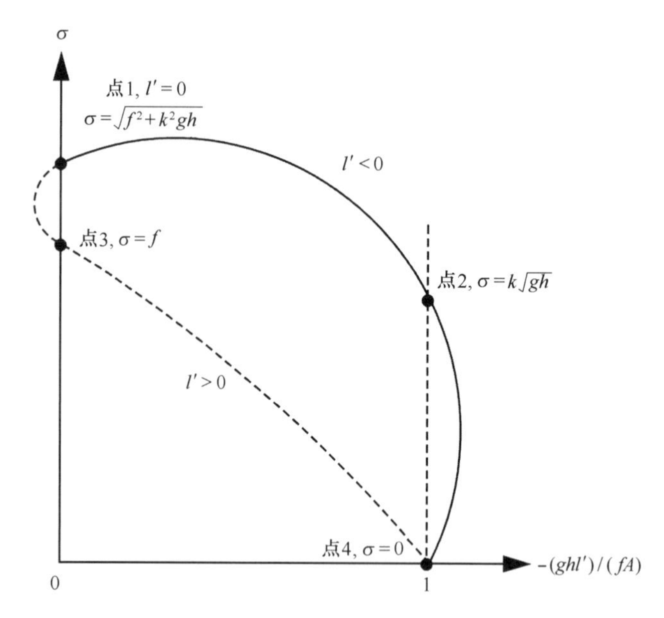

图 10-11　波剖面横向坡度的地转平衡指标与波动频率的关系，实线为 Kelvin 波，虚线为 Proudman 波

$$\frac{-ghl'}{fA}=\frac{(-gh)(-f/\sqrt{gh})}{f\left(\dfrac{k^2\sqrt{gh}-f^2/\sqrt{gh}}{k^2-f^2/gh}\right)}=1$$

这表明横向为精确的地转平衡。另外由式（10-43）可知，在点 2，$A=\sqrt{gh}$，$B'=0$，于是式（10-44）相应地简化为

$$\eta=he^{-fy/\sqrt{gh}}\cos(kx-\sigma t)$$

$$u=\frac{a}{h}\sqrt{gh}\,\mathrm{e}^{-fy/\sqrt{gh}}\cos(kx-\sigma t)$$

$$v=0$$

$$w=\frac{a\sigma}{h}(z+h)\mathrm{e}^{-fy/\sqrt{gh}}\sin(kx-\sigma t)$$

式中 $k=\sigma/\sqrt{gh}$，这种波动是特殊类型的 Kelvin 波，也被称为原型 Kelvin 波。原型 Kelvin 波是该类波动中的一种特殊情形，在讨论等深度长渠中的边界波动时，原型 Kelvin 波是特别有用的，其解表明：原型 Kelvin 波是铅直极化的（$v=0$），地转对此波动的表面位移和 x 方向上的速度均有影响，但对非频散传播速度 $c=\sqrt{gh}$ 没有影响。

Proudman 波在图 10-11 曲线的 Proudman 分枝上的点 1 和点 3 之间，$(-gh/f)/(l'/A)$ 为负值，l' 为正值（从点 1 到点 3，l' 值不断增加），此时波面的横向坡度为非地转的。由式（10-42）可知，当 $\sigma\to f$ 时，$k^2\to l'^2$，$A\to\infty$，$B'\to\infty$，$(B'/A)\to1$，而 $(-gh/f)/(l'/A)\to0$。用 A 除式（10-44），并取 $\sigma\to f$ 时的极限，我

们便得到

$$\eta = 0$$
$$u = e^{l'y}\cos(kx - ft)$$
$$v = e^{l'y}\sin(kx - ft)$$
$$w = 0$$

此处 $l' = kf$，$k > 0$ 为任意值。此方程表示的是海面无起伏的水平极化波。为了确定质点的运动轨迹，可跟过去讨论平面 Sverdrup 波的轨迹时一样，写出轨迹的近似微分方程［类比式（10-34）］为

$$\frac{d\xi_1}{dt} = e^{l'y}\cos(kx_1 - ft)$$
$$\frac{d\zeta_1}{dt} = e^{l'y}\sin(kx_1 - ft)$$

此处已用 x_1 近似代替了原右端函数中的 x，积分上式，省略下标并平方相加，我们便得到类似于惯性运动的粒子轨迹方程，表达式为

$$\xi_1^2 + \zeta_1^2 = \frac{e^{2l'y}}{f^2}$$

也就是说，流动是惯性运动，其运动轨迹呈圆形。在图 10-11 的点 4 上 $\sigma = 0$，$l' = (k^2 + f^2/gh)^{1/2}$，$A < 0$，$(-gh/f)(l'/A) = 1$，满足地转平衡。在点 3 和点 4 之间，$k < l'$，$A < 0$，$(-gh/f)(l'/A) > 0$，此时波面的横向坡度又称为准地转的。

概括起来，Kelvin 波是倾向于铅直极化的波，而 $\sigma = k\sqrt{gh}$ 时的 Kelvin 波则是完全铅直极化的。从点 1→点 2→点 4，波峰下面的水质点向前运动。至于质点的轨道平面，从点 1 到点 2 不断地趋于铅直，当到达点 2 时，轨道平面便完全是铅直的，而从点 2 到点 4，轨道平面又继续向相同的方向偏转。在北半球，Kelvin 波是左减波（在南半球为右减波）。另一方面，Proudman 波则是趋于水平极化的波，当 $\sigma = f$ 时，变成完全水平极化的波。从点 1 到点 3，波峰下面的水质点向前运动，而从点 3 到点 4，在波峰下面的水质点则向后运动。从点 1→点 3→点 4，轨道平面一直沿同一方向偏转。Proudman 波在北半球是右减波，在南半球则为左减波。

第 6 节　平面 Rossby 波

通常，人们感兴趣的运动是缓慢的周期振动，其周期为数天，这种运动可发生的旋转球面上的薄层流体中，被称为罗斯贝（Rossby）波或行星波。Rossby 波起初被用于描述大气压强场中观测到的关于大尺度扰动的运动，奠定了现代动力气象学的基础。Rossby 波理论可以解释海洋中的低频波动特征，因为海洋对作用于其表面的可变风应力的响应主要也是以这种类型的运动出现。之前，我们讨论过各种类型的长重力波，

它们都属于第一类波，地转效应对这些波动都有一定的影响；而 Rossby 波属于第二类波动，如果地转角速度为零的话，Rossby 波的运动就不再是周期性的，而是退化成定常流动。在 Rossby 波的运动中，海面起伏实质上是可忽略的。Rossby 首次指出，地球表面流体的向北移动或向南移动都会引起一种恢复力，这种恢复力是由地转角速度铅直分量的变化引起的。在这里，我们将按照 Rossby 所提出的方法，使用 β 平面近似，即假定地球的球形表面可以用局部平面近似代替，而且局部科氏参量随纬度呈线性变化。设运动方程为

$$\frac{\partial u}{\partial t} - fv = -\frac{1}{\rho}\frac{\partial p}{\partial x} \tag{10-45}$$

$$\frac{\partial v}{\partial t} + fu = -\frac{1}{\rho}\frac{\partial p}{\partial y} \tag{10-46}$$

假定运动水平无辐散，因此

$$\frac{\partial u}{\partial x} + \frac{\partial v}{\partial y} = 0$$

将式（10–45）对 y 求导数，式（10–46）对 x 求导数，然后相减消去压强项得

$$\frac{\partial}{\partial t}\left(\frac{\partial v}{\partial x} - \frac{\partial u}{\partial y}\right) + \beta v = 0 \tag{10-47}$$

引入流函数

$$u \equiv -\frac{\partial \psi}{\partial y}, \quad v \equiv \frac{\partial \psi}{\partial x}$$

于是式（10–47）便变成为涡度方程

$$\nabla_H^2 \frac{\partial \psi}{\partial t} + \beta\frac{\partial \psi}{\partial x} = 0 \tag{10-48}$$

式中 ∇_H^2 是水平拉普拉斯算子，令式（10–48）解的形式为

$$\psi = \mathrm{e}^{\mathrm{i}(kx+ly-\sigma t)} \tag{10-49}$$

此处 k 和 l 为 x 方向和 y 方向上的波数。波动的波长为 $2\pi/K$，而 K 为水平波数，$K^2 \equiv k^2 + l^2$。如果用 α 表示 x 轴与波数矢量 $\boldsymbol{k}$ 之间的夹角，那么由图 10–12 可知

$$k = K\cos\alpha, \quad l = K\sin\alpha$$

将式（10–49）代入式（10–48）便得出波动的频散关系

$$\sigma = -\frac{\beta k}{K^2} \tag{10-50}$$

则相速度为

$$c_x = \frac{\sigma}{k} = -\frac{\beta}{K^2} < 0 \tag{10-51}$$

式中 c_x 为波峰沿 x 轴方向的传播波速。上式表明，整个波动形式具有西向移动的分量，移动速度为 σ/k，此速度量值依赖于水平波数 K，但与波的传播方向无关。将方程

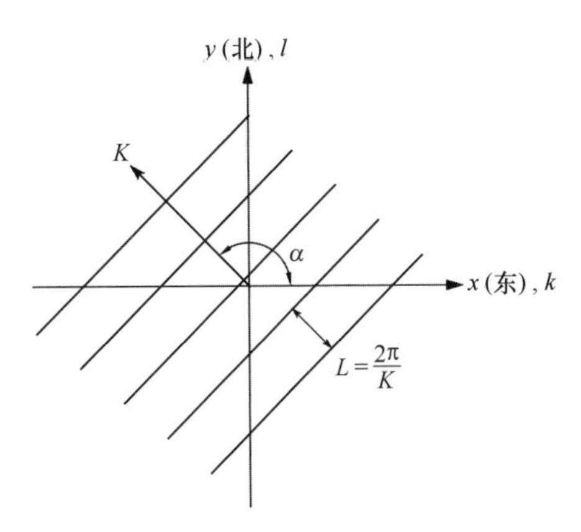

图 10-12　平面 Rossby 波波数定义示意图

(10-50) 改写成

$$k^2 + l^2 + \frac{\beta}{\sigma}k = 0$$

将上式两边加上 $(\beta/2\sigma)^2$，得

$$\left(k + \frac{\beta}{2\sigma}\right)^2 + l^2 = \left(\frac{\beta}{2\sigma}\right)^2 \tag{10 - 52}$$

当 σ 固定时，上式表示波数平面 (k, l) 上过原点的一个圆（见图 10-13），圆心为 $\left(-\frac{\beta}{2a}, 0\right)$，圆的半径为 $\frac{\beta}{2\sigma}$。参考图 10-13 可看出，k 值总为负或等于 0，相速 c 也总有一西向分量。我们可以根据相速的定义来证明这一点

$$\boldsymbol{c} \equiv c_x\boldsymbol{i} + c_y\boldsymbol{j} = \frac{\sigma\boldsymbol{k}}{K^2}$$

写成分量形式，便有

$$c_x = \frac{\sigma k}{k^2 + l^2}, \qquad c_y = \frac{\sigma l}{k^2 + l^2}$$

将式（10-50）代入上式，同时考虑到 $\beta \geqslant 0$，便得

$$c_x = -\frac{\beta k^2}{(k^2 + l^2)^2} \leqslant 0$$

$$c_y = -\frac{\beta kl}{(k^2 + l^2)^2}$$

可以看出，c_y 与 l 同号。现在，我们来考虑 Rossby 波的群速度 $\boldsymbol{c}_g$

$$\boldsymbol{c}_g \equiv c_{gx}\boldsymbol{i} + c_{gy}\boldsymbol{j} \equiv \frac{\partial\sigma}{\partial k}\boldsymbol{i} + \frac{\partial\sigma}{\partial l}\boldsymbol{j} \tag{10 - 53}$$

将式（10-50）代入上式，可得

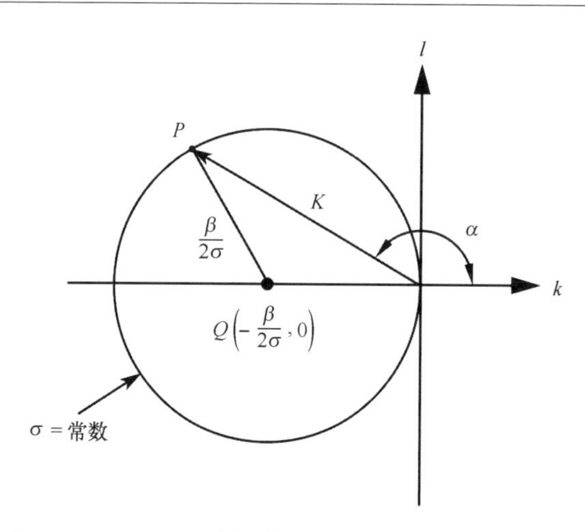

图 10-13 Rossby 波频散关系在波数空间所表示的圆

$$c_{gx} \equiv \frac{\partial\sigma}{\partial k} = -\frac{\beta}{K^2} + \frac{2\beta k^2}{K^4} = \frac{\beta(k^2 - l^2)}{(k^2 + l^2)^2}$$

$$= \frac{\beta(k^2 + l^2)(\cos^2\alpha - \sin^2\alpha)}{(k^2 + l^2)^2} = \frac{\beta}{K^2}\cos 2\alpha \qquad (10-54a)$$

和

$$c_{gy} \equiv \frac{\partial\sigma}{\partial l} = \frac{2\beta kl}{K^4} = \frac{\beta}{K^2}\sin 2\alpha \qquad (10-54b)$$

显然，群速度与 x 轴相交成 2α 的角度，其量值为 β/K^2。另外，在图 10-14 的波数平面内，群速度一般与图中的圆的切线垂直，或者说与半径 PQ 平行。为了证明这一点，我们考虑频率固定时的两波数向量 $\boldsymbol{k}$ 和 $\boldsymbol{k}+\mathrm{d}\boldsymbol{k}$（参看图 10-24）。在式（10-52）所示的圆周上频率保持不变，且 $\sigma=\sigma(k, l)$，因此存在如下关系式

$$\mathrm{d}\sigma = \frac{\partial\sigma}{\partial\kappa}\mathrm{d}k + \frac{\partial\sigma}{\partial l}\mathrm{d}l = 0 \qquad (10-55)$$

但

$$\mathrm{d}\boldsymbol{K} = (\mathrm{d}k)\boldsymbol{i} + (dl)\boldsymbol{j}$$

于是，由式（10-53）和（10-55），可得

$$d\boldsymbol{K}\cdot\boldsymbol{c}_g = \frac{\partial\sigma}{\partial k}\mathrm{d}k + \frac{\partial\sigma}{\partial l}\mathrm{d}l = 0$$

由上式可知，$\mathrm{d}\boldsymbol{k}$ 与 $\boldsymbol{c}_g$ 是相互垂直的，由于 $\mathrm{d}\boldsymbol{K}$ 沿圆的切线方向，因而 $\boldsymbol{c}_g$ 垂直于圆上 P 点的切线，即由 P 点指向圆心，因而亦平行于圆的半径。

另外，如果 $k^2 > l^2$，由式（10-54）可知，群速总有一东向分量（$c_{gx}>0$）；而如果 $k^2 < l^2$，则群速便有西向分量（$c_{gx}<0$）。因此，这与图 10-24 所示一致，即在波数平面上，群速总是沿着半径指向圆心。

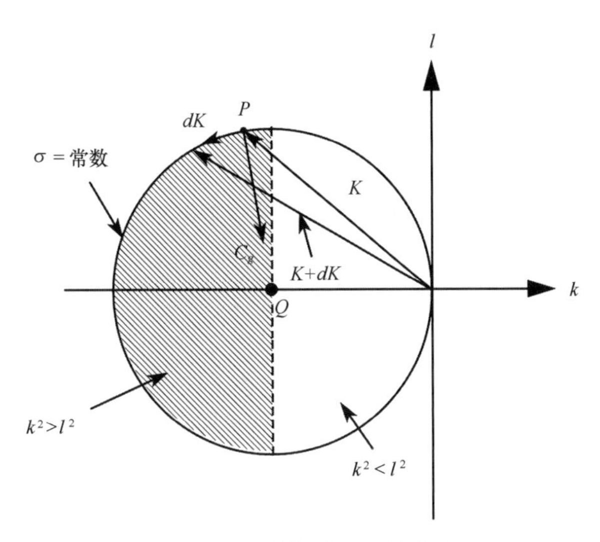

图 10-14　波数平面上的群速

将群速度视为两种速度之和，即

$$\boldsymbol{c}_g = \frac{\sigma}{k}\boldsymbol{i} + \boldsymbol{c}_g{}' = -\frac{\beta}{K^2}\boldsymbol{i} + \boldsymbol{c}_g{}'$$

式中，$\frac{\sigma}{k}$ 是波峰沿 x 方向的传播速度，其值由式（10-51）给出。上式可变形为

$$\boldsymbol{c}_g{}' = \boldsymbol{c}_g + \frac{\beta}{K^2}\boldsymbol{i} = \frac{2\beta k^2}{K^4}\boldsymbol{i} + \frac{2\beta kl}{K^4}\boldsymbol{j} = \frac{2\beta k}{K^4}(k\boldsymbol{i} + l\boldsymbol{j}) = \frac{2\beta k}{K^4}\boldsymbol{K} = \frac{2\beta|k|}{K^4}k$$

显然 $\boldsymbol{c}_g{}'$ 是与波数 k 平行但方向相反的向量。因此，对于以特征速度向西移动的观测者来说，波峰线是稳定不动的，而群速则垂直于波峰线并指向具有东向分量的方向。

接下来我们来考虑 Rossby 波的能量。其平均能量通量定义式为

$$\boldsymbol{P} \equiv \boldsymbol{P}_x\boldsymbol{i} + \boldsymbol{P}_y\boldsymbol{j} = \rho gh\,\overline{\eta u}\,\boldsymbol{i} + \rho gh\,\overline{\eta v}\boldsymbol{j}$$

由群速度 $\boldsymbol{c}_g$ 和平均机械能密度 $\bar{E}$ 的乘积可求得其值。平均机械能密度 $\bar{E}$ 是平均势能密度 $\bar{E}_p = \frac{1}{2}\rho g\bar{\eta}^2$，与平均动能密度 $\bar{E}_k = \frac{1}{2}\rho h(u^2 + v^2)$ 之和。对于 Rossby 波，自由面的起伏为零，所以 $\bar{E}_p = 0$。此时，平均机械能密度 $\bar{E}$ 可用流函数 ψ 表示为

$$\bar{E} = \bar{E}_k = \frac{1}{2}\rho h\overline{\left[\left(\frac{\partial\psi}{\partial x}\right)^2 + \left(\frac{\partial\psi}{\partial y}\right)^2\right]}$$

因而，将波动解［式（10-49）］代入上式并取实部，便得

$$\bar{E} = \frac{1}{2}\rho h(k^2 + l^2)\,\overline{\cos^2(kx + ly - \sigma t)}$$

经简单计算后，可得其最后结果为

$$\bar{E}=\frac{1}{4}\rho h(k^2+l^2)$$

$$\bar{E}=\frac{1}{4}\rho hK^2$$

结合频散关系式（10-50）和群速度表达式（10-54），可得能量通量为

$$\boldsymbol{P}\equiv\bar{E}\boldsymbol{c}_g=\left(\frac{1}{4}\rho hK^2\right)\left[\frac{\beta(k^2-l^2)}{K^4}\boldsymbol{i}+\frac{2\beta kl}{K^4}\boldsymbol{j}\right]$$

$$=\frac{1}{4}\frac{\rho\beta h}{K^2}[(k^2-l^2)\boldsymbol{i}+2kl\boldsymbol{j}]$$

$$=-\frac{1}{4}\frac{\rho\sigma h}{k}[(k^2-l^2)\boldsymbol{i}+2kl\boldsymbol{j}]$$

根据上式可得平均能量通量的量值为

$$|\boldsymbol{P}|=\bar{E}|\boldsymbol{c}_g|=\left(\frac{1}{4}\rho hK^2\right)\left(\frac{\beta}{K^2}\right)=\frac{1}{4}\rho\beta h$$

因此不难看出，Rossby 波的能量通量量值与波数 k 和 l 无关。

第 11 章　海洋内波

在前面介绍表面波动的章节中，我们假定海水密度是均匀的，即密度为常数。然而，在实际海洋中，密度随时间与空间的变化而变化，其在垂直方向通常呈现稳定的分层结构。在密度分层的海洋中存在另一种波动——内波，其结构在垂直方向呈现振荡，且最大垂直位移发生在流体内部，而不是像表面波那样出现在边界处，因而内波对海面的影响很小。本章将首先简要介绍海洋内波现象，以及浮力振荡和内波方程，随后介绍内波在受地转效应影响时所用的控制方程，最后对内波解及其性质展开讨论。

第 1 节　海洋内波现象及其重要性

海洋内波是发生在海洋内部非常普遍的一种现象。在分层流体中，重力波除了水平传播外，也会在垂直方向进行传播。发生在分层流体中的重力波被称为内波。海洋内波的波长通常在几百米到几百千米之间，周期从几分钟到几十小时。由内波引起的水质点运动轨道在跃层深度处具有最大半径，并且从该深度向下和向上减小。

内波的产生应具备两个条件：一是流体密度稳定分层；二是要有扰动源，二者缺一不可。海洋通常呈现稳定的分层结构，跃层位于混合层之下，平均深度约为 100 m；跃层之下密度梯度较小。如果把海水近似看成由两层流体组成，即上层密度小，下层密度大，则跃层简化为一个界面，在跃层界面处会有波动存在。这种产生于两种不同密度流体界面的波动又称为界面内波。界面内波是最简单的内波，它沿界面传播，群速与相速方向一致，最大振幅出现在界面处。在海-气界面做周期性运动的海洋表面波是界面内波的一种特殊情况。海水与空气是两种密度不同的流体，且二者的密度相差近千倍，在外力的扰动作用下，海面出现海浪，该波动的最大振幅发生在海面，随着深度增加而减小，到达一定深度就消失了。在海洋的内部，由于密度层结的存在，在大气压力变化、地震影响以及船舶运动等外力扰动的作用下，在海水内部引发内波。内波的振幅一般要比表面波振幅大得多，可以为几十米甚至达到上百米。例如，南海的内波振幅可以达到 170 m。这主要是由于在海洋内部，密度垂向梯度通常较小，一个微小的外力即可使海水微团在垂直方向产生较大的位移；而海-气界面密度差异较大，同样的外力在海面产生的波动要比在海洋内部所产生的波动小得多。这用阿基米德原理是不难解释的，如在水中举重物比由海面举到空气中要省力得多。

早在一个半世纪以前，学者们就已经对密度跃层的波动现象展开了理论研究。

Stokes 在 1847 年对两层均匀流体界面处的界面波进行了研究；随后，Rayleigh 研究了连续分层情况下的内波。至于实际的内波研究，由于观测困难，在很长时期进展缓慢。在 1893—1896 年北极探险过程中，Nansen 发现船只莫名其妙地减速。经研究得知，船只航行在很浅的密度跃层上方时，其动力使跃层处产生内波，船只的动能被消耗，因此显著减速，这种现象被称为“死水”现象。自 20 世纪 40 年代起，温深仪的发明及各种快速密集取样调查仪器与方法的相继出现，使得内波观测迅速发展起来。此外，资料的随机处理方法，尤其是谱分析的技术，又将内波的研究带入了一个新的阶段。20 世纪 60 年代后期至 70 年代初期是大洋内波研究的迅猛发展时期，Garrett 和 Munk 提出了大洋内波谱模型（GM 模型）。此模型与远离海洋边界（包括海面、海底以及侧边界）、且流速梯度较小的区域的观测结果非常吻合。该模型只是对现象进行统计描述，未能揭示出内波的物理机制。尽管如此，它仍是内波资料分析的准绳，也是进一步开展理论研究的出发点，因而被誉为内波研究的里程碑。当前关于内波的研究重点已从单纯对现象的描述发展至将海洋中的能量传输作为一个整体来研究内波能量的产生、传播和耗散，以及内波与其他海洋运动形式的相互关系。同时，与军事紧密相关的应用研究也日益增多。

由于海洋内波在时间和空间范围内具有很强的随机性，并且频率范围很宽，在开展内波研究时，需要在较长的时间内快速密集地取样。利用谱分析技术对观测数据在时间域或空间域进行处理，可得到不同观测要素的频率谱或波数谱，这是研究内波在不同频率、不同尺度上能量分布的重要手段。在现场观测中，最常用的是能同时监测温度、电导率、深度和海流的锚碇观测，或将多个锚碇观测和多架仪器布置成立体的仪器观测阵列。观测的时间常持续多日甚至数月，这样可得到各种观测要素的频率谱，例如温度频率谱和水平流速分量的频率谱；从平均温深剖面和温度频率谱，可得等温面垂向位移频率谱；从各种频率谱可分析得到方向谱。从船上或平台上连续收放温盐深仪（CTD），抛弃式和非抛弃式温深仪（XBT 和 UBT）及电磁速度剖面仪等，可得投抛谱即垂向位移（或水平流速）垂向波数谱。利用走航观测仪器，可得拖曳谱如垂向位移（或温度）水平波数谱。若拖曳配置适当的温盐链等阵列，可得种类更多的频率谱。在等密度面处作中性漂浮或上下运动的温度电导率深度仪是观测内波的理想专用仪器，它能记录较纯的内波运动。除此之外，亦可采用声学方法、卫星或航空摄影等对内波进行观测。

海洋空间在垂直方向受到两个边界的限制，即海面和海底。海洋表面的大气强迫引起表面波，其能量随水深的增加而快速衰减。因此，表面波起着从大气中传递能量和热通量到上层海洋的重要作用。然而，在海洋的深层，海表波浪并不能起到主导流体运动的作用。在深层，能量的基本来源是潮汐、洋流和内波。特别是内波具有水平和垂直传播的能力，为海洋内部提供了力量、能量的输运和耗散。这种能量输运从低频到高频，在不同的时空尺度上均有发生。

内波在海洋中起着重要的动力学作用。虽然内波在天气和气候演变中可能不能直接起到重要作用，但它们的影响是不可忽视的。内波引起的混合过程是保持海洋层结状态的关键因素，长期以来被认为是海洋内部混合的原动力，用以维持海洋观测到的温跃层平衡态——垂直平流与垂直扩散之间的平衡。目前，与垂直平流取得平衡所需扩散率的产生机制仍存在很大的不确定性。Munk 考虑了四个不同的过程：边界混合、热力学混合、剪切混合和生物混合。在所有这些过程中，内波是海洋内部和边界混合的主要机制之一。内波能将能量和动量从含能量和动量较高的上层海洋传入含能量和动量较低的深层，所以内波是能量和动量垂向传输的重要载体。人们普遍认为，海洋中存在着不同尺度的能量级串，内波是这一能量级串中的一个重要环节。内波与其他大、中尺度运动过程之间以及不同尺度内波之间的非线性相互作用，将能量从含能较高的大尺度运动过程传递给含能较低的较小尺度运动过程，逐步传给更小尺度的运动过程，直至成为湍流而耗散，这种观念正在逐步地被证实。

内波强烈地影响海水的混合、气体和其他颗粒物质的输运，为植物和浮游动物的演化过程化提供了必要的生物-物理耦合机制。内波不断地将海水由光照较弱的较深处抬升到光照较强的浅层，从而促进了较深水层中的海洋生物的光合作用，提高了海洋初级生产力。内潮（由潮汐引起的内波）在陆架外缘等地形变化丰富的海域形成上升流，将营养盐丰富的深层海水输送到浅层，有利于生活在浅层的海洋生物的增殖。内波引起的海水混合，尤其是穿过等密度面的混合，有利于物质与热量的输运，因而对海洋环境和海洋生态保护有重要作用。内波对生物粒子和营养物质亦可产生输运作用，而且内波的混合和泵送是提高局部营养盐浓度、增加营养盐含量的重要过程，可以提高初级生产力，促进海洋中浮游植物大量繁殖的斑片的产生。已有观测结果显示，在大陆架上内波向海岸输送硝酸盐的强度与浮游植物对营养物质的吸收率大致相同，大大增强了生物生产力。此外，内波可引起温跃层振荡，因此具有将富含浮游植物的海水从中上层向下转移到海底的潜在能力；尤其是温跃层的周期性凹陷及与之相关的下涌在浮游幼虫的垂直运输中具有重要作用。

在内波运动影响下的海岸和外海环境之间的水体交换亦带来有趣的现象。内波可将外海低温深层水输运到近岸温暖的浅层水域，这一过程常常伴随着近岸海域浮游植物和浮游动物浓度的急剧增加。其次，表层水和深层水的初级生产力都相对较弱，由于叶绿素浓度通常在温跃层处达到最大值，因此，温跃层附近聚集了大量浮游动植物，其在内波作用下将被输运至海岸。此外，许多种类的生物在温暖的表层水中几乎不存在，然而，它们在有内波产生的近海海域则大量存在。

内波与海表面波浪不同，它隐藏在海水内部，常常使人们防范不及，故有“水下魔鬼”之称。内波引起的等温度面和等密度面的起伏会影响到海洋中声波信号的传播速度与方向，即改变了声道，因而降低了声呐功能，增加了水下通信和目标探测的困难。大振幅内孤立波和内孤立子使等密度面发生快速的、大振幅的上下起伏，当潜艇或鱼雷等水下航行物体位于该等密度面处运动时，它们将随等密度面的起伏而上下运动，发生骤然地上浮或下沉，这使得潜艇难以操纵，或是导致鱼雷脱靶。这并非是鲜见的事件，例如中国某潜艇在航行中突然从 8 m 深度处下沉到 80 m，令操作者难以控制；该潜艇也曾遇到剧烈的上下起伏长达 123 min 之久。这些现象很可能是大振幅内孤立波和内孤立子所致。美国海军核动力潜艇“大鲨鱼”号于 1963 年 4 月 10 日在马萨诸塞州海岸外 350 km 处出事沉没，129 名艇员全部遇难。他们发出的最后一条信息说，潜艇遇到“一点小麻烦”，正在用高压空气从潜艇贮水柜往外排水。这一信息表明，当时潜艇可能正在经受着无法控制的急速下沉，这种情况可能与内波有关。另外，内波在上下两层流体中会形成两支流向相反的内波流，流速可高达 1.5 $m \cdot s^{-1}$，犹如剪刀一般，破坏力极大，对海上石油钻探与开采设施产生重要的影响。例如，加拿大戴维斯海峡深水区的一座石油钻探平台，就曾因内波袭击而不得不中断作业。已有报告称，在南海陆丰油田，大振幅内孤立波在近海面水层产生强往复流，导致作业船发生操纵困难，使油轮的方向在短短 5 min 内发生 110°的改变。内波所产生的强垂向剪切流为周期性的往复水平流，这种往复剪切流对刚性结构一般不至于产生破坏性作用，但该往复流产生方向交替的剪应力，在这种剪应力的反复作用下，一些柔性构件会因材料超过疲劳极限而断裂，水下输油管和电缆等的断裂很可能与这种作用有关。

第 2 节　浮力振荡与内波方程

11.2.1　浮力振荡

在连续层化的海洋中，密度剖面为 $\rho_0(z)$（图 11-1）。

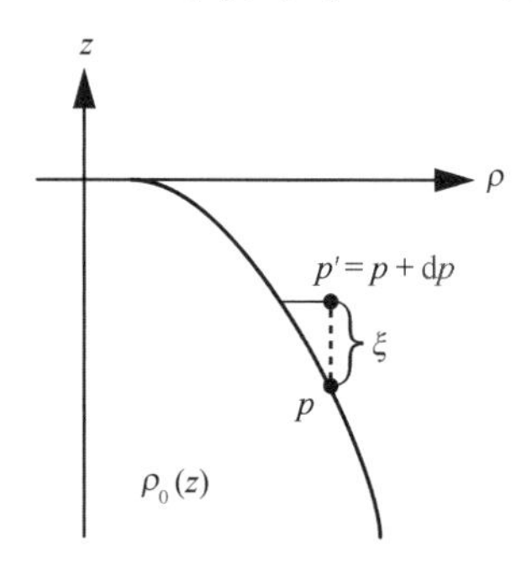

图 11-1　海水微团垂向位移所产生浮力振荡示意图

假设有一单位体积的水质点从压强为 p 的深度绝热上升到 p'深度处，垂直位移 ξ ，则该水质点所经历的背景压强变化为

$$\mathrm{d}p = -\rho_0 g\xi$$

由绝热压缩的定义 $\left(\frac{\partial p}{\partial \rho}\right)=c_s^2$（$c_s$为声速），可得背景密度变化量为 $\mathrm{d}\rho=\frac{\mathrm{d}p}{c_s^2}$，因此，水质点在新位置时的密度与该深度处介质的背景密度不同，因此存在作用在质点上的浮力，该质点将产生加速度。

新位置处介质与水质点的密度分别表达为

$$\rho_0\big|_{p'}=\rho_0\big|_{P}+\frac{\mathrm{d}\rho_0}{\mathrm{d}z}\xi$$

$$\rho\big|_{p'}=\rho\big|_{p}+\mathrm{d}\rho=\rho_o\big|_{p}+\frac{-\rho_o g\xi}{c_s^2}$$

因此根据牛顿第二定律可得

$$\rho_0\frac{\mathrm{d}^2\xi}{\mathrm{d}t^2}=g\left[\left(\rho_0+\frac{\mathrm{d}\rho_0}{\mathrm{d}z}\xi\right)-\left(\rho_0-\frac{\rho_0 g\xi}{c_s^2}\right)\right]$$

将上式进行化简得

$$\frac{\mathrm{d}^2\xi}{\mathrm{d}t^2}+\left(-\frac{g}{\rho_0}\frac{\mathrm{d}\rho_0}{\mathrm{d}z}-\frac{g^2}{c_s^2}\right)\xi=0$$

根据浮力频率的定义 $N^2(z)=-\frac{g}{\rho_0}\frac{\mathrm{d}\rho_0}{\mathrm{d}z}-\frac{g^2}{c_s^2}$，上述方程可写成

$$\frac{\mathrm{d}^2\xi}{\mathrm{d}t^2}+N^2(z)\xi=0 \tag{11-1}$$

该方程为谐振子方程，其解为 $\mathrm{e}^{\pm iNt}$。因此，水质点围绕其平衡位置振荡，浮力频率是该振荡的固有频率，由背景密度的层化和流体的可压缩性决定。正如我们所看到的，在海洋中压缩性的影响可以忽略不计，因此浮力频率可化简为

$$N^2(z)=-\frac{g}{\rho_0}\frac{\mathrm{d}\rho_0}{\mathrm{d}z} \tag{11-2}$$

由于深水重力波频率为 $\sqrt{gk}$，因此浮力频率与表面重力波的频率比值为

$$\frac{\omega_{\mathrm{int}}}{\omega_{\mathrm{surf.}}}=\frac{N}{\sqrt{gk}}=\left(-\frac{1}{k\rho_0}\frac{\partial\rho_0}{\partial z}\right)^{1/2}\approx\left(-\frac{1}{\rho_0}\frac{\partial\rho_0}{\partial z}\lambda\right)^{1/2}\approx O\left(\frac{\Delta\rho_0}{\rho_0}\right)^{1/2}$$

上式的简化用到了以下关系式：$k\sim\frac{1}{\lambda}$，$\lambda\frac{\partial\rho_0}{\partial z}=\Delta\rho_0$（一个波长范围内密度的改变）。在这里，我们使用表面重力波的垂直尺度为波长 λ，该尺度乘以密度的垂直导数获得该尺度上密度总体变化的一个估计值。在海洋中，密度在总深度上的变化小于 0.001，即 $\Delta\rho_0\approx10^{-3}$，因此 $\omega_{\mathrm{int}}\ll\omega_{\mathrm{surf}}$，表明内波的频率远小于表面波频率。这是因为表面波的恢复力取决于空气和水的密度之差，单位质量流体微团的恢复力为重力 g，而内波的恢复力为约化重力 $\frac{\Delta\rho_0}{\rho_0}g$，取决于相邻两层流体之间密度的微小差异。

11.2.2 内波方程

我们首先考虑不可压缩、分层、非旋转的流体，它在静止状态时经历了一个微小的扰动，静止状态的特征为

$$\boldsymbol{u}=0, \quad \rho=\bar{\rho}(z), \quad p=\bar{p}(z)$$

$$\frac{\partial \bar{p}}{\partial z}=-\bar{\rho} g$$

我们研究在静止状态下发生的微小扰动，且假设运动是无摩擦、绝热的。将各物理量表述成不随时间变化的背景值和由内波引起的扰动值之和，即

$$\begin{cases}\rho^{*}=\bar{\rho}(z)+\rho(x, y, z, t) & \rho \ll \bar{\rho} \\ p^{*}=\bar{p}(z)+p(x, y, z, t) & p \ll \bar{p} \\ u^{*}=U(x, y, z)+u(x, y, z, t) \\ v^{*}=V(x, y, z)+v(x, y, z, t) \\ w^{*}=W(x, y, z)+w(x, y, z, t)\end{cases} \tag{11-3}$$

因而，密度方程可改写为

$$\frac{\partial}{\partial t}(\bar{\rho}+\rho)+u \frac{\partial}{\partial x}(\bar{\rho}+\rho)+v \frac{\partial}{\partial y}(\bar{\rho}+\rho)+w \frac{\partial}{\partial z}(\bar{\rho}+\rho)=0$$

由于背景密度仅与 z 有关，因此 $\partial\bar{\rho}/\partial t=\partial\bar{\rho}/\partial x=\partial\bar{\rho}/\partial y=0$，与背景密度相关的项仅保留与其垂向导数有关的项，即 $w\partial\bar{\rho}/\partial z$。对于小振幅运动，非线性项可以忽略，因而与扰动密度相关的项仅保留 $\frac{\partial \rho}{\partial t}$。最终，密度方程可简化为

$$\frac{\partial \rho}{\partial t}+w \frac{\partial \bar{\rho}}{\partial z}=0$$

上述方程表明，密度扰动的变化仅与背景密度分布的垂直梯度有关。由 $w=\partial\zeta/\partial t$，可得

$$\frac{\partial}{\partial t}\left(\rho(x, y, z, t)+\zeta(x, y, z, t) \frac{\partial \bar{\rho}(z)}{\partial z}\right)=0$$

因此密度扰动可表达为

$$\rho(x, y, z, t)=-\zeta(x, y, z, t) \frac{\partial \bar{\rho}(z)}{\partial z}$$

此外，记浮力 $b=-g\rho/\bar{\rho}$，它也可解释成负的约化重力。采用浮力频率的定义 $N^2=-\frac{g}{\bar{\rho}} \frac{\mathrm{d}\bar{\rho}}{\mathrm{d}z}$，则密度方程亦可通过浮力进行表达，即

$$\frac{\partial b}{\partial t}+N^{2} w=0$$

接下来考虑动量方程。总速度可表述成

$$\boldsymbol{u}^{*} = u^{*}\boldsymbol{i} + v^{*}\boldsymbol{j} + w^{*}\boldsymbol{k} = (U + u)\boldsymbol{i} + (V + v)\boldsymbol{j} + (W + w)\boldsymbol{k} = \boldsymbol{u} + \boldsymbol{u} \quad (11-4)$$

其中背景场的速度为

$$\boldsymbol{u} = U\boldsymbol{i} + V\boldsymbol{j} + W\boldsymbol{k}$$

扰动速度为

$$\boldsymbol{u} = u\boldsymbol{i} + v\boldsymbol{j} + w\boldsymbol{k}$$

则运动方程可写成

$$(\bar{\rho} + \rho)\frac{\mathrm{D}\boldsymbol{u}^{*}}{\mathrm{D}t} = -\nabla(\bar{p} + p) - g(\bar{\rho} + \rho)\boldsymbol{k}$$

在无运动和无外力强迫下，运动方程简化为我们所熟知的静力平衡方程。在 Boussinesq 近似下，运动方程写成

$$\frac{D(\boldsymbol{u} + \boldsymbol{u})}{Dt} = -\frac{\nabla p}{\bar{\rho}} - \frac{g\rho\boldsymbol{k}}{\bar{\rho}}$$

由此可知，若假设背景海水静止，即背景速度场 $\boldsymbol{u} = 0$，则忽略旋转效应的线性化内波方程组简化为

$$\begin{aligned}
\bar{\rho}\frac{\partial u}{\partial t} &= -\frac{\partial p}{\partial x} \\
\bar{\rho}\frac{\partial v}{\partial t} &= -\frac{\partial p}{\partial y} \\
\bar{\rho}\frac{\partial w}{\partial t} &= -\frac{\partial p}{\partial z} - \rho g \\
\frac{\partial u}{\partial x} + \frac{\partial v}{\partial y} &+ \frac{\partial w}{\partial z} = 0 \\
\frac{\partial \rho}{\partial t} + w\frac{\partial \bar{\rho}}{\partial z} &= 0
\end{aligned} \quad (11-5)$$

上述方程存在一个非常简单的特例，即：当水平扰动速度为零，且压力扰动也为零时，水平运动方程（第一、二式）和连续方程（第四式）自动消失，由垂向运动方程（第三式）和密度守恒方程（第五式）组合可得

$$\frac{\partial^2 w}{\partial t^2} + N^2 w = 0 \quad (11-6)$$

为了保持一致性，在这种特殊情况下，浮力频率 N 必须独立于 z，这样才能保证 w 独立于 z。这是前面研究过的简单运动，即水质点在垂直方向上无变化地保持上升或下降运动，振荡频率为 N，该频率取决于垂直分层的程度。

除了以上特例，在一般情况下，可以把内波运动方程组简化成单变量的方程。首先对式（11-5）中的水平运动方程取散度，得到

$$\bar{\rho}\frac{\partial}{\partial t}\nabla_h\cdot\boldsymbol{u}_h=-\nabla_h^2 p$$

其中水平拉普拉斯算子 $\nabla_h^2\equiv\frac{\partial^2}{\partial x^2}+\frac{\partial^2}{\partial y^2}$，将连续方程代入上式，可得

$$\frac{\partial^2 w}{\partial z\partial t}=-\frac{\nabla_h^2 p}{\bar{\rho}}$$

对式（11-6）中的垂直运动方程取时间导数并联合密度方程得

$$\frac{\partial^2 w}{\partial t^2}+N^2 w=-\frac{1}{\bar{\rho}}\frac{\partial^2 p}{\partial t\partial z}$$

注意，如果压力扰动为零，则问题简化为浮力频率 N 的振荡问题。消除上述两个方程中的压力扰动项得

$$\frac{\partial^2}{\partial t^2}\left[\nabla_h^2 w+\frac{1}{\bar{\rho}}\frac{\partial}{\partial z}\left(\bar{\rho}\frac{\partial w}{\partial z}\right)\right]+N^2\nabla_h^2 w=0$$

其中括号内第二项的展开式为

$$\frac{1}{\bar{\rho}}\frac{\partial}{\partial z}\left(\bar{\rho}\frac{\partial w}{\partial z}\right)=\frac{1}{\bar{\rho}}\frac{\partial\bar{\rho}}{\partial z}\frac{\partial w}{\partial z}+\frac{\partial^2 w}{\partial z^2}$$

两项之比为

$$\left(\frac{1}{\bar{\rho}}\frac{\partial\bar{\rho}}{\partial z}\frac{\partial w}{\partial z}\right)\Big/\frac{\partial^2 w}{\partial z^2}=\frac{d}{\bar{\rho}}\frac{\partial\bar{\rho}}{\partial z}\ll 1 \qquad (11-7)$$

上式中 d 是垂直速度 w 的垂直尺度。因为内波的尺度小于海洋的总深度（通常为温跃层），所以这个比率小于海洋中从顶部到底部的密度变化，式（11-7）中的两项之比为非常小的量。因此，可以忽略背景密度对 z 的导数项，从而得到更简单的控制方程

$$\frac{\partial^2}{\partial t^2}\nabla^2 w+N^2\nabla_h^2 w=0 \qquad (11-8)$$

注意与二阶时间导数相关的拉普拉斯算子现在是完整的三维拉普拉斯算子。其次，该方程的结构不满足空间各向同性，因为与 N^2 相关的项只涉及水平导数，而在考虑分层的情况下，水平方向和垂直方向在动力学上存在显著的差异。最后，如果 N 为0，则再次得到垂直速度的拉普拉斯方程，即如果没有分层，流动将是无旋的，读者也可以直接从原始的方程做进一步的检验。因此，对于内波，我们可以预计相对涡度将不等于零。

现在假设方程（11-8）的三维波动解为

$$w=w_0\cos(\boldsymbol{K}\cdot\boldsymbol{x}-\sigma t)$$

$$\boldsymbol{K}\cdot\boldsymbol{x}=kx+ly+mz$$

将波动解代入偏微分方程式（11-8），得到存在解的条件为

$$\sigma^2 K^2 = N^2 K_h^2 = N^2(k^2 + l^2) \tag{11-9}$$

上式是内波频率与波数之间的关系，即为内波的频散关系式。由图 11-2 的几何关系可知，$\boldsymbol{K} = k\boldsymbol{i} + l\boldsymbol{j} + m\boldsymbol{k}$，$K^2 = k^2 + l^2 + m^2$，$k = K\cos\theta\cos\varphi$，$l = K\cos\theta\sin\varphi$，$m = K\sin\theta$，因此频散关系可重写成

$$\sigma = \pm N\frac{K_h}{K} = \pm N\cos\theta \tag{11-10}$$

式中，θ 是波数矢量 $\boldsymbol{K}$ 与水平面之间的夹角。

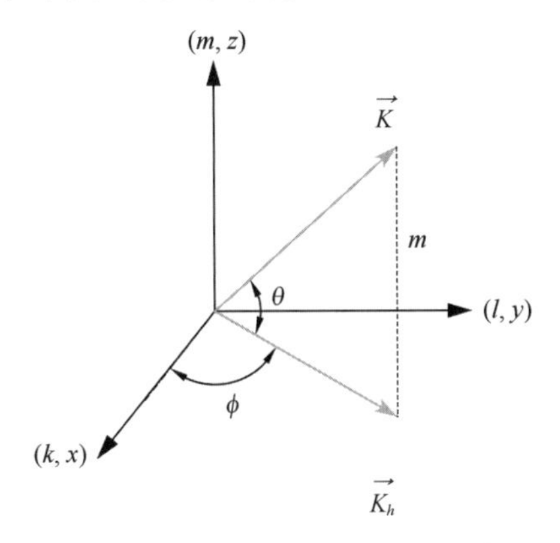

图 11-2　波数空间和波数矢量示意图

上式表明，内波频率仅取决于波数矢量的方向，而与波数矢量的大小无关。因此，内波频率与其波长无关。为了更好地理解这种奇怪的频散关系，可以考虑沿等相位线的力平衡关系（图 11-3）。

假设 ζ 是一个单位体积的流体微元沿等相线发生的位移，则沿等相位线位移 ζ 的距离所产生的垂直位移为 $dz = \zeta\cos\theta$，这反过来会产生垂直方向上的浮力强迫（向上为正），表达式为

$$F_z = -\Delta\rho g = g\frac{\partial\bar{\rho}}{\partial z}dz = g\frac{\partial\bar{\rho}}{\partial z}\zeta\cos\theta \tag{11-11}$$

这个力沿等相位线方向的分量为

$$F_\zeta = g\frac{\partial\bar{\rho}}{\partial z}\zeta\cos^2\theta$$

又因为根据定义，压力不可能沿等相位线变化（对于平面波，波场中没有任何变量沿恒定相位线变化），所以沿等相位线不存在压力强迫，因此力平衡条件为

$$\bar{\rho}\frac{\partial^2\zeta}{\partial t^2} = g\frac{\partial\bar{\rho}}{\partial z}\zeta\cos^2\theta \quad 或 \quad \frac{\partial^2\zeta}{\partial t^2} + N^2\cos^2\theta\zeta = 0 \tag{11-12}$$

式（11-12）是频率为 $N\cos\theta$ 的振荡方程，从这里恢复了谐波振荡频率的频散关系。注意，当 $\theta=0$ 时，则退化到了最简单的浮力振荡情形式（11-1），其中振荡频率正好为 N。对于平面波，所有变量都是平面波类型，流速的波动解形式为

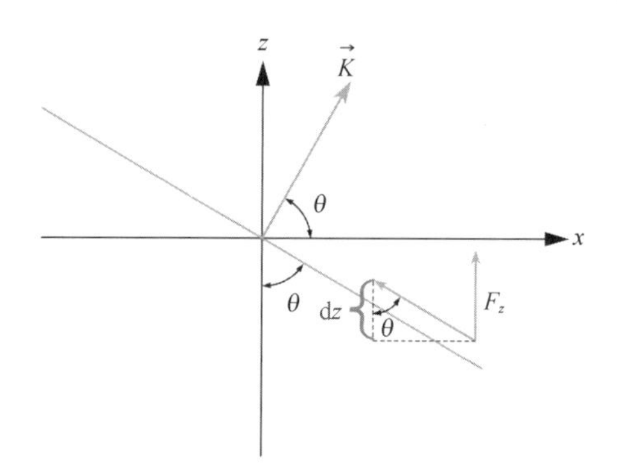

图 11-3　内波等相位线上粒子运动过程中力的平衡

$$(u,\ v,\ w) = (u_0,\ v_0,\ w_0)\,e^{i(kx+ly+mz-\sigma t)}$$

其中 u_0 、v_0 和 w_0 代表流速的振幅，设为常数。将波动解代入连续方程得

$$ku_0 + lv_0 + mw_0 = 0 \quad 或 \quad \boldsymbol{K} \cdot \boldsymbol{u} = 0$$

因此，三维平面波中流体质点的运动速度垂直于波数矢量。流体质点的速度总是沿着波峰或波谷线，这表明内波是横波，水质点振动方向垂直于相位传播的方向。因此，当波数矢量水平时，流体质点的运动完全沿垂直方向，即在垂直方向上相位保持不变（垂直波数 $m=0$），运动与 z 无关。在本节开头介绍的浮力振荡即是这种情况，即是在波数矢量水平时得到的，此时产生内波的最大频率，即 $\sigma_{max} = N$ 。

还要注意的是，在三维内波中，频率在由波数矢量构成的圆锥体上为常数（图 11-4），其中圆锥体廓线与水平面成一夹角 θ。圆锥体越大，夹角 θ 越小，内波频率则越高。

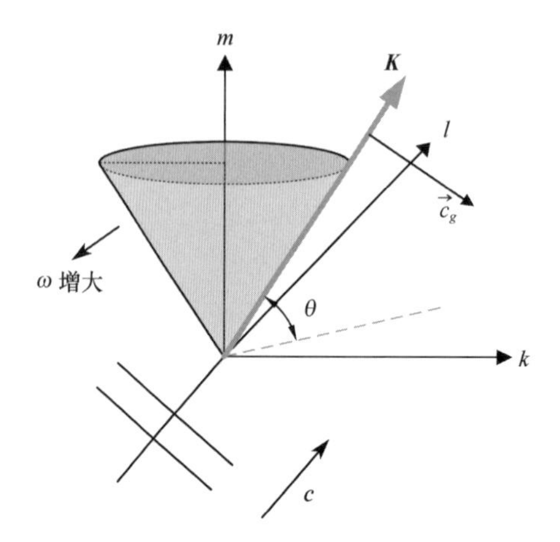

图 11-4　内波波数矢量构成的圆锥面，
该圆锥面上频率为常数

由于内波的能量以群速度进行传播，接下来我们将对内波的群速度展开讨论，进

而探讨内波的能量传播特性。根据群速度的定义

$$c_g = c_{gx}\boldsymbol{i} + c_{gy}\boldsymbol{j} + c_{gz}\boldsymbol{k} = \frac{\partial\sigma}{\partial k_x}\boldsymbol{i} + \frac{\partial\sigma}{\partial k_y}\boldsymbol{j} + \frac{\partial\sigma}{\partial k_z}\boldsymbol{k} \tag{11 - 13}$$

由频散关系［式（11-9）］计算群速度得

$$\begin{aligned} \frac{\partial\sigma}{\partial k} &= \frac{N}{K}\frac{m^2}{K^2}\frac{k}{K_h} = \frac{N}{K}\sin\theta(\sin\theta\cos\varphi) \\ \frac{\partial\sigma}{\partial l} &= \frac{N}{K}\frac{m^2}{K^2}\frac{l}{K_h} = \frac{N}{K}\sin\theta(\sin\theta\sin\varphi) \\ \frac{\partial\sigma}{\partial m} &= -N\frac{K_h m}{K^3} = -\frac{N}{K}\cos\theta\sin\theta \end{aligned} \tag{11 - 14}$$

当考虑相速度与群速度在垂直方向的关系时，可得如下关系式

$$\frac{\sigma}{m}\frac{\partial\sigma}{\partial m} = -\frac{N^2}{K^2}\cos^2\theta < 0$$

由此可见，相速度和群速度在垂直方向的传播方向总是相反的。当内波的相位向上传播时，它们的能量将会向下传播，反之亦然。这一点也可以通过考察内波三维频散关系的圆锥面获得（图 11-5），图中频率沿着圆锥面增大的方向增加。

最后，我们可以得到波数矢量与群速度之间的关系满足

$$\boldsymbol{K}\cdot\boldsymbol{c}_g = kc_{gx} + lc_{gy} + mc_{gz} = \frac{N^2m^2}{\sigma K^4}(k^2 + l^2 - K_h^2) = 0$$

上式表明群速度垂直于波数矢量，即垂直于相速度的传播方向，且与流体质点运动方向一致。这表明内波的能量沿着波峰和波谷线移动，而不是垂直于它们。这显著区别于表面波的特性，即：对于表面重力波，群速度与相速度的大小不同，但方向一致（例如深水重力波 $\boldsymbol{c}_g = \frac{1}{2}\boldsymbol{c}$）。

11.2.3　界面内波

界面内波是发生在两层流体界面处的波动，它是一种介于表面波与内波之间的波。由图 11-6 可以看到，两层流体中各层的密度都是均匀的，且两层流体的密度存在微小的差异。这种极为简单的情况可以较好地描述中低纬度、浅海区域的春夏秋三个季节的层化状况。在这些海域中，海水可以分成密度均匀的上混合层、厚度很薄的强跃层及密度随深度发生微小变化的下层。当忽略下层密度的微小变化，且将跃层简化成间断面时，便可用上述模型进行近似。

从本征值问题看，界面波是内波中一种最低模态的波动。这里仅讨论二维问题，即波动发生在 xoz 平面内，z 轴垂直向上为正，且将坐标原点置于无波动时的界面处，且假设海底为平底。上下两层流体的厚度分别为 h_1 和 h_2，密度分别为 ρ_1 和 ρ_2。假设除

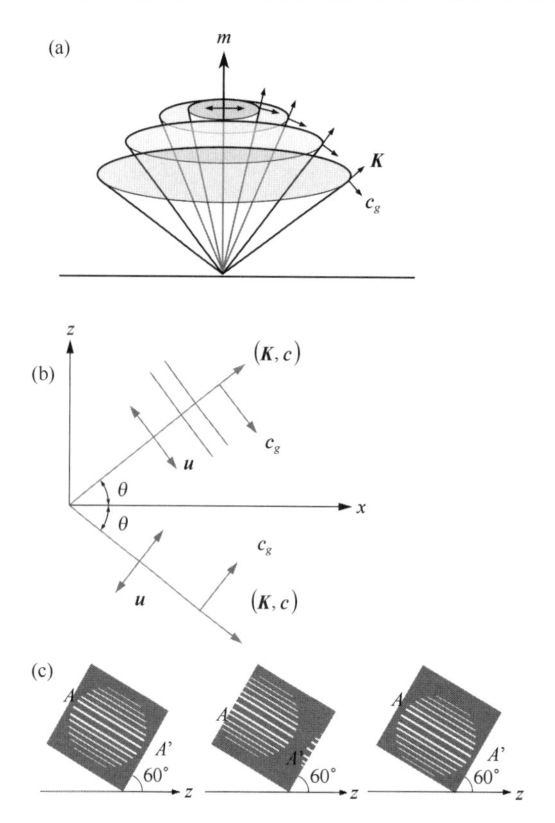

图 11-5　内波频散关系的图像解释。（a）波数矢量可能构成的圆锥面和群速传播方向，（b）流速运动，相位传播与群速度方向之间的关系示意图，（c）内波相速度与群速度的传播

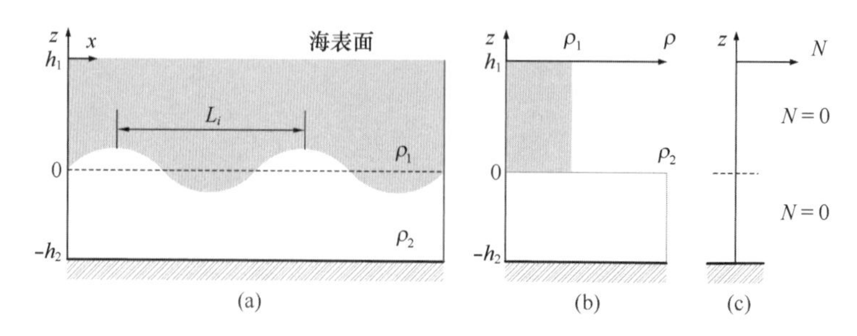

图 11-6　海洋中的两层流体模型。（a）密度不同的两层流体；（b）密度的垂向剖面；（c）浮力频率的垂向剖面

波动外无其他形式的运动。由于在上下两层流体内密度均匀，所以除间断面处存在 $N=\infty$ 外，在其他地方 $N=0$。在上下两层流体中，式（11-8）简化为

$$\frac{\partial^2}{\partial t^2}\nabla^2 w = 0 \tag{11-15}$$

设波动解如下

$$w(x, z, t) = W(z)e^{i(kx-\sigma t)}$$

式中的 k 为 x 方向的波数，$W(z)$ 为垂向流速的振幅，其值与深度有关。将波动解代入式（11-15）得 W 应满足的方程为

$$W''(z) - k^2 W(z) = 0 \tag{11-16}$$

首先，该方程存在通解，其形式为 $W = Ae^{-ikx} + Be^{ikx}$，需借助边界条件确定系数 A 和 B。采用水平刚性边界条件，则写成

$$W(z = h_1) = 0$$

$$W(z = -h_2) = 0$$

其次，在界面处上下两层流体质点的垂向速度应相等，即

$$W(z = 0_{up}) = W(z = 0_{low}) \tag{11-17}$$

仍假设 $k^2>0$，上述问题的解为

$$W = \begin{cases} A\ \mathrm{sh}[k(h_1 - z)], & h_1 \geqslant z \geqslant 0 \\ B\ \mathrm{sh}[k(h_2 + z)], & 0 > z \geqslant -h_2 \end{cases} \tag{11-18}$$

由边界条件［式（11-16）］可得 A 和 B 之间的关系式为

$$A\ \mathrm{sh}(kh_1) = B\ \mathrm{sh}(kh_2)$$

即

$$B = A\frac{\mathrm{sh}(kh_1)}{\mathrm{sh}(kh_2)}$$

将式（11-17）代入式（11-18）之第 2 式得

$$W = \begin{cases} A\ \mathrm{sh}[k(h_1 - z)], & h_1 \geqslant z \geqslant 0 \\ A\dfrac{\mathrm{sh}(kh_1)}{\mathrm{sh}(kh_2)}\mathrm{sh}[k(h_2 + z)], & 0 > z \geqslant -h_2 \end{cases} \tag{11-19}$$

同样设质点垂向位移和水平速度具有如下波动解

$$\zeta = Ze^{i(kx-\sigma t)}$$

$$u = Ue^{i(kx-\sigma t)}$$

在界面处，垂向流速与质点的垂向位移之间的关系为 $\zeta = \int w\mathrm{d}t = -\frac{1}{i\sigma}W(z)e^{i(kx-\sigma t)}$，所以，垂向位移的振幅可表达为

$$Z(z) = -\frac{W(z)}{i\sigma} \tag{11-20}$$

从连续方程得 $\frac{\partial u_h}{\partial x} = -\frac{\partial w}{\partial z} = -W'(z)e^{i(kx-\sigma t)}$，所以水平流速的振幅为

$$U_h(z) = -\frac{1}{ik}W' \tag{11-21}$$

设界面波动的振幅为 a，则有

$$a=-\frac{W(0)}{\mathrm{i}\sigma}=-\frac{A}{\mathrm{i}\sigma}\mathrm{sh}(kh_1)$$

于是可得 A 的表达式为

$$A=-\frac{\mathrm{i}\sigma a}{\mathrm{sh}(kh_1)}$$

将 A 的表达式代入式（11-19）、（11-20）和（11-21），可得波动不同参量的振幅为

$$W=\begin{cases}-\dfrac{\mathrm{i}\sigma a}{\mathrm{sh}(kh_1)}\mathrm{sh}[k(h_1-z)], & h_1\geqslant z>0\\ -\dfrac{\mathrm{i}\sigma a}{\mathrm{sh}(kh_2)}\mathrm{sh}[k(h_2+z)], & 0\geqslant z\geqslant -h_2\end{cases}$$

$$Z=\begin{cases}\dfrac{a}{\mathrm{sh}(kh_1)}\mathrm{sh}[k(h_1-z)], & h_1\geqslant z>0\\ \dfrac{a}{\mathrm{sh}(kh_2)}\mathrm{sh}[k(h_2+z)], & 0\geqslant z\geqslant -h_2\end{cases}$$

$$U(z)=\begin{cases}-\dfrac{\sigma a}{\mathrm{sh}(kh_1)}\mathrm{ch}[k(h_1-z)], & h_1\geqslant z>0\\ \dfrac{\sigma a}{\mathrm{sh}(kh_2)}\mathrm{ch}[k(h_2+z)], & 0>z\geqslant -h_2\end{cases}$$

由此可得不同参量（即 ζ，u，w）的完整解如下

$$\zeta(x,z,t)=\begin{cases}\dfrac{a}{\mathrm{sh}(kh_1)}\mathrm{sh}[k(h_1-z)]\mathrm{e}^{\mathrm{i}(kx-\sigma t)}, & h_1\geqslant z\geqslant 0\\ \dfrac{a}{\mathrm{sh}(kh_2)}\mathrm{sh}[k(h_2+z)]\mathrm{e}^{\mathrm{i}(kx-\sigma t)}, & 0>z\geqslant -h_2\end{cases} \tag{11-22}$$

$$u(x,z,t)=\begin{cases}-\dfrac{\sigma a}{\mathrm{sh}(kh_1)}\mathrm{ch}[k(h_1-z)]\mathrm{e}^{\mathrm{i}(kx-\sigma t)}, & h_1\geqslant z\geqslant 0\\ \dfrac{\sigma a}{\mathrm{sh}(kh_2)}\mathrm{ch}[k(h_2+z)]\mathrm{e}^{\mathrm{i}(kx-\sigma t)}, & 0>z\geqslant -h_2\end{cases}$$

$$w(x,z,t)=\begin{cases}-\dfrac{\mathrm{i}\sigma a}{\mathrm{sh}(kh_1)}\mathrm{sh}[k(h_1-z)]\mathrm{e}^{\mathrm{i}(kx-\sigma t)}, & h_1\geqslant z\geqslant 0\\ -\dfrac{\mathrm{i}\sigma a}{\mathrm{sh}(kh_2)}\mathrm{sh}[k(h_2+z)]\mathrm{e}^{\mathrm{i}(kx-\sigma t)}, & 0\geqslant z\geqslant -h_2\end{cases} \tag{11-23}$$

从上述运算结果可得界面波的一些重要特点：

（1）由式（11-22）得，波动振幅在界面处有极大值 a，随着离界面距离的增大，

波动振幅以双曲正弦形式递减，到自由表面及海底减为 0。垂向速度的振幅具有相同的变化规律，见式（11–23）。

（2）水平速度的振幅呈现出乎意料的变化规律：水平流速在界面处具有最大振幅，但界面处上下两层流体中的水平流速运动方向相反（即两层流体界面为水平流速的间断面），随着离界面距离的增大水平流速以双曲余弦形式减小，在自由表面及海底处并不为 0。此外，两层流体水平速度的深度平均值也不相等，薄层的速度大于厚层的速度，这可以使两层流体的体积通量值相等，方向相反，从而保持通过从海面到海底的整个截面的流量为零。

（3）由式（11–22）和（11–23）可知，上下两层流体的垂向运动的相位相同。与表面波一样，垂向速度的相位比垂向位移的相位超前 π/2，下层水平流速与垂向位移具有相同的位相，而上层则相反，故在波峰和波谷处有最大的水平速度而垂向速度为零，在峰谷间的中点处具有最大的垂向速度，峰前为上升流，峰后为下沉流。当 h_1 较小时，这种流动反映在自由表面上，在峰后形成辐聚区，在峰前形成辐散区。这种辐聚辐散流对较小的表面波起着调制作用，使辐聚区的波变陡，表面变粗糙；辐散区的波变平，表面变光滑。图 11–7 给出了此现象的示意图。从正上方俯视，粗糙面呈暗色，光滑面显得明亮。相反，若用卫星 SAR 遥感从斜上方观测，则粗糙面明亮而光滑面色暗。这样，在内波波列上方的自由表面呈现出明暗交替的条纹，结合其他的海洋背景资料便可分析出一些发生在强跃层处的内波特性。

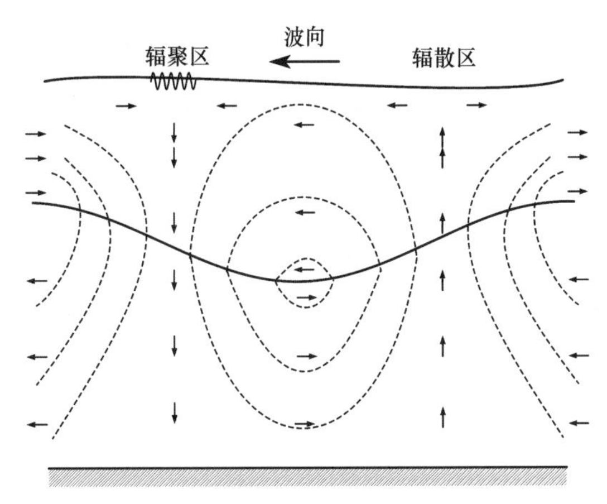

图 11–7　界面内波流场结构示意图

与表面波一样，内波也存在确定的频散关系式。从本征值问题看，式（11–11）中的 k^2 为本征值，它必须满足一定的条件。在界面处，由式（11–17）得

$$
\begin{aligned}
W'(z=0_{up}) &= \mathrm{i}\sigma ka\ \mathrm{cth}(kh_1) \\
W'(z=0_{low}) &= -\mathrm{i}\sigma ka\ \mathrm{cth}(kh_2)
\end{aligned}
\qquad (11-24)
$$

再将跃层恢复其原来物理面貌，即将它视为厚为 δ 的薄水层，在此水层中流体密

度由ρ_1变为ρ_2，在跃层中，式（11-16）不再适用，而需回到式（11-8）。将垂向流速的波动解代入式（11-8），可得垂向运动方程为

$$W'' + \frac{N^2 - \sigma^2}{\sigma^2} k^2 W = 0 \tag{11-25}$$

由于δ很小，可设

$$W'' = \frac{\mathrm{d}W'}{\mathrm{d}z} = \frac{W'(z = 0_{\mathrm{up}}) - W'(z = 0_{\mathrm{low}})}{\delta} \tag{11-26}$$

而

$$N^2 \big|_{z=0} = \frac{g}{\bar{\rho}} \frac{\Delta\rho}{\delta} = \frac{g'}{\delta} \tag{11-27}$$

其中，$\Delta\rho = \rho_2 - \rho_1$，$g' = \dfrac{\Delta\rho}{\rho} g$，$\rho$也可以用$\rho_1$或$\rho_2$代替，引入差别甚微。将式（11-24），（11-26）代入式（11-25）得

$$\frac{\delta(N^2 - \sigma^2)}{\sigma^2} \frac{k}{\mathrm{cth}(kh_1) + \mathrm{cth}(kh_2)} = 1 \tag{11-28}$$

这就是界面波必须遵从的频散关系式。当$N \gg \sigma$时，$N^2 - \sigma^2 \approx N^2$，结合式（11-27），可将频散关系改写为

$$\sigma^2 = \frac{kg'}{\mathrm{cth}(kh_1) + \mathrm{cth}(kh_2)} \tag{11-29}$$

人们常常关注$N \gg \sigma$的情况，此时式（11-29）比式（11-28）更加实用。

对于不同深浅的水域和不同深浅的跃层，式（11-29）可做进一步化简。深海浅跃层的简单模型可设h_1为有限值，h_2为无穷，于是可得频散关系为

$$\sigma^2 = \frac{kg'}{\mathrm{cth}(kh_1) + 1}$$

对于深海深跃层，h_1也很大，上式可再简化为

$$\sigma^2 = \frac{k g'}{2}$$

若波长比水深h_1，h_2大得多，则有近似式

$$\mathrm{cth}(kh_1) = \frac{1}{kh_1}, \qquad \mathrm{cth}(kh_2) = \frac{1}{kh_2}$$

于是频散关系式（11-29）变成

$$\sigma^2 = g' k^2 \frac{h_1 h_2}{h_1 + h_2}$$

再设$h_1 \ll h_2$，即浅跃层长波，上式化为

$$\sigma^2 = g' k^2 h_1$$

反之，若$h_1 \gg h_2$，则有

$$\sigma^2 = g' k^2 h_2 \tag{11-30}$$

相应于频散关系式（11-29）、（11-30），波的相速度分别为

$$\begin{cases} c = \left(\dfrac{g'}{k}\right)^{1/2} [\mathrm{cth}(kh_1) + \mathrm{cth}(kh_2)]^{-1/2} \\ c = \left(\dfrac{g'}{k}\right)^{1/2} [\mathrm{cth}(kh_1) + 1]^{-1/2} \\ c = \left(\dfrac{g'}{2k}\right)^{1/2} \\ c = \sqrt{g' h_1} \\ c = \sqrt{g' h_2} \end{cases} \tag{11-31}$$

进一步考察式（11-31）中的最后两式，可以看出控制长界面波相速度的是两层流体中较薄的那一层海水的厚度。其次，与表面波的波速及频散关系式相比，界面波的相速度仅以弱化重力 g' 代替了表面波相速度中的重力 g。在海洋中 g'/g 的量阶约为 10^{-3}，故界面波的传播速度远低于表面波。若在上述诸式中，令 $\rho_1 = 0$，$h_1 = \infty$，则可退化为表面波的表达形式。所以从这一角度看，表面波可视为界面波的一种特例。既然界面波是表面波的一种特例，那么是否可以引用表面波的处理方法来研究界面波呢？即能否将上、下两层流场分别视为无旋运动，从而引入速度势来分析界面波动？回答是肯定的，留给读者自行推导。

11.2.4　内波能量方程

对内波运动方程式（11-5）乘上相应的速度分量可得内波动能方程为

$$\begin{aligned} \frac{\partial E_k}{\partial t} &= -u\frac{\partial p}{\partial x} - \boldsymbol{v}\frac{\partial p}{\partial y} - w\frac{\partial p}{\partial z} - w\rho g \\ &= \nabla \cdot p\boldsymbol{u} - w\rho g \end{aligned}$$

其中

$$E_k = \frac{\rho'}{2}[u^2 + \boldsymbol{v}^2 + w^2]$$

在上述动能方程第二步的推导中用到了连续方程（速度散度为 0），方程右边的最后一项 $-\rho g w$ 是势能到动能的转化项。如果重的流体下沉（$\rho>0$，$w<0$）或轻流体上升（$\rho<0$，$w>0$）（ρ 是密度扰动），则重力势能将转换为动能，因而动能将增加。利用密度方程，结合浮力频率表达式（11-2），则势能向动能的转化项可以写成

$$w\rho g = \frac{\rho}{\bar{\rho}}\frac{g^2}{N^2}\frac{\partial \rho}{\partial t} = \frac{g^2}{2\bar{\rho}N^2}\frac{\partial \rho^2}{\partial t}$$

将上式代入动能方程（11-28），可得如下关系式

$$\frac{\partial}{\partial t}[E_k + g^2\rho^2/2\bar{\rho}N^2] + \nabla\cdot p\boldsymbol{u} = 0 \tag{11-32}$$

上式中方括号中的第二项代表势能。为了进一步说明这一项，我们可以用垂向位移ζ来表示这一项。对于小振幅运动（可以忽略非线性项），拉格朗日垂向位移ζ与垂向速度w之间的关系为

$$w = \frac{\partial\zeta}{\partial t} \tag{11-33}$$

对方程（11-6）中的密度方程进行时间积分，可得

$$\rho = \bar{\rho}\frac{N^2}{g}\zeta$$

因此我们可以认为ζ是等密度面的垂向位移，流体粒子依然位于原来的密度面上。此时，能量方程可写成

$$\frac{\partial}{\partial t}\left[\frac{\bar{\rho}}{2}(\boldsymbol{u}\cdot\boldsymbol{u} + N^2\zeta^2)\right] + \nabla\cdot(p\boldsymbol{u}) = 0$$

方括号中的第二项和弹簧振子的位能形式完全相同——单位质量乘以“弹簧常数”，恢复力是浮力频率的平方。通常主要关注一个周期（波长）内的平均能量密度，根据复数的平均法则，平均能量密度为

$$\langle E\rangle = \frac{\bar{\rho}}{4}\left[U\cdot U^* + \frac{N^2}{\sigma^2}WW^*\right]$$

其中$*$表示共轭函数。这里E是动能和势能之和。注意，对于二维平面波，我们总是可以选择一个坐标系使得x坐标方向与波数矢量对齐，使得波动仅发生在$x-z$平面内。假设平面波的垂向流速波动解形式为

$$w = w_0\cos(kx + mz - \sigma t)$$

进而，由连续方程可得到水平流速为

$$u = w_0\frac{m}{k}\cos(kx + mz - \sigma t)$$

根据w与垂向位移ζ的关系［式（11-33）］，得

$$\zeta = -\frac{w_0}{\sigma}\sin(kx + mz - \sigma t)$$

因此，在一个波周期内的平均动能和势能分别为

$$\overline{E_k} = \frac{\bar{\rho}w_0^2}{4}\left[\frac{k^2 + m^2}{k^2}\right] = \frac{\bar{\rho}}{4}\left(\frac{w_0}{\cos\theta}\right)^2$$

$$\overline{E_p} = \frac{\bar{\rho}w_0^2}{4}\frac{N^2}{\sigma^2} = \frac{\bar{\rho}}{4}\left(\frac{w_0}{\cos\theta}\right)^2$$

因此，内波的总能量为

$$\bar{E} = \overline{E_k} + \overline{E_p} = \frac{\bar{\rho}}{2}\left(\frac{w_0}{\cos\theta}\right)^2$$

即一个波周期内的平均动能和势能相等（均分）。由于能量通量 $\boldsymbol{P} = \boldsymbol{c}_g E$，因此，结合内波的频散关系，式（11-10）和群速度的表达式（11-14）可得能量通量的水平和垂直分量分别为

$$c_{gx}\bar{E} = \frac{\bar{\rho}w_0^2}{2}\left(\frac{\sigma}{k}\right)\frac{m^2}{k^2}$$

$$c_{gz}\bar{E} = -\frac{\bar{\rho}w_0^2}{2}\left(\frac{\sigma}{m}\right)\frac{m^2}{k^2}$$

我们可以再次看到，垂向能量通量的方向与相速度的垂向分量 $\frac{\sigma}{m}$ 方向相反。实际上，由上式我们可以很容易证实能量通量垂直于波数矢量。

第 3 节　考虑地球旋转的内波方程

上一节我们推导得到了不考虑地球旋转效应时的内重力波基本方程，本节将简要介绍在考虑地球旋转效应时的内波基本方程。我们假设笛卡尔坐标系 x，y，z（z 轴正向上为正），其所对应的单位矢量分别为 $\boldsymbol{i}$，$\boldsymbol{j}$，$\boldsymbol{k}$，瞬时速度分量分别为 u^*，v^*，w^*。因此，总瞬时速度矢量可写成

$$\boldsymbol{u}_{\text{total}}^* = u^*\boldsymbol{i} + v^*\boldsymbol{j} + w^*\boldsymbol{k}$$

此时连续方程可写作

$$\frac{\mathrm{D}\rho^*}{\mathrm{D}t} + \rho^*(\nabla\cdot\boldsymbol{u}^*) = 0$$

若忽略海水的压缩性，则满足

$$\frac{\mathrm{D}\rho^*}{\mathrm{D}t} = 0$$

因此连续方程可简化为

$$\nabla\cdot\boldsymbol{u}^* = 0$$

动量方程写作

$$\rho^*\frac{\mathrm{D}\boldsymbol{u}^*}{\mathrm{D}t} + 2\rho^*(\boldsymbol{\Omega}\times\boldsymbol{u}^*) + \nabla p^* + g\rho^*\boldsymbol{k} = 0$$

其中 $\boldsymbol{\Omega} = \Omega_x\boldsymbol{i} + \Omega_y\boldsymbol{j} + \Omega_z\boldsymbol{k}$。参照（11-3）的变量分解，可将运动方程写成

$$(\bar{\rho}+\rho)\frac{\mathrm{D}\boldsymbol{u}^*}{\mathrm{D}t} + 2(\bar{\rho}+\rho)(\boldsymbol{\Omega}\times\boldsymbol{u}^*) + \nabla(\bar{p}+p) + g(\bar{\rho}+\rho)\boldsymbol{k} = 0$$

同样地，在无运动和无外力强迫作用下，垂向运动方程简化为静力平衡方程。在

Boussinesq 近似下，运动方程写成

$$\frac{D(\boldsymbol{u}+\boldsymbol{u})}{Dt}+2\boldsymbol{\Omega}\times(\boldsymbol{u}+\boldsymbol{u})+\frac{\nabla p}{\bar{\rho}}+\frac{g\rho\boldsymbol{k}}{\bar{\rho}}=0$$

在传统近似下 $\Omega_x=\Omega_y=0$，$2\Omega_z\sin\varphi=f$，假设背景流速为0，即 $\boldsymbol{u}=0$，则线性化的内波方程组为

$$\frac{\partial u}{\partial t}-fv+\frac{1}{\bar{\rho}}\frac{\partial p}{\partial x}=0 \tag{11-34a}$$

$$\frac{\partial v}{\partial t}+fu+\frac{1}{\bar{\rho}}\frac{\partial p}{\partial y}=0 \tag{11-34b}$$

$$\frac{\partial w}{\partial t}+\frac{1}{\bar{\rho}}\frac{\partial p}{\partial z}-b=0 \tag{11-34c}$$

$$\frac{\partial b}{\partial t}+N^2w=0 \tag{11-34d}$$

$$\frac{\partial u}{\partial x}+\frac{\partial v}{\partial y}+\frac{\partial w}{\partial z}=0 \tag{11-34e}$$

上述五个方程可以简化为单变量的内波控制方程，对方程（11-34c）对 y 求导，减去方程（11-34b）对 z 求导，得

$$\frac{\partial}{\partial t}\left(\frac{\partial w}{\partial y}-\frac{\partial v}{\partial z}\right)=f\frac{\partial}{\partial z}u+\frac{\partial b}{\partial y} \tag{11-35}$$

同样，对方程（11-34a）对 z 求导，减去方程（11-34c）对 x 求导，得

$$\frac{\partial}{\partial t}\left(\frac{\partial u}{\partial z}-\frac{\partial w}{\partial x}\right)=f\frac{\partial}{\partial z}v-\frac{\partial b}{\partial x} \tag{11-36}$$

同样，对方程（11-34b）对 x 求导，减去方程（11-34a）对 y 求导，并利用连续方程（11-34e）得

$$\frac{\partial}{\partial t}\left(\frac{\partial v}{\partial x}-\frac{\partial u}{\partial y}\right)=f\frac{\partial}{\partial z}w \tag{11-37}$$

再由 $\frac{\partial^2(11-35)}{\partial x\partial t}-\frac{\partial^2(11-36)}{\partial y\partial t}$ 可得

$$\frac{\partial^2}{\partial t^2}\left(\nabla_h^2 w-\frac{\partial}{\partial z}\left[\frac{\partial u}{\partial x}+\frac{\partial v}{\partial y}\right]\right)+\left(f\frac{\partial}{\partial z}\right)\frac{\partial}{\partial t}\left(\frac{\partial v}{\partial x}-\frac{\partial u}{\partial y}\right)-\nabla_h^2\frac{\partial b}{\partial t}=0$$

其中 $\nabla_h^2=\frac{\partial^2}{\partial x^2}+\frac{\partial^2}{\partial y^2}$，利用连续方程（11-34e）、方程（11-37）和质量守恒方程（11-34d）对上式简化成只含 w 的方程，即

$$\frac{\partial^2}{\partial t^2}(\nabla^2 w)+f^2\frac{\partial^2 w}{\partial z^2}+N^2(z)\nabla_h^2 w=0 \tag{11-38}$$

可以看出，上式仅比方程（11-8）多了与科氏力相关的一项，即 $f^2\frac{\partial^2 w}{\partial z^2}$。设波动

解为 $w = W(z)\,e^{i(kx+ly-\sigma t)}$，代入上式可得内波的垂直运动方程为

$$\frac{d^2W}{dz^2} + \frac{N^2-\sigma^2}{\sigma^2-f^2}K_h^2W = 0 \qquad (11-39)$$

对于远大于惯性频率的高频内波，地球的旋转效应可以忽略，上式可进一步简化为

$$\frac{d^2W}{dz^2} + \frac{N^2(z)-\sigma^2}{\sigma^2}K_h^2W = 0$$

此外，为了方便，方程（11-38）亦可用流函数 $\psi(x,\ z,\ t)$ 来表示

$$w = -\frac{\partial\psi}{\partial x},\quad u = \frac{\partial\psi}{\partial z}$$

因此，方程（11-38）可写成

$$\frac{\partial^2}{\partial t^2}(\nabla^2\psi) + f^2\frac{\partial^2\psi}{\partial z^2} + N^2(z)\frac{\partial^2\psi}{\partial x^2} = 0$$

第 4 节　内波方程的解和性质

11.4.1　无边情形

将三维波解 $w = w_0e^{i(kx+ly+mz-\sigma t)}$ 代入内波方程（11-38），得频散关系为

$$\sigma^2 = \frac{f^2m^2 + N^2(k^2+l^2)}{k^2+l^2+m^2} \qquad (11-40a)$$

或者

$$m^2 = \frac{N^2-\sigma^2}{\sigma^2-f^2}(k^2+l^2) \qquad (11-40b)$$

或者

$$\sigma^2 = f^2\frac{m^2}{K^2} + N^2\frac{K_H^2}{K^2} \qquad (11-40c)$$

由于 $m = K\sin\theta$，$K_H = K\cos\theta$（参考图 11-2），频散关系亦可写作

$$\sigma^2 = f^2\sin^2\theta + N^2\cos^2\theta \qquad (11-40d)$$

其中 $\theta = \arccos\left(\frac{\sigma^2-f^2}{N^2(z)-f^2}\right)^{1/2}$。由式（11-40b）可知，若要等式成立，则需满足 $(N^2-\sigma^2)/(\sigma^2-f^2) \geqslant 0$，因此，内波的频率范围为 $f \leqslant \sigma \leqslant N$ 或 $N \leqslant \sigma \leqslant f$。由于海洋中通常满足 $f \leqslant N$，所以海洋内波频率范围满足

$$f \leqslant \sigma \leqslant N$$

此外，内波的频散关系的其他变形形式可表达为

(1) $N^2-\sigma^2=N^2-f^2\sin^2\theta-N^2\cos^2\theta=N^2\sin^2\theta-f^2\sin^2\theta$

即 $N^2-\sigma^2=(N^2-f^2)\sin^2\theta$

(2) $\sigma^2-f^2=f^2\sin^2\theta+N^2\cos^2\theta-f^2=N^2\cos^2\theta-f^2\cos^2\theta$

即 $\sigma^2-f^2=(N^2-f^2)\cos^2\theta$

由此可见，内波的频散关系与表面波的频散关系存在很大的差异。表面波的频率只取决于波数矢量的大小，与波数矢量的方向无关。与之相反，内波的频率只取决于波数矢量的方向，而与波数矢量的大小无关，即内波的频率与波长无关。正负号表明内波可沿波数矢量向上或向下传播。对于给定频率的内波，无论其波长如何，都将以与水平面固定的角度传播。波动频率越低，则波动传播方向与水平面的夹角越大，当波动频率趋近于f时，其传播方向与水平面的夹角几乎垂直（$\theta\approx\pi/2$）。反之，波动频率越高，其传播方向与水平面的夹角越小，当频率接近于N时，内波的传播方向趋近于水平（即$\theta\approx 0$）。

对于高频内波，地球旋转效应可忽略，则相应的频散关系简化为

$$\sigma=\pm N\frac{K_H}{K}，\text{也即 }\sigma=\pm N(z)\cos\theta$$

这与第2节中的结果一致，式（11-10）。此外，前面已讲过，式（11-7），内波的运动发生在与波数矢量垂直的平面内，即内波为横波。假设压强扰动的波动解形式为 $p=p_0\mathrm{e}^{\mathrm{i}(kx+mz-\sigma t)}$ ，则 $\nabla p\sim \boldsymbol{K}p_0$，这表明压强梯度与波数矢量的方向相同，且垂直于速度 $\boldsymbol{u}$ ，也就是说压强梯度方向垂直于流体质点的运动方向和加速度方向，等压线与内波等相位线相平行。

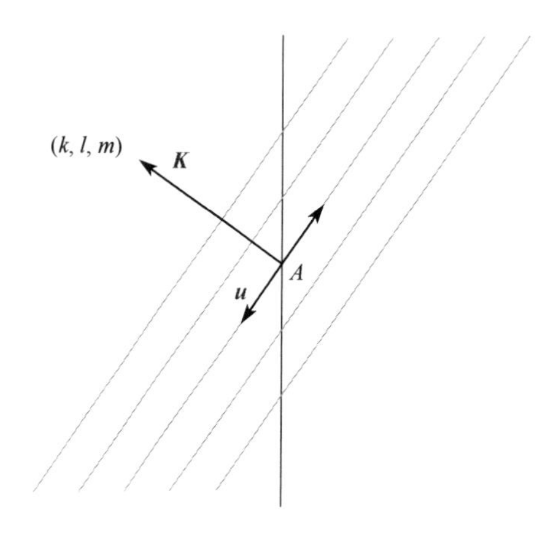

图 11-8　内波传播方向与流体速度方向的关系

根据群速度的定义，式（11-13），需通过频散关系来计算群速度。频散关系式（11-39a）和式（11-39b）可变形为：

$$W(k,l,m,\sigma)=\sigma^2(k^2+l^2+m^2)-f^2m^2-(k^2+l^2)N^2=0$$

或者

$$W(k, l, m, \sigma) = (\sigma^2 - f^2) m^2 - (N^2 - \sigma^2)(k^2 + l^2) = 0$$

因此有如下关系式：

$$\mathrm{d}W|_{l, m} = \frac{\partial W}{\partial k}\mathrm{d}k + \frac{\partial W}{\partial \omega}\mathrm{d}\sigma = 0$$

由此可得群速度在 x 方向的分量形式为

$$c_{gx} = \left.\frac{\partial \sigma}{\partial k}\right|_{l, m} = -\frac{\partial W/\partial k|_{l, m}}{\partial W/\partial \sigma|_{l, m}} = \frac{k(N^2 - \sigma^2)}{\sigma(k^2 + l^2 + m^2)}$$

$$= \frac{k(N^2 - \sigma^2)}{\sigma K^2} = \frac{(N^2 - f^2)\sin^2\theta}{\sigma K}\cos\theta\cos\varphi$$

同样，可求得 y 方向和 z 方向的分量为

$$c_{gy} = \frac{\partial \sigma}{\partial l} = \frac{l}{\sigma}\frac{N^2 - \sigma^2}{K^2} = \frac{(N^2 - f^2)\sin^2\theta}{\sigma K}\cos\theta\sin\varphi$$

$$c_{gz} = \frac{\partial \sigma}{\partial m} = \frac{-m}{\sigma}\frac{\sigma^2 - f^2}{K^2} = -\frac{(N^2 - f^2)\cos^2\theta}{\sigma K}\sin\theta$$

因此，群速度可写成

$$\boldsymbol{c}_g = \frac{N^2 - f^2}{\sigma K}\cos\theta\sin\theta(\boldsymbol{i}\sin\theta\cos\varphi, \boldsymbol{j}\sin\theta\sin\varphi, -\boldsymbol{k}\cos\theta) \quad (11-41)$$

由此，我们可以得到群速度与波数矢量的点积为

$$\boldsymbol{K}\cdot\boldsymbol{c}_g = kC_{gx} + lC_{gy} + mC_{gz}$$

$$= \left(\frac{k^2}{\sigma} + \frac{l^2}{\sigma}\right)\left(\frac{N^2 - \sigma^2}{K^2}\right) - \frac{m^2}{\sigma}\left(\frac{\sigma^2 - f^2}{K^2}\right)$$

$$= \frac{-\sigma^2(k^2 + l^2 + m^2) + N^2(k^2 + l^2) + f^2 m^2}{K^2\sigma}$$

$$= 0$$

将上式与式（11-9）相结合可以发现，无论是否考虑地转效应的影响，内波的群速度均与波数矢量（即：相速度传播方向）垂直，即内波的群速度不仅不等于相速度，而且与相速度成直角，这与表面波形成了鲜明的对比。群速度非零垂直分量的存在意味着这些波可以在水柱中向上或向下传输波能。能量沿着（而不是垂直）波峰和波谷传播，与流体运动速度方向平行。当考虑相速度与群速度之间的关系时，可得如下关系式

$$c_x\cdot c_{gx} = \frac{\sigma}{k}\cdot\frac{k}{\sigma}\frac{N^2 - \sigma^2}{K^2} = \frac{N^2 - \sigma^2}{K^2} > 0$$

$$c_z\cdot c_{gy} = \frac{\sigma}{l}\cdot\frac{l}{\sigma}\frac{N^2 - \sigma^2}{K^2} = \frac{N^2 - \sigma^2}{K^2} > 0$$

$$c_z \cdot c_{gz} = \frac{\sigma}{m} \cdot \frac{-m}{\sigma} \frac{\sigma^2 - f^2}{K^2} = -\frac{\sigma^2 - f^2}{K^2} < 0$$

由此可见，群速度与相速度的水平分量方向相同，而它们的垂直分量传播方向相反。这意味着相速度向上传播时，群速度向下传播；反之亦然。由于波能通量 $\boldsymbol{P} = \boldsymbol{c}_g E$，因此，波能通量垂直于波数矢量 $\boldsymbol{K}$。

由式（11-41）亦可得到群速度的大小，表达式为

$$|\boldsymbol{c}_g| = (c_{gx}^2 + c_{gy}^2 + c_{gz}^2)^{1/2}$$

$$= \frac{N^2 - f^2}{\sigma \mathrm{K}} \cos\theta \sin\theta (\sin^2\theta \cos^2\varphi + \sin^2\theta \sin^2\varphi + \cos^2\theta)^{1/2}$$

$$= |N^2 - f^2| \sin\theta \cos\theta / \omega K$$

如果$f=0$，则

$$|\boldsymbol{c}_g| = \frac{N^2 \cos\theta \sin\theta}{\sigma K} = \frac{N^2 \cos\theta \sin\theta}{N \cos\theta K} = \frac{N}{K} \sin\theta$$

当我们取 $N(z) \approx N_0$ 为常数时，若让内波的水平传播方向指向 x 方向，则频散关系可写成

$$m^2 = \frac{N_0^2 - \sigma^2}{\sigma^2 - f^2} k^2$$

尽管内波的解在很宽的频率范围内是有效的，但一些限制性情况下可将频散关系简化，主要有以下几种情况。

（1）高频内波（$\sigma \approx N$，且 $\sigma \gg f$）。

此时频散关系中的 f^2 可忽略，频散关系简化为

$$m^2 \approx \frac{k^2 (N_0^2 - \sigma^2)}{\sigma^2} \qquad 或 \qquad \sigma^2 \approx \frac{N_0^2 k^2}{k^2 + m^2}$$

若波数矢量与水平方向的夹角为 θ，则，这表明高频波代表无旋转的内波。

（2）低频内波（$\sigma \ll N$，且 $\sigma \geqslant f$）。

此时与 N_0^2 相比，σ^2 可忽略，频散关系可简化为

$$m^2 \approx \frac{k^2 N_0^2}{\sigma^2 - f^2} \qquad 或 \qquad \sigma^2 \approx f^2 + N_0^2 \frac{k^2}{m^2}$$

此外，对于低频内波，忽略垂直运动方程中的加速度项，静力近似适用。

（3）中频内波（$f \ll \sigma \ll N$）。

此时，频散关系可以简化为

$$m^2 \approx \frac{k^2 N_0^2}{\omega^2}$$

这种情形下，静力平衡和非旋转效应的假设均适用。

下面我们分别讨论不考虑旋转效应和不考虑层化情形下的内波方程。

（1）不考虑旋转效应，即 $f=0$ 时，参考图 11-9 可知，垂直于 $\boldsymbol{K}$ 方向的动量方程为

$$u_t = -g\rho\cos\theta/\bar{\rho}$$

方程左边是加速度，右边是沿着 $\boldsymbol{u}$ 方向的浮力。因为压强梯度强迫沿着波数矢量方向，与速度 $\boldsymbol{u}$ 方向垂直，只有浮力强迫提供运动方向上的力。

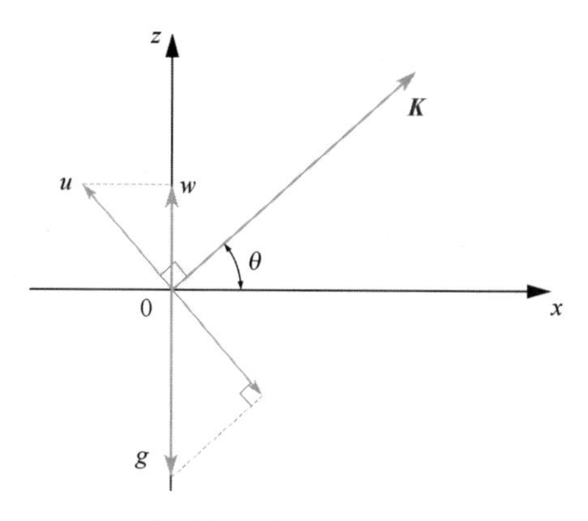

图 11-9　不考虑旋转情形下内波动量方程的简化

密度方程为 $\rho_t + w\bar{\rho}_z = 0$，因此根据 u 与 w 之间的关系（图 11-9）可得

$$\rho_t + u\cos\theta\bar{\rho}_z = 0$$

联合上两式，可得

$$u_{tt} + N^2\sin^2\theta u = 0$$

这表明速度 $\boldsymbol{u}$ 以频率 $N^2\sin^2\theta$ 做线性振荡（图 11-10a），这类似于式（11-1）。当 $\theta = 0$ 时，则为前面所讨论的发生在垂直方向上的浮力振荡。

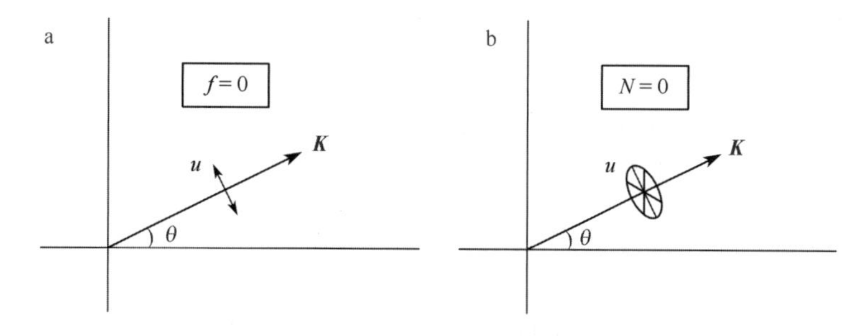

图 11-10　不考虑层化情形下的惯性运动

（2）如果不考虑层化，即 $N=0$，则参考图 11-11 可知，垂直于 $\boldsymbol{K}$ 方向的动量方程为

$$\boldsymbol{u}_t + (\boldsymbol{f}\times\boldsymbol{u})_{\perp k} = 0$$

$$\boldsymbol{u}_t + f_{//}\times\boldsymbol{u} = 0 \Rightarrow \boldsymbol{u}_t + f\sin\theta\hat{k}'\times\boldsymbol{u} = 0$$

其中 $\hat{k}'$ 为 $\boldsymbol{K}$ 方向的单位矢量。此时的运动为绕着 $\boldsymbol{K}$ 的惯性圆（图 11-10b），其运动频率为 $\sigma = f\sin\theta$ 。存在以下两种特殊情况。当 $\theta = \pi/2$ 时，只有垂直方向的波数存在，此时 $\sigma = f$，此时运动轨迹只出现在与旋转轴相垂直的平面内，群速度消失，这便是海洋中经常观测到的惯性振荡。当 $\theta = 0$ 时，$\sigma = 0$，此时的运动只出现在包含旋转轴的平面内，因此有

$$\begin{aligned} &\partial_t = 0 \\ &(f\cdot\nabla)(u,\ p) = 0 \end{aligned} \tag{11-42}$$

此时的运动为不随时间变化的稳定状态，且在旋转轴方向是均匀的。因此，我们有点迂回地得出了泰勒-普罗德曼定理。条件（11-41）禁止在非加速的无黏流中沿旋转矢量存在任何压力或速度梯度，这种限制导致了停滞区的存在，被称为泰勒柱，并且这种结构已在实验室实验中观察到。

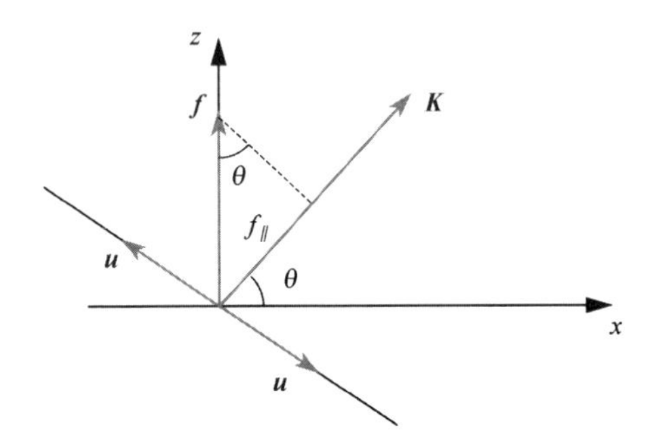

图 11-11　不考虑层化情形下内波动量方程的简化

(3) $f\neq 0$，$N\neq 0$，是上述两种特殊情形下的联合。

设波动解为

$$w = w_0 e^{i(kx+ly+mz-\sigma t)},\qquad \boldsymbol{u} = \boldsymbol{u}_0 e^{i(kx+ly+z-\sigma t)}$$

$$p = \bar{p}e^{i(k\times+ly+mz-\sigma t)},\qquad \rho = \bar{\rho}e^{i(k\times+ly+mz-\sigma t)}$$

由式（11-4）可知，垂向速度 w 和压强 p 的关系为

$$\frac{\partial^2 w}{\partial t^2} + N^2 w = -\frac{1}{\bar{\rho}}\frac{\partial^2 p}{\partial z\partial t}$$

代入波动解，得到 w_0 与 $\bar{p}$ 之间的关系式之后，可进一步获得 w 和 p 之间的关系为

$$w = \frac{-m\sigma}{N^2-\sigma^2}\frac{p}{\bar{\rho}} = -\frac{K\sigma}{(N^2-f^2)\sin\theta}\frac{p}{\bar{\rho}}$$

这里用到了关系式 $N^2-\sigma^2 = (N^2-f^2)\sin^2\theta$ 和 $m = K\sin\theta$ 。

由水平运动方程式（11-34a）和式（11-34b）对时间求导可得其变形形式为

$$\frac{\partial^2 u}{\partial t^2}+f^2 u=-\frac{1}{\bar{\rho}}\frac{\partial^2 p}{\partial x\partial t}-\frac{f}{\bar{\rho}}\frac{\partial p}{\partial y}$$

$$\frac{\partial^2 v}{\partial t^2}+f^2 v=-\frac{1}{\bar{\rho}}\frac{\partial^2 p}{\partial y\partial t}+\frac{f}{\bar{\rho}}\frac{\partial p}{\partial x}$$

将波动解代入上式，可得水平流速与压强的关系为

$$u=\frac{k\sigma+\mathrm{i}lf}{\sigma^2-f^2}\frac{p}{\bar{\rho}},\qquad v=\frac{l\sigma-\mathrm{i}kf}{\sigma^2-f^2}\frac{p}{\bar{\rho}}$$

如果 x 轴选择在波数矢量的水平分量 $\boldsymbol{K}_h$ 方向上，则 $l=0$，上式可改写成

$$u=\frac{k_H\sigma}{\sigma^2-f^2}\frac{p}{\bar{\rho}},\qquad v=\frac{-\mathrm{i}k_H f}{\sigma^2-f^2}\frac{p}{\bar{\rho}}$$

利用关系式 $\sigma^2-f^2=(N^2-f^2)\cos^2\theta$ 和 $K_H=K\cos\theta$，可得

$$u=\frac{K\sigma}{(N^2-f^2)\cos\theta}\frac{p}{\bar{\rho}}=-\tan\theta w$$

$$v=\frac{-iKf}{(N^2-f^2)\cos\theta}\frac{p}{\bar{\rho}}=\frac{-ifu}{\sigma}=+\frac{if}{\sigma}\tan\theta w$$

将波动解代入密度方程（式（11-34d）），可得

$$\frac{\rho}{\bar{\rho}}=\frac{iN^2}{g\sigma}W$$

现在取实部，并考虑到 $k\equiv k_H$，$l=0$，得内波方程的解为

$$\begin{cases}w=w_0\cos(kx+mz-\sigma t)\\ u=-\tan\theta\,\mathrm{Re}(w)=-\tan\theta w_0\cos(kx+mz-\sigma t)\\ v=\mathrm{Re}\left(\frac{\mathrm{i}f}{\sigma}\tan\theta w\right)=-\frac{f}{\sigma}\tan\theta\sin(kx+mz-\sigma t)\\ \rho=\mathrm{Re}\left(\frac{\mathrm{i}N^2}{g\sigma}w\bar{\rho}\right)=-\frac{N^2}{g\sigma}w_0\bar{\rho}\sin(kx+mz-\sigma t)\\ p=-\frac{\bar{\rho}(N^2-f^2)\sin\theta}{K\sigma}\mathrm{Re}(w)=-\frac{\bar{\rho}(N^2-f^2)\sin\theta}{K\sigma}w_0\cos(kx+mz-\sigma t)\end{cases}\tag{11-43}$$

此时，一个波长内平均的总能量 $\bar{E}$ 与之前的式（11-32）相同，这是因为科氏力不做功，因此对能量方程没有贡献。根据动能的定义式（11-29），结合内波的流速表达式（见 11-43），计算可得在考虑科氏力影响时一个周期内平均的动能为

$$\overline{E_k}=\frac{\bar{\rho}}{4}\left[\left(\tan^2\theta+\frac{f^2}{\sigma^2}\tan^2\theta+1\right)w_0^2\right]=\frac{\bar{\rho}(\sigma^2+f^2\sin^2\theta)w_0^2}{4\sigma^2\cos^2\theta}$$

因此，势能表达式为

$$\overline{E_p} = \overline{E} - \overline{E_k} = \frac{\bar{\rho}}{2} \frac{w_0^2}{\cos^2\theta} - \frac{\bar{\rho}(\sigma^2 + f^2\sin^2\theta) w_0^2}{4\sigma^2 \cos^2\theta} = \frac{\bar{\rho}(\sigma^2 - f^2\sin^2\theta) w_0^2}{4\sigma^2 \cos^2\theta}$$

由此可得动能与势能之比为

$$\frac{\overline{E_k}}{\overline{E_p}} = \frac{\sigma^2 + f^2\sin^2\theta}{\sigma^2 - f^2\sin^2\theta}$$

这表明在考虑地球旋转效应的情形下，一个波长范围内动能和势能是相等（均分）的，旋转效应导致动能增加，势能减少。能量通量依然按照 $\boldsymbol{P} = \boldsymbol{c}_g E$ 进行计算。

11.4.2　有边情形

到目前为止，我们已经考虑了无界区域内的内重力波。我们现在考虑发生在 z=-D 处的平底和自由表面 η 之间流体中的内波，即本节将求解考虑海面和海底边界条件时所形成的波导解。在海洋内部，控制方程与之前相同，即为

$$\frac{\partial^2}{\partial t^2}(\nabla^2 w) + f^2\frac{\partial^2 w}{\partial z^2} + N^2(z)\ \nabla_h^2 w = 0$$

假设海底为平底，因此，在 $z=-D$ 处的边界条件为

$$w = 0$$

自由海面（$z=\eta$）处的边界条件则可表达为

$$w = \frac{\partial \eta}{\partial t} \quad （线性化的自由面边界条件）$$

$$p(x,\ y,\ \eta) = 0 \quad （表面无强迫）$$

让我们围绕 $z=0$ 对 p 进行展开，考虑小振幅运动，则

$$p(x,\ y,\ \eta) = p(x,\ y,\ 0) + \left.\frac{\partial p}{\partial z}\right|_{z=0} \eta$$

设 $\rho_{\text{total}} = \bar{\rho} + \rho$；$p_{\text{total}} = \bar{p} + p$，其中 $\bar{\rho}$ 和 $\bar{p}$ 满足静力平衡关系。在海表面，$p_{z=\eta} = p_{\text{total}} = \bar{p}(z) + p$，则结合线性化的垂向动量方程［式（11-34c）］可得

$$\frac{\partial p_{\text{total}}}{\partial z} = \frac{\partial \bar{p}}{\partial z} + \frac{\partial p}{\partial z} = -(\bar{\rho} + \rho) g - \bar{\rho}\frac{\partial w}{\partial t}$$

因此

$$\left.\frac{\partial p_{\text{total}}}{\partial z}\right|_{z=0} \eta = -(\bar{\rho} + \rho) g\eta - \bar{\rho}\frac{\partial w}{\partial t}\eta \approx -\bar{\rho} g\eta$$

这是因为 $\rho g\eta$ 和 $\bar{\rho}\dfrac{\partial w}{\partial t}\eta$ 均为二阶小量（扰动项的乘积），可以忽略。因此海表压强边界条件变为

$$p(x,\ y,\ \eta) = p(x,\ y,\ 0) - \bar{\rho} g\eta = 0, \qquad 当\ z = 0\ 时$$

将上式对时间求导，可得

$$\frac{\partial}{\partial t}p(x, y, 0) = \bar{\rho}g\frac{\partial \eta}{\partial t} = \bar{\rho}gw, \qquad \text{当 } z = 0 \text{ 时}$$

对上式两边取拉普拉斯算子得

$$\frac{\partial}{\partial t}\nabla_H^2 p(x, y, 0) = \bar{\rho}g\nabla_H^2 w, \qquad \text{当 } z = 0$$

接下来我们将水平运动方程中的式（11-34a）对 x 求导，并将式（11-34b）对 y 求导，分别得到

$$\frac{\partial}{\partial t}u_x - fv_x = -\frac{1}{\bar{\rho}}\frac{\partial^2 p}{\partial x^2}$$

$$\frac{\partial}{\partial t}v_y + fu_y = -\frac{1}{\bar{\rho}}\frac{\partial^2 p}{\partial y^2}$$

将以上两式相加得

$$\frac{\partial}{\partial t}(u_x + v_y) - f(v_x - u_y) = -\frac{1}{\bar{\rho}}\nabla_H^2 P$$

进一步将等式两边对时间求导得

$$\frac{\partial^2}{\partial^2 t}(u_x + v_y) - f\frac{\partial}{\partial t}(v_x - u_y) = -\frac{1}{\bar{\rho}}\frac{\partial}{\partial t}\nabla_H^2 p$$

利用连续方程和式（11-35）代入上式得

$$\left[\frac{\partial^2}{\partial t^2} + f^2\right]\frac{\partial w}{\partial z} = \frac{1}{\bar{\rho}}\frac{\partial}{\partial t}\nabla_H^2 p$$

该方程对水体任何部分都成立，因此在海表边界处，以下关系式成立

$$\left[\frac{\partial^2}{\partial t^2} + f^2\right]\frac{\partial w}{\partial z} = g\nabla_H^2 w, \qquad \text{当 } z = 0$$

到此为止，我们可以得到考虑海面和海底边界时内波关于 w 的完整方程

$$\begin{cases} \left(\dfrac{\partial^2}{\partial t^2} + f^2\right)\dfrac{\partial w}{\partial z} - g\nabla_H^2 w = 0, & \text{当 } z = 0 \\ \dfrac{\partial^2}{\partial t^2}\nabla^2 w + f^2\dfrac{\partial^2 w}{\partial z^2} + N^2\nabla_H^2 w = 0, & \text{内区} \\ w = 0, & \text{当 } z = -H \end{cases} \tag{11-44}$$

方程（11-44）在水平方向是各向同性的，即波动在水平方向的传播方向无关紧要。不失一般性，我们仅考虑波动在东西方向的传播，即沿 x 方向传播，其结果将同样适用于其他任何方向。首先我们考虑 N 为常数的情况，寻找如下形式的波动解

$$w(x,\ z,\ t) = W(z)e^{i(kx+mz-\sigma t)}$$

代入内波方程组（11-42）得

$$\begin{cases} (\sigma^2 - f^2)W_z - gk^2W = 0, & 当\ z = 0 \\ W_{zz} + k^2\left(\dfrac{N^2 - \sigma^2}{\sigma^2 - f^2}\right)W = 0, & 内区 \\ W = 0, & 当\ z = -H \end{cases} \tag{11-45}$$

定义 $S^2 = \sigma^2 - f^2$，$R^2 = \dfrac{N^2 - \sigma^2}{\sigma^2 - f^2}$，考虑到海洋中 $N \gg f\left(\dfrac{N}{f} \approx 100\right)$，则有以下三种情况存在，如图 11-12 所示。

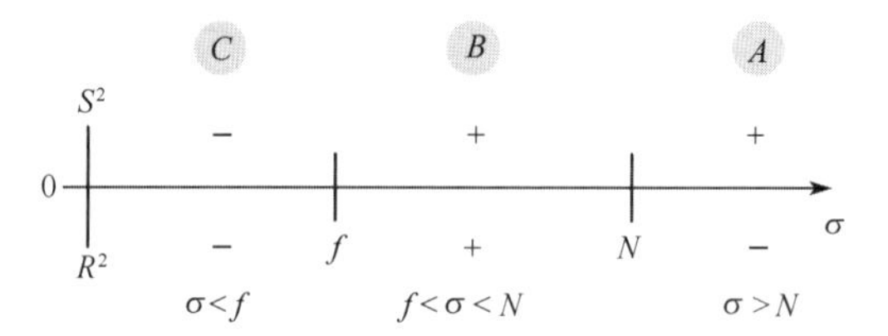

图 11-12　内波方程可能解的条件

（1）情形 C，即 $\sigma < f$ 时。

$S^2 = \sigma^2 - f^2 < 0$，$R^2 = \dfrac{N^2 - \sigma^2}{\sigma^2 - f^2} < 0$，定义 $S_1^2 = f^2 - \sigma^2 > 0$，$R_1^2 = \dfrac{N^2 - \sigma^2}{f^2 - \sigma^2}$，

则问题由式（11-43）变成

$$\begin{cases} S_1^2 W_z + gk^2 W = 0, & 当\ z = 0 \\ W_{zz} - k^2R_1^2W = 0, & 内区 \\ W = 0, & 当\ z = -D \end{cases} \tag{11-46}$$

此时，内区方程的解为 $W = e^{\pm kR_1z}$。我们可以考虑双曲正弦和余弦，满足上式中的底部边界条件的解是

$$W = \sinh[kR_1(z + D)]$$

因此，垂向流速 w 为

$$w = \sinh[kR_1(z + D)]e^{i(kx-\sigma t)}$$

将上式代入到式（11-46）中的表面边界条件中，得到频散关系为

$$S_1^2kR_1\cosh(kR_1D) + gk^2\sinh(kR_1D) = 0,$$

即

$$\frac{S_1^2R_1}{gk} = \frac{R_1(f^2 - \sigma^2)}{gk} = -\tanh(kR_1D) \tag{11-47}$$

我们可以通过图形化的形式对上述方程进行求解，如图 11-13 所示。由图可见，等式左右两边所对应的曲线并无交点，这表明此时不存在波动解。

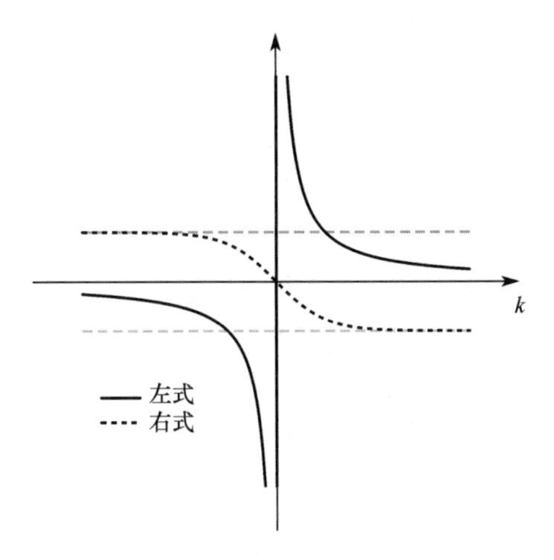

图 11-13　图解频散关系式

（2）情形 A，即 $\omega > N$ 时。

$$S^2 = \sigma^2 - f^2 > 0,\ R^2 = \frac{N^2 - \sigma^2}{\sigma^2 - f^2} < 0,\ \text{定义}\ R_1^2 = \frac{\sigma^2 - N^2}{\sigma^2 - f^2}$$

则问题由式（11-45）变成

$$\begin{cases} (\sigma^2 - f^2) W_z - gk^2 W = 0, & \text{当}\ z = 0 \\ W_{zz} - k^2 R_1^2 W = 0, & \text{内区} \\ W = 0, & \text{当}\ z = -D \end{cases} \tag{11-48}$$

与情形 C 相似，满足上式中的底部边界条件的解是

$$W = \sinh[kR_1(z + D)]$$

则垂向流速 w 为

$$w = \sinh[kR_1(z + D)]\, e^{i(kx - \sigma t)}$$

通过将上式代入式（11-48）中的表面边界条件，得此时的频散关系为

$$(\sigma^2 - f^2) kR_1 \cosh(kR_1 D) - gk^2 \sinh(kR_1 D) = 0$$

即

$$\frac{R_1(\sigma^2 - f^2)}{gk} = \frac{R_1 S^2}{gk} = \tanh(kR_1 D) \tag{11-49}$$

由图 11-14 可以看出，该方程有两个解，即为两列反向的行进波，频散关系可改写成

$$\sigma^2 = f^2 + \frac{gk}{R_1}\tanh(kR_1 D)$$

如果 $\sigma \gg (N, f)$，则有 $R_1 \approx 1$，因此频散关系变为

$$\sigma^2 \approx f^2 + gk\tanh(kD)$$

此为被地球旋转效应修改的表面重力波所对应的频散关系。

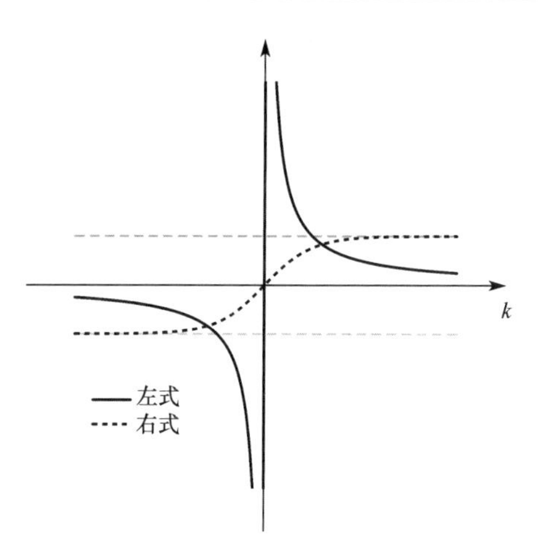

图 11-14　图解频散关系式（11-49）

（3）情形 B，即 $f < \sigma < N$ 时。

对于海洋而言，这种情况是最符合实际的，即 $f \leqslant \sigma \leqslant N(z)$ ，相应的问题由式（11-45）变为

$$
\begin{cases}
(\sigma^2 \quad f^2)\,W_z - gk^2 W = 0, & \text{当 } z = 0 \\
W_{zz} + k^2R^2 W = 0, & \text{内区} \\
W = 0, & \text{当 } z = -D
\end{cases}
$$

由 $k^2R^2 > 0$ 可知，内区方程存在波动解，即 $e^{\pm ikRz} = e^{\pm imz}$ 。此时，满足上式中底部边界条件的解是

$$W = \sin[kR(z + D)]$$

则可得垂向流速表达式为

$$w = \sin[kR(z + D)]e^{i(kx-\sigma t)}$$

由表面边界条件得

$$(\sigma^2 - f^2)\,m\cos(mD) - gk^2\sin(mD) = 0$$

或者　$(\sigma^2 - f^2)\,R\cos(kRD) - gk\sin(kRD) = 0$

即内波的频散关系为

$$\frac{R(\sigma^2 - f^2)}{gk} = \tan(kRD) \tag{11 - 50}$$

该频散关系存在离散化的解（见图 11-15），波数为（k_n，m_n），$n=0$，±1，±2，±3，…，存在无穷多个符号相反的解。

对于第 0 模，$kRD \ll 1$，因此 $\tan(kRD) \approx kRD$ 。因此，式（11-50）所示的频散关系可写成

$$\frac{R(\sigma^2 - f^2)}{gk_0} \approx k_0RD \tag{11 - 51}$$

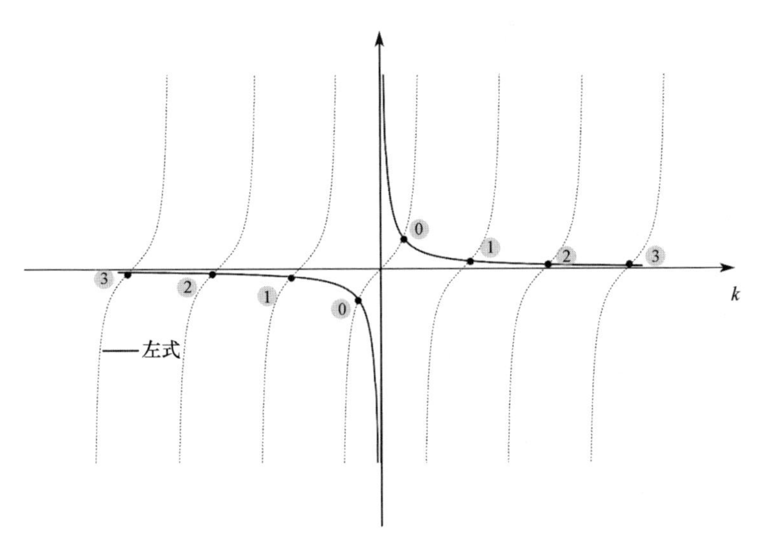

图 11-15　图解频散关系式（11-50）

其变形形式为

$$k_0^2 = \frac{\sigma^2 - f^2}{gD} \text{ 或 } \sigma^2 = k_0^2(gD) + f^2$$

图 11-16 给出了该频散关系的图解形式。由此可见，0 模解为被地球旋转效应修改的表面重力波。

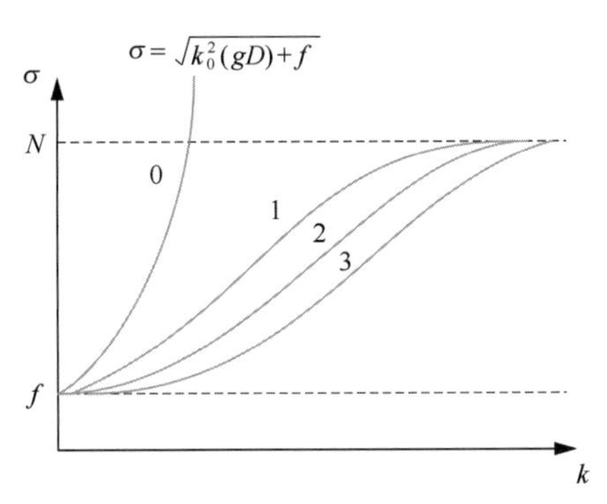

图 11-16　图解频散关系式（11-51）

对于较大波数 K，由图 11-15 可以看出，代表方程（11-50）等式两边的两曲线交点接近于 $n\pi$，因此

$$k_n RD \approx \pm n\pi$$

事实上，如果我们把海表边界条件取为刚盖近似，则频散关系为

$$\sin(k_n RD) = 0$$

此时 $k_n RD = \pm n\pi$ 精确成立，但是失去了自由表面 η 存在时的表面重力波模式。这

表明，对于内重力波，自由表面的作用就好像它是刚性的一样，其本征解可在 $z=0$ 时 $w=0$ 的边界条件下找到。对于内部模态

$$k_n D\left(\frac{N^2-\sigma^2}{\sigma^2-f^2}\right)^{1/2} \approx \pm n\pi$$

因此，可得如下关系式

$$(\sigma^2-f^2)\left(\frac{n\pi}{k_n D}\right)^2 \approx N^2-\sigma^2$$

对上式进行整理，可得

$$\sigma^2\left[1+\frac{n\pi}{k_n D}\right]^2 = N^2+f^2\left(\frac{n\pi}{k_n D}\right)^2$$

对于每一个 k_n，频散关系可重写为

$$k_n D\,(N^2-\sigma^2)^{1/2} - n\pi\,(\sigma^2-f^2)^{1/2} = 0$$

$\omega=f$ 是最低频率限制，此时 $k_n=0$；如果 $k_n \to \infty$，则 $\sigma \to N$，N 是内波频率的上限。在两个限制频率处，群速度为

$$c_g = \frac{\partial\sigma}{\partial k} = 0$$

当考虑内波最低阶模（即 $n=1$）时，由频散关系 $k_1=\dfrac{\pi}{RD}$ 可得垂向流速为

$$w = w_0 \sin\left[\frac{\pi}{D}(z+D)\right]\cos(k_1 x-\sigma t)$$

其中 $W(z)=w_0\,sin\left[\dfrac{\pi}{D}(z+D)\right]$ 为垂向流速的振幅，其最低阶模态的垂向分布见图 11-17。由图可见，垂向流速的最低阶模态的振幅在 $-D/2$ 水深处具有极大值，随着向边界的靠近，振幅逐渐减小，至上下边界处变为 0。

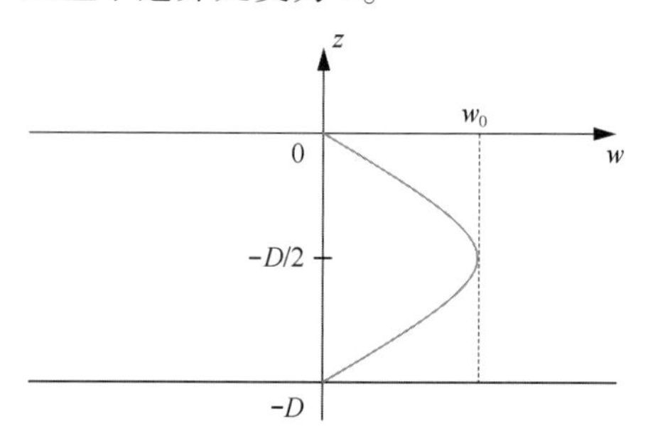

图 11-17　内波最低阶模态垂直速度振幅

通过连续方程我们可以进一步得到水平流速为

$$u = -Rw_0 \cos\left[\frac{\pi}{D}(z+D)\right]\sin(k_1 x-\sigma t)$$

其振幅 $-Rw_0\cos\left[\frac{\pi}{D}(z+D)\right]$ 的垂向分布见图 11-18。因此，水平流速最低阶模态的振幅在$-D/2$ 水深处值为 0，越靠近上下边界处则其值越大，在海面和海底处振幅的绝对值达到最大。

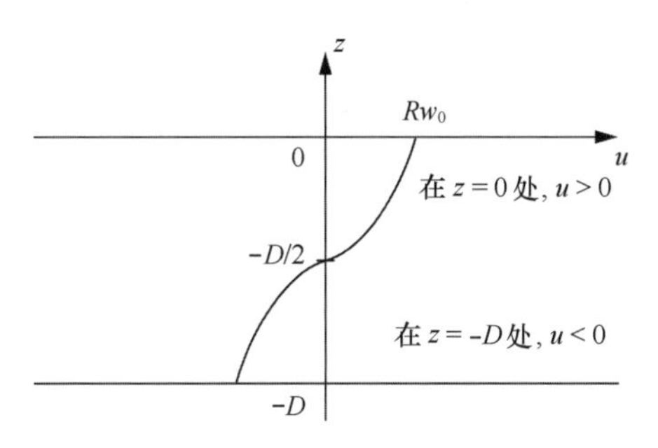

图 11-18　内波最低阶模态水平速度振幅

为了进一步探讨最低阶内波模态流场的空间分布，假设在某一固定时刻 $t=t^*$，则此时的相位可表达为 $k_1x-\sigma t^*=\frac{\pi x}{RD}-\sigma t^*$。因此，可得如下关系式

$$\text{在}\left(\frac{\pi x}{RD}-\sigma t^*\right)=0\text{ 时，}\quad u=0,\quad w=w_0\sin\left[\frac{\pi}{D}(z+D)\right]>0$$

$$\text{在}\left(\frac{\pi x}{RD}-\sigma t^*\right)=\frac{\pi}{2}\text{ 时，}\quad u=-Rw_0\cos\left[\frac{\pi}{D}(z+D)\right]\begin{cases}>0, & \text{当 } z=0\\<0, & \text{当 } z=-D\end{cases};\ w=0$$

$$\text{在}\left(\frac{\pi x}{RD}-\sigma t^*\right)=\pi\text{ 时，}\quad u=0;\quad w=-w_0\sin\left[\frac{\pi}{D}(z+D)\right]<0$$

$$\text{在}\left(\frac{\pi x}{RD}-\sigma t^*\right)=\frac{3}{2}\pi\text{ 时，}\quad u=+Rw_0\cos\left[\frac{\pi}{D}(z+D)\right]\begin{cases}>0, & \text{当 } z=0\\<0, & \text{当 } z=-D\end{cases};\ w=0$$

图 11-19 给出了上式所表达的信息。从图中可以看出，沿着波动传播的方向来看，质点运动是由一系列的辐聚和辐散组成的元胞，波峰之下为辐聚，形成下沉运动，波谷之下为辐散，形成上升运动。

以上所考虑均为浮力频率 N 为常数的情况，然而，在真实的海洋中浮力频率N（z）是随深度发生变化的。图 11-20 给出了海洋中某观测站的位温梯度度和浮力频率的垂向分布，可见 N 在密度跃层处存在最大值。

当考虑浮力频率 N 随深度变化时，内波的本征方程通常不存在解析解，但可以通过数值求解的方式获得内波的垂向驻波模态，图 11-21 即为浮力频率随深度变化情形下不同参量所对应的内波第一和第二驻波模态的垂向结构，可见垂向流速与密度面起伏表现出相同的模态特征。另外，压强扰动则与水平流速的模态特征亦相同（图中未显示）。

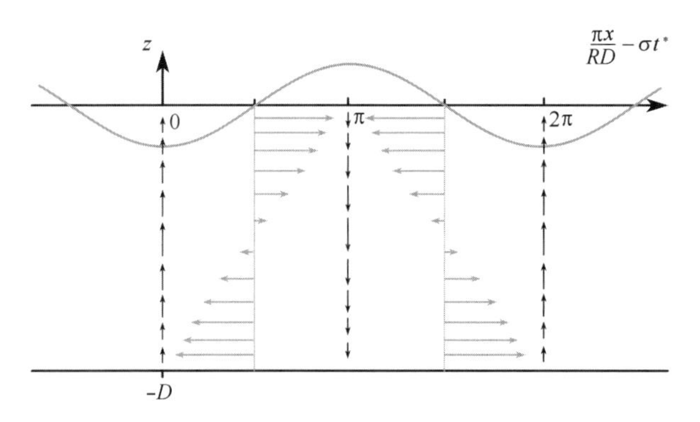

图 11-19　最低阶内波模在某一时刻的运动快照

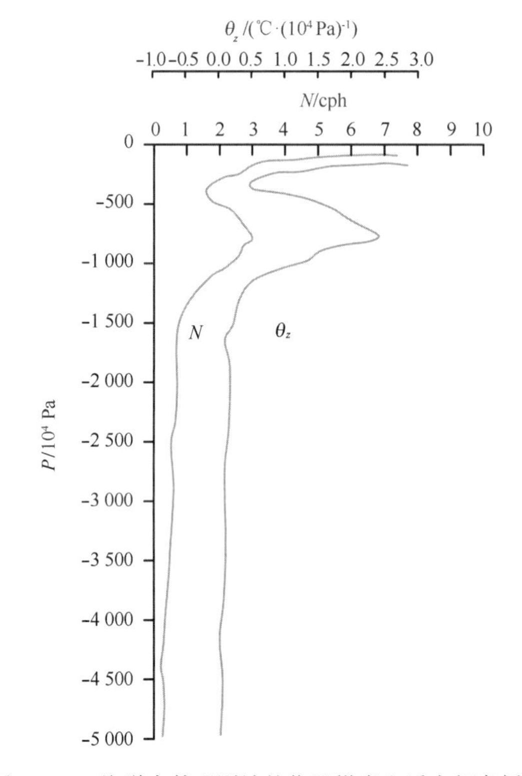

图 11-20　海洋中某观测站的位温梯度和浮力频率剖面

此时对应的问题同情形 B，即

$$(\sigma^2-f^2)W_z-gk^2W=0,\qquad 当\ z=0$$

$$W_{zz}+k^2R^2W=0,\ 内区\qquad\qquad 其中\ R^2(z)=\frac{N^2(z)-\sigma^2}{\sigma^2-f^2}$$

$$W=0,\qquad 当\ z=-D$$

当 $R^2(z)>0$ 时，上述方程具有行进波解 e^{imz}；当 $R^2(z)<0$，则为衰减解 e^{-mz}（见图 11-22）。

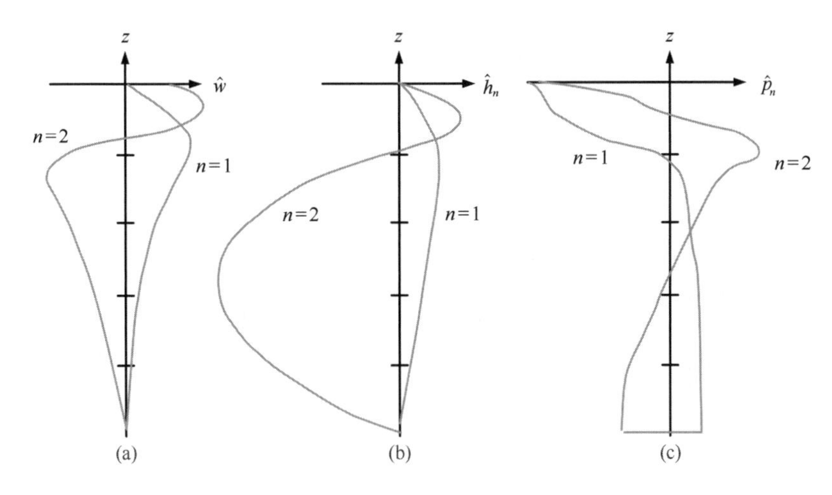

图 11-21　浮力频率随深度变化情形下不同参量所对应的内波第一和第二驻波模态的垂向结构

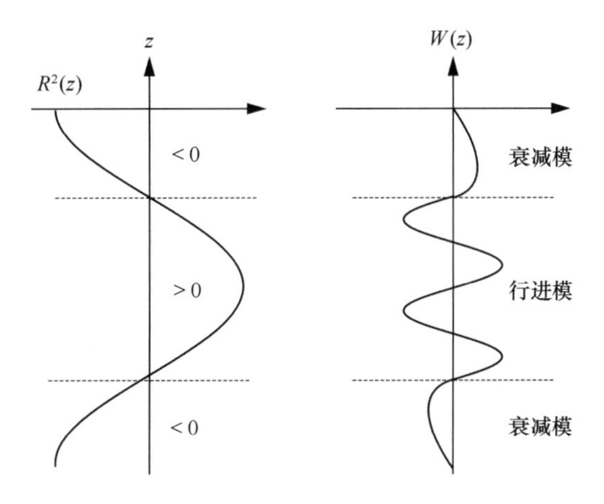

图 11-22　浮力频率随深度变化情形下的内波解

第 5 节　内波的反射

我们考虑发生在与水平面成一定角度的固体边界处的内波反射。考虑二维内波解 $e^{i(kx+mz-\sigma t)}$，这里取 x 轴与水平波数矢量 $\boldsymbol{K}_h$ 一致。重写内波垂直方程（11-37）如下

$$w_{zz} - R^2 w_{xx} = 0$$

其中 $R^2 = \dfrac{N^2 - \sigma^2}{\sigma^2 - f^2}$，$m = \pm Rk$，等相位线为 $\theta = kx + mz - \sigma t =$ 常数 或者 $+kx \pm Rkz - \sigma t$ $=$ 常数，因此，能量沿等相位线 $x \pm Rz =$ 常数 传播（图 11-23），即

$$z=\frac{1}{R}x(\text{正陡度}),\qquad z=\frac{-1}{R}x(\text{负陡度})$$

它们是 w 双曲方程的特征线，即

$$W=f(x+Rz)+g(x-Rz)$$

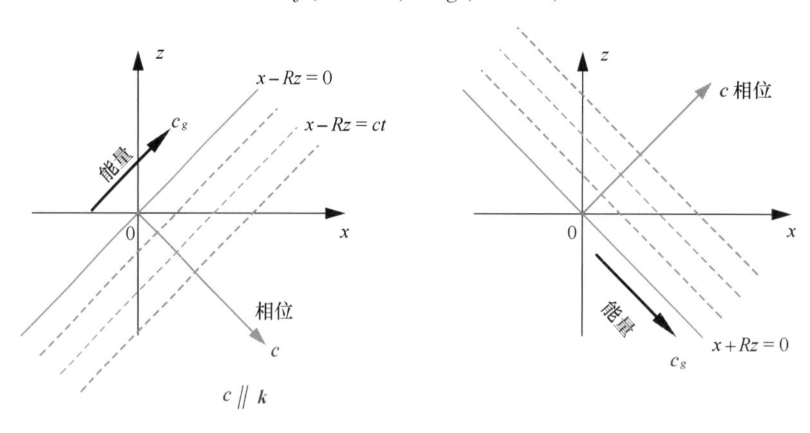

图 11-23　内波相位和能量的传播示意图

首先考虑入射波在水平边界 $z=0$ 处，即 x 轴处发生的反射，如图 11-24 所示。从图中可以看出，入射波群速度 $\boldsymbol{c}_{gi}$ 向下，即能量沿着 $x+Rz=0$ 传播，入射波波数矢量 $\boldsymbol{K}_i$ 垂直于 $\boldsymbol{c}_{gi}$ 且向上，能量被反射沿着 $x-Rz=0$ 的方向，即反射波群速度 $\boldsymbol{c}_{gr}$ 向上，反射波波数矢量 $\boldsymbol{K}_r$ 向下。

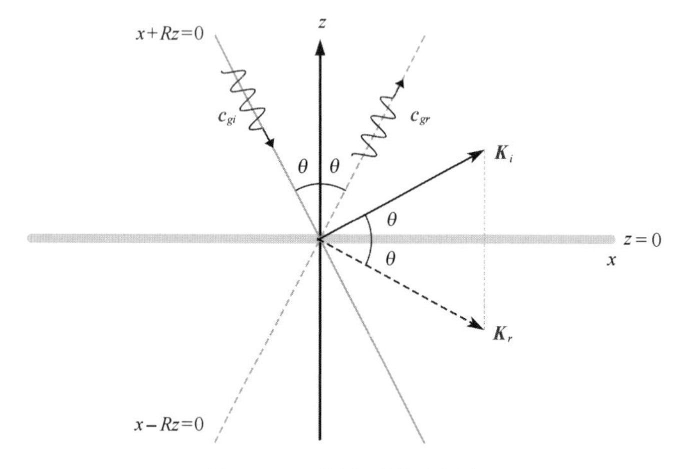

图 11-24　内波反射示意图

接下来我们考虑更一般的情况，即反射面相对于水平面倾斜 $z=ax$，其中 $a=\tan\alpha$，α 式反射面与水平面之间的夹角。考虑二维情形时，连续方程可简化为 $u_x+w_z=0$，引入流函数 ψ，即

$$u = -\frac{\partial \psi}{\partial z},\quad w = +\frac{\partial \psi}{\partial x}$$

则入射波为

$$\psi_{\mathrm{I}} = \psi_{\mathrm{io}} e^{i(k_i x + m_i z - \sigma_i t)}$$

反射波为

$$\psi_{\mathrm{R}} = \psi_{\mathrm{ro}} e^{i(k_r x + m_r z - \sigma_r t)}$$

总波场为

$$\psi_{\mathrm{Total}} = \psi_I + \psi_R$$

在反射面 $z = ax$ 处，总波场 $\psi_{\mathrm{Total}} = 0$，即

$$\psi_{\mathrm{io}} e^{i[(k_i + am_i)x - \sigma_i t]} + \psi_{\mathrm{ro}} e^{i[(k_r + am_r)x - \sigma_r t]} \equiv 0$$

则有如下关系式

$$\sigma_{\mathrm{i}} = \sigma_{\mathrm{r}}$$

$$k_{\mathrm{i}} + am_{\mathrm{i}} = k_{\mathrm{r}} + am_{\mathrm{r}} \rightarrow k_{\mathrm{i}} + \tan\alpha m_{\mathrm{i}} = k_{\mathrm{r}} + \tan\alpha m_{\mathrm{r}}$$

或者 $k_i \cos\alpha + m_i \sin\alpha = k_{\mathrm{r}} \cos\alpha + m_{\mathrm{r}} \sin\alpha$；

或者 $\boldsymbol{K}_{\mathrm{i}} \cdot \hat{i}_{\mathrm{B}} = \boldsymbol{K}_{\mathrm{r}} \cdot \hat{i}_{\mathrm{B}}$，其中 $\hat{i}_{\mathrm{B}}$ 是沿着 $z = ax$ 的单位矢量，因此可以得出以下两条一般规则：

（1）反射过程中角频率 σ 保持不变。由频散关系可知，角频率仅与波数矢量与水平方向的夹角有关，因此反射波和入射波的波数矢量与水平方向的夹角相等。

（2）反射波和入射波波数矢量在反射面上的投影相等。

由图 11-25 可以得到如下几何关系

$$x = z\tan\theta = Rz,\qquad \tan\theta = R$$

$$\theta = \tan^{-1}R,\qquad \alpha = \tan^{-1}a$$

因此，由反射波和入射波波数矢量在反射面上的投影相等可得

$$|\boldsymbol{K}_i|\cos[\tan^{-1}R - \tan^{-1}a] = |\boldsymbol{K}_r|\cos[\tan^{-1}R + \tan^{-1}a] \tag{11-52}$$

由图 11-26（a）可知，$\cos\gamma = \dfrac{a^2 + b^2 - c^2}{2ab}$。因此，可得如下几何关系式（图 11-26）

$$\cos(\tan^{-1}R - \tan^{-1}a) = \frac{1 + R^2 + 1 + a^2 - (R - a)^2}{2\sqrt{1 + R^2}\sqrt{1 + a^2}} = \frac{1 + aR}{\sqrt{1 + R^2}\sqrt{1 + a^2}}$$

$$\cos(\tan^{-1}R + \tan^{-1}a) = \frac{1 + a^2 + 1 + R^2 - (R + a)^2}{2\sqrt{1 + R^2}\sqrt{1 + a^2}} = \frac{1 - aR}{\sqrt{1 + R^2}\sqrt{1 + a^2}}$$

将其代入式（11-52），可得

$$|\boldsymbol{K}_i|\frac{1 + aR}{\sqrt{1 + R^2}\sqrt{1 + a^2}} = |\boldsymbol{K}_r|\frac{1 - aR}{\sqrt{1 + R^2}\sqrt{1 + a^2}}$$

或者

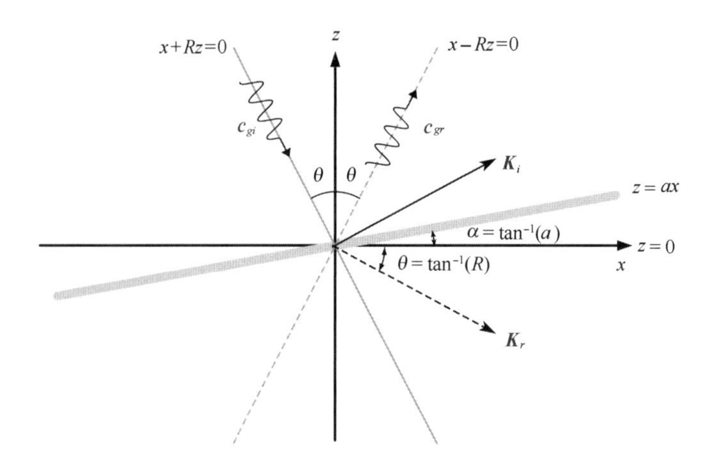

图 11-25　内波反射关系的推导

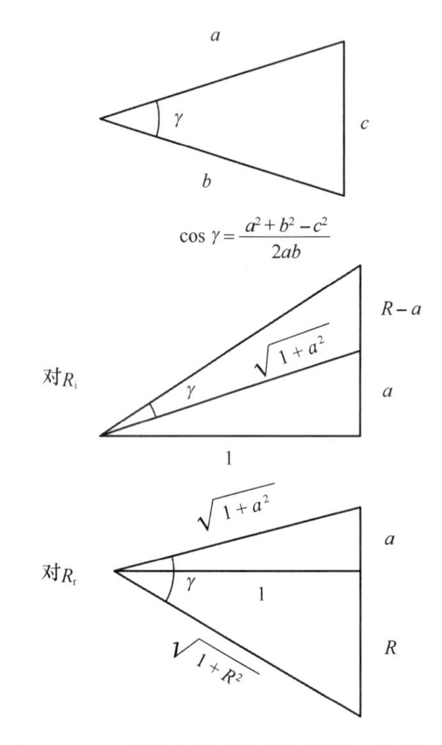

图 11-26　推导内波反射所用到的几何关系

$$|\boldsymbol{K}_r|=\frac{1+aR}{1-aR}|\boldsymbol{K}_i|$$

或者

$$k_r = +\left(\frac{1 + aR}{1 - aR}\right) k_i$$

$$m_r = -\left(\frac{1 + aR}{1 - aR}\right) m_i$$

因此 $|\boldsymbol{K}_r| > |\boldsymbol{K}_i|$，即 $\lambda_r < \lambda_i$。由此可见，反射波的波长变短。

我们进一步来考虑群速度的变化。对于群速度而言，垂直于反射面的能量是守恒的，因为能量无法穿过反射面，即 $\boldsymbol{c}_{gi}|_{\perp} = \boldsymbol{c}_{gr}|_{\perp}$。因此，以下关系式成立（图 11-27）

$$|\boldsymbol{c}_{gi}| \sin(\tan^{-1}R + \tan^{-1}a) = |\boldsymbol{c}_{gr}| \sin(\tan^{-1}R - \tan^{-1}a)$$

或者

$$\boldsymbol{c}_{gr} = -\boldsymbol{c}_{gi} \frac{(1 + aR)}{(1 - aR)}$$

由此可知，反射波波长变短，群速度增加。如果 $aR \to 1$，则反射波能量趋于无穷大，这意味着 $z = ax \to z = \frac{1}{R}x$，此种情况下波数无限大，反射波为无限小的波，无黏性假定不再适用。

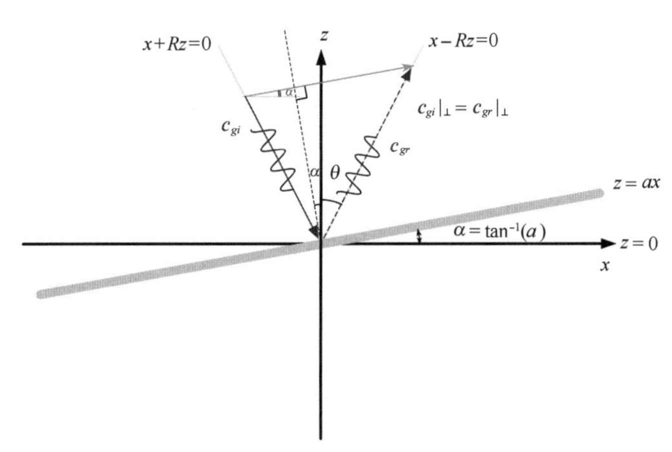

图 11-27　内波反射群速度的变化

综上所述，内波在海底发生反射时，群速度遵循以下规则：①入射波群速度和反射波群速度与垂直方向的夹角相等；②入射波群速度和反射波群速度垂直与反射面的分量相等。

主要参考书目

Albert Defant, Physical Oceanography-Vol. 1, Pergamon Press. Oxford, London, New York, Paris, 1961.

Albert Defant, Physical Oceanography-Vol. 2, Pergamon Press. Oxford, London, New York, Paris, 1961.

David Tolmazin, David Tolmazin, Elements of Dynamic Oceanography, ISBN-13: 978-0-412-53230-6, Chapman & Hall, 2-8 Boundary Row, London, 1985.

Dirk Olbers, Jürgen Willebrand, Carsten Eden, Ocean dynamic, ISBN 978-3-642-2344, DOI 10. 1007/978-3-642-23450-7, Springer Heidelberg Dordrecht London New York. 2012.

Evelyn Brown, Evelyn Brown, Dave Park et al. Ocean Circulation ISBN 0 7506 5278 0 Second edition, 2001.

Fabio Cavallini, Fulvio Crisciani, Quasi-Geostrophic Theory of Oceans and Atmoshphere, ISBN 978-94-007-4690-9, Springer Dordrecht Heidelberg New York London. 2013.

Geoffrey K. Vallis, Atmospheric and Oceanic Fluid Dynamics, ISBN 9780511790447, Cambridge University Press, 2012.

Gerhard Neumann, Willard J. Pierson, Principle of physical oceanography, Prentice Hall, Inc. 1966.

Henk A. Dijkstra, Dynamical Oceanography, ISBN 978-3-540-76375-8, Springer-Verlag Berlin Heidelberg. 2008.

John A. Knauss, Introduction to Physical Oceanography, Second Edition, ISBN 978-1-57766-429-1, Waveland Press, Inc. 1997.

Paul H. LeBLOND, Lawrence A. Mysak, Waves in the ocean, Elsevier Scientific Publishing Company, Amsterdam-Oxford-New York, 1978.

Pijush K. Kundu, Ira M. Cohen, Fluid Mechanics, ISBN 978-0-12-373735-9, Fourth Edition. Academic Press is an imprint of Elsevier. 2008.

Robert H. Stewart, Introduction to Physical Oceanography, Department of Oceanography Texas A & M University, 2008.